秦岭重要水源涵养区生物多样性变化与水环境安全

周　杰等　著

科学出版社
北京

内 容 简 介

本书以秦岭最重要的两大水源地黑河流域、丹江流域为研究区域，开展生物多样性调查、监测和研究。在此基础上，结合不同环境因子、遥感信息及社会经济统计数据等多源数据，建立生物多样性与生态安全评价模型，水资源水环境系统耦合模型，流域管理、生态补偿与社会经济发展评价模型，开展秦岭水源地生物多样性与生态系统耦合研究，自然环境变化影响评价和社会经济活动影响评价，模拟在自然状况与社会经济活动等环境变化条件下，秦岭水源涵养区生物多样性与水环境的相互作用、响应机制，并预测其变化趋势，为秦岭水资源健康可持续利用与生物多样性协同发展提供科技支撑及决策服务。

本书可供从事生物、地理、地质、气候和环境相关专业，以及资源开发、环境保护、区域规划的科研、生产、教学和管理的工作者参考使用。

图书在版编目(CIP)数据

秦岭重要水源涵养区生物多样性变化与水环境安全/周杰等著. —北京：科学出版社，2019.6

ISBN 978-7-03-055801-5

I. ①秦… II. ①周… III. ①秦岭-生物多样性-研究 ②秦岭-区域水环境-环境保护-研究 IV. ①X176 ②X143

中国版本图书馆 CIP 数据核字（2017）第 300422 号

责任编辑：岳漫宇　赵小林 / 责任校对：郑金红
责任印制：吴兆东 / 封面设计：刘新新

科学出版社 出版
北京东黄城根北街 16 号
邮政编码：100717
http://www.sciencep.com

北京虎彩文化传播有限公司 印刷
科学出版社发行　各地新华书店经销
*
2019 年 6 月第　一　版　开本：787×1092　1/16
2019 年 6 月第一次印刷　印张：25 1/2
字数：605 000

定价：398.00 元

（如有印装质量问题，我社负责调换）

Biodiversity and Water Environment Security in Key Regions of Water Sources of the Qinling Mountains

Authors: Jie ZHOU *et al.*

前　言

秦岭，与欧洲的阿尔卑斯山及北美的落基山并称为地球的“三姐妹”，不仅仅是因为它的秀丽，更是因为它在地质、地理、气候、生物、水文乃至文化领域的特殊地位。秦岭作为全球 25 个生物多样性热点区域、中国 14 个生物多样性关键地区之一，以及中国自然生态体系的核心功能区之一，其生态系统多样性、物种多样性和遗传多样性在我国乃至全球都具有重要战略意义。同时秦岭也是我国中部最重要的生态安全屏障，其涵养水源、维护生态平衡、调节气候及水土保持的重要生态服务功能无可替代。

需要强调的是，作为我国黄河水系和长江水系两大水系的分水岭，秦岭的水资源在我国占有举足轻重的地位。秦岭水资源量达 222 亿 m^3，约占黄河水量的 1/3、陕西水资源总量的 50%，是陕西省最重要的水源涵养区。其中，秦岭南坡水资源量为 182 亿 m^3，约占陕南水资源量的 58%，是嘉陵江、汉江、丹江的源头区，每年可向北京、天津等地供水 120 亿～140 亿 m^3，是南水北调中线工程的重要水源涵养区。秦岭北坡水资源量约为 40 亿 m^3，约占关中地表水资源总量的 51%，是渭河的主要补给水源地，也是西安市等地的主要水源区。

但是，气候变化与人类社会经济活动的加强，使秦岭水源涵养地生物多样性和生态安全问题日益突出。

首先，生态服务功能面临诸多威胁，水源涵养能力下降。由于气候变化、面源污染、栖息地丧失、外来物种影响和人类活动的加剧等，秦岭天然植被大面积减少，覆盖率由 64%下降到 46%，森林下限上升到海拔 300～500 m，一些生物物种处于濒危状态甚至灭绝。水土流失加剧，秦岭水土流失面积已占总面积的 50%左右，年流失量达 0.84 亿 t，自 20 世纪 70 年代后，秦岭北坡 80%的河流成为间歇河，其中黑河的年径流量减少了 2.44 亿 t。

其次，生态系统遭到破坏，环境污染严重。与秦岭地区丰富的生物多样性相对应的是较为落后的经济发展水平和资源依赖型的产业结构，生态保护和农村经济发展矛盾突出；耕地资源的稀缺性、森林资源利用方式的粗放性、旅游资源的无序和过度开发成为水源地及其生态安全的重要威胁，土壤和水环境污染日益严峻。水资源不合理利用、矿产资源大规模开发的负面影响也已凸显。

无疑，从流域生态学角度系统研究秦岭生物多样性及生态系统要素的时空格局变化，探讨自然环境变化与社会经济活动影响下秦岭水源涵养区的生态可持续性，正确评估秦岭地区生态系统的健康状况和发展趋势，提出科学对策，对于科学保护秦岭生物多样性和生态环境，维系健康的水源生态服务功能和生态安全具有重要意义，对于保证南水北调中线工程水质水量和关中地区生产生活用水至关重要。

为此，本书围绕保障秦岭水环境安全这一战略目标，以秦岭最重要的两大水源地黑河流域、丹江流域为研究区域，开展生物多样性调查、监测和研究。在此基础上，结合不同环境因子、遥感信息及社会经济统计数据等多源数据，建立生物多样性与生态安全评价模型，水资源水环境耦合模型，流域管理、生态补偿与社会经济发展评价模型，开展秦岭水源地生物多样性与生态系统耦合研究，自然环境变化影响评价和社会经济活动影响评价，模拟在自然状况与社会经济活动等环境变化条件下，秦岭水源涵养区生物多样性和水环境的相互作用、响应机制及变化趋势，为秦岭水资源健康可持续利用与生物多样性协同发展提供科技支撑及决策服务。

本书的研究内容总体上由两大部分组成。本书前半部分主要为流域生物多样性调查与分析结果，包括 5 个方面。

（1）水生生物多样性。查明丹江流域和黑河流域鱼类、浮游植物、浮游动物、底栖动物的种类和群落结构、数量及其时空动态，揭示流域内鱼类、浮游植物、浮游动物、底栖动物与水域环境生态要素之间的关系，探讨它们对环境的指示作用。

（2）植物多样性。查明丹江流域和黑河流域植物物种多样性与群落多样性，揭示河岸缓冲带植物群落、森林植物群落等不同群落类型的种类组成、生物多样性指数、层次结构、生境条件等，研究植物多样性与水源涵养能力之间的关系，以及植物多样性及主要环境因子对水源涵养功能发挥的作用机制和关键过程，分析该区域生态系统中驱动水源涵养功能变化的主要生态因子。

（3）鸟类多样性。对秦岭主峰太白山、秦岭北坡的黑河流域、秦岭南坡的丹江流域进行鸟类物种多样性调查，应用遥感和地理信息系统技术监测丹江流域和黑河流域的湿地与水环境变化，从鸟类多样性的角度对水源地湿地生态系统的服务功能和生物多样性价值进行评估。

（4）蝴蝶多样性。对丹江流域和黑河流域的蝶类组成进行全面系统的调查，监测蝶类物种组成、种群数量变动、群落结构与区系构成。对蝶类垂直分布及其季节性变化规律进行研究。同时通过与历史资料的比较，分析研究不同时期蝶类多样性和区系的变化特征与发展趋势。

（5）大型真菌生物多样性。调查黑河流域和丹江流域大型真菌资源，结合生态与区系分析结果，得出水源涵养区大型真菌多样性调查结论。研究大型真菌生物多样性的分布格局，群落与生态系统的结构功能特征，进而揭示生态群落、生态系统的结构功能在不同发展阶段与水环境的关系及对水环境的指示意义。

本书后半部分的内容主要是在两大流域生物多样性调查、监测和研究的基础上，建立生物多样性与生态环境数据处理及分析系统，建立相关数学模型，进行生物多样性与水环境的系统耦合研究，并开展两个方面的评价：一是以生物多样性与生态安全为核心的自然环境变化影响评价；二是以流域管理、生态补偿为核心的社会经济活动影响评价。其包括3个方面。

（1）基于自然环境变化影响的生物多样性与生态安全评价。从理论基础、评价指标体系、评价方法等入手，提出基于秦岭水源涵养区环境特征的生物多样性评价指标体系、生态安全评价指标体系，并建立相应的评价模型，分析生物多样性、生态安全对自然环境变化的响应，研究两大流域生物多样性与生态安全的状态和变化。

（2）水资源水环境系统耦合研究。基于模型模拟的方法，建立物质循环与能量流动的基本模式，研究不同情景下径流、泥沙、暴雨、洪水及非点源污染等要素变化过程，揭示环境变化对流域水文状况的影响，进而对流域水环境和土壤生态环境进行评价。

（3）围绕流域管理、生态补偿进行社会经济影响评价。提出流域管理评价指标体系，建立基于SSCP模型的流域管理制度模型，模拟不同流域管理制度对水资源水环境保护的效用；建立基于SSCP模型的生态补偿评价模型，通过模型模拟不同生态补偿制度对水资源水环境保护的效用，探讨以生态补偿为基础的社会经济发展对水环境变化的影响。

本书各章研究内容及撰写人分别为：前言和第一章，周杰；第二章，王开锋、靳铁治、张建禄、苟妮娜、杨斌、边坤；第三章，黎斌、王宇超、李阳；第四章，高学斌、罗磊、赵洪峰、索丽娟、韩宁；第五章，房丽君；第六章，李峻志、祁鹏、戴璐、张黎光、刘愚、李安利、吴小杰、霍文严、乔婷；第七章，何洪鸣、赵宏飞、周杰；第八章，何洪鸣、逯亚杰、周杰；第九章，吴永娇、周杰。周杰完成各章节的统稿和总编撰工作。

本书由陕西省科学院牵头组织，陕西省动物研究所、陕西省西安植物园、陕西省微生物研究所、中国科学院水利部水土保持研究所、西北农林科技大学水土保持研究所共同参与完成。

研究工作得到国家财政部和陕西省科技厅经费资助。

Preface

The Qinling Mountains, with the European Alps and the Rocky Mountains of North America, are known as the "three sisters" of the Earth. Not only because of beautiful scenic views of the Qinling Mountains, but also their special status in geology, geography, climate, biology, hydrology and even culture. The Qinling Mountains are one of the 25 biodiversity hotspots in the world, one of the 14 key biodiversity areas in China, and one of the core functional areas of China's natural ecosystems. Therefore, the ecosystem diversity, species diversity and genetic diversity of the Qinling Mountains have important strategic significance in China and the world. Meanwhile, the Qinling Mountains are also the most important ecological security barrier in central China, and that important ecological service functions of conserving water source, maintaining ecological balance, regulating climate and soil and water conservation are irreplaceable.

It should be emphasized that as the key parts of the two major river systems of the Yellow River and the Changjiang River, their water resources and the water resources play an important role in China. It is the most important water conservation area in Shaanxi Province, while with water volume of 22.2×10^9 m^3, that's 50% of the Shaanxi Province total water resources, and one-third of the Yellow River. Among them, the water resources on the southern slope of the Qinling Mountains are 18.2×10^9 m^3, accounting for 58% of the water resources in southern Shaanxi. It is the source area of Jialing River, Hanjiang River and Danjiang River. It can supply 12×10^9 m^3 to 14×10^9 m^3 of water to Beijing and Tianjin every year. It is also an important water source conservation area for the Middle Route of the South-to-North Water Diversion Project. The water resources on the northern slope of the Qinling Mountains are about 4×10^9 m^3, accounting for 51% of the total surface water resources in Guanzhong Area. It is the main water source for the Weihe River and Xi'an city.

However, it has been becoming increasingly urgent issues of biodiversity protection and ecological security due to enhanced socioeconomic activities in the water conservation areas of the Qinling Mountains in recent decades. Firstly, the ecological service function is seriously threatened with big decrease of water conservation capacity. Due to environmental changes, including climate change and improper human activities (e.g., non-point source pollution), the natural vegetation coverage of the Qinling Mountains has been reduced by from 64% to 46%, and the lower forest line has risen to an altitude of 300-500 m, leading to habitat loss, invasion of alien species, species endangerment or extinction. Soil erosion has intensified and resulted in difficulties of water conservation. For example, soil erosion reached about 50% of the total area in the Qinling Mountains, with an annual soil loss of 8.4×10^8 tons. Since the 1970s, about 80% of the rivers on the northern slope of the Qinling Mountains have become intermittent rivers, and the annual runoff of the Heihe River has decreased by 2.44×10^8 tons. Secondly, the ecosystem is greatly destroyed with severe eco-environment pollution. While the Qinling Mountains are abundant in biodiversity, and resource-dependent economic activities are relatively at low level. This contradiction is obviously observed between ecological protection and rural economic development. While it was increasingly polluted in soil and water quality, the scarcity of cultivated land resources, the extensive use of forest resources, the disorder and over-exploitation of tourism resources have been dangerous threats to protection of water sources and ecological security. The negative impacts of irrational use of water resources and large-scale development of mineral resources have also been highlighted.

Undoubtedly, a thorough investigation on spatiotemporal patterns of biodiversity and ecosystem in perspectives of watershed ecology, an actively exploring of the ecological sustainability in water conservation area under the influence of natural environment changes and social economic activities, and an effectively evaluating ecosystem status and future trend and presenting scientific countermeasures in the Qinling Mountains are of great significance for protection of its ecological environment, biodiversity, security, and service, are also essential to ensuring the abundant and high-quality water resources of the Middle Route of the South-to-North Water Diversion Project and the Guanzhong region.

This book presents our newly research achievements in environment change, biodiversity protection, ecological security in water sources region of the Qinling Mountains, which is in accordance with national strategies at multiple levels. To meet the requirements of this research work, we selected two river basins including the Heihe River Basin and the Danjiang River Basin as case study areas to carry out biodiversity surveys, observations and investigations. We implemented investigation on changes of environment, biodiversity and ecosystems through field experiments observation, laboratory analysis, and model simulation approaches, which includes biodiversity and ecological security assessment model, water resources and quality model, river basin management model from acquisition of multiple datasets such as observations of environmental parameters and biodiversity, remote sensing of ecosystem and land cover use, statistical socioeconomic activities, and model simulation data. We further discussed and projected the changing patterns and dynamic mechanism between biodiversity and wetland environment influenced by physical process and economic activities.

We hope our research findings are able to provide as solid basis for decision making in regulating management of water resources and protection of biodiversity.

This book is organized as two parts. The first part presents observation and experiment results of biodiversity, including aquatic, floral, bird, butterfly and fungi. Aquatic species, community structure, quantity and temporal and spatial dynamics of fish, phytoplankton, zooplankton and benthic animals were identified in the Danjiang River Basin and the Heihe River Basin. The relationship between fish, phytoplankton, zooplankton, zoobenthos and water environment parameters were further illustrated. Plant species composition, biodiversity index, hierarchical structure, and plant community habitats were examined both in the Danjiang River and the Heihe River basin as to illustrate relationships between the plant diversity and water conservation capacity, as well as to discover key processes of environmental change and mechanisms of plant diversity. Bird species and population dynamic changes were investigated in the Taibai Mountain, the Heihe River Basin and the Danjiang River Basin. Integrated with remote sensing and GIS techniques, the bird ecological service values in wetland ecosystems were further addressed. Butterfly diversity investigation was conducted to examine changes of species composition, population, community structure and fauna composition in the Danjiang River Basin and the Heihe River Basin. Spatial variations at different altitudes and temporal changes in different seasons were studied. Meanwhile, butterfly diversity and fauna in different time periods over the past decades were further analyzed. Large fungi diversity dynamics in water conservation areas was obtained through combined analysis of ecological and floristic changes. Distribution pattern, structure and function and their relationships with its habitats changes at community and ecosystem levels were further addressed.

The second part concentrates on evaluating dynamics of ecosystem and biodiversity which were influenced by climate change and human activities through model simulation approaches, as to provide backgrounds for river basin management, biodiversity protection and water security. The core issues were illustrated in two aspects, that's, biodiversity and ecological security influenced by natural environmental change, and ecological compensation and river basin management caused by human activities. Firstly, biodiversity and ecological security assessments were based on our recognition of natural environment changes. After reviewing previous research progress in theoretical basis, evaluation system, and methodology, we developed effective evaluation system of biodiversity and ecological security in water source areas of the Qinling Mountains. Biodiversity and ecological security were evaluated in the Danjiang River and the Heihe River basins, and the status and changes of biodiversity and ecological security of these two major basins were discussed. Secondly, mass (water, sediment and chemical elements) transportation and energy flow model were established to simulate changes of runoff, sediment, heavy rain, flood and non-point source pollution water resources, and water quality and water environment system in different scenarios. Future changes were projected in designed scenarios in connection with environmental change and river basin management. Thirdly, socioeconomic impact on biodiversity, and water resources use, river basin management, and water security in perspective of ecological compensation were explored and discussed through our developed sustainable supply chain practices (SSCP) model. The ecological compensation evaluation model which was based on SSCP model was employed to investigate different ecological compensation systems impacts on regional socioeconomic activities and sustainability. The utility of water environmental protection was further explored.

The contributions that are included in the chapters of the book range from methodology and model calibration to the actual application of systems and studies of recent policy implementation and evaluation. The contributors originate from academic and applied research institutes thus offer a mix of theoretical and practical perspectives in different case study contexts. This book is an indispensable guide for researchers and practitioners interested in its background and its application. Contributors of each chapter are as follows. Preface and Chapter 1, Jie Zhou. Chapter 2, Kaifeng Wang, Tiezhi Jin, Jianlu Zhang, Nina Gou, Bin Yang, Kun Bian. Chapter 3, Bin Li, Yuchao Wang, Yang Li. Chapter 4, Xuebin Gao, Lei Luo, Hongfeng Zhao, Lijuan Suo, Ning Han. Chapter 5, Lijun Fang. Chapter 6, Junzhi Li, Peng Qi, Lu Dai, Liguang Zhang, Yu Liu, Anli Li, Xiaojie Wu, Wenyan Huo, Ting Qiao. Chapter 7, Hongming He, Hongfei Zhao, Jie Zhou. Chapter 8, Hongming He, Yajie Lu, Jie Zhou. Chapter 9, Yongjiao Wu, Jie Zhou. Jie Zhou completed the general editing of each chapter.

This book is a summary of our research on biodiversity and water environment security in key regions of water sources of the Qinling Mountains which was participated by the Shaanxi Academy of Sciences, and Shaanxi Institute of Zoology, Shaanxi Xi'an Botanical Garden, Microbiology Institute of Shaanxi, and Institute of Soil and Water Conservation, CAS & MWR, Institute of Soil and Water Conservation, Northwest A&F University. The research work was jointed funded by the Ministry of Finance, and the Shaanxi Provincial Department of Science and Technology.

目　录

前言

Preface

第一章　研究区自然环境概况 ······ 1

第一节　丹江流域 ······ 3

第二节　黑河流域 ······ 6

参考文献 ······ 9

第二章　水生生物多样性 ······ 11

第一节　水生生物多样性的分布格局 ······ 12

第二节　丹江流域与黑河流域水生生物多样性的分布格局比较 ······ 52

第三节　主要环境因子和水生生物群落与生态系统 ······ 56

第四节　鱼类群落空间分布与环境因素关系 ······ 69

参考文献 ······ 74

附录一　丹江流域鱼类名录 ······ 77

附录二　黑河流域鱼类名录 ······ 80

第三章　植物多样性 ······ 83

第一节　植物多样性监测技术方案 ······ 84

第二节　秦岭重要水源涵养区植物物种多样性及其分布 ······ 88

第三节　秦岭水源涵养区主要植物群落的类型、结构、功能及其与环境因子的关系 ······ 103

第四节　秦岭重要水源涵养区的典型植被类型 ······ 107

第五节　秦岭水源涵养区重要植物物种对水环境的指示 ······ 111

参考文献 ······ 115

附录一　黑河流域的维管植物名录 ······ 117

附录二　丹江流域（陕西段）的维管植物名录 ······ 145

第四章 鸟类多样性 ······ 173
第一节 样区选择 ······ 174
第二节 研究方法 ······ 176
第三节 鸟类的物种多样性 ······ 178
第四节 秦岭水源涵养区鸟类的指示物种 ······ 214
第五节 丹江湿地生态系统服务功能价值评估 ······ 217
参考文献 ······ 223
第五章 蝴蝶多样性 ······ 225
第一节 秦岭重要水源涵养区蝴蝶群落结构及其多样性 ······ 227
第二节 秦岭重要水源涵养区蝴蝶多样性分布格局 ······ 240
参考文献 ······ 250
第六章 大型真菌多样性 ······ 253
第一节 大型真菌多样性分布调查 ······ 254
第二节 大型真菌多样性的分布格局 ······ 263
第三节 秦岭重要水源地大型真菌区系多样性研究 ······ 267
第四节 土壤重金属污染的评价及与大型真菌富集效应的关系 ······ 272
参考文献 ······ 278
第七章 生物多样性与生态安全 ······ 281
第一节 生物多样性与生态安全评价指标体系及评价方法 ······ 282
第二节 秦岭南北坡及典型流域的生物多样性评价 ······ 293
第三节 秦岭南北及典型流域生态安全评价 ······ 305
参考文献 ······ 313
第八章 水资源水环境系统耦合分析 ······ 317
第一节 流域水资源水环境模型与模拟 ······ 318
第二节 环境变化对陕西省黑河流域水文状况的影响 ······ 330
第三节 流域土壤生态环境的评价 ······ 345
参考文献 ······ 359
附录一 ······ 364
附录二 ······ 366
附录三 ······ 368
第九章 流域管理、生态补偿与社会经济发展 ······ 369
第一节 流域管理绩效评价模式构建 ······ 370
第二节 生态补偿评价指标体系 ······ 380
第三节 对黑河流域产业布局的建议 ······ 390
参考文献 ······ 391

1

第一章 研究区自然环境概况

秦岭的自然地理环境包括地貌、气候、生态、水文等的形成，离不开长期的地质构造运动和地貌演化这一核心驱动力。因此，认识秦岭的自然环境及其特点，首先必须了解秦岭自身的形成和演变过程。

根据目前普遍认可的研究结果（张国伟等，2001），秦岭地区真正意义上从海洋完全上升为陆地，是在距今2亿年前的中生代早期。由于全面的陆-陆碰撞，最终形成板块碰撞造山带，介于华北地块和扬子地块之间。在晚侏罗纪至白垩纪，受印支-燕山运动的影响，秦岭山脉不断隆升，发生垂直分异和断陷作用。在中生代和新生代时期，许多盆地如汾渭盆地、洛南盆地、安康盆地、汉中盆地等相继发育，从而奠定了褶皱断块山地和盆地的基本格架。从新生代早期开始，由于喜马拉雅运动的影响，秦岭发生断块式垂直隆升，渭河盆地断陷，接受巨厚的沉积充填。

距今360万～260万年的上新世末至更新世初，秦岭又发生强烈的垂直升降运动，渭河地堑大范围沉降。在更新世时期，发源于秦岭的河流如汉江、嘉陵江等间歇性下切，河流普遍发育3～4级阶地。至此，由高耸的山脉、深切的峡谷和断陷盆地组成的秦岭现代地貌格局完全形成。由于北仰南倾的断块构造，秦岭南坡平缓，长达100～120 km，群山毗连，台地和盆地相间，地形以丘陵为主；而北坡险峻，总坡长不到40 km，断层高悬，山势陡峻，形成千崖竞秀的壁立山峰。

长期的区域地质演化尤其是构造隆升，使高峻的秦岭东西横亘于中国大陆，造成了我国自然地理上的南北分界。在气候上，形成一道天然屏障，使得秦岭北侧为暖温带半湿润气候，南侧为北亚热带湿润气候。在水文上，成为黄河流域和长江流域的分水岭。北坡河流较少，南坡则水系密布。在植物上，秦岭北坡以温带落叶阔叶林和针阔叶混交林为主，南坡以常绿阔叶林为主，并成为华北植物区系和华南植物区系的交汇处，不仅生物多样性丰富，植被垂直分带分布也十分明显。在动物上，秦岭将动物区系分割为古北界和东洋界，两类差异颇大的动物在这里交会、融合。

丹江流域和黑河流域是秦岭在长期的区域地质演化过程中，于南北坡形成的极其重要的两大水源地，它们既是秦岭南北水系的代表，源源不断地为汉江和渭河注入干净的水流（图 1-1），同时也是秦岭构造变迁的缩影，分别记录着秦岭南北坡地质、气候、生物演化的历史过程。

图 1-1 丹江流域和黑河流域位置示意图

第一节　丹 江 流 域

一、地理位置

丹江，位于北纬 32°30′～34°10′，东经 109°30′～112°00′，是长江中游北侧汉江最长的一条支流。其发源于秦岭山脉的凤凰山南麓（陕西省商洛市西北部），流经商洛市商州区、丹凤县、商南县，于商南县荆紫关镇附近出陕西进入河南省淅川县，向南在湖北省注入丹江口水库（图 1-2）。全长 443 km，总流域面积 16 812 km^2。

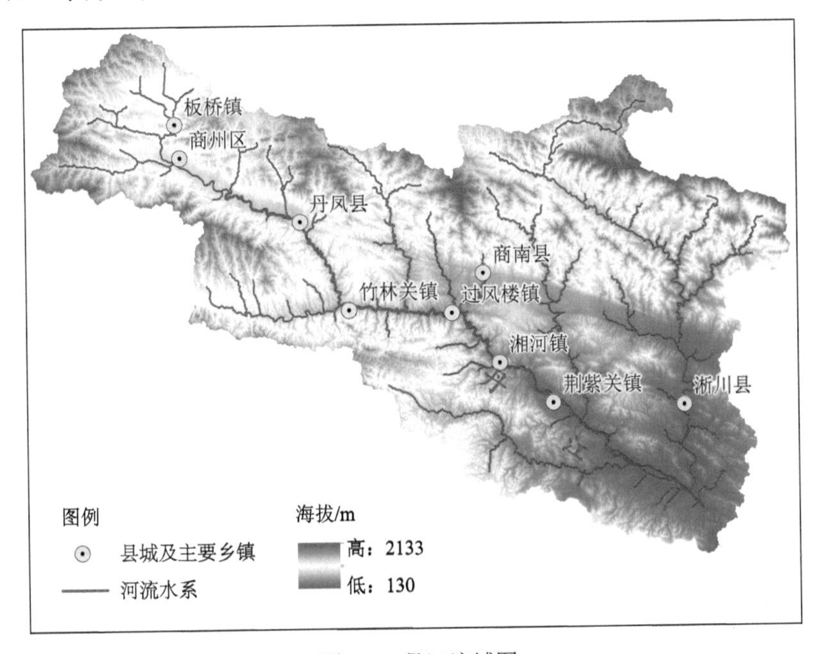

图 1-2　丹江流域图

二、地质地貌

丹江流域位于秦岭东南段，区域构造上属东秦岭褶皱系。地跨两大地质构造单元：以铁炉子向东至马角一线为界，北部属华北准地台南缘的商渭台缘褶皱带，南部属秦祁地槽东秦岭褶皱系的加里东和华里西褶皱带。区域地层出露比较完整，包含了从太古界至新生界各个时期的地层。岩性主要有变质岩、碎屑岩、碳酸岩、混合岩及第四纪堆积物。北部以古生代变质片岩、碳酸盐岩和岩浆岩为主。中部主要分布沉积岩、变质岩。在丹江以南仍以石灰岩为主，在丹江沿岸，荆关—大石桥—马蹬，属淅川县狭长的红色盆地区，主要是红色泥砂岩、页岩、砾岩（张国伟等，1988）。流域最高处为丹江源头凤凰山，海拔 1964.70 m，最低为丹江干流河谷出境处，海拔 210 m。因受区域地质及地貌影响，经过长期发展变化，干流两岸支流密布、犬牙交错，构成了典型的网状水系。流域主要的地貌类型为河谷盆地、低山丘陵和中低山 3 个单元。

根据地貌发育的特征，丹江主要由 4 个河段构成。

1. 商县二龙山以上，是以峡谷为主的河段

海拔为 730～1500m，比降一般为 0.5%～1%。铁炉子以上为典型的“V”形谷，河槽窄狭，谷坡陡峭。铁炉子以下，河谷逐步开阔，在曲流处分布着一些不对称的曲流阶地。板桥河口至程家坡河口，河谷又缩窄为峡谷。河床为沙、砾石。两岸山大坡陡，河谷宽度一般为 100～200 m，麻街附近稍宽，约有 300 m，秦岭峡口、关隘仅宽 6 m 左右。

2. 商州程家坡与丹凤日月滩之间，地处商丹盆地，属于宽谷河段

河床海拔为 540～730 m，比降为 3.3‰。河谷宽度为 1000～3000 m。两岸谷地开阔，阶地十分发育。由河床向两侧，依次是滩地、丘陵和低山。河谷地势平坦，河道迂回曲折，形成开阔的曲流形谷地。其间有两个峡口，即东龙山和马鞍岭。两岸有大片的河滩地，农田连片，俗称“百里州川”。

由于川塬周围的土石丘陵和低山水土流失比较严重，支流含沙量比较大，特别是在洪水季节，挟带大量的泥沙，当流出丘陵或低山以后，随着沟床坡度的减小，流速变缓，把挟带的泥沙和砾石等堆积在丹江两岸的低阶地上，在沟床逐年淤积抬高的情况下，造成高悬在阶地面以上的地上沟床经常洪水泛滥（夏、秋两季）。

3. 丹凤日月滩至竹林关之间，以峡谷为主

河床海拔为 400～540 m，比降为 2‰～3.3‰。河床多细砂、砾石，山地多由变质岩和砂岩组成，河谷窄狭，陡峭，谷坡多为 30°～70°，水流湍急。峡谷地段耕地稀少，仅在日月滩和竹林关以上的孤山坪等处有部分农田分布。

4. 竹林关至商南县月亮湾之间，属于典型的宽谷与峡谷相间的串珠状河段

河床海拔为 200～400 m，比降为 2%。滩地较多，如梁家湾、华家湾、柳树湾。在河流曲流的凸岸多有塬地，如焦家塬、张塬等。河床为沙、砾石。河谷比较开阔，多曲流，水流较缓，如黄洲奎、龙脖子、湘河街、梳洗楼等都是著名的河湾段。湘河、竹林关、柳树湾、过风楼等地河谷宽达 200～600 m。过风楼到湘河，有一段长达 10 余千米的峡谷，通称湘河峡谷，两岸山高、坡陡，坡度大都为 30°～60°，水流湍急。

三、气候与水文

丹江流域具有北亚热带气候和暖温带气候特点。冬季寒冷少雪，春季干旱多风，夏季炎热，局地暴雨较多，秋季阴雨连绵。年平均气温由北向南、由西向东递增。多年平均气温为 11～14℃，年极端最高温度为 40.5℃，年极端最低温度为−12℃。

丹江流域降水量受气候和地形的影响，降水分布极不均匀。年降水量随地形高度增大而增加，因而山地为多雨区，且暴雨较多，中上游为暴雨多发区，河谷及附近川道为少雨区。流域年平均降水量为 743.5 mm，最大降水量为 1072.3 mm，最小降水量为 445.7 mm，最大降水量是最小降水量的 2.4 倍。年内分配极不均匀，每年 7～9 月降水量为 332.9 mm，占年降水量的 44.8%，12 月至次年 2 月的降水量为 28.3 mm，仅占年降水量的 3%～4%，即 7～9 月降水量为 12 月至次年 2 月的 10～12 倍。

丹江流域年水面蒸发量为 1298.3 mm。丹江上游为高山区，年水面蒸发量小，为

979.3～1271.2 mm；下游蒸发量大，年水面蒸发量为 1112.9～1557.5 mm。蒸发量的年内变化与气温关系密切，冬季气温低，蒸发量小，最小月水面蒸发量为 27.8 mm，不足年水面蒸发量的 3%。随着气温增高，风速加大，总蒸发量显著增高，最大月水面蒸发量为 263.9 mm，占年水面蒸发量的 20%以上。

丹江流域多年平均径流量为 8.2×10^8 m^3，受季节性气候变化的影响，径流量的年内分配不均。枯水期河水主要靠地下水补给，径流量小而稳定。洪水期径流量变化较大，7～10 月径流量为 3.6×10^8 m^3，占年径流量的 44%。径流量年际变化大，最大年径流量为 1.63×10^9 m^3，是最小年径流量（2.6×10^8 m^3）的 6～7 倍。丹江流域除丹江口水库外，有中型水库 1 座，小型水库 19 座，总库容量为 12 588.4 万 m^3，控制面积为 2005.31 km^2（任建民，2002）。

四、土壤

据 1981 年土壤普查结果，丹江流域土壤类型主要有黄棕壤、棕壤、黄褐土、石灰土、水稻土、潮土、紫红土等，以黄棕壤和石灰土为主。土层厚度为 20～40 cm，坡耕地厚度一般不足 30 cm。海拔 1300 m 以上的山地、桦木林地、华山松及栎林混交林地大都为棕壤；海拔 1000～1300 m 的油松与栎林下土壤是褐土向棕壤的过渡地带；海拔 700～1000 m 为褐土地带；海拔 500～700 m 多为淤土、潮土和水稻土。

五、植被

丹江流域处于暖温带落叶阔叶林向北亚热带常绿落叶阔叶混交林的过渡带，是亚热带、暖温带、寒温带植物交错分布区，树木种类繁多，植被类型较为复杂，区域内森林覆盖率为 23.15%。具有明显的多带广谱性质的垂直分布，植被垂直带谱随着海拔从低到高依次是农田和栽培植物带、阔叶林带和针阔叶混交林带。

1. 农田和栽培植物带

海拔为 200～700 m 的低山丘陵地带，地形开阔平缓，水热条件好，是主要的农作物种植区。自然植被以落叶阔叶林为主，并夹杂有常绿阔叶树种与针叶树种，针叶树种有马尾松、杉等，落叶阔叶树种有锐齿栎、乌桕、青檀、油桐、柑橘等，常绿阔叶树种有女贞、棕榈等；局部有小黄构-杂类草灌草。

2. 阔叶林带

海拔为 700～1200 m。以落叶阔叶林为主。河谷区开发为农田，两侧山坡地以阔叶树为主，山顶有人工栽种或飞机播种造林的针叶树，形成了针阔叶混交林，局部仍为灌丛林或裸露的山体；落叶阔叶树种为麻栎、香椿、刺槐、桃、梨等，针叶树种为侧柏、油松、马尾松等，灌木有酸枣等。

3. 针阔叶混交林带

海拔为 1200～1600 m。分布以栎类次生林为主的落叶阔叶林、块状分布的天然油松林及以油松为主的针阔叶混交林。山顶局部为灌丛林，沟谷为零星分布的农田。落叶阔叶树种主要有栎类、山杨、漆树、板栗、茅栗、核桃等，针叶树种为油松和华山松，灌木树种有马桑、黄栌、盐肤木、胡枝子等。

第二节 黑河流域

一、地理位置

黑河，位于北纬 33°42′～34°13′、东经 107°43′～108°24′。发源于秦岭太白山北麓之芒谷，由西南向东北，流经厚畛子镇、陈河镇，至周至县马召镇附近的武家庄峪口后，由东北尚村镇的石马村入渭河（图 1-3）。黑河是渭河右岸的较大支流，全长 1258 km，集水面积 2258 km^2。

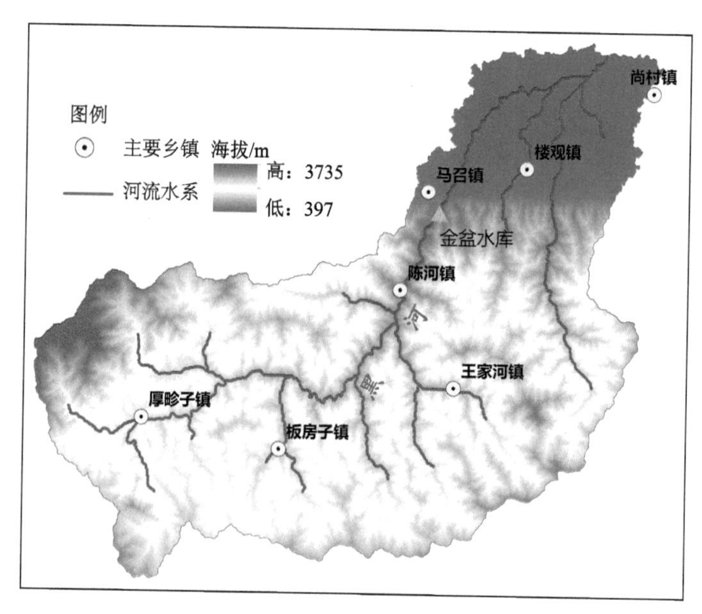

图 1-3 黑河流域图

二、地质地貌

黑河流域堪称秦岭造山带地质遗迹的缩影。从古生代开始至三叠纪末，经过多次区域构造的强烈运动和多期岩浆活动，变质作用和混合岩化作用十分显著，从而形成多旋迴褶皱的复杂构造带。

其地层可分为两部分：厚畛子—沙梁子—双庙子一线以北，主要是前震旦系秦岭群和长城系宽坪群，属太古代和元古代地层，组成岩石为中至深度变质的各类片岩、片麻岩、变粒岩、石英岩、大理岩、斜长角闪岩等；厚畛子—沙梁子—双庙子一线以南，主要为中泥盆统和中石炭统地层分布区，组成岩石主要为浅变质的千枚岩、粉砂岩、砂岩、大理岩和变质火山岩。这一复杂而优越的地质条件，使得该区域蕴藏着多种金属和非金属矿产，已发现的有金、银、铜、铁、锌、钴、石灰岩、大理岩、花岗岩、蛇纹岩等16种矿种。流域内峰岭错列、山崖陡峻、岩石外露。黑峪口以上流域平均高程为海拔1850 m，分水线平均高程为海拔2400 m，其中太白山主峰高达3767 m。

黑河支流众多，流域面积大于10 km^2以上的支流有30余条。右岸支流主要发育在断块的剥蚀面上，近似平行地由北向南，河道短而比降大。左岸支流主要发育在向南倾斜的太白山次一级断块的剥蚀面上，流向为西北—东南，平行展布，与黑河干流成直角相交。黑河河源段因受太白山主峰和光头山耸起的影响，支流流向多变，转折较大，为典型的钓钩状水系。黑河流域面积大于100 km^2的支流有大蟒河、板房子河、田峪河等。

流域地貌类型大体可分为：低山陡坡型，海拔600～1000 m；中山陡坡型，海拔1000～3500 m；高山陡坡型，海拔3500 m以上。

1. 源头至黑峪口，地貌类型为中高山

源头至黑峪口高差达2537.2 m，比降大，水流急，到黑峪口逐渐变得开阔，为典型的“U”形谷，两旁坡度平缓，植被较差，河道平直，峪谷右岸有阶地发育。沿途流域内含有广泛分布的第四纪冰川遗迹及典型的冰川地貌。涉及的乡镇主要有陈河乡、厚畛子镇、板房子镇、王家河镇，以及集贤镇、骆峪镇、马召镇、楼观镇的部分，面积为1887 km^2，域内人口稀少，水资源开发利用程度较低，为黑河流域的主要产水区。

2. 黑峪口至渭河，主要为低山丘陵

黑峪口至渭河高差75.7 m，河床比降2.13%，由于坡度渐缓，水流悠慢，主河道横向摆动明显，具有明显的边滩和心滩，包括二曲街道、富仁镇、司竹镇、终南镇及广济镇、尚村镇、集贤镇、骆峪镇、马召镇、楼观镇的部分面积。该区以平原为主，面积为371 km^2。

三、气候与水文

黑河流域位于秦岭北麓，属暖温带半湿润大陆性季风气候区，四季分明，冬夏温差大，多年平均气温为13.2℃。受地形地貌、大气环流、太阳辐射等综合因素影响，降水、蒸发等气象因素在时空分布上有较大差异。黑峪口以上流域多年平均降水量约810 mm，南部深山区可达900 mm以上，降水量在时间分布上差异也较大，夏季常出现暴雨，7～10月降水量约占全年的60%以上。具有春暖干燥、夏季燥热多雨、秋季湿润、冬季寒冷少雨雪的气候特点。南高北低的地形引起受热不均，导致降水量时空分布不均匀。在夏季易引起局地气流对流和动力抬升，常出现暴雨、冰雹和旱情，冬季寒冷干燥，春秋季气温波动大。水面蒸发量则与降水量相反，秦岭北麓深山区多在800 mm以下，其余中浅山区在1000 mm左右。季节的变化引起风向的改变，一般冬季盛行偏北风，夏季多为偏南风，春秋季以偏北风为主。全年平均风速为1.3～1.9 m/s（吴景霞，2008）。

该流域径流主要由降雨形成，径流量年际变化较大，年内分配亦不均匀。多年平均

径流量为 6.67×10^8 m^3。流域面积较大的支流由南向北分别为大蟒河、板房子河、虎豹河、王家河、田峪河等。河流总的特点是河源近、流程短、比降陡。这些河流接受山区降水、高山冰雪融水和地下水的补给，河川径流量沿程增加。河系呈羽形，流域平均宽度为 16.2 km，支流多集中于右岸，右岸集水面积为左岸的 3 倍。流域内主要的水利工程有金盆水库、黑惠渠引水灌溉工程及下游的引黑灌溉工程（杨海坤和莫淑红，2006）。

流域水资源总量为 7.9×10^8 m^3，其中地表水资源量为 6.9×10^8 m^3，地下水资源量为 3.2×10^8 m^3，水资源重复计算量为 2.2×10^8 m^3。地表水资源可利用量为 3.2×10^8 m^3，占地表水资源量的 47.1%，地下水资源可利用量为 1.24×10^8 m^3，扣除地表水与地下水资源的重复利用量，水资源可利用总量为 3.5×10^8 m^3（赵淑兰，2012）。

四、土壤

黑河流域的土壤类型以褐土、棕壤、暗棕壤及高山草甸土为主，随生物和气候带的变化，呈明显的垂直带性分布。土壤的分布规律大致是：从北往南，浅低山区为褐土，中高山区为棕壤，高山区为暗棕壤和高山草甸土。中高山区河道两侧的农耕地，其土壤类型大体介于褐土与棕壤之间。

五、植被

黑河流域主要植被包括 3 个垂直带，即农田和栽培植物带、低山阔叶林带及中山针阔叶混交林带。

1. 农田和栽培植物带

海拔为 500～700 m。由于长期人类经济活动，原有的自然植被已经不复存在，山坡土地已基本开发为农田。这里山势低缓，局部地段被黄土覆盖，河谷上部较开阔，林地和农田交错分布。该地带受山口内外居民的影响，开发强度大，生态破坏严重，退耕还林工程实施后，山顶部及不易开展农耕生产区域的植被正在恢复，成为次生灌丛林。另外，金盆水库的修建增加了水域面积，堤坝周边栽种了景观树、草皮等。本带农作物以小麦、玉米为主。次生灌丛林主要为锐齿栎等。栽培树种有杨、柳、槐等及常绿的景观树如大叶女贞和草皮。

2. 低山阔叶林带

海拔为 700～1700 m。该植被垂直带的树木种类较多，且植被类型较为复杂。人类经济活动主要集中于公路沿线，山坡较缓且沟谷开阔的区域改变为农田或栽植的经济植物。长期以来，由于过量采伐，森林面积缩小，出现大面积裸岩和以草本灌木为主的荒坡。农业经营主要在河谷阶地和坡地上进行人类活动，对生态环境的破坏明显。原有的针阔叶混交林已经改变为以阔叶次生林或次生灌木林为主，阔叶次生林在保护区内生长较好。主要乔木有栎类，如锐齿栎、辽东栎、栓皮栎、岩栎、槲栎，还有青椴槭、色木槭、簇毛槭、榛子、毛白杨等，灌木主要有悬钩子、黄栌、石香花、杭子梢、霸王鞭、鸡窝草等。

3. 中山针阔叶混交林带

海拔为1700～1900 m。此带基本没有人类经济活动，属于针阔叶混交林带的下限，阔叶树种占优。森林覆盖率达到70%以上。乔木树种主要包括锐齿栎、栓皮栎、短柄枹栎、红桦、杨树、漆树，针叶树种主要为华山松、秦岭冷杉，灌木有忍冬、蔷薇、杭子梢和秦岭箭竹。

黑河流域内有3个国家级自然保护区：陕西太白山国家级自然保护区、陕西周至国家级自然保护区和陕西黑河珍稀水生野生动物国家级自然保护区，它们在流域内的面积分别为128.8 km^2、380 km^2和46.19 km^2。自然保护区内森林植被均良好，这对保护水源是十分有利的。另外，黑河流域内还拥有厚畛子、小王涧和永红3个国有林场，这对于水源区域森林，即涵养林的保护是极其有利的。

根据黑河流域的森林覆盖率统计，流域内有林地面积占总面积的89%，森林覆盖率（有林地与灌木林地合计占总面积的百分比）达92.8%。

参考文献

任建民. 2002. 丹江流域水文特征浅析. 西北水力发电, 18(4): 57-59.
吴景霞. 2008. 西安黑河流域水文要素变化特征分析. 水利科技与经济, 25(5): 874-875.
杨海坤, 莫淑红. 2006. 黑河流域主要水文要素变化特征分析. 西北水利发电, 22(1): 28-31.
张国伟, 于在平, 孙勇, 等. 1988. 秦岭商丹断裂带边界地质体基本特征及其演化. 西安: 西北大学出版社.
张国伟, 张本仁, 袁志诚, 等. 2001. 秦岭造山带与大陆动力学. 北京: 科学出版社.
赵淑兰. 2012. 黑河流域水资源供需平衡分析. 浙江水利科技, (5): 32-34.

2

第二章　水生生物多样性

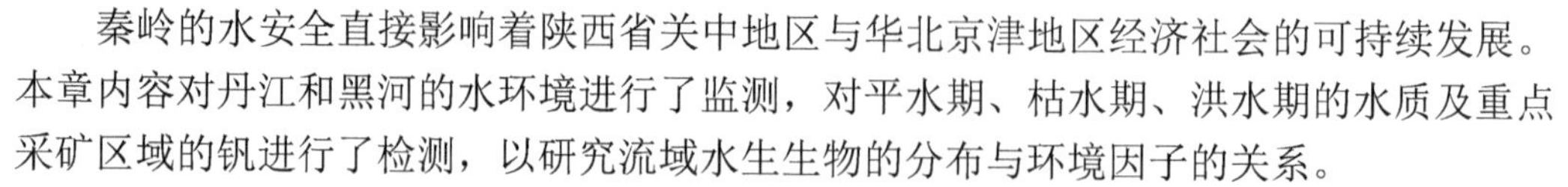

秦岭的水安全直接影响着陕西省关中地区与华北京津地区经济社会的可持续发展。本章内容对丹江和黑河的水环境进行了监测，对平水期、枯水期、洪水期的水质及重点采矿区域的钒进行了检测，以研究流域水生生物的分布与环境因子的关系。

鱼类群落的时空格局主要是由环境因子在时间和空间尺度上的异质性引起的，影响鱼类群落分布的主要因子有：水深、温度、溶解氧、浊度、水系、底质类型等，并且这些环境因子随不同地区而变化。丹江和黑河属于山川型河流，落差大，不同采样河段海拔差别较大，随着海拔的升高，调查样地的河段水温逐渐降低。

第一节　水生生物多样性的分布格局

一、秦岭重要水源地涵养区水生生物多样性分布格局的总体特征

（一）样区和采样点的设置

根据河流的流态和水库的特点，原则上以海拔每升高 100 m 选择一个样地，分别布设监测点。共设置 8 个调查样区，布设监测点 37 个，水样采集点 33 个。其中，8 个样区为：黑河流域 3 个，即金盆水库、板房子、厚畛子；丹江流域 5 个，即仙鹅湖及丹江源区、商丹开发区、竹林关、中村镇、湘河镇（表 2-1，图 2-1，图 2-2）。

表 2-1　各样区及其调查样点分布

溪流名称、位置	样点	北纬	东经	海拔/m	备注
黑河金盆水库	坝（鱼类采集点）	34°02′32.81″	108°12′09.11″	557	仅鱼类调查
	库尾（入水口，坝前上游约 19 km）	34°01′16.88″	108°11′10.63″	548	水样采集
	库心（浮标站）	34°02′00.57″	108°11′16.14″	550	水样采集
	坝前（水质监测船）	34°02′52.66″	108°12′22.40″	549	水样采集
	副库（底栖动物采集点）	34°03′02.58″	108°11′56.25″	585	仅底栖动物调查
陈河	坝下	33°58′38.22″	108°08′54.18″	649	水样采集
虎豹河	坝上	33°53′12.97″	108°05′32.39″	792	水样采集
板房子	陈家嘴	33°47′17.75″	107°58′41.20″	1313	水样采集
	庙沟口	33°48′49.00″	107°59′48.71″	1129	水样采集
	元潭子	33°50′14.83″	108°00′49.74″	1138	水样采集
厚畛子	清水河沟口	33°50′59.62″	107°51′34.19″	1229	水样采集
	沙坝	33°50′43.27″	107°49′02.61″	1323	水样采集
	花耳坪	33°50′40.29″	107°49′56.38″	1260	水样采集
二龙山水库	航点 001（库前）	33°54′06.51″	109°54′54.77″	765	水样采集
（仙鹅湖）	航点 002（鱼类采集点）	33°55′44.43″	109°54′14.59″	749	仅鱼类调查

续表

溪流名称、位置	样点	北纬	东经	海拔/m	备注
	库心	33°54′59.81″	109°54′50.19″	760	水样采集
	东湖	33°55′16.59″	109°55′00.87″	772	水样采集
	西湖	33°55′45.85″	109°54′17.75″	753	水样采集
	二龙山坝下	33°53′09.36″	109°54′37.80″	727	水样采集
黑龙口镇	前街村	34°00′23.03″	109°44′13.02″	887	水样采集
（丹江源区）	铁炉子村一组	34°02′36.09″	109°41′29.75″	992	水样采集
	铁炉子村六组（捕鱼）（硫酸厂）	34°03′18.91″	109°40′39.71″	1041	仅水质分析仪测量
	月亮湾	34°04′34.42″	109°39′23.90″	1229	水样采集
商丹开发区	堡子村	33°42′44.25″	110°14′40.55″	574	水样采集
	何塬	33°46′23.66″	110°06′49.57″	636	水样采集
	杨村	33°48′36.99″	110°01′50.85″	672	水样采集
	费村	33°50′19.92″	109°58′52.86″	690	水样采集
竹林关	冀家湾	33°27′43.48″	110°28′39.44″	407	水样采集
	梁家湾	33°27′47.82″	110°30′52.62″	402	水样采集
	堰坝	33°28′52.50″	110°25′44.40″	409	水样采集
中村镇	下窄巷（银花镇）	33°26′48.01″	110°13′39.22″	578	水样采集
	上窄巷	33°27′02.83″	110°13′15.4″	576	水样采集
	捷峪	33°28′17.92″	110°11′07.14″	627	水样采集
	弯里	33°27′40.02″	110°08′36.22″	768	水样采集
湘河镇	大泉	33°17′05.11″	110°57′29.30″	225	水样采集
	枣园	33°17′14.64″	110°56′22.80″	230	水样采集
	大桥上	33°18′57.19″	110°54′41.62″	240	水样采集

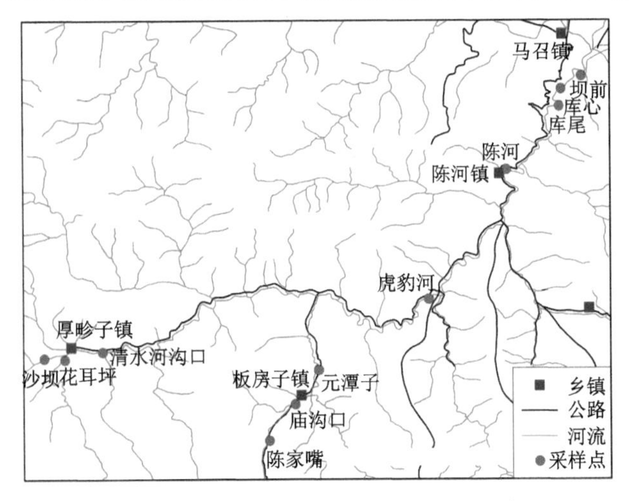

图 2-1 秦岭黑河流域调查样区采集点示意图

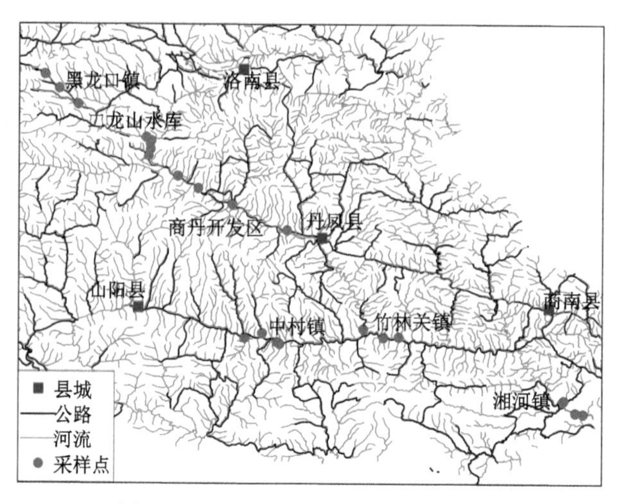

图 2-2　丹江域调查样区采样点示意图

（二）调查方法及数据处理

1. 鱼类

1）调查方法

库区：金盆水库采样点选择坝前、库心和入水口（距坝前约 19 km）3 个点；仙鹅湖水库呈“Y”形，库区采样点选择库心、东湖和西湖 3 个点。依照《内陆水域渔业自然资源调查手册》，以定置张网截捕和迷魂阵捕捞的方法进行鱼类采集（张觉民和何志辉，1991），将捕获鱼类现场统计后就地放生。

河流：采用样方捕尽法采样，选择 100 m 的河段用电赶鱼网捕法。对于水深较深且河面超过 10 m 的河段，沿河流一侧边缘（约为河宽一半）用电捕器将鱼尽量捕尽，同时在深水区下地笼网。具体操作时调整电捕器电压，瞬间电击，使鱼短期昏迷，迅速分类统计和称重。个别疑难种类用 10%福尔马林溶液保存并带回实验室，据《秦岭鱼类志》（陕西省动物研究所等，1987）、《陕西鱼类志》（陕西省水产研究所和陕西师范大学生物系，1992）和《中国淡水鱼类检索》（朱松泉，1995）等进行种类鉴定。

2）数据分析

鱼类多样性采用 Shannon-Wiener 指数（H'）、Pielou 均匀度指数（J）、Simpson 指数（即优势度指数，D）、相似性系数（D'）（孙儒泳，2001）、Margalef 物种丰富度指数 d_{Ma}（Margalef，1957）等多样性指数进行分析。

（1）物种多样性指数（H'）：采用 Shannon-Wiener 指数进行计算

$$H' = -\sum_{i=1}^{n} P_i \log_2 P_i$$

式中，P_i 为物种 i 的个体数量与所有物种总数之比。

（2）均匀度指数（J）：采用 Pielou 均匀度指数（J）进行计算

$$J = H'/H_{\max}$$

式中，H_{max}为$\log_2 S$，S为物种数。

（3）优势度指数（D）：采用 Simpson 指数（D）进行计算

$$D = 1 - \sum_{i=1}^{n} (P_i)^2$$

式中，P_i为物种i的个体数量与所有物种总数之比。

（4）物种丰富度指数（d_{Ma}）：采用 Margalef 指数进行计算

$$d_{Ma} = (S-1) / \log_2 N$$

式中，N为样品中所有物种的总个体数；S为总物种数。

（5）相似性系数（D'）：计算如下

$$D' = \frac{2c}{a+b}$$

式中，a为样本 A 中的种数；b为样本 B 中的种数；c为样本 A、B 中共有的种数。

Pinkas 等（1971）的相对重要性指数（index of relative importance，IRI）被用来研究鱼类群落优势种的成分：

$$IRI = (W_i + N_i) \times F_i$$

式中，N_i为物种i个体数占总个体数（N）的比值；W_i为物种i的重量占总重量（W）的比值；F_i为物种i出现的站数占调查总站数的百分比。选$IRI \geqslant 0.10$为优势种，$0.01 \leqslant IRI < 0.10$为常见种，$IRI < 0.01$为稀有种。

2. 浮游生物和底栖动物

1）调查方法

A. 浮游植物的采集

定量采集：在定性采集前进行。除水库外（黑河金盆水库和二龙山水库），本次调查河流水深均小于 3 m，宽度均小于 50 m，在每条河流的中央处用采水器在水面下直接取水 1000 ml，且需多点取水，共采集 10～20 L，混匀后取 1 L。在冬、春枯水期，水深不超过 10 cm，不能使用采水器，采用量杯直接在河中舀水 1000 ml。

由于黑河金盆水库、二龙山水库水深超过 3 m，采样需要分层采水，分别在底层、表层 0.5 m 处采样；超过 5 m 在中层增加一个取样点，尽量采用多点采水；定量样品应在定性采样之前用采水器采集。每个采样点应采水样 1000 ml。分层采样时，可将各层所采水样等量混匀后再定量到 1000 ml。

定性采集：采用 25 号筛绢制成的浮游生物网在河流表面缓慢拖曳采集，将网头中的水样收集到样品瓶，冲洗过滤网，过滤物也收集到样品瓶。

样品现场加入鲁哥氏液固定，用量为水样体积的 1%～1.5%（并加入少量福尔马林溶液）；定量样品带回室内静置沉淀 24～48 h，浓缩至约 30 ml，保存待检。

定量分析：采用浮游植物计数框在高倍显微镜下按照《内陆水域渔业自然资源调查

手册》《中国淡水藻类——系统、分类及生态》进行观察计数。再根据实际观察计数结果，换算为每升水体的密度（$\times10^4$ ind./L）和生物量（mg/L）。

B. 浮游动物的采集

原生动物、轮虫：与同断面的浮游植物共用一份定性、定量样品。

枝角类、桡足类：浮游动物存在明显垂直分布格局，所以采集方法因水体深度而不同。水深＜0.5 m时，只在水面下取水；水深＜1 m时，分别取表层水与底层水，混合。定量样品在定性采样前用采水器采集，采水50 L，用25号浮游生物网过滤浓缩，将网头中的浓缩样品放入样品瓶中，并用滤出水冲洗过滤网3次，所得过滤物放入样品瓶，样品定量至50 ml。定性样品水深＜0.5 m时，用13号浮游生物网在表层缓慢拖曳采集，水深＜1 m时同时用采水器取底层水过滤浓缩，将网头中的水样放入样品瓶，冲洗过滤网，过滤物也放入样品瓶。样品均现场用37%～40%甲醛溶液固定，用量为水样体积的5%；带回室内静置、沉淀24～48 h，浓缩至30 ml，保存待检。

沉淀和浓缩：方法同浮游植物。

定量分析：采用浮游生物计数框在高倍显微镜下参照《淡水微型生物图谱与底栖动物图谱》（周凤霞和陈剑虹，2010）进行观察计数。再根据实际观察计数结果，换算为每升水体的密度（10^4 ind./L）和生物量（mg/L）。

定性分析：方法同浮游植物。

C. 底栖动物的采集

每个调查点分别进行底栖动物的定量、定性采集。定量采集方法一种是泥底断面使用1/16 m^2彼得逊采泥器采集底泥，每个调查断面随机采集5～10次，底泥采用40目和60目分样筛进行筛选；另一种是在河滩及浅水处用刷石法取样，通过测量附着面石头的面积进行定量计算。定性样品的采集是在河岸及浅水处拾取底栖动物。所采集底栖动物用4%甲醛溶液固定后带回实验室，再移入75%乙醇中长期保存。在室内进行种类鉴定、个体计数、称重（0.0001 g）和生物量计算。

2）数据分析

A. 优势种

采用相对重要性指数（*IRI*）确定浮游生物优势种类。

B. 群落生物多样性指数

结合Shannon-Wiener指数（H'）、Margalef物种丰富度指数（d_{Ma}）、Simpson指数（D）对各调查断面不同季节浮游生物的多样性进行比较。

摄食类群相对丰度=群落内某类摄食类群个体数目/群落内所有物种个体总数×100%。

二、水生生物多样性分布格局总体格局

1. 鱼类

由于秦岭地处暖温带与北亚热带的分界线，山脉南北的气候差异较大，其西端与青藏高原相接，山脉东西的自然条件也有显著差异，因此差异的气候及环境造就了秦岭地区丰富的鱼类种类。其区系特征是它既坐落于鲤科东亚类群鱼类分布的中心区内，同时

又是南北鱼类类群分布的交替区，其西端还是青藏高原鱼类分布的边缘区（陕西省动物研究所等，1987）。

本次调查的区域：丹江属于汉江的一级支流，位于汉江北岸，狭义秦岭的东段；黑河流域属于渭河的一级支流，位于渭河南岸，狭义秦岭的中段。调查区域鱼类分布的特征如下。

（1）鱼类的种类较为丰富。本次调查丹江鱼类 27 种，黑河鱼类 15 种。

（2）鱼类区系成分复杂。从鱼类区系复合体来看，丹江鱼类为 7 种区系成分，占我国淡水鱼类区系复合体种类数的 87.5%；黑河鱼类有 4 种鱼类区系复合体，占我国淡水鱼类区系复合体种类数的 50%。体现了秦岭地区鱼类过渡区的特征（方树淼等，1984；陕西省动物研究所等，1987）。

（3）由于气候、环境变化及人为干扰，丹江、黑河的鱼类均大幅度减少。丹江鱼类记载 56 种，本次调查到 27 种；黑河鱼类记载 32 种，本次调查到 15 种。

2. 浮游植物

1）种类组成及分布

在 33 个采样点共检出浮游植物六大门类 66 种属。其中硅藻门 41 种属，占总种属的 62.12%，绿藻门 16 种属，占总种属的 24.24%，金藻门 2 种属，占总种属的 3.03%，蓝藻门 3 种属，占总种属的 4.55%，隐藻门 2 种属，占总种属的 3.03%，裸藻门 2 种属，占总种属的 3.03%。

浮游植物种类在前街村采样点出现最多，为 29 种，在厚畛子花耳坪采样点和厚畛子沙坝采样点出现最少，均为 6 种。

2）密度及分布

经定量分析，2014 年 4 月浮游植物数量变幅为 13.00×10^4～1405.2×10^4 ind./L，平均数量 263.60×10^4 ind./L。其中，硅藻门平均数量为 228.19×10^4 ind./L，占总数量的 86.57%；绿藻门平均数量为 18.89×10^4 ind./L，占总数量的 7.17%；金藻门平均数量为 2.74×10^4 ind./L，占总数量的 1.04%；蓝藻门平均数量为 8.13×10^4 ind./L，占总数量的 3.08%；隐藻门平均数量为 4.44×10^4 ind./L，占总数量的 1.68%；裸藻门平均数量为 1.22×10^4 ind./L，占总数量的 0.46%。

浮游植物生物量变幅为 0.24～36.11 mg/L，平均生物量为 5.23 mg/L。其中，硅藻门平均生物量为 4.56 mg/L，占总生物量的 87.19%；绿藻门平均生物量为 0.38 mg/L，占总生物量的 7.27%；金藻门平均生物量为 0.03 mg/L，占总生物量的 0.57%；蓝藻门平均生物量为 0.01 mg/L，占总生物量的 0.19%；隐藻门平均生物量为 0.18 mg/L，占总生物量的 3.44%；裸藻门平均生物量为 0.07mg/L，占总生物量的 1.34%。

浮游植物现存量在各采样点变化趋势为：西湖采样点密度最大，为 1405.2×10^4 ind./L，厚畛子沙坝采样点密度最小，为 13.00×10^4 ind./L。生物量最大值出现在西湖采样点，为 36.11 mg/L，陈家嘴采样点生物量最小，为 0.24 mg/L。

3. 浮游动物

1）种类组成及分布

在 33 个采样点共检出浮游动物四大类 55 种属。其中原生动物 14 种属，占总种属的 25.45%，轮虫 25 种属，占总种属的 45.45%，枝角类 8 种属，占总种属的 14.55%，桡足类 8 种属，占总种属的 14.55%。

浮游动物种类数在西湖采样点分布最多，有 16 种（类），为长圆砂壳虫（*Difflugia oblonga oblonga*）、球形砂壳虫（*Difflugia globulosa*）、盘状匣壳虫（*Centropyxis discoides*）、小口钟虫（*Vorticella microstoma*）、刺簇多肢轮虫（*Polyarthra trigla*）、前节晶囊轮虫（*Asplanchna priodonta*）、污前翼轮虫（*Proales sordida*）、中型尖额溞（*Alona intermedia*）、老年低额溞（*Simocephalus vetulus*）、僧帽溞（*Daphnia cucullata*）、蚤状溞（*Daphnia pulex*）、中华哲水蚤（*Sinocalanus sinensis*）、锯缘真剑水蚤（*Eucyclops serrulatus*）、模式有爪猛水蚤（*Onychocamptus mohammed*）、毛饰拟剑水蚤（*Paracyclops fimbriatus*）和无节幼体（nauplius）。在板房子陈家嘴采样点分布的物种最少，有 2 种，为长圆砂壳虫和无节幼体。

2）现存量及分布

经定量分析，浮游动物数量变幅为 1.0～478.8 ind./L，平均数量 41.2 ind./L。其中，原生动物平均数量为 20.4 ind./L，占总数量的 49.5%；轮虫平均数量为 4.7 ind./L，占总数量的 11.41%；枝角类平均数量为 1.0 ind./L，占总数量的 2.42%；桡足类平均数量为 15.1 ind./L，占总数量的 36.65%。

浮游动物生物量变幅为 0.0001～0.9565 mg/L，平均值为 0.0856 mg/L。其中，原生动物平均生物量为 0.0010 mg/L，占总生物量的 1.17%；轮虫平均生物量为 0.0056 mg/L，占总生物量的 6.54%；枝角类平均生物量为 0.0208 mg/L，占总生物量的 24.30%；桡足类平均生物量为 0.0582 mg/L，占总生物量的 67.99%。

浮游动物现存量在各采样点变化趋势为：二龙山坝下采样点密度最大，为 478.8 ind./L，弯里采样点和元潭子采样点密度最小，为 1.0 ind./L。生物量最大值出现在二龙山库心采样点，为 0.9565 mg/L，元潭子（板房子）采样点生物量最小，为 0.0001 mg/L。

4. 底栖动物

丹江、黑河流域共监测到底栖动物 23 种，其中丹江 18 种，黑河 15 种。

在丹江、黑河流域（秦岭段）采到的底栖动物大多数为广布性种类，如寡毛类的克拉伯水丝蚓，软体动物中的卵萝卜螺，水生昆虫中的四节蜉、摇蚊幼虫等。其中大多为黄河、长江水系中的常见种类，也是适应性很强的世界性种类。在底栖动物中，水生昆虫数量占底栖动物总体数量比例最大，是丹江、黑河流域（秦岭段）底栖动物现存量的主要组成部分，但其分布情况是不均匀的。丹江、黑河流域（秦岭段）底栖动物物种多样性指数、物种均匀度和物种丰富度指数在不同采样点之间差异不显著。

三、丹江流域水生生物多样性的分布格局

1. 鱼类

1）种类组成及分布

本次调查共发现丹江流域有鱼类 3 目 6 科 22 属 27 种，其中鲤科鱼类最多，有 14

属 16 种，占总种数的 59.26%，鲇形目 3 科 4 属 5 种，占总种数的 18.52%，鲈形目 1 科 1 属 3 种，占总种数的 11.11%。从各调查样区鱼类种类组成来看，鱼类种类最多的是竹林关样区，有 15 种，最少的是黑龙口镇样区，仅 3 种。其余样区依次为仙鹅湖 10 种，商丹开发区 8 种，中村镇 4 种，湘河镇 7 种（表 2-2）。

表 2-2 丹江流域（陕西段）鱼类分布

分类	仙鹅湖			黑龙口镇			商丹开发区			竹林关镇			中村镇			湘河镇		
	东湖	库心	西湖	前街村	铁炉子	月亮湾	堡子村	何塬	费村	冀家湾	梁家湾	堰坝	银花镇	捷峪	弯里	大泉	枣园	大桥上
鲤形目 CYPRINIFORMES																		
Ⅰ. 鲤科 Cyprinidae																		
i. 𬶋亚科 Danioninae																		
1. 马口鱼 *Opsariichthys bidens*	+	+															+	
2. 宽鳍鱲 *Zacco platypus*		+														+	+	+
ii. 雅罗鱼亚科 Leuciscinae																		
3. 草鱼 *Ctenopharyngodon idellus*		+																
4. 拉氏鲅 *Phoxinus lagowskii*				+	+	+												
iii. 鲢亚科 Hypophthalmichthyinae																		
5. 鲢 *Hypophthalmichthys molitrix*		+																
6. 鳙 *Aristichthys nobilis*		+																
iv. 鲌亚科 Cultrinae																		
7. 银飘鱼 *Pseudolau buca sinensis*		+																
8. 䱗条 *Hemiculter leucisculus*										+								
v. 鮈亚科 Gobioninae																		
9. 麦穗鱼 *Pseudorasbora parva*																+		
10. 短须颌须鮈 *Gnathopogon imberbis*								+		+	+	+	+	+	+		+	
11. 银色颌须鮈 *Gnathopogon argentatus*							+				+	+						
12. 点纹颌须鮈 *Gnathopogon wolterstorffi*											+							
13. 似鮈 *Pseudogobio vaillanti*										+								
14. 棒花鱼 *Abbottina rivularis*			+				+											
vi. 鲤亚科 Cyprininae																		
15. 鲤 *Cyprinus carpio*		+																
16. 鲫 *Carassius auratus*			+					+	+									

续表

分类	仙鹅湖			黑龙口镇			商丹开发区			竹林关镇			中村镇			湘河镇		
	东湖	库心	西湖	前街村	铁炉子	月亮湾	堡子村	何塬	费村	冀家湾	梁家湾	堰坝	银花镇	捷峪	弯里	大泉	枣园	大桥上
Ⅱ. 鳅科 Cobitidae																		
i. 条鳅亚科 Noemacheilinae																		
17. 贝氏高原鳅 *Triplophysa bleekeri*				+											+			
ii. 花鳅亚科 Cobitinae																		
18. 中华花鳅 *Cobitis sinensis*				+	+		+			+	+	+		+	+			+
19. 泥鳅 *Misgurnus anguillicaudatus*											+	+	+		+			
鲇形目 SILURIFORMES																		
Ⅲ. 鲇科 Siluridae																		
20. 鲇 *Silurus asotus*										+	+	+						
Ⅳ. 鲿科 Bagridae																		
21. 黄颡鱼 *Pelteobagrus fulvidraco*										+	+							
22. 盎堂拟鲿 *Pseudobagrus ondan*										+	+	+						+
23. 切尾拟鲿 *Pseudobagrus ussuriensis*										+								+
Ⅴ. 鮡科 Sisoridae																		
24. 中华纹胸鮡 *Glyptothorax sinense*										+	+	+						
鲈形目 PERCIFORMES																		
Ⅵ. 鰕虎鱼科 Gobiidae																		
25. 栉鰕虎鱼 *Ctenogobius giurinus*	+	+					+		+	+								
26. 神农栉鰕虎鱼 *Ctenogobius shennongensis*								+			+							
27. 波氏栉鰕虎鱼 *Ctenogobius cliffordpopei*							+			+		+						

注：“+”表示有分布

从鱼类科的分布看，丹江鱼类个体数和重量均以鲤科占优势，鳅科次之，鲤科和鳅科占绝对优势，并且夏季更为明显。夏季较春季鲤科鱼在数量上有较大提高，但重量比例却稍有下降，说明春季到夏季鲤科鱼以繁殖的小个体增加为主。鳅科鱼类数量虽有下降，但重量比例却增加了，说明春季到夏季鳅科鱼个体的增长较个体的增多为强；鲿科类似鳅科。夏季鲇科鱼类较春季明显增多，鮡科鱼类也增加了，而鰕虎鱼科减少了（图 2-3）。

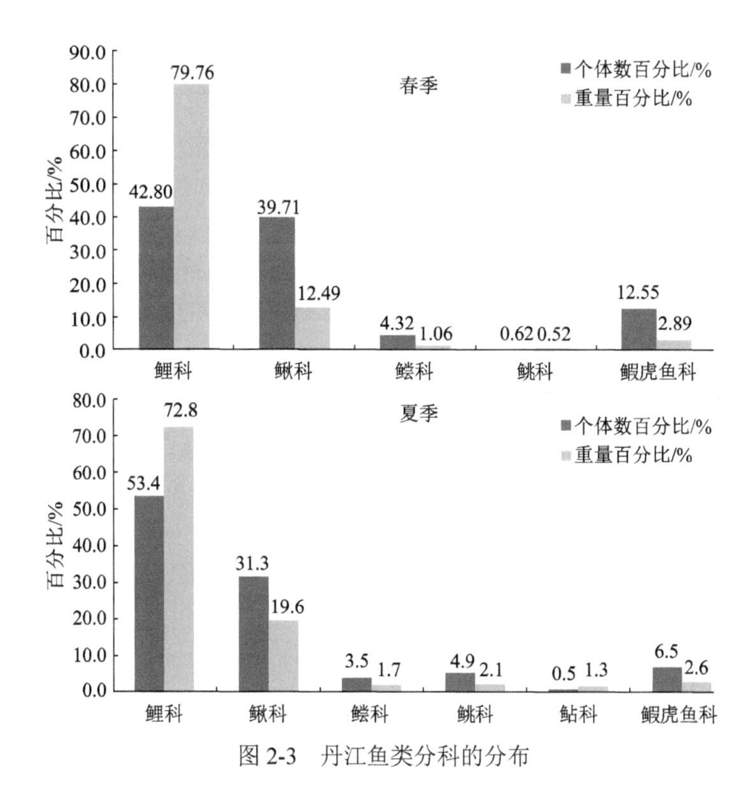

图 2-3　丹江鱼类分科的分布

2）垂直分布特征

从垂直分布来看，鱼类物种数分布呈现两头低中间高的趋势。海拔 401～500 m 的竹林关样区鱼类种数最丰富，达 15 种，海拔 800 m 以上的黑龙口样区鱼类物种贫乏，仅 3 种（表 2-3）。

表 2-3　丹江鱼类垂直梯度分布

鱼种	海拔/m					
	≤400	401～500	501～600	601～700	701～800	>800
马口鱼 *Opsariichthys bidens*	+					
宽鳍鱲 *Zacco platypus*	+				+	
草鱼 *Ctenopharyngodon idellus*					+	
拉氏鲅 *Phoxinus lagowskii*						+
鲢 *Hypophthalmichthys molitrix*					+	
鳙 *Aristichthys nobilis*					+	
银飘鱼 *Pseudolaubuca sinensis*					+	
䱗条 *Hemiculter leucisculus*		+				
麦穗鱼 *Pseudorasbora parva*	+					
短须颌须鮈 *Gnathopogon imberbis*	+	+	+	+		
银色颌须鮈 *Gnathopogon argentatus*		+	+			
点纹颌须鮈 *Gnathopogon wolterstorffi*		+				

续表

鱼种	海拔/m					
	≤400	401～500	501～600	601～700	701～800	>800
似鮈 *Pseudogobio vaillanti*		+				
棒花鱼 *Abbottina rivularis*				+		
鲤 *Cyprinus carpio*				+		
鲫 *Carassius auratus*				+		
贝氏高原鳅 *Triplophysa bleekeri*					+	+
中华花鳅 *Cobitis sinensis*	+	+	+	+	+	+
泥鳅 *Misgurnus anguillicaudatus*		+	+		+	
鲇 *Silurus asotus*		+				
黄颡鱼 *Pelteobagrus fulvidraco*		+				
盎堂拟鲿 *Pseudobagrus ondan*	+	+				
切尾拟鲿 *Pseudobagrus ussuriensis*		+				
中华纹胸鮡 *Glyptothorax sinense*		+				
栉鰕虎鱼 *Ctenogobius giurinus*		+	+	+		
神农栉鰕虎鱼 *Ctenogobius shennongensis*		+				
波氏栉鰕虎鱼 *Ctenogobius cliffordpopei*		+	+	+		

注："+"表示有分布

3）群落特征指数

Shannon-Wiener 指数（*H'*）和 Pielou 均匀度指数（*J*）是反映群落结构稳定的重要指标，群落物种越丰富，种类分布越均匀，则多样性指数越高，群落越稳定（孙儒泳，2001）。由表 2-4 可知，竹林关样区鱼类种数最多，有 15 种。相对其他样区（仙鹅湖除外），竹林关样区河面较宽，水流量大，可提供丰富的生物饵料，因而鱼类种类最多，物种多样性指数最高，均匀度指数也较高，表明该样区各鱼种分布相对均匀，预示该样区优势种与稀有种均较少，以常见种居多；仙鹅湖鱼类也较丰富，这与其独特的库区环境有关，该库区为商洛市饮用水源地，受到各方保护。水质优良，为各种鱼类的栖息提供了优良的环境，因而物种多样性高。黑龙口镇和中村镇是鱼类物种贫乏样区，分别仅有 3 种、4 种。前者海拔较高，生境为山涧溪流型，水面宽度不超过 5 m，最大水深不超过 0.4 m，水质优良但水流量很小，因而仅适宜少量鱼类生存；另外，铁炉子村有一硫酸厂，其下游调查点未采集到鱼类标本，该区水质偏酸性。而后者虽为河流型生境，水流量较大，但该样区采矿业（钒矿）发达，人口密度大，水污染严重，造成当地鱼类资源严重减少。在矿区下游的上窄巷和下窄巷 2 个调查点均未采集到鱼类标本，就连当地 5～6 岁的小孩都说河水中有毒。在该样区，鱼类仅出现在矿区的上游，并且鱼类的个体偏小。还有 2014 年的 3 次调查，在中村镇以下的银花河河道中，多处于挖砂作业状态。

表 2-4 丹江流域鱼类结构的群落特征指数

采样点	物种数	Shannon-Wiener 指数（*H'*）	均匀度指数（*J*）	Simpson 指数（*D*）
仙鹅湖	10	2.90	0.77	0.67
黑龙口镇	3	1.71	0.18	0.13
商丹开发区	8	2.06	0.65	0.18
竹林关	15	3.8	0.85	0.88
中村镇	4	1.74	0.47	0.33
湘河镇	7	2.01	0.46	0.30

4）各样区优势种

各样区优势种及其 *IRI* 值见表 2-5。

表 2-5 各样区鱼类分布及其相对重要性指数

鱼种	各样区优势种鱼类及其 *IRI* 值					
	仙鹅湖	黑龙口镇	商丹开发区	竹林关	中村镇	湘河镇
马口鱼 *Opsariichthys bidens*	0.38					0.02
宽鳍鱲 *Zacco platypus*	<0.01					0.02
草鱼 *Ctenopharyngodon idellus*	0.02					
拉氏鲅 *Phoxinus lagowskii*		0.41				
鲢 *Hypophthalmichthys molitrix*	0.14					
鳙 *Aristichthys nobilis*	0.06					
银飘鱼 *Pseudolaubuca sinensis*	0.02					
䱗条 *Hemiculter leucisculus*				<0.01		
麦穗鱼 *Pseudorasbora parva*						<0.01
短须颌须鮈 *Gnathopogon imberbis*			0.03	0.08	0.21	0.04
银色颌须鮈 *Gnathopogon argentatus*			<0.01	0.04		
点纹颌须鮈 *Gnathopogon wolterstorffi*				0.01		
似鮈 *Pseudogobio vaillanti*				<0.01		
棒花鱼 *Abbottina rivularis*	<0.01		<0.01	0.01		
鲤 *Cyprinus carpio*	0.08					
鲫 *Carassius auratus*	0.04		0.7			
贝氏高原鳅 *Triplophysa bleekeri*		0.48			<0.01	
中华花鳅 *Cobitis sinensis*		0.02	0.17	0.12	0.32	0.09
泥鳅 *Misgurnus anguillicaudatus*				0.05	0.06	
鲇 *Silurus asotus*				0.07		
黄颡鱼 *Pelteobagrus fulvidraco*				0.04		
盎堂拟鲿 *Pseudobagrus ondan*				0.02		0.03
切尾拟鲿 *Pseudobagrus ussuriensis*			0.05	0.08		0.08

续表

鱼种	各样区优势种鱼类及其 *IRI* 值					
	仙鹅湖	黑龙口镇	商丹开发区	竹林关	中村镇	湘河镇
中华纹胸鮡 *Glyptothorax sinense*				0.06		
栉鰕虎鱼 *Ctenogobius giurinus*	0.16			0.07		
神农栉鰕虎鱼 *Ctenogobius shennongensis*			0.02	0.05		
波氏栉鰕虎鱼 *Ctenogobius cliffordpopei*			<0.01	0.06		

仙鹅湖样区有 3 种优势种鱼类，依次为马口鱼（*Opsariichthys bidens*）、栉鰕虎鱼（*Ctenogobius giurinus*）、鲢（*Hypophthalmichthys molitrix*）。本次调查获知，仙鹅湖大部分水面承包给养殖户，放养鱼种为鲤（*Cyprinus carpio*）、鲫、鲢、鳙（*Aristichthys nobilis*）等。因而鲢为仙鹅湖水库优势种鱼类很可能是人为干预的结果。马口鱼是一种小型凶猛的鱼类，若成为水库中优势种时，可大量掠食人工投放的鱼苗，使水库渔业产量严重下降，危害颇为严重（钟正新，1985），应引起相关部门警惕。当然，若马口鱼为土著种，其优势种地位是库区水体生态平衡的结果，对维持库区水生态系统有重要作用，不宜人为干预。经实地访问和查阅资料，马口鱼是仙鹅湖库区土著种；黑龙口镇样区仅 3 种鱼类，优势种有 2 种：贝氏高原鳅（*Triplophysa bleekeri*）和拉氏鲅（*Phoxinus lagowskii*），该样区内水域生境均为山涧溪流型，海拔较高，水质良好，流量较小，仅适宜喜山涧溪流的小型鱼类生存，因而鱼类种类数少，种间竞争小，易形成优势种。拉氏鲅为山涧溪流分布物种，贝氏高原鳅在汉水支流较常见，适应性强。商丹开发区样区 2 种：鲫和中华花鳅（*Cobitis sinensis*）；竹林关样区鱼类物种最多，达 15 种，优势种仅中华花鳅 1 种，以常见种居多；中村镇仅发现 3 种鱼类，其中短须颌须鮈（*Gnathopogon imberbis*）和泥鳅为优势种，而该河段生境商丹开发区、竹林关等河段类似，但鱼类种类数最少，表明该样区鱼类多样性低，群落结构十分脆弱，这与当地位于钒矿区，采矿业发达、污染大、水质差密切相关；5 个样区中湘河镇海拔最低，水流量较大，发现的 7 种鱼类除麦穗鱼为稀有种外，其余均为常见种，无优势种。

5）鱼类区系特征

丹江流域陕西段地处东洋界与古北界在中国境内的分界线——秦岭，具有复杂的鱼类区系组成。鱼类区系是鱼类同环境（包括鱼类本身护卫环境条件的因素）之间相互综合作用的反映，是在历史发展过程中自然演替和鱼类发展进化、兴衰变化的结果（方树淼等，1984；陕西省动物研究所等，1987）。用鱼类区系复合体的方法分析鱼类的组成特点，不仅反映鱼类的共同起源，而且反映了鱼类与环境的关系（吴江和吴明森，1990；陕西省水产研究所和陕西师范大学生物系，1992）。

本次调查发现的 27 种鱼类隶属于 7 个区系复合体，分别如下。①中国江河平原区系复合体 12 种：鲢、鳙、草鱼（*Ctenopharyngodon idellus*）、马口鱼、鳘条、短须颌须鮈（*Gnathopogon imberbis*）、银色颌须鮈（*Gnathopogon argentatus*）、点纹颌须鮈（*Gnathopogon wolterstorffi*）、棒花鱼（*Abbottina rivularis*）、似鮈（*Pseudogobio vaillanti*）、宽鳍鱲、银飘鱼（*Pseudolaubuca sinensis*），占总数的 44.44%。②上第三纪早期区系复

合体 5 种：鲤、鲫、麦穗鱼（*Pseudorasbora parva*）、鲇（*Silurus asotus*）、泥鳅，占总数的 18.52%。③南方平原区系复合体 3 种：栉鰕虎鱼、波氏栉鰕虎鱼、神龙栉鰕虎鱼，占总数的 11.11%。④中亚高山区系复合体 1 种：贝氏高原鳅，占总数的 3.70%。⑤南方山麓区系复合体 4 种：黄颡鱼（*Pelteobagrus fulvidraco*）、盎堂拟鲿、切尾拟鲿、中华纹胸鮡（*Glyptothorax sinense*），占总数的 14.81%。⑥北方平原区系复合体 1 种：中华花鳅，占总数的 3.70%。⑦北方山麓区系复合体 1 种：拉氏鲅，占总数的 3.70%。我国淡水鱼类可分为 8 个鱼类区系复合体（史为良，1996），唯有北极淡水区系复合体鱼类在丹江流域陕西段没有分布。说明丹江的鱼类区系组成的多样性，反映了秦岭作为南北分界线动物区系的过渡特征（陕西省动物研究所等，1987）。

从各区系组成的比例看，该流域以中国江河平原区系复合体为主，兼有其他 6 种区系复合体，与长江鱼类区系复合体组成完全一致（湖北省水生生物研究所鱼类研究室，1976），这与丹江属于长江支流的水系特征相一致。如此较小区域内分布有多个鱼类区系复合体成分，反映出该流域鱼类地理分布具有典型的南北、东西过渡的特色，这与该区地处古北界与东洋界的分界线——秦岭，体现了南、北方过渡性的东洋界动物区系特点相一致（方树淼等，1984；陕西省动物研究所等，1987）。

6）鱼类分布格局与多样性

鱼类分布特征与其水体生境密切相关，本次调查发现，水体大、水质好的样区鱼类物种较多，多样性指数（*H'*、*J*、*D*）较高，群落结构稳定，如竹林关和仙鹅湖样区；相反，水流小、污染重的样区鱼种贫乏，多样性低，群落结构脆弱，如黑龙口镇和中村镇样区。仙鹅湖库区水质优良，可为不同空间分布（上、中、下层鱼类）和不同体型（大、中、小型鱼类）的鱼类提供栖息环境，因而鱼种丰富，物种多样性高。本次调查其余 5 样区均为较浅的河流或溪流，除在水流相对较大的竹林关样区分布有体型较大的鲇外，其余样区分布的均为小型鱼类。

从垂直分布来看，鱼类物种数分布呈现两头低中间高的趋势。海拔 400 m 以下的湘河镇样区仅分布有 5 种鱼类，鱼类多样性指数较低（*H'*、*D*），而海拔 401～500 m 的竹林关样区鱼类种数最丰富，达 15 种，多样性指数最高。海拔 800 m 以上的黑龙口样区鱼类物种贫乏，仅 3 种。这种分布格局支持了中间膨胀效应假说（mid-domain effect hypothesis），即中等海拔地区分布有最多的物种（Colwell and Hurtt，1994；Rahbek，1995）。

7）鱼类资源现状与资源保护

《秦岭鱼类志》记载秦岭南坡有鱼类 142 种（含亚种），其中丹江有鱼类 38 种。本次调查共发现丹江流域陕西段有鱼类 27 种，仅占秦岭南坡鱼类的 19%。历史资料记载丹江有分布但此次调查未发现的鱼类包括沙鳅亚科、鳅鮀亚科、鲿科的鳠属及鲄亚科的铜鱼属等（陕西省动物研究所等，1987）。鱼类资源下降的现状在国内普遍存在，高少波等（2013）报道金沙江下游鱼类小型化、低龄化现象明显，鱼类资源呈衰退趋势；杨剑等（2010）报道，近年来李仙江土著鱼类资源显著下降。韩耀全（2010）统计了漓江 30 多年来鱼类资源数据，发现漓江鱼类资源衰竭态势严重，鱼类物种多样性下降趋势显著；黄河干流宁蒙段鱼类资源也衰退加剧，鱼类呈现小型化、低龄化特点（刘晓锋等，2010）。

受城市污水和工业废水排放量大且排放集中等影响，在 2010 年度，丹江流域陕西段Ⅰ类水质河长占该水系河长的73.2%，Ⅲ类水质河长占17.0%，Ⅴ类水质河长占9.8%（张春玲和李娅妮，2007）。其次，滥捕滥捞及气候变化等因素均是该流域鱼类资源下降的重要因素。

在调查过程中，发现挖砂现象普遍存在。上文已提及在银花河全线挖砂；湘河镇样区虽未见大型机械在河道中施工，但多见挖砂后的大坑；商丹开发区河段也存在挖砂情况。另外，湘河镇样区上游正在修建水电站、堡子村样点下游正修建桥梁。挖砂直接破坏鱼类栖息地环境，全线不分季节的作业对鱼类繁殖、洄游、越冬等生活史均会产生直接影响——鱼类索饵场、产卵场、越冬场被破坏。水电站的修建，水电站的建设使河流生境破碎化、湖库化，水文环境剧烈变化，对鱼类的影响是显而易见的；水电站的建设造成鱼类资源下降的现象在我国普遍存在，如长江、黄河、淮河等流域（牛天祥等，2007；段辛斌等，2008；杨育林等，2010）。修建桥梁的过程同样会对鱼类生存环境造成影响或破坏。

面对群落结构脆弱、鱼类个体小型化、鱼类资源下降等严峻的现实，首先，我们建议相关单位加强管理，对排污企业严格执法，严格限制在河道内随意采砂挖砂，加大科普宣传力度，促使当地民众树立良好的环保意识；其次，水产科技工作者应积极开展鱼类生物学特性的相关研究，开展鱼类资源恢复活动，同时加强国际、地区间的交流与合作，学习发达国家和地区的环保理念和经验。

2. *浮游生物*

1）种类组成及分布

丹江流域浮游植物为6门58种属。从丹江流域各个调查样点的浮游植物种类（表2-6）看，前街村样点最多，达29种；杨村、何塬、堰坝次之，26种；费村24种；冀家湾23种；月亮湾22种；东湖、二龙山库心、上窄巷、捷峪、堡子村、梁家湾19种；下窄巷、铁炉子村18种；二龙山坝下、弯里17种；西湖16种（类）；二龙山坝前14种；大桥上、大泉12种；枣园11种。

表2-6　丹江流域各样点浮游植物分布

物种	东湖	西湖	二龙山坝前	二龙山库心	二龙山坝下	大桥上	大泉	枣园	下窄巷	上窄巷	捷峪	弯里	杨村	费村	何塬	月亮湾	前街村	铁炉子村	堡子村	堰坝	梁家湾	冀家湾
硅藻门																						
简单舟形藻	+	+	+	+		+		+	+	+	+	+	+	+	+	+	+	+	+	+	+	+
瞳孔舟形藻	+	+	+	+	+		+	+	+	+	+	+	+	+	+	+	+	+	+	+	+	+
卡里舟形藻	+	+	+	+	+	+	+	+	+	+	+	+	+	+	+	+	+	+	+	+	+	+
放射舟形藻						+				+					+	+						
线形舟形藻	+			+	+			+	+	+	+	+	+	+	+	+	+	+	+	+	+	+
近缘桥弯藻																				+		+

续表

物种	东湖	西湖	二龙山坝前	二龙山库心	二龙山坝下	大桥上	大泉	枣园	下窄巷	上窄巷	捷峪	弯里	杨村	费村	何塬	月亮湾	前街村	铁炉子村	堡子村	堰坝	梁家湾	冀家湾
膨胀桥弯藻	+	+	+	+	+	+	+	+	+	+	+	+	+	+	+	+	+	+	+	+	+	+
肘状针杆藻		+					+			+					+	+	+				+	
肘状针杆藻变种	+	+	+	+	+	+	+		+	+	+	+	+	+	+		+	+	+	+	+	+
尖针杆藻																				+		+
近缘针杆藻																		+				
双头针杆藻	+	+			+				+	+		+	+	+	+	+	+	+	+	+	+	+
双头辐节藻										+				+				+				
矮小辐节藻					+				+	+	+	+	+	+	+	+	+	+	+	+	+	+
谷皮菱形藻		+					+		+	+	+				+	+	+	+	+	+	+	+
双头菱形藻												+								+		
线形菱形藻	+	+	+		+	+	+	+	+	+	+	+	+	+	+	+	+	+	+	+	+	+
篦形短缝藻	+												+									
月形短缝藻					+	+			+				+	+	+				+	+	+	
中型脆杆藻					+															+	+	
连接脆杆藻														+								
十字脆杆藻						+	+	+	+	+	+		+	+		+	+	+	+		+	+
缢缩异极藻头状变种								+					+	+	+	+	+		+	+	+	+
塔形异极藻								+						+								
美丽双壁藻											+		+		+							
卵圆双壁藻	+				+					+	+		+		+	+	+	+	+	+		+
大羽纹藻					+																	
歧纹羽纹藻								+							+							
椭圆波缘藻																				+		
草鞋形波缘藻		+													+							
尖布纹藻	+											+										
细布纹藻	+	+	+						+	+		+				+			+	+	+	+
优美曲壳藻										+												
变异直链藻														+		+	+					
绒毛平板藻	+	+	+	+	+	+	+		+	+	+	+	+	+	+	+	+	+	+	+		+
梅尼小环藻							+							+	+		+	+			+	
卵圆双眉藻									+								+			+		+
粗壮双菱藻																	+					
绿藻门																						
狭形纤维藻	+	+	+	+	+								+	+	+		+		+	+	+	+

续表

物种	东湖	西湖	二龙山坝前	二龙山库心	二龙山坝下	大桥上	大泉	枣园	下窄巷	上窄巷	捷峪	弯里	杨村	费村	何塬	月亮湾	前街村	铁炉子村	堡子村	堰坝	梁家湾	冀家湾
镰形纤维藻	+																					
裂孔栅藻																	+					
被甲栅藻				+																		
双对栅藻			+										+			+						
斜生栅藻			+										+									
库津新月藻				+								+										
纤细新月藻				+																		
四刺顶棘藻				+																		
简单衣藻				+									+							+		
纤细月牙藻													+									
纤细角星鼓藻	+																					
小球藻	+	+	+	+	+	+		+			+	+	+	+	+	+	+	+		+		+
浮球藻																	+					
韦氏藻																	+					
金藻门																						
小三毛金藻	+	+	+	+	+						+		+	+								
蓝藻门																						
微小色球藻				+					+		+		+	+	+		+			+		+
隐藻门																						
卵形隐藻											+					+	+					+
裸藻门																						
血红裸藻	+	+	+			+	+				+	+	+	+	+	+	+	+				+
膝曲裸藻	+			+	+	+									+		+		+			

注："+"表示有分布

丹江流域浮游动物四大门类53种属。从丹江流域各个调查样点的浮游动物种类(表2-7)看，西湖样点种类最多，为16种（类）；二龙山坝前、堡子村次之，为11种；堰坝、前街村第三，为10种；二龙山坝下、二龙山库心第四，为9种；枣园、大桥上为8种；下窄巷、何塬为7种；铁炉子村为6种；梁家湾、东湖为5种；上窄巷为4种；大泉最少，为3种。

表2-7 丹江流域各样点浮游动物分布

种类	学名	西湖	东湖	二龙山坝前	二龙山库心	二龙山坝下	大桥上	大泉	枣园	何塬	前街村	堡子村	铁炉子村	堰坝	梁家湾	下窄巷	上窄巷
原生动物	**Protozoa**																
月形刺胞虫	*Acanthocystis erinaceus*								+								

续表

种类	学名	西湖	东湖	二龙山坝前	二龙山库心	二龙山坝下	大桥上	大泉	枣园	何塬	前街村	堡子村	铁炉子村	堰坝	梁家湾	下窄巷	上窄巷
短棘刺胞虫	*Acanthocystis brevicirrhis*					+											
长圆砂壳虫	*Difflugia oblonga oblonga*	+				+		+				+					
球形砂壳虫	*Difflugia globulosa*	+		+			+		+			+					
尖顶砂壳虫	*Difflugia acuminata*				+												
王氏似铃壳虫	*Tintinnopsis wangi*			+													
盘状匣壳虫	*Centropyxis discoides*	+							+								
巢居法帽虫	*Phryganella nidulus*													+	+		
小口钟虫	*Vorticella microstoma*	+	+		+	+			+	+	+	+	+	+	+		
节盖虫	*Opercularia articulata*					+	+				+						
阔口游仆虫	*Euplotes eurystomus*										+		+				
珊瑚变形虫	*Amoeba gorgonia*										+						
矛状鳞壳虫	*Euglypha laevis*										+		+				
蛹形斜口虫	*Enchelys pupa*												+				
轮虫	**Rotifera**																
凸背巨头轮虫	*Cephalodella gibba*											+		+			
尾棘巨头轮虫	*Cephalodella sterea*												+				
钩状狭甲轮虫	*Colurella uncinata*									+							
壶状臂尾轮虫	*Brachionus urceus*			+						+		+		+	+		
萼花臂尾轮虫	*Brachionus calyciflorus*																
矩形臂尾轮虫	*Brachionus leydigi*									+		+					
长刺异尾轮虫	*Trichocerca longiseta*						+										
纵长异尾轮虫	*Trichocerca elongata*															+	
螺形龟甲轮虫	*Keratella cochlearis*		+	+	+												
矩形龟甲轮虫	*Keratella quadrata*													+			
长肢多肢轮虫	*Polyarthra dolichopteria*			+													
刺簇多肢轮虫	*Polyarthra trigla*	+	+	+	+	+				+							+
阔口鞍甲轮虫	*Lepadella venefica*																
卵形鞍甲轮虫	*Lepadella ovalis*										+						
爱德里亚狭甲轮虫	*Colurella adriatica*										+						
前节晶囊轮虫	*Asplanchna priodonta*	+					+										
唇形叶轮虫	*Notholca squamula*				+												
弯趾椎轮虫	*Notommata cyrtopus*											+					
吕氏猪吻轮虫	*Dicranophorus lutkeni*																
截头鬼轮虫	*Trichotria truncata*						+							+			

续表

种类	学名	西湖	东湖	二龙山坝前	二龙山库心	二龙山坝下	大桥上	大泉	枣园	何塬	前街村	堡子村	铁炉子村	堰坝	梁家湾	下窄巷	上窄巷
污前翼轮虫	*Proales sordida*	+					+				+	+		+	+	+	
舞跃无柄轮虫	*Accomorpha saltans*			+													
大肚须足轮虫	*Euchlanis dilatata*						+				+	+				+	
囊形单趾轮虫	*Monostyla bulla*								+	+							
枝角类	**Cladocera**																
中型尖额溞	*Alona intermedia*	+															
奇异尖额溞	*Alona eximia*													+			
简弧象鼻溞	*Bosmina coregoni*																
球形锐额溞	*Alonella globulosa*								+								
老年低额溞	*Simocephalus vetulus*	+			+												
僧帽溞	*Daphnia cucullata*	+			+	+											
蚤状溞	*Daphnia pulex*	+															
透明薄皮溞	*Leptodora kindti*																
桡足类	**Copepoda**																
中华哲水蚤	*Sinocalanus sinensis*	+															
棘刺真剑水蚤	*Eucyclops euacanthus*															+	
锯缘真剑水蚤	*Eucyclops serrulatus*	+		+													
模式有爪猛水蚤	*Onychocamptus mohammed*	+	+	+		+			+							+	+
跨立小剑水蚤	*Microcyclops varicans*				+	+						+		+			+
毛饰拟剑水蚤	*Paracyclops fimbriatus*	+		+				+								+	
无节幼体	**nauplius**	+	+	+	+	+	+	+	+	+	+	+	+	+	+	+	+

注："+"表示有分布

2）浮游植物密度及分布

丹江流域浮游植物数量变幅为 $25.3×10^4$～$1405.2×10^4$ ind./L，平均数量为 $304.60×10^4$ ind./L。浮游植物数量最多的样点是西湖；数量最少的是枣园。各样点的浮游植物密度见表 2-8 和图 2-4。

表 2-8 丹江浮游植物密度与生物量

采样点	密度/（$×10^4$ ind./L）	生物量/（mg/L）
下窄巷	150.5	2.41
杨村	255.6	4.67
弯里	229.2	4.61
捷峪	108.0	1.88
冀家湾	176.8	3.31

续表

采样点	密度/（×10⁴ ind./L）	生物量/（mg/L）
月亮湾	202.9	4.04
何塬	224.4	3.78
西湖	1405.2	29.28
上窄巷	192.0	3.84
前街村	970.4	18.97
东湖	682.0	13.84
二龙山库心	269.5	4.97
二龙山坝下	329.5	6.74
堡子村	213.2	4.28
铁炉子村	195.3	3.98
堰坝	260.0	5.06
梁家湾	219.5	4.39
费村	164.0	2.73
大桥上	44.4	0.98
大泉	79.8	1.66
枣园	25.3	0.51
均值	304.6	6.00

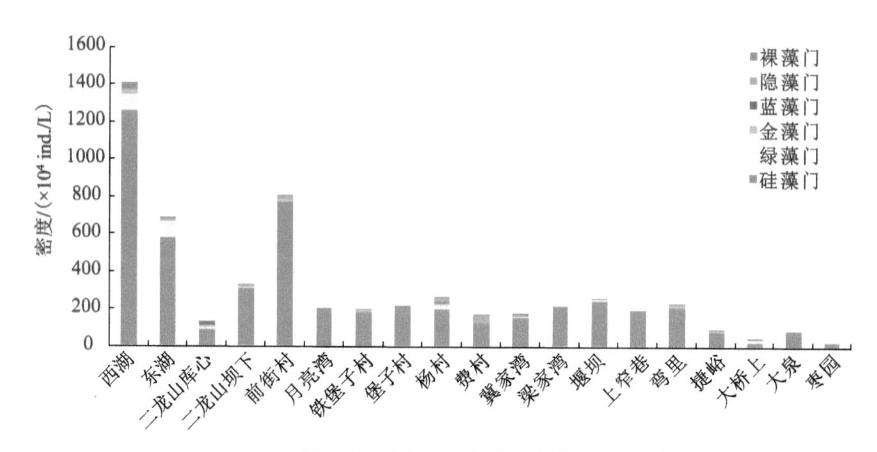

图 2-4　丹江流域不同样点浮游植物群落组成

丹江流域浮游植物的生物量为 0.51～29.28 mg/L，平均生物量为 6.00 mg/L。生物量出现的最高点和最低点与密度出现的最高点和最低点一致，即浮游植物生物量最高的样点是西湖，生物量最低的样点是枣园。各样点的浮游植物生物量见表 2-8。

丹江流域的浮游植物以硅藻门为主（图 2-4）。

3）浮游动物现存量及分布

丹江流域浮游动物数量变幅为 1.0～478.8 ind./L，平均数量为 56.4 ind./L。浮游动物数量最多的样点是二龙山坝下；数量最少的是银花河的弯里。各样点的浮游动物密度见表 2-9。

表 2-9 丹江浮游动物密度与生物量

采样点	密度/（ind./L）	生物量/（mg/L）
弯里	1.0	0.0006
大桥上	6.6	0.0080
大泉	1.8	0.0060
枣园	6.0	0.0207
下窄巷	42.6	0.1942
杨村	14.4	0.0243
捷峪	9.6	0.0099
冀家湾	25.2	0.2036
月亮湾	2.4	0.0015
何塬	81.0	0.0202
西湖	60.6	0.2929
陈河	6.6	0.0210
上窄巷	25.8	0.0811
前街村	15.6	0.0081
东湖	8.4	0.0140
二龙山库心	261.0	0.9565
二龙山坝下	478.8	0.3965
堡子村	105.6	0.1049
铁炉子村	4.8	0.0027
堰坝	14.4	0.0321
梁家湾	12.0	0.0097
平均值	56.4	0.1147

丹江流域浮游动物的生物量为 0.0006～0.9565 mg/L，平均生物量为 0.1147 mg/L。浮游动物生物量最高点的样点是二龙山库心，生物量最低的样点是银花河的弯里。各样点的浮游动物生物量见表 2-9。

丹江流域的浮游动物各样点的组成差异较大，二龙山坝下、堡子村明显以原生动物为主，桡足类次之，库区以桡足类为主，枝角类次之；铁炉子村、月亮湾、大桥上、枣园、堰坝几乎全是轮虫；上窄巷、下窄巷几乎全是桡足类（图 2-5）。

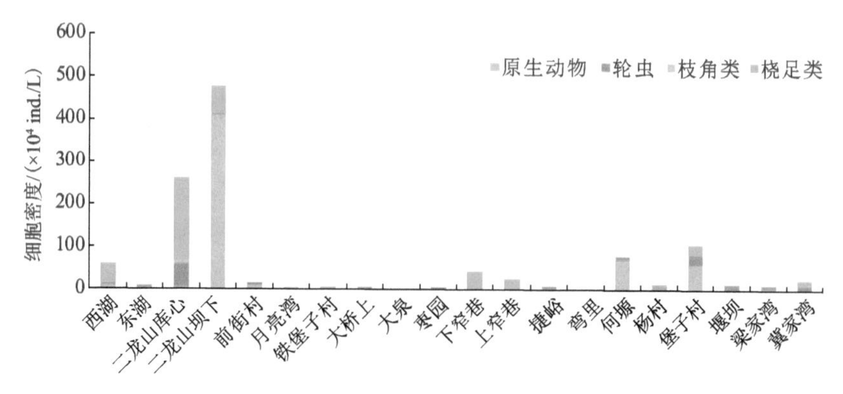

图 2-5　丹江浮游动物的种类组成

4）丹江流域各样点浮游植物优势种

以单个种个体数占群落内所有个体数的百分比大于 20%为优势种统计，丹江流域各个样点，有 1 个优势种的有 11 个样点，有 2 个优势种的有 3 个样点，没有优势种的样点有 7 个（表 2-10），说明丹江流域的浮游植物大部分是具有单优势种的群落。

表 2-10　丹江流域各样点浮游植物优势种组成

样点	优势种（百分比/%）	
西湖	尖针杆藻（53.9）	
东湖	尖针杆藻（50.9）	梅尼小环藻（22.1）
二龙山库心	库津新月藻（43.6）	尖针杆藻（25.6）
二龙山坝下	尖针杆藻（63.0）	
前街村	肘状针杆藻窄变种（20.1）	
月亮湾		
铁炉子村	近缘桥弯藻（32.41）	
大桥上	小球藻（29.7）	
大泉	尖针杆藻（47.5）	
枣园	瞳孔舟形藻（21.7）	
下窄巷	小席藻（24.2）	
上窄巷		
捷峪		
弯里	尖针杆藻（47.1）	
何塬		
杨村		
堡子村	尖针杆藻（22.0）	近缘桥弯藻（21.0）
堰坝	近缘桥弯藻（37.5）	
梁家湾		
费村		
冀家湾	近缘桥弯藻（21.0）	

5）丹江浮游植物的多样性

从各样点看，Shannon-Wiener 指数最高；堰坝、杨村等的物种丰富度指数较高；优势度指数和物种多样性指数基本呈现一致性；均匀度指数基本呈现库区 3 个采样点较最大，其他区域较低的态势（图 2-6）。

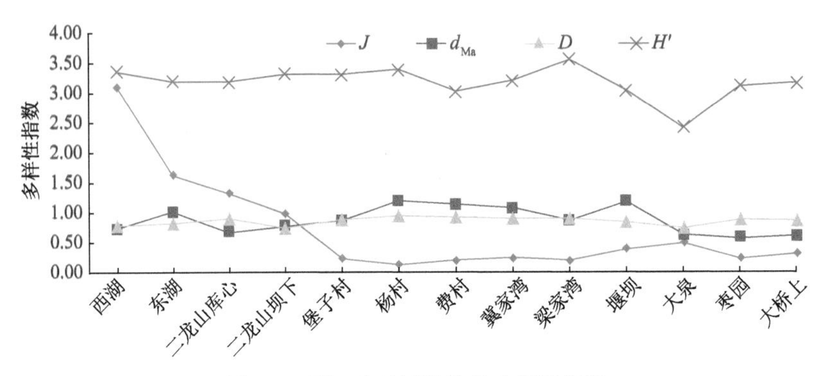

图 2-6　丹江流域浮游植物多样性指数

3. 底栖动物

1）种类组成及各样区分布

调查显示，在丹江 16 个采样点共发现底栖动物 18 种（表 2-11），隶属 2 门 3 纲 13 科，其中水生昆虫类最多，为 10 科 13 种，占 72.2%；软体动物 3 科 3 种；环节动物 1 科 2 种。库区和大桥上 2 个样点出现种类最多，都为 7 种；其次是前街村、弯里、大泉 3 个样点，为 5 种；其他采样点发现种类数为 0～5 种。

表 2-11　丹江调查获得的底栖动物

物种分类	FFG	样点															
		S1	S2	S3	S4	S5	S6	S7	S8	S9	S10	S11	S12	S13	S14	S15	S16
环节动物门（Annelida）																	
寡毛纲（Oligochaeta）																	
颤蚓科（Tubificidae）																	
中华颤蚓（*Tubifex sinicus*）	DF	+															
克拉伯水丝蚓（*Limnodrilus ciaparedianus*）	DF	+															
软体动物门（Mollusca）																	
腹足纲（Gastropoda）																	
椎实螺科（Lymnaeidae）																	
卵萝卜螺（*Radix ovata*）	FF	+	+						+	+	+			+	+	+	+
扁卷螺科（Planorbiidae）																	
大脐圆扁螺（*H. umbilicalis*）	FF	+															+
双壳纲（Bivalvia）																	
蚬科（Corbiculidae）																	
河蚬（*Corbicula fluminea*）	FF									+						+	

续表

物种分类	FFG	样点															
		S1	S2	S3	S4	S5	S6	S7	S8	S9	S10	S11	S12	S13	S14	S15	S16
水生昆虫（Hydrophily insect）																	
有翅亚纲（Pterygota）																	
短尾石蝇科（Nemouridae）																	
网翅石蝇（*Arcynopteryx* sp.）	O				+									+			
纹石蝇（*Paragnetina* sp.）	O												+				
四节蜉蝣科（Baetidae）																	
四节蜉（*Baetis* sp.）	O		+	+	+		+		+		+	+	+	+	+		+
扁蜉蝣科（Ecdyuridae）																	
扁蜉（*Ecdyrus* sp.）	O												+	+			
蜉蝣科（Ephemeridae）																	
蜉蝣（*Ephemera* sp.）	O		+						+	+	+			+	+	+	
蟌科（Coenagrionoidea）																	
亚洲瘦蟌（*Ischunra asiatica*）																	+
色蟌科（Agriidae）																	
黑河蟌（*Agroin atralum*）			+										+				
箭蜓科（Gomphidae）																	
箭蜓（*Gomphus* sp.）	C		+							+	+				+	+	+
蜓科（Aeschnidae）																	
马大头（*Anax* sp.）																	+
石蛾科（Phryganeidae）																	
石蚕（*Phryganea* sp.）	O		+		+	+			+					+			
摇蚊科（Chironomidae）																	
摇蚊（*Chironomus* sp.）幼虫	DF	+		+	+							+	+		+		+
粗腹摇蚊（*Rheopelopia* sp.）幼虫	DF	+															
羽摇蚊（*Chironomus plumosus*）幼虫	DF	+				+				+							

注：1. “+” 表示有分布

2. FFG. functional feeding group，功能摄食类群（FF. filter feeder，滤食者；DF. deposit feeder，食底泥者；C. carnivore，肉食者；O. omnivore，杂食者）

3. S1. 库区；S2. 前街村；S3. 铁炉子村；S4. 月亮湾；S5. 堡子村；S6. 何塬；S7. 费村；S8. 冀家湾；S9. 梁家湾；S10. 堰坝；S11. 银花镇；S12. 捷峪；S13. 弯里；S14. 大泉；S15. 枣园；S16. 大桥上

2）数量和栖息密度

调查发现，丹江所有底栖动物中，出现频率最高的是四节蜉，为 68.8%；其次是卵萝卜螺、摇蚊幼虫和蜉蝣（表 2-12）。秦岭丹江流域底栖动物的平均密度为 50 ind./m^2，个体数量的变化范围为 2～189 ind./m^2。其中，库区底栖动物密度最高，为 145 ind./m^2，7 号样点（费村）的密度为 0（图 2-7）。

表 2-12 丹江主要底栖动物个体出现数量和出现频率

物种	个体数	出现次数	出现频率/%
摇蚊幼虫	71	7	43.8
克拉伯水丝蚓	90	4	25.0
粗腹摇蚊幼虫	7	1	6.3
卵萝卜螺	189	9	56.3
羽摇蚊幼虫	97	3	18.8
中华颤蚓	8	1	6.3
大脐圆扁螺	6	2	12.5
四节蜉	129	11	68.8
石蚕	35	5	31.3
蜉蝣	44	7	43.8
黑河蟌	4	2	12.5
网翅石蝇	4	2	12.5
箭蜓	12	6	37.5
河蚬	2	2	12.5
扁蜉	6	2	12.5
纹石蝇	2	1	6.3
马大头	2	1	6.3
亚洲廋蟌	3	1	6.3

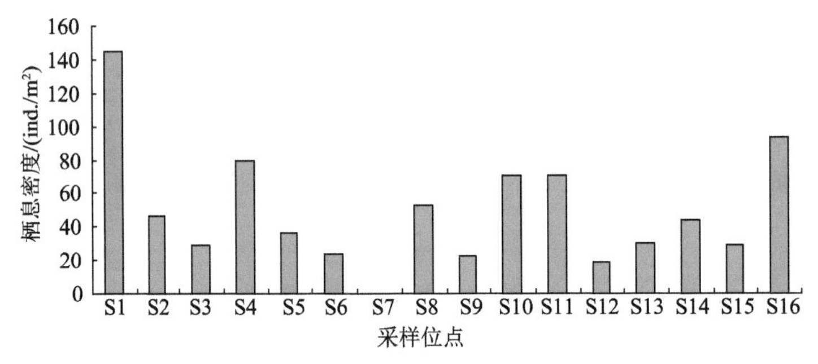

图 2-7 丹江底栖动物平均栖息密度

S1～S16 的含义见表 2-11 表注 3

3）物种多样性变化

调查期间研究区群落生物多样性分析结果见图 2-8。从图 2-8 中可以看出调查期间研究区内底栖动物 Shannon-Wiener 指数为 0～2.19，均匀度指数为 0～0.94，物种丰富度指数为 0～0.76。三项指数的空间分布趋势较为一致，低值区主要是位于费村。费村没有发现底栖动物，生物多样性指数最低（为 0），表明该区域的底栖生物群落已处于极度脆弱的状态。

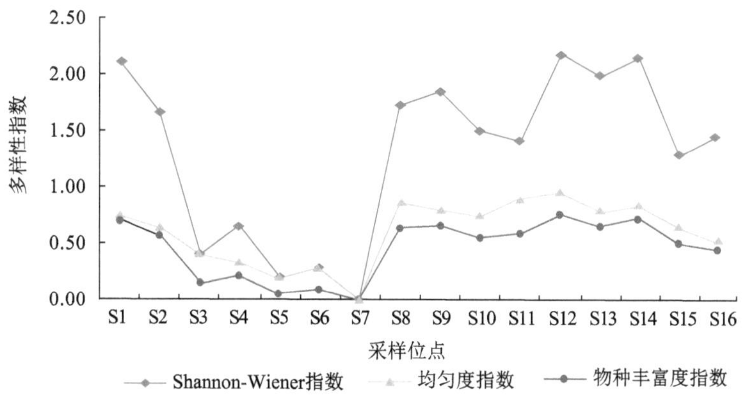

图 2-8 丹江各采样点底栖动物物种多样性、物种均匀度和丰富度指数

S1～S16 的含义见表 2-11 表注 3

4）功能摄食类群

丹江流域底栖动物功能摄食类群的划分见表 2-11。根据所调查的 16 个采样点的数据资料，丹江水域以食底泥者占主要优势，其相对丰度为 61.1%，其次为滤食者，相对丰度为 22.2%，肉食者相对丰度最小，为 5.6%。

四、黑河流域水生生物多样性的分布格局

1. 鱼类

1）渔获物组成

根据实际调查结果，秦岭黑河流域有鱼类 15 种。从表 2-13 可知，仅拉氏鲅（*Phoxinus lagowskii*）一种鱼类在库区鱼类采集点（坝前）和上游 8 个鱼类采集点内均有分布，且数量最多、重量最大；秦岭细鳞鲑、红尾副鳅、岷县高原鳅仅分布于上游，中华鳑鲏、高体鳑鲏、麦穗鱼、棒花鱼、鲤、鲫、鲇、黄颡鱼仅分布于库区；总体而论，鱼类种类数、捕获尾数和重量均呈现库区（坝前）＞上游水源地 8 个鱼类采集点的明显趋势。

表 2-13 黑河流域鱼类名录及渔获物组成

种类/学名	*IRI* 值	库区		上游		合计	
		数量/尾	重量/kg	数量/尾	重量/kg	数量/尾	重量/kg
秦岭细鳞鲑（*Brachymystax lenok tsinlingensis*）	0.10			94	4.13	94	4.13
拉氏鲅（*Phoxinus lagowskii*）	0.65	452	2.05	1188	4.7	1640	6.75
中华鳑鲏（*Roodeus sinensis*）	＜0.01	22	0.09			22	0.09
高体鳑鲏（*Roodeus ocellatus*）	＜0.01	12	0.06			12	0.06
䱗条（*Hemiculter leucisculus*）	0.06	188	2.01	84	0.68	272	2.69
麦穗鱼（*Pseudorasbora parva*）	0.09	664	4.73			664	4.73
短须颌须鮈（*Gnathopogon imberbis*）	0.03	102	0.59	67	0.33	169	0.92
棒花鱼（*Abbottina rivularis*）	0.01	37	0.51			37	0.51
多鳞铲颌鱼（*Varicorhinus macrolepis*）	0.02	24	1.75	24	0.38	48	2.13
鲤（*Cyprinus carpio*）	0.01	11	1.01			11	1.01
鲫（*Carassius auratus*）	0.02	18	1.59			18	1.59

续表

种类/学名	IRI 值	库区		上游		合计	
		数量/尾	重量/kg	数量/尾	重量/kg	数量/尾	重量/kg
红尾副鳅（*Paracobitis variegatus*）	0.07			185	1.20	185	1.2
岷县高原鳅（*Triplophysa minxianensis*）	0.03			86	0.67	86	0.67
鲇（*Silurus asotus*）	0.01	2	1.38			2	1.38
黄颡鱼（*Pelteobagrus fulvidraco*）	<0.01	8	0.34			8	0.34
合计		1540	16.11	1728	12.09	3268	28.2

从相对重要指数 *IRI* 来看，秦岭黑河流域优势种 2 种，即拉氏鲅和秦岭细鳞鲑（*Brachymystax lenok tsinlingensis*）；稀有种 3 种，即中华鳑鲏（*Roodeus sinensis*）、高体鳑鲏（*Roodeus ocellatus*）和黄颡鱼；其余 10 种为常见种。麦穗鱼渔获物最多，为库区优势种，但在 3 次调查中麦穗鱼仅分布于库区，并不是黑河流域内的优势种。

从图 2-9 可知，拉氏鲅和麦穗鱼这两个优势种的相对数量和相对重量均明显高于其他鱼类。本次调查所有样点均有拉氏鲅分布，而麦穗鱼仅分布于黑河水库。我们将黑河水库单列出来计算各鱼种的 *IRI* 值，发现黑河水库优势种为拉氏鲅和麦穗鱼 2 种鱼类，上游优势种为拉氏鲅和秦岭细鳞鲑 2 种鱼类。

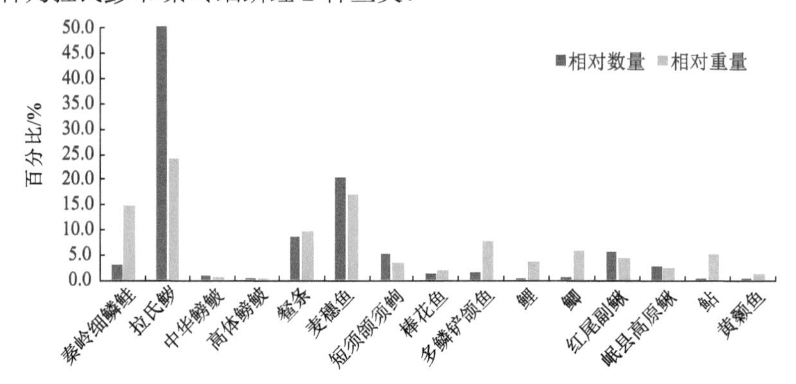

图 2-9 秦岭黑河流域鱼类渔获物相对数量/重量分布

从鱼类科的分布看，黑河鱼类个体数和重量均以鲤科占绝对优势，在春季，鳅科和鲑科在数量上一样，但在重量上鲑科较鳅科显著多，这是因为鲑科鱼类个体明显大于鳅科鱼类；在夏季，鳅科在数量上占次要地位，鲑科数量最少，但重量上，鲑科鱼类占次要地位，鳅科最少（图 2-10）。

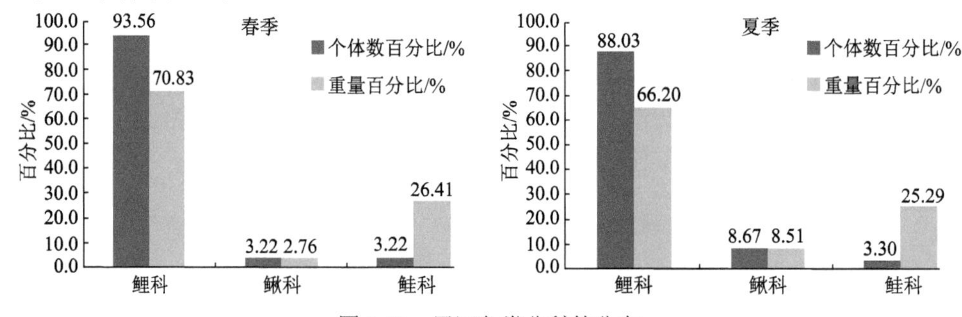

图 2-10 黑河鱼类分科的分布

从春季到夏季，鲤科鱼类减少了，而鳅科鱼类增加了，这反映了鳅科鱼类数量和重量的同步增长。鲑科鱼类数量基本没变（稍有增加），重量也基本没变化（稍有减少），说明鲑科鱼类的量在黑河相对稳定。

2）鱼类分布特征与区系组成

此次调查发现的 15 种鱼类隶属于 3 目 5 科 14 属，其中鲤形目 2 科 11 属 12 种，占总种数的 80%；鲇形目 2 科 2 属 2 种，占总种数的 13.33%；鲑形目 1 科 1 属 1 种，占总种数的 6.67%（表 2-14）。

表 2-14 黑河流域鱼类种类组成及其分布

种类	学名	分布		分布海拔/m	地理型
		库区	上游		
鲑形目	**SALMONIFORMES**				
鲑科	Salmonidae				
秦岭细鳞鲑	*Brachymystax lenok tsinlingensis*		+	792～1323	北方区
鲤形目	**CYPRINIFORMES**				
鲤科	Cyprinidae				
拉氏鱥	*Phoxinus lagowskii*	+	+	549～1323	北方区
中华鳑鲏	*Roodeus sinensis*	+		549	华东区
高体鳑鲏	*Roodeus ocellatus*	+		549	华东区
鰲条	*Hemiculter leucisculus*	+	+	549～649	华东区
麦穗鱼	*Pseudorasbora parva*	+		549	宁蒙区
短须颌须鮈	*Gnathopogon imberbis*	+	+	549～792	华东区
棒花鱼	*Abbottina rivularis*	+		549	华东区
多鳞铲颌鱼	*Varicorhinus macrolepis*	+	+	549～649	华南区
鲤	*Cyprinus carpio*	+		549	宁蒙区
鲫	*Carassius auratus*	+		549	宁蒙区
鳅科	Cobitidae				
红尾副鳅	*Paracobitis variegatus*		+	649～1323	华西区
岷县高原鳅	*Triplophysa minxianensis*		+	649～1323	华西区
鲇形目	**SILURIFORMES**				
鲇科	Siluridae				
鲇	*Silurus asotus*	+		549	华东区
鲿科	Bagridae				
黄颡鱼	*Pelteobagrus fulvidraco*	+		549	华南区

注：“+”表示有分布

从水平分布来看，流域内鱼类分布极不均匀，黑河水库鱼类种类和数量最丰富，占流域内总数的 80%，上游水源地干流、支流种类较少，占总种数的 46.67%。

本次调查点海拔在 549～1323 m，从垂直分布来看，流域内 15 种鱼类呈现出明显差异，最低海拔处种类最丰富，随海拔升高鱼类种数呈减少趋势。中华鳑鲏、高体鳑鲏（*Rhodeus ocellatus*）、麦穗鱼、棒花鱼、鲤、鲫等6种鱼类仅分布在海拔549 m的黑河水库；䱗条（*Hemiculter leucisculus*）和多鳞铲颌鱼（*Scaphesthes macrolepis*）分布于海拔549～649 m，短须颌须鮈分布于549～792 m；秦岭细鳞鲑分布于792～1323 m（常分布海拔1129～1323 m，偶分布海拔792 m）；红尾副鳅（*Paracobitis variegatus*）和岷县高原鳅（*Triplophysa minxianensis*）分布于海拔649～1323 m。总体来看，下游黑河水库分布的鱼类种数占总种数的80%（12种），上游占46.67%（7种），库区和上游均有分布的鱼类占26.67%（4种）。

秦岭黑河流域在地理区划上属于华东区河海亚区（李思忠，1981），从地理型来看，秦岭黑河流域分布有五大区系鱼类，以华东区鱼类为主（6种，40%），兼有宁蒙区（3种，20%）、北方区（2种，13.33%）、华西区（2种，13.33%）和华南区（2种，13.33%）。

从鱼类区系复合体来分析，本次调查发现的15种黑河鱼类隶属于4个鱼类区系复合体，分别为：①中国江河平原区系复合体4种，䱗条、短须颌须鮈、棒花鱼、多鳞铲颌鱼；②上第三纪早期区系复合体8种，鲤、鲫、麦穗鱼、鲇、红尾副鳅、岷县高原鳅、中华鳑鲏、高体鳑鲏；③南方山麓区系复合体1种，黄颡鱼；④北方山麓区系复合体2种，拉氏鲅、秦岭细鳞鲑。

3）秦岭黑河流域鱼类多样性特征

Shannon-Wiener 指数（H'）、物种丰富度指数（d_{Ma}）、Pielou 均匀度指数（J）和优势度指数（D）是反映群落结构稳定的重要指标，种数越多，种类分布越均匀，指示群落的多样性越高，群落越稳定（孙儒泳，2001）。由表2-15可知，下游金盆水库鱼种数最多，Shannon-Wiener 指数空间分布为：金盆水库（3.07）远高于上游河段（0.85）；物种丰富度指数和均匀度指数均为金盆水库高于上游，而优势度指数为金盆水库（0.38）＜上游（0.49）。

表2-15　黑河流域鱼类结构的群落特征指数

采样点	物种数	Shannon-Wiener 指数（H'）	物种丰富度指数（d_{Ma}）	Pielou 均匀度指数（J）	优势度指数（D）
黑河下游（金盆水库）	12	3.07	0.17	0.83	0.38
黑河上游	7	0.85	0.05	0.35	0.49
黑河流域	15	2.40	0.23	0.53	0.29

按平水期（4～6月）、丰水期（7～10月）和枯水期（11月至次年3月）统计的多样性，总体上，上游的清水河沟口、庙沟口、陈家嘴较低，陈河和花耳坪较高（图2-11）。这是由于陈河位于库区回水处的近上游，并汇集了小水电的水量，而且海拔也相对较低；花耳坪采样点虽然仅位于黑河的支流上，但水量也较大，并且人流量相对少，因此这两点的多样性较高。清水河沟口、庙沟口、陈家嘴位于交通干道上，其多样性低与人为干扰大有关。除金盆水库、虎豹河、元潭子外，其余各样点的Shannon-Wiener 指数，以丰水期最高，平水期和枯水期接近，较低，这与鱼类此期鱼类繁殖完成，产生子一代个体相一致。

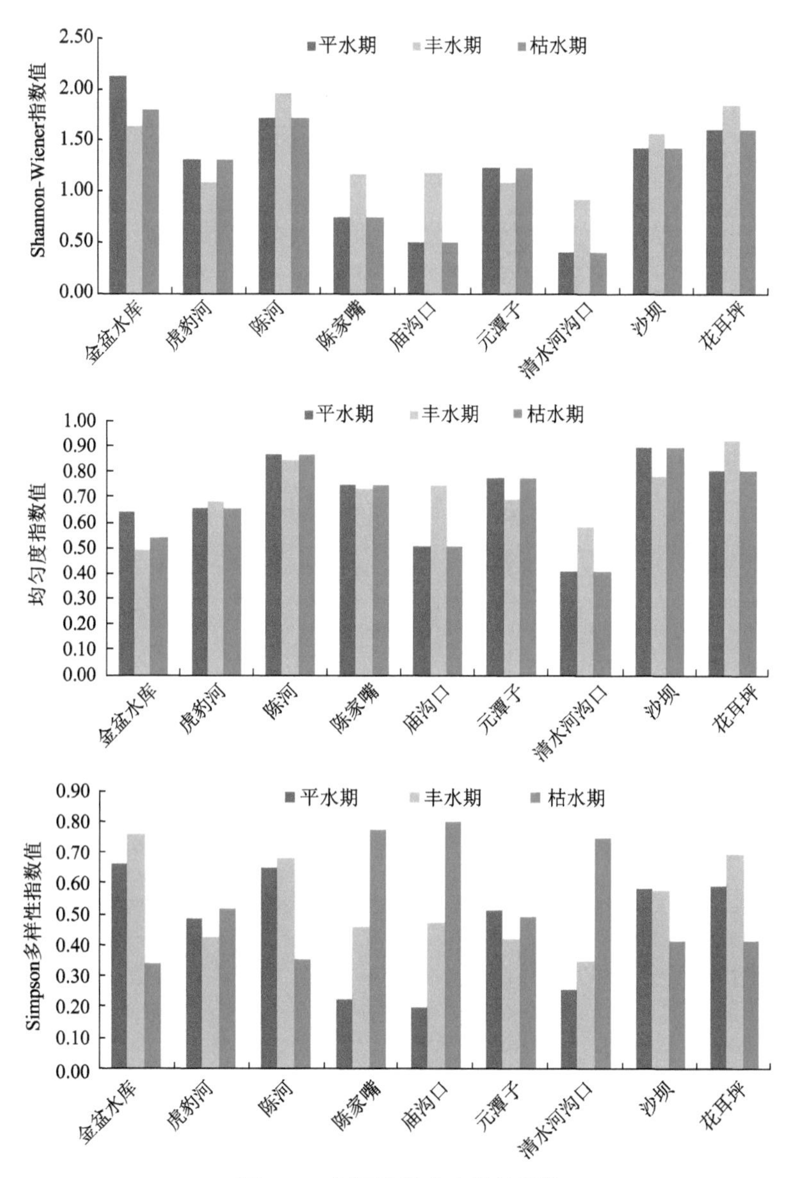

图 2-11 黑河各样点多样性指数

4）秦岭黑河流域鱼类分布特征

受水体底质、流速、流量等水文因素的制约，秦岭地区一些鱼类的水平分布是不平衡的，具有一定的局限性（方树淼等，1984）。除黑河水库外，流域内河流主要是干流，河面海拔 649～1313 m，主河面宽度和深度跨度均较大，为 5～30 m，大多河段水深约 0.4 m，河床多砾石或石槽，多数河段水流较急。个别河湾、滩涂处形成水深不等的河滩，如黑龙潭景区水深达 8 m 左右。流域内鱼类水平分布极不均匀，这主要是由于上游河床高、水温低、水流湍急、水流量较小等。

陆地环境中物种多样性随海拔升高而降低，鱼类有同样的海拔分布趋势，即海拔升高，鱼类种类数减少，多样性降低（孙儒泳，2001；王开锋等，2003），本次调查结果与该鱼类海拔分布趋势一致，也和《秦岭鱼类志》所记载的秦岭黑河鱼类海拔分布相一致。

从鱼类多样性特征指数来看，黑河水库鱼类物种丰富，群落结构稳定，抗外界干扰能力强。相反，上游河段鱼类物种单一，群落生态系统脆弱。由于下游为人工修建水库，作为西安市重要水源地受到封闭式保护，水质优良，大水面为各种鱼类提供了优质的索饵场、越冬场和产卵场。而黑河上游河段河短流急、河道狭窄、河床比降大、库容条件差，因而水库内鱼类物种多样性远远高于上游河段。

从鱼类区系组成来看，秦岭黑河流域鱼类隶属于全国所有5个鱼类区系，可见黑河流域鱼类区系复杂的地理成分，这与秦岭复杂的鱼类区系组成相一致（李思忠，1981；陕西省动物研究所等，1987）。

5）黑河流域鱼类资源历史资料与现状

目前，关于秦岭黑河鱼类种类组成较全面的历史资料距今已有近30年，包括方树淼等（1984）的《陕西省鱼类区系研究》和陕西省动物研究所等（1987）的《秦岭鱼类志》。但两者对秦岭黑河鱼类种类的记载并不一致。前者记载黑河鱼类共有30种，后者记载黑河鱼类共有23种。前者记载的中华花鳅、宽鳍鱲、黄颡鱼、厚唇裸重唇鱼（*Gymnodiptychus pachycheilus*）、中华细鲫（*Aphyocypris chinensis*）、斑条刺鳑鲏（*Acanthorhodeus taenianalis*）和彩石鲋（*Pseudoperilampus lighti*）等7种鱼类后者并无记载。其次，前者记载在黑河有分布的鮈亚科鱼类济南颌须鮈（*Gnathopogon tsinanensis*）在其后的调查（王开锋等，2001；李保国和何鹏举，2007；陕西省动物研究所等，2013）中并未发现有分布。本次调查发现15种鱼类，历史资料有记载但本次调查未发现的鱼类有7种：黄鳝（*Monopterus albus*）、瓦氏雅罗鱼（*Leuciscus waleckii*）、黑鳍鳈（*Sarcocheilichthys nigripinnis*）、大鳍刺鳑鲏（*Acanthorhogeus macropterus*）、唇䱻（*Hemibarbus labeo*）、马口鱼（*Opsariichthys bidens*）和泥鳅（*Misgurnus anguillicaudatus*）。即使最近一次由王开锋等（2001）在1996～1997年的调查中记录到的黄鳝、瓦氏雅罗鱼、中华花鳅、唇䱻、马口鱼和泥鳅在本次调查中也没有采集到，表明黑河流域近30年来鱼类资源量已明显下降。鱼类资源下降的现状在国内普遍存在，王开锋等（2011）于2010年调查发现陕西库峪岷县高原鳅种质资源保护区仅4种鱼类，而历史资料记载有14种。刘斌等（2013）报道辽河干流自然保护区鱼类仅28种，而历史资料记载有106种，下降近74%。靳铁治等（2015）于2013年调查位于秦岭南坡的陕西米仓山自然保护区，仅发现9种鱼类，占秦岭南坡鱼类总种数的6.30%，指出该保护区鱼类资源在下降。

6）秦岭黑河流域鱼类资源减少的原因分析

水环境变化、外来物种入侵和过度捕捞等是造成我国鱼类资源下降的三大原因（汤娇雯等，2009）。黑河水库自2003年建成蓄水后，大坝以下长期处于枯水状态，对原黑河下游水生生物造成毁灭性打击，这是造成黑河鱼类资源减少的原因之一，也可能是瓦氏雅罗鱼等消失的主要原因。Taylor等（2001）指出，由于栖息地特征的改变，库区鱼类种类结构变化非常显著，通常是在种类丰富度增加的同时，伴随着土著种或特有种的灭绝。由于水库的淹没和大坝的阻隔，产漂流卵和具有长距离洄游习性的鱼类已没有足够的生存空间完成其生活史，逐渐消失。这可能是造成黑河鱼类资源减少的另一重要原因。因河流湖库化，大部分适应急流生境，以底栖无脊椎动物为食的鱼类会退缩至上游浅水河段（蒋红等，2007）。但黑河流域比降大，随海拔升高水温下降明显，原来生活在下游、不耐低温鱼类退缩至上游河段又难以适应上游浅水河段的低温环境，导致这类鱼资源量下降。同时，滥捕滥捞是又一重要原因，本次调查中，通过黑河保护区各管理站工作人员和当地村民介绍，偷捕（主要捕捞工具为电捕器和地笼网）现象时有发生。另外，气候变化也是一个重要原因，如黑河的支流虎豹河，1996 年调查时，水量极大，流速急，在虎豹河河口无法步行通过，如今却变成了小孩也能跨过的涓涓细流。2014 年夏季，作为西安水源地的金盆水库，却由于持续干旱，水源告急，幸亏后来及时的一场有效降雨，才使情况有所缓解。综上，我们推测黑河水库的修建和人为捕捞是造成秦岭黑河流域鱼类明显减少的主要原因；气候的变化造成水源的不稳定，也影响鱼类的生存。

2. 秦岭细鳞鲑的现状

本次调查发现，国家Ⅱ级重点保护野生鱼类秦岭细鳞鲑为黑河上游板房子、厚畛子两样区的优势种鱼类，其种群稳定，但发现其个体小型化甚至超小型化趋势明显，本次调查捕获 104 尾秦岭细鳞鲑，其中最大个体体重仅 194.3 g，体长 274 mm，均重 43.9 g，100 g 以下个体占总数的 85.10%。薛超等（2013）在陕西省陇县秦岭细鳞鲑国家级自然保护区内采集到秦岭细鳞鲑样本 397 尾，发现样本中 210 g 以上的个体约占 15%。任剑和梁刚（2004）对陕西千河流域捕获的 56 尾秦岭细鳞鲑统计发现，体重为 30～1150 g。近几十年来由于气候变暖、环境恶化及滥捕滥捞等因素，秦岭细鳞鲑个体小型化甚至超小型化过程加剧。通过走访当地村民得知，20 多年前水中随处可见的秦岭细鳞鲑现已难见到，500 g 以上的大个体更难见到，且目前利用电捕器偷捕现象仍较普遍存在，部分村民的保护意识有待加强，建议相关单位加强安全教育与执法保护。

五、浮游生物

1. 种类组成及分布

黑河流域共调查到浮游植物 5 门 36 种属。从黑河流域各调查样点的种类（表 2-16）看，虎豹河样点种类最多，为 18 种，金盆入水口、清水河沟口、元潭子为 13 种，金盆库心为 12 种，陈河为 10 种，庙沟口为 8 种，金盆坝前和陈家嘴为 7 种，花耳坪为 6 种。

表 2-16 黑河流域各样点浮游植物分布

物种	学名	金盆坝前	库心	库区入水口	陈河	虎豹河	陈家嘴	庙沟口	元潭子	清水河沟口	花耳坪
硅藻门	**Bacillariophyta**										
简单舟形藻	*Navicula simplex*					+				+	
瞳孔舟形藻	*Navicula pupula*		+	+	+	+	+	+	+		
卡里舟形藻	*Navicula cari*			+	+	+			+	+	+
放射舟形藻	*Navicula radiosa*		+	+	+	+		+		+	
近缘桥弯藻	*Cymbella affinis*		+	+	+	+	+			+	
膨胀桥弯藻	*Cymbella tumida*										

续表

物种	学名	金盆坝前	库心	库区入水口	陈河	虎豹河	陈家嘴	庙沟口	元潭子	清水河沟口	花耳坪
肘状针杆藻	*Synedra ulna*				+	+			+	+	
肘状针杆藻窄变种	*Synedra ulna* var . *contracta*					+			+		
双头辐节藻	*Stauroneis anceps*		+		+	+		+	+		
矮小辐节藻	*Stauroneis pygmaea*										
谷皮菱形藻	*Nitzschia palea*			+		+		+	+		
双头菱形藻	*Nitzschia amphibia*					+				+	
篦形短缝藻	*Eunotia pectinalis*		+	+	+	+	+	+	+	+	+
弧形短缝藻	*Eunotia arcus*			+							
月形短缝藻	*Eunotia lunaris*					+			+	+	+
中型脆杆藻	*Fragilaria intermedia*			+		+			+	+	
缢缩异极藻头状变种	*Gomphonema constrictum* var. *capitata*			+							
塔形异极藻	*Gomphonema turris*									+	
美丽双壁藻	*Diploneis puella*										
卵圆双壁藻	*Diploneis ovalis*										
大羽纹藻	*Pinnularia maior*					+					
优美曲壳藻	*Achnanthes delicatula*			+	+	+		+	+		
变异直链藻	*Melosira varians*									+	
绒毛平板藻	*Tabellaria flocculasa*		+			+					
梅尼小环藻	*Cyclotella meneghiniana*	+	+	+	+	+	+	+	+	+	
绿藻门	**Chlorophyta**										
狭形纤维藻	*Ankistrodesmus angustus*	+									
被甲栅藻	*Scenedesmus armatus*		+								
双对栅藻	*Scenedesmus bijuga*		+								
埃伦新月藻	*Closterium ehrenbergii*					+					
小球藻	*Chlorella vulgaris*	+	+	+	+		+	+	+	+	+
蓝藻门	**Cyanophyta**										
小席藻	*Phorimidium tenus*	+					+		+		
微小色球藻	*Chroococcus minutus*	+									
隐藻门	**Cryptophyta**										
卵形隐藻	*Cryptomonas ovata*	+	+	+			+				
尖尾蓝隐藻	*Chroomonas acuta*	+	+								
裸藻门	**Euglenophyta**										
血红裸藻	*Euglena sanguinea*										+
膝曲裸藻	*Euglena geniculata*										+

注：“+”表示有分布

黑河流域浮游动物四大门类 23 种属。从黑河流域各个调查样点的浮游动物种类（表 2-17）看，陈河样点种类最多，为 9 种；金盆坝前次之，为 6 种；虎豹河、金盆库心第三，为 5 种；金盆入水口、元潭子、庙沟口、花耳坪，为 4 种；清水河沟口、沙坝，为 3 种；陈家嘴最少，为 2 种。

表 2-17 黑河流域各样点浮游动物分布

种类	学名	金盆入水口	金盆坝前	陈河	虎豹河	金盆库心	元潭子	陈家嘴	庙沟口	花耳坪	清水河沟口	沙坝
原生动物	**Protozoa**											
月形刺胞虫	*Acanthocystis erinaceus*		+									
短棘刺胞虫	*Acanthocystis brevicirrhis*			+								
长圆砂壳虫	*Difflugia oblonga oblonga*		+					+	+			
球形砂壳虫	*Difflugia globulosa*			+	+		+					+
尖顶砂壳虫	*Difflugia acuminata*									+		
盘状匣壳虫	*Centropyxis discoides*	+		+						+	+	
巢居法帽虫	*Phryganella nidulus*						+		+	+		
小口钟虫	*Vorticella microstoma*	+	+	+		+						
轮虫	**Rotifera**											
凸背巨头轮虫	*Cephalodella gibba*		+				+					
钩状狭甲轮虫	*Colurella uncinata*				+							
钝角狭甲轮虫	*Colurella obtusa*				+							
角突臂尾轮虫	*Brachionus angularis*								+			
螺形龟甲轮虫	*Keratella cochlearis*											+
阔口鞍甲轮虫	*Lepadella venefica*			+								
爱德里亚狭甲轮虫	*Colurella adriatica*			+								
前节晶囊轮虫	*Asplanchna priodonta*	+			+	+						
吕氏猪吻轮虫	*Dicranophorus lutkeni*										+	
污前翼轮虫	*Proales sordida*			+								
枝角类	**Cladocera**											
简弧象鼻溞	*Bosmina coregoni*		+			+	+					
透明薄皮溞	*Leptodora kindti*			+								
桡足类	**Copepoda**											
中华哲水蚤	*Sinocalanus sinensis*					+						
汤匙华哲水蚤	*Sinocalanus dorrii*			+								
无节幼体	**nauplius**	+	+		+	+		+	+	+	+	+
	种类数	4	6	9	5	5	4	2	4	4	3	3

注："+"表示有分布

2. 浮游植物密度及分布

黑河流域浮游植物数量变幅为 13.0×10^4～86.4×10^4 ind./L，平均数量为 45.4×10^4 ind./L。浮游植物数量最多的样点是清水河沟口；数量最少的是沙坝。各样点的浮游植物密度见表 2-18 和图 2-12。

表 2-18　黑河浮游植物密度与生物量

采样点	密度/（$\times10^4$ ind./L）	生物量/（mg/L）
黑河水库上游 19 km	70.7	1.44
金盆坝前	55.2	1.62
陈河	29.0	0.58
金盆库心	58.8	1.56
虎豹河	79.5	1.59
陈家嘴	22.0	0.24
元潭子	44.0	0.66
庙沟口	23.1	0.46
花耳坪	17.6	0.48
清水河沟口	86.4	1.73
沙坝	13.0	0.26
均值	45.4	0.9655

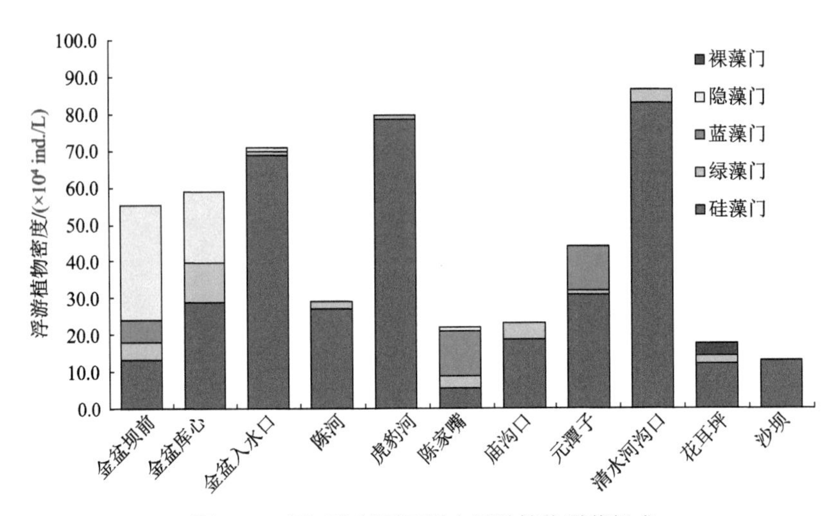

图 2-12　黑河流域不同样点浮游植物群落组成

黑河流域浮游植物的生物量为 0.26～1.73 mg/L，平均生物量为 0.97 mg/L。生物量出现的最高点和最低点与密度出现的最高点和最低点一致，即浮游植物生物量最高点的样点是清水河沟口，生物量最低的样点是沙坝。各样点的浮游植物生物量见表 2-18。

黑河流域浮游植物基本以硅藻为主，在金盆入水口、虎豹河、庙沟口、元潭子、沙坝、清水河沟口、花耳坪等样点尤其明显（图 2-12）。

3. 浮游动物现存量及分布

黑河流域浮游动物数量变幅为 1.0～22.8 ind./L，平均数量为 4.9 ind./L。浮游动物数量最多的样点是金盆水库坝前；数量最少的是元潭子。各样点的浮游动物密度见表 2-19。

黑河流域浮游动物的生物量为 0.0001～0.0210 mg/L，平均生物量为 0.0060 mg/L。浮游动物生物量最高的样点是陈河，生物量最低的样点是元潭子。各样点的浮游动物生物量见表 2-19。

表 2-19　黑河浮游动物密度与生物量

采样点	密度/（ind./L）	生物量/（mg/L）
黑河上游 19 km	10.2	0.0005
金盆水库坝前	22.8	0.0140
虎豹河	1.2	0.0016
黑河金盆水库浮标站	3.0	0.0181
元潭子	1.0	0.0001
花耳坪	2.4	0.0037
清水河沟口	1.8	0.0019
庙沟口	2.4	0.0008
沙坝	1.8	0.0026
陈家嘴	1.2	0.0018
陈河	6.6	0.0210
均值	4.9	0.0060

黑河流域的浮游动物各样点的组成差异较大，金盆坝前、金盆入水口、元潭子主要是原生动物；陈家嘴、庙沟口、清水河沟口、花耳坪基本由 2 类浮游动物组成；虎豹河、沙坝、陈河由 3 类浮游动物组成（图 2-13）。

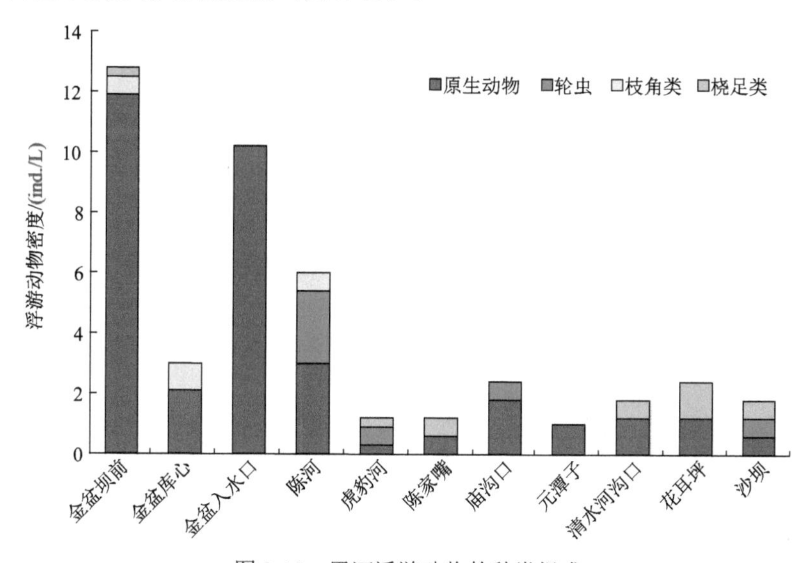

图 2-13　黑河浮游动物的种类组成

4. 黑河流域各样点浮游植物优势种

以单个种个体数占群落内所有个体数的百分比大于20%为优势种统计，黑河流域各个样点，有1个优势种的5个样点，有2个优势种的4个样点，有3个优势种的1个样点，没有优势种的样点是1个，说明黑河流域的浮游植物为单优势种和多优势种的群落（表2-20）。

表2-20 黑河流域各样点浮游植物优势种组成

样点	优势种（百分比/%）		
金盆坝前	尖尾蓝隐藻（50.0）	梅尼小环藻（23.9）	
金盆库心	梅尼小环藻（28.6）	尖尾蓝隐藻（26.5）	
金盆入水口	瞳孔舟形藻（32.4）		
陈河	篦形短缝藻（27.6）	瞳孔舟形藻（20.7）	
虎豹河			
陈家嘴	小席藻（55.0）		
庙沟口	篦形短缝藻（28.6）		
元潭子	小席藻（27.5）		
清水河沟口	变异直链藻（62.5）		
花耳坪	卡里舟形藻（27.6）	篦形短缝藻（27.6）	月形短缝藻（20.7）
沙坝	卡里舟形藻（38.5）	篦形短缝藻（23.1）	

5. 黑河浮游生物的多样性

从各样点看，Shannon-Wiener指数基本为4种指数中数值最低的；其中，金盆入水口、金盆库心、陈河指数较高。优势度指数和均匀度指数变化趋势基本一致，其值次之。物种丰富度指数最低，在清水河沟口和金盆坝前2个样点，优势度指数和均匀度指数接近，其他样点有与后二者相反变化的趋势（图2-14）。

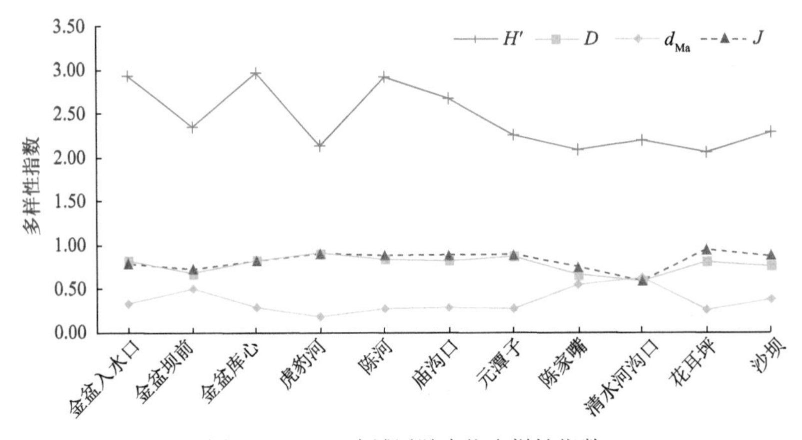

图2-14 黑河流域浮游生物多样性指数

六、底栖动物

1. 种类组成和不同样地的种类分布

调查显示，在 9 个采样点共发现底栖动物 15 种（表 2-21），隶属 3 门 4 纲 12 科，其中水生昆虫类最多，为 9 科 12 种，占 80%；环节动物 2 科 2 种，软体动物 1 科 1 种。庙沟口和清水河沟口出现种类最多，都为 8 种；其次是元潭子，为 6 种；陈河、陈家嘴、花耳坪样点出现种类数为 5 种；其他采样点出现种类数为 2 或 3 种。

表 2-21 黑河流域调查获得的底栖动物

物种分类	FFG	样点								
		S1	S2	S3	S4	S5	S6	S7	S8	S9
环节动物门（Annelida）										
寡毛纲（Oligochaeta）										
颤蚓科（Tubificidae）										
克拉伯水丝蚓（*Limnodrilus ciaparedianus*）	DF	+							+	
蛭纲（Hirudinea）										
水蛭科（Hirudo）										
水蛭（*Hirudo* sp.）	O					+				
软体动物门（Mollusca）										
腹足纲（Gastropoda）										
椎实螺科（Lymnaeidae）										
直缘萝卜螺（*Rectilinear ovata*）	FF		+							
节肢动物门（Arthropoda）										
昆虫纲（Insecta）										
有翅亚纲（Pterygota）										
短尾石蝇科（Nemouridae）										
网翅石蝇（*Arcynopteryx* sp.）	O		+			+				+
新石蝇（*Neoperla* sp.）	O				+	+	+		+	+
四节蜉蝣科（Baetidae）										
四节蜉（*Baetis* sp.）	DF		+	+	+	+	+	+	+	+
扁蜉蝣科（Ecdyuridae）										
扁蜉（*Ecdyrus* sp.）	DF		+	+		+	+		+	+
蜉蝣科（Ephemeridae）										
蜉蝣（*Ephemera* sp.）	DF				+			+		+
箭蜓科（Gomphidae）										
箭蜓（*Gomphus* sp.）	C		+				+			+
石蛾科（Phryganeidae）										
石蚕（*Phryganea* sp.）	O				+				+	

续表

物种分类	FFG	样点								
		S1	S2	S3	S4	S5	S6	S7	S8	S9
纹石蛾科（Hydropsychidae）										
纹石蚕（*Hydropsyche* sp.）	FF					+				
角石蛾科（Stenopsychidae）										
拟角石蚕（*Parastenopsyche* sp.）	O						+			+
摇蚊科（Chironomidae）										
摇蚊（*Chironomus* sp.）幼虫	DF	+								
粗腹摇蚊（*Rheopelopia* sp.）幼虫	DF					+	+	+		+
羽摇蚊（*Chironomus plumosus*）幼虫	DF			+	+	+				
合计		2	5	3	5	8	6	3	5	8

注：1.“+”表示有分布

2. FFG. functional feeding group，功能摄食类群（FF. filter feeders，滤食者；DF. deposit feeder，食底泥者；C. carnivore，肉食者；O. omnivore，杂食者）

3. S1. 金盆水库；S2. 陈河；S3. 虎豹河；S4. 陈家嘴；S5. 庙沟口；S6. 元潭子；S7. 沙坝；S8. 花耳坪；S9. 清水河沟口

2. 数量和栖息密度

调查发现，黑河流域所有底栖动物中，出现频率最高的是四节蜉，为88.90%；其次是扁蜉和新石蝇（表2-22）。黑河流域底栖动物的平均密度为62 ind./m^2，个体数量的变化为19～104 ind./m^2。其中，元潭子样点底栖动物密度最高，为104 ind./m^2，金盆水库的密度最低，为19 ind./m^2（图2-15）。

表2-22 黑河流域主要底栖动物个体出现数量和出现频率

物种	个体数	出现次数	出现频率/%
箭蜓	7	3	33.3
新石蝇	44	5	55.6
扁蜉	25	6	66.7
四节蜉	291	8	88.9
拟角石蚕	4	2	22.2
粗腹摇蚊幼虫	14	4	44.4
石蚕	33	2	22.2
网翅石蝇	20	3	33.3
直缘萝卜螺	1	1	11.1
蜉蝣	8	3	33.3
摇蚊幼虫	12	1	11.1
克拉伯水丝蚓	7	2	22.2
羽摇蚊幼虫	24	3	33.3

续表

物种	个体数	出现次数	出现频率/%
纹石蚕	10	1	11.1
水蛭	1	1	11.1

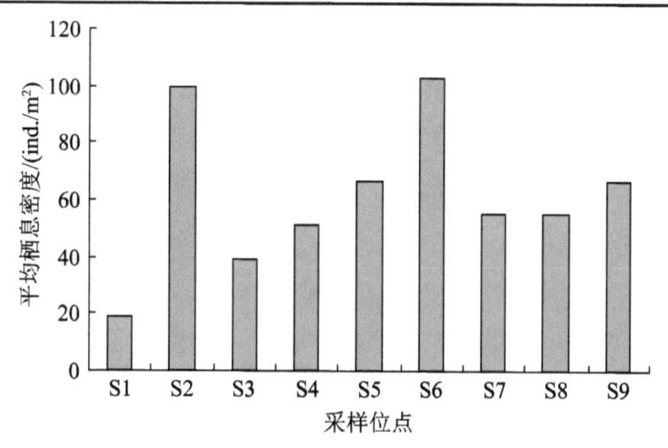

图 2-15　黑河流域底栖动物平均栖息密度

S1～S9 含义见表 2-21 表注 3

3. 物种多样性

调查期间研究区群落生物多样性分析结果见图 2-16。从图 2-16 中可以看出调查期间研究区内底栖动物 Shannon-Wiener 指数为 0.87～2.12，均匀度指数为 0.34～0.94，物种丰富度指数为 0.18～0.69。三项指数的空间分布趋势较为一致，低值区主要位于沙坝。沙坝的底栖动物生物多样性指数最低，表明该区域的底栖生物群落已处于比较脆弱的状态。单因素方差分析（ANOVA）表明：黑河底栖动物 Shannon-Wiener 指数、均匀度指数和物种丰富度指数在不同采样点之间差异不显著。

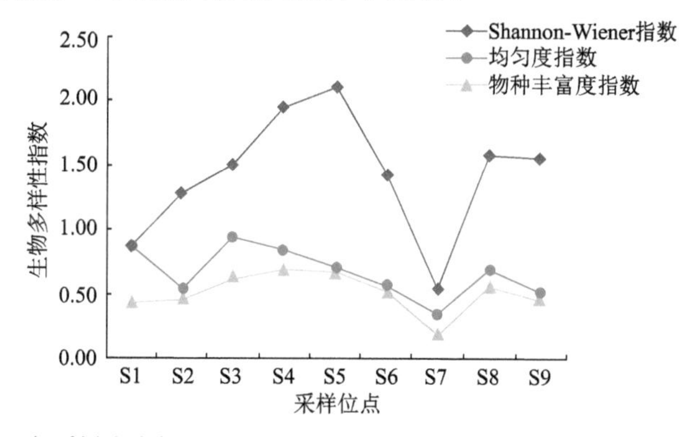

图 2-16　黑河各采样点底栖动物 Shannon-Wiener 指数、均匀度指数和物种丰富度指数

S1～S9 含义见表 2-21 表注 3

4. 功能摄食类群

黑河流域底栖动物功能摄食类群的划分见表 2-21，根据所调查 9 个采样点的数据资料，黑河水域以食底泥者占主要优势，其相对丰度为 46.7%，其次为杂食者，相对丰度为 33.3%，滤食者相对丰度最小，为 13.3%。

第二节　丹江流域与黑河流域水生生物多样性的分布格局比较

一、河道的形态差异

从地形看，秦岭南坡缓长，秦岭北坡陡短，丹江和黑河就能给出一定程度的说明。

丹江发源于秦岭的东峡和七盘河，经黑龙口镇、商州区、丹凤县、商南县，再流经河南、湖北，于丹江口注入汉江，全长433 km，总流域面积16812 km^2。丹江在商洛境内的干流，按河谷形态分为5个河段：①何塬至商州二龙山河段。长约42 km，属丹江河段，海拔730～1500 m，河床比降1/200～1/100。铁炉子村以上河槽狭窄，谷坡陡峻，为典型的“V”形峡谷。铁炉子村以下河谷逐渐开阔，在湾流处形成一些不对称曲流阶地。板桥河口至程家坡河段又成峡谷，二龙山水库（仙鹅湖）修建于此。②商州区二龙山至丹凤县月日滩河段。其长71 km，沿河谷宽丘浅，地势平坦。干流迂回蜿蜒，形成一系列宽阔的弯道谷地，沿岸村镇耕地栉比相连。河床高程730～540 m，比降1/300，谷宽1000～3000 m，河床宽150～250 m。③丹凤县月日滩至竹林关镇河段。该段又称“月日峡”或“流岭峡”，长约40 km，河床高程400～540 m，比降1/500～1/300。全段除月日滩、孤山坪两处由于深切曲流造成的古河道有少量农田分布外，其余均为峡谷，谷坡多为30°～70°。④竹林关镇至商南县过风楼段。其长约53 km，是比较典型的宽谷和峡谷相间出现的串珠状河段。⑤过风楼至省界河段。其长约58 km，通称湘河河谷，谷呈“V”形，谷坡大都为30°～60°，谷宽120～200 m[①]。

黑河发源于秦岭最高峰太白山。流域地势起伏大，西南高，东北低，黑河干流大体也是东北流向。黑河流域长125.8 km，主河道比降8.80%。流域面积2258 km^2，其中峪口以上控制面积1639.6 km^2，占流域总面积的72.60%。黑河流域分水岭高差悬殊，分水线总长度225.1 km，相对高差3282 m，平均高差1768.6 m，流域平均河床比降81.23%，河流直线长42.7 km，弯曲系数2.265。黑河河道峪口以上流经秦岭山区，为上游河段，比降大，水流急，何塬至峪口高差2537.2 m，河长96.7 km，河道比降19.30%。其中，何塬至虎豹河口，高差2179.2 m，河长62.1 km，河道比降35.30%；虎豹河口至峪口，高差282.3 m，河长34.6 km，河道比降8.16%。峪口以下为中、下游河段，高差75.7 m，河床比降

2.13%。由于坡度渐缓，水流悠慢，主河道横向摆动明显，具有明显的边滩和心滩。

二、鱼类种类差异

1. 不同河流的鱼类差异

秦岭鱼类分布有明显的南北差异，南坡种类较多，计142种和亚种，隶属于7目16

---

① 商洛地区水电水土保持局，《商洛地区水利志》，1992

科 83 属；北坡种类较少，计 99 种和亚种，隶属于 7 目 13 科 59 属。秦岭地区的 161 种鱼类中，南北均有分布的计 80 种，占 49.70%；仅限于南坡分布的计 62 种，占 38.50%；仅限于北坡分布的计 19 种，占 11.80%。限于南坡分布的类群有：平鳍鳅科、𩽾科、钝头鮠科、鲤科的南亚类群（鲃亚科和野鲮亚科）、裂腹鱼属、黑线鳘属、圆吻鲴属、半鳘属、华鳊属、近红鲌属、原鲤属、鳠属等；限于北坡分布的类群有：刺鮈、鮈属、雅罗鱼属等（陕西省动物研究所等，1987）。

从文献记录的鱼类种类看，丹江共记录鱼类 56 种，黑河共记录鱼类 32 种。丹江和黑河鱼类共计 68 种。

丹江、黑河鱼类种类的相似性系数 $D'=2\times20/(56+32)=0.4545$，丹江与黑河共有鱼类 20 种，占丹江和黑河鱼类总种数的 29.41%；共有鱼类为：红尾副鳅、中华花鳅、泥鳅、马口鱼、宽鳍𫚥、拉氏𫚥（*Phoxinus lagowskii*）、中华鳑鲏、鳘条、唇䱻、麦穗鱼、黑鳍鳈、短须颌须鮈、棒花鱼、多鳞铲颌鱼、鲤、鲫、鲇、黄颡鱼、黄鳝、栉鰕虎鱼。

丹江有但黑河无的种类有 36 种，占丹江和黑河鱼类总种数的 52.94%，共有鱼类为：贝氏高原鳅、花斑副沙鳅（*Parabotia fasciata*）、点面副沙鳅（*Parabotia maculosa*）、东方薄鳅（*Leptobotia orientalis*）、汉水扁尾薄鳅（*Leptobotia tientaiensis hansuiensis*）、青鱼（*Mylopharyngodon piceus*）、草鱼、鳡（*Elopichthys bambusa*）、黄尾鲴（*Xenocypris davidi*）、细鳞鲴（*Xenocypris microlepis*）、鳙、鲢、银飘鱼、伍氏华鳊（*Sinibrama wui*）、贝氏鳘条（*Hemiculter bleekeri*）、拟尖头红鲌（*Erythroculter oxycephaloides*）、鳊（*Parabramis pekinensis*）、银色颌须鮈、点纹颌须鮈、铜鱼（*Coreius heterodon*）、似鮈、乐山棒花鱼（*Abbottina kiatingensis*）、片唇鮈（*Platysmacheilus exiguus*）、蛇鮈（*Saurogobio dabryi*）、南方长须鳅鮀（*Gobiobotia longibarba meridionalis*）、宜昌鳅鮀（*Gobiobotia ichangensis*）、瓦氏黄颡鱼（*Pelteobagrus vachelli*）、盎堂拟鲿、乌苏里拟鲿（*Pseudobagrus ussuriensis*）、切尾拟鲿、大鳍鳠（*Mystus macropterus*）、拟缘（*Liobagrus marginatoides*）、中华纹胸𩽾、青鳉（*Oryzias latipes*）、神农栉鰕虎鱼（*Ctenogobius shennongensis*）、波氏栉鰕虎鱼。

黑河有但丹江无的鱼类有 12 种，占丹江和黑河鱼类的 17.65%，包括：秦岭细鳞鲑、岷县高原鳅、中华细鲫、瓦氏雅罗鱼、高体鳑鲏、彩石鲋、大鳍刺鳑鲏、斑条刺鳑鲏、兴凯刺鳑鲏（*Acanthorhodeus chankaensis*）、西湖颌须鮈（*Gnathopogon sihuensis*）、清徐胡鮈（*Huigobio chinssuensis*）、渭河裸重唇鱼（*Gymnodiptychus pachycheilus weiheensis*）。

从本次调查到的种类看，丹江鱼类 27 种，黑河鱼类 15 种，丹江和黑河调查到的鱼类共 32 种。其中，丹江和黑河共有鱼类 10 种［占丹江和黑河采集鱼类的 31.25%；丹江、黑河鱼类种类的相似性系数为 $2\times10/(27+15)=0.4762$］：泥鳅、拉氏𫚥、鳘条、麦穗鱼、短须颌须鮈、棒花鱼、鲤、鲫、鲇、黄颡鱼。丹江分布但黑河没有分布的种类 17 种（占丹江和黑河采集鱼类的 53.13%）：贝氏高原鳅、中华花鳅、马口鱼、宽鳍鱲、草鱼、鳙、鲢、银飘鱼、银色颌须鮈、点纹颌须鮈、似鮈、盎堂拟鲿、切尾拟鲿、中华纹胸𩽾、栉鰕虎鱼、神农栉鰕虎鱼、波氏栉鰕虎鱼。黑河有分布但丹江无的种类 5 种（占丹江和黑河采集鱼类的 15.63%）：秦岭细鳞鲑、红尾副鳅、中华鳑鲏、高体鳑鲏、多鳞铲颌鱼。

2. 不同海拔的鱼类差异

二龙山水库（仙鹅湖）与黑河水库（金盆水库）鱼类组成存在较大差异。黑河金盆水库，库容 2 亿 m^3，坝高 130 m，坝顶高程海拔 600 m。正常高水位为 594 m，蓄水后回水 20 多千米。二龙山水库大坝高 63.7 m，总库容 8000 万 m^3，最大水面 366 hm^2，平均水域面积 228 hm^2，库区最低海拔 720 m。

由于两水库环境类似，并且仙鹅湖修建时间超过 40 年（1973 年建成），金盆水库刚超过 10 年（2004 年建成）。丹江鱼类多于黑河，因此，二龙山水库的鱼类应多于黑河金盆水库。调查结果是：黑河库区有鱼类 12 种，优势种是麦穗鱼和拉氏鲅；仙鹅湖鱼类 10 种，4 种优势种，为马口鱼、栉鰕虎鱼、鲢、鲫。我们分析其主要是二龙山水库人为影响较大造成的。金盆水库作为西安市重要饮用水源地，受到严格的管理和保护，没有游船，几乎没有钓鱼者；仙鹅湖却已开发成为景区，不仅有游船数十艘，接待游客，垂钓者也是络绎不绝，并将水面承包给养殖户。因此，仙鹅湖鱼类种类反而较金盆水库少。

金盆水库上游植被较好，其涵养水源区有陕西太白山国家级自然保护区、陕西周至国家级自然保护区和陕西黑河珍稀水生野生动物国家级自然保护区 3 个国家级自然保护区，不仅有国家Ⅱ级重点保护野生动物秦岭细鳞鲑分布，而且分布的鱼类就达 5 种；二龙山水库上游植被较差，保护情况亦较差，鱼类仅有 3 种。

三、丹江流域与黑河流域浮游植物分布的比较

两个流域共检出浮游植物 6 门 66 种属。其中黑河流域 5 门 36 种属，相比丹江流域，未检测到金藻门种属；丹江流域 6 门 58 种属。丹江流域浮游植物种类明显比黑河流域丰富（图 2-17）。

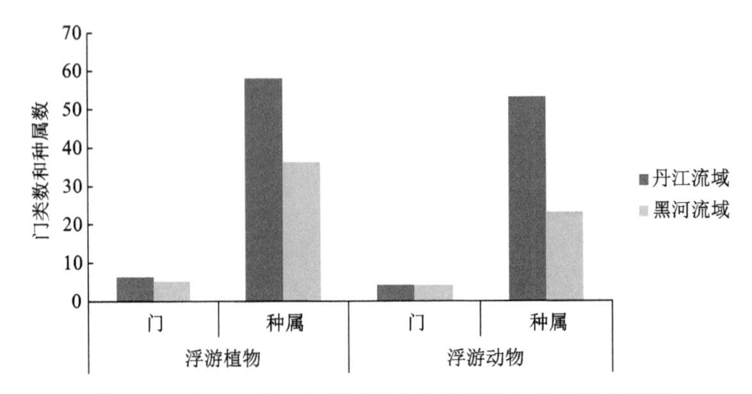

图 2-17　黑河、丹江流域浮游生物门类数和种属数统计图

两个流域共有的藻类 32 种。

黑河流域有而丹江流域没有的藻类 4 种：尖尾蓝隐藻（*Chroomonas acuta*）、小席藻（*Phorimidium tenus*）、埃伦新月藻（*Closterium ehrenbergii*）、弧形短缝藻（*Eunotia arcus*）。

丹江流域有而黑河流域没有的藻类 26 种：线形舟形藻（*Navicula graciloides*）、尖针杆藻（*Synedra acus*）、近缘针杆藻（*Synedra affinis*）、双头针杆藻（*Synedra *amphicephala*）、线形菱形藻（*Nitzschia linearis*）、连接脆杆藻（*Fragilaria construens*）、十字脆杆藻（*Fragilaria harrissonii*）、歧纹羽纹藻（*Pinnularia divergentissima*）、椭圆波缘藻（*Cymatopleura elliptica*）、草鞋形波缘藻（*Cymatopleura solea*）、尖布纹藻（*Gyrosigma acuminatum*）、细布纹藻（*Gyrosigma kutzingii*）、卵圆双眉藻（*Amphora ovalis*）、粗壮双菱藻（*Surirella robusta*）、镰形纤维藻（*Ankistrodesmus falcatus*）、裂孔栅藻（*Scenedesmus perforatus*）、斜生栅藻（*Scenedesmus obliquus*）、库津新月藻（*Closterium kutzingii*）、四刺顶棘藻（*Chodatella quadriseta*）、简单衣藻（*Chlamydomonas simplex*）、纤细月牙藻（*Selenastrum gracile*）、纤细角星鼓藻（*Staurastrum gracile*）、浮球藻（*Planktosphaeria gelotinosa*）、韦氏藻（*Westella botryoides*）、小三毛金藻（*Prymnesium parvym*）、微小色球藻（*Chroococcus minutus*）。

四、丹江流域与黑河流域浮游动物分布的比较

两个流域共检出浮游动物四大类 55 种属。其中黑河流域 4 门 23 种属，丹江流域 4 门 53 种属。丹江流域浮游动物种类明显比黑河流域丰富（图 2-17）。

两流域共有的种类 20 种。

黑河流域有而丹江流域没有的浮游动物 3 种：钝角狭甲轮虫（*Colurella obtusa*）、角突臂尾轮虫（*Brachionus angularis*）、汤匙华哲水蚤（*Sinocalanus dorrii*）。

丹江流域有而黑河流域没有的浮游动物 33 种：棘刺真剑水蚤（*Eucyclops euacanthus*）、锯缘真剑水蚤（*Eucyclops serrulatus*）、模式有爪猛水蚤（*Onychocamptus mohammed*）、跨立小剑水蚤（*Microcyclops varicans*）、毛饰拟剑水蚤（*Paracyclops fimbriatus*）、球形锐额溞（*Alonella globulosa*）、老年低额溞（*Simocephalus vetulus*）、僧帽溞（*Daphnia cucullata*）、蚤状溞（*Daphnia pulex*）、中型尖额溞（*Alona intermedia*）、奇异尖额溞（*Alona eximia*）、舞跃无柄轮虫（*Accomorpha saltans*）、大肚须足轮虫（*Euchlanis dilatata*）、囊形单趾轮虫（*Monostyla bulla*）、截头鬼轮虫（*Trichotria truncata*）、唇形叶轮虫（*Notholca squamula*）、弯趾椎轮虫（*Notommata cyrtopus*）、卵形鞍甲轮虫（*Lepadella ovalis*）、刺簇多肢轮虫（*Polyarthra trigla*）、矩形龟甲轮虫（*Keratella quadrata*）、长肢多肢轮虫（*Polyarthra dolichopteria*）、壶状臂尾轮虫（*Brachionus urceus*）、萼花臂尾轮虫（*Brachionus calyciflorus*）、矩形臂尾轮虫（*Brachionus leydigi*）、长刺异尾轮虫（*Trichocerca longiseta*）、纵长异尾轮虫（*Trichocerca elongata*）、尾棘巨头轮虫（*Cephalodella sterea*）、节盖虫（*Opercularia articulata*）、阔口游仆虫（*Euplotes eurystomus*）、珊瑚变形虫（*Amoeba gorgonia*）、矛状鳞壳虫（*Euglypha laevis*）、蛹形斜口虫（*Enchelys pupa*）、王氏似铃壳虫（*Tintinnopsis wangi*）。

五、丹江流域与黑河流域浮游生物多样性的比较

丹江流域较黑河流域浮游生物的种类多，4 种指数均以丹江流域大于黑河流域，其中，Shannon-Wiener 指数和优势度指数较明显（图 2-18）。其中，黑河流域的优势度指数低，说明黑河流域的浮游生物分布均匀。

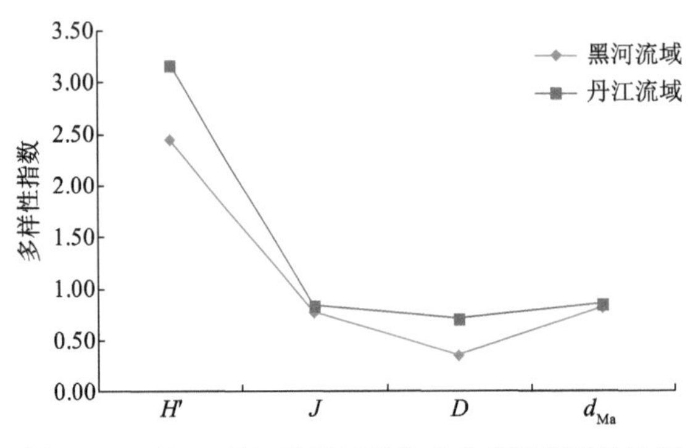

图 2-18　黑河、丹江流域浮游生物多样性指数统计图

六、丹江流域与黑河流域底栖动物分布的比较

1. 种类分布差异

丹江、黑河流域共有种类 10 种：克拉伯水丝蚓、网翅石蝇、四节蜉、扁蜉、蜉蝣、箭蜓、石蚕、摇蚊幼虫、粗腹摇蚊幼虫、羽摇蚊幼虫。

黑河流域独有的种类 5 种：水蛭、直缘萝卜螺、新石蝇、拟角石蚕、纹石蚕。

丹江流域独有的种类 8 种：中华颤蚓、卵萝卜螺、大脐圆扁螺、河蚬、纹石蝇、亚洲庹鳃、黑河鳃、马大头。

2. 优势种的比较

优势种的确定还存在不同意见，陈清潮等（1994）在黄海、东海浮游动物以 $Y\{=(n_i/N)f_i$；n_i 为第 i 种的个体数量，f_i 为该种在各调查点中出现频率，N 为总个体数量$\}>0.02$ 的为优势种，在热带海区以 $Y>0.015$ 的为优势种；彭松耀等（2010）在亚热带地区的珠江口，以 $Y>0.01$ 的为底栖动物优势种。由于丹江、黑河流域具有南暖温带-北亚热带的过渡带气候特点，考虑到采样区域底栖动物样本的离散性不大，优势度的指标可略提高，本书以 $Y>0.03$ 的为底栖动物的优势种。

丹江流域底栖动物的优势种为卵萝卜螺（Y=0.149）、四节蜉（Y=0.124）、摇蚊幼虫（Y=0.043）、克拉伯水丝蚓（Y=0.032），这些种个体虽小，数量却较大，且出现频率高。其余 14 种底栖动物出现的情况有所变化，但都不占优势。

黑河流域底栖动物的优势种为四节蜉（Y=0.516）、新石蝇（Y=0. 05）、扁蜉（Y=0.033），同样，黑河流域的这些种个体虽小，数量却较大，且出现频率高。其余 80%的种类出现的情况有所变化，但都不占优势。

第三节　主要环境因子和水生生物群落与生态系统

一、黑河和丹江流域的自然环境因子

水环境主要调查了溪流宽度、水深、河堤自然性、水的流态、河道底质状态、水温、溶氧、透明度、流速等指标。从表 2-23 可知如下结果。

表 2-23 丹江和黑河的水环境

日期	时间	天气	溪流名称、位置	位点	溪流宽度/m	水深/m	河堤自然性	水的流态	底质状态	水温/℃	溶氧/(mg/L)	透明度/cm	流速/(m/s)
2014-4-3	10:00	多云	金盆水库	坝(撒网捕鱼点)	>200	>30	人工河堤	水潭	淤泥 100%	表层 11.8	10.45	75	0.0
	12:30	多云		上游 19 km	>60	>30	人工河堤	水潭	淤泥 100%	表层 11.9，中层 10.0，底层 8.0	10.64	40	0.0
	14:30	多云		浮标站	>80	>30	人工河堤	水潭	淤泥 100%	表层 11.7，中层 11.0	9.91	40	0.0
	16:30	多云		坝(水质监测船上)	>150	>30	人工河堤	水潭	淤泥 100%	表层 13.0，中层 12.0	—	75	0.0
	17:19	晴		底栖动物采集点	—	—	人工河堤	水潭	淤泥 100%	—	—	—	0.0
2014-4-4	10:30	晴间小雨	陈河	坝下	3	0.4	自然河堤	溪流	块石 90%，砂石 10%	表层 9.8	—	—	—
	15:30	晴间小雨	虎豹河	坝上	7	0.6	自然河堤	溪流	块石 90%，砂石 10%	表层 9.5	—	—	—
2014-4-5	9:00	晴		陈家嘴	7	0.6	自然河堤	溪流	块石 90%，砂石 10%	表层 6.8	—	—	—
	11:23	晴	板房子样区	庙沟口	7	1	自然河堤	溪流	块石 90%，砂石 10%	表层 9.8	—	—	—
	15:10	多云		元潭子		0.7	自然河堤	溪流	块石 90%，砂石 10%	表层 11.6	—	—	—
2014-4-6	8:48	阴		清水河沟口	15	1	自然河堤	溪流	块石 50%，砂石 40%，淤泥 10%	表层 7.0	—	—	—
	11:00	阴	厚畛子样区	沙坝	15	1	自然河堤	溪流	块石 50%，砂石 40%，淤泥 10%	表层 6.0	—	—	—
	13:00	阴		花耳坪	25	1	自然河堤	溪流	块石 50%，砂石 50%	表层 7.0	—	—	—
2014-4-8	15:00	晴	二龙山水库	航点 001	—	20	人工河堤	水潭	淤泥 100%	表层 17.4，中层 14.0，底层 10.0	8.50	110	—
2014-4-9	12:00	晴		航点 002 捕鱼点	—	20	人工河堤	水潭	淤泥 100%	—	—	—	—
	15:30	晴		中心	—	20	人工河堤	水潭	淤泥 100%	表层 16.6，中层 13.0，底层 10.0	10.56	80	—
	16:00	晴		东湖	—	20	人工河堤	水潭	淤泥 100%	表层 20.2，中层 17.0，底层 15.0	10.09	80	—
	17:42	晴		西湖	—	20	人工河堤	水潭	淤泥 100%	表层 18.0，中层 16.0，底层 13.0	9.30	40	—

续表

日期	时间	天气	溪流名称、位置	位点	溪流宽度/m	水深/m	河堤自然性	水的流态	底质状态	水温/℃	溶氧/(mg/L)	透明度/cm	流速/(m/s)
2014-4-10	9:30	小雨	黑龙口镇样区	前街村	5	0.4	自然河堤	溪流	块石 10%，砂石 40%，淤泥 30%，垃圾 20%	表层 13.5	8.65	—	—
	11:00	小雨		铁炉子村一组	3.5	0.2	自然河堤	溪流	块石 60%，淤泥 40%	表层 12.6	8.31	—	—
	12:00	小雨		铁炉子村六组(只有捕鱼)(硫酸厂)	2	0.2	自然河堤	溪流	块石 80%，砂石 10%，淤泥 10%	—	—	—	—
	12:30	中雨		月亮湾	1.5	0.1	自然河堤	溪流	块石 80%，砂石 10%，淤泥 10%	表层 10.2	10.11	—	—
2014-4-12	7:30	阴	湘河镇样区	大泉	76	3/0.2	自然河堤	溪流	块石 30%，砂石 50%，淤泥 20%	表层 15.7	8.84	57	0.590
	9:30	小雨		枣园	—	0.7/0.1	自然河堤	溪流	砂石 80%，淤泥 20%	表层 16.0	8.41	46	0.315
	10:30	阴		大桥上	60	0.3	自然河堤	溪流	块石 30%，砂石 50%，淤泥 20%	表层 16.0	8.26	75	0.650
	16:30	多云转晴	中村镇样区	下窄巷(银花镇)	33	0.2	自然河堤	溪流	块石 30%，砂石 20%，淤泥 50%	表层 16.2	8.02		0.430～0.605
2014-4-13	8:00	阴		上窄巷	12～43	0.5	人工河堤	溪流	块石 20%，砂石 30%，淤泥 50%	表层 13.7	0.92～11.7	50	0.711
	11:00	晴		捷峪	6～7	0.15	自然河堤	溪流	块石 70%，砂石 30%	表层 15.8	14.39	—	0.395～0.125
	13:00	晴		弯里	6	0.2	自然河堤	溪流	块石 25%，淤泥 75%	表层 20.6	7.96	6	0.673～1.205
2014-4-14	8:00	阴	竹林关样区	冀家湾	86～152	1	自然河堤	溪流	块石 30%，砂石 30%，淤泥 40%	表层 17.5	9.34	44	0.410
	9:00	晴转阴		梁家湾	61	2.5	自然河堤	溪流	块石 30%，砂石 30%，淤泥 40%	表层 17.5	12.02	27	0.975
	13:30	阴转小雨		堰坝	22～52	1	自然河堤	溪流	块石 30%，砂石 30%，淤泥 40%	表层 17.0	10.12	—	0.540
2014-4-15	8:00	阴转小雨	商丹开发区样区	堡子村	21	0.8	自然河堤	溪流	块石 30%，砂石 70%	表层 15.7	8.13	23	0.530
	10:00	阴		何塬（未采集到底栖动物和鱼类）	16～39	0.8	自然河堤	溪流	块石 20%，砂石 40%，淤泥 40%	表层 15.0	9.87	15	1.160
	12:30	阴		杨村	9～34	0.9	自然河堤	溪流	块石 30%，砂石 30%，淤泥 40%	表层 14.0	10.87	45	1.500
	16:00	中雨		二龙山坝下	99	0.2	人工河堤	溪流	块石 10%，淤泥 90%	表层 14.6	11.35	—	—
2014-4-16	10:00	阴	商丹开发区样区	费村	31	0.5	自然河堤	溪流	块石 20%，砂石 40%，淤泥 40%	表层 13.4	7.92	18	0.734

从溪流宽度看，黑河河道不仅短，比降大，并且上游为峡谷状河道，河道的宽度为3～25 m；而丹江河道较长，比降较小，河道相对宽，河道宽度为30～152 m，但丹江的上游黑龙口镇样区，河道比降大，河道较窄，为1.5～5 m。

从水深看，除了人工修建的两座水库水深较深外，丹江和黑河的水均较浅。黑河为0.4～1.0 m，丹江为0.2～3.0 m（不包括河流中的深潭）。

河堤自然性：丹江、黑河的上游基本为自然河堤，其他河段除了水库的岸边基本是人工浆砌，在商丹开发区，特别是商州区，丹江的河堤基本为人工河堤外，其余基本为自然河堤。

水的流态：除水库外，丹江、黑河基本为溪流状，只是丹江流量大。

河道底质：越是上游河道底质的含沙量越少，这与丹江、黑河上游比降大，水流速快相关，是河道的地质结构在河水的长期切割下形成的。丹江中游及下游，由于河床比降小，含沙量较大。水库由于水流减缓，基本是上游冲刷下的泥沙。

水温不仅有四季的变化，也有昼夜的变化。在春季，黑河金盆水库的水温表层为11.7～13.0℃，板房子样区为6.8～11.6℃，厚畛子样区为6.0～7.0℃，陈河样区为9.8℃，虎豹河样区为9.5℃，很明显为海拔越高，温度越低。厚畛子样区和板房子样区，由于受气温影响大，水温的变幅明显大于库区（板房子样区与库区比较），但若气温变化小，水温变化亦小（板房子样区调查时，天气晴好，气温变幅大；厚畛子样区调查时天阴，气温变化不大）。丹江春季的二龙山库区表层水温为16.6～20.2℃，丹江源区黑龙口镇样区水温为10.2～13.5℃，湘河镇样区为16.0℃左右，中村镇样区为13.7～20.6℃，竹林关样区在17.5℃左右，商丹开发区样区为13.4～15.7℃。丹江情况与黑河的水温情况类同。

黑河的溶氧为9.91～10.64 mg/L，丹江的溶解氧为8.13～12.02 mg/L。丹江和黑河的透明度为6～110 cm。流速监测显示各区域的流速变化较大，湘河镇样区为0.315～0.650 m/s；中村镇样区为0.125～0.711 m/s；竹林关样区为0.410～0.975 m/s；商丹开发区样区为0.530～1.500 m/s。

二、水质监测

1. 水质监测记录

从表2-24可见，黑河流域的pH呈弱碱性，虎豹河和板房子样区3个样点超过8。氧化还原电位：板房子样区3个样点和花耳坪、清水河沟口样点超过200 mV。电导率：庙沟口超过0.2 mS/cm，沙坝和清水河沟口小于0.1 mS/cm，其他样点为0.1～0.2 mS/cm。浊度：库区最高，≥6.4 NTU；厚畛子样区居中，为3～4 NTU；板房子和虎豹河、陈河最低，≤2.1。溶氧量：板房子和厚畛子，＞12 mg/L；虎豹河以下，除陈河7.16 mg/L外，＜7 mg/L。总溶解固体：板房子样区和库区，＞0.1 g/L；其他样点，＜0.1 g/L。盐度：板房子样区和花耳坪样点为0.1 ppt，其他样点未检出。

从表2-25可见，丹江流域的pH呈弱碱性，为8.04～8.56。氧化还原电位为138～230 mV，二龙山坝下最低，大泉样点最高。电导率均超出0.4 mS/cm，明显超过黑河。浊度各样区差异大，以何塬、杨村较高，竹林关样区（冀家湾、梁家湾、堰坝）居中，湘河样区最低。溶氧量：费村最低不到9 mg/L，其余样点＞10 mg/L。总溶解固体：均＞0.26 g/L，明显高于黑河；以费村、二龙山坝下低，堡子村、何塬、杨村、梁家湾高，＞0.3 g/L。盐度：各样点为0.2 ppt，明显高于黑河。

表 2-24　黑河水质监测记录

监测日期：　2014-4-27。天气：晴

时间	地点	水温/℃	pH	氧化还原电位/mV	电导率/(mS/cm)	浊度/NTU	溶氧量/(mg/L)	总溶解固体/(g/L)	盐度/ppt	北纬	东经	海拔/m	水样编号
8:07	沙坝	6.97	7.43	188	0.084	3.9	16.21	0.055	0	33°50′38.65″	107°48′59.80″	1320	1
8:51	花耳坪	8.28	7.99	259	0.136	3.3	13.94	0.089	0.1	33°50′40.29″	107°49′56.38″	1260	2
9:20	清水河沟口	7.73	7.73	291	0.096	4.0	13.04	0.062	0	33°50′59.62″	107°51′34.19″	1229	3
11:00	庙沟口	10.93	8.23	262	0.201	2.1	12.54	0.131	0.1	33°48′49.00″	107°59′48.71″	1129	4
12:00	陈家嘴	11.99	8.33	250	0.197	1.2	12.16	0.128	0.1	33°47′17.55″	107°58′41.20″	1313	5
12:30	元潭子	12.53	8.01	258	0.165	1.9	12.46	0.107	0.1	33°50′14.83″	108°00′49.74″	1138	6
8:20	虎豹河	9.69	8.15	105	0.124	1.2	6.79	0.080	0	33°53′12.97″	108°05′32.39″	792	7
9:40	陈河	10.15	7.94	167	0.145	1.7	7.16	0.094	0	33°58′38.22″	108°08′54.18″	649	8
11:10	水质监测船	13.33	7.88	184	0.184	6.6	6.05	0.120	0	34°02′52.66″	108°12′22.40″	549	11
11:40	水库浮标站	13.19	7.93	188	0.171	22.9	6.09	0.111	0	34°02′00.57″	108°11′16.14″	550	10
12:20	上游 19 km	12.77	7.8	192	0.164	6.4	6.55	0.107	0	34°01′16.88″	108°11′10.63″	548	9

表 2-25 丹江水质监测记录

监测日期：2014-5-7。天气：晴

时间	地点	水温/℃	pH	氧化还原电位/mV	电导率/(mS/cm)	浊度/NTU	溶氧量/(mg/L)	总溶解固体/(g/L)	盐度/ppt	北纬	东经	海拔/m	水样编号
8:30	大桥上	19.73	8.26	171	0.459	14.0	12.10	0.299	0.2	33°18′57.19″	110°54′41.62″	240	
9:10	枣园	20.22	8.40	191	0.454	12.2	11.77	0.295	0.2	33°17′14.64″	110°56′22.80″	230	
9:50	大泉	20.49	8.33	230	0.441	15.3	10.91	0.287	0.2	33°17′05.11″	110°57′29.30″	225	
11:40	冀家湾	20.63	8.33	196	0.460	78.4	10.96	0.299	0.2	33°27′43.48″	110°28′39.44″	407	
12:20	梁家湾	22.36	8.56	199	0.473	83.6	12.36	0.307	0.2	33°27′47.82″	110°30′52.62″	402	
13:20	堰坝	20.89	8.56	180	0.457	65.0	12.76	0.295	0.2	33°28′52.50″	110°25′44.40″	409	
14:30	堡子村	25.20	8.51	162	0.481	93.1	12.18	0.313	0.2	33°42′44.25″	110°14′40.55″	574	
16:00	何塬	22.13	8.12	220	0.477	191	10.52	0.310	0.2	33°40′23.66	110°06′49.57″	636	
16:30	杨村	22.05	8.04	215	0.461	163	10.12	0.300	0.2	33°48′36.99″	110°01′50.85″	672	
17:00	费村	21.6	8.24	199	0.403	22.1	8.55	0.262	0.2	33°50′19.92″	109°58′52.86″	690	
17:30	二龙山坝下	18.49	8.22	138	0.414	39.4	11.53	0.269	0.2	33°53′09.36″	109°54′37.80″	727	

2. 水质检测

对丹江和黑河的水质的理化指标进行检测。检测指标包括：色、臭、味、悬浮物质、总碱度、总硬度、氯化物、亚硝酸盐氮、硝酸盐氮、马拉硫磷、乐果、甲基对硫磷、磷酸盐、镉、铅、铜、锌、总铬、汞、砷、总氮、总磷、氨氮、COD 等 24 项指标。

从表 2-26～表 2-29 可得到如下水质检测结果。

色：丹江平水期为 10～15，丰水期为 15～30，枯水期为 5；黑河平水期为 5～10，丰水期为 20～35，枯水期为 0～5。

臭：除 2014 年 10 月检测下窄巷样点为“微弱”外，其他样点全是“无”。

味：全是“无”。

悬浮物质：丹江平水期为 41～144 mg/L，丰水期为 55～260 mg/L；黑河平水期为 17～48 mg/L，丰水期为 18～64 mg/L。

总碱度：丹江平水期为 89.1～170 mg/L，丰水期为 123～172 mg/L；黑河平水期为 27.5～66.3 mg/L，丰水期为 46～103 mg/L。

总硬度：丹江平水期为 188～295.1 mg/L，丰水期为 162～274 mg/L；黑河平水期为 36.4～97.8 mg/L，丰水期为 46.3～130 mg/L。

氯化物：丹江平水期为 6.1～25.3 mg/L，丰水期为 5.36～17.8 mg/L；黑河平水期为 2.98～4.07 mg/L，丰水期为 3.62～5.71 mg/L。

亚硝酸盐氮：丹江平水期为 0.003～0.274 mg/L，丰水期为 0.002～0.107 mg/L；黑河平水期为 0.0009～0.012 mg/L，丰水期为 0.001～0.0041 mg/L。

硝酸盐氮：丹江平水期为 0.962～4.55 mg/L，丰水期为 3.04～7.374 mg/L；黑河平水期为 1.03～2.19 mg/L，丰水期为 0.484～1.48 mg/L。

3 种农药项均未检出。重金属检出的样点少。

总氮：丹江平水期为 2.07～5.14 mg/L，丰水期为 3.33～7.02 mg/L；黑河平水期为 1.82～2.94 mg/L，丰水期为 0.67～2.00 mg/L。

总磷：丹江平水期为 0.02～0.12 mg/L，丰水期为 0.008～0.19 mg/L；黑河丰水期为 0.038～0.15 mg/L。

氨氮：丹江平水期为 0.031～0.26 mg/L，丰水期为 0.04～0.45 mg/L；黑河平水期为 0.041～0.23 mg/L，丰水期为 0.03～0.21 mg/L。

COD：丹江平水期为 0.55～3.23 mg/L，丰水期为 1.65～4.52 mg/L；黑河平水期为 1.38～3.12 mg/L，丰水期为 2.48～5.98 mg/L。

对照《地表水环境质量标准》（GB 3838—2002）：丹江的总氮超出Ⅴ类水质标准，黑河平水期均超出Ⅳ类水质标准，丰水期均超出Ⅱ类水质标准；丹江平水期、丰水期，黑河丰水期的总磷均符合Ⅲ类水质标准；丹江、黑河的氨氮、锌均符合Ⅱ类水质标准。丹江、黑河的 COD、Cu 均符合Ⅰ类水质标准。

表 2-26　黑河水质平水期分析结果（2014-4-27）

采样点	色	臭	味	悬浮物质	总碱度/(mg/L)	总硬度/(mg/L)	氯化物/(mg/L)	亚硝酸盐氮/(mg/L)	硝酸盐氮/(mg/L)	马拉硫磷(检出限0.00064)/(mg/L)	乐果(检出限0.00057)/(mg/L)	甲基对硫磷(检出限0.00042)/(mg/L)	磷酸盐/(mg/L)	镉(检出限0.00013)/(mg/L)	铅(检出限0.00013)/(mg/L)	铜(检出限0.0017)/(mg/L)	锌(检出限0.05)/(mg/L)	总铬/(mg/L)	汞(检出限0.00040)/(mg/L)	砷(检出限0.00040)/(mg/L)	总氮/(mg/L)	总磷/(mg/L)	氨氮/(mg/L)	COD(高锰酸盐指数)/(mg/L)
沙坝	10	无	无	36	27.5	36.4	3.97	0.001	1.09	ND	ND	ND		ND	ND	0.0024	ND	—	ND	ND	2.84	—	0.23	3.06
花耳坪	10	无	无	22	51.8	69.2	3.47	0.0009	1.38	ND	ND	ND		ND	0.0014	ND	ND	—	ND	ND	2.48	—	0.17	1.71
清水河沟口	10	无	无	33	29.5	44.8	3.18	0.001	1.24	ND	ND	ND		ND	ND	ND	ND	—	ND	ND	2.42	—	0.21	2.83
庙沟口	5	无	无	17	66.3	97.8	2.98	0.001	1.03	ND	ND	ND		ND	ND	ND	ND	—	ND	ND	2.66	—	0.10	1.54
陈家嘴	10	无	无	30	65	95.8	4.07	0.002	1.07	ND	ND	ND		ND	ND	ND	ND	—	ND	ND	1.82	—	0.084	1.38
元潭子	10	无	无	32	58.3	78.6	3.77	0.003	1.28	ND	ND	ND		ND	ND	ND	ND	—	ND	ND	2.16	—	0.074	1.93
虎豹河	10	无	无	43	40	52.6	2.98	0.001	1.51	ND	ND	ND		ND	ND	ND	ND	—	ND	ND	2.48	—	0.12	3.12
陈河	10	无	无	30	47.5	69.2	3.47	0.001	1.45+	ND	ND	ND		ND	ND	ND	ND	—	ND	ND	2.52	—	0.1	2.9
金盆坝前	10	无	无	38	48.8	84.3	3.97	0.0071	1.77	ND	ND	ND		ND	0.0047	0.0023	ND	—	ND	ND	2.74	—	0.084	2.13
水库浮标站	10	无	无	30	49	80.2	4.07	0.012	2	ND	ND	ND		ND	0.0069	ND	ND	—	ND	ND	2.94	—	0.13	2.81
水库上游19m	10	无	无	48	50	73.9	3.47	0.004	2.19	ND	ND	ND		ND	ND	ND	ND	—	ND	ND	2.4	—	0.041	2.59

注：ND 表示未检出。本章表余同

表 2-27　丹江水质平水期分析结果（2014-5-7）

采样点	原编号	色	臭	味	悬浮物质/(mg/L)	总碱度/(mg/L)	总硬度/(mg/L)	氯化物/(mg/L)	亚硝酸盐氮/(mg/L)	硝酸盐氮/(mg/L)	马拉硫磷(检出限0.00064)/(mg/L)	乐果(检出限0.00057)/(mg/L)	甲基对硫磷(检出限0.00042)/(mg/L)	磷酸盐/(mg/L)	镉(检出限0.00013)/(mg/L)	铅(检出限0.00013)/(mg/L)	铜(检出限0.0017)/(mg/L)	锌(检出限0.05)/(mg/L)	总铬/(mg/L)	汞(检出限0.00040)/(mg/L)	砷(检出限0.00040)(mg/L)	总氮/(mg/L)	总磷/(mg/L)	氨氮/(mg/L)	COD(高锰酸盐指数)/(mg/L)
下窄巷	13	10	无	无	41	140	219.1	9.18	0.129	2.88	ND	ND	ND	0.05	0.00129	0.0062	ND	ND	ND	0.00377	ND	4.56	0.02	0.031	0.56
上窄巷	14	10	无	无	42	144	239.9	8.83	0.0627	2.79	ND	ND	ND	0.092	0.001	0.002	ND	ND	0.007	ND	ND	4.46	0.04	0.033	0.55
捷峪	15	10	无	无	88	133	192	6.1	0.003	1.74	ND	ND	ND	0.071	ND	0.029	ND	ND	ND	0.00341	ND	2.95	0.03	0.045	0.7
弯里	16	15	无	无	96	154	204	6.95	0.0071	1.59	ND	ND	ND	0.079	ND	0.0096	ND	ND	0.007	0.00215	ND	3.02	0.04	0.036	0.68
坝前	12	15	无	无	113	144	205	7.94	0.018	1.73	ND	ND	ND	0.084	ND	0.003	ND	0.082	ND	ND	ND	3.21	0.04	0.04	0.86
水库中心	11	10	无	无	107	143	198	9.18	0.018	1.61	ND	ND	ND	0.074	ND	0.002	ND	ND	ND	ND	ND	3.09	0.03	0.031	0.64
东湖	18	10	无	无	80	143	205	8.44	0.018	1.8	ND	ND	ND	0.05	ND	0.0056	ND	ND	ND	0.000671	ND	2.96	0.02	0.036	0.64
西湖	17	10	无	无	82	139	206	11.2	0.018	1.74	ND	ND	ND	0.05	ND	0.002	ND	ND	ND	0.00131	ND	2.87	0.056	0.045	0.74
前街村	1	15	无	无	61	89.1	188	9.28	0.0588	3.21	ND	ND	ND	0.11	0.00054	0.002	ND	ND	ND	ND	ND	3.74	0.04	0.038	1.63
铁炉子村一组	21	15	无	无	63	144	295.1	7.94	0.01	4.55	ND	ND	ND	0.074	0.00172	0.003	0.0022	ND	ND	0.00321	ND	4.28	0.03	0.038	1.31
月亮湾	22	10	无	无	82	143	211.8	7.44	0.01	3.24	ND	ND	ND	0.1	ND	0.023	0.0031	ND	ND	ND	ND	3.38	0.04	0.041	0.8
大桥上	2	10	无	无	46	139	205	16.1	0.011	3.4	ND	ND	ND	0.04	ND	0.013	ND	ND	ND	0.000517	ND	3.85	0.02	0.031	0.94
枣园	19	10	无	无	57	144	214.4	17.1	0.01	2.81	ND	ND	ND	0.066	ND	0.0091	ND	ND	0.006	ND	ND	3.9	0.03	0.048	0.96
大泉	20	10	无	无	54	130	212.4	15.9	0.0529	3.21	ND	ND	ND	0.12	ND	0.015	ND	ND	ND	ND	ND	4.43	0.11	0.06	0.86
冀家湾	5	10	无	无	104	170	214.4	15.6	0.064	4.02	ND	ND	ND	0.18	0.00016	0.0074	ND	ND	ND	0.000663	ND	5.14	0.066	0.091	2.22
梁家湾	6	10	无	无	108	144	215	18.5	0.036	3.36	ND	ND	ND	0.19	0.0002	0.0044	ND	ND	ND	0.00131	ND	5.09	0.076	0.065	2.01
堰口	7	10	无	无	75	139	212.9	17.1	0.018	3.1	ND	ND	ND	0.13	ND	0.002	0.0028	ND	ND	0.000927	ND	4.35	0.058	0.18	1.93
堡子村	8	15	无	无	101	139	217.6	25.3	0.141	3.07	ND	ND	ND	0.27	0.00025	0.008	0.0027	ND	0.005	0.00119	ND	4.82	0.096	0.22	2.75
何塬	4	15	无	无	144	154	214.4	20.1	0.274	2.45	ND	ND	ND	0.28	0.00056	0.003	0.0029	0.132	ND	0.000781	ND	4.59	0.12	0.26	2.3
杨村	3	10	无	无	112	145	214.4	16.9	0.155	0.962	ND	ND	ND	0.14	0.0014	0.003	0.0031	0.585	ND	0.00167	ND	3.54	0.05	0.067	3.07
枣村	9	10	无	无	97	133	200	12.7	0.0405	1.37	ND	ND	ND	0.082	ND	0.002	ND	ND	ND	ND	ND	2.16	0.096	0.065	3.23
二龙山坝下	10	10	无	无	98	153	211.8	8.93	0.018	1.54	ND	ND	ND	0.11	ND	0.003	ND	ND	ND	ND	ND	2.07	0.04	0.074	1.51

表 2-28　丹江、黑河丰水期水质分析结果（2014-10）

采样点	色	臭	味	悬浮物质	总碱度/(mg/L)	总硬度/(mg/L)	氯化物/(mg/L)	亚硝酸盐氮/(mg/L)	硝酸盐氮/(mg/L)	马拉硫磷(检出限0.00064)(mg/L)	乐果(检出限/0.00057)/(mg/L)	甲基对硫磷(检出限0.00042)/(mg/L)	磷酸盐/(mg/L)	镉(检出限0.00013)(mg/L)	铅(检出限/0.00013)/(mg/L)	铜(检出限/0.0017)/(mg/L)	锌(检出限/0.05)/(mg/L)	总铬/(mg/L)	汞(检出限0.00040)(mg/L)	砷(检出限/0.00040)/(mg/L)	总氮/(mg/L)	总磷/(mg/L)	氨氮/(mg/L)	COD(高锰酸盐指数)/(mg/L)
下窄巷	15	微弱	无	76	163	214	6.7	0.1	5.047	ND	ND	ND	0.01	0.0039	0.0682	0.00557	0.052	ND	ND	ND	5.16	0.02	0.38	1.73
上窄巷	20	无	无	66	164	206	5.36	0.0616	5.296	ND	ND	ND	0.01	0.00283	ND	0.0036	ND	0.007	ND	ND	5.72	0.028	0.25	1.69
捷峪	20	无	无	55	135	162	5.46	0.0028	3.28	ND	ND	ND	0.01	ND	0.0035	ND	ND	0.011	ND	ND	3.48	0.042	ND	4.52
弯里	25	无	无	62	170	217	6.1	0.01	4.396	ND	ND	ND	0.01	ND	ND	0.0019	ND	0.004	ND	ND	4.59	0.036	0.094	1.65
西湖	20	无	无	82	153	195	7.69	0.0376	4.646	ND	ND	ND	0.04	ND	ND	ND	ND	0.011	ND	ND	4.79	0.02	0.11	4.15
东湖	20	无	无	73	155	206	8.68	0.0364	4.687	ND	ND	ND	0.01	ND	ND	ND	ND	ND	ND	ND	4.92	0.01	0.1	2.94
二龙山库心	25	无	无	92	163	200	7.54	0.0345	4.623	ND	ND	ND	0.01	0.00035	0.0046	ND	ND	ND	ND	0.000687	4.78	0.097	0.068	2.52
二龙山坝前	25	无	无	78	153	205	6.45	0.0653	4.614	ND	ND	ND	0.01	ND	0.0012	ND	ND	ND	ND	ND	4.72	0.03	0.049	2.94
前街村	25	无	无	78	155	250	11.4	0.0031	7.374	ND	ND	ND	0.01	0.00040	0.00034	0.0029	ND	ND	ND	ND	7.02	0.055	0.04	2.23
铁炉子村一组	20	无	无	100	158	274	6.55	0.002	5.009	ND	ND	ND	0.01	0.00145	ND	ND	0.061	0.006	ND	0.000497	5.18	0.008	0.049	1.77
月亮湾	20	无	无	110	158	208	6.1	0.013	3.04	ND	ND	ND	0.01	ND	ND	0.0160	ND	0.004	ND	ND	3.33	0.03	0.12	1.81
大泉	25	无	无	120	160	208	14.6	0.016	4.991	ND	ND	ND	0.03	ND	ND	ND	ND	0.004	ND	0.000449	5.07	0.038	0.3	2.44
枣园	25	无	无	170	123	198	14.9	0.014	5.092	ND	ND	ND	0.01	ND	0.010	ND	ND	ND	ND	ND	5.08	0.028	0.28	2.35
大桥上	25	无	无	180	167	209	16.8	0.026	5.114	ND	ND	ND	0.01	ND	ND	ND	ND	ND	ND	ND	5.22	0.02	0.087	1.94
冀家湾	20	无	无	210	167	221	13.2	0.028	5.951	ND	ND	ND	0.01	0.00068	0.0171	0.0022	ND	0.004	ND	0.000862	5.98	0.16	0.39	2.02
梁家湾	20	无	无	230	170	220	13	0.028	5.9	ND	ND	ND	0.1	0.00072	0.00059	0.0021	ND	0.027	ND	0.000702	6.06	0.063	0.45	2.1
堰坝	30	无	无	260	165	223	13.2	0.028	5.823	ND	ND	ND	0.01	0.00066	0.00059	0.0026	ND	0.025	ND	0.000795	5.92	0.19	0.37	2.35
堡子村	20	无	无	160	165	216	17	0.0573	6.129	ND	ND	ND	0.18	0.00118	0.0486	0.00619	0.1	0.013	ND	0.000575	6.15	0.087	0.28	2.19
何塬	25	无	无	120	172	217	17.8	0.107	5.816	ND	ND	ND	0.1	0.00076	0.0020	ND	0.058	0.011	ND	0.000741	5.93	0.079	0.24	1.94
杨村	25	无	无	120	167	226	13.6	0.0723	5.238	ND	ND	ND	0.15	0.00096	ND	0.00230	ND	0.011	ND	0.000922	5.34	0.073	0.17	2.35

续表

采样点	色	臭	味	悬浮物质	总碱度/(mg/L)	总硬度/(mg/L)	氯化物/(mg/L)	亚硝酸盐氮/(mg/L)	硝酸盐氮/(mg/L)	马拉硫磷(检出限0.00064)(mg/L)	乐果(检出限/0.00057)/(mg/L)	甲基对硫磷(检出限0.00042)/(mg/L)	磷酸盐/(mg/L)	镉(检出限0.00013)(mg/L)	铅(检出限/0.00013)/(mg/L)	铜(检出限/0.0017)/(mg/L)	锌(检出限/0.05)/(mg/L)	总铬/(mg/L)	汞(检出限0.00040)(mg/L)	砷(检出限/0.00040)/(mg/L)	总氮/(mg/L)	总磷/(mg/L)	氨氮/(mg/L)	COD(高锰酸盐指数)/(mg/L)
费村	20	无	无	94	167	225	9.68	0.0771	4.837	ND	ND	ND	0.17	ND	ND	0.0046	ND	0.019	ND	0.000957	4.91	0.063	0.078	2.52
二龙山坝下	20	无	无	88	160	210	7.34	0.0336	4.589	ND	ND	ND	0.09	ND	ND	0.00484	ND	0.011	ND	ND	4.72	0.046	0.13	2.6
清水河沟口	25	无	无	22	48	66.1	4.07	0.0028	0.521	ND	ND	ND	ND	0.00029	ND	0.00760	ND	ND	ND	ND	1.35	0.059	0.21	4.02
庙沟口	25	无	无	26	103	110	4.72	0.002	0.593	ND	ND	ND	ND	ND	ND	0.0044	ND	ND	ND	ND	0.96	0.038	0.12	2.6
沙坝	20	无	无	32	46	63.5	3.97	0.002	0.484	ND	ND	ND	0.005	ND	ND	ND	ND	0.005	ND	ND	0.67	0.097	0.096	3.44
金盆坝前	25	无	无	44	60.8	70.8	3.97	0.0038	1.14	ND	ND	ND	0.004	ND	ND	ND	ND	0.004	ND	ND	1.97	0.15	0.21	5.35
陈河	25	无	无	36	99.2	115	5.71	0.0034	1.15	ND	ND	ND	ND	ND	ND	ND	ND	ND	ND	0.000547	1.55	0.083	0.042	2.6
金盆游标站	25	无	无	64	60.8	75.5	4.22	0.0041	1.13	ND	ND	ND	0.004	ND	ND	ND	ND	0.004	ND	0.000854	1.82	0.15	0.13	5.6
金盆上游	20	无	无	60	55.8	68.7	3.87	0.0028	1.18	ND	ND	ND	0.01	ND	ND	ND	ND	0.01	ND	ND	2.00	0.12	0.12	5.27
虎豹河 坝上	25	无	无	35	57.1	64.5	4.96	0.002	0.57	ND	ND	ND	0.004	ND	ND	ND	ND	0.004	ND	ND	1.09	0.086	0.1	5.98
陈家嘴	35	无	无	24	99.2	130	4.96	0.001	0.65	ND	ND	ND	ND	ND	ND	0.0020	ND	ND	ND	0.000431	0.94	0.099	0.14	5.9
花耳坪	30	无	无	22	58.3	66.6	4.07	0.001	1.48	ND	ND	ND	0.006	ND	ND	ND	ND	0.006	ND	0.00144	1.55	0.13	0.11	2.48
元潭子	25	无	无	18	85.6	46.3	3.62	0.003	0.593	ND	ND	ND	0.005	ND	ND	ND	ND	0.005	ND	ND	0.95	0.12	0.03	2.77

表 2-29 丹江黑河枯水期水质分析结果（2015-2）

采样点	原编号	色	臭	味	悬浮物质/(mg/L)	总碱度/(mg/L)	总硬度(mg/L)	氯化物/(mg/L)	亚硝酸盐氮/(mg/L)	硝酸盐氮/(mg/L)	马拉硫磷(检出限0.00064)/(mg/L)	乐果(检出限0.00057)/(mg/L)	甲基对硫磷(检出限0.00042)/(mg/L)	磷酸盐/(mg/L)	镉检(出限0.00013)/(mg/L)	铅(检出限0.00013)/(mg/L)	铜(检出限0.0017)/(mg/L)	锌(检出限0.05)/(mg/L)	总铬/(mg/L)	汞(检出限0.00040)/(mg/L)	砷(检出限0.00040)/(mg/L)	总氮/(mg/L)	总磷/(mg/L)	氨氮/(mg/L)	COD(高锰酸盐指数)/(mg/L)
捷峪	1	5	无	无	18	113	155	2.2	0.002	2.69	ND	ND	ND	0.02	ND	0.000529	0.0139	ND	ND	ND	ND	2.99	0.074	0.05	1.99
弯里	2	5	无	无	15	117	217.6	6.5	0.0066	3.65	ND	ND	ND	0.03	ND	0.0071	0.0019	ND	0.009	ND	ND	3.87	0.034	0.06	1.3
西湖	3	5	无	无	16	216	232.7	8.25	0.016	4.308	ND	ND	ND	0.08	ND	ND	ND	ND	ND	ND	ND	4.79	0.036	0.076	2.01
东湖	4	5	无	无	17	165	238.4	9.25	0.016	4.326	ND	ND	ND	0.07	ND	0.0365^{+}	0.0019	ND	ND	ND	ND	4.57	0.042	0.073	1.7
二龙山湖心	9	5	无	无	16	190	225.9	5.0	0.016	4.35	ND	ND	ND	0.04	ND	0.015^{-}	ND	ND	ND	0.000525	ND	4.41	0.02	0.087	1.7
二龙山坝前	10	5	无	无	17	161	229	7.15	0.016	4.308	ND	ND	ND	0.02	ND	0.0087	ND	ND	ND	ND	ND	4.45	0.034	0.07	2.06
下窄巷	15	5	无	无	15	161	234.2	5.75	0.024	4.599	ND	ND	ND	0.082	0.00132	0.0044	ND	ND	ND	ND	ND	4.94	0.038	0.26	1.6
上窄巷	16	5	无	无	15	164	230.6	6.75	0.021	4.458	ND	ND	ND	0.12	0.00136	0.012	ND	ND	ND	ND	ND	4.58	0.05	0.19	1.3
铁炉子	17	5	无	无	16	172	228	11.8	0.023	5.775	ND	ND	ND	0.28	0.00037	0.00053	0.0018	ND	ND	ND	ND	5.94	0.32	0.14	3.04
月亮湾	18	5	无	无	16	149	193	7.0	0.006	3.03	ND	ND	ND	0.085	ND	ND	ND	ND	ND	ND	ND	3.34	0.03	0.079	1.4
前街村	19	5	无	无	16	145	219.6	7.25	0.0028	3.8	ND	ND	ND	0.072	0.00075	0.0291	0.00942	ND	ND	ND	ND	3.84	0.18	0.1	1.3
梁家湾	20	5	无	无	15	176	264.4	18.5	0.0324	6.775	ND	ND	ND	0.15	0.00017	0.0033	0.0126	ND	0.016	ND	ND	6.62	0.15	0.098	1.4
冀家湾	23	5	无	无	14	167	240.5	16.2	0.0321	6.749	ND	ND	ND	0.33	ND	0.00093	0.0183	ND	0.02	ND	ND	6.77	0.12	1.76	1.4
杨村	24	5	无	无	16	196	227.4	49.5	0.32	4.987	ND	ND	ND	0.4	0.00062	0.0008	0.0079	ND	0.049	ND	0.0008	6.33	0.36	0.081	3.08
堰坝	25	5	无	无	18	174	247.7	13.2	0.034	6.846	ND	ND	ND	0.15	0.00015^{-}	ND	0.0124	0.058	0.058	ND	ND	6.33	0.054	0.15	1.8
大桥上	26	5	无	无	19	148	230.1	22.5	0.013	6.026	ND	ND	ND	0.08	ND	ND	0.002	ND	0.044	ND	0.000721	6.13	0.042	0.07	1.3
费村	27	5	无	无	18	175	243.6	15.5	0.055	4.934	ND	ND	ND	0.34	ND	ND	0.0023	ND	0.037	ND	ND	5.04	0.18	0.933	2.28
大泉	28	5	无	无	16	167	231.6	23.0	0.013	5.974	ND	ND	ND	0.098	ND	ND	ND	ND	0.035	ND	0.000647	6.06	0.034	0.06	1.3
二龙山坝下	31	5	无	无	14	145	270.6	4.0	ND	4.291	ND	ND	ND	0.1	ND	ND	0.0023	ND	0.05	ND	ND	4.2	0.036	0.081	1.6
何塬	32	5	无	无	18	191	228	35.5	0.36	8.32	ND	ND	ND	0.38	0.00031	ND	0.002	ND	0.055	ND	0.000565	9.51	0.16	1.84	2.86

续表

采样点	原编号	色	臭	味	悬浮物质/(mg/L)	总碱度/(mg/L)	总硬度(mg/L)	氯化物/(mg/L)	亚硝酸盐氮/(mg/L)	硝酸盐氮/(mg/L)	马拉硫磷(检出限0.00064)/(mg/L)	乐果(检出限0.00057)/(mg/L)	甲基对硫磷(检出限0.00042)/(mg/L)	磷酸盐/(mg/L)	镉检(出限0.00013)/(mg/L)	铅(检出限0.00013)/(mg/L)	铜(检出限0.0017)/(mg/L)	锌(检出限0.05)/(mg/L)	总铬/(mg/L)	汞(检出限0.00040)/(mg/L)	砷(检出限0.00040)/(mg/L)	总氮/(mg/L)	总磷/(mg/L)	氨氮/(mg/L)	COD(高锰酸盐指数)/(mg/L)
堡子村	33	5	无	无	18	192	248.8	24.2	0.17	7.01	ND	ND	ND	0.25	0.00048	ND	0.0039	ND	0.072	ND	0.00122	7.16	0.11	0.935	3.15
枣园	34	5	无	无	20	154	261.3	20.5	0.013	5.991	ND	ND	ND	0.01	ND	ND	ND	ND	0.044	ND	ND	5.99	0.042	0.12	1.7
陈家嘴	1	0	无	无	17	104	122	2.1	0.002	0.731	ND	ND	ND	0.02	ND	ND	ND	ND	0.006	ND	ND	0.95	ND	0.06	1.56
庙沟口	2	5	无	无	15	85.6	142	3.0	0.001	0.74	ND	ND	ND	0.02	ND	ND	ND	ND	ND	ND	ND	0.78	ND	0.06	0.76
元潭子	3	5	无	无	14	88.1	123	4.2	0.002	0.802	ND	ND	ND	0.03	ND	ND	0.0023	ND	ND	ND	ND	0.86	0.01	0.05	1.01
沙坝	4	0	无	无	14	59.5	67.7	4.0	ND	0.67	ND	ND	ND	0.03	ND	ND	0.0028	ND	ND	ND	ND	0.91	0.01	0.04	0.99
花耳坪	5	5	无	无	18	72	92.1	3.8	0.002	0.696	ND	ND	ND	0.04	ND	ND	0.0101	ND	ND	ND	ND	0.82	0.02	0.06	0.95
清水河沟口	6	0	无	无	16	35	116	3.0	0.002	0.703	ND	ND	ND	0.02	ND	ND	0.0106	ND	0.004	ND	ND	1.02	ND	0.06	0.9
陈河	7	5	无	无	15	99.2	132	5.25	0.0025	1.52	ND	ND	ND	0.02	ND	ND	0.0021	ND	0.009	ND	ND	1.35	ND	0.05	0.74
虎豹河	8	5	无	无	17	91.8	131	4.1	0.002	1.53	ND	ND	ND	0.02	ND	ND	0.0018	ND	0.004	ND	ND	1.2	0.01	0.06	0.86
金盆坝前	9	0	无	无	16	73.2	85.4	3.8	0.0029	1.14	ND	ND	ND	0.02	ND	ND	0.0022	ND	0.004	ND	ND	1.3	0.03	0.09	2.82
浮标站(库心)	10	5	无	无	14	57.1	90.6	1.8	0.0034	ND	ND	ND	ND	0.02	ND	ND	0.0063	ND	0.007	ND	ND	1.38	0.02	0.087	2.74
上游 19 km	11	5	无	无	17	48	126	3.0	0.0036	ND	ND	ND	ND	0.05	ND	ND	0.06	ND	0.004	ND	ND	1.14	0.02	0.098	2.86

3. 中村镇钒的检测

中村镇样区为钒（V）矿生产的集中分布区，因此对其附近水质中的钒进行了监测，结果见表 2-30。捷峪和弯里是矿区的上游，上窄巷和下窄巷是矿区的代表，梁家湾是矿区所在河流银花河流入丹江的稍下游，堰坝则是银花河流入丹江的稍上游。因此，2014-5-7 监测显示，矿区水中 V 含量是其上游未采矿区域的 12.1～28.91 倍。2014-10-26 监测，梁家湾水中 V 含量是堰坝的 2.64 倍，银花河对下游产生了明显的影响，但矿区水中的 V 含量反而小，仅仅推测可能是矿开采暂停所致。2015-2-5 监测，矿区上游水中 V 含量与 2014-5-7 比较，基本没变；此时即将过春节，估计矿区已经全面停产，故水中的 V 含量较 2014-10-26 时继续减少，并对丹江的影响较小（梁家湾水中 V 含量仅较堰坝稍高）。

表 2-30 中村镇水中钒的监测

样点	结果		
	2014-5-7	2014-10-26	2015-2-5
上窄巷	12.1	4.53	2.06
下窄巷	13.3		3.00
捷峪	1.00		0.94
弯里	0.46		0.46
梁家湾	2.40	6.70	1.40
堰坝		2.54	1.13

第四节 鱼类群落空间分布与环境因素关系

鱼类群落的时空格局主要是由环境因子在时间和空间尺度上的异质性引起的，影响鱼类群落分布的主要因子有水深、温度、溶解氧、浊度、水系、底质类型等，并且这些环境因子随不同地区而变化。Brown（2000）认为电导率、坡度和平均宽度是影响鱼类群落分布的关键因子。Kouamélan 等（2003）研究发现河床底质、溶氧、河岸覆盖率、河宽、水深、流速 6 个因子是影响鱼类分布的环境因子。Kadye 和 Moyo（2008）认为深度、水温、河床底质是影响鱼类组成的重要因子。李捷等（2012）分析发现河宽、水温、海拔、pH、水坝之间的距离 5 个因子与鱼类群落结构存在较强的相关性，其中河流的宽度是影响鱼类群落分布的关键因子之一。因为河流越宽，鱼类活动空间越大，生存空间是影响鱼类群落的一个重要因素（Ornellas and Coutinho，1998）。Welcomme（1979）报道，在热带、亚热带地区，江河中的鱼类种类多样性与流域面积呈高度正相关。杨君兴等（1994）研究发现鱼类多样性与湖泊面积正相关。水坝之间距离、河宽代表调查站位鱼类群落可以自由活动的面积，由于梯级水坝阻隔，各调查站位鱼类群落能自由活动的空间减少，这样对鱼类群落资源补偿、基因交流、逃逸空间造成巨大影响，在连江中上游江段，通过比较发现，所在调查站位活动面积大的江段其鱼类多样性指数高（李捷等，2012）。上已述及黑河金盆水库鱼类较丹江二龙山水库种类多，与金盆水库水深深，库容较大，能给鱼类群落提供更大的自由活动范围是一致的。

丹江和黑河属于山川型河流，落差大，不同采样江段海拔差别较大，随着海拔的升高，调查样地的河段水温逐渐降低，调查发现，上下游鱼类种类组成差别较大。海拔的变化会影响鱼类的分布（陈辈乐和陈湘粦，2008）。在黑河上游随着海拔的升高鱼类种类变少，多样性降低，这与在陆地环境中，物种多样性随海拔升高而降低（孙儒泳，2001），鱼类随海拔的上升一般表现为种类减少、多样性降低的结果相一致（王开锋等，2001，2003）。但在丹江，种类数和多样性最高的样点出现在竹林关的中间海拔区域，与中间膨胀效应假设一致（Colwell and Hurtt，1994；Rahbek，1995；王开锋等，2011）。海拔影响鱼类分布的主要原因是海拔的变化会导致河流的温度变化，而水温是影响鱼类群落分布的一个重要因子（Smith and Kraft，2005；Kadye and Moyo，2008），温度的季节性变化会导致鱼类群落的季节性差异（Ribeiro et al.，2006），这可能就是黑河和丹江平水期、枯水期和丰水期多样性变化的主要影响因子。

水体的 pH 变化会对鱼类的生长繁育造成一定的影响，pH 过高或过低都会影响鱼类的新陈代谢、生长发育及呼吸生理等一系列过程（李明德，1990）。天然水域中酸碱度受物理的、化学的及水生生物的影响，黑河水体 pH 呈弱碱性。丹江沿岸矿产丰富，矿产的开采，特别是中村镇的钒矿，对水体的 pH 有一定的影响。

一、鱼类群落多样性与栖息地关系

鱼类群落多样性与其栖息地生境有关，鱼类群落结构主要受空间和生境复杂性的影响（Ornellas and Coutinho，1998），鱼类群落结构与生境的异质性密切相关，在相似的生境中鱼类群落组成也非常相似。黑河上游的板房子样区，包括陈家嘴、庙沟口、元潭子 3 个采样点，与厚畛子样区，包括沙坝、花耳坪、清水河沟口，它们的海拔、河道底质相似，比降较大，流速快，因此鱼类基本都是拉氏鲹和红尾副鳅，以及秦岭的重要保护鱼类秦岭细鳞鲑。而丹江的上游黑龙口镇样区，与黑河的这两个样区相似，除没有秦岭细鳞鲑外，拉氏鲹是一样的，只是贝氏高原鳅代替了岷县高原鳅。这种种类的替代是秦岭对鱼类阻限作用的表现之一。

二、温度与浮游生物种属数量关系

浮游植物的种属数与温度呈现一定的相关性。图 2-19 显示，水温在 10.5℃左右时，浮游植物的种属数最大。

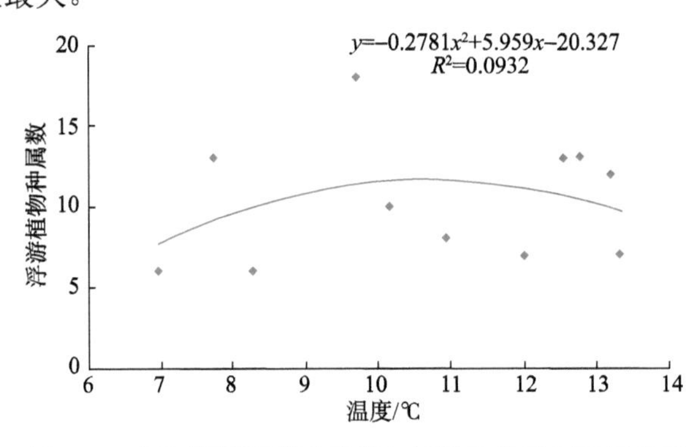

图 2-19 黑河流域采样点温度与浮游植物种属数量关系

浮游动物的种属数与温度亦呈现一定的相关性。图 2-20 显示，水温在 10.9℃左右时，浮游动物的种属数最大。

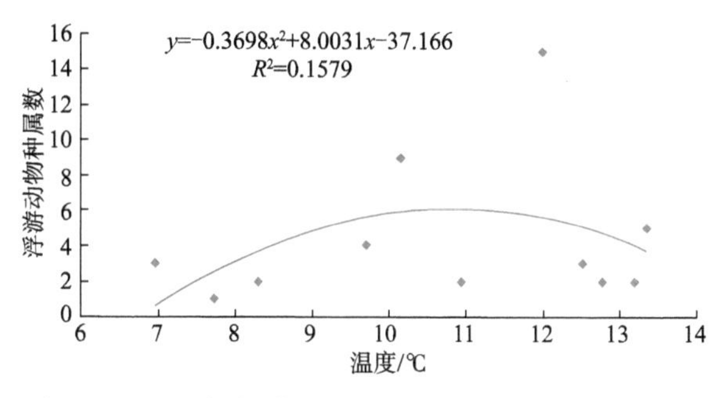

图 2-20 黑河流域采样点温度与浮游动物种属数量关系

三、主要环境因子与底栖动物群落

寡毛类喜好粒径较小、有机质丰富的底质，有机质含量的增加会引起寡毛类特别是颤蚓科密度的升高，如中华颤蚓和克拉伯水丝蚓，因其主要以有机质为食从而更容易受到影响。丹江流域的优势种之一就有克拉伯水丝蚓，这与丹江流域总体较平坦，特别是丹江中游及下游，由于河床比降小，含沙量较大是一致的。水库的情况类似，由于水流减缓，基本是上游冲刷下的泥沙。因此，寡毛类分布较多。

就丹江而论，二龙山水库、何塬、银花镇寡毛类较多。二龙山水库紧靠商州区，加之旅游的人员多，农家乐有数十家，垂钓者遍布库区边缘；何塬位于商丹开发区，河道平坦，经济活动较强烈；银花镇由于矿业开采，人口聚集，密度较高。因此这些地方的寡毛类较多与其水体沉积物属粒径较小的淤泥类底质，以及有机质含量较为丰富相关。

由于黑河（秦岭段）的流速、水深、底质和其他水生生物分布等状态的不同，底栖动物数量组成和分布也有明显的区别。板房子地区地处交通要塞，流动人口多，城镇化加速，向河内排放的污染物增加。由于汇合了生活污水，水体中的有机物含量增多，底栖动物的数量和种类相对水库有所增加。例如，元潭子有半静水型区域，水生植物较多，底质肥沃，发现底栖动物的密度最大，为 104 ind./m^2。而黑河金盆水库作为西安市饮用水水源地保护单位，库区发现底栖动物 2 种，密度为 19 ind./m^2，底栖动物密度明显低，说明底质的有机污染相对较轻。另外，二龙山水库的底栖动物密度明显高，说明底质的有机污染相对较重。

四、底栖动物物种及元素与水环境监测评价

春季（4～5 月），秦岭丹江流域的底栖动物的平均密度为 50 ind./m^2，其中水生昆虫占底栖动物总种数的 72%，它们是秦岭丹江流域底栖动物现存量的主要组成部分。但它们在丹江流域的分布是不均匀的。研究表明，库区多样性指数为 *H*′较高，*J*、*D* 较低，可能是由于近年来水库周边农家乐发展迅速，治污设施简陋或者没有，居民生活、畜禽养殖、旅游、车船漏油等给水库水质带来了风险。铁炉子村样点多样性指数（*H*′、*J*、*D*）

均为黑龙口镇最低。这可能是因为有 20 世纪 70 年代建设的硫酸厂和铅锌矿，化学残留物导致水质污染。调查显示商丹开发区内堡子村、何塬样点的生物多样性指数较低，而费村则没有底栖生物出现。位于此处的制造业工厂和制药厂将大量未经处理的工业废水直接排入河道，导致水环境严重污染，水生生物难以生存。竹林关的 3 个采样点冀家湾、梁家湾、堰坝的多样性指数（*H*′、*J*、*D*）较低，可能是竹林关地处交通要塞，流动人口多，城镇化加速，向河内排放的污染物增多，以及从河道大量开采泥沙，底质状况不稳定造成的。银花镇多样性指数（*H*′）和物种丰富度指数（d_{Ma}）均为中村最低，可能是受到当地钒矿采矿残留物污染物沉积的影响。湘河镇的大泉、枣园、大桥上的多样性指数为 *H*′较高，*J*、*D* 较低。这些样点大部分集中在中、下游地区，丹江流域下游污染严重，生物群落结构稳定性差。鉴于本研究的结果，应加大对秦岭丹江流域生态系统的治理，控制污水排放量，最终构建一个和谐稳定的丹江流域生态系统。

黑河的底栖动物的平均密度为 62 ind./m^2，其中水生昆虫占底栖动物总种数的 80%，它们是黑河底栖动物现存量的主要组成部分，但它们在黑河的分布是不均匀的。黑河上游厚畛子地区，由于河床比降大，水流急，年积温低，底质贫瘠，主要是耐低温的摇蚊类、水蝇和营固着生活的种类。该段动物的多样性指数为 *H*′较高，*J*、*D* 较低，这可能与该段地处森林公园，人为因素较多，生态环境相对不稳定及水温较低有关。然而生物多样性指数（*H*′、*J*、*D*）均在沙坝降到最低点，这可能与季节性流量变化大，特别是流速快，不利于底栖动物繁殖有关。其他样点的多样性指数均无显著性差异，这些样点的水流减缓，泥沙易于沉积，水温和透明度均得到了改善，利于水生生物的繁殖和生长，而浮游动物、植物的种类和数量的增加及水生维管植物的生长，为底栖动物的繁殖和生长提供了物质基础与生存环境，故底栖动物的种类和数量都有所增加。陈家嘴、庙沟口、虎豹河出现着生藻类的间断分布，加之将生活污水、农业污水注入河道，使此段水域有机物含量丰富，这是造成这些样点的底栖动物的多样性指数 *H*′较高，*J*、*D* 较低的重要原因。金盆水库生物多样性指数（*H*′、*J*、*D*）较低，这可能与水库附近人为因素较少，以及饮用水水源地的保护工作有关。黑河水系除了大气降水和地表径流之外，还有河水补给；由于河水蒸发量大而降水量小，又因沿途大量引水灌溉或发电，使部分河道水量极少甚至看不到水流，故从东向西矿化度明显上升；河流中上游河床比降大，年积温小；中下游河床比降较小，年积温较大，因此黑河的底栖动物的地理分布具有与河水水文分带相对应的地理分布特征。但由于环境条件复杂及环境压力，在海拔相同的地带，如温度、水质等环境条件不同的水体中，生长着不同的种类，因而不能仅依海拔而分带；反之，在不同地区、不同海拔地带，如水质、温度、底质等环境条件相同，则往往生长着相同的种类。

五、底栖动物种类分布、数量密度、多样性指标与生态因子的关系

底栖动物长期生活于水体底部，水质状况对底栖动物的种类分布、数量密度、多样性指标有着直接的影响。底栖动物对溶氧需求量一般不高，但过低的溶氧水平对底栖动物有负面的影响。低氧状况下底栖动物的食物同化率很低甚至停止，只有充足的溶氧水

平才能让其有所增长。底栖动物种类的多样性指数与水中溶氧呈显著正相关关系。深水水域或其他遭受有机污染的水体中，底质环境的溶氧常处于相对较低水平，对于生活在这种环境中的底栖动物来说，溶氧明显成为它们的限制因子，数量种类因不适应这种环境而逐渐消失，几种能够容忍低氧的环境种类成为仅有的优势类群。

水底层的悬浮物浓度与底栖动物数量呈负相关关系。因为悬浮物浓度高的水域，悬浮颗粒阻碍了光照，从而使水体的初级生产力降低，影响了底栖动物的生长。

氮和磷含量水平是水体营养程度的一个重要指标。底栖动物的多样性与水体中总氮、总磷均呈负相关，水体富营养化导致底栖动物有些种类消失。

水体的酸碱度、盐度和流速等其他因子对底栖动物也产生了一定的影响。水体盐度过高或过低会导致底栖动物的死亡。通常静水水体中底栖动物的物种多样性大于流水水体。

底质是底栖动物生长、繁殖等一切生命活动的必备条件。底质的颗粒大小、稳定程度、表面构造和营养成分等都对底栖动物有很大的影响，然而具体的影响随个体种类而异。水体的底质大体可分为岩石、砾石、粗砂、细砂、黏土和淤泥等，粗砂和细砂的底质最不稳定。底栖动物主食浮游生物及水草碎屑，还从底泥中吸收有机物，底质中食物的质或量对底栖动物的生长有着直接的影响。底栖动物的多样性随着底质的稳定性和有机碎屑的增加而增加。

人们对底栖动物较为普遍的认识是在食物和其他环境适宜的条件下，在适宜的温度范围内，升高温度可加快底栖动物的生长。温度变化与底栖动物种的个体大小还有关，个体越小，影响越大。大部分底栖动物种类都适宜在较高的温度中生长，如一些摇蚊幼虫在夏季温暖的季节中生长迅速，而到寒冷的月份完全停止生长。但温度过高会对底栖动物产生不良影响。

一般深水水域底栖动物数量与水深之间存在着反向的关系。因为深水水域的底栖动物数量很大程度上依赖于自有光层沉降下来的食物的质和量。当食物自有光层沉降到水底时，分解作用同时进行着，水越深，沉降时间越长，食物被微生物矿化程度越高，底栖动物可利用的部分越少，因此底栖动物的数量越低。

六、底栖动物应用与生态监测的优势和价值

底栖动物是指生命周期的全部或至少一段时期聚居于水体底部的大于 0.5 mm 的水生无脊椎动物群，是水生生态系统的重要组成部分，具有突出的生态优势和极其重要的生态学作用。底栖动物处于水生食物链的中间环节，可以促进有机质分解，净化水体，又可作为鱼类的天然优质饵料，在水生生态系统的能量循环和营养流动中起着重要作用。底栖动物的出现或消失可以准确地表征自然环境变化或人类干扰对水生生态系统造成的持久性和间断性影响。底栖动物群落结构与周围生境之间有着很强的耦合关系，群落健康与否，在很大程度上反映了整个水生生态系统的健康程度。

底栖动物作为指示物种用于水质生态监测具有不可比拟的优势：①具有较大的活动范围，在河流中普遍存在，如小溪流内的底栖动物组成非常丰富；②形体相对较大，易于辨认，采集时只需少量的人力和简易工具即可，采样成本低；③活动场所比较固定，

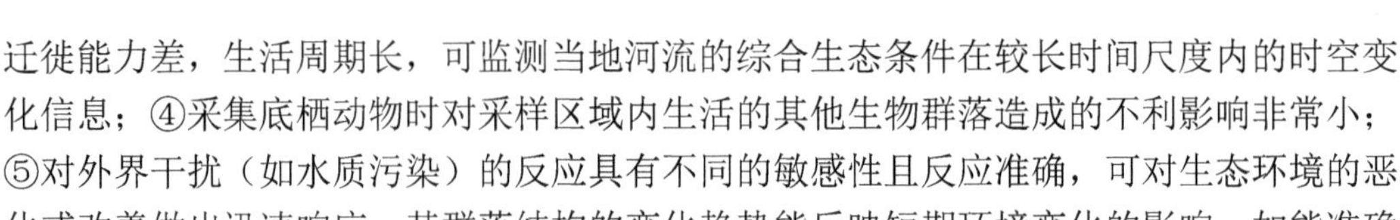

迁徙能力差，生活周期长，可监测当地河流的综合生态条件在较长时间尺度内的时空变化信息；④采集底栖动物时对采样区域内生活的其他生物群落造成的不利影响非常小；⑤对外界干扰（如水质污染）的反应具有不同的敏感性且反应准确，可对生态环境的恶化或改善做出迅速响应，其群落结构的变化趋势能反映短期环境变化的影响，如能准确地指示采样断面的污染性质和污染程度，这可以很好地反映河流系统对污染物的累积效应。因此，底栖动物被广泛地用作指示物种对河流生境进行生态监测，并被称为优秀的“水下哨兵”。

正因为底栖动物在水生生态系统中的特殊地位及其在生态评价中的优势和重要性，底栖动物已作为指示物种应用于河流的整体健康评价方面。开展河流中底栖动物群落研究，深入探讨底栖动物与水质监测之间的关系，研究底栖动物对生态压力的响应，有助于更加全面地认识河流生态系统，进一步了解底栖动物与河流系统的相互作用关系，对于河流的生态保护与生态恢复具有极其重要的参考价值和指导意义。

参 考 文 献

陈辈乐, 陈湘粦. 2008. 海南鹦哥岭地区的鱼类物种多样性与分布特点. 生物多样性, 16(1): 44-52.

陈清潮, 黄良民, 尹健强, 等. 1994. 南沙群岛海域浮游动物生物多样性研究//中国科学院南沙群岛多学科海洋考察队. 南沙群岛及其附近海域海洋生物多样性研究(一). 北京: 海洋出版社: 42-50.

段辛斌, 陈大庆, 李志华, 等. 2008. 三峡水库蓄水后长江中游产漂流性卵鱼类产卵场现状. 中国水产科学, 15(4): 523-531.

方树森, 许涛清, 宋世良, 等. 1984. 陕西省鱼类区系研究. 兰州大学学报(自然科学版), 20(1): 97-115.

高少波, 唐会元, 乔晔, 等. 2013. 金沙江下游干流鱼类资源现状研究. 水生态学杂志, (1): 44-49.

韩耀全. 2010. 漓江鱼类物种多样性及其演变态势研究. 水生态学杂志, (1): 22-28.

湖北省水生生物研究所鱼类研究室. 1976. 长江鱼类. 北京: 科学出版社.

胡鸿钧, 魏印心. 2006. 中国淡水藻类——系统、分类及生态. 北京: 科学出版社.

蒋红, 谢嗣光, 赵文谦, 等. 2007. 二滩水电站水库形成后鱼类种类组成的演变. 水生生物学报, 31(4): 532-539.

靳铁治, 边坤, 候大富, 等. 2015. 陕西米仓山国家级自然保护区鱼类多样性初步调查. 淡水渔业, 45(1): 46-51.

李保国, 何鹏举. 2007. 陕西周至国家级自然保护区的生物多样性. 西安: 陕西科学技术出版社.

李捷, 李新辉, 贾晓平, 等. 2012. 连江鱼类群落多样性及其与环境因子的关系. 生态学报, 32(18): 5795-5805.

李明德. 1990. 鱼类生态学. 天津: 天津科技翻译出版公司: 31-32.

李思忠. 1981. 中国淡水鱼类的分布区划. 北京: 科学出版社.

刘斌, 张远, 渠晓东, 等. 2013. 辽河干流自然保护区鱼类群落结构及其多样性变化. 淡水渔业, 43(3): 49-55.

刘晓锋, 李科社, 高宏伟, 等. 2010. 黄河干流宁蒙段渔业资源调查及保护对策. 水生态学杂志, (4): 135-141.

刘晓君, 李占斌, 李鹏. 2012. 丹江流域陕西片土地利用空间分异性特征研究. 水土保持通报, 1: 201-206.

麻友立, 孙彬, 袁朝晖, 等. 2012. 秦岭细鳞鲑分布与保护对策. 现代农业科技, 13: 283-287.

牛天祥, 黄玉胜, 王欣. 2007. 黄河上游龙羊峡-青铜峡水电站建设对鱼类资源的影响预测及保护对策. 陕西师范大学学报(自然科学版), 35(S1): 56-61.

彭松耀, 赖子尼, 蒋万祥, 等. 2010. 珠江口大型底栖动物的群落结构及影响因子研究. 水生生物学报, 34(6): 1179-1189.

任剑, 梁刚. 2004. 千河流域秦岭细鳞鲑资源调查报告. 陕西师范大学学报(自然科学版), 32(9): 165-168.

陕西省动物研究所, 西北大学生命科学学院, 陕西周至国家级自然保护区管理局. 2013. 陕西周至国家级自然保护区生物多样性研究与保护. 西安: 陕西科学技术出版社.

陕西省动物研究所, 中国科学院水生生物研究所, 兰州大学生物系. 1987. 秦岭鱼类志. 北京: 科学出版社: 1-247.

陕西省水产研究所, 陕西师范大学生物系. 1992. 陕西鱼类志. 西安: 陕西科学技术出版社: 1-140.

陕西师范大学地理系. 1988. 西安市地理志. 西安: 陕西人民出版社.

史为良. 1996. 内陆水域鱼类增殖与养殖学. 北京: 中国农业出版社.

孙儒泳. 2001. 动物生态学原理. 北京: 北京师范大学出版社: 394-402, 408-410.

汤娇雯, 张富, 陈兆波. 2009. 我国鱼类生物多样性保护策略. 淡水渔业, 39(4): 75-79.

王开锋, 方树淼, 魏武科, 等. 2001. 黑河鱼类资源调查及保护建议. 西北大学学报(自然科学版), 31(S): 103-107.

王开锋, 靳铁治, 孙长铭, 等. 2011. 陕西库峪岷县高原鳅水产种质资源保护区的鱼类及其多样性. 淡水渔业, 41(4): 16-20.

王开锋, 张红星, 杨兴中, 等. 2003. 陕西长青自然保护区的鱼类资源及其多样性. 陕西师范大学学报(自然科学版), 31(S19): 5-9.

吴江, 吴明森. 1990. 金沙江的鱼类区系. 四川动物, 9(3): 23-26.

西安市水利志编纂委员会. 1999. 西安市水利志. 西安: 陕西人民出版社.

薛超, 危起伟, 孙庆亮, 等. 2013. 秦岭细鳞鲑的年龄与生长. 中国水产科学, 20(4): 743-749.

杨剑, 潘晓赋, 陈小勇, 等. 2010. 李仙江鱼类资源的现状与保护对策. 水生态学杂志, (2): 54-60.

杨君兴, 陈银瑞, 何远辉. 1994. 滇中高原湖泊鱼类多样性的研究. 生物多样性, 2(4): 204-209.

杨育林, 文勇立, 李昌平, 等. 2010. 大渡河流域电站建设对保护鱼类的影响及对策措施研究. 四川环境, 29(06): 65-70.

张春玲, 李娅妮. 2007. 陕西省丹汉江流域水质现状及防护对策. 水资源与水工程学报, (3): 87-90.

张觉民, 何志辉. 1991. 内陆水域渔业自然资源调查手册. 北京: 农业出版社: 242-298.

钟正新. 1985. 关于南方马口鱼对水库渔业影响的初步观察. 湖南水产, (5): 20.

周凤霞, 陈剑虹. 2010. 淡水微型生物与底栖动物图谱. 第二版. 北京: 化学工业出版社.

周小愿, 金卫荣, 韩亚慧, 等. 2010. 秦岭生态保护区野生鱼类的物种多样性及其保护对策. 山地农业生物学报, 29(5): 403-408.

朱松泉. 1995. 中国淡水鱼类检索. 南京: 江苏科学技术出版社.

Brown L R. 2000. Fish communities and their associations with environmental variables, lower San Joaquin River drainage, California. Environmental Biology of Fishes, 57(3): 251-269.

Colwell R K, Hurtt G C. 1994. Nonbiological gradients in species richness and a spurious Rapoport effect. American Naturalist, 144(4): 570-595.

Kadye W T, Moyo N A G. 2008. Stream fish assemblage and habitat structure in a tropical African River Basin (Nyagui River, Zimbabwe). African Journal of Ecology, 46: 333-340.

Kouamélan E P, Teugels G G, N'Douba V, et al. 2003. Fish diversity and its relationships with environmental variables in a West African basin. Hydrobiologia, 505(1/3): 139-146.

Margalef D R. 1957. Information theory in ecology. General Systems, 3: 36-71.

Ornellas A B, Coutinho R. 1998. Spatial and temporal patterns of distribution and abundance of a tropical fish assemblage in a seasonal Sargassum bed, Cabo Frio Island, Brazil. Journal of Fish Biology, 53: 198-208.

Pinkas L, Oliphant M S, Iverson K. 1971. Food habits of albacore, bluefin tuna, and bonito in California waters. Bulletin, 152: 1-105.

Rahbek C. 1995. The elevational gradient of species richness: a uniform pattern? Ecography, 18(2): 200-205.

Ribeiro J, Bentes L, Coelho R, et al. 2006. Seasonal, tidal and diurnal changes in fish assemblagees in the Ria Formosa lagoon (Portugal). Estuarine, Coastal and Shelf Science, 67(3): 461-474.

Smith T A, Kraft C E. 2005. Stream fish assemblages in relation to landscape position and local habitat variables. Transactions of the American Fisheries, 134(2): 430-440.

Taylor C A, Knouft J H, Hiland T M. 2001. Consequences of stream impoundment on fish communities in a small north American drainage. Regulated Rivers Research & Management, 17(6): 687-698.

Welcomme R L. 1979. Fisheries Ecology of Floodplain Rivers. London: Longman.

附录一 丹江流域鱼类名录

目 科 亚科 种	文献记载		本次调查
	秦岭鱼类志	方树淼等，1984	
Ⅰ. **鲤形目** CYRINIFORMES			
i. 鳅科 Cobitidae			
条鳅亚科 Noemacheilinae			
1. 红尾副鳅 *Paracobitis variegatus* (Sauvage *et* Dabry, 1874)	+	+	
2. 贝氏高原鳅 *Triplophysa bleekeri* (Sauvage *et* Dabry, 1874)	+	+	+
沙鳅亚科 Botiinae			
3. 花斑副沙鳅 *Parabotia fasciata* Dabry, 1872	+	+	
4. 点面副沙鳅 *Parabotia maculosa* (Wu, 1939)	+	+	
5. 东方薄鳅 *Leptobotia orientalis* Xu, Fang *et* Wang, 1981	+	+	
6. 汉水扁尾薄鳅 *Leptobotia tientaiensis hansuiensis* Fang *et* Xu, 1980		+	
花鳅亚科 Cobitinae			
7. 中华花鳅 *Cobitis sinensis* Sauvage *et* Dabry, 1874	+	+	+
8. 泥鳅 *Misgurnus anguillicaudatus* (Cantor, 1842)	+	+	+
ii. 鲤科 Cyprinidae			
鿕亚科 Danioninae			
9. 马口鱼 *Opsariichthys bidens* Günther, 1873	+	+	+
10. 宽鳍鱲 *Zacco platypus* (Schlegel, 1846)	+	+	+
雅罗鱼亚科 Leuciscinae			
11. 青鱼 *Mylopharyngodon piceus* (Richardson, 1846)	+		
12. 草鱼 *Ctenopharyngodon idellus* (Cuvier *et* Valenciennes, 1844)		+	+
13. 拉氏鲅 *Phoxinus lagowskii* Dybowsky, 1869		+	+
14. 鳡 *Elopichthys bambusa* (Richardson, 1844)		+	
鲴亚科 Xenocyprinina			
15. 黄尾鲴 *Xenocypris davidi* Bleeker, 1871	+		
16. 细鳞鲴 *Xenocypris microlepis* Bleeker, 1871	+		
鲢亚科 Hypophthalmichthyinae			
17. 鳙 *Aristichthys nobilis* (Richardson, 1844)		+	+
18. 鲢 *Hypophthalmichthys molitrix* (Cuvier *et* Valenciennes, 1844)		+	+
鳑鲏亚科 Acheilognathinae			
19. 中华鳑鲏 *Rhodeus sinensis* Günther, 1868	+		
鲌亚科 Cultrinae			
20. 银飘鱼 *Pseudolaubuca sinensis* Bleeker, 1864		+	+

续表

目　科　亚科　种	文献记载		本次调查
	秦岭鱼类志	方树淼等，1984	
21. 伍氏华鳊 *Sinibrama wui* (Rendahl, 1930)	+		
22. 鳘条 *Hemiculter leucisculus* (Basilewsky, 1855)	+	+	+
23. 贝氏鳘条 *Hemiculter bleekeri* Warpachowsky, 1887		+	
24. 拟尖头红鲌 *Erythroculter oxycephaloides* (Kreyenberg *et* Pappenheim, 1908)		+	
25. 鳊 *Parabramis pekinensis* (Basilewsky, 1855)	+		
鮈亚科 Gobioninae			
26. 唇䱻 *Hemibarbus labeo* (Pallas, 1776)	+	+	
27. 麦穗鱼 *Pseudorasbora parva* (Temminck *et* Schlegel, 1842)	+	+	+
28. 黑鳍鳈 *Sarcocheilichthys nigripinnis* (Günther, 1873)	+	+	
29. 短须颌须鮈 *Gnathopogon imberbis* (Sauvage *et* Dabry, 1874)	+	+	+
30. 银色颌须鮈 *Gnathopogon argentatus* (Sauvage *et* Dabry, 1874)	+	+	+
31. 点纹颌须鮈 *Gnathopogon wolterstorffi* (Regan, 1908)	+		+
32. 铜鱼 *Coreius heterodon* (Bleeker, 1865)	+		
33. 似鮈 *Pseudogobio vaillanti* (Sauvage, 1878)	+	+	+
34. 棒花鱼 *Abbottina rivularis* (Basilewsky, 1855)	+	+	+
35. 乐山棒花鱼 *Abbottina kiatingensis* (Wu, 1930)	+		
36. 片唇鮈 *Platysmacheilus exiguus* (Lin, 1932)		+	
37. 蛇鮈 *Saurogobio dabryi* Bleeker, 1871	+		
鳅鮀亚科 Gobiobotinae			
38. 南方长须鳅鮀 *Gobiobotia longibarba meridionalis* Chen *et* Tsao, 1977	+		
39. 宜昌鳅鮀 *Gobiobotia ichangensis* Fang, 1930	+		
鲃亚科 Barbinae			
40. 多鳞铲颌鱼 *Scaphesthes macrolepis* (Bleeker, 1871)		+	
鲤亚科 Cyprininae			
41. 鲤 *Cyprinus carpio* Linnaeus, 1758		+	+
42. 鲫 *Carassius auratus* (Linnaeus, 1758)	+	+	+
II. 鲇形目 SILURIFORMES			
iii. 鲇科 Siluridae			
43. 鲇 *Silurus asotus* Linnaeus, 1758	+	+	+
iv. 鲿科 Bagridae			
44. 黄颡鱼 *Pelteobagrus fulvidraco* (Richardson, 1846)	+	+	+
45. 瓦氏黄颡鱼 *Pelteobagrus vachelli* (Richardson, 1846)		+	
46. 盎堂拟鲿 *Pseudobagrus ondon* Shaw, 1930	+	+	+
47. 乌苏里拟鲿 *Pseudobagrus ussuriensis* (Dybowsky, 1872)		+	

续表

目　科　亚科　种	文献记载		本次调查
	秦岭鱼类志	方树淼等，1984	
48. 切尾拟鲿 *Pseudobagrus ussuriensis* (Regan, 1913)			+
49. 大鳍鳠 *Mystus macropterus* (Bleeker, 1870)	+	+	
v. 钝头鮠科 Amblycipitidae			
50. 拟缘鉠 *Liobagrus marginatoides* (Wu, 1930)		+	
vi. 鮡科 Sisoridae			
51. 中华纹胸鮡 *Glyptothorax sinense* (Regan, 1908)	+	+	+
III. **合鳃鱼目** SYNBRANCHIFORMES			
vii. 合鳃鱼科 Synbranchidae			
52. 黄鳝 *Monopterus albus* (Zuiew, 1793)		+	
IV. **鳉形目** CYPRINODONTIFORMES			
viii. 青鳉科 Oryziatidae			
53. 青鳉 *Oryzias latipes* (Temminck *et* Schlegel, 1847)	+		
V. **鲈形目** PERCIFORMES			
ix. 鰕虎鱼科 Gobiidae			
54. 栉鰕虎鱼 *Ctenogobius giurinus* (Rutter, 1897)	+	+	+
55. 神农栉鰕虎鱼 *Ctenogobius shennongensis* Yang *et* Xie, 1983	+		+
56. 波氏栉鰕虎鱼 *Ctenogobius cliffordpopei* (Nichols, 1925)			+

注：丹江鱼类《秦岭鱼类志》记载 38 种，方树淼等（1984）记载 40 种（其中的小眼条鳅认为是贝氏高原鳅），共计记载鱼类 54 种。“+”表示有分布

附录二 黑河流域鱼类名录

目 科 亚科 种	文献记载	本次调查
Ⅰ. 鲑形目 SALMONIFORMES		
i. 鲑科 Salmonidae		
1. 秦岭细鳞鲑 *Brachymytax lenok tsinlingensis* Li, 1966	+	+
Ⅱ. 鲤形目 CYRINIFORMES		
ii. 鳅科 Cobitidae		
条鳅亚科 Noemacheilinae		
2. 红尾副鳅 *Paracobitis variegatus* (Sauvage *et* Dabry, 1874)	+	+
3. 岷县高原鳅 *Triplophysa minxianensis* (Wang *et* Zhu, 1979)	+	+
花鳅亚科 Cobitinae		
4. 泥鳅 *Misgurnus anguillicaudatus* (Cantor, 1842)	+	
5. 中华花鳅 *Cobitis sinensis* Sauvage *et* Dabry, 1874	+	
iii. 鲤科 Cyprinidae		
𬶋亚科 Danioninae		
6. 中华细鲫 *Aphyocypris chinensis* Günther, 1868	+	
7. 马口鱼 *Opsariichthys bidens* Günther, 1873	+	
8. 宽鳍鱲 *Zacco platypus* (Schlegel, 1846)	+	
雅罗鱼亚科 Leuciscinae		
9. 拉氏鲅 *Phoxinus lagowskii* Dybowsky, 1869	+	+
10. 瓦氏雅罗鱼 *Leuciscus waleckii* Dybowsky, 1869	+	
鳑鲏亚科 Acheilognathinae		
11. 中华鳑鲏 *Rhodeus sinensis* Günther, 1868	+	+
12. 高体鳑鲏 *Rhodeus ocellatus* (Kner, 1867)	+	+
13. 彩石鲋 *Pseudoperilampus lighti* Wu, 1931	+	
14. 大鳍刺鳑鲏 *Acanthorhodeus macroptrus* Bleeker, 1871	+	
15. 斑条刺鳑鲏 *Acanthorhodeus taenianalis* Günther, 1873	+	
16. 兴凯刺鳑鲏 *Acanthorhodeus chankaensis* (Dybowsky, 1872)	+	
鲌亚科 Cultrinae		
17. 䱗条 *Hemiculter leucisculus* (Basilewsky, 1855)	+	+
鮈亚科 Gobioninae		
18. 唇䱻 *Hemibarbus labeo* (Pallas, 1776)	+	
19. 麦穗鱼 *Pseudorasbora parva* (Temminck *et* Schlegel, 1842)	+	+
20. 黑鳍鳈 *Sarcocheilichthys nigripinnis* (Günther, 1873)	+	
21. 短须颌须鮈 *Gnathopogon imberbis* (Sauvage *et* Dabry, 1873)	+	+

续表

目 科 亚科 种	文献记载	本次调查
22. 西湖颌须鮈 *Gnathopogon sihuensis* (Chu, 1932)	+	
23. 棒花鱼 *Abbottina rivularis* (Basilewsky, 1855)	+	+
24. 清徐胡鮈 *Huigobio chinssuensis* (Nichols, 1926)	+	
鲃亚科 Barbinae		
25. 多鳞铲颌鱼 *Scaphesthes macrolepis* (Bleeker, 1871)	+	+
裂腹鱼亚科 Schizothoracinae		
26. 渭河裸重唇鱼 *Gymnodiptychus pachycheilus weiheensis* Wang *et* Song, 1985	+	
鲤亚科 Cyprininae		
27. 鲤 *Cyprinus carpio* Linnaeus, 1758	+	+
28. 鲫 *Carassius auratus* (Linnaeus, 1758)	+	+
Ⅲ. 鲇形目 SILURIFORMES		
iv. 鲇科 Siluridae		
29. 鲇 *Silurus asotus* Linnaeus, 1758	+	+
v. 鲿科 Bagridae		
30. 黄颡鱼 *Pelteobagrus fulvidraco* (Richardson, 1846)	+	+
Ⅳ. 合鳃鱼目 SYNBRANCHIFORMES		
vi. 合鳃鱼科 Synbranchidae		
31. 黄鳝 *Monopterus albus* (Zuiew, 1793)	+	
Ⅴ. 鲈形目 PERCIFORMES		
vii. 栉鰕虎鱼科 Gobiidae		
32. 栉鰕虎鱼 *Ctenogobius giurinus* (Rutter, 1897)	+	

注：“+”表示有分布

3

第三章 植物多样性

在秦岭水源涵养区，植物作为监测对象，既有很高的必要性，也具有不可替代的优势，开展植物多样性监测研究具有重大而深远的意义。

植物多样性是植物、植物与环境之间所形成的复合体及与此相关的生态过程的总和。植物可以反映气候、地形、土壤等环境变化量，继而对生物量、丰富度等生态系统特征产生相关的响应。所以，植被及其生产力是最能反映环境状况的指标。同时，植物是生物多样性的重要组分，植物群落或植物丰富度的变化为生物多样性组分的变化提供了重要的基本信息。此外，植物对许多威胁生态环境的进程是敏感的，可以成为其他较不敏感的生物多样性组分的指示物种，或对环境的灾难性变化提供预警信息。因此，在水源涵养区实施植物多样性监测，包括植物个体和植物存在所依靠的外部环境。

水源涵养区的植物多样性监测，通常着重于森林生态系统的水源涵养功能与水生维管植物群落的水质监测功能等方面。森林生态系统的水源涵养功能是指森林拦蓄降水、涵养土壤水分和补充地下水、调节河川流量的功能。森林水源涵养功能与森林所处的当地气候条件、林地枯落物层状况、土壤性质及地质结构关系密切，是森林和降水、土壤等共同作用的结果。

森林生态系统的水源涵养功能主要包含：①森林生态系统具有调节湿度和温度，减少水分蒸发的效益，森林可使水分的蒸发降低 30%～90%；②森林生态系统能截留降水，改良土壤，森林生态系统通过拦蓄地表径流，将其变为地下水，形成“森林水库”，有森林的地区每年比采伐迹地或裸地至少增加 30%以上的河川流量，同时，森林每年还能减少有机质、氮、磷、钾等的流失，有益于土壤的改良；③森林生态系统可直接削弱洪峰，降低洪水带来的经济损失。在同等降雨的情况下，由于森林生态系统拦蓄了地表径流，减弱了洪峰的强度和推迟了洪峰的到来时间，为抗灾争取了时间，减少了因洪水带来的损失。

秦岭山地是中国重要的森林分布区，林地面积占其总面积的 75.2%，是中国中部重要的水源涵养区，在土壤保持和水源涵养方面具有极其重要的功能。植被的保护和恢复不仅影响着秦岭地区生态环境改善和社会经济发展，还直接影响着陕西省关中地区的水生态安全与国家南水北调中线工程水源区的水质和水量。为此，本研究子项目以黑河流域、丹江流域（陕西段）作为秦岭南北坡重要水源涵养区的典型代表，开展了秦岭重要水源涵养区的植物多样性监测，主要包括物种多样性、生态系统多样性等，以期为合理保护、持续利用秦岭植物资源，确保秦岭地区的水生态安全提供研究成果和技术支持。

第一节　植物多样性监测技术方案

野外监测方法和采样分析将为水源涵养区生态系统提供基础信息，是实现流域生态管理科学决策的首要环节。一般说来，需要采取准确的、经济有效的、有充分信息的监测方法与规范程序，并给予定期定点且长期化地收集并整理分析野外数据与信息，才能保障该流域生态监测观测数据的统一性、规范性。我国已经建立了水资源的理化监测技术体系、水文监测技术体系，相关的监测方法、操作规范和数据质量标准也已建立。然而，植物多样性监测技术在我国尚未形成技术规定，方法手段没有统一，全国性的监测网络构建处于起步阶段。因此，根据秦岭水源涵养区的实际情况，按照植物多样性监测技术的理论体系，我们制定实施了水源涵养林、水生植物群落的植物多样性监测技术方案，着重创新解决样地的选择、取样面积和数量的确定、监测对象的选择、监测指标的选定和观测规范、监测手段的经济适用性、监测工作与流域管理的衔接等环节上的技术问题。

一、水源涵养区森林植物群落样地调查方法

1. 样地设置

在查阅相关资料和踏查的基础上，采用典型取样法对黑河、丹江流域植被进行野外调查，分别选取水源地上、中、下段，作为调查区。

乔木样地：面积 500 m^2（20 m×25 m），对样地内乔木层（胸径大于 4 cm）植株进行每木检尺，并在每个样地内设置 5 个 5 m×5 m 的灌木样方和 1 m×1 m 的草本样方，并在每个样地沿对角线设置 25 个 1 m×1 m 灌草频度调查样方。灌木样地：在面积 500 m^2（20 m×25 m）样地里设置 5 个面积 25 m^2（5 m×5 m）的灌木样方，并在每个灌木样方内设置 5 个 1 m×1 m 的草本小样方。草本样地：设置 2 条宽 1 m，长 40 m 的样带，2 个样带呈十字形相交，在样带内每间隔 1 m 进行 1 m×1 m 的草本样方调查（图 3-1）。

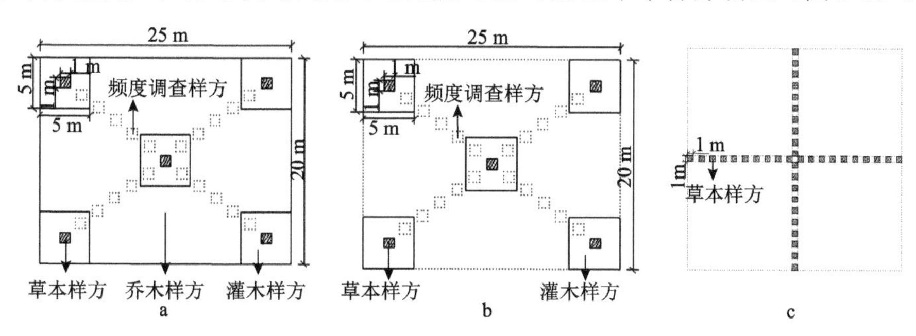

图 3-1　样地设置示意图

a. 乔木样地；b. 灌木样地；c. 草本样地

苗木更新在灌木样方进行详细调查，直径≤4 cm 苗木被认定为更新苗木。所有样地调查记录内容包括植物种类、高度、盖度、胸径、频度、生活力等指标，同时记录各群落的综合特征和生境特征，主要包括：经纬度、海拔、群落盖度、层间植物种类、坡位、坡度、坡向和腐殖质层厚度等。

2. 植物监测对象及监测时间、频次

根据水源涵养林监测目的，监测对象选择为样地内的所有植物物种，并对下列 2 类物种给予重视。

1）受到保护的植物物种

列入国家或陕西省重点保护的野生植物、列入 IUCN 红色名录或 CITES 附录的物种、中国特有种、秦岭特有种或其他珍稀濒危物种。

2）外来植物物种

尤其是对当地的生物多样性、生态系统或农林业生产具有一定危害或影响的外来入侵植物。

监测时间通常在植物生长旺盛的夏季进行，并在春季、秋季给予补充调查监测。监测频次根据植物群落的不同而有所区别，乔木群落通常为 5 年一次，灌木群落为 3 年一次，草本群落可每年一次。监测时间及其频次一经确定，应保持长期不变，以利于年际数据的对比分析。亦可根据监测目标及研究需要，如监测外来入侵植物对本地生态系统的影响及其危害，在原有监测计划给予适当增加或调整。

3. 植物监测指标

1）乔木层

A 种群特征：植物种类、数量、高度、胸径、枝下高、冠幅、分枝数、生活型、物候期、生活状态、生活力、盖度。

B 群落特征：种数、优势种、优势种平均高度、密度、群落盖度。

2）灌木层

A 种群特征：植物种类（多度）、平均高度、基径、冠幅、单丛茎数、生活型、物候期、生活状态、生活力、盖度。

B 群落特征：种数、优势种、优势种平均高度、密度（频度）、群落盖度。

3）草本层

A 种群特征：植物种类、多度（丛）、叶层平均高度、盖度、生活型、物候期、生活状态、生活力。

B 群落特征：种数、优势种、优势种平均高度、密度（频度）、群落盖度。

4）更新层

植物种类、数量、高度、基径。

5）层间植物

A 藤本植物：植物种类、基径、1.3 m 处的直径、长度。

B 寄生植物：植物种类、多度。

4. 土壤采集及分析

在每个样地四角及中央设置 5 个土壤剖面，每个剖面分三层取土。此三层距地表分别为 0～20 cm、20～40 cm、40～60 cm。每个土样 250 g，装入塑封袋，带回实验室分析。土壤分析指标有：全氮、全磷、全钾、有效氮、有效磷、有效钾、有机质、pH。土样处理及测试方法参照《土壤农化分析》第 3 版对应方法进行。

5. 数据处理和分析

1）物种重要值计算

$$乔木重要值=（相对高度+相对密度+相对优势度）/300$$

$$灌木及草本重要值=（相对密度+相对频度+相对盖度）/300$$

2）物种丰富度计算

Patrick 丰富度指数（R）：

$$R=S$$

式中，S 为物种总数量。

3）α 物种多样性指数计算

Shannon-Weiner 指数（Pielou，1975）：

$$H' = -\sum_{i=1}^{S} P_i \ln P_i$$

Pielou 均匀度指数（Hurlbert，1971）：

$$J_{\mathrm{sw}} = \frac{H'}{\ln S}$$

Simpson 指数（Magurran，1988）：

$$D = 1 - \sum_{i=1}^{S} P_i^2$$

式中，P_i 为第 i 种的重要值占所有重要值总和的比例，S 为物种总数量。

4）数据处理及分析

利用 Spss 13.0、Sigmaplot 10.0、Matlab 7.0 与 Excel 等软件对数据进行分析与运算。

6. 监测结果评价

将监测结果与历史资料、历次监测结果进行比较，着重关注群落和重要物种的数量、结构、分布等特征的变化，生境的变化趋势，受到的主要威胁，现有的保护措施，并在此基础上监测区域的保护效果，提出相应的对策与建议。同时，还要分析野外监测工作中的问题，提出改进措施。

二、　水生植物群落的样地调查方法

1. 样方设置

不同类型的水体（河流、水库、塘堰等），样方的设置都有所不同。根据不同的水生植物群落，调查的样方面积有 0.5 m×0.5 m、1 m×1 m、2 m×2 m 等 3 种，通常为 1 m×1 m。

1）河流水生植物群落调查

从河流源头、上游、中游、下游及重要支流等不同地段，根据不同情况设置断面，在每个断面上等距离设置样方。

2）水库（塘堰）水生植物群落调查

按功能区（入水口、库区、湾汊、下泄区），根据等深线设置环状样带，再根据离岸线距离设置纵向样带，形成蜘蛛网式结构，在每个交点处确定样方位置。

2. 样方调查

（1）记录样方的经纬度、海拔、水深、水温；对于河流调查，还需记录水流、流速、流量等因子。

（2）在设定的样方中，分别记录物种种类、物候期、高度、盖度、多度、频度及生物量，并对各物种不同器官（根、茎、叶）的生物量进行统计。

（3）群落高度：分为自然高度和实际高度，在挺水植物群落中两者一致；但在沉水植物和浮叶植物群落中自然高度指水深所决定的群落高度，而实际高度为将植物体拉直的高度。

（4）群落生物量取样面积：河岸带湿生植物群落取样面积为 2 m×2 m；高大挺水草本植物群落、浮叶和大型沉水植物群落取样面积均为 1 m×1 m；漂浮和低矮小型沉水植物群落取样面积为 0.5 m×0.5 m；严重退化水体和植被稀疏生境的水生植物群落，调查的面积应较大，如 10 m×10 m。

（5）群落生物量测定：需分别测定湿重、鲜重、风干重和烘干重。湿重为从水中取样后直接称重；鲜重为从水中取样后停留一段时间，待植物体表面水珠经风吹消失后称重；风干重为从水中取样后，将植物样品带回或原地经日光曝晒，植物体内水分基本消失后称重；烘干重为从水中取样后将植物样品带回实验室，于烘箱中 80℃条件下烘干 48 h，植物体内水分完全消失后称重。

3. 数据处理和分析

对群落监测数据和环境数据可采取典范对应分析（CCA）进行排序分析。CCA 分析物种数据用物种重要值来反映物种群落与环境的关系：物种重要值=（相对高度+相对密度+相对盖度）/3。也可采取应用指示种值分析来提取各组中对群落结构具有指示作用的物种，其中，指示种值的显著性检验可利用蒙特卡罗随机化过程进行。

第二节　秦岭重要水源涵养区植物物种多样性及其分布

秦岭山脉作为中国中部呈东西走向的最大山脉，不仅植物种类繁多，而且区系成分复杂，是中国-日本森林植物区系和中国-喜马拉雅森林植物区系的交汇地带和天然分界。已有研究文献表明：①秦岭地区有维管植物 191 科 1127 属 4158 种，其中蕨类植物 27 科 75 属 319 种，种子植物 164 科 1052 属 3839 种；②秦岭种子植物区系以温带成分为主，温带区系成分占该区总属数的 58.75%，具有绝对优势，同时表现出明显的过渡性，是亚热带和温带植物区系的交汇区；③区系成分呈现出古老性，特有成分丰富。

黑河流域与丹江流域（陕西段）作为秦岭地区的重要组成，具有丰富的维管植物种类。调查结果表明：黑河流域有维管植物 1908 种（含种下分类单元，下同），隶属于 148 科 685 属，其中蕨类植物 17 科 39 属 130 种、裸子植物 5 科 11 属 16 种、被子植物 126 科 635 属 1762 种；丹江流域陕西段有 1915 种，隶属于 161 科 772 属，其中蕨类植物 18 科 50 属 126 种、裸子植物 6 科 12 属 16 种、被子植物 137 科 710 属 1773 种。

一、黑河流域的维管植物多样性

（一）维管植物区系的基本组成

经对陕西省黑河流域维管植物进行全面考察、标本采集和鉴定，并参阅相关文献，结果表明：陕西省黑河流域共有维管植物 1908 种（含种下分类单元，下同），隶属于 148 科 685 属（表 3-1）。蕨类植物 17 科 39 属 130 种，按张宪春等（2013）的中国蕨类科属系统排列，分别占秦岭地区蕨类植物科（27 科）、属（75 属）和种（319 种）总数的 62.96%、52%和 40.75%；裸子植物 5 科 11 属 16 种，按郑万钧系统排列，分别占秦岭地区裸子植物科（9 科）、属（21 属）和种（43 种）总数的 55.56%、52.38%和 37.21%；被子植物 126 科 635 属 1762 种，按恩格勒系统排列，分别占秦岭地区被子植物科（155 科）、属（1052 属）和种（3839 种）总数的 81.29%、60.36%和 45.90%，其中双子叶植物有 108 科 489 属 1392 种；单子叶植物有 18 科 146 属 370 种。属、种按拉丁字母顺序排列；栽培植物以*标出（见本章附录）。

表 3-1　黑河流域维管植物科属种数量统计

类群		科数	占总科数的比例/%	属数	占总属数的比例/%	种数	占总种数的比例/%
蕨类植物		17	11.49	39	5.69	130	6.81
裸子植物		5	3.38	11	1.61	16	0.84
被子植物	单子叶植物	18	12.16	146	21.31	370	19.39
	双子叶植物	108	72.97	489	71.39	1392	72.96
合计		148	100	685	100	1908	100

（二）维管植物区系成分数量统计

1. 科的组成数量统计

调查结果表明，黑河流域维管植物各科内所含属数的情况差异明显（表 3-2）。在所有的 148 科中，含 10 属以上的科有禾本科、菊科、百合科、蔷薇科、豆科、唇形科、兰科、伞形科、毛茛科、十字花科、玄参科、石竹科、紫草科、虎耳草科等 14 科，含 8 属的科有莎草科、荨麻科、罂粟科、龙胆科等 4 科，含 7 属的科有凤尾蕨科、蓼科、大戟科、葫芦科等 4 科，含 6 属的科有水龙骨科、小檗科、鼠李科、木犀科等 4 科，含 5 属的科有松科、榆科、桑科、景天科、芸香科、五加科、马鞭草科、茄科、忍冬科等 9 科，含 4 属的科有蹄盖蕨科、天南星科、桦木科、藜科、木通科、漆树科、葡萄科、锦葵科、山茱萸科、报春花科、萝藦科、茜草科、桔梗科等 13 科，含 2 或 3 属的科有金星蕨科、鳞毛蕨科、柏科、胡桃科、马兜铃科、防己科、瑞香科、苦苣苔科、冷蕨科、球子蕨科、鸭跖草科、鸢尾科、杨柳科、壳斗科、苋科、樟科、苦木科、槭树科、清风藤科、猕猴桃科、杜鹃花科、紫葳科、列当科、败酱科等 42 科，仅含 1 属的科有木贼科、膜蕨科、苹科、岩蕨科、三尖杉科、红豆杉科、香蒲科、水麦冬科、花蔺科、石蒜科、金粟兰科、桑寄生科、木兰科、五味子科、金缕梅科、杜仲科、酢浆草科、马桑科、冬青科、省沽油科、凤仙花科、旌节花科、秋海棠科、八角枫科、夹竹桃科、菟丝子科、透骨草科、五福花科、川续断科等58个科。其中也包括银杏科、领春木科、连香树科、星叶科、杜仲科等几个单型科。

表3-2 黑河流域维管植物科内属的数量统计

含属的数量	科数	占总科数的比例/%	属数	占总属数的比例/%
含10属以上的科	14	9.46	352	51.39
含8属的科	4	2.70	32	4.67
含7属的科	4	2.70	28	4.09
含6属的科	4	2.70	24	3.50
含5属的科	9	6.08	45	6.57
含4属的科	13	8.79	52	7.59
含2或3属的科	42	28.38	94	13.72
仅含1属的科	58	39.19	58	8.47
合计	148	100	685	100

统计结果表明，含10属以上的科虽然只有14个，只占总科数的9.46%，但它们所含属数高达352属，占总属数的51.39%，在该区的维管植物区系中占有主导地位。例如，禾本科（65属）、菊科（55属）、百合科（27属）、蔷薇科（27属）、豆科（27属）、唇形科（24属）、兰科（23属）、伞形科（21属）、毛茛科（19属）、十字花科（16属）、玄参科（13属）、石竹科（12属）、紫草科（12属）、虎耳草科（11属）等在该区都有较好的发育。而含1属的科尽管有58个，占到总科数的39.19%，但也只含58属，仅占总属数的8.47%，在整个维管植物区系中不占重要地位。

2. 科内种的组成

调查结果表明，陕西省黑河流域维管植物各科内所含属数、种数的情况差异明显。在蕨类植物中，仅含1属1种的科有3个，如苹科、槐叶苹科、膜蕨科；含2～10种的科有9个，如石松科（6种）、瓶尔小草科（4种）、碗蕨科（2种）、冷蕨科（7种）等；含11种以上的有5科，如凤尾蕨科（22种）、水龙骨科（18种）、鳞毛蕨科（16种）等。裸子植物仅含1种的科有2个，即银杏科和红豆杉科；其余3科含2～10种，即松科（7种）、柏科（6种）、三尖杉科（2种）。被子植物中，仅含1种的多达28科，如连香树科、领春木科、星叶科、马齿苋科等；含2～10种的有59科，如鸢尾科、马兜铃科、壳斗科、苦苣苔科等；含11～50种的有32科，如灯心草科、兰科、槭树科、玄参科、忍冬科等；大于50种的有7科。含种数最多的7个科分别为菊科（167种）、禾本科（144种）、蔷薇科（126种）、豆科（76种）、毛茛科（74种）、百合科（73种）、莎草科（67种）等。因而，含50种以上的科有7科，占该区维管植物总科数的4.73%，总种数共计727种，占该区维管植物总种数的38.16%。含11～50种的科有36

科，占总科数的24.32%，总种数共计799种，占该区维管植物总种数的41.88%。含10种以下的科（含单种属的科）有105个科，占总科数的70.95%，总种数共计382种，占该区维管植物总种数的20.02%（表3-3，表3-4）。

表3-3 黑河流域维管植物科内种的数量统计

含种的数量	科数	占总科数的比例/%	种数	占总种数的比例/%
含50种以上的科	7	4.73	727	38.10
含41～50种的科	3	2.03	141	7.39
含31～40种的科	4	2.70	140	7.34
含21～30种的科	7	4.73	179	9.38
含11～20种的科	22	14.86	339	17.77
含6～10种的科	27	18.24	205	10.74
含2～5种的科	45	30.41	144	7.55
仅含1种的科	33	22.30	33	1.73
合计	148	100	1908	100

表3-4 黑河流域维管植物含20种以上科的数量统计

科名	属数	种数	科名	属数	种数
菊科 Compositae	55	167	忍冬科 Caprifoliaceae	5	36
禾本科 Gramineae	65	144	玄参科 Scrophulariaceae	13	35
蔷薇科 Rosaceae	27	126	石竹科 Caryophyllaceae	12	32
豆科 Leguminosae	27	76	兰科 Orchidaceae	23	30
毛茛科 Ranunculaceae	19	74	蓼科 Polygonaceae	7	30
百合科 Liliaceae	27	73	木犀科 Oleaceae	6	26
莎草科 Cyperaceae	9	67	杨柳科 Salicaceae	2	25
唇形科 Labiatea	24	50	小檗科 Berberidaceae	6	23
虎耳草科 Saxifragaceae	11	48	槭树科 Aceraceae	2	23
伞形科 Umbelliferae	21	43	凤尾蕨科 Pteridaceae	7	22
十字花科 Cruciferae	16	37	合计	384	1187
			占总数的比例/%	56.06	62.21

3. 属内种的组成

与科内种的组成情况类似，即较少的属含有较多的种，而绝大多数属含有较少的种。蕨类植物仅含1种的有14属，含2～5种的有18属，含6～10种的有6属，大于10种的有1属。裸子植物仅含1种的有7属，含2～5种的有4属。被子植物中，较少的属含有较多的种，而绝大多数属含有较少的种（1～10种）。含种数最多的6个属分别为苔草属（42种）、风毛菊属（22种）、忍冬属（22种）、槭属（21种）、柳属（19种）、蓼属（19种）等，物种共计145种，占该区维管植物总种数的7.60%。

二、丹江流域（陕西段）的维管植物基本组成及基本特征

（一）维管植物区系的基本组成

对陕西省丹江流域维管植物进行全面考察、标本采集和鉴定，并参阅相关文献，以获取该区域的维管植物物种多样性现状。初步的统计表明：陕西省丹江流域共有维管植物1915种，隶属于161科772属（表3-5）。蕨类植物18科50属126种，按张宪春等（2013）的中国蕨类科属系统排列，分别占秦岭地区蕨类植物科（27科）、属（75属）和种（319种）总数的66.67%、66.67%和39.50%；裸子植物6科12属16种，按郑万钧系统排列，分别占秦岭地区裸子植物科（9科）、属（21属）和种（43种）总数的66.67%、57.14%和37.21%；被子植物137科710属1773种，按恩格勒系统排列，分别占秦岭地区被子植物科（155科）、属（1052属）和种（3839种）总数的88.39%、67.49%和46.18%，其中双子叶植物有119科、563属、1468种，单子叶植物有18科、147属、305种。属、种按拉丁字母顺序排列；栽培植物以*标出（见本章附录）。

表3-5　丹江流域（陕西段）维管植物科属种数量统计

类群		科数	占总科数的比例/%	属数	占总属数的比例/%	种数	占总种数的比例/%
蕨类植物		18	11.18	50	6.48	126	6.58
裸子植物		6	3.73	12	1.55	16	0.84
被子植物	单子叶植物	18	11.18	147	19.04	305	15.93
	双子叶植物	119	73.91	563	72.93	1468	76.66
合计		161	100	772	100	1915	100

（二）种子植物区系成分数量统计

1. 科内属的组成

调查结果表明，丹江流域（陕西段）维管植物各科内所含属数的情况差异明显（表3-6）。在所有的161科中，含10属以上的科有荨麻科、大戟科、紫草科、石竹科、玄参科、虎耳草科、毛茛科、百合科、伞形科、兰科、十字花科、唇形科、蔷薇科、豆科、菊科、禾本科等16科，含9属的科有莎草科、蓼科，含8属的科有凤尾蕨科、水龙骨科、藜科、茜草科、葫芦科等5科，含7属的科有芸香科、鼠李科、木犀科、茄科、忍冬科等5科，含6属的科有金星蕨科、天南星科、桑科、罂粟科、五加科、龙胆科、萝藦科等7科，含5属的科有蹄盖蕨科、松科、小檗科、防己科、樟科、景天科、葡萄科、锦葵科、马鞭草科等9科，含4属的科有桦木科、榆科、苋科、木通科、金缕梅科、漆树科、瑞香科、柳叶菜科、山茱萸科、旋花科、苦苣苔科、桔梗科等12科，含2或3属的科有槐叶苹科、碗蕨科、冷蕨科、眼子菜科、泽泻科、浮萍科、鸭跖草科、灯心草科、杨柳科、檀香科、牻牛儿苗科、楝科、卫矛科、槭树科、猕猴桃科、胡颓子科、杜鹃花科、马钱科、败酱科、胡桃科、壳斗科、马兜铃科、椴树科、鹿蹄草科、报春花科等40科。仅含1属的科有卷柏科、木贼科、铁角蕨科、杉科、三尖杉科、红豆杉科、香蒲科、黑三棱科、薯蓣科、三白草科、蛇菰科、马齿苋科、芍药科、八角科、五味子科、

蜡梅科、悬铃木科、酢浆草科、亚麻科、远志科、马桑科、冬青科、七叶树科、凤仙花科、梧桐科、藤黄科、堇菜科、菱科、山矾科、野茉莉科、狸藻科、爵床科、透骨草科等65个科。其中也包括银杏科、领春木科、连香树科、杜仲科等几个单型科。

表 3-6 丹江流域（陕西段）种子植物科内属的数量统计

含属的数量	科数	占总科数的比例/%	属数	占总属数的比例/%
含10属以上的科	16	9.94	388	50.26
含9属的科	2	1.24	18	2.33
含8属的科	5	3.11	40	5.18
含7属的科	5	3.11	35	4.53
含6属的科	7	4.35	42	5.44
含5属的科	9	5.59	45	5.83
含4属的科	12	7.45	48	6.22
含2或3属的科	40	24.84	91	11.79
仅含1属的科	65	40.37	65	8.42
合计	161	100	772	100

统计结果表明，含10属以上的科虽然只有16个，只占总科数的9.94%，但它们所含属数高达388属，占总属数的50.26%，在该区的维管植物区系中占有主导地位。例如，禾本科（76属）、菊科（57属）、豆科（41属）、蔷薇科（30属）、唇形科（25属）、兰科（19属）、十字花科（19属）、伞形科（17属）、百合科（17属）、毛茛科（16属）、虎耳草科（14属）、玄参科（12属）、石竹科（12属）、荨麻科（11属）、大戟科（11属）、紫草科（11属）等在该区都有较好的发育。而含1属的科尽管有65个，占到总科数的40.37%，但也只含65属，仅占总属数的8.42%，在整个维管植物区系中不占重要地位。

2. 科内种的组成

在蕨类植物中，仅含1种的科有2个，分别为槐叶苹科、肾蕨科等；含2～10种的科有12个，如卷柏科（10种）、木贼科（3种）、金星蕨科（8种）、球子蕨科（4种）、肿足蕨科（3种）等；含11种以上的科有4个，如水龙骨科（22种）、凤尾蕨科（18种）、鳞毛蕨科（16种）、蹄盖蕨科（15种）等。裸子植物仅含1种的科有3个，即银杏科、杉科、红豆杉科；其余3科含2～10种，即松科（7种）、柏科（4种）、三尖杉科（2种）。被子植物中，各科内所含属数的情况差异极大：仅含1种的多达29科，如八角科、紫金牛科、山茶科、爵床科、花荵科等；含2～10种的有62科，如马钱科、眼子菜科、金缕梅科、冬青科等；含11～50种的有38科，如兰科、樟科、虎耳草科、蓼科、伞形科等；大于50种的有8科。含种数最多的8个科分别为菊科（151种）、蔷薇科（145种）、禾本科（123种）、豆科（100种）、毛茛科（61种）、唇形科（57种）、莎草科（56种）、百合科（54种）等。因而，含50种以上的科有8科，占该区维管植物总科数的4.97%，总种数共计747种，占该区维管植物总种数的39.01%。含11～50种的科有42科，占总科数的26.07%，总种数共计801种，占该区维管植物总种数的

41.83%。含 10 种以下的科（含单种属的科）有 111 个科，占总科数的 68.94%，总种数共计 367 种，占该区维管植物总种数的 19.16%（表 3-7，表 3-8）。

表 3-7 丹江流域（陕西段）维管植物科内种的数量统计

含种的数量	科数	占总科数的比例/%	种数	占总种数的比例/%
含 50 种以上的科	8	4.97	747	39.01
含 41～50 种的科	0	0	0	0
含 31～40 种的科	5	3.11	184	9.61
含 21～30 种的科	8	4.97	189	9.87
含 11～20 种的科	29	18.01	428	22.35
含 6～10 种的科	22	13.66	170	8.87
含 2～5 种的科	55	34.16	163	8.51
仅含 1 种的科	34	21.12	34	1.78
合计	161	100	1915	100

表 3-8 丹江流域（陕西段）维管植物含 20 种以上科的数量统计

科名	属数	种数	科名	属数	种数
菊科 Compositae	57	151	伞形科 Umbelliferae	17	35
蔷薇科 Rosaceae	30	145	蓼科 Polygonaceae	9	35
禾本科 Gramineae	76	123	玄参科 Scrophulariaceae	12	30
豆科 Leguminosae	41	100	杨柳科 Salicaceae	2	26
毛茛科 Ranunculaceae	16	61	兰科 Orchidaceae	19	24
唇形科 Labiatea	25	57	石竹科 Caryophyllaceae	12	23
莎草科 Cyperaceae	9	56	木犀科 Oleaceae	7	22
百合科 Liliaceae	17	54	水龙骨科 Polypodiaceae	8	22
虎耳草科 Saxifragaceae	14	40	卫矛科 Celastraceae	2	21
十字花科 Cruciferae	19	38	大戟科 Euphorbiaceae	11	21
忍冬科 Caprifoliaceae	7	36	合计	410	1120
			占总数/%	53.11	58.49

3. 属内种的组成

与科内种的组成情况类似，即较少的属含有较多的种，而绝大多数属含有较少的种。蕨类植物仅含 1 种的有 25 属，含 2～5 种的有 19 属，含 6～10 种的有 6 属。裸子植物仅含 1 种的属有 9 个，含 2～5 种的有 3 属。被子植物中，较少的属含有较多的种，而绝大多数属含有较少的种（1～10 种）。含种数最多的 6 个属分别为苔草属（29 种）、蔷薇属（21 种）、忍冬属（19 种）、绣线菊属（19 种）、柳属（18 种）、蓼属（17 种）等，物种共计 123 种，占该区被子植物总种数的 6.94%。

（三）黑河流域与丹江流域（陕西段）的种子植物区系特征分析及其比较

按照吴征镒（1979）对中国种子植物区系分区，黑河流域与丹江流域（陕西段）作为秦岭地区的重要组成，均属于泛北极植物区中国-日本森林植物亚区华中地区，其种子植物区系中分别有 131 科 646 属 1778 种、143 科 722 属 1789 种。

1. 科的地理成分分析

黑河流域与丹江流域（陕西段）的种子植物区系共有 168 科分布。其中，143 科在两个流域中均有分布，肿足蕨科（3 种）、肾蕨科（1 种）、黑三棱科（1 种）、棕榈科（1 种）、蛇菰科（2 种）、紫茉莉科（1 种）、睡莲科（2 种）、八角科（1 种）、蜡梅科（2 种）、梧桐科（1 种）、山茶科（1 种）、菱科（1 种）、紫金牛科（1 种）、爵床科（1 种）等 18 个科仅在丹江流域（陕西段）有分布，膜蕨科（1 种）、水麦冬科（1 种）、五福花科（1 种）、星叶科（1 种）等 5 个科仅在黑河流域有分布。

在黑河流域、丹江流域（陕西段）分布的种子植物中，含 20 种以上的科均为 20 科，但前者含有 377 属 1165 种，后者含有 402 属 1098 种。显然，这些科是黑河流域与丹江流域（陕西段）种子植物区系的主要成分，在该区的植被组成中占有主导地位（表 3-9）。

表 3-9 种子植物区系中含 20 种以上科的数量统计对比

序号	科名	属数	种数	序号	科名	属数	种数
	黑河流域				丹江流域（陕西段）		
1	菊科 Compositae	55	167	1	菊科 Compositae	57	151
2	禾本科 Gramineae	65	144	2	蔷薇科 Rosaceae	30	145
3	蔷薇科 Rosaceae	27	126	3	禾本科 Gramineae	76	123
4	豆科 Leguminosae	27	76	4	豆科 Leguminosae	41	100
5	毛茛科 Ranunculaceae	19	74	5	毛茛科 Ranunculaceae	16	61
6	百合科 Liliaceae	27	73	6	唇形科 Labiatea	25	57
7	莎草科 Cyperaceae	9	67	7	莎草科 Cyperaceae	9	56
8	唇形科 Labiatea	24	50	8	百合科 Liliaceae	17	54
9	虎耳草科 Saxifragaceae	11	48	9	虎耳草科 Saxifragaceae	14	40
10	伞形科 Umbelliferae	21	43	10	十字花科 Cruciferae	19	38
11	十字花科 Cruciferae	16	37	11	忍冬科 Caprifoliaceae	7	36
12	忍冬科 Caprifoliaceae	5	36	12	蓼科 Polygonaceae	9	35
13	玄参科 Scrophulariaceae	13	35	13	伞形科 Umbelliferae	17	35
14	石竹科 Caryophyllaceae	12	32	14	玄参科 Scrophulariaceae	12	30
15	兰科 Orchidaceae	23	30	15	杨柳科 Salicaceae	2	26
16	蓼科 Polygonaceae	7	30	16	兰科 Orchidaceae	19	24
17	木犀科 Oleaceae	6	26	17	石竹科 Caryophyllaceae	12	23
18	杨柳科 Salicaceae	2	25	18	木犀科 Oleaceae	7	22
19	槭树科 Aceraceae	2	23	19	大戟科 Euphorbiaceae	11	21
20	小檗科 Berberidaceae	6	23	20	卫矛科 Celastraceae	2	21
	合计	377	1165		合计	402	1098
	占该区种子植物区系总属数、总种数的比例/%	58.36	65.52		占该区种子植物区系总属数、总种数的比例/%	55.68	61.38

从科的组成来看，在黑河流域与丹江流域（陕西段）中，物种最多的 3 科均为菊科、蔷薇科、禾本科。这 3 个科所含的种数均在 100 种以上。此外，豆科、毛茛科、百合科、莎草科、唇形科、虎耳草科、伞形科、十字花科、忍冬科、玄参科、石竹科、兰科、蓼科、木犀科和杨柳科等，在黑河流域与丹江流域（陕西段）中所含种类也都在 20 种以上，种数各有不同。在黑河流域与丹江流域（陕西段）种子植物区系中，含 20 种以上的科仅有较小的差别，前者有槭树科（23 种）、小檗科（23 种），后者有大戟科（21 种）、卫矛科（21 种）。

按照李锡文（1996）对中国种子植物区系科的分布区类型的划分，在两个流域含 20 种以上的科中，菊科、蔷薇科、禾本科、百合科、莎草科、唇形科、玄参科、石竹科等 8 科为世界分布类型的科，毛茛科、虎耳草科、伞形科、十字花科、忍冬科、蓼科、杨柳科、槭树科等 8 科为温带分布类型的科，豆科、兰科、木犀科、大戟科、卫矛科等 5 科为泛热带分布类型的科，仅小檗科 1 科为东亚和北美间断分布类型（各类型的种数及其所占比例见表 3-10）。从含 20 种以上科的分布区类型来看，黑河流域种子植物区系与丹江流域（陕西段）种子植物区系是非常相似的，均以世界分布类型、温带分布类型为主。在两个流域分布的世界分布类型的科都带有明显的温带性质，如菊科、蔷薇科、禾本科、莎草科、百合科等。典型的温带分布或北温带-南温带间断分布的科在研究区域也有很好的发育，除毛茛科、虎耳草科、伞形科、十字花科、忍冬科、蓼科、杨柳科、槭树科等外，常见的有松科、柏科、罂粟科、桦木科、桔梗科等。豆科、兰科、大戟科、卫矛科虽是以热带分布为主的科，但在研究区域分布的大多是温带的属。由此可见，温带性质的科在黑河流域和丹江流域（陕西段）的植物区系和植被组成中明显占有主导地位。这也证明了黑河流域和丹江流域（陕西段）作为秦岭地区的重要组成，具有显著的温带性质。

表 3-10　含 20 种以上的科的分布区类型数量统计对比

序号	科的分布区类型	黑河流域			丹江流域（陕西段）		
		科的数量	总种数	占该区总种数的比例/%	科的数量	总种数	占该区总种数的比例/%
1	世界分布	8	694	39.03	8	639	35.72
2	泛热带分布	3	132	7.42	5	188	10.51
3	温带分布	8	316	17.77	7	271	15.15
4	东亚和北美间断分布	1	23	1.29	—	—	—

黑河流域与丹江流域（陕西段）还分布有许多较古老的科，如白垩纪晚期出现的桦木科、壳斗科、木兰科、樟科、防己科、槭树科、冬青科，第三纪早期出现的金缕梅科、榆科、连香树科、五加科、山矾科等也都有较好的发育。

2. 属的地理成分分析

黑河流域有种子植物 646 属，丹江流域（陕西段）有种子植物 722 属。根据吴征镒

（1991）对中国种子植物属的分布区类型的划分方法，可将黑河流域的种子植物划分为15个分布区类型16变型，丹江流域（陕西段）的种子植物划分为15个分布区类型17变型（表3-11）。由表3-11可知，黑河流域与丹江流域（陕西段）种子植物区系的属的地理成分较为复杂，各种分布类型均有分布，表明这两个流域种子植物区系成分的复杂性和多样性。

表3-11 黑河流域与丹江流域（陕西段）种子植物属的地理成分

分布区类型	全国属数	陕西属数	黑河流域		丹江流域（陕西段）	
			属数	占该区总属数的比例/%	属数	占该区总属数的比例/%*
1. 世界分布	104	80	59	—	68	—
2. 泛热带分布	362	134	64	10.90	92	14.07
3. 热带亚洲和热带美洲分布	62	29	5	0.85	9	1.38
4. 旧世界热带分布	177	41	15	2.56	20	3.06
5. 热带亚洲至热带大洋洲分布	148	24	11	1.87	16	2.45
6. 热带亚洲至热带非洲分布	164	34	10	1.70	22	3.36
7. 热带亚洲（印度-马来西亚）分布	611	48	15	2.56	27	4.13
热带亚热带分布（2—7型）小计	1524	310	120	20.44	186	28.45
8. 北温带分布	302	237	194	33.05	179	27.37
9. 东亚和北美洲间断分布	124	96	49	8.35	61	9.33
10. 旧世界温带分布	164	127	77	13.12	73	11.16
11. 温带亚洲分布	55	59	19	3.24	17	2.60
12. 地中海区、西亚至中亚分布	171	63	11	1.87	15	2.29
13. 中亚分布	126	17	6	1.02	6	0.92
14. 东亚分布	299	98	86	14.65	91	13.91
温带分布（8—14型）小计	1241	697	442	75.30	442	67.58
15. 中国特有分布	257	51	25	4.26	26	3.98
合计	3126	1138	646	100	722	100

*占研究区域总属数百分比不含世界分布属

1）世界分布类型

黑河流域种子植物中，世界分布类型的有59属，隶属于34科，占总属数的9.13%，其中含4属及以上的科有禾本科（5属）、莎草科（5属）、菊科（4属）、唇形科（4属）等；含10种及以上的有苔草属（44种）、蓼属（19种）、早熟禾属（16种）、堇菜属（16种）、悬钩子属（12种）、铁线莲属（12种）、灯心草属（11种）、黄耆属（10种）、拉拉藤属（10种）等。丹江流域（陕西段）种子植物中，世界分布类型的有

67属，隶属于34科，占总属数的9.28%，其中含4属及以上的科有禾本科（6属）、莎草科（5属）、菊科（5属）、十字花科（4属）、唇形科（4属）等；含10种及以上的有苔草属（29种）、蓼属（20种）、悬钩子属（17种）、铁线莲属（15种）、堇菜属（14种）、莎草属（10种）等。

在黑河流域与丹江流域（陕西段），世界分布类型总计68属，其中，58属为两流域共有，仅水麦冬属在黑河流域有分布而不见于丹江流域（陕西段），角果藻属、甜茅属、水葱属、刺藜属、猪毛菜属、豆瓣菜属、狸藻属等9个属在丹江流域（陕西段）有分布而不见于黑河流域。

两个研究区域的这一类型中，多数为草本植物，木本植物较少，仅有悬钩子属、鼠李属、槐属等少数木本属及铁线莲属等木质藤本属，为该区林下灌木层和灌丛的重要组成。水生植物和湿生植物在丹江流域（陕西段）及黑河流域中发育较好，常见的有芦苇属、灯心草属、香蒲属、藨草属、眼子菜属、浮萍属、狸藻属等。

2）热带亚热带分布类型（2—7型）

黑河流域种子植物中，热带亚热带分布类型（2—7型）共有120属（不包括东亚特有属和中国特有属，下同），占该地区总属数（不包括世界分布属，下同）的20.44%，隶属于56科，其中含5属及以上的有禾本科（24属）、葫芦科（6属）、荨麻科（5属）、大戟科（5属）、菊科（5属）等。丹江流域（陕西段）种子植物中，热带亚热带分布类型（2—7型）共有186属，占该地区总属数的28.45%，隶属于69科，其中含5属及以上的有禾本科（35属）、豆科（11属）、荨麻科（8属）、大戟科（8属）、菊科（8属）、葫芦科（7属）、兰科（6属）、樟科（5属）等。

在黑河流域与丹江流域（陕西段）的热带亚热带分布型（2—7型）中，泛热带分布型（类型2）最为丰富，大多为泛热带分布至亚热带乃至温带的属。在黑河流域，有64属为泛热带分布型，占该区总属数的10.90%，占该区热带亚热带分布型（2—7型）的53.33%；在丹江流域（陕西段），有92属为泛热带分布型，占该区总属数的14.07%，占该区热带亚热带分布型（2—7型）的49.46%。在黑河流域与丹江流域（陕西段），泛热带分布型总计92属。64属两个流域均有分布，常见的有虎尾草属、求米草属、虾脊兰属、朴属、马兜铃属、木蓝属、铁苋菜属、冬青属、南蛇藤属、卫矛属、凤仙花属、野茉莉属、紫珠属、海州常山属、豨莶属等。而水车前属、石胡荽属、蔗茅属、鹿藿属、假稻属、柞木属、丁香蓼属、假酸浆属、莲子草属、甘蔗属、母草属、栀子属等28属仅在丹江流域（陕西段）有分布。这些属植物的分布与秦岭地处亚热带向暖温带过渡的自然环境是分不开的。

热带亚洲和热带美洲间断分布型（类型3）在黑河流域与丹江流域（陕西段）分布很少，仅有木姜子属、苦木属、泡花树属、对节刺属等及栽培的玉蜀黍属、紫茉莉属、落花生属、南瓜属、百日菊属等9属。其中，黑河流域有5属，占该区总属数的0.85%，占该区热带亚热带分布型（2—7型）的4.17%；丹江流域（陕西段）有9属，占总属数的1.38%，占该地区热带亚热带分布型（2—7型）的4.84%。在这一类型中，木姜子属、泡花树属、苦木属等在黑河流域与丹江流域（陕西段）均有分布。

在黑河流域与丹江流域（陕西段），旧世界热带分布型（类型4）共有24属。11

属为两流域共有，常见的有细柄草属、天门冬属、楼梯草属、百蕊草属、合欢属、吴茱萸属、楝属、扁担杆属、八角枫属、香茶菜属等；臭草属、雨久花属、槲寄生属、水鳖属等 4 属在黑河流域有分布而不见于丹江流域（陕西段），金茅属、拟金茅属、千金藤属、野桐属、粗糠树属、娃儿藤属等 9 属在丹江流域（陕西段）有分布而不见于黑河流域。其中，黑河流域有 15 属为旧世界热带分布类型，占该区总属数的 2.56%，占该区热带亚热带分布型（2—7 型）的 12.50%；丹江流域（陕西段）有 20 属为旧世界热带分布类型，在该区占总属数的 3.06%，占该地区热带亚热带分布型（2—7 型）的 10.75%。

在黑河流域与丹江流域（陕西段），热带亚洲至热带大洋洲分布型（类型 5）共有 16 属。11 属为两流域共有，以木本植物居多，如荛花属、拓树属、臭椿属、香椿属、雀儿舌头属、猫乳属等，部分为草本植物，如天麻属、旋蒴苣苔属、通泉草属、栝楼属、黑藻属等；兰属、蛇菰属、樟属、崖爬藤属、紫薇属等 5 属仅在丹江流域（陕西段）有分布。其中，黑河流域有 11 属为热带亚洲至热带大洋洲分布型，占该区总属数的 1.87%，占该区热带亚热带分布型（2—7 型）的 9.17%；丹江流域（陕西段）有 16 属为热带亚洲至热带大洋洲分布类型，在该区占总属数的 2.45%，占该地区热带亚热带分布型（2—7 型）的 8.60%。

在黑河流域与丹江流域（陕西段），总计 22 属为热带亚洲至热带非洲分布型（类型 6）。其中，10 属为两流域共有，除杠柳属、常春藤属外，其余均为草本植物，如荩草属、芒属、萱属、大豆属、赤瓟属、草沙蚕属等。飞龙掌血属、魔芋属、水麻属、桑寄生属、山黑豆属、观音草属、三七草属等 12 属在丹江流域（陕西段）有分布而不见于黑河流域。在黑河流域，有 10 属为热带亚洲至热带非洲分布型，占该区总属数的 1.70%，占该区热带亚热带分布型（2—7 型）的 8.33%；在丹江流域（陕西段），有 22 属为热带亚洲至热带非洲分布型，在该区占总属数的 3.36%，占该地区热带亚热带分布型（2—7 型）的 11.83%。

在黑河流域与丹江流域（陕西段），热带亚洲（印度-马来西亚）分布型（类型 7）总计 28 属。该类型是我国热带分布属中数量最多、植物区系最丰富的一个分布区类型，主要集中于热带和南亚热带，少数分布于温带。14 属为两流域共有，如构树属、箬竹属、清风藤属、山胡椒属、鸡矢藤属、苦荬菜属、葛藤属、独角莲属、斑叶兰属、绞股蓝属等；仅独蒜兰属在黑河流域有分布而不见于丹江流域（陕西段），芋属、石斛属、青冈属、紫麻属、轮环藤属、润楠属、新木姜子属、水丝枥属、山茶属、蛇根草属等 13 属在丹江流域（陕西段）有分布而不见于黑河流域。其中，黑河流域有 15 属为热带亚洲（印度-马来西亚）分布型，占该区总属数的 2.56%，占该区热带亚热带分布型（2—7 型）的 12.5%；丹江流域（陕西段）有 27 属为热带亚洲（印度-马来西亚）分布型，在该区占总属数的 4.13%，占该地区热带亚热带分布型（2—7 型）的 14.52%。

3）温带分布类型（8—14 型）

黑河流域种子植物中，温带分布类型（8—14 型）共有 442 属（不包括东亚特有属和中国特有属，下同），占该地区总属数（不包括世界分布属，下同）的 75.30%。这一类型的植物隶属于 93 科，含 5 属及以上的有菊科（44 属）、禾本科（34 属）、百合科（25 属）、蔷薇科（25 属）、豆科（21 属）、伞形科（18 属）、唇形科（18 属）、兰科（17 属）、毛茛科（14 属）、十字花科（13 属）、石竹科（11 属）、虎耳草科（11 属）、玄参科（11 属）、紫草科（10 属）、罂粟科（8 属）、小檗科（6 属）、龙胆科（6 属）、松科（5 属）、景天科（5 属）、忍冬科（5 属）等。丹江流域（陕西段）种子植物中，温带分布类型（8—14 型）共有 442 属，占该地区总属数的 67.58%。这一类型的植物隶属于 100 科，含 5 属及以上的有菊科（43 属）、禾本科（33 属）、蔷薇科（28 属）、豆科（27 属）、唇形科（19 属）、百合科（15 属）、十字花科（15 属）、伞形科（14 属）、毛茛科（13 属）、虎耳草科（13 属）、兰科（11 属）、石竹科（11 属）、玄参科（9 属）、紫草科（8 属）、罂粟科（6 属）、木犀科（6 属）、忍冬科（6 属）、松科（5 属）、蓼科（5 属）、藜科（5 属）、小檗科（5 属）、景天科（5 属）等。温带分布类型（8—14 型）在黑河流域与丹江流域（陕西段）均超过 400 属，占该区总属数的比例高达 7 成左右，表明这 2 个流域属的地理成分是以温带分布类型为主的，也再次体现了秦岭种子植物区系的温带性质。

在黑河流域与丹江流域（陕西段）的温带分布类型（8—14 型）中，北温带分布型（类型 8）最为丰富。在黑河流域，有 194 属为北温带分布型，占该区总属数的 33.05%，占该区温带分布类型（8—14 型）的 43.89%；在丹江流域（陕西段），有 179 属为北温带分布型，占该区总属数的 27.37%，占该区温带分布类型（8—14 型）的 40.50%。在黑河流域与丹江流域（陕西段），北温带分布型总计 209 属。其中，164 属为两流域共有；落叶松属、嵩草属、铃兰属、贝母属、萝蒂属、扭柄花属、杓兰属、手参属、对叶兰属、红门兰属、羽衣草属、肋柱花属、地笋属、鞭打绣球属、五福花属等 30 属仅在黑河流域有分布，黑三棱属、梅花藻属、悬铃木属、蜂斗菜属、猫儿菊属等 15 属仅在丹江流域（陕西段）有分布。北温带分布类型的一大特点是木本属比较丰富，几乎囊括了所有典型的含乔木和灌木的属。在主要含乔木的属中，既有冷杉属、松属、柏木属、红豆杉属等针叶树，也有枫杨属、杨属、柳属、鹅耳枥属、桦木属、栗属、栎属、槭属、花楸属、椴属、胡桃属、盐肤木属、白蜡树属等阔叶树。这些属的乔木种类既是该区种子植物区系中的重要成分，也是构成研究区域温带落叶阔叶林、针阔叶混交林、针叶林的建群种或重要组成，在该区植被群落中占有重要地位。在含灌木的属中，常见的有黄栌属、小檗属、忍冬属、荚蒾属、胡颓子属、蔷薇属、绣线菊属、杜鹃花属、茶藨子属、山梅花属等，是该区林下灌木层和灌丛的主要种类。此外，该类型的草本植物还是该区林下草本层的主要组成，也是构成高山灌丛草甸或高山草甸的建群种或优势种。

在黑河流域与丹江流域（陕西段），东亚和北美洲间断分布型（类型 9）总计 67 属。43 属为两流域共有，常见的有六道木属、菖蒲属、肺筋草属、唐棣属、蛇葡萄属、两型豆属、金线草属、楤木属、红升麻属、蟹甲草属、香槐属、楸树属等；七筋菇属、龙常草属、三白草属、三角咪属等 6 属在黑河流域有分布而不见于丹江流域（陕西段），三棱草属、野牛草属、八角茴香属、枫香属、南烛属、散血丹属等 18 属在丹江流域（陕西段）有分布而不见于黑河流域。其中，黑河流域有 49 属为东亚和北美洲间断分布型，占该区总属数的 8.35%，占该区温带分布类型（8—14 型）的 11.09%；丹江流域（陕西段）有 61 属为东亚和北美洲间断分布型，在该区占总属数的 9.33%，占该地区温带分布类型（8—14 型）的 13.80%。这一类型中，大多为寡种属植物，以草本居多，为林下灌木层或草本层的常见物种。

在黑河流域与丹江流域（陕西段），旧世界温带分布型（类型 10）总计 86 属，以草本植物居多，木本植物少见。64 属为两流域共有，如花蔺属、侧金盏花属、白屈菜属、芫花属、峨参属、筋骨草属、沙参属、牛蒡属、天名精属、菊属等；隐子草属、美花草属、山金梅属、羊角芹属、金盏苣苔属、多榔菊属等 13 属在黑河流域有分布而不见于丹江流域（陕西段），菱属、水柏枝属、泡囊草属、蓝刺头属等 9 属在丹江流域（陕西段）有分布而不见于黑河流域。其中，黑河流域有 77 属为旧世界温带分布型，占该区总属数的 13.12%，占该区温带分布类型（8—14 型）的 17.42%；丹江流域（陕西段）有 73 属为旧世界温带分布型，在该区占总属数的 11.16%，占该地区温带分布类型（8—14 型）的 16.52%。

在黑河流域与丹江流域（陕西段），温带亚洲分布型（类型 11）总计 22 属。14 属为两流域共有，如孩儿参属、瓦松属、白鹃梅属、米口袋属、锦鸡儿属、杭子梢属、荆芥属、附地菜属、马兰属、亚菊属等；细柄茅属、鸦趾花属、岩白菜属、无尾果属、女菀属等 5 属在黑河流域有分布而不见于丹江流域（陕西段），狼毒属、山牛蒡属等 3 属在丹江流域（陕西段）有分布而不见于黑河流域。其中，黑河流域有 19 属为温带亚洲分布型，占该区总属数的 3.24%，占该区温带分布类型（8—14 型）的 4.30%；丹江流域（陕西段）有 17 属为温带亚洲分布型，在该区占总属数的 2.60%，占该地区温带分布类型（8—14 型）的 3.85%。

地中海区、西亚至中亚分布型（类型 12）在黑河流域与丹江流域（陕西段）总计 16 属。10 属为两流域共有，如石头花属、糖芥属、离子草属、牻牛儿苗属、黄连木属、狼紫草属等；仅离蕊芥属在黑河流域有分布而不见于丹江流域（陕西段），盆距兰属、芝麻菜属、串珠芥属、兵豆属等 5 属在丹江流域（陕西段）有分布而不见于黑河流域。其中，黑河流域有 11 属为地中海区、西亚至中亚分布型，占该区总属数的 1.87%，占该区温带分布类型（8—14 型）的 2.49%；丹江流域（陕西段）有 15 属为地中海区、西亚至中亚分布型，在该区占总属数的 2.29%，占该地区温带分布类型（8—14 型）的 3.39%。

中亚分布型（类型 13）在黑河流域与丹江流域（陕西段）比较稀少，总计 10 属，全为草本植物。其中，仅诸葛菜属、角蒿属等 2 属为两流域均有。黑穗茅属、假百合属、迷果芹属、脓疮草属等 4 属在黑河流域有分布而不见于丹江流域（陕西段），大麻属、花旗杆属、紫筒草属等 4 属在丹江流域（陕西段）有分布而不见于黑河流域。其中，黑河流域、丹江流域（陕西段）均有 6 属为中亚分布型，占该区温带分布类型（8—14 型）的 1.36%，分别占该区总属数的 1.02%、0.92%。

东亚分布型（类型 14）在黑河流域与丹江流域（陕西段）分布比较丰富，总计 105 属。72 属在两流域均有，如三尖杉属、射干属、无柱兰属、杜鹃兰属、蕺菜属、人字果属、木通属、溲疏属、假奓包叶属、猕猴桃属、五加属、刺楸属、青荚叶属、斑种草属、莸属、党参属、苍术属等；丁座草属、绢毛菊属、囊瓣芹属、黄花木属、黄檗属、山兰属、刺榆属、星叶草属、开口箭属、兜蕊兰属等 14 属仅在黑河流域有分布，显子草属、白及属、千针苋属、钻地风属、臭常山属、梧桐属、吊石苣苔属、石荠苎属等 19 属仅在丹江流域（陕西段）有分布。其中，黑河流域有 86 属为东亚分布型，占该区总属数的

14.65%，占该区温带分布类型（8—14 型）的 19.46%；丹江流域（陕西段）有 91 属为东亚分布型，在该区占总属数的 13.91%，占该地区温带分布类型（8—14 型）的 20.59%。本类型有两个变型，即中国-喜马拉雅和中国-日本变型。在中国-喜马拉雅变型中，有蕺菜属、水青树属、星叶草属、桃儿七属、猫儿屎属等；在中国-日本变型中，有侧柏属、领春木属、连香树属、木通属、荷青花属、猕猴桃属、刺楸属等。

4）中国特有分布类型

中国特有分布型（类型 15）在黑河流域与丹江流域（陕西段）总计 33 属，大部分为一些单种属或寡种属植物，在我国分布比较狭域。18 属在两个流域均有分布，如巴山木竹属、箭竹属、青檀属、马蹄香属、翼蓼属、串果藤属、山白树属、杜仲属、金钱槭属、羌活属、秦岭藤属、车前紫草属、盾果草属、华蟹甲草属等；虎榛子属、独叶草属、长果升麻属、斜萼草属、毛冠菊属等 7 属在黑河流域有分布而不见于丹江流域（陕西段），牛鼻栓属、山拐枣属、通脱木属、动蕊花属、蝟实属、香果树属等 8 属在丹江流域（陕西段）有分布而不见于黑河流域。其中，黑河流域有 25 属为中国特有分布类型，占该区总属数的 4.26%，占全国同类型属数的 9.73%；丹江流域（陕西段）有 26 属为中国特有分布类型，占该区总属数的 3.98%，占全国同类型属数的 10.12%。

3. 黑河流域与丹江流域（陕西段）种子植物区系特征

综上所述，根据实地科学考察和统计分析结果表明，黑河流域种子植物区系与丹江流域（陕西段）种子植物区系并非完全相同，具有高度的相似性，均有如下 4 个特点。

1）生物多样性特别是物种多样性丰富度较高

黑河流域有种子植物 131 科 646 属 1778 种，丹江流域（陕西段）有种子植物 143 科 722 属 1789 种，与同纬度的其他地区相比较，充分显示本地区具有相当高的物种多样性。

2）植物区系成分复杂多样

在黑河流域与丹江流域（陕西段），种子植物区系成分复杂，包括所有的区系类型。根据吴征镒（1991，1993）对中国种子植物属的分布区类型的划分方法，黑河流域的种子植物区系有 15 个分布区类型 16 变型，丹江流域（陕西段）的种子植物区系有 15 个分布区类型 17 变型。值得一提的是，2 个研究区域的种子植物区系均具多种间断分布的类型。这些间断分布类型的多样化，表明本地区种子植物区系与其他地区有着明显的联系。

3）种子植物区系成分以北温带分布类型为主，并带有明显的热带亚热带性质

黑河流域与丹江流域（陕西段）均属秦岭地区，处于南北植物交汇区，其种子植物区系具有明显的温带性质。除松科、百合科、芍药科、忍冬科、金丝桃科等一些典型的温带分布科外，分布于本地区的世界性的科大多是以温带分布为主的科，如蔷薇科、菊科、禾本科等。有些科虽属热带分布，但在本地区分布的都是一些温带性质的属，如豆科、兰科等。在不同的中国种子植物属分布区类型中，温带分布区类型所含的属最多，热带亚热带分布类型其次，表明 2 个研究区域属的地理成分是以温带分布类型为主的。所有这些都充分表明，黑河流域与丹江流域（陕西段）种子植物区系成分以北温带分布类型为主，并带有明显的热带亚热带性质。但是，丹江流域（陕西段）种子植物区系中热带分布类型稍高于黑河流域。

4）区系成分中特有成分居多

黑河流域与丹江流域（陕西段）的种子植物区系所表现出的另一特点是，东亚特有成分和中国特有成分所占比例较高，具有较高的特有现象。在黑河流域，东亚特有成分和中国特有成分共占该区总属数（不包括世界分布类型，下同）的 18.91%，占全国同类型属数的 19.96%；在丹江流域（陕西段），东亚特有成分和中国特有成分共占该区总属数的 17.86%，占全国同类型属数的 21.04%。

第三节　秦岭水源涵养区主要植物群落的类型、结构、功能及其与环境因子的关系

一、秦岭重要水源涵养区植被的水平地带性特征

在不同的气候带及亚带的作用下，陕西省植被相应地形成了不同的植被带及植被亚带，其面积辽阔，延展成带，规律有序，呈现出在水平空间分布上的纬度地带性规律。按照《中国植被》（吴征镒，1980）及《陕西植被》（雷明德，1999）的划分，秦岭植被处于暖温带落叶阔叶林区域中的暖温带落叶阔叶林地带与亚热带常绿阔叶林区域中的北亚热带常绿落叶阔叶林地带的分界线上，主体上属于暖温带落叶阔叶林带暖温带典型落叶阔叶林亚带，北与黄土高原南部分布的暖温带耐寒落叶阔叶林亚带相接，南同巴山北坡及其间的汉江盆地分布的北亚热带常绿落叶阔叶混交林亚带相连。在秦岭植被亚带中，植物种类很丰富，其中不少种类为中生性质的乔灌木或草本植物，表明该地带的植物区系以北温带分布类型为主，并带有明显的热带亚热带成分。秦岭南坡与秦岭北坡相比，其植物区系中具有较多的热带亚热带成分，具有更多的常绿植物。秦岭地区的天然植被类型因山体庞大绵长而表现出多样性，有落叶松林、冷杉林、松林、侧柏林、栎林、桦林、阔杂林、竹林、落叶阔叶灌丛、常绿阔叶灌丛、山地草甸、高山草甸等不同类型，其地带性植被以落叶栎林为典型代表，如栓皮栎林、锐齿栎林、槲栎林、短柄枹栎林、辽东栎林、橿子栎林等，尤以栓皮栎林、锐齿栎林分布普遍，面积最大。一般说来，秦岭分布的各类栎林具有的特征为：群落发育正常，立木高大，植物种类丰富，层次结构分化清晰。通常说来，本亚带植被北部以较耐寒的辽东栎林为主，南部以栓皮栎林、锐齿栎林、短柄枹栎林为主，间有分布较广的油松林、侧柏林等温性常绿针叶林。

二、秦岭重要水源涵养区的植被垂直分布

秦岭山脉地处暖温带与亚热带之间的过渡区，气候条件复杂、特殊，山体高大雄伟，主脊多为 2500 m 以上，地势西高东低，北陡南缓，地貌复杂多样，有高山峻岭，又有河谷急流，并有山涧盆地，加之区内植物物种丰富，植被茂密。因而，秦岭山区植被垂直分布显著，并且秦岭南北坡之间及其与大巴山北坡之间的植被垂直带谱均有明显的差异。

秦岭北坡因其山势峻峭，坡面一般比较陡狭，自然环境条件上下变化殊异，植被垂直带及亚带的数量随山地海拔的增加而较为完整、明显，排列也比较整齐。其中，落叶阔叶林带的垂直带幅最大可超过 2000 m，几乎为秦岭北坡最大高程的 2/3，落叶栎林亚

带的垂直带幅可达 1500 m，足以彰显落叶阔叶林在秦岭北坡的发达程度。以太白山为例，秦岭北坡从山麓到山顶可划分为 4 个植被带 10 个植被亚带，依次分别为山地农耕植被带（山麓旱作农耕植被亚带）→山地落叶阔叶林带（栓皮栎林亚带→锐齿栎林亚带→辽东栎林亚带→红桦林亚带→牛皮桦林亚带）→山地针叶林带（巴山冷杉林亚带→太白红杉林亚带）→高山灌丛草甸带（头花杜鹃灌丛与杯腺柳灌丛亚带→禾叶嵩草-球穗蓼草甸亚带）。

与陡峭的秦岭北坡相比，秦岭南坡地势相对平缓，支脉绵延，地形起伏较大，峰峦叠嶂，气候比北坡更温暖湿润，各类型植被交融混杂，导致秦岭南坡植被垂直带谱不完全同于秦岭北坡。一般说来，秦岭南坡森林植被在海拔 800～1000 m 以下大多含有常绿阔叶树木，海拔 1000 m 以上的森林植被的垂直分布类似于秦岭北坡，主要差异表现在因热量、降水等自然条件的变化而形成的植被在海拔分布上的上移，即主要植物群落分布的下限要比北坡高 100～200 m，且树木种类（尤其是常绿或半常绿树种）有所增加。另外，秦岭南坡的森林植被破碎化比较严重，多呈片状分布，农田荒山及杉木林、柑橘林、板栗林等经济林交错其间。以湑水河流域为例，秦岭南坡从山前平原到山顶可划分为 6 个植被带 10 个植被亚带，依次分别为丘陵农耕植被带（稻油为主的汉江河谷一年二熟农耕植被亚带）→山地常绿落叶阔叶混交林带（含常绿成分的落叶阔叶林亚带）→山地落叶阔叶林带（栓皮栎林亚带→锐齿栎林亚带）→山地针阔叶混交林带（华山松、铁杉与山杨、红桦混交林亚带→红桦林亚带）→山地针叶林亚带（巴山冷杉林亚带→太白红杉林亚带）→高山灌丛草甸（头花杜鹃与高山柳灌丛亚带→禾叶嵩草-球穗蓼草甸亚带）。

根据野外调查，黑河流域与丹江流域（陕西段）作为秦岭重要的水源涵养区，其植被垂直分布特征如下。

1. 黑河流域植被垂直分布

黑河流域山势陡峭，海拔跨度较大，垂直分带明显，该区域植被基本属于暖温带植被类型。从下至上，其植被垂直带依次如下。

1）盆地丘陵农耕带

海拔 600 m 或者 750 m 以下，土壤肥厚，坡度平缓，大部分已开垦为农田，具有村屋庭院散生的常绿树木若干种。

2）低山丘陵含常绿成分的落叶阔叶林带

海拔 600～1000 m 的低山丘陵，多含有常绿阔叶成分的落叶阔叶林带。主要常绿阔叶树种有女贞、猫儿刺、樟科、枹栎等。除马尾松广泛分布外，具两个亚带。

A. 常绿阔叶麻栎林亚带

大致在海拔 600～800 m，在该带较靠下部的土肥坡缓处，常绿成分较多且生长健壮。

B. 落叶阔叶栓皮栎林亚带

海拔 800 m 以上的本带上部，坡度渐陡，以栓皮栎林最为普遍，仍杂有不少的常绿阔叶树种。

3）山地落叶阔叶林带

海拔 750～2650 m 的落叶阔叶栎林和桦林带，为山地植被主体，在资源、景观和生态上均具有代表意义，按其垂直分异划分 3 个亚带。

A. 浅山落叶阔叶栓皮栎林亚带

分布于海拔 750～1300 m，林地破坏严重，林相不齐，覆盖率低，几乎全为次生林，建群种是栓皮栎林，也有少数板栗、枹栎、槲栎、山合欢、化香树等。下木主要有黄栌、黄檀、马桑、胡枝子、盐肤木，草类以蒿类和大披针苔草为主。

B. 中山阔叶栎林亚带

海拔 1300～2300 m，以锐齿栎、辽东栎为建群种，华山松为优势种，伴生植物有栓皮栎、山杨、椴树、铁杉、三桠乌药、漆树等乔木，有美丽胡枝子、六道木、蔷薇、白檀、杭子梢、胡颓子、悬钩子、秦岭箭竹等灌丛，草本以大披针苔草、大油芒为主。唯本亚带上部华山松与几种桦树组成的针阔叶混交林的成分加重，山杨、太白杨、铁杉等乔木，胡颓子、蔷薇、照山白、荚蒾等灌丛和苔草，鹿蹄草等草本成分也相应增多。

C. 高中山落叶阔叶栎桦林带

海拔 2300～2650 m，以辽东栎、红桦、牛皮桦及光皮桦为主，并混有华山松、鹅耳枥、椴等。林下灌木以榛属、杜鹃属较多。草本有苔草及一些禾草类。

4）亚高山、高山针叶林带

海拔 2600～3350 m，地势高亢，气候经年寒冷，有强风、流石。

A. 冷杉林亚带

海拔 2600～3000 m，以巴山冷杉、华山松为建群种组成阴暗针叶林，另有云杉、油松、槭类等。

B. 落叶松亚林带

海拔 3000～3350 m，以太白红杉为纯林，原始林特征显著，唯结构稀疏，为明亮针叶林，林下灌木极少。

5）高山灌丛草甸带

海拔 3330 m 以上，为小块山梁式地形，气候十分严寒，常年处于 0℃以下。树木矮小，呈匍匐状，主要灌丛为密枝杜鹃、垫柳、高山绣线菊等，在林隙或林缘地被物主要为太白花、太白米和几种苔藓、地衣组成的高山草甸。

2. 丹江流域（陕西段）植被垂直分布

丹江流域是一个结构复杂的以中低山为主体的山区，岭谷相间排列，地势西北高东南低，丹江河谷与秦岭主脊间高差近 2500 m，山大沟深，随地势高度的变化，垂直方向上的分异十分明显，其植被分布破碎化程度较高，植被垂直带谱各有不同。

海拔 200～800 m 处，北亚热带气候表现明显，油松林分布较为普遍，其次有油茶、柑橘、棕榈等。林分结构的特点是：纯林多，混交林少；单层林多，复层林少；油松多，其他树种少；中幼年林多，成熟林少。林相相对整齐，多系人工抚育、保护和种植的结果。

海拔 800～1300 m 处主要有油松、椿、杉木、马尾松、麻栎等纯林或各种形式混交林。

海拔 1300 m 以上至峰脊顶部分布着较大面积的落叶阔叶栎类萌生林及块状分布的天然油松林，以及以油松为主的针阔叶混交林，油松林分布最为广泛。该区域内有数千公顷的连片飞机播种油松用材林。主要建群种有油松、栎类、华山松、山杨、白桦、化香树、漆树、板栗、茅栗、核桃、马桑、黄栌、胡枝子、盐肤木、胡颓子等物种。

丹江流域（陕西段）通常具有蟒岭、流岭、鹘岭、新开岭等高大山岭，其植被垂直分布各有不同。

1）蟒岭

蟒岭位于丹江流域（陕西段）的东北部，西起洛南的洛南、蓝田、商洛、华县等4县交界处的龙凤山，向东南延伸，为洛南与商洛、丹凤、商南之间的界岭，也是洛河与丹江之间的分水岭。其垂直植被带见表3-12。

表3-12　蟒岭垂直植被带

序号	植被带	海拔/m	优势物种
1	河谷川道农耕带（中间含有常绿树种的落叶阔叶残林）	200～800	侧柏、油松、毛白杨、杉木、乌桕等
2	低山丘陵垦殖带（中间含有常绿树种的落叶阔叶残林）	750～1300	侧柏、油松、酸枣、刺槐、桃、梨等
3	山地栎林带（即山地典型落叶阔叶林带）	1200～1800	栓皮栎、槲栎、麻栎、核桃、板栗、茅栗、漆树、连翘等
4	山地次生灌木林带	1700至峰顶	华山松、绣线菊类、椴类、槭类、胡枝子类、黄栌、杭子梢等

2）流岭

流岭西接秦王山、九华山、文公岭，东延至丹江峡谷，构成商洛、丹凤与山阳之间的大块岭地，也是丹江上游与银花河的分水岭。其垂直植被带见表3-13。

表3-13　流岭垂直植被带

序号	植被带	海拔/m	优势植物
1	油松林为主，中间有含常绿树种的落叶阔叶残林，或局部有酸枣-黄背草灌草丛	200～800	油松、茶、柑橘、棕榈等
2	以油松林为主的针叶林、以麻栎林为主的落叶阔叶林或各种形式的针阔叶混交林	800～1300	油松、香椿、杉木、马尾松、麻栎等
3	以栎类次生林为主的落叶阔叶林、块状分布的天然油松林及以油松为主的针阔叶混交林	1300至峰顶、峰脊	油松、栎类、华山松、山杨、化香树、漆树、板栗、茅栗、核桃、马桑、黄栌、盐肤木、胡枝子类等

3）鹘岭、新开岭

鹘岭、新开岭位于商洛市最南部，也是丹江与汉江的分水岭。它的垂直植被带见表3-14。

表3-14　鹘岭、新开岭垂直植被带

序号	植被带	海拔/m	优势植物
1	以落叶阔叶林为主，含有常绿阔叶树种与针叶树种，或局部有小黄构-杂类草灌草丛	200～1300	马尾松、女贞、锐齿栎、青檀、油桐、乌桕、柑橘、杉木等
2	以油松林、华山松林为主的针叶林、落叶阔叶混交林，或局部有黄栌灌丛	1300～2100	油松、华山松、白皮松、漆树、核桃、栎类等

第四节 秦岭重要水源涵养区的典型植被类型

依据《中国植被》对植被分类的原则和方法，并参考《陕西植被》及相关文献资料，秦岭地区共有包括针叶林、针阔叶混交林、落叶阔叶林、灌丛、草丛、栽培植被等在内的 9 个植被类型组，29 个植被型，179 个群系或亚群系。基于样线样方分析结果，本次野外调查中发现的黑河流域与丹江流域（陕西段）水源涵养区一些典型植被类型如下所述。

一、黑河流域典型植被类型

黑河中上游位于陕西省周至县厚畛子镇、板房子镇、王家河镇、陈河镇等，是连接太白山国家级自然保护区、周至国家级自然保护区、老县城自然保护区的枢纽地带。由于独特的地理位置和森林生态环境，该区域孕育了种类独特、丰富多样的“生物资源库”，大熊猫、金丝猴、羚牛等珍稀动物也广泛分布。除此之外，该区还具有丰富的植物资源，众多的森林植物群落类型。

经调查，该区域的典型植物群落类型如下所述。

1. 八角枫林（Form. *Alangium chinense*）

分布海拔为 990 m 左右。乔木层以八角枫为优势种，伴生种有构树（*Broussonetia papyifera*）、臭椿（*Ailanthus altissima*）、青榨槭（*Acer davidii*），郁闭度为 0.72。灌木层以陕西荚蒾和黄栌（*Cotinus coggygria*）为优势种，伴生种有陕西悬钩子（*Rubus piluliferus*）、葱皮忍冬（*Lonicera ferdinandii*）、中华绣线菊。草本层以日本羊茅为优势种，伴生种有求米草（*Oplismenus undulatifolius*）、牛尾蒿（*Artemisia dubia*）、野菊（*Dendranthema indicum*）、蛇莓等。

2. 山杨林（Form. *Populus davidiana*）

分布海拔为 1140～1310 m。乔木层以山杨为优势种，零星伴生华山松、锐齿槲栎（*Quercus aliena* var. *acutiserrata*），郁闭度为 0.73～0.81。灌木层以黄栌、胡枝子（*Lespedeza bicolor*）为优势种，伴生种有绣线菊（*Spiraea salicifolia*）、苦糖果、胡颓子（*Elaeagnus pungens*）、中华绣线菊。草本层以日本羊茅、粗壮唐松草（*Thalictrum robustum*）为优势种，伴生种有野棉花（*Anemone vitifolia*）、兔儿伞（*Syneilesis aconitifolia*）、求米草、穿龙薯蓣（*Dioscorea nipponica*）等。

3. 油松+山杨混交林（Form. *Pinus tabulaeformis*+*Populus davidiana*）

分布海拔为 1300 m 左右。乔木层以油松和山杨为优势种，零星伴生华山松、青杨（*Populus cathayana*），郁闭度为 0.7～0.8。灌木层以中华绣线菊、绿叶胡枝子（*Lespedeza buergeri*）为优势种，伴生种有陕西悬钩子、多花木兰（*Magnolia multiflora*）、胡颓子、卫矛（*Euonymus alatus*）。草本层以日本羊茅为优势种，伴生种有东方荚果蕨（*Matteuccia orientalis*）、鹅肠菜（*Myosoton aquaticum*）、鹅观草、唐松草等。

4. 锐齿槲栎林（Form. *Quercus aliena* var. *acutiserrata*）

分布海拔为1000～1400 m。乔木层主要以锐齿槲栎为优势种，伴生种有构树、木姜子（*Litsea pungens*）、五裂槭（*Acer oliverianum*）、君迁子（*Diospyros lotus*），其郁闭度为0.75～0.84。灌木层以桦叶荚蒾（*Viburnum betulifolium*）和葱皮忍冬为优势种，伴生种有接骨木（*Sambucus williamsii*）、华北绣线菊（*Spiraea fritschiana*）、秦连翘（*Forsythia giraldiana*）、陕西悬钩子。草本层以日本羊茅、鹅观草为优势种，伴生种有淫羊霍（*Epimedium elongatum*）、崖棕（*Carex siderosticta*）、茜草（*Rubia cordifolia*）、天名精（*Carpesium abrotanoides*）等。

5. 华榛+青杨混交林（Form. *Corylus chinensis*+*Populus cathayana*）

分布海拔为1500 m左右。乔木层主要以华榛、青杨为优势种，伴生种有刺榛、白桦、毛樱桃（*Cerasus setulosa*）、椴树（*Tilia* sp.）、青榨槭，其郁闭度为0.7～0.8。灌木层以小叶鼠李（*Rhamnus parvifolia*）、栓翅卫矛（*Euonymus phellomanus*）为优势种，伴生种有陕西荚蒾、珍珠梅（*Sorbaria arborea*）、陕西悬钩子。草本层以酢浆草（*Oxalis* sp.）和铁线蕨（*Adiantum capillusveneris*）为优势种，伴生种有白透骨消（*Glechoma biondiana*）、崖棕、秦岭金腰（*Chrysosplenium biondianum*）、红升麻（*Astilbe chinensis*）、茜草等。

6. 油松+锐齿槲栎混交林（Form. *Pinus tabulaeformis*+*Quercus aliena* var. *acutiserrata*）

分布海拔为1600 m左右。乔木层主要以油松和锐齿槲栎为优势种，伴生种有三桠乌药（*Lindera obtusiloba*）、漆树（*Toxicodendron succedaneum*）、五裂槭，其郁闭度为0.68～0.75。灌木层以绿叶胡枝子和苦糖果为优势种，伴生种有多花木蓝、绣线梅、卫矛、毛樱桃、胡颓子。草本层以日本羊茅和鹅观草为优势种，伴生种有蛇莓、峨参（*Anthriscus sylvestris*）、风毛菊（*Saussurea japonica*）、过路黄（*Lysimachia christinae*）、茜草、牛尾蒿等。

7. 油松林（Form. *Pinus tabulaeformis*）

分布海拔为1160～1735 m。乔木层主要以油松为优势种，伴生种有华山松、漆树，其郁闭度为0.7～0.82。灌木层以栓翅卫矛和绿叶胡枝子为优势种，伴生种有陕西悬钩子、达乌里胡枝子（*Lespedeza davurica*）、葱皮忍冬等。草本层以日本羊茅和蛇莓为优势种，伴生种有唐松草、秦岭风毛菊、大戟（*Euphorbia pekinensis*）、穿龙薯蓣等。

8. 兴山榆林（Form. *Ulmus bergmanniana*）

分布海拔为1525～1820 m。乔木层主要以兴山榆为优势种，伴生种有华榛，其郁闭度为0.7以上。灌木层以假豪猪刺（*Berberis soulieana*）、苦糖果为优势种，伴生种有海州常山（*Clerodendrum trichotomum*）、丛花荚蒾（*Viburnum glomeratum*）、陕西荚蒾、毛樱桃、粉背溲疏（*Deutzia hypoglauca*）、灰栒子（*Cotoneaster acutifolius*）等。草本层以日本羊茅为优势种，伴生种有蛇莓、透茎冷水花（*Pilea pumila*）、六叶葎、卵叶茜草（*Rubia ovatifolia*）、活血丹（*Glechoma longituba*）等。

9. 白桦+太白杨混交林（Form. *Betula platyphylla*+*Populus purdomii*）

分布海拔为1635～1855 m。乔木层以白桦和太白杨为优势种，零星伴有油松、樱桃等，其郁闭度为0.68～0.71。灌木层以南川绣线菊（*Spiraea rosthornii*）、桦叶荚蒾为优势种，伴生种有扁刺蔷薇、粉背溲疏、托柄菝葜（*Smilax discotis*）、勾儿茶（*Berchemia sinica*）、珍珠梅等。层间植物主要是西五味子（*Schisandra sphenanthera*）。草本层以日本羊茅和蛇莓为优势种，伴生种有问荆（*Equisetum arvense*）、牛尾蒿、甘露子（*Stachys sieboldi*）、峨参等。

10. 华山松林（Form. *Pinus armandi*）

分布海拔为 1435～1990 m。乔木层以华山松为优势种，伴生种有红桦（*Betula albosinensis*）、青榨槭、刺榛，其郁闭度为0.6～0.65。灌木层以华北绣线菊、绿叶胡枝子为优势种，伴生种有桦叶荚蒾、南川绣线菊、胡颓子、托叶拔葜、青荚叶（*Helwingia japonica*）等。草本层以天蓬草（*Stellaria uliginosa*）、唐松草、日本羊茅为优势种，伴生种有茜草、羽裂叶莛子藨（*Triosteum pinnatifidum*）、蛇莓、鞘柄菝葜（*Smilax stans*）、堇菜（*Viola diamantiaca*）等。

11. 阔叶杂木林（Form. Broad-leaved forest miscellaneous wood）

分布海拔为1000～1400 m。该地域由于人为活动剧烈，干扰极其严重，整个林分成层不明显，其郁闭度为0.5～0.65。乔木层主要以银鹊树（*Tapiscia sinensis*）、栎类等混交，其优势种不明显。灌木层以悬钩子为优势种，伴生种有中华青荚叶（*Helwingia chinensis*）、海州常山等。层间植物有南蛇藤、西五味子、汉中防己（*Aristolochia kaempferi* form. *heterophylla*）、苦皮藤（*Celastrus angulatus*）。草本层以阴地蕨（*Botrychium ternatum*）、糯米团、大披针苔草、荩草为优势种，伴生种有铁杆蒿（*Artemisia sacrorum*）、崖棕、牛膝（*Achyranthes bidentata*）、油点草等。

12. 栓皮栎林（Form. *Quercus variabilis*）

分布在海拔为780～1100 m的低山区域，受人类活动影响较大，郁闭度为0.65～0.85。乔木层以栓皮栎为优势种，零星伴有油松、锐齿槲栎、茅栗（*Castanea seguinii*）、短柄枹栎、山合欢等。灌木层盖度为0.3～0.35，主要以马鞍树（*Maackia hupehensis*）、铁仔（*Myrsine africana*）为优势种，伴生种有绣球绣线菊（*Spiraea blumei*）、绿叶胡枝子（*Lespedeza buergeri*）、假蚝猪刺（*Berberis soulieana*）、陕西荚蒾（*Viburnum schensianum*）、长柄山蚂蝗（*Hylodesmum podocarpum*）、黄素馨（*Jasminum floridum*）、珍珠梅等。草本层盖度为 0.06～0.1，主要以大披针苔草为优势种，伴生种有穿龙薯蓣（*Dioscorea nipponica*）、蕨叶天门冬（*Asparagus filicinus*）、紫菀等。

二、丹江流域典型植被类型

1. 华山松林

地理坐标为34°5′7.74″N，109°38′3.90″E，海拔为1420 m，位于商洛市商州区丹江上游废弃公路一侧，人为干扰较小。乔木层郁闭度为 0.3～0.4，华山松为优势种，伴生种有油松；灌木层盖度为 0.15 左右，榛子、小檗为优势种，伴生种有杭子梢等；草本层盖度为 0.6～0.7，蒿属、甘露子为优势种，伴生种有牛至、蝇子草、野棉花等。

2. 华山松+漆树混交林

地理坐标为 34°5′1.14″N，109°37′49.32″E，海拔为 1537 m，位于商洛市商州区丹江上游农户周围，人为干扰较为剧烈。乔木层郁闭度为 0.8 左右，华山松和漆树为主要优势种，伴生种有锐齿槲栎和野核桃等；灌木层盖度为 0.26 左右，胡枝子、华北珍珠梅为优势种，伴生种有棣棠、悬钩子、忍冬等；草本层盖度为 0.45 左右，苎麻、鄂西香茶菜为优势种，伴生种有两型豆、野豌豆等。

3. 绣线菊灌草丛

地理坐标为 34°5′4.92″N，109°38′0.22″E，海拔为 1417 m，位于商洛市商州区丹江上游河谷两侧，人类活动较大，动物活动较少。灌木层盖度为 0.3 左右，绣线菊、胡枝子为优势种，伴生种有华中五味子、木兰属、胡颓子、榛子等；草本层盖度为 0.6 左右，荅草、鹅观草为优势种，伴生种有蒿属、火绒草、龙牙草、甘露子、香青等。

4. 油松林

地理坐标为 34°5′0.78″N，109°38′1.38″E，海拔为 1417 m，位于商洛市商州区丹江上游公路一侧，人为干扰较为剧烈，动物活动较少。乔木层盖度为 0.1 左右，油松为优势种，伴生种有华山松；灌木层盖度为 0.06 左右，木兰属、荚迷属植物为优势种，伴生种有假豪猪刺、胡枝子等；草本层盖度为 0.9 左右，蒿属、一年蓬为优势种，伴生种有祁州漏芦、野豌豆、野棉花、两型豆。

5. 稗草丛

地理坐标为 33°55′56.22″N，109°53′26.28″E，海拔为 767 m，位于商洛市商州区丹江上游二龙山水库回水区。草本盖度为 0.95 左右，稗草为优势种，伴生种有苘麻、石胡荽、莎草、车前等。

6. 白酒草+鬼针草草丛

地理坐标为 33°55′32.46″N，109°54′50.76″E，海拔为 720 m，位于商洛市商州区丹江上游二龙山水库大坝下 1 km 处的河道内。草本层盖度为 0.92 左右，白酒草、鬼针草为优势种，伴生种有钻型紫菀、苜蓿、稗、鹅观草等。

7. 酸枣+胡枝子灌丛

地理坐标为 33°46′27.60″N，110°6′51.90″E，海拔为 695 m，位于商洛市商州区夜村镇丹江中游一侧的段山上，水土流失严重，裸露大量沙石。灌木层盖度为 0.08，酸枣为优势种，伴生种有胡枝子；草本层盖度为 0.1 左右，主要以蒿属植物为优势种，伴生种有荅草。

8. 短柄枹栎林

地理坐标为 33°20′30.54″N，110°33′3.90″E，海拔为 1207 m，位于商南县金丝峡森林

公园。乔木层盖度为0.65左右，短柄枹栎为优势种，伴生种有油松、鹅耳枥、山合欢；灌木层盖度为0.45左右，绣线菊、刚毛忍冬为优势种，伴生种有卫矛、悬钩子等；草本层盖度为0.3左右，苔草属植物为优势种，伴生种有鸡屎藤、沙参、大披针叶苔草等。

9. 钻型紫菀+白酒草草丛

地理坐标为33°18′34.14″N，110°54′51.90″E，海拔为235 m，位于商南县湘河镇丹江边。草本层盖度为0.36左右，钻型紫菀、白酒草为优势种，伴生种有水莎草、狗牙根、红蓼等。

第五节　秦岭水源涵养区重要植物物种对水环境的指示

一、秦岭重要水源涵养区的主要水生植被类型

据统计，世界上的高等植物有1%～2%为水生植物，多数适应于在静水中生存和繁殖。秦岭具有许多河流、溪涧、沟渠、水库、池塘等，本节所叙述的水生植被是指生长在水域环境中的植被类型，由水生维管植物组成。水生植被作为水生生态系统中重要的功能群，主要生态功能为：固定光能、驱动水体物质循环和能量流动、决定水体的初级生产力和食物网结构，组成结构及其时空分布与水文状况、水底基质、水体理化特性、自然生境条件、生物组成及相互关系等生态要素是密不可分的。通常在浅水、流速平缓、透明度大、基质含较多腐殖质的淤泥等条件的水域中，水生植物群落繁茂，种类丰富多样。因此，水生植物群落多见于秦岭南北坡平原区的河流、湖泊、池塘中。在河床比降大、水流湍急的山区河溪或水量不稳定的山间低洼地中，水生植被及其急流植物群落分布稀少，组成种类有限，多为水陆两栖的挺水植物或湿生植物，浮水植物、沉水植物尤为罕见，并容易受到山洪、断流、干涸等环境变化从而导致自然扰动、破坏乃至毁灭。

一般说来，水生植物按其生活型可划分为挺水植物、浮水植物、沉水植物等3类。这3类植物在水生植被的形成和发展过程中，以不同的种类或组合，构成了各具特点的水生植被类型，并能指示出其生存环境因素的变化。挺水植物和湿生植物共同构筑的“水中森林”，是净化水域的天然绿色屏障，能过滤、清除水中的部分污染物。由浮水植物组成的水面植毡层，可响应气候变化，及时反映水域受干扰的状况。由沉水植物组成的“水下草原”，是吸引鱼类、两栖动物和水鸟等物种栖息、繁殖的乐园。在较大的深水湖塘内，水生植被可呈规律性的环带状分布，从沿岸浅水至湖泊中心深水方向，依次为挺水植物带、浮水植物带、沉水植物带。因此，在秦岭重要水源涵养区，根据建群种的生活型，水生植被型划分为挺水水生植被、浮水水生植被、沉水水生植被等3个植被亚型、25个群系，在黑河流域、丹江流域（陕西段）比较常见的11个水生植被及其特征如下所述。

（一）挺水水生植被

1. 莲群落

莲群落在秦岭南北坡均有分布，丹江流域、黑河流域也有。汉江、丹江、渭河及其

支流的水流平缓处及湖泊、水库等沿岸的浅水中多见，在很多的池塘、溪沟中也零散分布着人工栽培的莲群落。本群落的外貌和盖度随着其建群种——莲的生长季节不同而变化较大。春季，埋在水底淤泥中的根状茎萌动，莲生长出新叶，多浮于水面，叶形较小，群落盖度小。夏季为莲的生长旺盛时期，大型的盾状叶片密布相连，间杂着美丽醒目的红色或白色花朵，群落盖度达到90%以上。常有浮萍、荇菜（*Nymphoides peltatum*）、水鳖等浮水植物在水面上散生，有时也可见到菹草、角果藻、穗状狐尾藻等沉水植物在水下生长。莲群落的边缘有时还生长有水葱、稗、藨草等挺水植物。

2. 香蒲群落

香蒲群落在秦岭比较常见，尤以汉江、丹江中下游常见，在秦岭南北坡平原区的池塘水库近岸浅水处也有分布。该群落多呈小丛生长，星散分布。建群种常为香蒲（*Typha orientalis*）、水烛（*T. angustifolia*）、宽叶香蒲（*T. latifolia*）等，或以单种构成群落主体，或以2或3种同时出现在同一池塘中，组成各自的小群丛。该群落中多有水葱、菖蒲、藨草等挺水植物混生。

3. 芦苇群落

芦苇（*Phragmites australis*）群落生态适应幅度很广，在陕西省各地均有分布，在秦岭多出现在河岸、池塘、水库边、河漫滩等水域中或近水处，黑河流域与丹江流域（陕西段）也有。该群落的建群种为芦苇，无性繁殖能力非常强盛，可通过横走的根状茎迅速地产生新植株，快速生长成密集的片状群体，在该群落中占据绝对优势。该群落的边缘有时可见到某些禾草或葎草、鬼针草、白酒草等少数杂草。

此外，在秦岭地区，还可见到藨草、水莎草、荆三棱、节节菜、慈姑、泽泻、荸荠、千屈菜、柳叶菜、豆瓣菜、水苦荬等挺水植物及其组成的挺水水生植物群落。

（二）浮水水生植被

1. 紫萍+浮萍群落

该群落多生长在溪沟、池塘中静止的水面或流速较小的河湾水域中，丹凤、商南等县有分布。建群种为紫萍、浮萍，均为漂浮水面的细小草本，生长、繁殖非常迅速，可混生或分别形成单优势群落。有时也可见到荆三棱、千屈菜、藨草等挺水植物伴生。

2. 满江红+槐叶苹群落

该群落在秦岭地区多见于南坡的池塘或稻田中，亦可人工栽培。其建群种是满江红、槐叶苹，均为小型浮水蕨类植物，生长旺盛，繁殖迅速。因满江红叶内含有较多的花青素，该群落可混生或形成单优势群落，密布水面，在秋冬时节呈现出一片紫红色的景观。群落内常混生浮萍、紫萍、品藻等浮水植物。

3. 菱群落

该群落在秦岭南北坡均有分布，丹江干流龙驹寨河段亦能见到。该群落所处水域具有如下特点：水面平静，水深不超过2 m，多为1 m左右，水体透明度较大，底土通常为淤泥土。建群种为菱（*Trapa bispinosa*），其具有适应水中生活的形态结构和生态特点，如叶两型，浮水叶聚生茎顶，呈莲座状，叶柄中部膨大而特化成海绵质气囊，沉水叶根状，叶片羽状篦形全裂，以适应水下环境。该群落外貌随季节的变化而更替。早春时，该群落多为沉水植物，生长于河流、池塘的近底部。至夏、秋时节，建群种菱已生长出大量的具光泽的绿色叶片，茂密相连，随水面起伏，覆盖度可达95%。常见的伴生种有芡（*Euryale ferox*）、荇菜、浮叶眼子菜（*Potamogeton natans*）等浮水植物和菹草、龙须眼子菜、茨藻等沉水植物。

4. 空心莲子草群落

该群落在陕南、关中均有分布，在丹江干流荆紫关河段亦有发现。其建群种为空心莲子草，原产南美洲，为苋科的多年生水陆两栖草本植物。该种植物对光照的适应范围比较广，以茎节进行营养繁殖，生长快，分枝繁多，可迅速侵入并定植于溪河、池沼、水沟，占领水面，形成单种群落。群落盖度可达90%以上，几无其他植物物种。

5. 眼子菜+浮叶眼子菜群落

该群落在陕西省常常生长于湖边、池沼和浅河内，秦岭南坡平原区的水田中也有分布。其建群种为眼子菜（*Potamogeton distinctus*）、浮叶眼子菜，均是眼子菜属的多年生水生草本植物，具根状匍匐茎，生长快。这两种眼子菜属植物叶片能茂密地浮生于水面，盖度可达70%以上。在盖度不高的情况下，可见到黑藻（*Hydrilla verticillata*）及狐尾藻等沉水植物。有时，在水稻田分布的眼子菜+浮叶眼子菜群落中，亦可见到矮慈姑（*Sagittaria pygmaea*）等挺水植物。

此外，在秦岭地区，还可见到萍蓬草、芡、荇菜、水鳖、浮萍、品萍等浮水水生植物群落。

（三）沉水水生植被

1. 眼子菜群落

该群落多见于秦岭南北坡的池塘、溪沟、水库及流速缓慢的河流等水域中。建群种为眼子菜属的多种植物，如菹草、尖叶眼子菜（*Potamogeton oxyphyllus*）、龙须眼子菜（*P. pectinatus*）、竹叶眼子菜（*P. malaianus*），最常见的为菹草和尖叶眼子菜。这几种植物的植株全部沉于水中，茎细长，叶暗褐色，可分别形为单物种群落，也可共同组成复合共建群落。在适宜的条件下，这几种眼子菜可迅速地繁殖、生长，使群落的盖度达到80%左右。常见的伴生植物有狐尾藻、金鱼藻等沉水植物，有时还可见到荇菜、浮萍等浮水植物或水苦荬、藨草等挺水植物。

2. 穗状狐尾藻群落

该群落在秦岭南北坡均有分布，通常见于河溪、湖泊、池塘、水库内水深0.5～3 m的浅水固定植物带。水体透明度大，一般为70%～90%，基质多为含丰富腐殖质的淤泥。建群种穗状狐尾藻（*Myriophyllum spicatum*）系沉水植物，具较长且密集的分枝茎，叶轮生，羽状深裂，裂片丝状，花序穗状，开花时挺出水面。生长茂盛，盖度可达50%以上。常见的伴生植物有竹叶眼子菜、菹草等沉水植物。

3. *龙须眼子菜+狐尾藻+狸藻群落*

该群落在秦岭南北坡普遍分布，以陕南平原区水域中多见，水深 1.7～3 m。建群种龙须眼子菜、狐尾藻、狸藻（*Urtricularia vulgaris*）皆为沉水植物，分枝茎柔软，长可达 2 m 以上，叶片或叶裂片呈丝状。其中，狸藻为多分枝的水生食虫植物。通常这 3 种植物以不同的多度比例聚生在一起，镶嵌交织，盖度可达 50%以上。常见的伴生种有菹草、大茨藻、小茨藻及水苦荬等植物。

此外，在秦岭地区，还可见到金鱼藻、水毛茛、黑藻、茨藻等沉水植物及其组成的沉水植物群落。

二、水生植物对水环境的指示作用

一般说来，环境因素直接或间接地作用于该生态系统的各类植物，使得植物在生长状态、外部形态上发生变化。如果掌握、监测这些植物对环境变化的各种反应，藉此来评价、判断该类植物所处的环境状态及其变化趋势，即植物的指示作用。水生植物或湿生植物对水环境的指示作用，通常表现在两方面：①指示水生生态系统的理化特征，如水深、流速、透明度、地下水位、pH、水体元素含量及污染程度等；②指示水生生态系统的生态特征，如种间关系、群落演替趋势等。随着我国经济快速发展，水体富营养化的情况日趋严重，水生植被大面积消失，生境不断片断化，河岸带的物种多样性严重退化，外来植物入侵、栖居并危害本土物种，人类干扰已严重危害湖泊、河流等陆地淡水生态系统健康。因此，深入研究水生植物指示种，采用水生植物生态监测技术，可为水生生态系统的健康评价提供科学而实用的理论依据。

在各类水生植被中，沉水植物对水体污染最为敏感。当水中氮、磷等无机元素的浓度升高，并伴发藻类水华和水体透明度下降等变化时，沉水植物就会大面积消失。水车前（*Ottelia alismoides*）、苦草等沉水植物，多分布在Ⅰ类和Ⅱ类水质的水域中，在Ⅲ类水质的水域中生长繁殖受到限制。20 世纪 60 年代，水车前被引种、栽植于秦岭南北坡许多的静水池塘、库堰中，成为沉水植物群落——水车前群落的建群种。该种开花时，白色或淡红色的花朵挺出水面，景观十分清新。因其对水体污染很敏感，大片分布的水车前群落逐渐消亡，现今很难在秦岭地区的水域中见到野生的水车前。

浮水植物有时可区分为浮叶植物和漂浮植物两类，对水体污染或水底基质污染的反应各有不同。水蕹（*Aponogeton lakhonensis*）、两栖蓼（*Polygonum amphibium*）等浮叶植物对水体污染并不敏感，对水底基质污染十分敏感，尤其是重金属、有毒有害污染物等，喜生于Ⅰ～Ⅲ类水质的水域中。部分浮叶植物种类，如荇菜、菱等，可以耐受氮磷含量较高、比较浑浊的污染水体。漂浮植物对水体污染比较敏感，对水底基质污染的反应不敏感，如满江红、浮萍、水鳖通常在高氮磷含量的水体中生长良好。此外，浮水植物对水流的抵抗力也不一样。急流可以撕裂浮叶植物的叶片、扯断茎枝甚至将整个植株连根冲走；漂浮植物则随水流四处游荡。

挺水植物对水体中的污染物不敏感，但对水底沉积物中的有毒有害物质敏感。很多广泛分布的挺水植物是比较耐受污染的，如狭叶香蒲、石龙芮、菖蒲、芦苇等。而部分种类对环境污染比较敏感，如水麦冬（*Triglochin palustre*）只能在氮磷含量低的寡营养水体中生长。另外，多年生挺水植物常常不能及时响应急剧的水位变化，一场洪水就会造成湿地植被大面积消失。

参考文献

鲍文, 包维楷, 丁德蓉, 等. 2004. 森林植被对降水水化学的影响. 生态环境, 13(1): 112-115.
陈东立, 余新晓, 廖邦洪. 2005. 中国森林生态系统水源涵养功能分析. 世界林业研究, 18(1): 49-54.
陈圣宾, 蒋高明, 高吉喜, 等. 2008. 生物多样性监测指标体系构建研究进展. 生态学报, 28(10): 5123-5132.
杜强, 王东胜. 2005. 河道的生态功能及水文过程的生态效应. 中国水利水电科学研究院学报, 3(4): 287-290.
方精云, 王襄平, 沈泽昊, 等. 2009. 植物群落清查的主要内容、方法和技术规范. 生物多样性, 17(6): 533-548.
郭明春, 王彦辉, 于澎涛. 2005. 森林水文学研究述评. 世界林业研究, 18(3): 6-11.
蒋有绪, 郭泉水, 马娟, 等. 1998. 中国森林群落分类及其群落学特征. 北京: 科学出版社, 中国林业出版社.
郎惠卿. 1999. 中国湿地植被. 北京: 科学出版社.
雷明德. 1999. 陕西植被. 北京: 科学出版社.
李思锋, 黎斌. 2013. 秦岭植物志增补. 北京: 科学出版社.
李锡文. 1996. 中国种子植物区系统计分析. 云南植物研究, 18(4): 363-384.
鲁小珍, 王志杰, 张波, 等. 2011. 植物多样性监测方法研究. 林业实用技术, (8): 8-10.
马金双. 2014. 中国入侵植物名录. 北京: 高等教育出版社.
马克平. 2011. 监测是评估生物多样性保护进展的有效途径. 生物多样性, 19(2): 125-126.
任毅, 刘明时, 田联会, 等. 2006. 太白山自然保护区生物多样性研究与管理. 北京: 科学出版社.
施立新, 余新晓, 马钦彦. 2000. 国内外森林与水质研究综述. 生态学杂志, 19(3): 52-56.
王荷生. 1992. 植物区系地理. 北京: 科学出版社.
王帅, 赵聚国, 叶碎高. 2008. 河岸带植物生态水文效应研究述评. 亚热带水土保持, 20(1): 5-7, 35.
王宇超, 王得祥, 胡有宁, 等. 2012. 陕西黑河上游主要天然林类型及物种多样性特征研究. 西北农林科技大学学报(自然科学版), 40(7): 106-112, 119.
吴征镒. 1979. 论中国植物区系的分区问题. 云南植物研究, 1(1): 1-22.
吴征镒. 1980. 中国植被. 北京: 科学出版社.
吴征镒. 1991. 中国种子植物属的分布区类型. 云南植物研究(增刊): 1-139.
吴征镒, 周浙昆, 李德铢, 等. 2003. 世界种子植物科的分布区类型系统. 云南植物研究, 20(3): 245-257.
辛颖, 赵雨森. 2004. 水源涵养林水文生态效应研究进展. 防护林科技, (2): 23-26.
徐海根, 等. 2013. 生物物种资源监测概论. 北京: 科学出版社.
杨英, 孙虎, 胡克志, 等. 2008. 南水北调中线水源地不同植被类型坡地土壤水分特征研究. 长江流域资源与环境, 17(2): 212-216.
叶文, 王会肖, 许新宜, 等. 2015. 资源环境承载力定量分析——以秦巴山水源涵养区为例. 中国生态农业学报, 23(8): 1061-1072.
于海澔, 韩玉芹, 王力功, 等. 2013. 指示水质的植物. 森林与人类, (10): 68-71.
张宪春, 卫然, 刘红梅, 等. 2013. 中国现代石松类和蕨类的系统发育与分类系统. 植物学报, 48: 119-137.

中国科学院西北植物研究所. 1974-1985. 秦岭植物志 第1卷1-5册 第2卷. 北京: 科学出版社.
中国科学院中国植物志编辑委员会. 1959-2002. 中国植物志(第1卷—第80卷). 北京: 科学出版社.
Andrew J B, Robert L W. 2002. 生态水文学. 赵文智, 王根绪译. 北京: 科学出版社.
Hurlbert S H. 1971. The non-concept of species diversity: a critique and alternative parameters. Ecology, 52(4): 577-586.
Magurran A. 1988. Ecological Diversity and Its Measurement. New Jersey: Princeton University Press: 179.
Pielou E C. 1975. Ecological Diversity. New York: Wiley & Sons: 16-51.

附录一 黑河流域的维管植物名录

蕨类植物 Pteridophyta

1. 石松科 Lycopodiaceae

Huperzia appressa (Dsvaux) A. Love 伏贴石杉
H. chinense (Christ) Ching 中华石杉
H. seratum (Thunb. ex Murray) Trev. 蛇足石杉
Lycopodium annotinum L. 多穗石松
L. obscurum L. form. *strictum* (Milde) Nakai ex Hara 笔直石松
L. zonatum Ching. 成层石松

2. 卷柏科 Selaginellaceae

Selaginella davidii Franch. 蔓生卷柏
S. helvatica (L.) Spring 小卷柏
S. involvens (Sw.) Spring 兖州卷柏
S. labordei Hieron. ex Christ 细叶卷柏
S. moellendorfii Hieron. 江南卷柏
S. nipponica Frsnch. et Sav. 伏地卷柏
S. pulvinata (Hook. et Grev.) Maxim. 垫状卷柏
S. sanguinolenta (L.) Spring 红枝卷柏
S. sinensis (Desv.) Spring 中华卷柏
S. tamariscina (Beauv.) Spring 卷柏
S. vaginata Spring 鞘舌卷柏

3. 木贼科 Equisetaceae

Equisetum arvense L. 问荆
E. hyemale L. 木贼
E. palustre L. 犬问荆
E. ramosissimum Desf. 节节草
E. ramosissimum Desf. subsp. *debile* (Roxb. et Vauch.) Hauke 笔管草

4. 瓶尔小草科 Ophioglossaceae

Botrychium lunaria (L.) Sw. 扇羽阴地蕨
B. virginianum (L.) Sw. 蕨萁
Ophioglossum thermale Kom. 狭叶瓶尔小草
O. vulgatum L. 瓶尔小草

5. 膜蕨科 Hymenophyllaceae

Hymenophyllum corrugatum Christ. 皱叶蕗蕨

6. 苹科 Marsileaceae

Marsilea quadrifolia L. 苹

7. 槐叶苹科 Salviniaceae

Salvinia natans (L.) All. 槐叶苹

8. 碗蕨科 Dennstaedtiaceae

Dennstaedtia wilfordii (Moore) Christ 溪洞碗蕨
Pteridium aquilinum (L.) Kuhn var. *latiusculum* (Desv.) Underw. ex Heller 蕨

9. 凤尾蕨科 Pteridaceae

Adiantum capillis-veneris L. 铁线蕨
A. davidii Franch. 白背铁线蕨
A. erythrochlamys Diels 肾盖铁线蕨
A. fimbriatum Christ 长盖铁线蕨
A. pedatum L. 掌叶铁线蕨
Aleuritopteris argentea (Gmel.) Fée 银粉背蕨
A. kuhnii (Milde) Ching 华北粉背蕨
A. platychlamys Ching 阔盖粉背蕨
A. shensiensis Ching 陕西粉背蕨
Cheilanthes chusana Hook. 毛轴碎米蕨
C. insignis Ching 厚叶碎米蕨
Coniogramme affinis (Wall.) Hieron. 尖齿凤了蕨
C. intermedia Hieron. 普通凤了蕨
C. intermedia Hieron. var. *glabra* Ching 无毛凤了蕨
C. rosthornii Hieron. 乳头凤了蕨
C. sinense Ching 紫柄凤了蕨
C. wilsonii Hieron. 疏网凤了蕨
Criptogramma brunoniana Wall. ex Hook. et Grev. 高山珠蕨
C. raddeana Fomin 珠蕨
C. stelleri (Gmel.) Prantl 稀叶珠蕨
Prargymnopteris delavayi (Bak.) K. H. Shing 滇西金毛裸蕨
Pteris multifida Poir. 井栏边草

10. 冷蕨科 Cystopteridaceae

Cystopteris dickienan Sim. 皱孢冷蕨

C. fragilis (L.) Bernh. 冷蕨

C. montana (Lam.) Bernh. 高山冷蕨

C. moupinensis Franch. 宝兴冷蕨

C. pellucida (Franch.) Ching 膜叶冷蕨

Gymnocarpium dryopteris (L.) Newman 欧洲羽节蕨

G. jessoense (Koidz.) Koidz. 羽节蕨

11. 铁角蕨科 Aspleniaceae

Asplenium kansuense Ching 甘肃铁角蕨

A. pekinense Hance 北京铁角蕨

A. ruprechtii Kurata 过山蕨

A. sarelii Hook. 华中铁角蕨

A. tenuicaule Hayata var. *subvarians* (Ching ex C. Chr.) Viane 钝齿铁角蕨

A. trichomanes L. 铁角蕨

A. varians Wall. ex Hook. et Grew. 变异铁角蕨

A. yunnanense Franch. 云南铁角蕨

12. 金星蕨科 Thelypteridaceae

Parathelypteris borealis (Hara) Shing 狭脚金星蕨

P. qinlingensis Ching ex Shing 金星蕨

Phegopteris connectilis (Michx.) Watt 卵果蕨

P. decursive-pinnata Fée 延羽卵果蕨

Pseudophegopteris levingei (Clarke) Ching 星毛紫柄蕨

13. 岩蕨科 Woodsiaceae

Woodsia andersonii (Bedd.) Christ 蜘蛛岩蕨

W. cycloloba Hand.-Mazz. 栗柄岩蕨

W. hancockii Bak. 华北岩蕨

W. polystichoides Eaton 耳羽岩蕨

W. rosthorniana Diels 密毛岩蕨

W. shensiensis Ching 陕西岩蕨

14. 蹄盖蕨科 Athyriaceae

Anisocampium nipponicum (Mett.) Liu 日本蹄盖蕨

Athyrium atkinsonii Bedd. 大叶假冷蕨

A. sinense Rupr. 中华蹄盖蕨

A. spinulosa (Maxim.) Milde 假冷蕨

A. subtriangularis (Hook.) Bedd. 三角叶假冷蕨

A. vidalii (Franch. et Sav.) Nakai 尖头蹄盖蕨

Deparia confuse (Ching et Hsu) Z. R. Wang 陕甘介蕨

D. giraldii (Christ) Ching 陕西蛾眉蕨

D. henryi (Bak.) Kato 鄂西介蕨

D. vegetius (Kitagawa) X. C. Zhang 河北蛾眉蕨

Diplazium sibiricum (Turcz. ex Kunze) Kurata 黑鳞短肠蕨

D. sibiricum (Turcz. ex Kunze) Kurata var. *glabrum* (Tagawa) Kurata 无毛黑鳞短肠蕨

D. squamigera (Mett.) Masum. 鳞柄短肠蕨

15. 球子蕨科 Onocleaceae

Matteuccia struthiopteris (L.) Todaro 荚果蕨

M. struthiopteris (L.) Todaro var. *acutiloba* Ching 尖裂荚果蕨

Pentarhizidium intermedia (C. Chr.) Hayata 中华荚果蕨

P. orientalis (Hook.) Hayata 东方荚果蕨

16. 鳞毛蕨科 Dryopteridaceae

Cyrtomium fortunei J. Sm. 贯众

Dryopteris lacera (Thunb.) O. Ktze. 狭顶鳞毛蕨

D. peninsulae Kitag. 半岛鳞毛蕨

D. rosthornii (Diels) C. Chr. 川西鳞毛蕨

D. pycnopteroides (Christ) C. Chr. 密鳞鳞毛蕨

D. sericea C. Chr. 腺毛鳞毛蕨

Polystichum atkinsonii Bedd. 小羽耳蕨

P. brachypterum (Kuntze) Ching 密鳞耳蕨

P. braunii (Spenn.) Fée 棕鳞耳蕨

P. melanostipes Ching et H. S. Kung 乌柄耳蕨

P. mollissimum Ching 毛叶耳蕨

P. moupinense (Franch.) Bedd. 穆坪耳蕨

P. neolobatum Nakai. 革叶耳蕨

P. shensiense Christ 陕西耳蕨

P. sinense Christ 中华耳蕨

P. submita (Christ) Diels 秦岭耳蕨

17. 水龙骨科 Polypodiaceae

Drynaria baronii (Christ) Diels 秦岭槲蕨

Goniophlebium chinense (Ching) X. C. Zhang 中华水龙骨

Lepisorus angustus Ching 狭叶瓦韦

L. contortus (Christ) Ching 扭瓦韦

L. crassipes Ching et Y. X. Lin 粗柄瓦韦

L. eilophyllus (Diels) Ching 高山瓦韦

L. likiangensis Ching et S. K. Wu 丽江瓦韦
L. loriformis (Wall.) Ching 带叶瓦韦
L. marginatus Ching 有边瓦韦
L. miyoshianus (Mak.) Fraser-Jenkins 丝带蕨
L. oligolepidus (Bak.) Ching 鳞瓦韦
L. thaipaiensis Ching et S. K. Wu 太白瓦韦
Phymatopsis shensiensis (Christ) Ching 陕西假弗蕨
Pleurosoriopsis makinoi (Maxim.) Fomin. 睫毛蕨
Pyrrosia angustissimum (Gies. ex Diels) Tagawa et K. Iwatsuki 石蕨
P. davidii (Bak.) Ching 华北石韦
P. drakeana (Franch.) Ching 毡毛石韦
P. petiolosa (Christ) Ching 有柄石韦

裸子植物 Gymnospermae

1. 银杏科 Ginkgoaceae

Ginkgo biloba L. 银杏

2. 松科 Pinaceae

Abies chensiensis Van Tieghem 秦岭冷杉
A. fargesii Franch. 巴山冷杉
Larix chinensis Beissn. 太白红杉
Picea wilsonii Mast. 青扦
Pinus armandii Franch. 华山松
P. tabulaeformis Carr. 油松
Tsuga chinensis (Franch.) Pritz. 铁杉

3. 柏科 Cupressaceae

Platycladus orientalis (L.) Franch. 侧柏
Sabina chinensis (L.) Antoine 圆柏
S. squamata (Buch.-Ham. ex D. Don) Ant. 高山柏
S. squamata (Buch.-Ham. ex D. Don) Ant. var. *wilsonii* (Rehd.) Cheng et L. K. Fu 香柏
Juniperus formosana Hayata 刺松

4. 三尖杉科 Cephalotaxaceae

Cephalotaxus fortunei Hook. f. 三尖杉
C. sinensis (Rehd. et Wils.) Li 中国粗榧

5. 红豆杉科 Taxaceae

Taxus chinensis (Pilg.) Rehd. 红豆杉

被子植物 Angyospermae

1. 香蒲科 Typhaceae

Typha orientalis Presl. 香蒲

2. 眼子菜科 Potamogetonaceae

Potamogeton crispus L. 菹草
P. distinctus A. Benn. 眼子菜
P. pectinatus L. 龙须眼子菜
P. perfoliatus L. 抱茎眼子菜

3. 泽泻科 Alismaceae

Alisma orientale (Samuel.) Juz. 东方泽泻
Sagittaria pygmaea Miq. 矮慈姑
S. trifolia L. 野慈姑
S. trifolia L. var. *sinensis* (Sims) Makino 华夏慈姑

4. 水麦冬科 Scheuchzerlaceae

Triglochin palustre L. 水麦冬

5. 花蔺科 Butomaceae

Butomus umbellatus L. 花蔺草

6. 水鳖科 Hydrocharitaceae

Hydrilla verticillata (L. f.) Royle 黑藻
Hydrocharis dubia (Bl.) Backer 水鳖

7. 禾本科 Gramineae

竹亚科 Bambusoideae

Bashania fargesii (E. G. Camus) Keng f. et Yi 巴山木竹
Fargesia nitida (Mitford) Keng f. 华西箭竹
F. spathacea Franch. 箭竹
Indocalamus bashanensis (C. D. Chu et C. S. Chao) H. R. Zhao et Y. L. Yang 巴山箬竹
Pleioblastus amarus (Keng) Keng f. 苦竹
Phyllostachys bambusoides Sieb. et Zucc. 桂竹
P. edulis (Carr.) Houz. 毛竹
P. nigra (Lodd. ex Lindl.) Munro 紫竹
P. nigra (Lodd. ex Lindl.) Munro var. *henonis* (Mitf.) Stapf ex Rendle 毛金竹

禾亚科 Pooideae

Achnatherum chingii (Hitchc.) Keng 细叶芨芨草
A. extremiorientale (Hara) Keng 远东芨芨草
Agrostis alba L. 小糠草
A. clavata Trin. 华北翦股颖
A. gigantea Roth 巨序剪股颖
Alopecurus aequalis Sobol. 看麦娘
A. japonicus Steud. 日本看麦娘
Arthraxon hispidus (Thunb.) Makino 荩草
A. hispidus (Thunb.) Makino var. *cryptatherus* (Hack.) Honda 匿芒荩草
Arundinella hirta (Thunb.) Koidz 野古草
Avena fatua L. 野燕麦
A. nuda L. 莜麦
Beckmannia syzigachne (Stapf) Fernald 菵草
Brachypodium sylvaticum (Huds) Beauv. 短柄草
B. sylvaticum (Huds) Beauv. var. *gracile* (Veigel) Keng 细珠短柄草
Bromus plurinodis Keng 多节雀麦
B. remotiflorus (Steud.) Ohwi 疏花雀麦
Calamagrostis epigejos (L.) Roth. 拂子茅
C. pseudophragmites (Hall. f.) Koel. 假苇拂子茅
Capillipedium parviflorum (R. Br.) Stapf 细柄草
Chloris virgata Swartz 虎尾草
Coix lacryma-jobi L. 薏苡
Cynodon dactylon (L.) Pers. 狗牙根
Dactylis glomerata L. 鸭茅
Deschampsia caespitosa (L.) Beauv. 发草
D. littoralis (Gaud.) Reut. 滨发草
Deyeuxia arundinacea (L.) Beauv. 野青茅
D. arundinacea (L.) Beauv. var. *borealis* (Rendle) P. C. Kuo et S. L. Lu 北方野青茅
D. arundinacea (L.) Beauv. var. *brachytri-cha* (Steud.) P. C. Kuo et S. L. Lu 短毛野青茅
D. arundinacea (L.) Beauv. var. *ciliata* (Honda) P. C. Kuo et S. L. Lu 纤毛野青茅
D. arundinacea (L.) Beauv. var. *laxiflora* (Rendle) P. C. Kuo et S. L. Lu 疏花野青茅
D. conferta Keng 密穗野青茅
D. langsdorffii (Link) Kunth 大叶章
D. scabresce (Griseb.) Munro ex Duthie 糙野青茅
D. sinelatior Keng 华高野青茅
Diarrhena manshurica Maxim. 龙常草
Digitaria ischaemum (Schreb.) Schreb. ex Muhl. 止血马唐
D. sanguinalis (L.) Beauv. 马唐
D. sanguinalis (L.) Beauv. var. *ciliaris* (Retz.) Parl. 毛马唐
Echinochloa crusgalli (L.) Beauv. 稗
E. crusgalli (L.) Beauv. var. *mitis* (Pursh) Peterm. 无芒稗
E. crusgalli (L.) Beauv. var. *zelayensis* (H. B. K.) Hitchc. 西来稗
E. cruspavonis (Kunth) Schult. 孔雀稗
Eleusine indica (L.) Gaertn. 蟋蟀草
Elymus cylindricus (Franch.) Honda 圆柱披碱草
E. dahuricus Turcz. 披碱草
E. nutans Griseb. 垂穗披碱草
E. sibiricus L. 老芒麦
Eragrostis cilianensis (All.) Link ex Vign.-Lut. 大画眉草
E. ferrguinea (Thunb.) Beauv. 知风草
E. nigra Ness ex Steud. 黑穗画眉草
E. pilosa (L.) Beauv. 画眉草
E. pilosa (L.) Beauv. var. *imberbis* Franch. 无毛画眉草
E. poaeoides Beauv. ex Roem. et Schult. 小画眉草
Eriochloa villosa (Thunb.) Kunth 野黍
Festuca japonica Makino 日本羊茅
F. modesta Steud. 素羊茅
F. ovina L. 羊茅
F. subulata Trin. subsp. *japonica* (Hack.) T. Koyama et Kawano 远东羊茅
Helictotrichon delavayi (Hack.) Henr. 云南异燕麦
H. leianthum (Keng) Ohwi 光花异燕麦
Hordeum vulgare L. 大麦
Hystrix duthiei (Stapf ex Hook. f.) Bor. 猬草
Imperata koenigii (Retz.) Beauv. 丝茅
Isachne globosa (Thunb.) Kuntze 柳叶箬
Kengia hancei (Keng) Packer 北京隐子草
K. squarrosa (Trin.) Packer 糙隐子草
Koeleria cristata (L.) Pers. 落草
Melica onoei Franch. et Sav. 日本臭草
M. przewalskyi Roshev. 甘肃臭草
M. radula Franch. 细叶臭草
M. scabrosa Trin. 臭草
Microstegium nudum (Trin.) A. Camus 竹叶茅
M. vimineum (Trin.) A. Camus 柔枝莠茅

M. nodosum (Kom.) Tzvelev 莠竹
Milium effusum L. 粟草
Miscanthus purpurascens Anderss. 紫芒
M. sacchariflorus (Maxim.) Hack. 荻
M. sinensis Anderss. 芒
Muhlenbergia huegelii Trin. 乱子草
Oplismenus undulatifolius (Ard.) Beauv. 求米草
Orthoraphium grandifolium (Keng) Keng ex P.C. Kuo 大叶直芒草
Oryza sativa L. 稻
Oryzopsis chinensis Hitchc. 中华落芒草
Panicum miliaceum L. 稷
Paspalum thunbergii Kunth ex Steud. 雀稗
Pennisetum flaccidum Griseb. 白草
Phleum alpinum L. 高山牧梯草
P. paniculatum Huds 鬼蜡烛
Phragmites communis (L.) Trin. 芦苇
Poa acroleuca Steud. 白顶早熟禾
P. angustifolia L. 细叶早熟禾
P. annua L. 早熟禾
P. malaca Keng 纤弱早熟禾
P. micrandra Keng 小药早熟禾
P. nemoralis L. 林地早熟禾
P. nemoralis L. var. *tenella* Reichb. 细弱早熟禾
P. oligophylla Keng 贫叶早熟禾
P. orinosa Keng 山地早熟禾
P. orinosa Keng var. *longifolia* Keng 长叶早熟禾
P. pratensis L. 草地早熟禾
P. pratensis L. var. *anceps* Gaud. 扁杆早熟禾
P. sinattenuata Keng 中华早熟禾
P. sinattenuata Keng var. *breviligula* Keng 短舌早熟禾
P. sinattenuata Keng var. *vivipara* (Rendle) Keng 胎生早熟禾
P. sphondylodes Trin. ex Bge. 硬质早熟禾
Polypogon fugax Nees ex Steud. 棒头草
P. monspeliensis (L.) Desf. 长芒棒头草
Ptilagrostis concinna (Hook. f.) Roshev. 太白细柄茅
P. mongholica (Turcz.) Griseb. 细柄茅
Roegneria ciliaris (Trin.) Nevski 纤毛鹅观草
R. ciliaris (Trin.) Nevski var. *lasiophylla* (Kitag.) Kitag. 粗毛纤毛草
R. ciliaris (Trin.) Nevski var. *submutica* (Honda) Keng ex Keng et S. L. Chen 短芒纤毛草
R. kamoji Ohwi 鹅观草
R. mayebarana (Honda) Ohwi 日本鹅观草
R. multiculmis Kitag. 多秆鹅观草
R. serotina Keng ex Keng et S. L. Chen 秋鹅观草
Setaria glauca (L.) Beauv. 金狗尾草
S. italica (L.) Beauv. 谷子
S. viridis (L.) Beauv. 狗尾草
Sorghum vulgare Pers. 蜀黍
Spodiopogon cotulifer (Thunb.) Hack. 油芒
S. sibiricus Trin. 大油芒
Stephanachne nigrescens Keng 黑穗茅
Stipa bungeana Trin. ex Bge. 长芒草
S. penicillata Hand.-Mazz. 疏花针茅
Tragus berteronianus Schult. 虱子草
T. racemosus (L.) Scop. 锋芒草
Tripogon chinensis (Franch.) Hack. 中华草沙蚕
Trisetum henryi Rendle 湖北三毛草
T. pauciflorum Keng 贫花三毛草
T. sibiricum Rupr. 西伯利亚三毛草
T. spicatum (L.) Richt. 穗三毛草
Triticum aestivum L. 小麦
Zea mays L. 玉米

8. 莎草科 Cyperaceae

Carex agglomerata Clarke 团集苔草
C. atrofuscoides K. T. Fu 类黑褐苔草
C. breviaristata K. T. Fu 短芒苔草
C. brunnescens (Pers.) Poir. 褐鳞苔草
C. capiliiformis Franch. 毛状苔草
C. capiliiformis Franch. var. *major* Kukeuth 大毛状苔草
C. cinerascens Kükenth. 灰化苔草
C. dimorpholepis Steud. 二型鳞苔草
C. diplodon Nelmes 秦岭苔草
C. doniana Spreng 签草
C. filamentosa K. T. Fu 丝秆苔草
C. gibba Wahlb. 穹隆苔草
C. giraldiana Kükenth. 涝峪苔草
C. heterolepis Bge. 异鳞苔草
C. heudesii Lévl. et Van. 长安苔草
C. japonica Thunb. 日本苔草
C. kansuensis Nelmes 甘肃苔草
C. korshinskii Kom. 黄囊苔草
C. lanceolata Boott 大披针苔草

C. lanceolata Boott var. *subpediformis* Kükenth. 亚柄状苔草
C. lehmannii Drejer 膨囊苔草
C. leucochlora Bge. 青菅
C. leucochlora Bge. form. *fibrillosa* (Franch. et Sav.) K. T. Fu 纤维青菅
C. leucochlora Bge. form. *longearistata* (Kükenth.) Kitag. 长芒青菅
C. ligulata Nees 舌苔草
C. longerostrata C. A. Mey. var. *tsinlingensis* K. T. Fu 秦岭长喙苔草
C. luctuosa Franch. 城口苔草
C. luctuosa Franch. form. *brevisquama* K. T. Fu 短鳞城口苔草
C. luctuosa Franch. form. *mucronata* K. T. Fu 小鳞城口苔草
C. meihsienica K. T. Fu 眉县苔草
C. neurocarpa Maxim. 脉果苔草
C. nubigena D. Don 云雾苔草
C. onoei Franch. et Sav. 针苔草
C. polyschoenoides K. T. Fu 类白穗苔草
C. remotiuscula Wahlb. 疏穗苔草
C. remotiuscula Wahlb. var. *enervulosa* (Kükenth.) K. T. Fu 无脉疏穗苔草
C. rigescens (Franch.) Krecz. 硬苔草
C. rochebruni Franch. et Sav. 书带草
C. scabrirostris Kükenth. 糙喙苔草
C. schneideri Nelmes 川康苔草
C. siderosticta Hance 崖棕
C. taipaishanica K. T. Fu 太白山苔草
C. taliensis Franch. 大理苔草
C. tangiana Ohwi 河北苔草
Cyperus difformis L. 异型莎草
C. fuscus L. 褐穗莎草
C. glomerats L. 球形莎草
C. iria L. 碎米莎草
C. microiria Steud. 小碎米莎草
C. orthostachys Franch. 直穗莎草
C. rotundus L. 莎草
C. serotinus Rottb. 水莎草
Eeleocharis yokoscensis (Franch. et Sav.) Tang et Wang 牛毛毡
E. valleculosa Ohwi form. *setosa* (Ohwi) Kitag. 刚毛槽秆针蔺
Fimbristylis subbispicata Nees et Mey. 水葱
Kobresia graminifolia Clarke 嵩草
Kyllinga brevifolia Rottb. var. *leiolepis* (Franch. et Sav.) Hara 光鳞水蜈蚣
Pycreus globosus (All.) Reichb. 球穗扁莎草
P. globosus (All.) Reichb. var. *nilagiricus* (Hochst. ex Steud.) Clarke 栗鳞扁莎草
P. sanguinolentus (Vahl) Nees 红鳞扁莎草
P. sanguinolentus (Vahl) Nees form. *humilis* (Miq.) L. K. Dai 矮红鳞扁莎草
Scirpus juncoides Roxb. 萤蔺
S. orientalis Ohwi 东方藨草
S. setaceus L. 刚毛藨草
S. triqueter L. 藨草

9. 天南星科 Araceae

Acorus calamus L. 白菖蒲
Arisaema asperatum N. E. Brown 刺柄天南星
A. consanguineum Schott 天南星
A. consanguineum Schott form. *latisectum* Engl. 宽叶天南星
A. lobatum Engl. var. *rosthornianum* Engl. 偏叶天南星
A. serratum (Thunb.) Schott. 细齿天南星
Pinellia ternata (Thunb.) Breit. 半夏
P. pedatisecta Schott 掌叶半夏
Typhonium giganteum Engl. 独角莲

10. 浮萍科 Lemnaceae

Lemna minor L. 浮萍
Spirodela polyrrhiza (L.) Schleid. 紫萍

11. 鸭跖草科 Commelinaceae

Commelina communis L. 鸭跖草
Streptolirion volubile Edgew. 竹叶子

12. 雨久花科 Pontederiaceae

Monochoria vaginalis Presl. 鸭舌草

13. 灯心草科 Juncaceae

Juncus alatus Franch. et Sav. 翅灯心草
J. articulatus L. 小花灯心草
J. allioides Franch. 葱状灯心草
J. amplifolius A. Camus 走茎灯心草
J. bufonius L. 小灯心草

J. effusus L. 灯心草
J. inflexus L. 片髓灯心草
J. luzuliformis Franch. var. *modestus* Buchen. 分枝丝灯心草
J. modicus N. E. Brown 多花丝灯心草
J. przewalskii Buchen 长柱灯心草
J. setchuensis Buchen. var. *effusoides* Buchen. 拟灯心草
Luzula multiflora (Retz.) Lej. subsp. *frigida* (Buchen.) V. Krecz. 硬秆地杨梅
L. multiflora (Retz.) Lej. 多花地杨梅
L. effusa Buchen. 散穗地杨梅
L. plumosa E. Mey. 羽毛地杨梅

14. 百合科 Liliaceae

Aletris alpestris Diels 高山肺筋草
A. glabra Bureau et Franch. 光肺筋草
A. glandulifera Bureau et Franch. 腺毛肺筋草
A. spicata (Thunb.) Franch. 肺筋草
Allium cepa L. 洋葱*
A. chrysanthum Regel 黄花韭
A. cyaneum Regel 天蓝韭
A. fistulosum L. 葱*
A. funckiaefolium Hand.-Mazz. 玉簪叶韭
A. macranthum Baker 大花韭
A. macrostemon Bge. 野蒜
A. ovalifolium Hand.-Mazz. 卵叶韭
A. plurifoliatum Rendle 多叶韭
A. prattii C. H. Wright 太白韭
A. sativum L. 蒜*
A. sikkimense Baker 高山韭
A. tenuissimum L. 线叶韭
A. tuberosum Rottler ex Sprengel 韭*
A. tubiflorum Rendle 合被韭
A. victorialis L. 茖韭
Asparagus filicinus Buch.-Ham. 蕨叶天门冬
Campylandra chinensis (Baker) Tamura 开口箭
Cardiocrinum giganteum Leichtlin ex Elwes 云南大百合
Clintonia udensis Trautv. et Meyer 七筋菇
Convallaria keiskei Miq. 铃兰
Disporum cantoniense (Lour.) Merr. 山竹花
Fritillaria taipaiensis P. Y. Li 太白贝母
Hemerocallis citrina Baroni 黄花菜
H. dumortieri Morr. 小萱草
H. fulva (L.) L. 萱草
Lilium brownii F. E. Brown var. *viridulum* Baker 百合
L. davidi Duchartre 川百合
L. fargesii Franch. 绿花百合
L. leichtlinii Hook. f. var. *maximowiczii* (Regel) Baker 山丹花
L. tenuifolium Fisch. 细叶百合
L. tigrinum Ker-Gawl. 卷丹
Liriope platyphylla Wang et Tang 阔叶土麦冬
L. spicata Lour. 土麦冬
Lloydia ixiolirioides Baker ex Oliv. 兜瓣萝蒂
L. tibetica Baker ex Oliv. 高山萝蒂
Maianthemum bifolium (L.) F. W. Schmidt 二叶舞鹤草
Notholirion hyacinthinum (Wils.) Stapf 太白米
Ophiopogon japonicus Ker-Gawl. 麦冬沿阶草
Paris polyphylla Smith 重楼
P. verticillata Rieb. 北重楼
Polygonatum cirrhifolium Royle 卷叶黄精
P. cyrtonema Hua 城口黄精
P. gracile P. Y. Li 细根茎黄精
P. odoratum (Mill.) Druce 玉竹
P. involucratum Maxim. 二苞黄精
P. sibiricum Redoute 黄精
P. verticillatum (L.) All. 轮叶黄精
P. zanlanscianense Pamp. 湖北黄精
Reineckea carnea (Andr.) Kunth 吉祥草
Scilla sinensis (Lour.) Merr. 绵枣儿
Smilacina henryi (Baker) Wang et Tang 少穗花
S. japonica A. Gray 鹿药
S. tubifera Batal. 管花鹿药
Smilax discotis Warb. 托柄菝葜
S. glabra Roxb. 土茯苓
S. menispermoides A. DC. 防己叶菝葜
S. nigrescens Wang et Tang ex P. Y. Li 黑叶菝葜
S. riparia A. DC. 草菝葜
S. scobinicaulis C. H. Wright 黑刺菝葜
S. stans Maxim. 鞘柄菝葜

---

* 为栽培植物，后同

S. trachypoda J. B. Norton 毛柄菝葜
Streptopus obtusatus Fassett 曲梗算盘七
Tricyrtis latifolia Maxim. 宽叶油点草
T. macropoda Miq. 油点草
T. pilosa Wall. 疏毛油点草
Trillium tschonoskii Maxim. 延龄草
Veratrum nigrum L. 藜芦

15. 石蒜科 Amaryllidaceae
Lycoris aurea (L'Herit.) Herb. 忽地笑
L. radiata (L'Herit.) Herb. 石蒜

16. 薯蓣科 Dioscoreaceae
Dioscorea bulbifera L. 黄独
D. nipponica Makino 穿龙薯蓣
D. nipponica Makino subsp. *rosthornii* (Prain et Burkill) C. T. Ting 柴黄姜
D. oppesita Thunb. 薯蓣
D. zingiberensis C. H. Wright 盾叶薯蓣

17. 鸢尾科 Iridaceae
Belamcanda chinensis (L.) DC. 射干
Iris dichotoma Pall. 野鸢尾
I. goniocarpa Baker 锐果鸢尾
I. lactea Pall. var. *chinensis* Koidz. 马蔺
I. ruthenica Ker-Gawl. 苏联鸢尾
I. tectorum Maxim. 鸢尾
I. wilsonii C. H. Wright 黄花鸢尾

18. 兰科 Orchidaceae
Amitostigma bifoliatum Tang et F. T. Wang 二叶无柱兰
Androcorys ophioglossoides Schltr. 兜蕊兰
Calanthe fimbriata Franch. 流苏虾脊兰
C. tricarinata Lindl. 三肋虾脊兰
Cephalanthera erecta Lindl. 银兰
Coeloglossum viride (L.) Hartm. var. *bracteatum* (Willd.) Richt. 凹舌兰
Cremastra mitrata A. Gr. 杜鹃兰
Cypripedium franchetii Wils. 毛杓兰
C. macranthum Sw. 大花杓兰
Epipactis helleborine (L.) Crantz 小花火烧兰
E. mairei Schltr. 火烧兰
Gastrodia elata Blume 天麻
Goodyera biflora (Lindl.) Hook. f. 大花斑叶兰
G. repens R. Br. 小斑叶兰
Gymnadenia conopsea R. Br. 手参
Herminium monorchis R. Br. 角盘兰
H. ophioglossoides Schltr. 长瓣角盘兰
Liparis japonica Maxim. 羊耳蒜
Listera puberula Maxim. 对叶兰
Malaxis monophyllos (L.) Sw. 沼兰
Neottia acuminata Schltr. 尖唇鸟巢兰
Neottianthe cucullata (L.) Schltr. 二叶兜被兰
N. pseudo-diphylax (Kranzl.) Schltr. 兜被兰
Orchis chusua D. Don 广布红门兰
Oreorchis nana Schltr. 小山兰
Perularia fuscescens (L.) Lindl. 蜻蛉兰
Platanthera chlorantha Cust. ex Reichb. 二叶舌唇兰
P. micutiflora Schltr. 小花舌唇兰
Pleione bulbocodioides (Franch.) Rolfe 朱兰状独蒜兰
Spiranthes sinensis (Pers.) Ames 绶草

19. 三白草科 Saururaceae
Houttuynia cordata Thunb. 蕺菜
Saururus chinensis (Lour.) Baill. 三白草

20. 金粟兰科 Chloranthaceae
Chloranthus japonicus Sieb. 银线草

21. 杨柳科 Salicaceae
Populus cathayana Rehd. 青杨
P. davidiana Dode 山杨
P. purdomii Rehd. 太白杨
P. rotundifolia Griff. var. *duclouxiana* (Dode) Gomb. 清溪杨
P. simonii Carr. 小叶杨
P. wilsonii Schneid. 椅杨
Salix biondiana Seed. 庙王柳
S. cathayana Diels 中国柳
S. characta Schneid. 陇山柳
S. cheilophila Schneid. 筐柳
S. cupularis Rehd. 高山柳
S. heterochroma Seem. 紫枝柳
S. hylonoma Schneid. 川柳
S. hypoleuca Seem. ex Diels 小叶柳
S. luctuosa Lévl. 丝毛柳
S. matsudana Koidz. 旱柳

S. melea Schneid. 狭叶柳
S. paraplesia Schneid. 康定柳
S. permollis C. Wang et C. Y. Yu 山毛柳
S. pseudotangii C. Wang et C. Y. Yu 山柳
S. spathulifolia Seem. 匙叶柳
S. tangii K. S. Hao 周至柳
S. wallichiana Anderss. 皂柳
S. wuiana K. S. Hao 秦岭柳
S. xerophila Floder. 崖柳

22. 胡桃科 Juglandaceae

Juglans cathayensis Dode 野胡桃
J. regia L. 胡桃
Platycarya strobilacea Sieb. et Zucc. 化香树
Pterocarya hupehensis Skan 湖北枫杨
P. insignis Rehd. et Wils. 瓦山水胡桃

23. 桦木科 Betulaceae

Betula albo-sinensis Burk. 红桦
B. utilis D. Don 糙皮桦
B. chinensis Maxim. 坚桦
B. platyphylla Suk. 白桦
Carpinus cordata Bl. 千金榆
C. cordata Bl. var. *mollis* (Rehd.) Cheng ex Chen 毛叶千金榆
C. henryana (Winkl.) Winkl. 川鄂鹅耳枥
C. shensiensis Hu 陕西鹅耳枥
C. turczaninowii Hance 鹅耳枥
Corylus chinensis Franch. 华榛
C. heterophylla Fisch. ex Trautv. 榛
C. heterophylla Fisch. ex Trautv. var. *sutchuenensis* Franch. 川榛
C. ferox Wall. var. *thibetica* (Batal.) Franch. 藏刺榛
C. sieboldiana Bl. var. *mandshurica* (Maxim. et Rupr.) Schneid. 角榛
Ostryopsis davidiana (Baill.) Decne. 虎榛子

24. 壳斗科 Fagaceae

Castanea mollissima Bl. 板栗
C. seguinii Dode 茅栗
Quercus aliena Bl. 槲栎
Q. aliena Bl. var. *acuteserrata* Maxim. 锐齿栎
Q. baronii Skan 橿子树
Q. dentata Thunb. 槲树
Q. liaotungensis Koidz. 辽东栎
Q. spinosa David. 铁橡树
Q. variabilis Bl. 栓皮栎

25. 榆科 Ulmaceae

Celtis biondii Pamp. 紫弹树
C. bungeana Bl. 小叶朴
C. koraiensis Nakai 大叶朴
Hemiptelea davidii (Hance) Planch. 刺榆
Pteroceltis tatarinowii Maxim. 青檀
Ulmus macrocarpa Hance 大果榆
U. parvifolia Jacq. 榔榆
U. propinqua Koidz. 春榆
U. pumila L. 榆
Zelkova serrata (Thunb.) Makino 榉

26. 桑科 Moraceae

Broussonetia papyrifera (L.) L'Herit. ex Vent. 构树
Cudrania tricuspidata (Carr.) Bureau ex Lavall. 拓树
Ficus heteromorpha Hemsl. 异叶天仙果
Humulus scandens (Lour.) Merr. 葎草
Morus alba L. 桑
M. australis Poir. 鸡桑
M. mongolica (Bureau) Schneid. 岩桑

27. 荨麻科 Urticaceae

Boehmeria gracilis C. H. Wright 野苎麻
B. platanifolia Franch. et Savat. 悬铃木叶苎麻
B. tricuspis (Hance) Makino 赤麻
Elatostema obtusum Wedd. 钝叶楼梯草
Girardinia suborbiculata C. J. Chen 蝎子草
Laportea bulbifeta (Sieb. et Zucc.) Wedd. 珠芽螫麻
L. cuspidata (Wedd.) Friis 艾麻
L. terminalis C. H. Wright 项花螫麻
Nanocnide japonica Bl. 花点草
Parietaria micrantha Ledeb. 墙草
Pilea mongolica Wedd. 透茎冷水花
Urtica laetevirens Maxim. 宽叶荨麻

28. 檀香科 Santalaceae

Buckleya henryi Diels 米面翁
B. graebneriana Diels 秦岭米面翁

Thesium chinensis Turcz. 百蕊草

29. 桑寄生科 Loranthaceae

Viscum coloratum (Komar.) Nakai 槲寄生

30. 马兜铃科 Aristolochiaceae

Aristolochia contorta Bge. 北马兜铃

Asarum himalaicum Hook. f. et Thoms. ex P. Duch. 毛细辛

Saruma henryi Oliv. 马蹄香

31. 蓼科 Polygonaceae

Antenoron neofiliforme (Nakai) Hara 短毛金线草

Fagopyrum gracilipes (Hemsl.) Dammer 细梗荞麦

F. sagittatum Gilib. 荞麦

Oxyria digyna (L.) Hill 山蓼

Polygonum alatum Buch.-Ham. ex D. Don 头状蓼

P. amphibium L. 两栖蓼

P. aviculare L. 扁蓄

P. caespitosum Bl. 丛枝蓼

P. ciliinerve (Nakai) Ohwi 朱砂七

P. convolvulus L. 卷旋蓼

P. hubertii Lingelsh. 陕甘蓼

P. hydropiper L. 水蓼

P. lapathifolium L. 酸模叶蓼

P. longisetum De Bruyn 长鬃蓼

P. macrophyllum D. Don 圆穗蓼

P. macrophyllum D. Don var. *stenophyllum* (Meisn.) A. J. Li 狭叶圆穗蓼

P. multiflorum Thunb. 何首乌

P. orientale L. 荭草

P. runcinatum Buch.-Ham. var. *sinense* Hemsl. 赤胫散

P. suffultum Maxim. 支柱蓼

P. taipaishanense Kung 太白蓼

P. tenuifolium Kung 细叶蓼

P. viviparum L. 珠芽蓼

Pteroxygonum giraldii Dammer et Diels 翼蓼

Rheum officinale Baill. 大黄

R. palmatum L. 掌叶大黄

Rumex crispus L. 羊蹄

R. dentatus L. 齿果酸模

R. nepalensis Spreng. 尼泊尔酸模

R. patientia L. 牛耳酸模

32. 藜科 Chenopodiaceae

Chenopodium album L. 藜

C. foetidum Schrad. 菊叶刺藜

C. glaucum L. 灰绿藜

C. serotinum L. 小藜

Corispermum tylocarpum Hance 疣果虫实

Kochia scoparia (L.) Schrad. 地肤

K. scoparia (L.) Schrad. form. *trichophila* (Hort. ex Tribune) Schinz et Thell. 扫帚菜*

Spinacia oleracea L. 菠菜*

33. 苋科 Amaranthaceae

Achyranthes bidentata Bl. 牛膝

Amaranthus ascendens Loisel. 野苋

A. caudatus L. 尾穗苋

A. tricolor L. 苋

A. paniculatus L. 繁穗苋

A. retroflexus L. 反枝苋

34. 商陆科 Phytolaccaceae

Phytolacca acinosa Roxb. 商陆

P. americana L. 垂序商陆

35. 马齿苋科 Portulacaceae

Portulaca oleracea L. 马齿苋

36. 石竹科 Caryophyllaceae

Arenaria fimbriata (Pritz.) Mattf. 遂瓣蚤缀

A. giraldii (Diels) Mattf. 秦岭蚤缀

A. serpyllifolia L. 蚤缀

Cerastium arvense L. 卷耳

C. caespitosum Gilib. 簇生卷耳

C. furcatum Cham. et Schlecht. 缘毛卷耳

Cucubalus baccifer L. 狗筋蔓

Dianthus chinensis L. 石竹

D. superbus L. 瞿麦

Gypsophila oldhamiana Miq. 霞草

Lychnis senno Sieb. et Zucc. 剪秋罗

Myosoton aquaticum (L.) Moench 鹅肠菜

Pseudostellaria davidii (Franch.) Pax ex Pax et Hoffm. 蔓孩儿参

P. heterophylla (Miq.) Pax ex Pax et Hoffm. 孩儿参

P. heterantha (Maxim.) Pax 异花孩儿参

Sagina japonica (Sw.) Ohwi 漆姑草

S. saginoides (L.) Karsten 无毛漆姑草

Silene aprica Turcz. ex Fisch. et Mey. 女娄菜
S. conoidea L. 麦瓶草
S. firma Sieb. et Zucc. 坚硬女娄菜
S. fortunei Vis. 鹤草
S. himalayensis (Rohrb.) Majumdar 喜马拉雅蝇子草
S. repens Patr. 匍茎鹤草
S. tatarinowii Regel 石生蝇子草
S. tenuis Willd. 纤细鹤草
Stellaria alsine Grimm 天蓬草
S. media (L.) Cyrill. 繁缕
S. palustris Ehrh. 沼泽繁缕
S. saxatilis Buch.-Ham. et D. Don 石生繁缕
S. umbellata Trucz. 伞花繁缕
S. vestita Kurz 箐姑草
Vaccaria segetalis (Neck.) Garcke 麦蓝菜

37. 领春木科 Eupteleaceae

Euptelea pleiospermum Hook. f. et Thoms. 领春木

38. 连香树科 Cercidiphyllaceae

Cercidiphyllum japonicum Sieb. et Zucc. 连香树

39. 芍药科 Paeoniaceae

Paeonia lactiflora Pall. 芍药*
P. obvata Maxim. 草芍药
P. obvata Maxim. var. *willmottiae* (Stapf) Stern 毛叶草芍药
P. rockii (S. G. Haw et Lauen.) T. Hong et J. J. Li 紫斑牡丹
P. suffruticosa Andr. 牡丹*
P. veitchii Lynch 川赤芍

40. 毛茛科 Ranunculaceae

Actaea asiatica Hara 类叶升麻
Aconitum cannabifolium Franch. ex Finet et Gagnep. 大麻叶乌头
A. carmichaelii Debx. 乌头
A. hemsleyanum Pritz. 爪叶乌头
A. lioui W. T. Wang 秦岭乌头
A. scaposum Franch. var. *hupehanum* Rapaics 等叶花葶乌头
A. scaposum Franch. var. *vaginatum* (Pritz.) Rapaics 聚叶花葶乌头
A. sibiricum Poir. 西伯利亚乌头
A. sinomontanum Nakai 穿心莲乌头
A. sungpanense Hand.-Mazz. 松潘乌头
A. szechenyianum Gay. 铁棒锤
A. taipeicum Hand.-Mazz. 太白乌头
A. tanguticum (Maxim.) Stapf 甘青乌头
Adonis davidii Franch. 狭瓣侧金盏花
A. szechuanensis Franch. 蜀侧金盏花
Anemone altaica Fisch. ex C. A. May. 阿尔泰银莲花
A. baicalensis Turcz. 毛果银莲花
A. exigua Maxim. 小银莲花
A. flaccida F. Schmidt 鹅掌草
A. reflexa Steph. 反萼银莲花
A. rivularis Buch.-Ham. ex DC. var. *flore-minore* Maxim. 小花草玉梅
A. taipaiensis W. T. Wang 太白银莲花
A. tomentosa (Maxim.) Pei 大火草
Aquilegia ecalcarata Maxim. 无距耧斗菜
A. incurvata P. K. Hsiao 秦岭耧斗菜
A. oxysepala Trautv. et Mey. var. *yabeana* (Kitag.) Munz 华北耧斗菜
Callianthemum taipaicum W. T. Wang 太白美花草
Caltha palustris L. 驴蹄草
Cimicifuga acerina (Sieb. et Zucc.) C. Tanaka 金龟草
C. foetida L. 升麻
Clematis argentilucida (Lévl. et Vant.) W. T. Wang 银色铁线莲
C. dasyandra Maxim. var. *polyantha* Fin. et Gagnep. 多花铁线莲
C. heracleifolia DC. 大叶铁线莲
C. lasiandra Maxim. 毛蕊铁线莲
C. macropetala Ledeb. 大瓣铁线莲
C. montana Buch.-Ham. 绣球藤
C. obscura Maxim. 秦岭铁线莲
C. obtusidentata Hand.-Mazz. 钝齿铁线莲
C. peterae Hand.-Mazz. 钝萼铁线莲
C. pogonandra Maxim. 须蕊铁线莲
C. potaninii Maxim. 美花铁线莲
C. shensiensis W. T. Wang 陕西铁线莲
Delphinium anthriscifolium Hance var. *calleryi* (Franch.) Fin. et Gagnep. 卵瓣还亮草
D. giraldii Diels 秦岭翠雀花
D. grandiflorum L. var. *glandulosum* W. T. Wang 腺毛翠雀花
D. leptopogon Hand.-Mazz. 细须翠雀花
D. taipaicum W. T. Wang 太白翠雀花

Dichocarpus fargesii (Franch.) W. T. Wang et P. K. Hiao 纵肋人字果
Helleborus thibetanus Franch. 铁筷子
Kingdonia uniflora Bouf. f. et W. W. Smith 独叶草
Oxygraphis glacialis (Fisch.) Bge. 鸦跖花
Pulsatilla chinensis (Bge.) Regel 白头翁
Ranunculus brotherusii Freyn 高原毛茛
R. chinensis Bge. 茴茴蒜
R. japonicus Thunb. 毛茛
R. petrogeiton Ulbr. 太白山毛茛
R. pulchellus C. A. Mey. 美丽毛茛
R. sceleratus L. 石龙芮
R. sieboldii Miq. 扬子毛茛
R. tanguticus (Maxim.) Ovcz. var. *dasycarpus* (Maxim.) L. Liou 毛果毛茛
Souliea vaginata (Maxim.) Franch. 长果升麻
Thalictrum alpinum L. var. *elatum* Ulbr. 直梗高山唐松草
T. fargesii Franch. ex Fin. et Gagnep. 城口唐松草
T. foetidum L. 香唐松草
T. macrorhynchum Franch. 长喙唐松草
T. oligandrum Maxim. 稀蕊唐松草
T. przewalskii Maxim. 长柄唐松草
T. robustum Maxim. 粗壮唐松草
T. shensiense W. T. Wang 陕西唐松草
T. thunbergii DC. 秋唐松草
T. uncatum Maxim. 钩柱唐松草
T. uncinulatum Franch. 弯柱唐松草
Trollius buddae Schipcz. 川陕金莲花
T. farrei Stapf 矮金莲花

41. 星叶科 Circaeasteraceae

Circaeaster agrestis Maxim. 星叶草

42. 木通科 Lardizabalaceae

Akebia trifoliata (Thunb.) Koidz. 三叶木通
Decaisnea fargesii Franch. 猫屎瓜
Holboellia grandiflora Reaub. 大花牛姆瓜
Sinofranchetia chinensis (Franch.) Hemsl. 串果藤

43. 小檗科 Berberidaceae

Berberis amurensis Rupr. 小檗
B. brachypoda Maxim. 短柄小檗
B. cicumserrata (Schneid.) Schneid. 秦岭小檗
B. dasystachys Maxim. 密穗小檗
B. diaphana Maxim. 黄花刺
B. dielsiana Fedde 首阳小檗
B. dolichobotrys Fedde 长穗小檗
B. dubia Schneid. 置疑小檗
B. gilgiana Fedde 涝峪小檗
B. giraldii Hesse 毛脉小檗
B. kansuensis Schneid. 甘肃小檗
B. oritrepha Schneid. 显脉小檗
B. poiretii Schneid. var. *biseminalis* P. Y. Li 二籽针雀
B. reticulata Byhouw. 网脉小檗
B. shensiana Ahrendt 陕西小檗
B. soulieana Schneid. 假蚝猪刺
Caulophyllum robustum Maxim. 红毛七
Diphylleia sinensis H. L. Li 山荷叶
Epimedium brevicornu Maxim. 短角淫羊藿
E. pubescens Maxim. 柔毛淫羊藿
E. sagittatum (Sieb. et Zucc.) Maxim. 三枝九叶草
Mahonia bealei (Fort.) Carr. 阔叶十大功劳
Sinopodophyllum emodi (Wall.) Ying 桃儿七

44. 防己科 Menispermaceae

Cocculus trilobus (Thunb.) DC. 木防己
Menispermum dauricum DC. 北山豆根
Sinomenium acutum (Thunb.) Rehd. et Wils. 风龙

45. 木兰科 Magnoliaceae

Magnolia denudata Desr. 玉兰
M. biondii Pamp. 望春玉兰

46. 五味子科 Schisandraceae

Schisandra propinqua (Wall.) Bail. var. *sinensis* Oliv. 铁箍散
S. sphenanthera Rehd. et Wils. 华中五味子

47. 樟科 Lauraceae

Lindera glauca (Sieb. et Zucc.) Bl. 山胡椒
L. obtusiloba Bl. 三桠乌药
Litsea moupinensis Lec. var. *szechuanica* (Allen)Yang et P. H. Huang 四川木姜子
L. pungens Hemsl. 木姜子
L. tsinlingensis Yang et P. H. Huang 秦岭木姜子

48. 罂粟科 Papaveraceae

Chelidonium majus L. 白屈菜

Corydalis acuminata Franch. 尖瓣紫堇
C. curviflora Maxim. 秦岭紫堇
C. edulis Maxim. 紫堇
C. fargesii Franch. 北岭黄堇
C. linarioides Maxim. 铜锤紫堇
C. ophiocarpa Hook. f. et Thoms. 蛇果紫堇
C. remota Fisch. ex Maxim. var. *heteroclita* K. T. Fu 山延胡索
C. shensiana Lidén ex C. Y. Wu 陕西紫堇
Dicranostigma leptopodum (Maxim.) Fedde 秃疮花
Hylmecon japonica (Thunb.) Prantl. 荷青花
H. japonica (Thunb.) Prantl. var. *dissecta* (Franch. et Savat.) Fedde 多裂荷青花
Macleaya microcarpa (Maxim.) Fedde 小果薄落回
Meconopsis oliveriana Franch. et Prain ex Prain 柱果绿绒蒿
M. quintuplinervia Regel 五脉绿绒蒿
Papaver nudicaule L. subsp. *rubro-aurantiacum* (DC.) Fedde 野罂粟
Stylophorum sutchuense (Franch.) Fedde 四川金罂粟

49. 十字花科 Cruciferae

Arabis hirsuta (L.) Scop. 毛南荠芥
A. pendula L. 垂果南芥
Brassica campestris L. 芸苔*
B. campestris L. var. *oleifera* DC. 油菜*
B. caulorapa Pasq. 擘蓝
B. chinensis L. 青菜*
B. juncea (L.) Czern. et Coss. ex Czern. 芥*
B. oleracea L. var. *botrytis* L. 花椰菜*
B. oleracea L. var. *capitata* L. 甘蓝*
B. pekinensis Rupr. 白菜*
Capsella bursa-pastoris (L.) Medic. 荠
Cardamine denudata O. E. Schulz 裸茎碎米荠
C. engleriana O. E. Schulz 光头山碎米荠
C. hirsuta L. 碎米荠
C. impatiens L. 弹裂碎米荠
C. leucantha (Tausch) O. E. Schulz 白花碎米荠
C. macrophylla Willd. 大叶碎米荠
C. stenoloba Hemsl. 细裂碎米荠
Chorispora tenella (Pall.) DC. 离子草
Descurainia sophia (L.) Schulz 播娘蒿
Draba ladyginii Pohle 苞序葶苈
D. lasiophylla Royle 毛叶葶苈
D. nemorosa L. 葶苈
D. oreades Schrenk var. *chinensis* O. E. Schulz ex Limpr. 石波菜
D. oreades Schrenk var. *ciliolata* O. E. Schulz 睫毛葶苈
Erysimum cheiranthoides L. 桂竹糖芥
Eutrema heterophylla (W. W. Smith) Hara 密序山萮菜
E. yunnanense Franch. 山萮菜
E. yunnanense Franch. var. *tenerum* O. E. Schulz 细弱山萮菜
Lepidium apetalum Willd. 腺茎独行菜
Malcolmia africana (L.) R. Br. 离蕊芥
Orychophragmus violaceus (L.) O. E. Schulz 湖北诸葛菜
Raphanus sativus L. 萝卜*
Rorippa indica (L.) Hiern 印度蔊菜
R. palustris (Leyss.) Bess. 风花菜
Sisymbrium heteromallum C. A. Mey. 垂果大蒜芥
Thlaspi arvense L. 菥蓂

50. 景天科 Crassulaceae

Hylotelephium verticillatum (L.) H. Ohba 轮叶八宝
Orostachys fimbriatus (Turcz.) Berger 瓦松
Penthorum chinensis Pursh 扯根菜
Rhodiola dumulosa (Franch.) S. H. Fu 小丛红景天
R. eurycarpa (Frod.) S. H. Fu 宽果红景天
R. henryi (Diels) S. H. Fu 白三七
R. kirilowii (Regel) Regel ex Maxim. 狮子七
Sedum aizoon L. 费菜
S. aizoon L. var. *scabrum* Maxim. 乳毛费菜
S. amplibracteatum K. T. Fu 大苞景天
S. angustum Maxim. 狭穗景天
S. barbeyi Hamet 离瓣景天
S. elatinoides Franch. 疣果景天
S. filipes Hemsl. 小山飘风
S. lineara Thunb. 佛甲草
S. major (Hemsl.) Migo 山飘风
S. pampaninii Hamet 秦岭景天
S. sarmentosu Bge. 豆瓣菜
S. stellariifolium Franch. 繁缕景天

51. 虎耳草科 Saxifragaceae

Astilbe chinensis (Maxim.) Franch. et Savat. 红升麻
A. myriantha Diels 多花红升麻

Bergenia scopulosa T. P. Wang 秦岭岩白菜
Chrysosplenium biondianum Engl. 秦岭金腰
C. giraldiana Engl. 纤细金腰子
C. griffithii Hook. f. et Thoms. 肾叶金腰子
C. macrophyllum Oliv. 大叶金腰子
C. pilosum Maxim. var. *valdepilosum* Ohwi 柔毛金腰子
C. sinicum Maxim. 中华金腰子
C. taibaishanense J. T. Pan 太白金腰子
C. uniflorum Maxim. 单花金腰子
Deutzia albida Batal. 白溲疏
D. baroniana Diels 钩齿溲疏
D. discolor Hemsl. 异色溲疏
D. grandiflora Bge. 大花溲疏
D. micrantha Engl. 粉背溲疏
D. parviflora Bge. 小花溲疏
Hydrangea anomala D. Don 蔓生八仙花
H. bretschneideri Dipp. 东陵八仙花
H. longipes Franch. 长柄八仙花
H. longipes Franch. var. *fulvescens* (Rehd.) W. T. Wang ex Wei 锈毛八仙花
H. strigosa Rehd. 腊莲八仙花
H. xanthoneclura Diels 黄脉八仙花
Parnassia delavayi Franch. 芒药苍耳七
P. viridiflora Batal. 绿花苍耳七
P. wightiana Wall. ex Wight et Arn. 苍耳七
Philadelphus incanus Koehne 白毛山梅花
P. pekinensis Rupr. 太平花
Ribes acuminatum Wall. 川西茶藨子
R. alpestre Wall. et Decne. 长刺茶藨子
R. giraldii Jancz. 陕西茶藨子
R. glaciale Wall. 冰川茶藨子
R. himalense Royle ex Decne. 糖茶藨子
R. himalense Royle ex Decne. var. *verruculosum* Rehd. 瘤糖茶藨子
R. moupinense Franch. 穆坪茶藨子
R. tenue Jancz. 狭萼茶藨子
Rodgersia aesculifolia Batal. 索骨丹
Saxifraga cernua L. 零余虎耳草
S. confertifolia Engl. et Irmsch. 密叶虎耳草
S. gemmigera Engl. 珠芽虎耳草
S. giraldiana Engl. 太白虎耳草
S. josephii Engl. 纤细虎耳草
S. melanocentra Franch. 黑蕊虎耳草
S. montana H. Smith 山地虎耳草
S. pseudo-hirculus Engl. var. *shensiensis* Engl. et Irmsch. 长瓣虎耳草
S. sibirica L. var. *bockiana* Engl. 楔基虎耳草
S. stolonifera Meerb. 虎耳草
Tiarella polyphylla D. Don 黄水枝

52. 金缕梅科 Hamamelidaceae

Sinowilsonia henryi Hemsl. 山白树

53. 杜仲科 Eucommiaceae

Eucommia ulmoides Oliv. 杜仲

54. 蔷薇科 Rosaceae

Agrimonia pilosa Ledeb. 龙牙草
A. pilosa Ledeb var. *nepalensis* (D. Don) Nakai 尼泊尔龙牙草
Alchemilla japonica Nakai et Hara 羽衣草
Amelanchier sinica (Schneid.) Chun 唐棣
Aruncus sylvester Kostel. 假升麻
Chaenomeles langenaria (Loisel.) Koidz. var. *wilsonii* Rehd. 毛叶木瓜
Coluria longifolia Maxim. 无尾果
Cotoneaster acutifolius Turcz. 尖叶栒子
C. acutifolius Turcz. var. *villosulus* Rehd. et Wils. 密毛尖叶栒子
C. ambiguus Rehd. et Wils. 四川栒子
C. divaricatus Rehd. et Wils. 散枝栒子
C. foveolatus Rehd. et Wils. 麻核栒子
C. gracilis Rehd. et Wils. 细枝栒子
C. horizontalis Decne. 铺地栒子
C. multiflorus Bge. 水栒子
C. zabelii Schneid. 西北栒子
Crataegus hupehensis Sarg. 湖北山楂
C. kansuensis Wils. 甘肃山楂
C. pinnatifida Bunge 山楂
C. shensiensis Pojark. 陕西山楂
C. wilsonii Sarg. 华中山楂
Duchesnea indica (Andr.) Focke 蛇莓
Exochorda giraldii Hesse 红柄白鹃梅
Fragaria corymbosa A. Los. 伞房草莓
F. gracilis A. Los. 细弱草莓
F. nilgerrensis Schlecht. ex J. Gay 绣毛草莓
F. orientalis Lozinsk. 东方草莓
Geum aleppicum Jacq. 水杨梅

G. japonicum Thunb. var. *chinense* F. Bolle 柔毛水杨梅
Kerria japonica (L.) DC. 棣棠花
Maddenia hypoleuca Koehne 假稠李
Malus baccata (L.) Borkh. 山荆子
M. baccata (L.) Borkh. var. *manshurica* (Maxim.) Schneid. 毛叶山荆子
M. honanensis Rehd. 河南海棠
M. hupehensis (Pamp.) Rehd. 湖北海棠
M. kansuensis (Batal.) Schneid. 甘肃海棠
M. pumila Mill. 苹果
Neillia sinensis Oliv. 绣线梅
Potentilla ancistrifolia Bge. 皱叶委陵菜
P. anseriana L. 蕨麻委陵菜
P. glabra Lodd. var. *mandshurica* (Maxim.) Hand.-Mazz. 白毛银露梅
P. centigrana Maxim. 蛇莓委陵菜
P. chinensis Ser. 委陵菜
P. cryptotaeniae Maxim. 狼牙
P. discolor Bge. 翻白草
P. eriocarpa Wall. 毛果委陵菜
P. fragarioides L. 莓叶委陵菜
P. kleiniana Wight. et Arn. 蛇含
P. multicaulis Bge. 多茎委陵菜
P. paradoxa Nutt. 铺地委陵菜
P. reptans L. var. *sericophylla* Franch. 绢毛细茎委陵菜
P. sino-nivea Hultén 雪委陵菜
Prunus armeniaca L. 杏
P. armeniaca L. var. *ansu* Maxim. 野杏
P. brachypoda Batal. 短柄稠李
P. conadenia Koehne 锥腺樱桃
P. davidiana (Carr.) Franch. 山桃
P. dictyoneura Diels 毛叶欧李
P. kansuensis Rehd. 甘肃桃
P. padus L. var. *pubescens* Regel et Tiling 稠李
P. persica (L.) Batsch 桃
P. pilosiuscula (Schneid.) Koehne 微毛樱桃
P. polytrycha Koehne 多毛樱桃
P. puseudocerasus Lindl. 樱桃
P. salicina Lindl. 李
P. sericea (Batal.) Koehen 绢毛稠李
P. setulosa Batal. 刺毛樱桃
P. stipulacea Maxim. 托叶樱桃
P. tomentosa Thunb. 毛樱桃
P. vaniotii Lévl. 细齿稠李
P. venosa Koehne 显脉稠李
Pyracantha fortuneana (Maxim.) H. L. Li 火棘
Pyrus betulaefolia Bge. 杜梨
P. calleryana Decne. 豆梨
P. pyrifolia (Burm. f.) Nakai 沙梨
Rosa banksiopsis Baker 木香
R. brunonii Lindl. 复伞房蔷薇
R. corymbulosa Rolfe 伞房蔷薇
R. davidii Crép. 山刺玫
R. hugonis Hemsl. 黄蔷薇
R. multiflora Thunb. var. *cathayensis* Rehd. et Wils. 蔷薇
R. multiflora Thunb. var. *platyphylla* Thory 七姊妹花
R. omeiensis Rolfe 峨嵋蔷薇
R. roxburghii Tratt. f. *normalis* Rehd. et Wils. 单瓣缫丝花
R. sertata Rolfe 钝叶蔷薇
R. sweginzowii Koehne 扁刺蔷薇
R. tsinglingensis Pax et Hoffm. 秦岭蔷薇
R. xanthina Lindl. form. *normalis* Rehd. et Wils. 单瓣黄刺玫
Rubus amabilis Focke 美丽悬钩子
R. biflorus Buch.-Ham. ex J. E. Smith. 二花悬钩子
R. coreanus Miq. 覆盆子
R. flosculosus Focke 弓茎悬钩子
R. lasiostylus Focke 绵果悬钩子
R. mesogaeus Focke 喜阴悬钩子
R. parvifolius L. 茅莓
R. phoenicolasius Maxim. 多腺悬钩子
R. pileatus Focke 弧帽悬钩子
R. piluliferus Focke 陕西悬钩子
R. pungens Camb. var. *indefensus* Focke 疏刺悬钩子
R. xanthocarpus Bureau et Franch. 黄果悬钩子
Sanguisorba officinalis L. 地榆
Sibbaldia procumbens L. var. *aphanopetala* (Hand.-Mazz.) Yü et Lu 隐瓣山金梅
Sorbaria arborea Schneid. 珍珠梅
S. arborea Schneid. var. *glabrata* Rehd. 光叶珍珠梅
S. kirilowii (Regel) Maxim. 华北珍珠梅
Sorbus alnifolia (Sieb. et Zucc.) K. Koch 水榆花楸
S. discolor (Maxim.) Maxim. 北京花楸
S. folgneri (Schneid.) Rehd. 石灰花楸

S. hupehensis Schneid. 湖北花楸
S. koehneana Schneid. 陕甘花楸
S. tapashana Schneid. 太白花楸
S. tsinglingensis C. L. Tang 秦岭花楸
Spiraea alpina Pall. 高山绣线菊
S. blumei G. Don 绣球绣线菊
S. fritschiana Schneid. 华北绣线菊
S. fritschiana Schneid. var. *angulata* (Fritsch ex Schneid.) Rehd. 大叶华北绣线菊
S. hirsuta (Hemsl.) Schneid. 灰毛绣线菊
S. longigemmis Maxim. 长芽绣线菊
S. mongolica (Maxim.) Maxim. 蒙古绣线菊
S. myrtilloides Rehd. 细枝绣线菊
S. ovalis Rehd. 卵叶绣线菊
S. pubescens Turcz. 柔毛绣线菊
S. rosthornii Pritz. 南川绣线菊
S. schneideriana Rehd. var. *amphidoxa* Rehd. 川滇绣线菊
S. uratensis Franch. 乌拉绣线菊
S. wilsonii Duthie 陕西绣线菊

55. 豆科 Leguminosae

Albizzia julibrissin Durazz. 合欢
Amphicarpaea edgeworthii Benth. 两型豆
Astragalus adsurgens Pall. 直立黄耆
A. chrysopterus Bge. 金翼黄耆
A. complanatus R. Br. 扁茎黄耆
A. havianus Pet.-Stib. 华山黄耆
A. kifonsanicus Ulbr. 鸡峰山黄耆
A. melilotoides Pall. 草木犀状黄耆
A. membranaceus Bge. 膜荚黄耆
A. monadelphus Bge. 单体蕊黄耆
A. scaberrimus Bge. 糙叶黄耆
A. taipaishanensis Y. C. Ho et S. B. Ho 太白山黄耆
Campylotropis giraldii Schindl. 太白杭子梢
C. macrocarpa (Bge.) Rehd. 杭子梢
Caragana sinica (Buc'hoz) Rehd. 锦鸡儿
C. stipitata Kom. 柄荚锦鸡儿
Cercis chinensis Bge. 紫荆
Cladrastis sinensis Hemsl. 小花香槐
C. wilsonii Takeda 香槐
Desmodium podocarpum DC. 圆菱叶山蚂蝗
Gleditsia sinensis Lam. 皂荚
Glycine soja Sieb. et Zucc. 野大豆
Gueldenstaedtia multiflora Bge. 米口袋
G. stenophylla Bge. 狭叶米口袋
Hedysarum alpinum L. 山岩黄耆
H. taipeicum (Hand.-Mazz.) K. T. Fu 太白岩黄蓍
Hylodesmum podocarpum (DC.) H. Ohashi et R. R. Mill 长柄山蚂蝗
Indigofera amblyantha Craib 多花木蓝
I. bungeana Walp. 铁扫帚
I. carlesii Craib 苏木蓝
I. potaninii Craib 花木蓝
I. pseudotinctoria Mats. 马棘
Kummerowia stipulacea (Maxim.) Makino 掐不齐
Lathyrus davidii Hance 茳芒山黧豆
L. davidii Hance var. *roseus* C. W. Chang 红花茳芒山黧豆
L. pratensis L. 牧地山黧豆
L. quinquenervius (Miq.) Litv. ex Kom. 山黧豆
Lespedeza bicolor Turcz. 胡枝子
L. buergeri Miq. 绿叶胡枝子
L. cuneata (Dum.-Cours.) G. Don 截叶铁扫帚
L. cyrtobotrya Miq. 短梗胡枝子
L. davurica (Laxm.) Schindl. 达乌里胡枝子
L. floribunda Bge. 多花胡枝子
L. formosa (Vog.) Koehne 美丽胡枝子
L. tomentosa (Thunb.) Sieb. ex Maxim. 山豆花
L. virgata (Thunb.) DC. 细梗胡枝子
Lotus corniculatus L. 百脉根
Maakia hupehensis Takeda 马鞍树
Medicago lupulina L. 天蓝苜蓿
M. minima (L.) Lam. 小苜蓿
Melilotus albus Desr. 白花草木犀
M. suaveolens Ledeb. 草木犀
Oxytropis chinglingensis C. W. Chang 秦岭棘豆
O. humilis C. W. Chang 矮棘豆
O. melanocalyx Bge. 黑萼棘豆
O. myriophylla (Pall.) DC. 狐尾藻棘豆
Piptanthus concolor Harrow 黄花木
Pueraria lobata (Willd.) Ohwi 野葛
Sophora flavescens Ait. 苦参
S. japonica L. 槐
S. viciifolia Hance 狼牙刺
Vicia amoena Fisch. 山野豌豆
V. bungei Ohwi 三齿野豌豆
V. cracca L. 草藤

V. gigantea Bge. 薇
V. hirsuta (L.) S. F. Gray. 小巢菜
V. kioshanica Bail. 确山野豌豆
V. latibracteolata K. T. Fu 宽苞野豌豆
V. pseudo-orobus Fisch. et May. 大叶野豌豆
V. sativa L. 大巢菜
V. sepium L. 野豌豆
V. taipaica K. T. Fu 太白野豌豆
V. tetrasperma (L.) Moench 四籽野豌豆
V. unijuga A. Br. 歪头菜
V. villosa Roth. 柔毛苕子
Wisteria sinensis (Sims) Sweet 紫藤

56. 酢浆草科 Oxalidaceae
Oxalis acetosella L. 白花酢浆草
O. corniculata L. 酢浆草
O. griffithii Edgew. et Hook. f. 山酢浆草

57. 牻牛儿苗科 Geraniaceae
Erodium stephanianum Willd. 牻牛儿苗
Geranium davuricum DC. 粗根老鹳草
G. eristemon Fisch. ex DC. 毛蕊老鹳草
G. henryi Kunth 血见愁老鹳草
G. pylzowianum Maxim. 珠根老鹳草
G. sibiricum L. 鼠掌老鹳草
G. wilfordii Kunth 老鹳草

58. 亚麻科 Linaceae
Linum stelleroides Planch. 野亚麻

59. 蒺藜科 Zygophyllaceae
Tribulus terrestris L. 蒺藜

60. 芸香科 Rutaceae
Dictamnus dasycarpus Turcz. 白鲜
Evodia daniellii (Benn.) Hemsl. 臭檀
E. rutaecarpa (Juss.) Benth. 吴茱萸
Phellodendron chinense Schneid. var. *glabrisculum* Schneid. 光叶黄皮树
Poncirus trifoliata (L.) Raf. 枳
Zanthoxylum armatum DC. 竹叶花椒
Z. bungeanum Maxim. 花椒
Z. undulatifolium Hemsl. 波叶花椒

61. 苦木科 Simaroubaceae
Ailanthus altissima (Mill.) Swingle 臭椿
Picrasma quassioides (D. Don) Benn. 苦木

62. 楝科 Meliaceae
Melia azedarach L. 楝
Toona sinensis (A. Juss.) Roem. 香椿

63. 远志科 Polygalaceae
Polygala japonica Houtt. 瓜子金
P. sibirica L. 西伯利亚远志
P. tatarinowii Regel 小扁豆
P. tenuifolia Willd. 远志

64. 大戟科 Euphorbiaceae
Acalypha australis L. 铁苋菜
Discoleidion rufescens (Franch.) Pax et Hoffm 假奓包叶
Euphorbia esula L. 乳浆大戟
E. helioscopia L. 泽漆
E. humifusa Willd. 地锦草
E. hylonoma Hand.-Mazz. 湖北大戟
E. micractina Boiss. 甘青大戟
E. pekinensis Rupr. 大戟
Leptopus chinensis (Bge.) Pojark. 雀儿舌头
Sapium sebiferum (L.) Roxb. 乌桕
Securinega suffruticosa (Pall.) Rehd. 叶底珠
Speranskia tuberculata (Bge.) Baill. 疣果地构叶

65. 黄杨科 Buxaceae
Buxus microphylla Sieb. et Zucc. var. *sinica* Rehd. et Wils. 黄杨
Pachysandra terminalis Sieb. et Zucc. 顶蕊三角咪

66. 马桑科 Coriariaceae
Coriaria sinica Maxim. 马桑

67. 漆树科 Anacardiaceae
Cotinus coggygria Scop. var. *glaucophylla* C. Y. Wu 粉背黄栌
C. coggygria Scop. var. *pubescens* Engl. 毛黄栌
Pistacia chinensis Bge. 黄连木
Rhus chinensis Mill. 盐肤木
R. potaninii Maxim. 青麸杨
R. punjabensis Stew. var. *sinica* (Diels) Rehd. et Wils. 红麸杨
Toxicodendron vernicifluum (Stokes) F. A. Barkley 漆树

68. 冬青科 Aquifoliaceae

Ilex pernyi Franch. 猫儿刺

I. yunnanensis Franch. var. *gentilis* (Franch.) Loes. 光叶云南冬青

69. 卫矛科 Celastraceae

Celastrus angulatus Maxim. 苦皮藤

C. gemmatus Loes. 大芽南蛇藤

C. hypoleucus (Oliv.) Warb. 粉背南蛇藤

C. orbiculatus Thunb. 南蛇藤

C. rosthornianus Loes. var. *loeseneri* (Rehd. et Wils.) C. Y. Wu 丛花南蛇藤

Euonymus alatus (Thunb.) Sieb. 卫矛

E. cornutus Hemsl. var. *quinquecornutus* (Comber) Blakelock 五角卫矛

E. fortunei (Turcz.) Hand.-Mazz. 扶芳藤

E. giraldii Loes. 纤齿卫矛

E. giraldii Loes. var. *angustialatus* Loes. 狭翅纤齿卫矛

E. giraldii Loes. var. *ciliatus* Loes. 缘毛纤齿卫矛

E. hamiltonianus Wall. var. *yedoensis* (Koch) Blakelock 桃叶卫矛

E. microcarpus (Oliv.) Sprague 小果卫矛

E. phellomanus Loes. 栓翅卫矛

E. prophyreus Loes 紫花卫矛

E. sanguienus Loes. 石枣子

E. sanguienus Loes. var. *laxus* Loes. 疏花石枣子

E. schensianus Maxim. 陕西卫矛

E. venosus Hemsl. 曲脉卫矛

E. verrucosoides Loes. 疣枝卫矛

70. 省沽油科 Staphyleaceae

Staphylea holocarpa Hemsl. 膀胱果

71. 槭树科 Aceraceae

Acer cappadocicum Gled. var. *sinicum* Rehd. 小叶青皮槭

A. caudatum Wall. var. *multiserratum* (Maxim.) Rehd. 多齿长尾槭

A. ceasium Wall. ex Brandis subsp. *giraldii* (Pax) E. Murr. 太白深灰槭

A. davidii Franch. 青榨槭

A. erianthum Schuer. 毛花槭

A. franchetii Pax 毛果槭

A. ginnala Maxim. 茶条槭

A. griseum (Franch.) Pax 血皮槭

A. grosseri Pax 青蛙皮槭

A. henryi Pax 建始槭

A. lauyuense Fang 涝峪槭

A. maximowiczii Pax 重齿槭

A. miaotaiense Tsoong 庙台槭

A. mono Maxim. 地锦槭

A. oliverianum Pax 五裂槭

A. robustum Pax 杈叶槭

A. shensiense Fang et L. C. Hu 陕西槭

A. shankanense Fang 陕甘槭

A. tetramerum Pax var. *betulifolium* Rehd. 桦叶四蕊槭

A. truncatum Bunge 元宝槭

A. tsinglingense Fang et Hsieh 秦岭槭

Dipteronia sinensis Oliv. 金钱槭

D. sinensis Oliv. var. *taipaiensis* Fang et Fang f. 太白金钱槭

72. 七叶树科 Hoppocastanaceae

Aesculus chinensis Bge. 七叶树

73. 无患子科 Sapindaceae

Koelreuteria paniculata Laxm. 栾树

Xanthoceras sorbifolia Bge. 文冠果

74. 清风藤科 Sabiaceae

Meliosma cuneifolia Franch. 泡花树

M. oldhamii Miq. 红枝柴

M. veitchiorum Hemsl. 暖木

Sabia shensiensis L. Chen 陕西清风藤

75. 凤仙花科 Balsaminaceae

Impatiens fissicornis Maxim. 裂距凤仙花

I. noli-tangere L. 水金凤

I. notolopha Maxim. 西固凤仙花

I. potaninii Maxim. 陇南凤仙花

I. pterosepala Hook. f. 翼萼凤仙花

I. stenosepala Pritz. 窄萼凤仙花

76. 鼠李科 Rhamnaceae

Berchemia flavescens (Wall.) Brongn. 牛儿藤

B. floribunda (Wall.) Brongn. 牛鼻圈

B. sinica Schneid. 勾儿茶

Hovenia dulcis Thunb. 拐枣

Paliurus hemsleyanus Rehd. 铜钱树
Rhamnella franguloides (Maxim.) Weberb. 猫乳
Rhamnus davurica Pall. 鼠李
R. globosa Bge. 圆叶鼠李
R. heterophylla Oliv. 异叶鼠李
R. rosthornii Pritz. 小冻绿树
R. tangutica J. Vass. 糙叶鼠李
R. utilis Decne. 冻绿
Ziziphus jujuba Mill. var. *spinosa* (Bge.) Hu 酸枣

77. 葡萄科 Vitaceae

Ampelopsis bodinieri (Lévl. et Vant.) Rehd. 蛇葡萄
A. delavayana Planch. ex Franch. 三裂叶蛇葡萄
A. delavayana Planch. ex Franch. var. *gentiliana* (Lévl. et Vant.) Hand.-Mazz. 五裂叶蛇葡萄
A. japonica (Thunb.) Makino 白蔹
A. megalophylla Diels et Gilg 大叶蛇葡萄
Cayratia japonica (Thunb.) Gagnep. 乌蔹莓
Parthenocissus himalayana (Royle) Planch. var. *rubrifolia* (Lévl. et Vant.) Gagnep. 红三叶爬山虎
P. tricuspidata (Sieb. et Zucc.) Planch. 爬山虎
Vitis ficifolia Bge. 桑叶葡萄
V. flexuosa Thunb. 葛藟
V. piasezkii Maxim. 复叶葡萄
V. quinquangularis Rehd. 毛葡萄
V. romanetii Roman. 秋葡萄

78. 椴树科 Tiliaceae

Grewia biloba G. Don var. *parviflora* (Bge.) Hand.-Mazz. 扁担木
Tilia chinensis Maxim. 华椴
T. dictyoneura Engl. ex Schneid. 网脉椴
T. laetevirens Rehd. et Wils. 亮绿椴
T. oliveri Szyszyl. 白背椴
T. paucicostata Maxim. 少脉椴

79. 锦葵科 Malvaceae

Abutilon theophrasti Medic. 苘麻
Althaea rosea (L.) Cavan. 蜀葵*
Hibiscus syriacus L. 木槿*
H. trionus L. 野西瓜苗
Malva rotundifolia L. 野锦葵
M. sinensis Cavan. 锦葵
M. verticillata L. 冬葵

80. 猕猴桃科 Actinidiaceae

Actinidia arguta (Sieb. et Zucc.) Planch. ex Miq. 软枣猕猴桃
A. chinensis Planch. 猕猴桃
A. chinensis Planch. var. *hispida* C. F. Liang 硬毛猕猴桃
A. kolomikta (Maxim. et Rupr.) Maxim. 狗枣猕猴桃
A. melanandra Franch. 黑蕊猕猴桃
A. polygama (Sieb. et Zucc.) Maxim. 葛枣猕猴桃
A. tetramera Maxim. 四蕊猕猴桃
Clematoclethra actinidioides Maxim. 猕猴桃藤山柳
C. lasioclada Maxim. 藤山柳

81. 藤黄科 Guttiferae

Hypericum ascyron L. 黄海棠
H. attenuatum Choisy 赶山鞭
H. erectum Thunb. ex Murray 小连翘
H. perforatum L. 贯叶连翘
H. przewalskii Maxim. 突脉金丝桃

82. 柽柳科 Tamaricaceae

Tamarix chinensis Lour. 柽柳*

83. 堇菜科 Violaceae

Viola acuminata Ledeb. 鸡腿堇菜
V. biloara L. 双花堇菜
V. bulbosa Maxim. 鳞茎堇菜
V. collina Bess. 毛果堇菜
V. davidii Franch. 深圆齿堇菜
V. japonica Langsd. 犁头草
V. mongolica Bess. 毛花堇菜
V. patrinii DC. 白花堇菜
V. pekinensis (Regel) W. Beck. 北京堇菜
V. phalacrocarpa Maxim. 白果堇菜
V. philippica Cav. subsp. *munda* W. Beck. 紫花地丁
V. prionantha Bge. 早开堇菜
V. selkirkii Pursh ex Goldie. 深山堇菜
V. stawardiana W. Beck. 庐山堇菜
V. sacchalinensis de Boiss. 萨哈林堇菜
V. yedoensis Makino 白毛堇菜

84. 旌节花科 Stachyuraceae

Stachyurus chinensis Franch. 旌节花

85. 秋海棠科 Begoniaceae

Begonia sinensis A. DC. 中华秋海棠

86. 瑞香科 Thymelaeaceae

Daphne genkwa Sieb. et Zucc. 芫花

D. giraldii Nitsche 黄瑞香

D. myrtilloides Nitsche 陕西瑞香

D. tangutica Maxim. 甘肃瑞香

Edgeworthia chrysantha Lindl. 结香

Wikstroemia ligustrina Rehd. 白腊叶荛花

W. pampaninii Rehd. 湖北荛花

87. 胡颓子科 Elaeagnaceae

Elaeagnus bockii Diels 长叶胡颓子

E. lanceolata Warb. 披针叶胡颓子

E. multiflora Thunb. 木半夏

E. umbellata Thunb. 牛奶子

Hipophae rhamnoides L. 沙棘

88. 千屈菜科 Lythraceae

Lythrum salicaria L. 千屈菜

89. 八角枫科 Alangiaceae

Alangium chinense (Lour.) Harms 八角枫

A. platanifolium (Sieb. et Zucc.) Harms 瓜木

90. 柳叶菜科 Onagraceae

Chamaenerion angustifolium (L.) Scop. 柳兰

Circaea alpina L. 高山露珠草

C. cordata Royle 牛泷草

C. quadrisulcata (Maxim.) Franch. et Savat. 露珠草

Epilobium cephalostigma Haussk. 光华柳叶菜

E. hirsutum L. 柳叶菜

E. palustre L. 沼生柳叶菜

E. parviflorum Schreb. 小花柳叶菜

E. pyrricholophum Franch. et Savat. 长籽柳叶菜

91. 五加科 Araliaceae

Acanthopanax brachypus Harms 短柄五加

A. giraldii Harms 红毛五加

A. henryi (Oliv.) Harms 糙叶五加

A. leucorrhizus (Oliv.) Harms. 藤五加

A. leucorrhizus (Oliv.) Harms var. *scaberulus* Harms 狭叶藤五加

A. setchuenensis Harms ex Diels 蜀五加

A. trifoliatus (L.) Merr. 白簕

A. stenophyllus Harms et Rehd. 太白山五加

Aralia chinensis L. 楤木

A. hupehensis Hoo 湖北楤木

Hedera nepalensis K. Koch var. *sinensis* (Tobl.) Rehd. 常春藤

Kalopanax septemlobus (Thunb.) Koidz. 刺楸

Panax pseudo-ginseng Wall. var. *elegantior* (Burkill) G. Hoo et C. J. Tseng 秀丽三七

P. pseudo-ginseng Wall. var. *japonicum* (C. A. Mey.) G. Hoo et C. J. Tseng 大叶三七

P. pseudo-ginseng Wall. var. *pinnatifida* (Seem.) H. L. Li 羽叶三七

92. 伞形科 Umbelliferae

Aegopodium alpestre Ledeb. 山羊角芹

Angelica grosseserrata Maxim. 大齿当归

A. laxifoliata Diels 疏叶当归

A. polymorpha Maxim. 拐芹

A. tsinlingensis K. T. Fu 秦岭当归

Anthriscus sylvestris (L.) Hoffm. 峨参

Bupleurum chinense DC. 北柴胡

B. dielsianum Wolff 太白柴胡

B. longicaule Wall. et DC. var. *giraldii* Wolff 秦岭柴胡

B. longiradiatum Turcz. var. *porphyranthum* Shan et Li 紫花大叶柴胡

B. yinchowense Shan et Li 银州柴胡

Carum buriaticum Turcz. 田葛缕子

C. carvi L. 葛缕子

Cnidium monnieri (L.) Cuss. 蛇床

C. sinchianum K. T. Fu 辛家山蛇床

Cryptotaenia japonica Hassk. 鸭儿芹

Daucus corota L. 野胡萝卜

Heracleum moellendorffii Hance 短毛独活

Libanotis buchtormensis (Fisch.) DC. 岩风

L. spodotrichoma K. T. Fu 灰毛岩风

Ligusticum sinense Oliv. var. *alpinum* Shan 野藁本

L. sinense Oliv. var. *chuanhsiung* Shan 川芎

Notopterygium incisum Ting ex H. T. Chang 羌活

Oenanthe javanica (Bl.) DC. 水芹

Osmorhiza aristata (Thunb.) Makino et Yabe 香根芹

Peucedanum ledebourielloides K. T. Fu 华山前胡

P. praeruptorum Dunn. 前胡

Pimpinella diversifolia (Wall.) DC. 异叶茴芹
P. rhomboidea Diels 菱形茴芹
P. stricta Wolff 直立茴芹
Pleurospermum cristatum de Boiss. 鸡冠棱子芹
P. franchetianum Hemsl. 异伞棱子芹
P. giraldii Diels 太白棱子芹
Pternopetalum brevipedunculatum K. T. Fu 短梗囊瓣芹
P. heterophyllum Hand.-Mazz. 异叶囊瓣芹
Sanicula chinensis Bge. 变豆菜
S. elongata K. T. Fu 长序变豆菜
S. giraldii Wolff 太白变豆菜
S. orthacantha S. Moore 直刺变豆菜
S. serrata Wolff 锯齿变豆菜
Sphallerocarpus gracilis (Bess. ex Trevir.) K. Pol. 迷果芹
Torilis japonica (Houtt.) DC. 破子草
T. sacbra (Thunb.) DC. 窃衣

93. 山茱萸科 Cornaceae

Cornus controversa Hemsl. 灯台树
C. hemsleyi Schneid. et Wanger. 红椋子
C. macrophylla Wall. 梾木
C. walteri Wanger. 毛梾
Dendrobenthamia japonica (A. P. DC.) Fang var. *chinensis* (Osborn) Fang 四照花
Helwingia chinensis Batal. 中华青荚叶
H. japonica (Thunb.) F. G. Dietr. 青荚叶
Macrocarpium officinale (Sieb. et Zucc.) Nakai 山茱萸

94. 鹿蹄草科 Pyrolaceae

Chimaphila japonica Miq. 喜冬草
Hypopitys monotropa Grantz var. *hirsuta* Roth 毛花松下兰
Pyrola calliantha H. Andres 鹿蹄草
P. decorata H. Andres 雅美鹿蹄草
P. rugosa H. Andres 皱叶鹿蹄草

95. 杜鹃花科 Ericaceae

Rhododendron capitatum Maxim. 头花杜鹃
R. clementinae Forrest ex W. W. Smith subsp. *aureodorsale* W. P. Fang 金背杜鹃
R. concinnum Hemsl. 秀雅杜鹃
R. detersile Franch. 干净杜鹃
R. hypoglaucum Hemsl. 粉白杜鹃
R. mariesii Hemsl. et Wils. 满山红
R. micranthum Turcz. 照山白
R. purdomii Rehd. et Wils. 太白杜鹃
R. sutchuenense Franch. 四川杜鹃
Vaccinium vitis-idaea L. 乌饭树

96. 报春花科 Primulaceae

Androsace hookeriana Klatt. var. *mairei* (Lévl.) Yang et Huang 秦岭点地梅
A. umbellata (Lour.) Merr. 点地梅
Cortusa pekinensis (Al. Richt.) A. Los. 假报春
Lysimachia barystachys Bge. 狼尾花
L. candida Lindl. 泽星宿菜
L. christinae Hance 过路黄
L. clethroides Duby 珍珠菜
L. crista-galli Pamp. 距萼过路黄
L. pentapetala Bge. 狭叶珍珠菜
L. silvestrii (Pamp.) Hand.-Mazz. 假延叶珍珠菜
L. stenosepala Hemsl. 腺药珍珠菜
Primula giraldiana Pax 太白山报春
P. handeliana W. W. Smith et Forrest 山西报春
P. knuthiana Pax 阔萼粉报春
P. moupinensis Franch. 宝兴报春
P. purdomii Craib. 紫罗兰报春
P. stenocalys Maxim. 窄萼报春
P. yargongensis Petitm. 雅江报春

97. 柿树科 Ebenaceae

Diospyros kaki L. 柿
D. lotus L. 君迁子

98. 山矾科 Symplocaceae

Symplocos paniculata (Thunb.) Miq. 白檀

99. 野茉莉科 Styracaceae

Styrax hemsleyana Diels 老鸹铃
S. japonica Sieb. et Zucc. 野茉莉

100. 木犀科 Oleaceae

Chionathus retusa Lindl. et Paxt. 流苏树
Forsythia giraldiana Lingelsh. 秦连翘
F. suspensa (Thunb.) Vahl 连翘
F. viridissima Lindl. 金钟花
Fraxinus chinensis Roxb. 白蜡树

F. chinensis Roxb. var. *acuminata* Lingelsh. 尖叶白蜡树
F. fallax Lingelsh. 户县白蜡树
F. mandschurica Rupr. 水曲柳
F. paxiana Lingelsh. 秦岭白蜡树
F. retusa Champ. var. *henryana* Oliv. 湖北苦枥木
F. rhynchophylla Hance 大叶白蜡树
F. stylosa Lingelsh. 宿柱白蜡树
Jasminum giraldii Diels 黄素馨
J. nudiflorum Lindl. 迎春花
Ligustrum acutissimum Koehne 蜡子树
L. lucidum Ait 女贞
L. obtusifolium Sieb. et Zucc. 水蜡树
L. quihoui Carr. 小叶女贞
Syringa amurensis Rupr. 暴马丁香
S. giraldiana Schneid. 秦岭丁香
S. microphylla Diels 小叶丁香
S. pekinensis Rupr. 北京丁香
S. pinnatifolia Hemsl. 羽叶丁香
S. pubescens Turcz. 毛叶丁香
S. sweginzowii Koehne. 四川丁香
S. wolfii Schneid. 辽东丁香

101. 马钱科 Loganiaceae

Buddleja albiflora Hemsl. 巴东醉鱼草
B. albiflora Hemsl. var. *giraldii* (Diels) Rehd. et Wils. 周至醉鱼草
B. davidii Franch. 大叶醉鱼草
B. lindleyana Fort. 醉鱼草
B. striata Z. Y. Zhang 条纹醉鱼草

102. 龙胆科 Gentianaceae

Gentiana apiata N. E. Br. 秦岭龙胆
G. crassuloides Franch. 肾叶龙胆
G. flexicaulis H. Smith 矮茎龙胆
G. hexaphylla Maxim. var. *pentaphylla* H. Smith 太白龙胆
G. macrophylla Pall. 秦艽
G. piasezkii Maxim. 西龙胆
G. pseudo-aquatica Kusnez. 假水生龙胆
G. squarrosa Ledeb. 鳞叶龙胆
G. zollingeri Fawc. 笔龙胆
Gentianopsis paludosa (Munro) Ma 湿生扁蕾
G. scabromarginata (H. Smith) Ma 糙边扁蕾
Halennia elliptica D. Don 椭圆叶花锚
Lomatogonium bellum (Hemsl.) H. Smith 美丽肋柱花
L. perenne T. H. He et S. W. Liu 宿根肋柱花
Pterygocalyx volubilis Maxim. 翼萼蔓
Swertia bifolia Batal. 二叶獐牙菜
S. bimaculata (Sieb. et Zucc.) Hook. f. et Thoms. 獐牙菜
S. dichotoma L. 歧伞当药
Nymphoides peltatum (Gmel.) O. Kuntze 荇菜*
Tripterospermum affine (Wall. et C. B. Clarke) H. Smith 双蝴蝶

103. 夹竹桃科 Apocynaceae

Trachelospermum jasminoides (Lindl.) Lem. 络石

104. 萝藦科 Asclepiadaceae

Biondia chinensis Schltr. 秦岭藤
Cynanchum atratum Bge. 白薇
C. auriculatum Royle ex Wight 牛皮消
C. bungei Decne. 白首乌
C. chinense B. Br. 鹅绒藤
C. forrestii Schltr. 大理白前
C. giraldii Schltr. 峨眉牛皮消
C. inamoenum (Maxim.) Loes. 竹消灵
C. thesioides (Freyn) K. Schum. 地梢瓜
C. wilfordii (Maxim.) Hemsl. 隔山消
Metaplexis hemsleyana Oliv. 华萝藦
M. japonica (Thunb.) Makino 萝藦
Periploca sepium Bge. 杠柳

105. 旋花科 Convolvulaceae

Calystegia hederacea Wall. 打碗花
C. pellita (Leb.) G. Don 藤长苗
C. sepium (L.) R. Br. 篱打碗花
Convolvulus arvensis L. 旋花

106. 花荵科 Polemoniaceae

Polemonium coeruleum L. var. *chinense* Braud 中华花荵

107. 菟丝子科 Cuscutaceae

Cuscuta chinensis Lam. 菟丝子
C. japonica Choisy 金灯藤

108. 紫草科 Boraginaceae

Bothriospermum secundum Maxim. 多苞斑种草

B. tenellum (Horem.) Fisch. et Mey. 柔弱斑种草
Cynoglossum wallichii G. Don var. *glochidiatum* (Wall. et Benth.) Kazmi 稀刺琉璃草
C. zeylanicum (Vahl) Thunb. ex Lehm. 琉璃草
Lappula heteracantha (Ledeb.) Gürke 东北鹤虱
Lithospermum arvense L. 麦家公
L. erythrorhizon Sieb. et Zucc. 紫草
L. zollingeri DC. 梓木草
Lycopsis orientalis L. 狼紫草
Microula trichocarpa (Maxim.) Johnst. 长叶微孔草
M. turbinata W. T. Wang 长果微孔草
Myosotis silvatica Ehrh. et Hoffm. 忽忘草
Onosma sinicum Diels var. *farrerii* (Johnst.) Y. L. Liu 小花滇紫草
Sinojohnstonia moupinensis (Franch.) W. T. Wang 短蕊车前紫草
S. chekiangensis (Migo) W. T. Wang 浙赣车前紫草
Symphytum officinale L. 聚合草
Thyrocarpus glochidiatus Maxim. 弯齿盾果草
Trigonotis giraldii Brand 秦岭附地菜
T. mollis Hemsl. 细弱附地菜
T. penduncularis (Trev.) Benth. ex S. Moore et Baker 附地菜

109. 马鞭草科 Verbenaceae

Callicarpa japonica Thunb. var. *angustata* Rehd. 窄叶紫珠
Caryopteris tangutica Maxim. 光果莸
C. terniflora Maxim. 三花莸
Clerodendrum bungei Steud. 臭牡丹
C. trichotomum Thunb. 海州常山
C. trichotomum Thunb. var. *fargesii* (Dode) Rehd. 矮桐子
Verbena officinalis L. 马鞭草
Vitex negundo L. var. *heterophylla* (Franch.) Rehd. 荆条

110. 唇形科 Labiatea

Ajuga ciliata Bge. 筋骨草
A. nipponensis Mak. 紫背金盘
A. linearifolia Pamp. 线叶筋骨草
Amethystea cearulea L. 水棘针
Clinopodium polycephalum (Vaniot) C. Y. Wu et Hsuan ex Hsu 灯笼草
C. repens (D. Don) Wall. ex Benth. 风轮草
C. urticifolium (Hance) C. Y. Wu et Hsuan ex H. W. Li 风车草
Elsholtzia ciliata (Thunb.) Hyland. 香薷
E. cypriani (Pavol.) S. Chow ex Hsu 野草香
E. densa Benth. 密花香薷
E. fruticosa (D. Don) Rehd. 鸡骨柴
E. stauntoni Benth. 木香薷
Glechoma biondiana (Diels) C. Y. Wu et C. Chen 白透骨消
G. biondiana (Diels) C. Y. Wu et C. Chen var. *glabrescens* C. Y. Wu et C. Chen 无毛白透骨消
G. grandis (A. Gary) Kupr. 日本活血丹
G. longituba (Nakai) Kupr. 活血丹
Lagopsis supina (Steph.) Ik.-Gal. ex Knorr. 夏至草
Lamium amplexicaule L. 宝盖草
L. barbatum Sieb. et Zucc. 野芝麻
Leonurus artemisia (Lour.) S. Y. Hu 益母草
Loxocalyx urticifolius Hemsl. 斜萼草
Lycopus lucidus Turcz. var. *hirtus* Regel 硬毛地笋
Mentha haplocalyx Briq. 薄荷
Nepeta cataria L. 荆芥*
Origanum vulgare L. 牛至
Panzeria alaschanica Kupr. 脓疮草
Perilla frutescens (L.) Britt. 紫苏
Phlomis megalantha Diels 大花糙苏
P. szechuanensis C. Y. Wu 柴续断
P. umbrosa Turcz. 糙苏
P. umbrosa Turcz. var. *subaustralis* K. T. Fu et J. Q. Fu 拟南方糙苏
P. umbrosa Turcz. var. *sylvaticus* K. T. Fu et J. Q. Fu 森林糙苏
Prunella vulgaris L. 夏枯草
Rabdosia excisoides (Sun ex C. H. Hu) C. Y. Wu et H. W. Li 拟缺香茶菜
R. henryi (Hemsl.) Hara 鄂西香茶菜
R. lophanthoides (Buch.-Ham. ex D. Don) Hara 线纹香茶菜
R. nervosa (Hemsl.) C. Y. Wu et H. W. Li 显脉香茶菜
R. rubescens (Hemsl.) Hara 碎米桠
R. serra (Maxim.) Hara 溪黄草
Salvia maximowicziana Hemsl. 鄂西鼠尾草
S. miltiorrhiza Bge. 丹参
S. plectranthoides Griff. 长冠鼠尾草

S. tricuspis Franch. 黄鼠狼花
Schizonepeta multifida (L.) Briq. 多裂叶荆芥
Scutellaria baicalensis Georgi 黄芩
S. guilielmi A. Gray 连钱黄芩
S. honanensis C. Y. Wu et H. W. Li 河南黄芩
Stachys sieboldi Miq. 甘露子
Teucrium viscidum Bl. var. *nepetoides* (Lévl.) C. Y. Wu et S. Chow 微毛血见愁
Thymus mongolicus Ronn. 百里香

111. 茄科 Solanaceae
Datura stramonium L. 曼陀罗
Hyoscyamus niger L. 天仙子
Lycium chinense Mill. 枸杞
Physalis alkekengi L. 酸浆
P. alkekengi L. var. *franchetii* (Mast.) Makino 挂金灯
Solanum cathayanum C. Y. Wu et S. C. Huang 千年不烂心
S. japonense Nakai 野海茄
S. lyratum Thunb. 白英
S. nigrum L. 龙葵
S. septemlobum Bge. 青杞

112. 玄参科 Scrophulariaceae
Euphrasia regelii Wettst. 短腺小米草
Hemiphragma heterophyllum Wall. 鞭打绣球
Linaria vulgaris Mill. subsp. *sinensis* (Bebeaux) Hong 柳穿鱼*
Mazus japonicus (Thunb.) O. Kuntze 通泉草
Melampyrum roseum Maxim. 山萝花
Mimulus szechuanensis Pai 四川沟酸浆
Paulownia tomentosa (Thunb.) Steud. 毛泡桐
Pedicularis artselaeri Maxim. 短茎马先蒿
P. chinensis Maxim. 中国马先蒿
P. davidii Franch. 扭盔马先蒿
P. decora Franch. 美观马先蒿
P. giraldiana Diels ex Bonati 太白山马先蒿
P. lineata Franch. ex Maxim. 条纹马先蒿
P. muscicola Maxim. 藓生马先蒿
P. resupinata L. 返顾马先蒿
P. rhinanthoides Schrenk 拟鼻马先蒿
P. rhinanthoides Schrenk subsp. *labellata* (Jacq.) Tsoong 大拟鼻花马先蒿
P. torta Maxim. 扭旋马先蒿
Phtheirospermum japonicum (Thunb.) Kanitz 松蒿
Rehmannia glutinosa (Gaertn.) Libosch. ex Fisch. et Mey. 地黄
Scrophularia modesta Kitag. 山西玄参
S. ningpoensis Hemsl. 玄参
S. stylosa Tsoong 长柱玄参
Siphonostegia chinensis Benth. 阴行草
Veronica anagallis-aquatica L. 北水苦荬
V. ciliata Fisch. 长果婆婆纳
V. didyma Tenore 婆婆纳
V. henryi Yamazaki 华中婆婆纳
V. laxa Benth. 疏花婆婆纳
V. linariifolia Pall. ex Link subsp. *dilatata* (Nakai et Kitag.) Hong 水蔓青
V. rockii Li 光果婆婆纳
V. serpyllifolia L. 小婆婆纳
V. szechuanica Batal. 四川婆婆纳
V. undulata Wall. 水苦荬
V. vandelioides Maxim. 唐古拉婆婆纳

113. 紫葳科 Bignoniaceae
Catalpa bungei C. A. May. 楸树
C. fargesii Bureau 灰楸
C. ovata G. Don 梓树
Incarvillea sinensis Lam. subsp. *variabilis* (Batal.) Grier. 丛枝角蒿

114. 列当科 Orobanchaceae
Orobanche coerulescens Steph. 列当
Xylanche himalaica (Hook. f. et Thoms.) G. Beck 丁座草

115. 苦苣苔科 Gesneriaceae
Boea hygrometrica (Bge.) R. Br. 猫耳朵
Corallodiscus cordatulus (Craib) Burtt 珊瑚苣苔
Isometrum giraldii (Diels) Brutt 毛蕊金盏苣苔

116. 狸藻科 Lentibulariaceae
Pinguicula alpina L. 高山捕虫堇

117. 透骨草科 Phrymataceae
Phryma leptostachya L. var. *asiatica* Hara 透骨草

118. 车前科 Plantaginaceae
Plantago asiatica L. 车前
P. depressa Willd. 平车前
P. major L. 大车前

119. 茜草科 Rubiaceae

Galium aparina L. var. *tenerum* (Gren. et Godr.) Rchb. 猪殃殃

G. asperuloides Edgew. var. *hoffmeisteri* (Klotz) Hand.-Mazz. 六叶葎

G. boreale L. 北方拉拉藤

G. bungei Steud. 四叶葎

G. handelii Cuf. 单花拉拉藤

G. kinuta Nakai et Hara 显脉拉拉藤

G. paradoxum Maxim. 林地拉拉藤

G. paeudoasprellum Makino 山猪殃殃

G. tricorne Stokes 麦仁珠

G. verum L. 蓬子菜

Leptodermis oblonga Bge. 薄皮木

Paederia scandens (Lour) Merr. 鸡矢藤

Rubia cordifolia L. 茜草

R. lanceolata Hayata 披针叶茜草

R. membranacea Diels 膜叶茜草

R. ovatifolia Z. Y. Zhang 卵叶茜草

120. 忍冬科 Caprifoliaceae

Abelia dielsii (Graebn.) Rehd. 太白六道木

A. engleriana (Graebn.) Rehd. 短枝六道木

Lonicera chrysantha Turcz. 金花忍冬

L. chrysantha Turcz. subsp. *koehneana* (Rehd.) Hsu et H. J. Wang 须蕊忍冬

L. elisae Franch. 北京忍冬

L. fargesii Franch. 粘毛忍冬

L. ferdinandii Franch. 葱皮忍冬

L. giraldii Rehd. 黄毛忍冬

L. graebneri Rehd. 短梗忍冬

L. gynochlamydea Hemsl. 蕊被忍冬

L. hispida Pall. ex Roem. et Schult. 刚毛忍冬

L. japonica Thunb. 金银花

L. ligustrina Wall. subsp. *yunnanensis* (Franch.) Hsu et H. J. Wang 亮叶忍冬

L. maackii (Rupr.) Maxim. 金银忍冬

L. nervosa Maxim. 红脉忍冬

L. phyllocarpa Maxim. 樱桃忍冬

L. saccata Rehd. 袋花忍冬

L. standishii Carr. 苦糖果

L. szeshuanica Batal. 四川忍冬

L. taipeiensis Hsu et H. J. Wang 太白忍冬

L. tangutica Maxim. 陇塞忍冬

L. tragophylla Hemsl. 盘叶忍冬

L. trichosantha Bur. et Franch. 毛花忍冬

L. webbiana Wall. ex DC. 华西忍冬

Sambucus chinensis Lindl. 接骨草

S. williamsii Hance 接骨木

Triosteum pinnatifidum Maxim. 羽裂叶莛子藨

Viburnum betulifolium Batal. 桦叶荚蒾

V. dilatatum Thunb. 荚蒾

V. erosum Thunb. 啮蚀荚蒾

V. erubescens Wall. var. *gracilipes* Rehd. 细梗淡红荚蒾

V. glomeratum Maxim. 丛花荚蒾

V. kansuense Batal. 甘肃荚蒾

V. lobophyllum Graebn. 阔叶荚蒾

V. sargentii Koehne 鸡树条

V. schensianum Maxim. 陕西荚蒾

121. 五福花科 Adoxaceae

Adoxa moschatellina L. 五福花

122. 败酱科 Valerianaceae

Patrinia heterophylla Bge. 异叶败酱

P. monandra C. B. Clarke 单蕊败酱

P. rupestris (Pall.) Dufr. 岩败酱

P. scabiosaefolia Fisch. ex Link 黄花败酱

Valeriana flaccidissima Maxim. 柔垂缬草

V. minutiflora Hand.-Mazz. 小花缬草

V. officinalis L. 缬草

123. 川续断科 Dipsacaceae

Dipsacus japonicus Miq. 续断

124. 葫芦科 Cucbitaceae

Cucumis sativus L. 黄瓜*

C. melo L. 甜瓜*

Cucurbita moschata (Duch.) Duch. ex Poir. 南瓜*

C. pepo L. 西葫芦*

Gynostemma pentaphyllum (Thunb.) Makino 绞股兰

Luffa cylindrica (L.) Roem. 丝瓜*

Schizopepon dioicus Cogn. 湖北裂瓜

Thladiantha dubia Bge. 赤瓟

T. nudiflora Hemsl. 南赤瓟

T. oliveri Cogn. ex Mottet 鄂赤瓟

Trichosanthes kirilowii Maxim. 栝楼

125. 桔梗科 Campanulaceae

Adenophora capillaris Hemsl. 丝裂沙参
A. hunanensis Nannf. 宽裂沙参
A. paniculata Nannf. 紫沙参
A. petiolata Pax et Hoffm. 柄沙参
A. polyantha Nakai 石沙参
A. potaninii Korsh. 泡沙参
A. remotiflora Miq. 薄叶荠苨
A. rupincola Hemsl. 岩生沙参
A. stricta Miq. 沙参
A. tsinlingensis Pax et Hoffm. 秦岭沙参
Campanula punctata Lam. 紫斑风铃草
Codonopsis cardiophylla Diels. ex Kom. 光叶党参
C. pilosula (Franch.) Nannf. 党参
C. tangshen Oliv. 川党参
C. tsinlingensis Pax et Hoffm. 秦岭党参
Platycodon grandiflorus (Jacq.) A. DC. 桔梗

126. 菊科 Compositae

Achillea acuminata (Ledeb.) Sch.-Bip. 齿叶蓍
A. wilsoniana (Heim.) Heim. 云南蓍
Adenocaulon himalaicum Edgew. 和尚菜
Ajania pallasiana (Fisch. ex Bess.) Poljak. 亚菊
A. potaninii (Krasch.) Poljak. 川甘亚菊
A. salicifolia (Mattf.) Poljak. 柳叶亚菊
A. remotipinna (Hand.-Mazz.) Ling et Shih 疏齿亚菊
A. variifolia (Chang) Tzvel. 异叶亚菊
Anaphalis aureopunctata Lingelsh. et Borza 黄腺香青
A. flavescens Hand.-Mazz. 淡黄香青
A. hancockii Maxim. 铃铃香青
A. margaritacea (L.) Benth. et Hook. f. 珠光香青
A. nepalensis (Spreng.) Hand.-Mazz. 尼泊尔香青
A. sinica Hance 香青
Arctium lappa L. 牛蒡
Artemisia annua L. 黄花蒿
A. argyi Lévl. et Vant. 艾蒿
A. capillaria Thunb. 茵陈蒿
A. deversa Diels 侧蒿
A. feddei Lévl. et Vant. 矮蒿
A. indica Willd. 印度蒿
A. japonica Thunb. 牡蒿
A. lavandulaefolia DC. 野艾蒿
A. princeps Pamp. 魁蒿
A. roxburghiana Bess. 灰苞蒿
A. scoparia Waldst et Kirt. 扫帚艾蒿
A. sieversiana Willd. 大籽蒿
A. subdigitata Mattf. 牛尾蒿
A. sylvatica Maxim. 阴地蒿
Aster ageratoides Turcz. 三褶脉紫菀
A. ageratoides Turcz. var. *oophyllus* Ling 卵叶三褶脉紫菀
A. alpinus L. var. *serpentimontanus* (Tamam.) Ling 蛇岩高山紫菀
A. flaccidus Bge. 柔软紫菀
A. giraldii Diels 秦中紫菀
A. glarearum W. W. Smith et Farr. 石砾紫菀
Atractylodes lancea (Thunb.) DC. var. *chinensis* (Bge.) Kitam. 北苍术
Bidens bippinnata L. 鬼针草
B. parviflora Willd. 小花鬼针草
B. tripartita L. 狼把草
Cacalia ambigua Ling 两似蟹甲草
C. auriculata DC. 耳叶蟹甲草
C. longispica Z. Y. Zhang et Y. H. Guo 长穗蟹甲草
C. pilgeriana (Diels) Ling 太白山蟹甲草
C. xinjiashanensis Z. Y. Zhang et Y. H. Guo 辛家山蟹甲草
Carduus crispus L. 飞廉
Carpesium abrotanoides L. 天名精
C. cernuum L. 烟管头草
C. leptophyllum Chen et C. M. Hu 薄叶天名精
C. lipskyi Winkl. 高原天名精
C. longifolium Chen et C. M. Hu 长叶天名精
C. macrocephallum Franch. et Sav. 大花金挖耳
C. minimum Hemsl. 小花金挖耳
Cephalanoplos segetum (Bge.) Kitam. 刺儿菜
C. setosum (Willd.) Kitam. 大刺儿菜
Cichorium intybus L. 菊苣
Cirsium hupehense Pamp. 湖北蓟
C. leo Nakai et Kitag. 魁蓟
Conyza canadensis (L.) Cronq. 小白酒草
C. japonica (Thunb.) Less. 白酒草
Dendranthema hypargyreum (Diels) Ling et Shih 黄花小山菊
D. indicum (L.) Des Moul. 野菊
D. lavandulaefolium (Fisch. ex Trautv.) Kitam. 甘菊
Doellingeria scaber (Thunb.) Nees. 东风菜

Doronicum altaicum Pall. 阿尔泰多榔菊
Echinops latifolius Tausch. 蓝刺头
Eclipta prostrata (L.) L. 醴肠
Erigeron acer L. 飞蓬
E. annuus (L.) Pers. 一年蓬
E. taipeiensis Ling et Y. L. Chen 太白山飞蓬
Eupatorium chinense L. 华泽兰
E. japonicum Thunb. 泽兰
E. lingdleyanum DC. 白鼓钉
Gnaphalium hypoleucum DC. 秋鼠麴草
Helianthus tuberosus L. 菊芋*
Hemistepta lyrata (Bge.) Bge. 泥胡菜
Heteropappus altaicus (Willd.) Novopokr. 阿尔泰狗娃花
H. crenatifolius (Hand.-Mazz.) Griers. 圆齿狗娃花
H. hispidus (Thunb.) Less. 狗娃花
Hieracium umbellatum L. 山柳菊
Inula japonica Thunb. 旋覆花
I. lineariifolia Turcz. 线叶旋覆花
Ixeris chinensis (Thunb.) Nakai 山苦荬
I. humifusa (Dunn) Stebb. 平卧苦荬菜
I. polycephala Cass. 多头苦荬菜
I. sonchifolia (Bge.) Hance 抱茎苦荬
Kalimeris indica (L.) Sch.-Bip. 马兰
K. mongolica (Franch.) Kitam. 蒙古马兰
K. pinnatifida (Maxim.) Kitam. 羽叶马兰
Lactuca diversifolia Vant. 异叶莴苣
L. formosana Maxim. 台湾莴苣
L. reddeana Maxim. 毛脉山莴苣
L. tatarica (L.) C. A. Mey 蒙山莴苣
Leibnitzia anandria (L.) Nakai 大丁草
L. giraldii Diels 秦岭火绒草
L. japonicum Miq. 薄雪火绒草
L. leontopodioides (Willd.) Beauv. 火绒草
L. longifolium Ling 长叶火绒草
L. microcephalum (Hand.-Mazz.) Ling 小头火绒草
Ligularia achyrotricha (Diels) Ling 褐毛橐吾
L. dentata (A. Gray) Hara 齿叶橐吾
L. dolichobotrys Diels 太白山橐吾
L. fischeri (Ledeb.) Turcz. 肾叶橐吾
L. hodgsonii Hook. var. *sutchuenensis* (Franch.) Henry 四川鹿蹄橐吾
L. hookeri (C. B. Clarke) Hand.-Mazz. 细茎橐吾
L. przewalskii (Maxim.) Diels 掌叶橐吾
L. veitchiana (Hemsl.) Greenm. 离舌橐吾
Myripnois dioica Bge. 蚂蚱腿子
Nannoglottis carpesioides Maxim. 毛冠菊
Pertya sinensis Oliv. 华帚菊
Picris hieracioides L. subsp. *japonica* (Thunb.) Krylv. 毛莲菜
Prenanthes macrophylla Franch. 大叶盘果菊
P. tatarinowii Maxim. 盘果菊
Rhaponticum uniflorum (L.) DC. 祁州漏芦
Saussurea acrophila Diels 光叶风毛菊
S. baroniana Diels 棕脉风毛菊
S. cauloptera Hand.-Mazz. 翅茎风毛菊
S. dolichopoda Diels 长梗风毛菊
S. dutaillyana Franch. 锈毛风毛菊
S. dutaillyana Franch. var. *shensiensis* Pai 陕西风毛菊
S. flaccida Ling 纤细风毛菊
S. iodostegia Hance 紫苞风毛菊
S. japonica (Thunb.) DC. 风毛菊
S. licentiana Hand.-Mazz. 川陕风毛菊
S. macrota Franch. 大耳叶风毛菊
S. morifolia Chen 桑叶风毛菊
S. mutabilis Diels 变叶风毛菊
S. nigrescens Maxim. 瑞苓草
S. oligantha Franch. 少花风毛菊
S. paucijuga Ling 深裂风毛菊
S. populifolia Hemsl. 杨叶风毛菊
S. przewalskii Maxim. 弯齿风毛菊
S. saligna Franch. 尾尖风毛菊
S. sobarocephala Diels 昂头风毛菊
S. taipaiensis Ling 太白山风毛菊
S. tsinlingensis Hand.-Mazz. 秦岭风毛菊
Scorzonera albicaulis Bge. 笔管草
Senecio argunensis Turcz. 额河千里光
S. flammeus Turcz.ex DC. 红轮千里光
S. kirilowii Turcz. ex DC. 狗舌草
S. manshuricus Kitam. 东北千里光
S. oldhamianus Maxim. 蒲儿根
S. scandens Buch.-Ham. ex D. Don 千里光
S. winklerianux Hand.-Mazz. 齿裂千里光
Serratula chinensis S. Moore 华麻花头
S. stranglata Iljin 蕴苞麻花头
Siegesbeckia orientalis L. 豨签
S. pubescens (Makino) Makino 腺梗豨签

Sinacalia davidii (Franch.) H. Koyama 双舌华蟹甲草

S. tangutica (Maxim.) B. Nord. 羽裂华蟹甲草

Sonchus arvensis L. 苣荬菜

S. oleraceus L. 苦苣菜

S. asper (L.) Hill. 续断菊

Soroseris hookeriana (C. B. Klarke) Stebb. 绢毛菊

S. hookeriana (C. B. Clarke) Stebb. subsp. *erysimoides* (Hand.-Mazz.) Stebb. 糖芥绢毛菊

S. erysimoides (Hand.-Mazz.) Shih 空桶参

Syneilesis aconitifolia (Bge.) Maxim. 兔儿伞

Taraxacum lugubre Dahlst. 川甘蒲公英

T. mongolicum Hand.-Mazz. 蒲公英

T. officinale Wigg. 药蒲公英

T. sinicum Kitag. 华蒲公英

Tragopogon porrifolius L. 蒜叶婆罗门参

Turczaninowia fastigiata (Fisch.) DC. 女菀

Xanthium sibiricum Patrin ex Widder 苍耳

Tussilago farfara L. 款冬

Youngia henryi (Diels.) Babc. et Stebb. 巴东黄鹌菜

Y. japonica (L.) DC. 黄鹌菜

附录二 丹江流域（陕西段）的维管植物名录

蕨类植物 Pteridophyta

1. 石松科 Lycopodiaceae

Huperzia seratum (Thunb. ex Murray) Trev. 蛇足石杉

Lycopodium annotinum L. 多穗石松

2. 卷柏科 Selaginellaceae

Selaginella davidii Franch. 蔓生卷柏

S. involvens (Sw.) Spring 兖州卷柏

S. labordei Hieron. ex Christ 细叶卷柏

S. moellendorfii Hieron. 江南卷柏

S. nipponica Frsnch. et Sav. 伏地卷柏

S. pulvinata (Hook. et Grev.) Maxim. 垫状卷柏

S. sanguinolenta (L.) Spring 红枝卷柏

S. sinensis (Desv.) Spring 中华卷柏

S. tamariscina (Beauv.) Spring 卷柏

S. vaginata Spring 鞘舌卷柏

3. 木贼科 Equisetaceae

Equisetum arvense L. 问荆

E. hyemale L. 木贼

E. ramosissimum Desf. 节节草

4. 瓶尔小草科 Ophioglossaceae

Botrychium lunaria (L.) Sw. 扇羽阴地蕨

B. ternatum (Thunb.) Sw. 阴地蕨

Ophioglossum thermale Kom. 狭叶瓶尔小草

5. 苹科 Marsileaceae

Marsilea quadrifolia L. 苹

6. 槐叶苹科 Salviniaceae

Azolla imbricate (Roxb.) Nakai 满江红

Salvinia natans (L.) All. 槐叶苹

7. 碗蕨科 Dennstaedtiaceae

Dennstaedtia hirsute (Sw.) Mett. ex Miq. 细毛碗蕨

D. wilfordii (Moore) Christ 溪洞碗蕨

Pteridium aquilinum (L.) Kuhn var. *latiusculum* (Desv.) Underw. ex Heller 蕨

8. 凤尾蕨科 Pteridaceae

Adiantum capillus-veneris L. 铁线蕨

A. davidii Franch. 白背铁线蕨

A. erythrochlamys Diels 肾盖铁线蕨

Aleuritopteris argentea (Gmél.) Fée 银粉背蕨

A. nuda Ching 假裸叶粉背蕨

A. shensiensis Ching 陕西粉背蕨

Cheilanthes chusana Hook. 毛轴碎米蕨

Coniogramme affinis (Wall.) Hieron. 尖齿凤了蕨

C. intermedia Hieron. 普通凤了蕨

C. intermedia Hieron. var. *glabra* Ching 无毛凤了蕨

C. japonica (Thunb.) Diels 凤了蕨

C. rosthornii Hieron. 乳头凤了蕨

Cryptogramma stelleri (Gmél.) Prantl 稀叶珠蕨

Onychium japonicum (Thunb.) Kze. 野雉尾金粉蕨

Paragymnopteris bipinnata (Christ) K. H. Shing var. *auriculata* (Franch.) K. H. Shing 耳羽川西金毛裸蕨

Pteris henryi Christ 狭叶凤尾蕨

P. multifida Poir. 井栏边草

P. vittata L. 蜈蚣草

9. 冷蕨科 Cystopteridaceae

Gymnocarpium jessoense (Koidz.) Koidz. 羽节蕨

Cystopteris fragilis (L.) Bernh. 冷蕨

C. montana (Lam.) Bernh. 高山冷蕨

C. pellucida (Franch.) Ching 膜叶冷蕨

10. 铁角蕨科 Aspleniaceae

Asplenium incisum Thunb. 虎尾铁角蕨

A. nesii Christ 西北铁角蕨

A. pekinense Hance 北京铁角蕨

A. ruprechtii Kurata 过山蕨

A. ruta-muraria L. 卵叶铁角蕨

A. tenuicaule Hayata var. *subvarians* (Ching ex C. Chr.) Viane 钝齿铁角蕨

A. trichomanes L. 铁角蕨

A. tripteropus Nakai 三翅铁角蕨

A. yunnanense Franch. 云南铁角蕨

11. 金星蕨科 Thelypteridaceae

Cyclosorus acuminatus (Houtt.) Nakai 渐尖毛蕨
Macrothelypteris oligophlebia (Bak.) Ching var. *elegans* (Koidz.) Ching 雅致针毛蕨
Parathelypteris glanduligera (Kze.) Ching 金星蕨
P. nipponica (Franch. et Sav.) Ching 中日金星蕨
Phegopteris connectilis (Michx.) Watt 卵果蕨
P. decursive-pinnata (van Hall) Fée 延羽卵果蕨
Pronephrium penangianum (Hook.) Holtt. 披针新月蕨
Stegnogramma scallanii (Christ) K. Iwats. 峨眉茯蕨

12. 岩蕨科 Woodsiaceae

Woodsia pilosa Ching 嵩县岩蕨
W. polystichoides Eaton 耳羽岩蕨

13. 蹄盖蕨科 Athyriaceae

Anisocampium niponicum (Mett.) Liu, Chiou et Kato 日本蹄盖蕨
Athyrium atkinsonii Bedd. 大叶假冷蕨
A. fallaciosum Milde 麦秆蹄盖蕨
A. omeiense Ching 峨眉蹄盖蕨
A. sinense Rupr. 中华蹄盖蕨
A. spinulosum (Maxim.) Milde 假冷蕨
Cornopteris crenulatoserrulatum (Mak.) Nakai 新蹄盖蕨
C. decurrenti-alata (Hook.) Nakai 角蕨
Deparia conilii (Franch. et Sav.) Kato 钝羽假蹄盖蕨
D. giraldii (Christ) Ching 陕西蛾眉蕨
D. japonica (Thunb.) Kato 假蹄盖蕨
D. okuboanum (Makino) Kato 华中介蕨
D. petersenii (Kunze.) Kato 毛轴假蹄盖蕨
D. vegetius (Kitagawa) X. C. Zhang 河北蛾眉蕨
Diplazium sibiricum (Turcz. ex Kunze) Kurata var. *glabrum* (Tagawa) Kurata 无毛黑鳞短肠蕨

14. 球子蕨科 Onocleaceae

Matteuccia struthiopteris (L.) Todaro 荚果蕨
M. struthiopteris (L.) Todaro var. *acutiloba* Ching 尖裂荚果蕨
Onoclea interrupta (Maxim.) Ching et Chiu 球子蕨
Pentarhizidium intermedia (C. Chr.) Hayata 中华荚果蕨

15. 肿足蕨科 Hypodematiaceae

Hypodematium crenatum (Forssk.) Kuhn 肿足蕨
H. gracile Ching 修株肿足蕨
H. hirsutum (Don) Ching 光轴肿足蕨

16. 鳞毛蕨科 Dryopteridaceae

Cyrtomium fortune J. Sm. 贯众
C. yamamotoi Tagawa 阔羽贯众
Dryopteris atrata (Kuntze) Ching 暗鳞鳞毛蕨
D. chinensis (Bak.) Koidz. 中华鳞毛蕨
D. crassirhizoma Nakai 粗茎鳞毛蕨
D. goeringiana (Kunze) Koidz. 华北鳞毛蕨
D. peninsulae Kitag. 半岛鳞毛蕨
D. pulcherrima Ching 豫陕鳞毛蕨
D. setosa (Thunb.) Akasawa 两色鳞毛蕨
Polystichum brachypterum (Kuntze) Ching 喜马拉雅耳蕨
P. braunii (spenn.) Fée 布朗耳蕨
P. craspedosorum (Maxim.) Diels 鞭叶耳蕨
P. neolobatum Naikai 革叶耳蕨
P. rigens Tagawa 阔鳞耳蕨
P. stenophyllum Christ 狭叶芽胞耳蕨
P. tripteron (Kunze) Presl 戟叶耳蕨

17. 肾蕨科 Nephrolepidaceae

Nephrolepis cordifolia (L.) Trimen 肾蕨

18. 水龙骨科 Polypodiaceae

Drynaria sinica (Christ) Diels 秦岭槲蕨
Lemmaphyllum drymoglossoides (Bak.) Ching 抱石莲
Lepidomicrosorum buergerianum (Miq.) Ching et Shing 鳞果星蕨
Lepisorus albertii (Regel) Ching 天山瓦韦
L. angustus Ching 狭叶瓦韦
L. bicolor Ching 两色瓦韦
L. contortus (Christ) Ching 扭瓦韦
L. marginatus Ching 有边瓦韦
L. oligolepidus (Bak.) Ching 鳞瓦韦
L. thaipaiensis Ching et S. K. Wu 太白瓦韦
L. ussuriensis (Regel et Maack) Ching 乌苏里瓦韦
Neolepisorus fortune (T. Moore) L. Wang 江南星蕨
Phymatopteris conjuncta (Ching) Pic. Serm. 交连假瘤蕨
P. shensiensis (Christ) Pic. Serm. 陕西假瘤蕨

Polypodiodes amoena (Wall. ex Mett.) Ching 友水龙骨

P. chinensis (Christ) S. G. Lu 中华水龙骨

P. niponica (Mett.) Ching 日本水龙骨

Pyrrosia angustissima (Gies. ex Diels) Tagawa et K. Iwatsuki 石蕨

P. calvata (Bak.) Ching 光石韦

P. davidii (Bak.) Ching 华北石韦

P. drakeana (Franch.) Ching 毡毛石韦

P. petiolosa (Christ) Ching 有柄石韦

裸子植物 Gymnospermae

1. 银杏科 Ginkgoaceae

Ginkgo biloba L. 银杏

2. 松科 Pinaceae

Abies chensiensis Van Tieghem 秦岭冷杉

Keteleeria davidiana (Bertr.) Beissn. 铁坚杉

Picea wilsonii Mast. 青扦

Pinus armandii Franch. 华山松

P. massoniana Lamb. 马尾松

P. tabulaeformis Carr. 油松

Tsuga chinensis (Franch.) Pritz. 铁杉

3. 杉科 Taxodiaceae

Cunninghamia lanceolata (Lamb.) Hook. 杉木

4. 柏科 Cupressaceae

Platycladus orientalis (L.) Franch. 侧柏

Sabina chinensis (L.) Antoine 圆柏

S. squamata (Buch.-Ham. ex D. Don) Ant. var. *wilsonii* (Rehd.) Cheng et L. K. Fu 香柏

Juniperus formosana Hayata 刺松

5. 三尖杉科 Cephalotaxaceae

Cephalotaxus fortunei Hook. f. 三尖杉

C. sinensis (Rehd. et Wils.) Li 中国粗榧

6. 红豆杉科 Taxaceae

Taxus chinensis (Pilg.) Rehd. 红豆杉

被子植物 Angyospermae

1. 香蒲科 Typhaceae

Typha angustifolia L. 水烛

T. orientalis Presl 香蒲

2. 黑三棱科 Sparganiaceae

Sparganium stoloniferum (Graebn.) Buch.-Ham. ex Juz. 黑三棱

3. 眼子菜科 Potamogetonaceae

Potamogeton crispus L. 菹草

P. distinctus A. Benn. 眼子菜

P. fontigenus Y. H. Guo, X. Z. Sun et H. Q. Wang 泉生眼子菜

P. natans L. 浮叶眼子菜

P. pectinatus L. 龙须眼子菜

P. perfoliatus L. 抱茎眼子菜

P. oxyphyllus Miq. 尖叶眼子菜

Zannichellia palustris L. 角果藻

4. 泽泻科 Alismaceae

Alisma orientale (Samuel.) Juz. 东方泽泻

Sagittaria trifolia L. 野慈姑

S. trifolia L. var. *sinensis* (Sims) Makino 华夏慈姑

5. 花蔺科 Butomaceae

Butomus umbellatus L. 花蔺草

6. 水鳖科 Hydrocharitaceae

Hydrilla verticillata (L. f.) Royle 黑藻

Ottelia alismoides (L.) Pers. 水车前

7. 禾本科 Gramineae

竹亚科 Bambusoideae

Bashania fargesii (E. G. Camus) Keng f. et Yi 巴山木竹

Indocalamus bashanensis (C. D. Chu et C. S. Chao) H. R. Zhao et Y. L. Yang 巴山箬竹

Phyllostachys edulis (Carr.) Houz. 毛竹

P. nigra (Lodd. ex Lindl.) Munro 紫竹

Pleioblastus amarus (Keng) Keng f. 苦竹

禾亚科 Pooideae

Achnatherum extremiorientale (Hara) Keng 远东

芨芨草
A. pubicalyx (Ohwi) Keng 毛颖芨芨草
Agrostis clavata Trin. 华北翦股颖
A. gigantea Roth 巨序剪股颖
A. myriantha Hook. f. 多花剪股颖
A. matsumurae Hack. ex Honda 翦股颖
Alopecurus aequalis Sobol. 看麦娘
A. japonicus Steud. 日本看麦娘
Arthraxon hispidus (Thunb.) Makino 荩草
A. lanceolatus (Roxb.) Hochst. 矛叶荩草
Arundinella anomala Steud. 野古草
Avena chinensis (Fisch. ex Roem. et Schult.) Metzg. 莜麦
A. fatua L. 野燕麦
A. sativa L. 燕麦
Bothriochloa ischaemum (L.) Keng 白羊草
Brachypodium sylvaticum (Huds.) Beauv. 短柄草
Bromus japonicus Thunb. ex Murray 雀麦
B. remotiflorus (Steud.) Ohwi 疏花雀麦
Buchloe dactyloides (Nutt.) Engelm. 野牛草
Calamagrostis epigeios (L.) Roth 拂子茅
C. pseudophragmites (Hall. f.) Koel. 假苇拂子茅
Capillipedium parviflorum (R. Br.) Stapf 细柄草
Chloris virgata Sw. 虎尾草
Cleistogenes hackelii (Honda) Honda 朝阳隐子草
C. hancei Keng 北京隐子草
Coix lacryma-jobi L. 薏苡
Cynodon dactylon (L.) Pers. 狗牙根
Dactylis glomerata L. 鸭茅
Deyeuxia arundinacea (L.) Beauv. 野青茅
D. arundinacea (L.) Beauv. var. *borealis* (Rendle) P. C. Kuo et S. L. Lu 北方野青茅
D. arundinacea (L.) Beauv. var. *brachytri-cha* (Steud.) P. C. Kuo et S. L. Lu 短毛野青茅
D. arundinacea (L.) Beauv. var. *ciliata* (Honda) P. C. Kuo et S. L. Lu 纤毛野青茅
D. scabrescens (Griseb.) Munro ex Duthie 糙野青茅
D. sinelatior Keng 华高野青茅
Digitaria chrysoblephara Fig. et De Not. 毛马唐
D. ischaemum (Schreb.) Schreb. 止血马唐
D. sanguinalis (L.) Scop. 马唐
Echinochloa crusgalli (L.) Beauv. 稗
E. crusgalli (L.) Beauv. var. *mitis* (Pursh) Peterm. 无芒稗
E. crusgalli (L.) Beauv. var. *zelayensis* (Kunth) Hitchc. 西来稗
Eleusine indica (Linn) Gaertn. 牛筋草
Elymus dahuricus Turcz. ex Griseb. 披碱草
E. dahuricus Turcz. ex Griseb. var. *cylindricus* Franch. 圆柱披碱草
E. sibiricus L. 老芒麦
Eragrostis cilianensis (All.) Vign.-Lut. ex Janch. 大画眉草
E. ferruginea (Thunb.) Beauv. 知风草
E. minor Host 小画眉草
E. nigra Nees ex Steud. 黑穗画眉草
Erianthus rufipilus (Steud.) Griseb. 蔗茅
Eriochloa villosa (Thunb.) Kunth 野黍
Eulalia speciosa (Debeaux) Kuntze 金茅
Eulaliopsis binata (Retz.) C. E. Hubb. 拟金茅
Fargesia qinlingensis Yi et J. X. Shao 秦岭箭竹
Festuca japonica Makino 日本羊茅
F. modesta Nees ex Steud. 素羊茅
Glyceria leptolepis Ohwi 假鼠妇草
Hemarthria altissima (Poir.) Stapf et C. E. Hubb. 牛鞭草
Heteropogon contortus (L.) Beauv. ex Roem. et Schult. 黄茅
Hierochloe odorata (L.) Beauv. 茅香
Hordeum vulgare L. 大麦*
Hystrix duthiei (Stapf ex Hook. f.) Bor 猬草
Imperata koenigii (Retz.) Beauv. 丝茅
Isachne globosa (Thunb.) Kuntze 柳叶箬
Koeleria cristata (L.) Pers. 落草
Leersia japonica (Makino ex Honda) Honda 假稻
Leptochloa chinensis (L.) Nees 千金子
L. panicea (Retz.) Ohwi 虮子草
Melica radula Franch. 细叶臭草
M. scabrosa Trin. var. *limprichtii* Papp 臭草
Microstegium nodosum (Kom.) Tzvelev 莠竹
M. nudum (Trin.) A. Camus 竹叶茅
M. vimineum (Trin.) A. Camus 柔枝莠竹
Milium effusum L. 粟草
Miscanthus sinensis Anderss. 芒
Muhlenbergia huegelii Trin. 乱子草
M. japonica Steud. 日本乱子草
Oplismenus undulatifolius (Ard.) P. Beauv. 求米草
Orthoraphium grandifolium (Keng) Keng ex P.C.

Kuo 大叶直芒草
Oryza sativa L. 稻
Oryzopsis chinensis Hitchc. 中华落芒草
O. henryi (Rendle) Keng ex P. C. Kuo 湖北落芒草
Panicum miliaceum L. 稷
Paspalum thunbergii Kunth ex steud. 雀稗
Pennisetum alopecuroides (L.) Spreng. 狼尾草
P. centrasiaticum Tzvel. 白草
P. longissimum S. L. Chen et Y. X. Jin var. *intermedium* S. L. Chen et Y. X. Jin 中型狼尾草
Phaenosperma globosa Munro ex Benth. 显子草
Phleum paniculatum Huds. 鬼蜡烛
P. pratense L. 梯枚草
Phragmites australis (Cav.) Trin. ex Steud. 芦苇
Poa acroleuca Steud. 白顶早熟禾
P. annua L. 早熟禾
P. pratensis L. 草地早熟禾
P. sphondylodes Trin. 硬质早熟禾
Polypogon fugax Nees ex Steud. 棒头草
P. monspeliensis (L.) Desf. 长芒棒头草
Roegneria ciliaris (Trin. ex Bunge) Nevski 纤毛鹅观草
R. ciliaris (Trin. ex Bunge) Nevski var. *lasiophylla* (Kitag.) Kitag. 毛叶纤毛草
R. kamoji Ohwi 鹅观草
R. mayebarana (Honda) Ohwi 东瀛鹅观草
Saccharum arundinaceum Retz. 斑茅
S. sinense Roxb. 竹蔗
Secale cereale L. 黑麦*
Setaria glauca (L.) Beauv. 金色狗尾草
S. italica (L.) Beauv. 谷子*
S. viridis (L.) Beauv. 狗尾草
Sorghum bicolor (L.) Moench 高粱
Spodiopogon sibiricus Trin. 大油芒
Sporobolus fertilis (Steud.) W. D. Clayt. 鼠尾粟
Stipa bungeana Trin. 长芒草
Themeda japonica (Willd.) Tanaka 黄背草
Tragus berteronianus Schult. 虱子草
T. racemosus (L.) All. 锋芒草
Triarrhena sacchariflora (Maxim.) Nakai 荻
Tripogon chinensis (Franch.) Hack. 中华草沙蚕
Trisetum pauciflorum Keng 贫花三毛草
Triticum aestivum L. 小麦
Zea mays L. 玉蜀黍*

8. 莎草科 Cyperaceae

Bolboschoenus planiculmis (F. Schmidt) Egorova 扁秆荆三棱
Carex agglomerata Clarke 团穗苔草
C. breviculmis R. Br. 青绿苔草
C. breviculmis R. Br. var. *fibrillosa* (Franch. et Sav.) Matsum. et Hayata 纤维青菅
C. capilliformis Franch. 丝叶苔草
C. davidii Franch. 无喙囊苔草
C. dimorpholepis Steud. 二形鳞苔草
C. doniana Spreng. 签草
C. duriuscula C. A. Mey. subsp. *rigescens* (Franch.) S. Yun Liang et Y. C. Tang 白颖苔草
C. gibba Wahlb. 穹隆苔草
C. henryi Clarke ex Franch. 湖北苔草
C. heterolepis Bunge 异鳞苔草
C. heterostachya Bunge 异穗苔草
C. huashanica Tang et Wang ex L. K. Dai 华山苔草
C. japonica Thunb. 日本苔草
C. lanceolata Boott 大披针苔草
C. lanceolata Boott var. *subpediformis* Kukenth. 亚柄苔草
C. luctuosa Franch. 城口苔草
C. neurocarpa Maxim. 翼果苔草
C. nubigena D. Don ex Till. et Tayl. 云雾苔草
C. onoei Franch. et Sav. 针叶苔草
C. polyschoenoides K. T. Fu 类白穗苔草
C. ramentaceofructus K. T. Fu 鳞秕果苔草
C. remotiuscula Wahlb. 丝引苔草
C. rochebrunii Franch. et Sav. 书带苔草
C. rochebrunii Franch. et Sav. subsp. *reptans* (Franch.) S. Yun Liang et Y. C. Tang 匍匐苔草
C. rubrobrunnea Clarke var. *taliensis* (Franch.) Kukenth. 大理苔草
C. siderosticta Hance 宽叶苔草
C. tangiana Ohwi 唐进苔草
C. ussuriensis Kom. 乌苏里苔草
Cyperus amuricus Maxim. 阿穆尔莎草
C. cyperoides (L.) Kuntze 砖子苗
C. difformis L. 异型莎草
C. fuscus L. 褐穗莎草
C. glomeratus L. 头状穗莎草
C. iria L. 碎米莎草
C. michelianus (L.) Delile 旋鳞莎草

C. microiria Steud. 具芒碎米莎草
C. rotundus L. 香附子
C. serotinus Rottb. 水莎草
Eleocharis dulcis (Burm. f.) Trin. ex Hensch. 荸荠*
E. pellucida Presl 透明鳞荸荠
E. valleculosa Ohwi var. *setosa* Ohwi 具刚毛荸荠
E. yokoscensis (Franch. et Savat.) Tang et Wang 牛毛毡
Fimbristylis bisumbellata (Forsk.) Bubani 复序飘拂草
F. dichotoma (L.) Vahl 两岐飘拂草
F. henryi Clarke 宜昌飘拂草
F. littoralis Grandich 水虱草
F. stauntonii Deb. et Franch. 烟台飘拂草
F. subbispicata Nees et Meyen 双穗飘拂草
Kyllinga brevifolia Rottb. var. *leiolepis* (Franch. et Savat.) Hara 无刺鳞水蜈蚣
Pycreus flavidus (Retz.) Koyama 球穗扁莎
P. sanguinolentus (Vahl) Nees 红鳞扁莎
Schoenoplectus juncoides (Roxb.) Palla 萤蔺
S. triqueter (L.) Palla 三棱水葱
Scirpus karuizawensis Makino 华东藨草

9. 棕榈科 Palmae

Trachycarpus fortunei (Hook.) H. Wendl. 棕榈

10. 天南星科 Araceae

Acorus calamus L. 菖蒲
A. tatarinowii Schott 石菖蒲
Amorphophallus konjac K. Koch 魔芋*
Arisaema consanguineum Schott 天南星
A. lobatum Engl. 花南星
Arisaema sikokianum Franch. et Sav. var. *serratum* (Makino) Hand.-Mazz. 灯台莲
Colocasia esculenta (L.) Schott. 芋*
Pinellia pedatisecta Schott 鸟足叶半夏
Typhonium giganteum Engl. 独角莲

11. 浮萍科 Lemnaceae

Lemna minor L. 浮萍
Spirodela polyrrhiza (L.) Schleid. 紫萍

12. 鸭跖草科 Commelinaceae

Commelina benghalensis L. 火柴头
C. communis L. 鸭跖草
Streptolirion volubile Edgew. 竹叶子

13. 灯心草科 Juncaceae

Juncus alatus Franch. et Savat. 翅茎灯心草
J. articulatus L. 小花灯心草
J. effusus L. 灯心草
J. setchuensis Buchen. var. *effusoides* Buchen. 假灯心草
Luzula effusa Buchen. 散序地杨梅

14. 百合科 Liliaceae

Aletris glabra Bureau et Franch. 光肺筋草
A. spicata (Thunb.) Franch. 肺筋草
Allium cepa L. 洋葱*
A. fistulosum L. 葱*
A. macrostemon Bunge 薤白
A. paepalanthoides Airy-Shaw 天蒜
A. plurifoliatum Rendle 多叶韭
A. ramosum L. 野韭
A. sativum L. 蒜*
A. tenuissimum L. 细叶韭
A. tuberosum Rottler ex Spreng. 韭*
A. victorialis L. 茖韭
Asparagus cochinchinensis (Lour.) Merr. 天门冬
A. filicinus D. Don 蕨叶天门冬
A. longiflorus Franch. 长花天门冬
A. officinalis L. 石刁柏
A. schoberioides Kunth 雉隐天冬
Cardiocrinum giganteum (Wall.) Makino var. *yunnanense* (Leichtlin ex Elwes) Stearn 云南大百合
Disporum cantoniense (Lour.) Merr. 万寿竹
Hemerocallis citrina Baroni 黄花菜*
H. fulva (L.) L. 萱草
H. minor Mill. 小黄花菜
Hosta plantaginea (Lam.) Aschers. 玉簪
Lilium brownii F. E. Brown var. *viridulum* Baker 百合
L. davidi Duch. ex Elwes 川百合
L. fargesii Franch. 绿花百合
L. leucanthum (Baker) Baker 宜昌百合
L. papilliferum Franch. 乳突百合
L. pumilum DC. 山丹
L. tigrinum Ker-Gawl. 卷丹
Liriope spicata Lour. 土麦冬

Maianthemum henryi (Baker) LaFrankie 管花鹿药
M. japonicum (A. Gray) LaFrankie 鹿药
Ophiopogon japonicus (L. f.) Ker-Gawl. 麦冬
Paris polyphylla Smith 重楼
P. thibetica Franch. var. *apetala* Hand.-Mazz. 缺瓣重楼
P. verticillata Marsch.-Bieb. 北重楼
Polygonatum cirrhifolium (Wall.) Royle 卷叶黄精
P. involucratum Maxim. 二苞黄精
P. odoratum (Mill.) Druce 玉竹
P. sibiricum Redoute 黄精
P. zanlanscianense Pamp. 湖北黄精
Reineckea carnea (Andr.) Kunth 吉祥草
Smilax discotis Warb. 托柄菝葜
S. glaucochina Warb. 黑果菝葜
S. microphylla Wright 小叶菝葜
S. riparia A. DC. 草菝葜
S. scobinicaulis Wright 黑刺菝葜
S. stans Maxim. 鞘柄菝葜
S. trachypoda Norton 毛柄菝葜
Tricyrtis macropoda Miq. 油点草
T. pilosa Wall. 黄花油点草
Veratrum japonicum (Baker) Loes. f. 黑紫藜芦
V. nigrum L. 藜芦

15. 石蒜科 Amaryllidaceae

Lycoris aurea (L'Herit.) Herb. 忽地笑*
L. radiata (L'Herit.) Herb. 石蒜

16. 薯蓣科 Dioscoreaceae

Dioscorea bulbifera L. 黄独
D. nipponica Makino 穿龙薯蓣
D. nipponica Makino subsp. *rosthornii* (Prain et Burkill) C. T. Ting 柴黄姜
D. polystachya Turcz. 薯蓣
D. zingiberensis C. H. Wright 盾叶薯蓣

17. 鸢尾科 Iridaceae

Belamcanda chinensis (L.) DC. 射干
Iris japonica Thunb. 蝴蝶花
I. lactea Pall. var. *chinensis* Koidz 马蔺
I. tectorum Maxim. 鸢尾

18. 兰科 Orchidaceae

Amitostigma gracile (Bl.) Schltr. 无柱兰
Bletilla ochracea Schltr. 黄花白及
B. striata (Thunb.) Rchb. f. 白及
Calanthe alpina Hook. f. ex Lindl. 流苏虾脊兰
Cephalanthera erecta Lindl. 银兰
Cremastra appendiculata (D. Don) Makino 杜鹃兰
Cymbidium faberi Rolfe 蕙兰
C. goeringii (Rchb. f.) Rchb. f. 春兰
Dactylorhiza viridis (L.) Batem et Pridg. et Chase 凹舌掌裂兰
Dendrobium hancockii Rolfe 细叶石斛
D. moniliforme (L.) Sw. 细茎石斛
D. officinale Kimura et Migo 铁皮石斛
Epipactis mairei Schltr. 大叶火烧兰
Eulophia dabia (D. Don) Hochr. 长距美冠兰
Gastrochilus formosanus (Hayata) Hayata 台湾盆距兰
Gastrodia elata Bl. 天麻
Goodyera repens (L.) R. Br. 小斑叶兰
Herminium lanceum (Thunb. ex Sw.) Vuijk 叉唇角盘兰
Liparis fargesii Finet 小羊耳蒜
L. japonica (Miq.) Maxim. 羊耳蒜
Malaxis monophyllos (L.) Sw. 沼兰
Neottianthe cucullata (L.) Schltr. 二叶兜被兰
Platanthera japonica (Thunb.) Lindl. 舌唇兰
Spiranthes sinensis (Pers.) Ames 绶草

19. 三白草科 Saururaceae

Houttuynia cordata Thunb. 蕺菜

20. 金粟兰科 Chloranthaceae

Chloranthus japonicus Sieb. 银线草
C. multistachys Pei 多穗金粟兰

21. 杨柳科 Salicaceae

Populus canadensis Moench. 加拿大杨*
P. cathayana Rehd. 青杨
P. davidiana Dode 山杨
P. pseudosimonii Kitag. 小青杨
P. simonii Carr. 小叶杨
P. simonii Carr. var. *tsinlingensis* C. Wang et C. Y. Yu 秦岭小叶杨
P. tomentosa Carr. 毛白杨
P. nigra L. var. *italica* (Moench) Koehne 钻天杨
Salix babylonica L. 垂柳

S. babylonica L. f. *tortuosa* Y. L. Chou 曲枝垂柳
S. chaenomeloides Kimura 腺柳
S. chaenomeloides Kimura var. *glandulifolia* (C. Wang et C. Y. Yu) C. F. Fang 腺叶腺柳
S. cheilophila Schneid. 乌柳
S. cheilophila Schneid. var. *cyanolimnea* (Hance) C. Y. Yang 光果乌柳
S. dasyclados Wimm. 毛枝柳
S. heterochroma Seem. 紫枝柳
S. hypoleuca Seem. ex Diels 小叶柳
S. luctuosa Lévl. 丝毛柳
S. matsudana Koidz. 旱柳
S. matsudana Koidz. form. *pendula* Schneid. 绦柳
S. pentandra L. 五蕊柳
S. polyclona Schneid. 多枝柳
S. rosthornii Seem. 南川柳
S. shihtsuanensis C. Wang et C. Y. Yu 石泉柳
S. viminalis L. 蒿柳
S. wallichiana Anderss. 皂柳

22. 胡桃科 Juglandaceae

Juglans cathayensis Dode 野胡桃
J. regia L. 胡桃
Platycarya strobilacea Sieb. et Zucc. 化香树
Pterocarya hupehensis Skan 湖北枫杨
P. insignis Rehd. et Wils. 华西枫杨
P. stenoptera DC. 枫杨

23. 桦木科 Betulaceae

Betula albo-sinensis Burk. 红桦
B. chinensis Maxim. 坚桦
B. luminifera Winkl. 亮叶桦
B. platyphylla Suk. 白桦
Carpinus cordata Bl. 千金榆
C. henryana (Winkl.) Winkl. 川鄂鹅耳枥
C. hupeana Hu 湖北鹅耳枥
C. stipulata Winkl. 小叶鹅耳枥
C. turczaninowii Hance 鹅耳枥
Corylus chinensis Franch. 华榛
C. heterophylla Fisch. ex Trautv. 榛
C. heterophylla Fisch. ex Trautv. var. *sutchuenensis* Franch. 川榛
C. ferox Wall. var. *thibetica* (Batal.) Franch. 藏刺榛
Ostrya japonica Sarg. 铁木

24. 壳斗科 Fagaceae

Castanea mollissima Bl. 栗
C. seguinii Dode 茅栗
Cyclobalanopsis breviradiata W. C. Cheng ex Y. C. Hsu et H. W. Jen 短星毛青冈
C. glauca (Thunb.) Oerst. 青冈
C. gracilis (Rehd. et Wils.) Cheng et T. Hong 细叶青冈
Quercus acrodonta Seem. 岩栎
Q. acutissima Carr. 麻栎
Q. aliena Bl. 槲栎
Q. aliena Bl. var. *acuteserrata* Maxim. 锐齿栎
Q. baronii Skan 橿子栎
Q. dentata Thunb. 槲树
Q. dolicholepis A. Camus 匙叶栎
Q. phillyreoides A. Gray 乌冈栎
Q. serrata Thunb. var. *brevipetiolata* (A. DC.) Nakai 短柄枹栎
Q. spinosa David ex Franch. 刺叶高山栎
Q. variabilis Bl. 栓皮栎
Q. wutaishanica Mayr. 辽东栎

25. 榆科 Ulmaceae

Celtis biondii Pamp. 紫弹树
C. bungeana Bl. 小叶朴
C. julianae Schneid. 珊瑚朴
C. koraiensis Nakai 大叶朴
C. sinensis Pers. 朴树
Pteroceltis tatarinowii Maxim. 青檀
Ulmus bergmanniana Schneid. 兴山榆
U. davidiana Planch. var. *japonica* (Rehd.) Nakai 春榆
U. macrocarpa Hance 大果榆
U. parvifolia Jacq. 榔榆
U. pumila L. 榆
Zelkova serrata (Thunb.) Makino 榉树

26. 桑科 Moraceae

Broussonetia kazinoki Sieb. 小构树
B. papyrifera (L.) L'Herit. ex Vent. 构树
Cannabis sativa L. 大麻
Cudrania tricuspidata (Carr.) Bureau ex Lavall. 柘树
Ficus carica L. 无花果
F. heteromorpha Hemsl. 异叶榕

F. sarmentosa Buch.-Ham. ex J. E. Smith var. *henryi* (King) Corn. 珍珠莲
F. tikoua Bureau 地瓜
Humulus scandens (Lour.) Merr. 葎草
Morus alba L. 桑*
M. australis Poir. 鸡桑
M. cathayana Hemsl. 华桑
M. mongolica (Bureau) Schneid. 蒙桑

27. 荨麻科 Urticaceae

Boehmeria gracilis C. H. Wright 细野麻
B. nivea (L.) Gaudich. 苎麻
B. tricuspis (Hance) Makino 赤麻
Debregeasia orientalis C. J. Chen 水麻
Elatostema involucratum Franch. et Sav. 楼梯草
E. stewardii Merr. 庐山楼梯草
Girardinia suborbiculata C. J. Chen 蝎子草
G. suborbiculata C. J. Chen subsp. *triloba* (C. J. Chen) C. J. Chen 红火麻
Gonostegia hirta (Bl.) Miq. 糯米团
Laportea bulbifera (Sieb. et Zucc.) Wedd. 珠芽艾麻
L. cuspidata (Wedd.) Friis 艾麻
Nanocnide japonica Bl. 花点草
Oreocnide frutescens (Thunb.) Miq. 紫麻
Parietaria micrantha Ledeb. 墙草
Pilea japonica (Maxim.) Hand.-Mzt. 山冷水花
P. notata C. H. Wright 冷水花
P. pumila (L.) A. Gray 透茎冷水花
P. pumila (L.) A. Gray var. *obtusifolia* C. J. Chen 钝尖冷水花
Urtica laetevirens Maxim. 宽叶荨麻
U. fissa E. Pritz. 荨麻

28. 檀香科 Santalaceae

Buckleya graeberiana Diels 秦岭米面蓊
B. henryi Diels 米面蓊
Thesium chinense Turcz. 百蕊草

29. 桑寄生科 Loranthaceae

Taxillus sutchuenensis (Lecomte) Dans. 桑寄生

30. 马兜铃科 Aristolochiaceae

Aristolochia contorta Bunge 北马兜铃
A. mollissima Hance 寻骨风
A. kaempferi Willd. form. *heterophylla* (Hemsl.) S. M. Hwang 异叶马兜铃
Asarum himalaicum Hook. f. et Thoms. ex Klotzsch. 毛细辛
A. sieboldii Miq. 细辛
Saruma henryi Oliv. 马蹄香

31. 蛇菰科 Balanophoraceae

Balanophora henryi Hemsl. 宜昌蛇菰
B. involucrata Hook.f. 鞘苞蛇菰

32. 蓼科 Polygonaceae

Antenoron filiforme (Thunb.) Rob. et Vaut. var. *neofiliforme* (Nakai) A. J. Li 短毛金线草
Fagopyrum esculentum Moench 荞麦
F. gracilipes (Hemsl.) Dammer 细梗荞麦
F. tataricum (L.) Gaertn. 苦荞麦
F. dibotrys (D. Don) Hara 金荞麦
Fallopia aubertii (L. Henry) Holub 木藤首乌
F. dentatoalata (F. Schmidt) Holub 齿翅首乌
F. multiflora (Thunb.) Harald. 何首乌
Polygonum amphibium L. 两栖蓼
P. aviculare L. 萹蓄
P. hydropiper L. 水蓼
P. lapathifolium L. 酸模叶蓼
P. lapathifolium L. var. *salicifolium* Sibth. 绵毛酸模叶蓼
P. longisetum Bruijn 长鬃蓼
P. nepalense Meisn. 尼泊尔蓼
P. orientale L. 红蓼
P. perfoliatum L. 杠板归
P. persicaria L. 桃叶蓼
P. plebeium R. Br. 小萹蓄
P. posumbu Buch.-Ham. ex D. Don 丛枝蓼
P. sieboldii Meisn. 箭叶蓼
P. suffultum Maxim. 支柱蓼
P. tinctorium Ait. 蓼蓝
P. viscosum Buch.-Ham. ex D. Don 香蓼
P. viviparum L. 珠芽蓼
P. runcinatum Buch.-Ham. ex D. Don var. *sinense* Hemsl. 赤胫散
Potygonum thunbergii Sieb. et Zucc. 戟叶蓼
Pteroxygonum giraldii Dammer et Diels 翼蓼
Reynoutria japonica Houtt. 虎杖
Rheum officinale Baill. 药用大黄
R. palmatum L. 掌叶大黄

Rumex dentatus L. 齿果酸模
R. nepalensis Spreng. 尼泊尔酸模
R. patientia L. 巴天酸模
R. japonicus Houtt. 羊蹄

33. 藜科 Chenopodiaceae
Acroglochin persicarioides (Poir.) Moq. 千针苋
Beta vulgaris L. 甜菜*
Chenopodium album L. 藜
C. aristatum L. 刺藜
C. glaucum L. 灰绿藜
C. gracilispicum Kung var. *longifolium* C. S. Zhu et X. D. Li 长叶藜
C. serotinum L. 小藜
Corispermum puberulum Iljin 软毛虫实
C. redowskii Fisch. ex Stev. 锈毛虫实
C. tylocarpum Hance 疣果虫实
Kochia scoparia (L.) Schrad. 地肤
K. scoparia (L.) Schrad. form. *trichophila* (Hort. ex Tribune) Schinz et Thell. 扫帚菜
Salsola collina Pall. 猪毛菜
Spinacia oleracea L. 菠菜*

34. 苋科 Amaranthaceae
Achyranthes bidentata Bl. 牛膝
Alternanthera philoxeroides (Mart.) Griseb. 喜旱莲子草
Amaranthus caudatus L. 尾穗苋
A. lividus L. 凹头苋
A. paniculatus L. 繁穗苋
A. retroflexus L. 反枝苋
A. roxburghianus H. W. Kung 腋花苋
A. spinosus L. 刺苋
A. tricolor L. 苋
A. viridis L. 皱果苋
Celosia cristata L. 鸡冠花*

35. 紫茉莉科 Nyctaginaceae
Mirabilis jalapa L. 紫茉莉*

36. 商陆科 Phytolaccaceae
Phytolacca acinosa Roxb. 商陆
P. americana L. 垂序商陆

37. 马齿苋科 Portulacaceae
Portulaca oleracea L. 马齿苋

38. 石竹科 Caryophyllaceae
Arenaria serpyllifolia L. 无心菜
Cerastium arvense L. 卷耳
C. furcatum Cham. et Schlecht. 缘毛卷耳
Cucubalus baccifer L. 狗筋蔓
Dianthus chinensis L. 石竹
D. superbus L. 瞿麦
Gypsophila huashanensis Y. W. Tsui et D. Q. Lu 华山石头花
G. oldhamiana Miq. 霞草
Lychnis senno Sieb. et Zucc. 剪红纱花
Myosoton aquaticum (L.) Moench 鹅肠菜
Pseudostellaria heterantha (Maxim.) Pax 异花孩儿参
Sagina japonica (Sw.) Ohwi 漆姑草
Silene aprica Turcz. ex Fisch. et Mey. 女娄菜
S. conoidea L. 麦瓶草
S. firma Sieb. et Zucc. 坚硬女娄菜
S. fortunei Vis. 鹤草
S. hupehensis C. L. Tang 湖北鹤草
S. tatarinowii Regel 石生蝇子草
Stellaria chinensis Regel 中国繁缕
S. media (L.) Cyrill. 繁缕
S. palustris Ehrh. 沼生繁缕
S. vestita Kurz 箐姑草
Vaccaria segetalis (Neck.) Garcke 麦蓝菜

39. 睡莲科 Nymphaeaceae
Euryale ferox Salisb. 芡
Nelumbo nucifera Gaertn. 莲

40. 领春木科 Eupteleaceae
Euptelea pleiospermum Hook. f. et Thoms. 领春木

41. 连香树科 Cercidiphllaceae
Cercidiphyllum japonicum Sieb. et Zucc. 连香树

42. 芍药科 Paeoniaceae
Paeonia lactiflora Pall. 芍药
P. obovata Maxim. 草芍药
P. obovata Maxim. var. *willmottiae* (Stapf.) Stern 毛叶草芍药
P. suffruticosa Andr. 牡丹
P. veitchii Lynch 川赤芍

43. 毛茛科 Ranunculaceae

Aconitum carmichaelii Debx. 乌头

A. hemsleyanum Pritz. 瓜叶乌头

A. kirinense Nakai var. *australe* W. T. Wang 毛果吉林乌头

A. pendulum Busch 铁棒锤

A. scaposum Franch. 花葶乌头

A. sczukinii Turcz. 宽裂乌头

A. sinomontanum Nakai 高乌头

A. sungpanense Hand.-Mazz. 松潘乌头

A. cannabifolium Franch. ex Finet et Gagnep. 大麻叶乌头

Actaea asiatica Hara 类叶升麻

Adonis davidii Franch. 短柱侧金盏花

Anemone flaccida Fr. Schmidt 鹅掌草

A. hupehensis Lem. 野棉花

A. reflexa Steph. ex Willd. 反萼银莲花

A. rivularis Buch.-Ham. ex DC. var. *flore-minore* Maxim. 小花草玉梅

A. tomentosa (Maxim.) Pei 大火草

Aquilegia ecalcarata Maxim. 无距耧斗菜

A. incurvata P. K. Hsiao 秦岭耧斗菜

A. yabeana Kitag. 华北耧斗菜

Batrachium trichophyllum (Chaix) Bossch. 毛柄水毛茛

Caltha palustris L. 驴蹄草

Cimicifuga acerina (Sieb. et Zucc.) Tanaka 小升麻

C. acerina (Sieb. et Zucc.) Tanaka form. *purpurea* P. K. Hsiao 紫花小升麻

C. foetida L. 升麻

Clematis argentilucida (Lévl. et Vant.) W. T. Wang 粗齿铁线莲

C. armandii Franch. 小木通

C. brevicaudata DC. 短尾铁线莲

C. henryi Oliv. 单叶铁线莲

C. heracleifolia DC. 大叶铁线莲

C. hexapetala Pall. 棉团铁线莲

C. lasiandra Maxim. 毛蕊铁线莲

C. montana Buch.-Ham. 绣球藤

C. obscura Maxim. 秦岭铁线莲

C. peterae Hand.-Mazz. 钝萼铁线莲

C. peterae Hand.-Mazz. var. *trichocarpa* W. T. Wang 毛果铁线莲

C. potaninii Maxim. 美花铁线莲

C. puberula Hook. f. et Thoms. var. *tenuisepala* (Maxim.) W. T. Wang 毛果扬子铁线莲

C. shensiensis W. T. Wang 陕西铁线莲

C. terniflora DC. 圆锥铁线莲

Delphinium anthriscifolium Hance var. *calleryi* (Franch.) Finet et Gagnep. 卵瓣还亮草

D. giraldii Diels 秦岭翠雀花

D. grandiflorum L. var. *glandulosum* W. T. Wang 腺毛翠雀花

D. henryi Franch. 川陕翠雀花

D. honanense W. T. Wang var. *piliferum* W. T. Wang 毛梗翠雀花

D. lingbaoense S. Y. Wang et Q. S. Yang 灵宝翠雀花

Dichocarpum fargesii (Franch.) W. T. Wang et Hsiao 纵肋人字果

Helleborus thibetanus Franch. 铁筷子

Pulsatilla chinensis (Bunge) Regel. 白头翁

Ranunculus cantoniensis DC. 禺毛茛

R. chinensis Bunge 茴茴蒜

R. japonicus Thunb. 毛茛

R. repens L. 匍枝毛茛

R. sceleratus L. 石龙芮

R. sieboldii Miq. 扬子毛茛

Thalictrum baicalense Turcz. 贝加尔唐松草

T. fargesii Franch. ex Fin. et Gagnep. 西南唐松草

T. macrorhynchum Franch. 长喙唐松草

T. przewalskii Maxim. 长柄唐松草

T. robustum Maxim. 粗壮唐松草

T. minus L. var. *hypoleucum* (Sieb. et Zucc.) Miq. 东亚唐松草

Trollius buddae Schipcz 川陕金莲花

44. 木通科 Lardizabalaceae

Akebia trifoliata (Thunb.) Koidz. 三叶木通

A. trifoliata (Thunb.) Koidz. subsp. *australis* (Diels) T. Shimizu 白木通

Decaisnea insignis (Griff.) Hook. f. et Thoms. 猫屎瓜

Holboellia coriacea Diels 鹰爪枫

H. fargesii Reaub. 五月瓜藤

H. grandiflora Reaub. 牛姆瓜

Sinofranchetia chinensis (Franch.) Hemsl. 串果藤

45. 小檗科 Berberidaceae

Berberis amurensis Rupr. 黄芦木
B. dasystachya Maxim. 直穗小檗
B. dielsiana Fedde 首阳小檗
B. feddeana Schneid. 异长穗小檗
B. gilgiana Fedde 涝峪小檗
B. henryana Schneid. 川鄂小檗
B. poiretii Schneid. 细叶小檗
B. potaninii Maxim. 少齿小檗
B. reticulata Byhouw. 网脉小檗
B. salicaria Fedde 柳叶小檗
B. soulieana Schneid. 假豪猪刺
B. thunbergii DC. 日本小檗
Caulophyllum robustum Maxim. 红毛七
Diphylleia sinensis H. L. Li 南方山荷叶
Epimedium brevicornu Maxim. 淫羊藿
E. pubescens Maxim. 柔毛淫羊藿
E. sagittatum (Sieb. et Zucc.) Maxim. 三枝九叶草
Mahonia bealei (Fort.) Carr. 阔叶十大功劳

46. 防己科 Menispermaceae

Cocculus orbiculatus (L.) DC. 木防己
Cyclea racemosa Oliv. 轮环藤
Menispermum dauricum DC. 蝙蝠葛
Sinomenium acutum (Thunb.) Rehd. et Wils. 风龙
Stephania cepharantha Hayata 金线吊乌龟

47. 木兰科 Magnoliaceae

Magnolia biondii Pamp. 望春玉兰
M. denudata Desr. 玉兰
M. liliflora Desr. 紫玉兰
M. officinalis Rehd. et Wils. 厚朴
M. officinalis Rehd. et Wils. subsp. *biloba* (Rehd. et Wils.) Law 凹叶厚朴
M. sprengeri Pamp. 武当木兰

48. 八角科 Illiciaceae

Illicium henryi Diels 红茴香

49. 五味子科 Schisandraceae

Schisandra propinqua (Wall.) Baill. var. *sinensis* Oliv. 铁箍散
S. sphenanthera Rehd. et Wils. 华中五味子

50. 蜡梅科 Calycanthaceae

Chimonanthus nitens Oliv. 山蜡梅
C. praecox (L.) Link 蜡梅

51. 樟科 Lauraceae

Cinnamomum septentrionale Hand.-Mazz. 银木
C. wilsonii Gamble 川桂
Lindera aggregata (Sims) Kosterm. 乌药
L. communis Hemsl. 香叶树
L. glauca (Sieb. et Zucc.) Bl. 山胡椒
L. megaphylla Hemsl. 黑壳楠
L. neesiana (Wall. ex Nees) Kurz 绿叶甘橿
L. obtusiloba Bl. 三桠乌药
Litsea pungens Hemsl. 木姜子
L. tsinlingensis Yen C. Yang et P. H. Huang 秦岭木姜子
Machilus ichangensis Rehd. et Wils. 宜昌润楠
Neolitsea confertifolia (Hemsl.) Merr. 簇叶新木姜子

52. 罂粟科 Papaveraceae

Chelidonium majus L. 白屈菜
Corydalis edulis Maxim. 紫堇
C. fargesii Franch. 北岭黄堇
C. gamosepala Maxim. 北京延胡索
C. ophiocarpa Hook. f. et Thoms. 蛇果黄堇
C. shensiana Lidén ex C. Y. Wu 陕西紫堇
C. temulifolia Franch. 大叶紫堇
Dicranostigma leptopodum (Maxim.) Fedde 秃疮花
Hylomecon japonica (Thunb.) Prantl 荷青花
H. japonica (Thunb.) Prantl var. *dissecta* (Franch. et Savat.) Fedde 多裂荷青花
H. japonica (Thunb.) Prantl var. *subincisa* Fedde 锐裂荷青花
Macleaya microcarpa (Maxim.) Fedde 小果博落回
Stylophorum sutchuenense (Franch.) Fedde 四川金罂粟

53. 十字花科 Cruciferae

Arabis hirsuta (L.) Scop. 硬毛南芥
A. pendula L. 垂果南芥
Brassica campestris L. 芸苔
B. chinensis L. 青菜
B. juncea (L.) Czern. et Coss. 芥
B. napo B. Mill. 芜青甘蓝
B. oleracea L. var. *botrytis* L. 花椰菜

B. oleracea L. var. *capitata* L. 甘蓝
B. pekinensis Rupr. 白菜
B. rapa L. 芜菁
Capsella bursa-pastoris (L.) Medic. 荠
Cardamine engleriana O. E. Schulz 光头山碎米荠
C. flexuosa With. 弯曲碎米荠
C. hirsuta L. 碎米荠
C. impatiens L. 弹裂碎米荠
C. leucantha (Tausch) O. E. Schulz 白花碎米荠
C. macrophylla Willd. 大叶碎米荠
Chorispora tenella (Pall.) DC. 离子芥
Descurainia sophia (L.) Webb ex Prantl 播娘蒿
Dontostemon dentatus (Bunge) Ledeb. 花旗杆
Draba ladyginii Pohle 苞序葶苈
D. nemorosa L. 葶苈
Eruca sativa Mill. var. *eriocarpa* Boiss. 绵果芝麻菜
Erysimum cheiranthoides L. 小花糖芥
Eutrema yunnanense Franch. var. *tenerum* O. E. Schulz 细弱山嵛菜
Lepidium apetalum Willd. 独行菜
Nasturtium officinale R. Br. 豆瓣菜
Orychophragmus violaceus (L.) O. E. Schulz 诸葛菜
O. violaceus (L.) O. E. Schulz var. *hupehensis* (Pamp.) O. E. Schulz 湖北诸葛菜
Raphanus sativus L. 萝卜
Rorippa cantoniensis (Lour.) Ohwi 广州蔊菜
R. dubia (Pers.) Hara 无瓣蔊菜
R. indica (L.) Hiern 蔊菜
R. palustris (L.) Bess. 沼生蔊菜
Sisymbrium heteromallum C. A. Mey. 垂果大蒜芥
Thlaspi arvense L. 菥蓂
Torularia humilis (C. A. Mey.) O. E. Schulz 蚓果芥
T. humilis (C. A. Mey.) O. E. Schulz form. *angustifolia* Z. X. An 窄叶蚓果芥

54. 景天科 Crassulaceae

Hylotelephium verticillatum (L.) H. Ohba 轮叶八宝
Orostachys fimbriatus (Turcz.) Berger 瓦松
Rhodiola henryi (Diels) S. H. Fu 白三七
Sedum aizoon L. 费菜
S. aizoon L. var. *scabrum* Maxim. 乳毛费菜
S. barbeyi Raym.-Hamet 离瓣景天
S. elatinoides Franch. 疣果景天
S. filipes Hemsl. 小山飘风
S. lineare Thunb. 佛甲草
S. major (Hemsl.) Migo 山飘风
S. oligospermum Maire 大苞景天
S. pampaninii Raym.-Hamet 秦岭景天
S. planifolium K. T. Fu 平叶景天
S. sarmentosum Bunge 豆瓣菜
S. stellariifolium Franch. 繁缕景天
Sinocrassula indica (Decne.) Berger var. *viridiflora* K. T. Fu 绿花石莲花

55. 虎耳草科 Saxifragaceae

Astilbe chinensis (Maxim.) Franch. et Savat. 落新妇
A. rivularis Buch.-Ham. ex D. Don var. *myriantha* (Diels) J. T. Pan 多花落新妇
Chrysosplenium macrophyllum Oliv. 大叶金腰
C. sinicum Maxim. 中华金腰
Decumaria sinensis Oliv. 赤壁木
Deutzia baroniana Diels 钩齿溲疏
D. discolor Hemsl. 异色溲疏
D. grandiflora Bunge 大花溲疏
D. longifolia Franch. 长叶溲疏
D. parviflora Bunge 小花溲疏
Dichroa febrifuga Lour. 常山
Hydrangea bretschneideri Dipp. 东陵八仙花
H. longipes Franch. 长柄八仙花
H. robusta Hook. f. et Thoms. 粗枝绣球
H. strigosa Rehd. 腊莲八仙花
H. xanthoneura Diels 黄脉八仙花
Parnassia delavayi Franch. 突隔梅花草
P. wightiana Wall. ex Wight et Arn. 苍耳七
Penthorum chinense Pursh. 扯根菜
Philadelphus incanus Koehne 山梅花
P. pekinensis Rupr. 太平花
P. sericanthus Koehne 绢毛山梅花
Ribes burejense Fr. Schmidt 刺果茶藨子
R. giraldii Jancz. 陕西茶藨子
R. glabrifolium L. T. Lu 光叶茶藨子
R. glaciale Wall. 冰川茶藨子
R. komarovii Pojark. 长白茶藨子
R. mandshuricum (Maxim.) Kom. 东北茶藨子
R. maximowiczianum Komar. 尖叶茶藨子
R. moupinense Franch. 宝兴茶藨子
R. takare D. Don 渐尖茶藨子
R. tenue Jancz. 细枝茶藨子

R. fasciculatum Sieb. et Zucc. var. *chinense* Maxim. 华蔓茶藨子
R. himalense Royle ex Decne. 糖茶藨子
R. himalense Royle ex Decne. var. *verruculosum* (Rihd.) L. T. Lu 瘤糖茶藨子
Rodgersia aesculifolia Batal. 索骨丹
Saxifraga sibirica L. 球茎虎耳草
S. stolonifera Curt. 虎耳草
Schizophragma integrifolium Oliv. 钻地风
Tiarella polyphylla D. Don 黄水枝

56. 海桐花科 Pittosporaceae

Pittosporum podocarpum Gagnep. 柄果海桐
P. truncatum Pritz. 崖花海桐

57. 金缕梅科 Hamamelidaceae

Fortunearia sinensis Rehd. et Wils. 牛鼻栓
Liquidambar formosana Hance 枫香
Sinowilsonia henryi Hemsl. 山白树
Sycopsis sinensis Oliv. 水丝枥

58. 杜仲科 Eucommiaceae

Eucommia ulmoides Oliv. 杜仲

59. 悬铃木科 Platanaceae

Platanus orientalis L. 三球悬铃木

60. 蔷薇科 Rosaceae

Agrimonia pilosa Ledeb. 龙芽草
A. pilosa Ledeb. var. *nepalensis* (D. Don) Nakai 尼泊尔龙芽草
Amelanchier sinica (Schneid.) Chun 唐棣
Amygdalus davidiana (Carr.) de Vos ex Henry 山桃
A. kansuensis (Rehd.) Skeels 甘肃桃
A. persica L. 桃
A. triloba (Lindl.) Ricker f. *multiplex* (Bunge) 重瓣榆叶梅
Armeniaca vulgaris Lam. 杏
A. vulgaris Lam. var. *ansu* (Maxim.) T. T. Yu et L. T. Lu 野杏
Aruncus sylvester Kostel. 假升麻
Cerasus clarofolia (Schneid.) T. T. Yu et C. L. Li 微毛樱桃
C. dictyoneura (Diels) Holub 毛叶欧李
C. discadenia (Koehne) C. L. Li et S. Y. Jiang 盘腺樱桃
C. pseudo C. (Lindl.) G. Don 樱桃
C. tomentosa (Thunb.) Wall. 毛樱桃
Chaenomeles sinensis (Thouin) Koehne 木瓜
C. speciosa (Sweet) Nakai 贴梗海棠
Cotoneaster acutifolius Turcz. 灰栒子
C. gracilis Rehd. et Wils. 细枝栒子
C. horizontalis Decne. 平枝栒子
C. multiflorus Bunge 水栒子
C. submultiflorus Popov 毛叶水栒子
C. zabelii Schneid. 西北栒子
Crataegus cuneata Sieb. et Zucc. 野山楂
C. hupehensis Sarg. 湖北山楂
C. kansuensis Wils. 甘肃山楂
C. shensiensis Pojark. 陕西山楂
C. wilsonii Sarg. 华中山楂
Duchesnea indica (Andr.) Focke 蛇莓
Eriobotrya japonica (Thunb.) Lindl. 枇杷
Exochorda giraldii Hesse 红柄白鹃梅
Fragaria nilgerrensis Schlecht. ex Gay 黄毛草莓
F. orientalis Lozinsk. 东方草莓
Geum aleppicum Jacq. 水杨梅
Kerria japonica (L.) DC. 棣棠花
Maddenia hypoleuca Koehne 臭樱
M. incisoserrata Yü et Ku 锐齿臭樱
M. wilsonii Koehne 华西臭樱
Malus asiatica Nakai 花红
M. baccata (L.) Borkh. 山荆子
M. honanensis Rehd. 河南海棠
M. hupehensis (Pamp.) Rehd. 湖北海棠
M. kansuensis (Batal.) Schneid. var. *calva* (Rehd.) T. C. Ku et Spongberg 无毛甘肃海棠
M. mandshurica (Maxim.) Kom. ex Juz. 毛山荆子
M. prunifolia (Willd.) Borkh. 楸子
M. pumila Mill. 苹果
M. spectabilis (Ait.) Borkh. 海棠
Neillia ribesioides Rehd. 毛叶绣线梅
N. sinensis Oliv. 绣线梅
Padus avium Mill. var. *pubescens* (Regel et Tiling) T. C. Ku et Barth. 毛叶稠李
P. brachypoda (Batal.) Schneid. 短梗稠李
P. buergeriana (Miq.) T. T. Yu et T. C. Ku 橉木
P. obtusata (Koehne) T. T. Yu et T. C. Ku 细齿稠李
P. stellipila (Koebne) Yü et Ku 星毛稠李

P. velutina (Batal.) Schneid. 毡毛稠李
Photinia beauverdiana Schneid. var. *notabilis* (Schneid.) Rehd. et Wils. 光序石楠
P. serratifolia (Desf.) Kalkman 石楠
P. villosa (Thunb.) DC. var. *sinica* Rehd. et Wils. 疏毛石楠
Potentilla ancistrifolia Bunge 皱叶委陵菜
P. anserina L. 蕨麻委陵菜
P. centigrana Maxim. 蛇莓委陵菜
P. chinensis Ser. 委陵菜
P. cryptotaeniae Maxim. 狼牙
P. discolor Bunge 翻白草
P. fragarioides L. 莓叶委陵菜
P. glabra Lodd. var. *mandshurica* (Maxim.) Hand.-Mazz. 白毛银露梅
P. kleiniana Wight et Arn. 蛇含
P. multicaulis Bunge 多茎委陵菜
P. reptans L. var. *sericophylla* Franch. 绢毛细蔓委陵菜
P. sischanensis Bunge ex Lehm. 西山委陵菜
P. supina L. 朝天委陵菜
Prunus salicina Lindl. 李
Pyracantha fortuneana (Maxim.) H. L. Li 火棘
Pyrus betulaefolia Bunge 杜梨
P. calleryana Decne. 豆梨
P. communis L. var. *sativa* (DC.) DC. 洋梨
P. phaeocarpa Rehd. 褐梨
P. pyrifolia (Burm. f.) Nakai 沙梨
Rosa banksiae Ait. 木香
R. banksiae Ait. var. *normalis* Regel 单瓣白木香
R. banksiopsis Baker 拟木香
R. brunonii Lindl. 复伞房蔷薇
R. chinensis Jacq. 月季花
R. corymbulosa Rolfe 伞房蔷薇
R. cymosa Tratt. var. *puberula* Yü et Ku 毛叶山木香
R. davidii Crep. 西北蔷薇
R. giraldii Crep. 陕西蔷薇
R. henryi Boul. 软条七蔷薇
R. hugonis Hemsl . 黄蔷薇
R. moyesii Hemsl. et Wils. 华西蔷薇
R. multiflora Thunb. var. *carnea* Thory 七姊妹
R. multiflora Thunb. var. *cathayensis* Rehd. et Wils. 粉团蔷薇
R. omeiensis Rolfe 峨眉蔷薇
R. roxburghii Tratt. f. *normalis* Rehd. et Wils. 单瓣缫丝花
R. rubus Levl. et Vant. 悬钩子蔷薇
R. rugosa Thunb. 玫瑰
R. sertata Rolfe 钝叶蔷薇
R. sweginzowii Koehne 扁刺蔷薇
R. xanthina Lindl. 黄刺玫
Rubus amabilis Focke 美丽悬钩子
R. cockburnianus Hemsl. 华中悬钩子
R. corchorifolius L. 悬钩子
R. coreanus Miq. 插田泡
R. coreanus Miq. var. *tomentosus* Card. 毛叶插田泡
R. flosculosus Focke 弓茎悬钩子
R. ichangensis Hemsl. et Ktze. 宜昌悬钩子
R. lambertianus Ser. var. *glaber* Hemsl. 光滑高粱泡
R. lasiostylus Focke 绵果悬钩子
R. mesogaeus Focke 喜阴悬钩子
R. parvifolius L. 茅莓
R. parvifolius L. var. *adenochlamys* (Focke) Migo 腺花茅莓
R. phoenicolasius Maxim. 多腺悬钩子
R. pileatus Focke 菰帽悬钩子
R. piluliferus Focke 陕西悬钩子
R. xanthocarpus Bureau et Franch. 黄果悬钩子
R. pungens Camb. var. *oldhamii* (Miq.) Maxim. 香莓
Sanguisorba officinalis L. 地榆
Sorbaria arborea Schneid. var. *glabrata* Rehd. 光叶高丛珍珠梅
S. kirilowii (Regel et Tiling) Maxim. 华北珍珠梅
Sorbus alnifolia (Sieb. et Zucc.) K. Koch. 水榆花楸
S. discolor (Maxim.) Maxim. 北京花楸
S. folgneri (Schneid.) Rehd. 石灰花楸
S. hemsleyi (Schneid.) Rehd. 江南花楸
S. hupehensis Schneid. 湖北花楸
S. koehneana Schneid. 陕甘花楸
S. tsinlingensis C. L. Tang 秦岭花楸
Spiraea blumei G. Don 绣球绣线菊
S. blumei G. Don var. *microphylla* Rehd. 小叶绣球绣线菊
S. cantoniensis Lour. 麻叶绣线菊
S. chinensis Maxim. 中华绣线菊
S. fritschiana Schneid. 华北绣线菊
S. fritschiana Schneid. var. *angulata* (Fritsch ex Schneid.) Rehd. 大叶华北绣线菊

S. hirsuta (Hemsl.) Schneid. 疏毛绣线菊
S. japonica L. f. var. *fortunei* (Planch.) Rehd. 光叶绣线菊
S. longigemmis Maxim. 长芽绣线菊
S. ovalis Rehd. 广椭绣线菊
S. prunifolia Sieb. et Zucc. 李叶绣线菊
S. pubescens Turcz. 土庄绣线菊
S. pubescens Turcz. var. *lasiocarpa* Nakai 毛果土庄绣线菊
S. rosthornii Pritz. 南川绣线菊
S. sericea Turcz. 绢毛绣线菊
S. thunbergii Sieb. ex Blume 珍珠绣线菊
S. trilobata L. 三裂绣线菊
S. uratensis Franch. 乌拉绣线菊
S. wilsonii Duthie 陕西绣线菊

61. 豆科 Leguminosae

Albizia julibrissin Durazz. 合欢
A. kalkora (Roxb.) Prain 山合欢
Amorpha fruticosa L. 紫穗槐
Amphicarpaea edgeworthii Benth. 两型豆
Arachis hypogaea L. 落花生
Astragalus adsurgens Pall. 斜茎黄耆
A. complanatus Bunge 背扁黄耆
A. havianus Pet.-Stib. 华山黄耆
A. melilotoides Pall. 草木犀状黄耆
A. membranaceus (Fisch.) Bunge 黄耆
A. scaberrimus Bunge 糙叶黄耆
Caesalpinia decapetala (Roth) Alston 云实
Campylotropis macrocarpa (Bunge) Rehd. 杭子梢
C. macrocarpa (Bunge) Rehd. var. *giraldii* (Schindl.) P. Y. Fu 太白杭子梢
Caragana leveillei Kom. 毛掌叶锦鸡儿
C. microphylla Lam. 小叶锦鸡儿
C. sinica (Buc'hoz) Rehder 锦鸡儿
C. stipitata Kom. 柄荚锦鸡儿
Cercis chinensis Bunge 紫荆
Cladrastis delavayi (Franch.) Prain 小花香槐
C. wilsonii Takeda 香槐
Dalbergia hupeana Hance 黄檀
Desmodium elegans DC. 圆锥山蚂蝗
Dumasia villosa DC. var. *glabra* Y. Ren et W. Z. Di 光滑山黑豆
Gleditsia sinensis Lam. 皂荚
Glycine max (L.) Merr. 大豆
G. soja Sieb. et Zucc. 野大豆
Gueldenstaedtia verna (Georgi) Boriss. subsp. *multiflora* (Bunge) Tsui 米口袋
Hedysarum alpinum L. 山岩黄耆
H. dentatoalatum K. T. Fu 齿翅岩黄耆
Hylodesmum podocarpum (DC.) H. Ohashi et R. R. Mill 长柄山蚂蝗
H. podocarpum (DC.) H. Ohashi et R. R. Mill subsp. *szechuenense* (Craib) H. Ohashi et R. R. Mill 四川长柄山蚂蟥
Indigofera amblyantha Craib 多花木蓝
I. bungeana Walp. 河北木蓝
I. carlesii Craib 苏木蓝
I. kirilowii Maxim. ex Palibin 花木蓝
I. pseudotinctoria Mats. 马棘
I. szechuensis Craib 甘肃木蓝
Kummerowia stipulacea (Maxim.) Makino 长萼鸡眼草
K. striata (Thunb.) Schindl. 鸡眼草
Lablab purpureus (L.) Sweet 扁豆
Lathyrus davidii Hance 大山黧豆
L. dielsianus Harms 中华山黧豆
L. pratensis L. 牧地山黧豆
L. quinquenervius (Miq.) Litv. 山黧豆
Lens culinaris Medik. 兵豆
Lespedeza bicolor Turcz. 胡枝子
L. buergeri Miq. 绿叶胡枝子
L. cuneata (Dum. Cours.) G. Don 截叶铁扫帚
L. cyrtobotrya Miq. 短梗胡枝子
L. davurica (Laxm.) Schindl. 兴安胡枝子
L. floribunda Bunge 多花胡枝子
L. formosa (Vog.) Koehne 美丽胡枝子
L. inschanica (Maxim.) Schindl. 阴山胡枝子
L. tomentosa (Thunb.) Maxim. 绒毛胡枝子
Lotus corniculatus L. 百脉根
Maackia hupehensis Takeda 马鞍树
M. hwashanensis W. T. Wang ex C. W. Chang 华山马鞍树
Medicago lupulina L. 天蓝苜蓿
M. minima (L.) Grufb. 小苜蓿
M. sativa L. 紫苜蓿
M. ruthenica (L.) Trautv. 花苜蓿
Melilotus albus Desr. 白花草木犀

M. officinalis (L.) Pall. 草木犀
Oxytropis bicolor Bunge 二色棘豆
Phaseolus vulgaris L. 菜豆
Pisum sativum L. 豌豆
Pueraria lobata (Willd.) Ohwi 葛
Rhynchosia dielsii Harms 菱叶鹿藿
Robinia pseudoacacia L. 刺槐
Sophora alopecuroides L. 苦豆子
S. davidii (Franch.) Skeels 白刺花
S. flavescens Ait. 苦参
S. flavescens Ait. var. *kronei* (Hance) C. Y. Ma 毛苦参
S. japonica L. 槐
Thermopsis lanceolata R. Br. 披针叶野决明
Trifolium pratense L. 红车轴草
T. repens L. 白车轴草
Trigonella foenum-graecum L. 胡卢巴
Vicia amoena Fisch. ex Ser. 山野豌豆
V. bungei Ohwi 大花野豌豆
V. cracca L. 广布野豌豆
V. faba L. 蚕豆
V. hirsuta (L.) Gray 小巢菜
V. kioshanica Bailey 确山野豌豆
V. pseudo-orobus Fisch. et C. A. Mey. 大叶野豌豆
V. sativa L. 救荒野豌豆
V. sepium L. 野豌豆
V. sinogigantea B. J. Bao et Turland 大野豌豆
V. tetrasperma (L.) Moench 四籽野豌豆
V. unijuga A. Br. 歪头菜
Vigna angularis (Willd.) Ohwi et Ohashi 赤豆
V. minima (Roxb.) Ohwi et Ohashi 贼小豆
V. radiata (L.) Wilczek 绿豆
V. umbellata (Thunb.) Ohwi et Ohashi 赤小豆
V. unguiculata (L.) Walp. 豇豆
V. unguiculata (L.) Walp. subsp. *cylindrica* (L.) Verdc. 饭豇豆
Wisteria floribunda (Willd.) DC. 多花紫藤
W. sinensis (Sims) Sweet 紫藤
W. villosa Rehd. 藤萝

62. 酢浆草科 Oxalidaceae

Oxalis corniculata L. 酢浆草
O. griffithii Edgew. 山酢浆草

63. 牻牛儿苗科 Geraniaceae

Erodium cicutarium (L.) L'Her. ex Ait. 芹叶牻牛儿苗
E. stephanianum Willd. 牻牛儿苗
Geranium platyanthum Duthie 毛蕊老鹳草
G. rosthornii R. Knuth 湖北老鹳草
G. shensianum R. Knuth 陕西老鹳草
G. sibiricum L. 鼠掌老鹳草
G. wilfordii Maxim. 老鹳草

64. 亚麻科 Linaceae

Linum stelleroides Planch. 野亚麻
L. usitatissinum L. 亚麻

65. 蒺藜科 Zygophyllaceae

Tribulus terrestris L. 蒺藜

66. 芸香科 Rutaceae

Citrus maxima (Burm.) Merr. 柚
C. reticulata Blanco 柑橘
C. sinensis (L.) Osbeck 橙
Dictamnus dasycarpus Turcz. 白藓
Evodia daniellii (Benn.) Hemsl. 臭檀吴萸
E. rutaecarpa (Juss.) Benth. 吴茱萸
Orixa japonica Thunb. 臭常山
Poncirus trifoliata (L.) Raf. 枳
Toddalia asiatica (L.) Lam. 飞龙掌血
Zanthoxylum armatum DC. 竹叶花椒
Z. bungeanum Maxim. 花椒
Z. bungeanum Maxim. var. *pubescens* C. C. Huang 毛叶花椒
Z. dimorphophyllum Hemsl. 异叶花椒
Z. dimorphophyllum Hemsl. var. *spinifolium* Rehd. et Wils. 刺异叶花椒

67. 苦木科 Simarubaceae

Ailanthus altissima (Mill.) Swingle 臭椿
Picrasma quassioides (D.Don) Benn. 苦树

68. 楝科 Meliaceae

Melia azedarach L. 楝
Toona sinensis (A. Juss.) Roem. 香椿

69. 远志科 Polygalaceae

Polygala japonica Houtt. 瓜子金
P. sibirica L. 西伯利亚远志
P. tatarinowii Regel 小扁豆
P. tenuifolia Willd. 远志

70. 大戟科 Euphorbiaceae

Acalypha australis L. 铁苋菜

Alchornea davidii Franch. 山麻杆

Discoleidion rufescens (Franch.) Pax et Hoffm 假奓包叶

Euphorbia esula L. 乳浆大戟

E. helioscopia L. 泽漆

E. humifusa Willd. 地锦草

E. hylonoma Hand.-Mazz. 湖北大戟

E. lathyris L. 续随子

E. lunulata Bge. 华北大戟

E. pekinensis Rupr. 大戟

Leptopus chinensis (Bge.) Pojark. 雀儿舌头

L. chinensis (Bge.) Pojark. var. *pubescens* (Hutch.) S. B. Ho 柔毛雀儿舌头

Mallotus apelta (Lour.) Muell.-Arg. 白背叶

M. repandus (Willd.) Muell.-Arg. 石岩枫

M. tenuifolius Pax 野桐

Phyllanthus urinaria L. 叶下珠

Sapium japonicum (Sieb. et Zucc.) Pax et Hoffm. 白木乌桕

S. sebiferum (L.) Roxb. 乌桕

Securinega suffruticosa (Pall.) Rehd. 叶底珠

Speranskia tuberculata (Bge.) Baill. 疣果地构叶

Vernicia fordii (Hemsl) Airy Shaw 油桐

71. 黄杨科 Buxaceae

Buxus microphylla Sieb. et Zucc. var. *sinica* Rehd. et Wils. 黄杨

72. 马桑科 Coriariaceae

Coriaria sinica Maxim. 马桑

73. 漆树科 Anacardiaceae

Cotinus coggygria Scop. var. *glaucophylla* C. Y. Wu 粉背黄栌

C. coggygria Scop. var. *pubescens* Engl. 毛黄栌

Pistacia chinensis Bge. 黄连木

Rhus chinensis Mill. 盐肤木

R. potaninii Maxim. 青麸杨

R. punjabensis Stew. var. *sinica* (Diels) Rehd. et Wils. 红麸杨

Toxicodendron vernicifluum (Stokes) F. A. Barkley 漆树

74. 冬青科 Aquifoliaceae

Ilex macrocarpa Oliv. 大果冬青

I. pernyi Franch. 猫儿刺

I. yunnanensis Franch. var. *gentilis* (Franch.) Loes. 光叶云南冬青

75. 卫矛科 Celastraceae

Celastrus angulatus Maxim. 苦皮藤

C. gemmatus Loes. 大芽南蛇藤

C. glaucophyllus Rehd. et Wils. 霜叶南蛇藤

C. hypoleucus (Oliv.) Warb. 粉背南蛇藤

C. orbiculatus Thunb. 南蛇藤

C. rosthornianus Loes. var. *loeseneri* (Rehd. et Wils.) C. Y. Wu 丛花南蛇藤

Euonymus alatus (Thunb.) Sieb. 卫矛

E. bungeanus Maxim. 丝棉木

E. cornutus Hemsl. var. *quinquecornutus* (Comber) Blakelock 五角卫矛

E. fortunei (Turcz.) Hand.-Mazz. 扶芳藤

E. giraldii Loes. 纤齿卫矛

E. giraldii Loes. var. *angustialatus* Loes. 狭翅纤齿卫矛

E. grandiflorus Wall. 大花卫矛

E. hamiltonianus Wall. var. *yedoensis* (Koch) Blakelock 桃叶卫矛

E. kiautschovicus Loes. 胶东卫矛

E. microcarpus (Oliv.) Sprague 小果卫矛

E. phellomanus Loes. 栓翅卫矛

E. sanguienus Loes. 石枣子

E. schensianus Maxim. 陕西卫矛

E. venosus Hemsl. 曲脉卫矛

E. verrucosoides Loes. 疣枝卫矛

76. 省沽油科 Staphyleaceae

Staphylea bumalda DC. 省沽油

S. holocarpa Hemsl. 膀胱果

77. 槭树科 Aceraceae

Acer buergerianum Miq. 三角槭

A. davidii Franch. 青榨槭

A. discolor Maxim. 粉叶槭

A. erianthum Schuer. 毛花槭

A. ginnala Maxim. 茶条槭

A. griseum (Franch.) Pax 血皮槭

A. grosseri Pax 青蛙皮槭

A. henryi Pax 建始槭
A. maximowiczii Pax 重齿槭
A. mono Maxim. 地锦槭
A. oblongum Wall. 飞蛾槭
A. robustum Pax 杈叶槭
A. tetramerum Pax var. *betulifolium* Rehd. 桦叶四蕊槭
A. truncatum Bunge 元宝槭
A. tsinglingense Fang et Hsieh 秦岭槭
Dipteronia sinensis Oliv. 金钱槭

78. 七叶树科 Hoppocastanaceae

Aesculus chinensis Bge. 七叶树

79. 无患子科 Sapindaceae

Koelreuteria paniculata Laxm. 栾树

80. 清风藤科 Sabiaceae

Meliosma cuneifolia Franch. 泡花树
M. veitchiorum Hemsl. 暖木
Sabia shensiensis L. Chen 陕西清风藤

81. 凤仙花科 Balsaminaceae

Impatiens fissicornis Maxim. 裂距凤仙花
I. noli-tangere L. 水金凤
I. potaninii Maxim. 陇南凤仙花
I. pterosepala Hook. f. 翼萼凤仙花
I. stenosepala Pritz. 窄萼凤仙花

82. 鼠李科 Rhamnaceae

Berchemia floribunda (Wall.) Brongn. 牛鼻圈
B. sinica Schneid. 勾儿茶
Hovenia dulcis Thunb. 拐枣
Paliurus hemsleyanus Rehd. 铜钱树
Rhamnella franguloides (Maxim.) Weberb. 猫乳
Rhamnus davurica Pall. 鼠李
R. dumetorum Schneid. 刺鼠李
R. globosa Bge. 圆叶鼠李
R. hemsleyana Schneid. 亮叶鼠李
R. leptophylla Schneid. 薄叶鼠李
R. rugulosa Hemsl. 皱叶鼠李
R. tangutica J. Vass. 糙叶鼠李
R. utilis Decne. 冻绿
Sageretia paucicostata Maxim. 疏脉对节刺
S. subcaudata Schneid. 长阳雀梅藤
Ziziphus jujuba Mill. var. *spinosa* (Bge.) Hu 酸枣

83. 葡萄科 Vitaceae

Ampelopsis aconitifolia Bge. 乌头叶蛇葡萄
A. bodinieri (Lévl. et Vant.) Rehd. 蛇葡萄
A. delavayana Planch. ex Franch. 三裂叶蛇葡萄
A. delavayana Planch. ex Franch. var. *gentiliana* (Lévl. et Vant.) Hand.-Mazz. 五裂叶蛇葡萄
A. humulifolia Bge. 葎叶蛇葡萄
A. japonica (Thunb.) Makino 白蔹
A. megalophylla Diels et Gilg 大叶蛇葡萄
Cayratia japonica (Thunb.) Gagnep. 乌蔹莓
C. pseudotrifolia W. T. Wang 尖叶乌蔹莓
Parthenocissus himalayana (Royle) Planch. 红叶爬山虎
P. himalayana (Royle) Planch. var. *rubrifolia* (Lévl. et Vant.) Gagnep. 红三叶爬山虎
P. tricuspidata (Sieb. et Zucc.) Planch. 爬山虎
Tetrastigma obtectum (M. A. Laws.) Planch. 崖爬藤
Vitis ficifolia Bge. 桑叶葡萄
V. piasezkii Maxim. 复叶葡萄
V. quinquangularis Rehd. 毛葡萄
V. romanetii Roman. 秋葡萄

84. 椴树科 Tiliaceae

Corchoropsis tomentosa (Thunb.) Makino 田麻
Grewia biloba G. Don var. *parviflora* (Bge.) Hand.-Mazz. 扁担木
Tilia chinensis Maxim. 华椴
T. dictyoneura Engl. ex Schneid. 网脉椴
T. henryana Szyszyl. 毛糯米椴
T. oliveri Szyszyl. 白背椴
T. paucicostata Maxim. 少脉椴

85. 锦葵科 Malvaceae

Abelmoschus manihot (L.) Modic. 黄蜀葵
Abutilon theophrasti Medic. 苘麻
Althaea rosea (L.) Cavan. 蜀葵*
Hibiscus syriacus L. 木槿*
H. trionus L. 野西瓜苗
Malva rotundifolia L. 野锦葵
M. sinensis Cavan. 锦葵
M.verticillata L. 冬葵

86. 梧桐科 Sterculiaceae

Firmiana simplex (L.) W. F. Wight 梧桐*

87. 猕猴桃科 Actinidiaceae

Actinidia arguta (Sieb. et Zucc.) Planch. ex Miq. 软枣猕猴桃

A. chinensis Planch. 猕猴桃

A. kolomikta (Maxim. et Rupr.) Maxim. 狗枣猕猴桃

A. melanandra Franch. 黑蕊猕猴桃

A. polygama (Sieb. et Zucc.) Maxim. 葛枣猕猴桃

A. tetramera Maxim. 四蕊猕猴桃

Clematoclethra actinidioides Maxim. 猕猴桃藤山柳

88. 山茶科 Theaceae

Camellia sinensis (L.) Kuntze 茶

89. 藤黄科 Guttiferae

Hypericum ascyron L. 黄海棠

H. attenuatum Choisy 赶山鞭

H. erectum Thunb. ex Murray 小连翘

H. longistylum Oliv. 长柱金丝桃

H. patulum Thunb. 金丝梅

H. perforatum L. 贯叶连翘

H. przewalskii Maxim. 突脉金丝桃

90. 柽柳科 Tamaricaceae

Myricaria bracteata Royle 水柏枝

Tamarix chinensis Lour. 柽柳*

91. 堇菜科 Violaceae

Viola acuminata Ledeb. 鸡腿堇菜

V. betonicifolia Smith subsp. *nepalensis* (Ging.) W. Beck. 戟叶堇菜

V. collina Bess. 毛果堇菜

V. davidii Franch. 深圆齿堇菜

V. diamantiaca Nakai 大叶堇菜

V. grypoceras A. Gray 紫花堇菜

V. japonica Langsd. 犁头草

V. patrinii DC. 白花堇菜

V. phalacrocarpa Maxim. 白果堇菜

V. philippica Cav. subsp. *munda* W. Beck. 紫花地丁

V. prionantha Bge. 早开堇菜

V. selkirkii Pursh ex Goldie. 深山堇菜

V. variegata Fisch. ex Link 斑叶堇菜

V. yedoensis Makino 白毛堇菜

92. 大风子科 Flacourtiaceae

Idesia polycarpa Maxim. 山桐子

Poliothyrsis sinensis Oliv. 山拐枣

Xylosma japonicum (Walp.) A. Gray var. *pubescens* (Rehd. et Wils.) C. Y. Chang 檬子树

93. 旌节花科 Stachyuraceae

Stachyurus chinensis Franch. 中国旌节花

94. 秋海棠科 Begoniaceae

Begonia sinensis A. DC. 中华秋海棠

95. 瑞香科 Thymelaeaceae

Daphne genkwa Sieb. et Zucc. 芫花

D. giraldii Nitsche 黄瑞香

D. myrtilloides Nitsche 陕西瑞香

D. retusa Hemsl. 凹叶瑞香

Edgeworthia chrysantha Lindl. 结香

Stellera chamaejasme L. 断肠草

Wikstroemia chamaedaphne Meissn. 河朔荛花

W. micrantha Hemsl. 小黄构

W. pampaninii Rehd. 湖北荛花

96. 胡颓子科 Elaeagnaceae

Elaeagnus bockii Diels 长叶胡颓子

E. lanceolata Warb. 披针叶胡颓子

E. multiflora Thunb. 木半夏

E. umbellata Thunb. 牛奶子

Hipophae rhamnoides L. 沙棘

97. 千屈菜科 Lythraceae

Lagerstroemia indica L. 紫薇

L. subcostata Koehne 南紫薇

Lythrum salicaria L. 千屈菜

98. 八角枫科 Alangiaceae

Alangium chinense (Lour.) Harms 八角枫

A. platanifolium (Sieb. et Zucc.) Harms 瓜木

99. 菱科 Hydrocaryaceae

Trapa bispinosa Roxb. 菱

100. 柳叶菜科 Onagraceae

Chamaenerion angustifolium (L.) Scop. 柳兰

Circaea cordata Royle 牛泷草

C. mollis Sieb. et Zucc. 南方露珠草

C. quadrisulcata (Maxim.) Franch. et Savat. 露珠草

Epilobium cephalostigma Haussk. 光华柳叶菜

E. hirsutum L. 柳叶菜
E. parviflorum Schreb. 小花柳叶菜
E. pyrricholophum Franch. et Savat. 长籽柳叶菜
Ludwigia prostrata Roxb. 丁香蓼

101. 小二仙草科 Haloragidaceae

Myriophyllum spicatum L. 穗状狐尾藻

102. 五加科 Araliaceae

Acanthopanax giraldii Harms 红毛五加
A. gracilistylus W. W. Smith 五加
A. henryi (Oliv.) Harms 糙叶五加
A. leucorrhizus (Oliv.) Harms var. *scaberulus* Harms 狭叶藤五加
A. setchuenensis Harms ex Diels 蜀五加
A. trifoliatus (L.) Merr. 白簕
Aralia chinensis L. 楤木
A. hupehensis Hoo 湖北楤木
Hedera nepalensis K. Koch var. *sinensis* (Tobl.) Rehd. 常春藤
Kalopanax septemlobus (Thunb.) Koidz. 刺楸
Panax pseudo-ginseng Wall. var. *japonicum* (C. A. Mey.) G. Hoo et C. J. Tseng 大叶三七
Tetrapanax papyrifer (Hook.) K. Koch 通脱木

103. 伞形科 Umbelliferae

Angelica dahurica (Fisch. ex Hoffm.) Benth. et Hook. ex Franch. et Sav. 白芷
A. laxifoliata Diels 疏叶当归
A. pubescens Maxim. 毛当归
A. sinensis (Oliv.) Diels 当归
A. tsinlingensis K. T. Fu 秦岭当归
Anthriscus sylvestris (L.) Hoffm. 峨参
Bupleurum chinense DC. 北柴胡
B. longiradiatum Turcz. var. *porphyranthum* Shan et Li 紫花大叶柴胡
B. yinchowense Shan et Li 银州柴胡
Carum buriaticum Turcz. 田葛缕子
C. carvi L. 葛缕子
C. nullivittatum K. T. Fu 无油管蛇床
Cryptotaenia japonica Hassk. 鸭儿芹
Daucus corota L. 野胡萝卜
Heracleum moellendorffii Hance 短毛独活
Ledebouriella seseloides (Hoffm.) Wolff 防风
Libanotis lancifolia K. T. Fu 条叶岩风
L. spodotrichoma K. T. Fu 灰毛岩风
Ligusticum sinense Oliv. var. *alpinum* Shan 野藁本
L. sinense Oliv. var. *chuanhsiung* Shan 川芎
L. tachiroei (Franch. et Sav.) Hiroe et Const. 细叶藁本
Notopterygium forbesii de Boiss. 岷羌活
Oenanthe javanica (Bl.) DC. 水芹
Peucedanum decursivum (Miq.) Maxim. 紫花前胡
P. ledebourielloides K. T. Fu 华山前胡
P. praeruptorum Dunn. 前胡
Pimpinella diversifolia (Wall.) DC. 异叶茴芹
P. rhomboidea Diels 菱形茴芹
P.stricta Wolff 直立茴芹
Pleurospermum cristatum de Boiss. 鸡冠棱子芹
Sanicula chinensis Bge. 变豆菜
S. elongata K. T. Fu 长序变豆菜
S. giraldii Wolff 太白变豆菜
Torilis japonica (Houtt.) DC. 破子草
T. sacbra (Thunb.) DC. 窃衣

104. 山茱萸科 Cornaceae

Cornus bretschneideri L. Henry 沙梾
C. controversa Hemsl. 灯台树
C. hemsleyi Schneid. et Wanger. 红椋子
C. macrophylla Wall. 梾木
C. paucinervis Hance 小梾木
C. walteri Wanger. 毛梾
Dendrobenthamia japonica (A. P. DC.) Fang var. *chinensis* (Osborn) Fang 四照花
Helwingia chinensis Batal. 中华青荚叶
H. japonica (Thunb.) F. G. Dietr. 青荚叶
Macrocarpium officinale (Sieb. et Zucc.) Nakai 山茱萸

105. 鹿蹄草科 Pyrolaceae

Chimaphila japonica Miq. 喜冬草
Hypopitys monotropa Grantz 松下兰
Pyrola atropurpurea Franch. 深紫鹿蹄草
P. calliantha H. Andres 鹿蹄草
P. decorata H. Andres 雅美鹿蹄草

106. 杜鹃花科 Ericaceae

Lyonia ovalifolia (Wall.) Drude var. *elliptica* (Sieb. et Zucc.) Hand.-Mzt. 南烛
Rhododendron concinnum Hemsl. 秀雅杜鹃

R. hypoglaucum Hemsl. 粉白杜鹃
R. mariesii Hemsl. et Wils. 满山红
R. micranthum Turcz. 照山白
R. purdomii Rehd. et Wils. 太白杜鹃
R. simsii Planch. 杜鹃花

107. 紫金牛科 Myrsinaceae
Myrsine africana L. 铁仔

108. 报春花科 Primulaceae
Androsace cuscutiformis Franch. 细蔓点地
A. umbellata (Lour.) Merr. 点地梅
Lysimachia barystachys Bge. 狼尾花
L. candida Lindl. 泽星宿菜
L. christinae Hance 过路黄
L. clethroides Duby 珍珠菜
L. grammica Hance 金瓜儿
L. hemsleyana Maxim. 点腺过路黄
L. pentapetala Bge. 狭叶珍珠菜
L. silvestrii (Pamp.) Hand.-Mazz. 假延叶珍珠菜
L. stenosepala Hemsl. 腺药珍珠菜
Primula handeliana W. W. Smith et Forrest 山西报春
P. maximowiczii Regel 胭脂花
P. odontocalyx (Franch.) Pax 齿萼报春
P. stenocalys Maxim. 窄萼报春

109. 柿树科 Ebenaceae
Diospyros kaki L. 柿
D. lotus L. 君迁子

110. 山矾科 Symplocaceae
Symplocos chinensis (Lour.) Druce 华山矾
S. paniculata (Thunb.) Miq. 白檀

111. 野茉莉科 Styracaceae
Styrax hemsleyana Diels 老鸹铃
S. japonica Sieb. et Zucc. 野茉莉

112. 木犀科 Oleaceae
Chionathus retusa Lindl. et Paxt. 流苏树
Forsythia giraldiana Lingelsh. 秦连翘
F. suspensa (Thunb.) Vahl 连翘
F. viridissima Lindl. 金钟花
Fraxinus chinensis Roxb. 白蜡树
F. chinensis Roxb. var. *acuminata* Lingelsh. 尖叶白蜡树
F. retusa Champ. var. *henryana* Oliv. 湖北苦枥木
F. rhynchophylla Hance 大叶白蜡树
F. stylosa Lingelsh. 宿柱白蜡树
Jasminum giraldii Diels 黄素馨
J. nudiflorum Lindl. 迎春花
Ligustrum acutissimum Koehne 蜡子树
L. lucidum Ait 女贞
L. obtusifolium Sieb. et Zucc. 水蜡树
L. quihoui Carr. 小叶女贞
Osmanthus fragrans Lour. 木犀
Syringa amurensis Rupr. 暴马丁香
S. giraldiana Schneid. 秦岭丁香
S. julianae Schneid. 紫丁香
S. microphylla Diels 小叶丁香
S. pubescens Turcz. 毛叶丁香
S. wolfii Schneid. 辽东丁香

113. 马钱科 Loganiaceae
Buddleja albiflora Hemsl. 巴东醉鱼草
B. albiflora Hemsl. var. *giraldii* (Diels) Rehd. et Wils. 周至醉鱼草
B. davidii Franch. 大叶醉鱼草
B. lindleyana Fort. 醉鱼草
B. officinalis Maxim. 密蒙花
B. shaanxiensis Z. Y. Zhang 陕西醉鱼草
B. striata Z. Y. Zhang 条纹醉鱼草
Gardneria multiflora Makino 蓬莱葛

114. 龙胆科 Gentianaceae
Gentiana acabra Bge. 龙胆
G. macrophylla Pall. 秦艽
G. rhodantha Franch. 红花龙胆
G. squarrosa Ledeb. 鳞叶龙胆
G. zollingeri Fawc. 笔龙胆
Gentianopsis barbata (Froel.) Ma var. *sinensis* Ma 中国扁蕾
Halennia elliptica D. Don 椭圆叶花锚
Pterygocalyx volubilis Maxim. 翼萼蔓
S. bimaculata (Sieb. et Zucc.) Hook. f. et Thoms. 獐牙菜
S. dichotoma L. 歧伞当药
S. diluta (Turez.) Benth. et Hook. f. 当药
Nymphoides peltatum (Gmel.) O. Kuntze 荇菜*
Tripterospermum affine (Wall. et C. B. Clarke) H. Smith 双蝴蝶

115. 夹竹桃科 Apocynaceae

Apocynum venetum L. 罗布麻

Trachelospermum jasminoides (Lindl.) Lem. 络石

T. jasminoides (Lindl.) Lem. var. *heterophyllum* Tsiang 石血

116. 萝藦科 Asclepiadaceae

Biondia hemsleyana (Warb.) Tsiang 宽叶秦岭藤

B. henryi (Warb. ex Schltr. et Diels) Tsiang et P. T. Li 青龙藤

Cynanchum auriculatum Royle ex Wight 牛皮消

C. bungei Decne. 白首乌

C. chinense B. Br. 鹅绒藤

C. forrestii Schltr. 大理白前

C. giraldii Schltr. 峨眉牛皮消

C. inamoenum (Maxim.) Loes. 竹消灵

C. paniculatum (Bge.) Kitag. 徐长卿

C. thesioides (Freyn) K. Schum. 地梢瓜

C. thesioides (Freyn) K. Schum. var. *australe* (Maxim.) Tsiang et P. T. Li 雀瓢

C. wilfordii (Maxim.) Hemsl. 隔山消

Dregea sinensis Hemsl. 苦绳

D. sinensis Hemsl. var. *corrugata* (Schneid.) Tsiang et P. T. Li 贯筋绳

D. yunnanensis (Tsiang) Tsiang et P. T. Li 丽子藤

Metaplexis japonica (Thunb.) Makino 萝藦

Periploca sepium Bge. 杠柳

Tylophora floribunda Miq. 七层楼

117. 旋花科 Convolvulaceae

Calystegia hederacea Wall. 打碗花

C. pellita (Leb.) G. Don 藤长苗

C. sepium (L.) R. Br. 篱打碗花

C. sepium (L.) R. Br. var. *japonica* (Choisy) Makino 日本打碗花

Convolvulus arvensis L. 旋花

Ipomoea batatas (L.) Lam. 甘薯*

Pharbitis nil (L.) Choisy 牵牛*

P. purpurea (L.) Voigr 圆叶牵牛*

118. 花荵科 Polemoniaceae

Polemonium coeruleum L. var. *chinense* Braud 中华花荵

119. 菟丝子科 Cuscutaceae

Cuscuta chinensis Lam. 菟丝子

C. japonica Choisy 金灯藤

120. 紫草科 Boraginaceae

Bothriospermum secundum Maxim. 多苞斑种草

B. tenellum (Horem.) Fisch. et Mey. 柔弱斑种草

Cynoglossum lanceolatum Forsk. 小花琉璃草

C. wallichii G. Don var. *glochidiatum* (Wall. et Benth.) Kazmi 稀刺琉璃草

C. zeylanicum (Vahl) Thunb. ex Lehm. 琉璃草

Ehretia macrophylla Wall. 粗糠树

Lappula heteracantha (Ledeb.) Gürke 东北鹤虱

Lithospermum arvense L. 麦家公

L. erythrorhizon Sieb. et Zucc. 紫草

L. zollingeri DC. 梓木草

Lycopsis orientalis L. 狼紫草

Sinojohnstonia moupinensis (Franch.) W. T. Wang 短蕊车前紫草

Stenosolenium saxitile (Pall.) Turcz. 紫筒草

Symphytum officinale L. 聚合草

Thyrocarpus glochidiatus Maxim. 弯齿盾果草

Trigonotis penduncularis (Trev.) Benth. ex S. Moore et Baker 附地菜

121. 马鞭草科 Verbenaceae

Callicarpa giraldii Hesse ex Rehd. 老鸦糊

C. japonica Thunb. var. *angustata* Rehd. 窄叶紫珠

Caryopteris divaricata (Sieb. et Zucc.) Maxim. 叉枝莸

C. tangutica Maxim. 光果莸

C. terniflora Maxim. 三花莸

Clerodendrum bungei Steud. 臭牡丹

C. trichotomum Thunb. 海州常山

C. trichotomum Thunb. var. *fargesii* (Dode) Rehd. 矮桐子

Verbena officinalis L. 马鞭草

Vitex negundo L. 黄荆

V. negundo L. var. *heterophylla* (Franch.) Rehd. 荆条

122. 唇形科 Labiatea

Agastache rugosa (Fisch. et Mey.) O. Ktze 藿香

Ajuga nipponensis Mak. 紫背金盘

A. linearifolia Pamp. 线叶筋骨草

Amethystea cearulea L. 水棘针

Clinopodium polycephalum (Vaniot) C. Y. Wu et Hsuan ex Hsu 灯笼草

C. repens (D. Don) Wall. ex Benth. 风轮草
C. urticifolium (Hance) C. Y. Wu et Hsuan ex H. W. Li 风车草
Elsholtzia ciliata (Thunb.) Hyland. 香薷
E. cypriani (Pavol.) S. Chow ex Hsu 野草香
E. fruticosa (D. Don) Rehd. 鸡骨柴
E. stauntoni Benth. 木香薷
Galeopsis bifida Boenn. 鼬瓣花
Glechoma biondiana (Diels) C. Y. Wu et C. Chen 白透骨消
G. grandis (A. Gary) Kupr. 日本活血丹
G. longituba (Nakai) Kupr. 活血丹
Kinostemon ornatum (Hemsl.) Kudo 动蕊花
Lagopsis supina (Steph.) Ik.-Gal. ex Knorr. 夏至草
Lamium amplexicaule L. 宝盖草
L. barbatum Sieb. et Zucc. 野芝麻
Leonurus artemisia (Lour.) S. Y. Hu 益母草
Mentha haplocalyx Briq. 薄荷
Mosla scabra (Thunb.) C. Y. Wu et H. W. Li 石荠苎
Nepeta cataria L. 荆芥*
N. fordii Hemsl 心叶荆芥
Origanum vulgare L. 牛至
Perilla frutescens (L.) Britt. 紫苏
Phlomis umbrosa Turcz. 糙苏
P. umbrosa Turcz. var. *latibracteata* Sun ex C. H. Wu 宽苞糙苏
P. umbrosa Turcz. var. *stenocalyx* (Diels) C. Y. Wu 狭萼糙苏
Prunella vulgaris L. 夏枯草
Rabdosia excisoides (Sun ex C. H. Hu) C. Y. Wu et H. W. Li 拟缺香茶菜
R. henryi (Hemsl.) Hara 鄂西香茶菜
R. japonica (Burm. f.) Hara 毛叶香茶菜
R. nervosa (Hemsl.) C. Y. Wu et H. W. Li 显脉香茶菜
R. rubescens (Hemsl.) Hara 碎米桠
R. serra (Maxim.) Hara 溪黄草
Salvia maximowicziana Hemsl. 鄂西鼠尾草
S. miltiorrhiza Bge. 丹参
S. plebeia R. Br. 荔枝草
S. plectranthoides Griff. 长冠鼠尾草
S. tricuspis Franch. 黄鼠狼花
Schizonepeta multifida (L.) Briq. 多裂叶荆芥
S. tenuifolia (Benth.) Briq. 裂叶荆芥
Scutellaria baicalensis Georgi 黄芩
S. barbata D. Don 半枝莲
S. caryopteroides Hand.-Mzt. 莸状黄芩
S. franchetiana Lèvl. 岩藿香
S. honanensis C. Y. Wu et H. W. Li 河南黄芩
S. hunanensis C. Y. Wu 湖南黄芩
S. indica L. 韩信草
S. pekinensis Maxim. 京黄芩
S. scordifolia Fisch. ex Schrank var. *villosissima* C. Y. Wu et W. T. Wang 多毛并头黄芩
Stachys arrecta L. H. Baily 蜗儿菜
S. oblongifolia Benth. 针筒菜
S. sieboldi Miq. 甘露子
Teucrium japonicum Willd. var. *microphyllum* C. Y. Wu et S. Chow 小叶穗花香科科
Thymus mongolicus Ronn. 百里香

123. 茄科 Solanaceae

Datura stramonium L. 曼陀罗
Lycium chinense Mill. 枸杞
Nicandra physalodes (L.) Gaertn. 假酸浆
Physaliastrum heterophyllum (Hemsl.) Migo 江南散血丹
Physalis alkekengi L. var. *franchetii* (Mast.) Makino 挂金灯
P. angulata L. 苦蘵
Physochlaina infundibularis Kuang 漏斗泡囊草
Solanum boreali-sinense C. Y. Wu et S. C. Huang 光白英
S. japonense Nakai 野海茄
S. lyratum Thunb. 白英
S. nigrum L. 龙葵
S. septemlobum Bge. 青杞

124. 玄参科 Scrophulariaceae

Euphrasia regelii Wettst. 短腺小米草
Lindernia procumbens (Krock.) Philcox 陌上菜
Mazus japonicus (Thunb.) O. Kuntze 通泉草
M. spicatus Vaniot 穗花通泉草
Melampyrum roseum Maxim. 山萝花
Mimulus szechuanensis Pai 四川沟酸浆
M. tenellus Bge. 沟酸浆
Paulownia tomentosa (Thunb.) Steud. 毛泡桐
Pedicularis artselaeri Maxim. 短茎马先蒿
P. decora Franch. 美观马先蒿
P. honanensis Tsoong 河南马先蒿

P. muscicola Maxim. 藓生马先蒿
P. resupinata L. 返顾马先蒿
P. shansiensis Tsoong 山西马先蒿
P. spicata Pall. 穗花马先蒿
P. striata Pall. 红纹马先蒿
Phtheirospermum japonicum (Thunb.) Kanitz 松蒿
Rehmannia glutinosa (Gaertn.) Libosch. ex Fisch. et Mey. 地黄
R. piasezkii Maxim. 裂叶地黄
S. ningpoensis Hemsl. 玄参
Siphonostegia chinensis Benth. 阴行草
Veronica anagallis-aquatica L. 北水苦荬
V. didyma Tenore 婆婆纳
V. laxa Benth. 疏花婆婆纳
V. linariifolia Pall. ex Link subsp. *dilatata* (Nakai et Kitag.) Hong 水蔓青
V. rockii Li 光果婆婆纳
V. serpyllifolia L. 小婆婆纳
V. szechuanica Batal. 四川婆婆纳
V. undulata Wall. 水苦荬
Veronicastrum sibiricum (L.) Pennell 草本威灵仙

125. 紫葳科 Bignoniaceae
Campsis grandiflora (Thunb.) K. Schumann 凌霄
Catalpa fargesii Bureau 灰楸
C. ovata G. Don 梓树
Incarvillea sinensis Lam. 角蒿

126. 列当科 Orobanchaceae
Orobanche coerulescens Steph. 列当

127. 苦苣苔科 Gesneriaceae
Boea hygrometrica (Bge.) R. Br. 猫耳朵
Corallodiscus cordatulus (Craib) Burtt 珊瑚苣苔
Hemiboea henryi C. B. Clarke 半蒴苣苔
Lysionotus pauciflorus Maxim. 吊石苣苔

128. 狸藻科 Lentibulariaceae
Urtricularia vulgaris L. 狸藻

129. 爵床科 Acanthaceae
Peristrophe japonica (Thunb.) Bremek. 九头狮子草

130. 透骨草科 Phrymataceae
Phryma leptostachya L. var. *asiatica* Hara 透骨草

131. 车前科 Plantaginaceae
Plantago asiatica L. 车前
P. depressa Willd. 平车前
P. major L. 大车前

132. 茜草科 Rubiaceae
Adina rubella Hance 细叶水团花
Emmenopterys henryi Oliv. 香果树
Galium aparina L. var. *tenerum* (Gren. et Godr.) Rchb. 猪殃殃
G. asperuloides Edgew. var. *hoffmeisteri* (Klotz) Hand.-Mazz. 六叶葎
G. bungei Steud. 四叶葎
G. kinuta Nakai et Hara 显脉拉拉藤
G. paradoxum Maxim. 林地拉拉藤
G. tricorne Stokes 麦仁珠
G. verum L. 蓬子菜
G. verum L. var. *trachyphyllum* Wall. 粗糙蓬子菜
Gardenia jasminoides Ellis 栀子*
Leptodermis oblonga Bge. 薄皮木
Ophiorrhiza japonica Bl. 日本蛇根草
Paederia scandens (Lour) Merr. 鸡矢藤
Rubia cordifolia L. 茜草
R. lanceolata Hayata 披针叶茜草
R. membranacea Diels 膜叶茜草
R. ovatifolia Z. Y. Zhang 卵叶茜草

133. 忍冬科 Caprifoliaceae
Abelia dielsii (Graebn.) Rehd. 太白六道木
A. engleriana (Graebn.) Rehd. 短枝六道木
Dipelta floribunda Maxim. 双盾木
Kolkwitzia amabilis Graebn. 蝟实
Lonicera acuminata Wall. 巴东忍冬
L. chrysantha Turcz. 金花忍冬
L. elisae Franch. 北京忍冬
L. fargesii Franch. 粘毛忍冬
L. fragrantissima Lindl. et Paxt. 郁香忍冬
L. graebneri Rehd. 短梗忍冬
L. gynochlamydea Hemsl. 蕊被忍冬
L. hispida Pall. ex Roem. et Schult. 刚毛忍冬
L. japonica Thunb. 金银花
L. maackii (Rupr.) Maxim. 金银忍冬
L. phyllocarpa Maxim. 樱桃忍冬
L. saccata Rehd. 袋花忍冬

L. schneideriana Rehd. 短苞忍冬
L. standishii Carr. 苦糖果
L. szeshuanica Batal. 四川忍冬
L. serreana Hand.-Mzt. 毛药忍冬
L. tangutica Maxim. 陇塞忍冬
L. tragophylla Hemsl. 盘叶忍冬
L. webbiana Wall. ex DC. 华西忍冬
Sambucus chinensis Lindl. 接骨草
S. williamsii Hance 接骨木
Triosteum himalayanum Wall. 穿心莛子藨
T. pinnatifidum Maxim. 羽裂叶莛子藨
Viburnum betulifolium Batal. 桦叶荚蒾
V. buddleifolium C. H. Wright 醉鱼草叶荚蒾
V. dilatatum Thunb. 荚蒾
V. erosum Thunb. 啮蚀荚蒾
V. erubescens Wall. var. *gracilipes* Rehd. 细梗淡红荚蒾
V. glomeratum Maxim. 丛花荚蒾
V. propinquum Hemsl. 球核荚蒾
V. schensianum Maxim. 陕西荚蒾
V. utile Hemsl. 烟管荚蒾

134. 败酱科 Valerianaceae

Patrinia heterophylla Bge. 异叶败酱
P. monandra C. B. Clarke 单蕊败酱
P. scabiosaefolia Fisch. ex Link 黄花败酱
P. scabra Bge. 糙叶败酱
Valeriana officinalis L. 缬草

135. 川续断科 Dipsacaceae

Dipsacus japonicus Miq. 续断

136. 葫芦科 Cucbitaceae

Cucumis sativus L. 黄瓜*
C. melo L. 甜瓜*
Cucurbita moschata (Duch.) Duch. ex Poir. 南瓜*
C. pepo L. 西葫芦*
Gynostemma pentaphyllum (Thunb.) Makino 绞股兰
Momordica charantia L. 苦瓜*
Luffa cylindrica (L.) Roem. 丝瓜*
Schizopepon dioicus Cogn. 湖北裂瓜
Thladiantha dubia Bge. 赤爬
T. nudiflora Hemsl. 南赤爬
T. oliveri Cogn. ex Mottet 鄂赤爬
Trichosanthes kirilowii Maxim. 栝楼
T. rosthornii Harms 华中栝楼

137. 桔梗科 Campanulaceae

Adenophora capillaris Hemsl. 丝裂沙参
A. hunanensis Nannf. 宽裂沙参
A. paniculata Nannf. 紫沙参
A. petiolata Pax et Hoffm. 柄沙参
A. polyantha Nakai 石沙参
A. remotiflora Miq. 薄叶荠苨
A. rupincola Hemsl. 岩生沙参
A. stricta Miq. 沙参
A. wawreana A. Zahlbr. 多歧沙参
A. wilsonii Nannf. 川鄂沙参
Campanula punctata Lam. 紫斑风铃草
Codonopsis cardiophylla Diels. ex Kom. 光叶党参
C. pilosula (Franch.) Nannf. 党参
Platycodon grandiflorus (Jacq.) A. DC. 桔梗

138. 菊科 Compositae

Achillea millefolium L. 多叶蓍
Achyrophorus ciliatus (Thunb.) Sch.-Bip. 猫儿菊
Adenocaulon himalaicum Edgew. 和尚菜
Ajania remotipinna (Hand.-Mazz.) Ling et Shih 疏齿亚菊
Anaphalis aureopunctata Lingelsh. et Borza 黄腺香青
A. margaritacea (L.) Benth. et Hook. f. 珠光香青
A. sinica Hance 香青
A. sinica Hance var. *remota* Ling 疏生香青
Arctium lappa L. 牛蒡
Artemisia annua L. 黄花蒿
A. argyi Lévl. et Vant. 艾蒿
A. atrovirens Hand.-Mzt. 深绿蒿
A. eriopoda Bge. 南牡蒿
A. feddei Lévl. et Vant. 矮蒿
A. gmelinii Web. ex Stechm. 白莲蒿
A. indica Willd. 印度蒿
A. japonica Thunb. 牡蒿
A. lavandulaefolia DC. 野艾蒿
A. leucophylla Turcz. ex C. B. Clarke 白叶蒿
A. parviflora Buch.-Ham. ex Roxb. 小花蒿
A. princeps Pamp. 魁蒿
A. qinlingensis Ling et Y. R. Ling 秦岭蒿
A. scoparia Waldst et Kirt. 扫帚艾蒿
A. shangnanensis Ling. et Y. R. Ling 商南蒿

A. subdigitata Mattf. 牛尾蒿
A. sylvatica Maxim. 阴地蒿
Aster ageratoides Turcz. 三褶脉紫菀
A. ageratoides Turcz. var. *heterophyllus* Maxim. 异叶三褶紫菀
A. ageratoides Turcz. var. *oophyllus* Ling 卵叶三褶脉紫菀
A. brachyphyllus Chang 镰叶紫菀
A. subulatus Michx. 钻形紫菀
A. tataricus L. f. 紫菀
Atractylodes lancea (Thunb.) DC. 苍术
A. macrocephala Koidz. 白术
Bidens bippinnata L. 鬼针草
B. biternata (Lour.) Merr. et Sherff 金盏银盘
B. parviflora Willd. 小花鬼针草
B. pilosa L. var *radiata* Sch.-Bip. 白花鬼针草
B. tripartita L. 狼把草
Cacalia ambigua Ling 两似蟹甲草
C. otopteryx Hand.-Mzt. 耳翼蟹甲草
C. rufipilis (Franch.) Ling 红毛蟹甲草
C. sinica Ling 中华蟹甲草
Carduus crispus L. 飞廉
Carpesium abrotanoides L. 天名精
C. cernuum L. 烟管头草
C. macrocephallum Franch. et Sav. 大花金挖耳
C. triste Maxim. 暗花金挖耳
Centipeda minima (L.) A. Brown et Ascher. 石胡荽
Cephalanoplos segetum (Bge.) Kitam. 刺儿菜
C. setosum (Willd.) Kitam. 大刺儿菜
Cichorium intybus L. 菊苣
Cirsium botryodes Petrak ex Hand.-Mzt. 总状蓟
C. hupehense Pamp. 湖北蓟
C. japonicum Fisch. ex DC. 大蓟
C. leo Nakai et Kitag. 魁蓟
C. monocephalum (Vant.) Lévl. 马刺蓟
Conyza bonariensis (L.) Cronq. 灰绿白酒草
C. canadensis (L.) Cronq. 小白酒草
Dendranthema argyrophyllum (Ling) Ling et Shih 银背菊
D. indicum (L.) Des Moul. 野菊
D. lavandulaefolium (Fisch. ex Trautv.) Kitam. 甘菊
D. nankingense (Hand.-Mzt.) X. D. Cui 菊花脑
D. vestitum (Hemsl.) Ling 毛华菊
Doellingeria scaber (Thunb.) Nees. 东风菜
Echinops setifer Iljin 刚毛蓝刺头
Eclipta prostrata (L.) L. 醴肠
Erigeron acer L. 飞蓬
E. annuus (L.) Pers. 一年蓬
E. kamtschaticus DC. 堪察加飞蓬
Eupatorium chinense L. 华泽兰
E. fortunei Turcz. 佩兰
E. japonicum Thunb. 泽兰
E. lingdleyanum DC. 白鼓钉
Gnaphalium hypoleucum DC. 秋鼠麴草
G. luteo-album L. 丝棉草
Gynura japonica (L. f.) Juel 三七草
Helianthus annuus L. 向日葵*
H. tuberosus L. 菊芋*
Hemistepta lyrata (Bge.) Bge. 泥胡菜
Heteropappus altaicus (Willd.) Novopokr. 阿尔泰狗娃花
H. hispidus (Thunb.) Less. 狗娃花
H. magnicalathinus J. Q. Fu 大花狗娃花
Hieracium umbellatum L. 山柳菊
Inula japonica Thunb. 旋覆花
I. lineariifolia Turcz. 线叶旋覆花
Ixeris chinensis (Thunb.) Nakai 山苦荬
I. humifusa (Dunn) Stebb. 平卧苦荬菜
I. polycephala Cass. 多头苦荬菜
I. sonchifolia (Bge.) Hance 抱茎苦荬菜
Kalimeris indica (L.) Sch.-Bip. 马兰
K. integrifolia Turcz. ex DC. 全叶马兰
K. mongolica (Franch.) Kitam. 蒙古马兰
K. pinnatifida (Maxim.) Kitam. 羽叶马兰
Lactuca formosana Maxim. 台湾莴苣
L. indica L. 山莴苣
L. reddeana Maxim. 毛脉山莴苣
Leibnitzia anandria (L.) Nakai 大丁草
Leontopodium japonicum Miq. 薄雪火绒草
L. japonicum Miq. var. *xerogenes* Hand.-Mzt. 厚茸薄雪火绒草
L. leontopodioides (Willd.) Beauv. 火绒草
L. microcephalum (Hand.-Mazz.) Ling 小头火绒草
Ligularia dentata (A. Gray) Hara 齿叶橐吾
L. dolichobotrys Diels 太白山橐吾
L. fischeri (Ledeb.) Turcz. 肾叶橐吾
L. intermedia Nakai 狭苞橐吾
L. tenuipes (Franch.) Diels 纤梗橐吾

L. veitchiana (Hemsl.) Greenm. 离舌橐吾
Myripnois dioica Bge. 蚂蚱腿子
Pertya cordifolia Mattf. 心叶帚菊
Petasites tricholobus Franch. 毛裂蜂斗菜
Picris hieracioides L. subsp. *japonica* (Thunb.) Krylv. 毛莲菜
Prenanthes tatarinowii Maxim. 盘果菊
Rhaponticum uniflorum (L.) DC. 祁州漏芦
Saussurea bullockii Dunn 卢山风毛菊
S. conyzoides Hemsl. 白酒草风毛菊
S. cordifolia Hemsl. 心叶风毛菊
S. dielsiana Koidz. 狭头风毛菊
S. dutaillyana Franch. var. *shensiensis* Pai 陕西风毛菊
S. frondosa Hand.-Mzt. 窄翼风毛菊
S. huashanensis (Ling) X. Y. Wu 华山风毛菊
S. iodostegia Hance 紫苞风毛菊
S. japonica (Thunb.) DC. 风毛菊
S. mutabilis Diels 变叶风毛菊
S. pectinata Bge. 篦苞风毛菊
S. reniformis Ling 肾叶风毛菊
S. stricta Franch. 城口风毛菊
S. tsinlingensis Hand.-Mazz. 秦岭风毛菊
Scorzonera albicaulis Bge. 笔管草
Senecio argunensis Turcz. 额河千里光
S. kirilowii Turcz. ex DC. 狗舌草
S. manshuricus Kitam. 东北千里光
S. oldhamianus Maxim. 蒲儿根
S. scandens Buch.-Ham. ex D. Don 千里光
Serratula coronata L. 伪泥胡菜
Siegesbeckia orientalis L. 豨签
S. pubescens (Makino) Makino 腺梗豨签
Sinacalia davidii (Franch.) H. Koyama 双舌华蟹甲草
S. tangutica (Maxim.) B. Nord. 羽裂华蟹甲草
Sonchus arvensis L. 苣荬菜
S. oleraceus L. 苦苣菜
Synurus deltoides (Ait.) Nakai 山牛蒡
Syneilesis aconitifolia (Bge.) Maxim. 兔儿伞
Taraxacum mongolicum Hand.-Mazz. 蒲公英
T. officinale Wigg. 药蒲公英
T. sinicum Kitag. 华蒲公英
Xanthium sibiricum Patrin ex Widder 苍耳
Tussilago farfara L. 款冬
Youngia henryi (Diels.)Babc. et Stebb. 巴东黄鹌菜
Y. japonica (L.) DC. 黄鹌菜
Zinnia peruviana (L.) L. 多花百日菊

4

第四章 鸟类多样性

新中国成立以来，已有一些文献涉及丹江流域和黑河流域的鸟类调查（郑作新等，1973；闵芝兰等，1983；姚建初等，1991；高学斌等，2009；赵洪峰等，2012）。2014年的春季、夏季和秋季（太白山南坡仅夏秋两季）我们在丹江流域选择黑龙口、麻街和商州区市郊、竹林关及湘河共4个样区，在黑河流域选择秦岭北坡的马召、厚畛子和板房子3个样区及太白山南坡样区，再次分别针对两河流域的鸟类多样性进行了调查，结果为丹江流域（陕西段）共观察到鸟类164种，隶属于15目43科102属，黑河流域的秦岭北坡共观察到鸟类146种，隶属于14目39科85属，太白山南坡共观察到鸟类131种，隶属于8目30科72属（鸟类分类系统参照郑光美，2011），基本上摸清了两河流域鸟类的组成、多度等基础资料，为以后长期开展调查区的鸟类动态变化监测及环境变化鸟类指示物种的选择奠定了基础。同时，在丹江流域的黑龙口镇铁炉子村、商州区郊区和山阳县中村镇采集了褐河乌、红尾水鸲、白鹡鸰和灰鹡鸰共4种鸟类样本，通过对鸟类的内脏器官、血液、羽毛和幼鸟的重金属离子残留量检测与富集效应分析，来判断丹江流域的水质和水源地环境是否被污染及污染程度。此外，根据2014年的鸟类调查结果，对丹江流域湿地生态系统服务功能进行了评估。

第一节 样区选择

一、丹江流域样区

丹江流域野外调查样区包括商州区黑龙口镇及麻街镇和市郊（二龙山水库及其污水处理厂的河道）、丹凤县竹林关镇雷家洞村、商南县湘河镇湘河村和红鱼村（包括山阳县中村银花河）共4个样区（图4-1），布设调查样线16条，其中水域加堤岸样线9条，林区样线7条。每个样区和样线的具体情况如下所述。

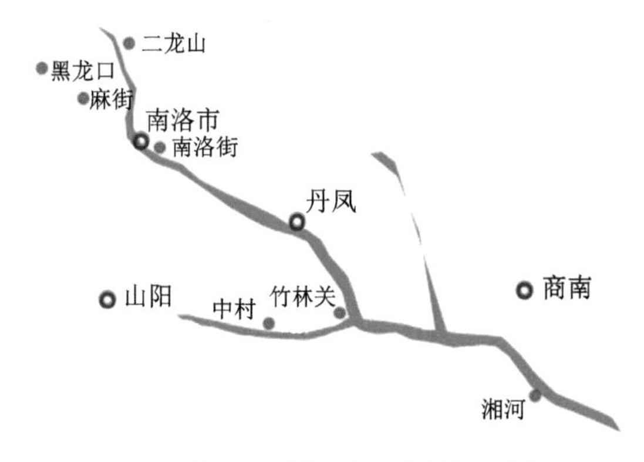

图4-1 丹江流域鸟类调查图

1）黑龙口镇样区

黑龙口镇样区包括林区样线2条，长度各2 km，河流加两侧河岸样线1条，长度3 km，后者兼顾对农田村落带鸟类的调查。该研究地点的森林为自然恢复和飞机播种后形成的针阔叶混交林，在开阔的沟谷区域有农田和村落，河流为山间小溪，一般宽度为3 m以内。在调查区有硫酸厂 1 处，邻近铁炉子村有铅锌矿 1 处。

2）商州区麻街镇和市郊（二龙山水库及其污水处理厂的河道）样区

水域样线（点）5 条，林区样线 2 条。林区样线长为 2 km；水域包括麻街镇甫上村、高潮村和板桥镇白岭村的回水区，长度各为 3 km，仙鹅湖大坝下河道 1 km，污水处理厂排水口的河道 2 km，水域样线除水鸟外还对河岸带鸟类进行了调查。该研究地点以水体和河流环境的鸟类调查为主，同时对林区鸟类也进行了调查，林区的森林组成与黑龙口镇调查点相同。河道两侧为农田村落或城市郊区。

3）竹林关镇（雷家洞村）样区

竹林关镇（雷家洞村）样区包括河流加河岸带样线 1 条，长约 3 km，林区样线 2 条，长度均为 2 km。该研究地点的森林以阔叶林为主，在局部区域种植有成片的侧柏林。河流开阔，浅山区域为农田村落生境。山阳县中村银花河的水域样线 1 条，长度 3 km，主要对水鸟进行了调查。该研究地点的生境与竹林关雷家洞村相同。在周边山区有数家钒矿。

4）湘河镇（湘河村和红鱼村）样区

水域加河岸带样线 2 条，林区样线 1 条，长度分别为 3 km 和 2 km。该研究地点的森林以阔叶林为主，河流开阔，浅山区域为农田村落生境。

二、黑河流域样区

1. 总体调查路线

黑河流域主要涉及周至县境内的秦岭北坡及太白山南坡。

总体调查路线为厚畛子—铁甲树—南清官—南天门—药王殿—拔仙台。在确定了调查总线路的基础上，结合海拔和生境选取样区，样区的划分和样点的选择见表 4-1。

表 4-1 样区代表植被和样点选择

样区划分	代表植被	海拔/m	样点选择
中低海拔退耕还林带	山茱萸 栓皮栎	1260～1550	花耳坪 铁甲树
中海拔阔叶林带	栓皮栎 锐齿栎	1560～2220	三合宫 六里坡 老君殿
中高海拔针阔叶混交林带	红桦 牛皮桦 巴山冷杉	2240～3100	南清官 二里坡 南天门
高海拔针叶林带	巴山冷杉 太白红杉	3120～3320	药王殿 三清池 放马场
高海拔高山灌丛草甸带	怀腺柳 嵩草	3340～3767	玉皇池 三爷海 拔仙台

2. 黑河流域样区选择

黑河流域分为秦岭北坡和太白山南坡两个区域，其样区和样点的选择将分别叙述，但为了保证太白山南坡鸟类垂直分布的完整性，对厚畛子样区的样线和鸟类调查数据进行了重复统计分析。

1）秦岭北坡样区选择与生境

秦岭北坡由高到低包括了马召镇（金盆水库）、厚畛子镇和板房子镇 3 个样区。共 8 条林区样线和金盆水库 1 个样点。

（1）马召镇（金盆水库）　水域 1 个样点，林区样线 2 条。水域样点包括金盆水库库区和部分上游河道。林区为浅山区和 108 国道西侧林区，长度均为 2 km。该研究地点的森林生境为阔叶林带，沟谷地带分布有村落和农田，水域主要为金盆水库。

（2）厚畛子镇　林区样线 2 条，同时兼顾河流和农田生境，长度分别为 3 km 和 2 km。生境和海拔范围同太白山南坡的中低海拔退耕还林带。

（3）板房子镇　河流加河岸带样线 1 条，林区样线 3 条。林区选择地点为铁厂沟、庙沟口和 108 国道上部的废弃公路，长度均为 2 km；河流加河岸带样线长度 2 km，兼顾林区和农田村落。该研究地点的生境主要以阔叶林为主，在板房子镇街道和七里峡口为农田村落森林交错带。

2）太白山南坡样区选择与生境

太白山南坡样区选择与生境详见表 4-1。共布设调查样线 14 条。三合宫（海拔 1900 m）以下的样线包括对河道鸟类的调查，低海拔样线长度为 3 km，高海拔样线长度为 2 km。样线的布设依据植被垂直带和海拔而定。该研究地点的生境自高到低划分为高山灌丛裸岩带、针叶林带、针阔叶混交林带、阔叶林带和农田村落森林交错带。

第二节　研 究 方 法

一、野外研究方法

1. 样线法

针对森林鸟类，本研究采用样线法进行鸟类种类调查与数量统计。首先在丹江流域和黑河流域已经确定的调查样区内，根据其生境类型特点选择样线，每个样区样线数量一般为 3～4 条，每两条相邻的样线间距超过 500 m，林区样线长为 2 km，河流加河岸带样线长多为 3 km，采用 10×42 双筒望远镜记录左右约 25 m 看到的鸟（包括听到的鸟）。调查时间为夏季 6：00～8：00、17：00～19：00，春季、秋季 7：00～9：00、15：30～17：30，调查人数 2 人，行走速度为 1 km/h，每条样线至少由同一人调查 3 次，调查尽量选择晴朗的天气，春季、秋季集群性鸟类的数量统计以根据实际观察经验获得的集群的平均值确定（同一物种的各个集群常常数量不一，根据多个集群的数量统计计算平均值，并以均值作为物种密度计算的标准，而不以最大值和最小值作为春季、秋季集群性鸟类密度计算的标准）。在样线调查的同时，辅助以雾网捕获小型鸟类，捕获的鸟类仅用于物种鉴定，不列入数量统计，但列入每个海拔梯度和生境类型的物种统计。但是有些夜行性的鸟类如鸮形目的物种未能全部统计。

2. 分区直数法

针对二龙山水库和金盆水库的水鸟，本研究采用分区直数法进行鸟类调查和数量统计。调查在每天的早晨和傍晚进行，借用 10×42 双筒望远镜和单筒望远镜（20～60 倍）并辅以照相机（佳能 7D 加 300 定焦镜头和 1DX 加 600 定焦镜头）鉴别、记录调查区域内的所有水鸟。每个样点调查为 3 次。

3. 数据分析

物种 α 水平上的多样性以相对密度表示。每个物种的相对密度以相对多度（个体数）和面积的比值来计算。一个样点内物种密度为所有样线的相对密度平均值，一个样区的物种密度为所有样点的相对密度平均值。各样区的优势种根据密度（D）的大小来划分。$D>1$（只/hm^2）的物种为群落中的优势物种，$1>D>0.5$（只/hm^2）的物种为常见物种。

二、鸟类体内重金属离子的富集效应分析方法

1. 器具

原子吸收光谱仪，电子分析天平（上海天平仪器厂），超纯水设备，恒温干燥箱，10 ml 离心管。

2. 试剂与材料

Zn、Pb、Cd 标准溶液（国家钢铁材料测试中心），65%～68%浓硝酸（优级纯），30%过氧化氢（优级纯），36%～38%浓盐酸（优级纯），去离子水。

3. 配制试剂

1%（V/V）硝酸：取浓硝酸 1 ml，去离子水定容至 100 ml。

2%（V/V）硝酸：取浓硝酸 1 ml，去离子水定容至 50 ml。

2%（V/V）盐酸：取浓盐酸 1 ml，去离子水定容至 50 ml。

所有的玻璃器具或塑料器具先用 2% HCl（V/V）浸润 2 h，去离子水冲洗数次。再用 2% HNO_3（V/V）浸润 2 h，去离子水冲洗数次。

所有的标准液都需用 1%（V/V）硝酸稀释标准储备液来制备。

4. 实验原理

生物样品经过酸消解后，用超纯水定容，同样制备空白对照。用原子吸收分光光度法测定重金属元素含量。按下列算式计算样品中重金属元素含量。

$$样品中元素含量=CV/M$$

式中，C 为测定的元素含量浓度；V 为样品消化液体积；M 为样品的称取量。

5. 取样

在 2014 年 6 月，用样线法沿丹江流域布线。采用网捕法捕捉 4 种雀形目鸟类，共 11 只。将捕捉的鸟处死，解剖取出肝脏组织，样品编号，置于冻存管中并存放在液氮中保存。

6. 样本的制备

将从液氮中取出的样品（鸟类的肝脏）放置至室温解冻后，先对样品编号、记录，然后用去离子水反复清洗每个组织，以除去表面的杂质和扬尘。将清洗干净的所有样品在 100℃条件下烘至恒重（大约 20 h），样品研磨成粉末后，用万分之一电子天平称重研磨后的质量，并记录，待用。

7. 酸消解

准确称取 0.5 g 干样置于洁净的三角烧瓶中，用几滴超纯水润湿后，加入 6 ml［2 ml HNO_3（4 mol/L）：2 ml HCl（4 mol/L）：2 ml H_2O_2（0.5 mol/L）］混酸于三角烧瓶中，56℃加热，为了更彻底消化，在消化过程中应经常轻摇三角烧瓶。消化 4 h 后，然后放入 100℃的水浴锅中加热 3 h，赶酸（避免溶解样品的酸度影响测定的灵敏度）。3000 r/min 离心 10 min，取上清于 10 ml 离心管中。沉淀用 2 ml 去离子水洗涤，3000 r/min 离心 15 min，取上清转移到同一个 10 ml 离心管中。去离子水将样品定容至 10 ml，4℃保存。每个消解样品重复 5 份，并做相应的空白实验。

8. 样品测定

1）配制梯度标准溶液

从母液（1000 mg/L）中吸取 1 ml 并在 100 ml 的容量瓶中稀释成 10 mg/L 的中间液。再以中间液稀释配制浓度梯度，制作标准溶液曲线。

2）样品的测定

测量样品中 Zn、Pb、Cd 的信号强度，然后通过标准溶液曲线测定相应浓度。

第三节 鸟类的物种多样性

一、丹江流域鸟类物种多样性

1. 丹江流域的鸟类组成

丹江流域（陕西段）共观察到鸟类 164 种，隶属于 15 目 43 科 102 属，鸟类分类系统参照《中国鸟类分类与分布名录》（郑光美，2011）。其中留鸟 86 种，夏候鸟 35 种，冬候鸟 10 种，旅鸟 33 种，所占比例依次为 52.4%、21.3%、6.2%、20.1%，总体来看，繁殖鸟（留鸟和夏候鸟）所占比例较高，约占总物种数的 73.8%，构成丹江流域鸟类的主体。春季共观察到鸟类 102 种，隶属于 13 目 33 科 65 属；夏季共观察到鸟类 101 种，隶属于 11 目 35 科 66 属；秋季共观察到鸟类 105 种，隶属于 13 目 34 科 69 属（表 4-2）。

表 4-2 丹江流域的鸟类组成和密度

目科种	拉丁名	居留型	针阔叶混交林带			阔叶林带			农田和栽培植物带			区系从属关系	特有种	保护级别	中国物种红色名录
			春	夏	秋	春	夏	秋	春	夏	秋				
䴙䴘目	**PODICIPEDIFORMES**														
䴙䴘科	**Podicipedidae**														
小䴙䴘	*Tachybaptus ruficollis*	R				0.18		0.70*	0.25		0.17	广			
黑颈䴙䴘	*Podiceps nigricollis*	P						0.04							
鹈形目	**PELECANIFORMES**														
鸬鹚科	**Phalacrocoracidae**														
普通鸬鹚	*Phalacrocorax carbo*	P						0.03							
鹳形目	**CICONIIFORMES**														
鹭科	**Ardeidae**														
池鹭	*Ardeola bacchus*	S					0.07			0.03		东			
白鹭	*Egretta garzetta*	S								0.06		东			
牛背鹭	*Bubulcus ibis*	R				0.02				0.04		东			
大白鹭	*Ardea alba*	P							0.01		0.01				
苍鹭	*Ardea cinerea*	R				0.07	0.03	0.02	0.01		0.01	广			
夜鹭	*Nycticorax nycticorax*	S							0.02		0.01	广			
鹳科	**Ciconiidae**														
黑鹳	*Ciconia nigra*	W								0.01	0.03			I	
鹮科	**Threskiornithidae**														
白琵鹭	*Platalea leucorodia*	P				0.15								II	
雁形目	**ANSERIFORMES**														
鸭科	**Anatidae**														

续表

目科种	拉丁名	居留型	针阔叶混交林带			阔叶林带			农田和栽培植物带			区系从属关系	特有种	保护级别	中国物种红色名录
			春	夏	秋	春	夏	秋	春	夏	秋				
绿翅鸭	*Anas crecca*	P				0.28									
绿头鸭	*Anas platyrhynchos*	R				0.18	0.13	0.18				古			
赤膀鸭	*Anas strepera*	P							0.01		0.02				
针尾鸭	*Anas acuta*	P				0.04									
白眉鸭	*Anas querquedula*	P						0.04							
花脸鸭	*Anas formosa*	P						0.02							VU
赤麻鸭	*Tadorna ferruginea*	W						0.06							
鹊鸭	*Bucephala clangula*	W						0.02							
鸳鸯	*Aix galericulata*	P							0.03					II	NT
红头潜鸭	*Aythya ferina*	P						0.01							
凤头潜鸭	*Aythya fuligula*	P						0.03							
隼形目	**FALCONIFORMES**														
鹰科	**Accipitridae**														
普通鵟	*Buteo buteo*	W			0.03						0.01			II	
大鵟	*Buteo hemilasius*	W						0.01						II	
金雕	*Aquila chrysaetos*	R						0.01				广		I	
赤腹鹰	*Accipiter soloensis*	R						0.01				广		II	
雀鹰	*Accipiter nisus*	S									0.01	古		II	
白尾鹞	*Circus cyaneus*	P						0.01						II	
隼科	**Falconidae**														
红隼	*Falco tinnunculus*	R	0.03			0.01		0.01	0.01	0.05		广		II	
灰背隼	*Falco columbarius*	P					0.01		0.01	0.01	0.03			II	

续表

目科种	拉丁名	居留型	针阔叶混交林带			阔叶林带			农田和栽培植物带			区系从属关系	特有种	保护级别	中国物种红色名录
			春	夏	秋	春	夏	秋	春	夏	秋				
红脚隼	*Falco amurensis*	S									0.02	古		II	
鸡形目	**GALLIFORMES**														
雉科	**Phasianidae**														
环颈雉	*Phasianus colchicus*	R	0.43	0.83*	0.20	1.07**	1.60**	0.43	0.13	0.35	0.03	古			
红腹锦鸡	*Chrysolophus pictus*	R	0.53*	0.93*	0.15	0.40	0.73*	0.27	0.09	0.36	0.14	古	特	II	
灰胸竹鸡	*Bambusicola thoracicus*	R									0.03	东	特		
勺鸡	*Pucrasia macrolopha*	R	0.07					0.02				古		II	NT
日本鹌鹑	*Coturnix japonica*	W						0.02							
鹤形目	**GRUIFORMES**														
秧鸡科	**Rallidae**														
黑水鸡	*Gallinula chloropus*	P						0.02							
白骨顶	*Fulica atra*	P						0.04							
鸻形目	**CHARADRIIFORMES**														
反嘴鹬科	**Recurvirostridae**														
黑翅长脚鹬	*Himantopus himantopus*	P				0.12									
反嘴鹬	*Recurvirostra avosetta*	P				0.02									
鸻科	**Charadriidae**														
金眶鸻	*Charadrius dubius*	S				0.10	0.03		0.14	0.30		广			
环颈鸻	*Charadrius alexandrinus*	P				0.03	0.01		0.03	0.05					
长嘴剑鸻	*Charadrius placidus*	P				0.01	0.01		0.01	0.03	0.03				
铁嘴沙鸻	*Charadrius leschenaultii*	P				0.03									
灰头麦鸡	*Vanellus cinereus*	P				0.01					0.01				

续表

目科种	拉丁名	居留型	针阔叶混交林带			阔叶林带			农田和栽培植物带			区系从属关系	特有种	保护级别	中国物种红色名录
			春	夏	秋	春	夏	秋	春	夏	秋				
鹬科	**Scolopacidae**														
矶鹬	*Actitis hypoleucos*	P				0.03	0.10		0.01	0.05	0.01				
白腰草鹬	*Tringa ochropus*	W				0.10			0.11		0.07				
青脚鹬	*Tringa nebularia*	W									0.01				
扇尾沙锥	*Gallinago gallinago*	P					0.01		0.01	0.03					
针尾沙锥	*Gallinago stenura*	P									0.01				
鹮嘴鹬科	**Ibidorhynchidae**														
鹮嘴鹬	*Ibidorhyncha struthersii*	R								0.13	0.03	古			
鸽形目	**COLUMBIFORMES**														
鸠鸽科	**Columbidae**														
山斑鸠	*Streptopelia orientalis*	R	0.07	0.13		0.20	0.57*	0.06	0.15	0.20	0.08	广			
珠颈斑鸠	*Streptopelia chinensis*	R				0.10	0.20	0.05	0.07	0.23	0.05	东			
灰斑鸠	*Streptopelia decaocto*	R							0.01		0.02	广			
鹃形目	**CUCULIFORMES**														
杜鹃科	**Cuculidae**														
噪鹃	*Eudynamys scolopaceus*	S		0.47		0.12	0.77*		0.01	0.38		东			
大鹰鹃	*Cuculus sparverioides*	S		0.20			0.03			0.25		东			
四声杜鹃	*Cuculus micropterus*	S				0.03	0.10			0.15		东			
东方中杜鹃	*Cuculus optatus*	S		0.13								古			
大杜鹃	*Cuculus canorus*	S					0.37					广			
鸮形目	**STRIGIFORMES**														
鸱鸮科	**Strigidae**														

续表

目科种	拉丁名	居留型	针阔叶混交林带			阔叶林带			农田和栽培植物带			区系从属关系	特有种	保护级别	中国物种红色名录
			春	夏	秋	春	夏	秋	春	夏	秋				
红角鸮	*Otus sunia*	R	0.03									古		II	
斑头鸺鹠	*Glaucidium cuculoides*	R						0.01				东		II	
佛法僧目	**CORACIIFORMES**														
翠鸟科	**Alcedinidae**														
普通翠鸟	*Alcedo atthis*	R				0.07		0.01	0.01	0.03	0.03	广			
冠鱼狗	*Megaceryle lugubris*	R				0.07	0.07	0.13	0.05	0.13	0.05	东			
蓝翡翠	*Halcyon pileata*	R					0.03					东			
戴胜目	**UPUPIFORMES**														
戴胜科	**Upupidae**														
戴胜	*Upupa epops*	S		0.07		0.03	0.03		0.01			广			
䴕形目	**PICIFORMES**														
啄木鸟科	**Picidae**														
大斑啄木鸟	*Dendrocopos major*	R	0.13	0.47	0.05	0.18	0.37	0.12	0.03	0.10	0.06	古			
星头啄木鸟	*Dendrocopos canicapillus*	R				0.02		0.02			0.01	东			
灰头绿啄木鸟	*Picus canus*	R	0.20	0.13		0.35	0.87^{*}	0.14	0.14	0.13	0.03	广			
斑姬啄木鸟	*Picumnus innominatus*	R				0.02			0.01	0.03	0.03	东			
雀形目	**PASSERIFORMES**														
燕科	**Hirundinidae**														
淡色崖沙燕	*Riparia diluta*	P							3.26^{**}		0.07				
家燕	*Hirundo rustica*	S				0.25	0.25		0.37	1.14^{**}		古			
金腰燕	*Cecropis daurica*	S				0.12	0.43		0.03	0.11		广			
岩燕	*Ptyonoprogne rupestris*	S								1.00^{**}		古			

续表

目科种	拉丁名	居留型	针阔叶混交林带			阔叶林带			农田和栽培植物带			区系从属关系	特有种	保护级别	中国物种红色名录
			春	夏	秋	春	夏	秋	春	夏	秋				
烟腹毛脚燕	*Delichon dasypus*	S								0.14		古			
鹡鸰科	**Motacillidae**														
白鹡鸰	*Motacilla alba*	R	0.07	0.07		0.33	0.67^{*}	0.12	0.63^{*}	0.96^{*}	0.63^{*}	广			
灰鹡鸰	*Motacilla cinerea*	R	0.20	0.20		0.30	0.17		0.47	0.50^{*}	0.04	古			
黄鹡鸰	*Motacilla flava*	P				0.01			0.13	0.03					
黄头鹡鸰	*Motacilla citreola*	P				0.13	0.01		0.04	0.05					
山鹡鸰	*Dendronanthus indicus*	S									0.02	古			
田鹨	*Anthus richardi*	P				0.01									
水鹨	*Anthus spinoletta*	P							0.01	0.03	0.03				
树鹨	*Anthus hodgsoni*	R			0.23	0.10					0.22	古			
山椒鸟科	**Campephagidae**														
小灰山椒鸟	*Pericrocotus cantonensis*	S								0.03		东			
鹎科	**Pycnonotidae**														
黄臀鹎	*Pycnonotus xanthorrhous*	R	0.07	0.13		0.18	0.37	0.47	1.16^{**}	2.50^{**}	1.44^{**}	东			
白头鹎	*Pycnonotus sinensis*	R					0.03	1.16^{**}	0.15	0.38		东			
领雀嘴鹎	*Spizixos semitorques*	R	0.37	0.27	0.23	0.25	0.25	0.24	0.81^{*}	0.68^{*}	0.63^{*}	东	特		
伯劳科	**Laniidae**														
红尾伯劳	*Lanius cristatus*	S					0.13			0.25		古			
棕背伯劳	*Lanius schach*	R		0.07			0.10			0.13	0.02	东			
黄鹂科	**Oriolidae**														
黑枕黄鹂	*Oriolus chinensis*	S					0.03			0.08		东			
卷尾科	**Dicruridae**														

续表

目科种	拉丁名	居留型	针阔叶混交林带			阔叶林带			农田和栽培植物带			区系从属关系	特有种	保护级别	中国物种红色名录
			春	夏	秋	春	夏	秋	春	夏	秋				
发冠卷尾	*Dicrurus hottentottus*	S		0.13			0.63^{*}			0.20		东			
黑卷尾	*Dicrurus macrocercus*	S		0.10			0.10			0.03		东			
椋鸟科	**Sturnidae**														
灰椋鸟	*Sturnus cineraceus*	R				0.15	0.30		0.11	0.05		古			
鸦科	**Corvidae**														
喜鹊	*Pica pica*	R	0.37	0.20	0.33	0.75^{*}	0.82^{*}	1.14^{**}	0.41	0.21	0.54^{*}	古			NT
大嘴乌鸦	*Corvus macrorhynchos*	R			0.08	0.03		0.04	0.03		0.01	广			
小嘴乌鸦	*Corvus corone*	R				0.02						广			
红嘴蓝鹊	*Urocissa erythrorhyncha*	R	0.77^{*}	1.00^{**}	0.50^{*}	1.28^{**}	1.37^{**}	1.76^{**}	0.26	0.50^{*}	0.42	东			
灰喜鹊	*Cyanopica cyanus*	R				0.05						广			
松鸦	*Garrulus glandarius*	R	0.27	0.47	0.20	0.32	0.30	0.16	0.05	0.05	0.03	古			
星鸦	*Nucifraga caryocatactes*	R	0.20	0.27	0.40	0.35	0.20	0.26			0.03	广			
河乌科	**Cinclidae**														
褐河乌	*Cinclus pallasii*	R		0.07	0.08	0.03			0.09	0.03	0.05	广			
鹪鹩科	**Troglodytidae**														
鹪鹩	*Troglodytes troglodytes*	R				0.03		0.01	0.03			古			
鸫科	**Turdidae**														
蓝矶鸫	*Monticola solitarius*	R					0.03			0.08		东			
乌鸫	*Turdus merula*	R					0.07		0.04	0.03		广			
斑鸫	*Turdus eunomus*	P							0.01						
北红尾鸲	*Phoenicurus auroreus*	R	0.40	0.93^{*}	0.08	0.50^{*}	0.97^{*}	0.28	0.65^{*}	0.75^{*}	0.31	古			
黑喉红尾鸲	*Phoenicurus hodgsoni*	S				0.03				0.05		东			

续表

目科种	拉丁名	居留型	针阔叶混交林带			阔叶林带			农田和栽培植物带			区系从属关系	特有种	保护级别	中国物种红色名录
			春	夏	秋	春	夏	秋	春	夏	秋				
赭红尾鸲	*Phoenicurus ochruros*	S				0.02						古			
红尾水鸲	*Rhyacornis fuliginosa*	R	0.03	0.27	0.10	0.17	0.03	0.05	0.25	0.45	0.37	广			
红胁蓝尾鸲	*Tarsiger cyanurus*	S			0.08				0.21			古			
白顶溪鸲	*Chaimarrornis leucocephalus*	R			0.05				0.03		0.03	广			
白额燕尾	*Enicurus leschenaulti*	R		0.07	0.10	0.07	0.17	0.02		0.05	0.03	东			
小燕尾	*Enicurus scouleri*	R	0.07									广			
黑喉石䳭	*Saxicola torquata*	R				0.03			0.33			古			
鹟科	**Muscicapidae**														
方尾鹟	*Culicicapa ceylonensis*	S							0.09	0.13		东			
画眉科	**Timaliidae**														
画眉	*Garrulax canorus*	R	0.13	0.33	0.25	0.40	0.47	0.35	0.15	0.70*	0.57*	东	特		NT
白颊噪鹛	*Garrulax sannio*	R				0.07			0.41	0.60*	0.56*	东			
灰翅噪鹛	*Garrulax cineraceus*	R								0.03	0.02	东			
白喉噪鹛	*Garrulax albogularis*	R									0.04	东			
橙翅噪鹛	*Garrulax elliotii*	R	0.40	0.60*	0.93*	0.08		0.13				古	特		
红嘴相思鸟	*Leiothrix lutea*	R		0.10								东			NT
斑胸钩嘴鹛	*Pomatorhinus erythrocnemis*	R	0.13	0.33		0.07	0.07	0.07	0.33	0.63*	0.20	东			
棕颈钩嘴鹛	*Pomatorhinus ruficollis*	R	0.30	0.27	0.13	0.52*	0.47	0.28	0.47	0.33	0.47	东			
矛纹草鹛	*Babax lanceolatus*	R					0.03					东			
灰眶雀鹛	*Alcippe morrisonia*	R							0.37	0.30	0.13	东			
棕头雀鹛	*Alcippe ruficapilla*	R									0.14	东	特		

续表

目科种	拉丁名	居留型	针阔叶混交林带			阔叶林带			农田和栽培植物带			区系从属关系	特有种	保护级别	中国物种红色名录
			春	夏	秋	春	夏	秋	春	夏	秋				
红头穗鹛	*Stachyris ruficeps*	R	0.07						0.08	0.05		东			
白领凤鹛	*Yuhina diademata*	R		0.30	0.05							东	特		
鸦雀科	**Paradoxornithidae**														
棕头鸦雀	*Paradoxornis webbianus*	R	0.87^{*}	1.73^{**}	0.38	0.97^{*}	1.70^{**}	0.89^{*}	1.10^{**}	1.39^{**}	2.01^{**}	广			
点胸鸦雀	*Paradoxornis guttaticollis*	R							0.01	0.03		东			
扇尾莺科	**Cisticolidae**														
山鹪莺	*Prinia crinigera*	R			0.03	0.08	0.23	0.03	0.01	0.03		东			
莺科	**Sylviidae**														
强脚树莺	*Cettia fortipes*	R	0.60^{*}	1.33^{**}		0.07	0.13		0.17	1.73^{**}		东			
短翅树莺	*Cettia diphone*	S	0.07	0.27		0.45	0.70^{*}		0.02	0.95^{*}		古			
黄眉柳莺	*Phylloscopus inornatus*	S			0.15			0.12		0.03	0.03	古			
褐柳莺	*Phylloscopus fuscatus*	W			0.03						0.17				
冠纹柳莺	*Phylloscopus reguloides*	S	0.47	1.07^{**}	0.20	0.13	0.17	0.21		0.13		东			
峨眉柳莺	*Phylloscopus emeiensis*	R				0.03	0.03			0.28		东	特		
黄腰柳莺	*Phylloscopus proregulus*	W						0.07			0.39				
淡眉柳莺	*Phylloscopus humei*	S									0.01	古			
极北柳莺	*Phylloscopus borealis*	P		0.27											
白斑尾柳莺	*Phylloscopus davisoni*	S		0.20		0.03						东			
云南柳莺	*Phylloscopus yunnanensis*	R	0.33			0.07	0.03					广			
冕柳莺	*Phylloscopus coronatus*	S	0.27	0.33		0.18						古			
灰冠鹟莺	*Seicercus tephrocephalus*	S		0.13								东			
淡尾鹟莺	*Seicercus soror*	S		1.00^{**}						0.05		东			

续表

目科种	拉丁名	居留型	针阔叶混交林带			阔叶林带			农田和栽培植物带			区系从属关系	特有种	保护级别	中国物种红色名录
			春	夏	秋	春	夏	秋	春	夏	秋				
棕脸鹟莺	*Abroscopus albogularis*	R									0.04	东			
棕褐短翅莺	*Bradypterus luteoventris*	R		0.33			0.03					东			
绣眼鸟科	**Zosteropidae**														
暗绿绣眼鸟	*Zosterops japonicus*	R						0.30		0.03		东			
长尾山雀科	**Aegithalidae**														
红头长尾山雀	*Aegithalos concinnus*	R		0.23	0.30	0.40	0.30	0.79^{*}	0.36	0.10	0.35	东			
银脸长尾山雀	*Aegithalos fuliginosus*	R						0.12				古	特		NT
银喉长尾山雀	*Aegithalos caudatus*	R									0.01	古			
山雀科	**Paridae**														
大山雀	*Parus major*	R	0.77^{*}	1.53^{**}	0.43	0.68^{*}	1.60^{**}	1.21^{**}	0.61^{*}	0.63^{*}	0.42	广			
绿背山雀	*Parus monticolus*	R	0.63^{*}	1.50^{**}	0.38	0.58^{*}	0.50^{*}	0.49				东			
沼泽山雀	*Parus palustris*	R									0.01	古			
黄腹山雀	*Parus venustulus*	R	0.20	0.70^{*}	0.23	0.45	0.55^{*}	0.27		0.06		东	特		
雀科	**Passeridae**														
麻雀	*Passer montanus*	R	0.07			0.10	0.17	0.21	0.71^{*}	0.58^{*}	2.13^{**}	广			NT
山麻雀	*Passer rutilans*	R		0.13		0.60^{*}	0.90^{*}	0.02	0.08	0.55^{*}	0.01	东			EN
燕雀科	**Fringillidae**														
金翅雀	*Carduelis sinica*	R				0.20	0.03	0.07	0.17	0.31	0.20	广			
普通朱雀	*Carpodacus erythrinus*	S						0.01			0.02	古			
燕雀	*Fringilla montifringilla*	P													
鹀科	**Emberizidae**														
黄喉鹀	*Emberiza elegans*	R	0.77^{*}	0.47	0.23	0.70^{*}	0.67^{*}	0.56^{*}	0.42	0.28	0.23	古			

续表

目科种	拉丁名	居留型	针阔叶混交林带			阔叶林带			农田和栽培植物带			区系从属关系	特有种	保护级别	中国物种红色名录
			春	夏	秋	春	夏	秋	春	夏	秋				
三道眉草鹀	*Emberiza cioides*	R	0.07	0.13		0.27	0.13	0.27	0.25	0.33	0.35	古			
小鹀	*Emberiza pusilla*	R				0.07		0.18	0.05	0.01	0.33	广			
灰眉岩鹀	*Emberiza godlewskii*	R				0.01	0.03	0.23	0.05	0.03	0.10	古			
蓝鹀	*Latoucheornis siemsseni*	R		0.07								广	特		

注：R. 留鸟；S. 夏候鸟；W. 冬候鸟；P. 旅鸟；东. 东洋种；古. 古北种；广. 广布种；特. 特有种；EN. 濒危；VU. 易危；NT. 近危

*常见种；**优势种

根据雀形目和非雀形目来区分丹江流域鸟类，发现164种鸟类中雀形目和非雀形目鸟类分别有95种和69种，分别占57.9%和42.1%，可以看出丹江流域鸟类以雀形目鸟类为主的总体特征。

区系成分划分基本依据《秦岭鸟类志》（郑作新等，1973），对于其内没有涉及的物种则参考《中国动物地理》（张荣祖，2011），结果显示丹江流域121种繁殖鸟类中，古北种37种，东洋种53种，广布种31种，所占比例依次为30.6%、43.8%和25.6%，东洋种所占比例最高，古北种和广布种次之。根据丹江流域所处的地理位置，发现近年来，秦岭东段南坡海拔1600 m以下地区东洋种鸟类北扩的趋势明显。

2. 各植被垂直带的鸟类组成

1）各植被垂直带的鸟类物种

根据丹江流域的海拔变化和植被特点，将调查样区分为3个植被垂直带，分别统计各植被垂直带中的鸟类，发现分布在针阔叶混交林带的鸟类有63种，阔叶林带有119种，农田和栽培植物带有117种，分别占丹江流域鸟类种数的38.41%、72.56%和71.34%，阔叶林带及农田和栽培植物带的鸟类种数要明显多于针阔叶混交林带。

2）各植被垂直带鸟类的密度频次

从表4-3中看出，在所有的生境中，大部分鸟类物种的密度都未超过0.5，这些鸟类在同一季节调查中的占比均达到了75%，占有绝对优势，如针阔叶混交林带的秋季调查中，小于0.5的鸟类占所有调查鸟类的比例高达93.55%，而同一季节中各植被垂直带大于0.5的鸟类占所调查到的鸟类的比例都非常少，反映在植被垂直带中就是常见种和优势种较少。

表4-3　各植被垂直带中鸟类密度组成

生境垂直带	季节	密度等级				
		0.01～0.05	0.05～0.1	0.1～0.5	0.5～1	≥1
农田和栽培植物带	春	28	10	26	5	3
	夏	21	14	29	12	5
	秋	40	7	19	5	3
阔叶林带	春	25	12	34	8	2
	夏	20	4	26	13	4
	秋	26	7	25	4	4
针阔叶混交林带	春	3	9	17	7	0
	夏	0	6	30	5	7
	秋	3	7	19	2	0

注：0.01～0.05包括0.01；0.05～0.1包括0.05；0.1～0.5包括0.1；0.5～1包括0.5。下同

从图4-2中可以看出丹江流域（陕西段）鸟类的密度组成趋势，总体上，0.1～0.5、

0.01～0.05 这两个密度等级的鸟类物种在丹江流域的调查中处于优势；同一个生境带之中，从季节变化上来看，夏季的物种数普遍高于春季和秋季；相同季节之中，不同植被带中鸟类物种的变化相对要复杂。

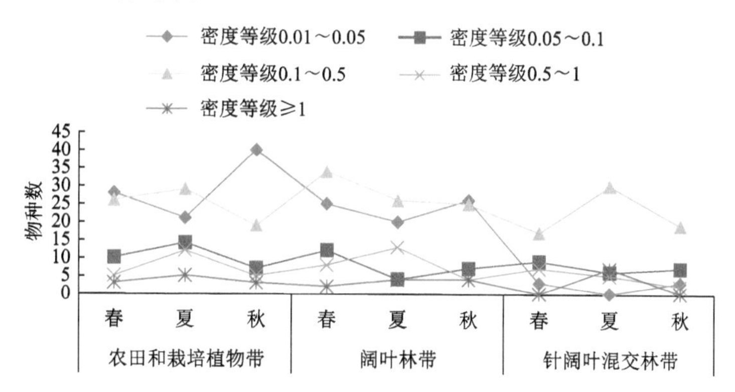

图 4-2　丹江流域各植被垂直带不同季节鸟类物种密度曲线

3）各植被垂直带的优势种和常见种

（1）针阔叶混交林带（海拔 1200～1600 m）　在针阔叶混交林带栖息的优势种和常见种如下。

春　季

优势种：无。

常见种：红腹锦鸡、红嘴蓝鹊、棕头鸦雀、强脚树莺、大山雀、绿背山雀、黄喉鹀。

夏　季

优势种：红嘴蓝鹊、棕头鸦雀、强脚树莺、冠纹柳莺、淡尾鹟莺、大山雀、绿背山雀。

常见种：环颈雉、红腹锦鸡、北红尾鸲、橙翅噪鹛、黄腹山雀。

秋　季

优势种：无。

常见种：红嘴蓝鹊、橙翅噪鹛。

（2）阔叶林带（海拔 700～1200 m）　在阔叶林带栖息的优势种和常见种如下。

春　季

优势种：环颈雉、红嘴蓝鹊。

常见种：喜鹊、北红尾鸲、棕颈钩嘴鹛、棕头鸦雀、大山雀、绿背山雀、山麻雀、黄喉鹀。

夏　季

优势种：环颈雉、红嘴蓝鹊、棕头山雀、大山雀。

常见种：红腹锦鸡、山斑鸠、噪鹃、灰头绿啄木鸟、白鹡鸰、发冠卷尾、喜鹊、北红尾鸲、短翅树莺、绿背山雀、黄腹山雀、山麻雀、黄喉鹀。

秋　季

优势种：白头鹎、喜鹊、红嘴蓝鹊、大山雀。

常见种：小鹇鹛、棕头鸦雀、红头长尾山雀、黄喉鹀。

（3）农田和栽培植物带（海拔 200～700 m） 在农田和栽培植物带栖息的优势种和常见种如下。

春 季

优势种：淡色崖沙燕、黄臀鹎、棕头鸦雀。

常见种：白鹡鸰、领雀嘴鹎、北红尾鸲、大山雀、麻雀。

夏 季

优势种：家燕、岩燕、黄臀鹎、棕头鸦雀、强脚树莺。

常见种：白鹡鸰、灰鹡鸰、领雀嘴鹎、红嘴蓝鹊、北红尾鸲、画眉、白颊噪鹛、斑胸钩嘴鹛、短翅树莺、大山雀、麻雀、山麻雀。

秋 季

优势种：黄臀鹎、棕头鸦雀、麻雀。

常见种：白鹡鸰、领雀嘴鹎、喜鹊、画眉、白颊噪鹛。

4）海拔梯度上的物种丰富度

丹江流域雀形目鸟类在春季呈现中低海拔物种数最高，高海拔较低的现象，在夏季和秋季，则是随着海拔的不断升高，鸟类物种数不断下降（图 4-3）。

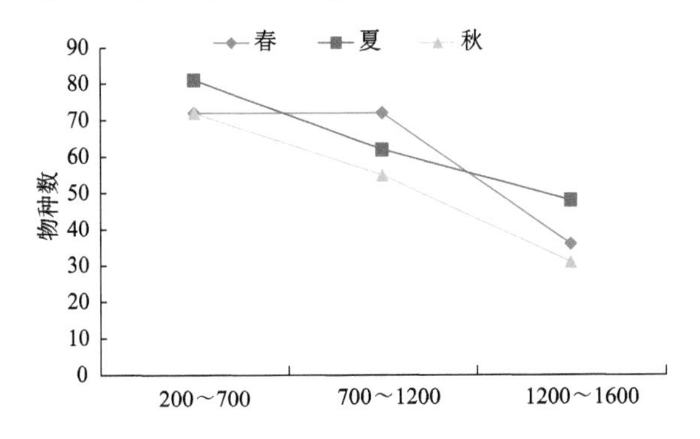

图 4-3 丹江流域鸟类物种丰富度的海拔分布

3. 丹江流域受保护和特有鸟类

在丹江流域记录的 164 种鸟类中，国家Ⅰ级重点保护野生鸟类 2 种，分别为黑鹳和金雕。国家Ⅱ级重点保护野生鸟类 14 种，分别为白琵鹭、鸳鸯、普通鵟、大鵟、赤腹鹰、雀鹰、白尾鹞、红脚隼、红隼、灰背隼、红角鸮、斑头鸺鹠、红腹锦鸡和勺鸡。此外，还有中国特有种鸟类 11 种（雷富民和卢汰春，2006），分别是红腹锦鸡、灰胸竹鸡、领雀嘴鹎、画眉、橙翅噪鹛、棕头雀鹛、白领凤鹛、峨眉柳莺、银脸长尾山雀、黄腹山雀和蓝鹀。另外，按照《中国物种红色名录》（汪松和解焱，2009），在此地分布的鸟类中，有濒危物种 1 种，即山麻雀；易危物种 1 种，即花脸鸭；近危物种 7 种，包括鸳鸯、勺鸡、银脸长尾山雀、画眉、喜鹊、麻雀和红嘴相思鸟。

因此，对这些鸟类的保护需要给予特别的关注，同时，它们也是区域生态系统健康评价的一项指标。

二、黑河流域鸟类物种多样性

黑河流域包括流经秦岭北坡和太白山南坡的相关区域，太白山南坡虽为秦岭的主峰，但位于秦岭梁之北，由于二者在海拔范围和植被垂直带上存在着一定的差异，鸟类的物种组成和群落结构也有所不同，因此分开统计和分析。

（一）秦岭北坡鸟类多样性

1. 秦岭北坡的鸟类组成

黑河流域的秦岭北坡共观察到鸟类146种，隶属于14目39科85属（表4-4）。其中留鸟81种，夏候鸟56种，冬候鸟3种，旅鸟6种，所占比例依次为55.5%、38.3%、2.1%、4.1%。总体来看繁殖鸟所占比例较高，占到总物种数的93.8%，成为黑河流域秦岭北坡鸟类组成的主体。春季共观察到鸟类94种，隶属于13目34科66属；夏季共观察到鸟类96种，隶属于9目30科59属；秋季共观察到鸟类83种，隶属于7目26科55属。

根据雀形目和非雀形目来区分秦岭北坡鸟类，发现雀形目和非雀形目鸟类分别有104种和42种，分别占71.2%和28.8%，可以看出黑河流域秦岭北坡鸟类以雀形目鸟类为主的总体特征。

根据《秦岭鸟类志》（郑作新等，1973）及《中国动物地理》（张荣祖，2011）确定区系成分，结果显示秦岭北坡鸟类中，古北种40种，东洋种66种，广布种31种，所占比例分别为29.2%、48.2%和22.6%，东洋种所占比例最高，古北种和广布种次之，由于所调查区域属于秦岭梁的低山区，一方面，南北区系成分易互相渗透，另一方面，东洋种亦由此向北扩散，如红嘴相思鸟、白头鹎、绿翅短脚鹎、白斑尾柳莺等，所以东洋种相对古北种要多。

2. 各生境带的鸟类组成

1）各生境带的鸟类物种

根据黑河流域秦岭北坡的植被垂直分布特点，划分为3种生境类型，分别统计各生境类型中的鸟类，发现分布在中山针阔叶混交林带的鸟类有58种，低山阔叶林带有123种，农田和栽培植物带有55种，所占总物种数的比例依次为39.7%、84.2%和37.7%，低山阔叶林带的鸟类种数要明显多于中山针阔叶混交林带及农田和栽培植物带的鸟类种数。

2）各生境带的密度频次分布

从表4-5中可以看出，在所有的生境中，大部分鸟类物种的密度都未超过0.5，这些鸟类在同一季节调查中的占比均达到了75%，占有绝对优势，如中山针阔叶混交林带的春季调查中，小于0.5的鸟类占所有调查鸟类的比例高达87.10%，而同一季节中各生境带大于0.5的鸟类占所调查鸟类的比例都非常少，反映在生境带中就是常见种和优势种较少。

表 4-4 黑河流域秦岭北坡的鸟类组成和密度

目科种	拉丁名	居留型	农田和栽培植物带			低山阔叶林带			中山针阔叶混交林带			区系从属关系	特有种	保护级别	中国物种红色名录
			春	夏	秋	春	夏	秋	春	夏	秋				
䴙䴘目	**PODICIPEDIFORMES**														
䴙䴘科	**Podicipedidae**														
小䴙䴘	*Tachybaptus ruficollis*	R	0.01									广			
鹈形目	**PELECANIFORMES**														
鸬鹚科	**Phalacrocoracidae**														
普通鸬鹚	*Phalacrocorax carbo*	P	0.01												
鹳形目	**CICONIIFORMES**														
鹭科	**Ardeidae**														
池鹭	*Ardeola bacchus*	S					0.02					东			
大白鹭	*Egretta alba*	W	0.02												
白鹭	*Egretta garzetta*	S		0.05								东			
雁形目	**ANSERIFORMES**														
鸭科	**Anatidae**														
绿翅鸭	*Anas crecca*	P	0.01												
隼形目	**FALCONIFORMES**														
鹰科	**Accipitridae**														
黑鸢	*Milvus migrans*	R	0.2									广		II	
白尾鹞	*Circus cyaneus*	P						0.02						II	
赤腹鹰	*Accipiter soloensis*	R			0.05	0.06	0.06	0.05				广		II	
雀鹰	*Accipiter nisus*	S				0.02						古		II	
金雕	*Aquila chrysaetos*	R						0.03				广		I	
普通鵟	*Buteo buteo*	W	0.05			0.02		0.05			0.05			II	

续表

目科种	拉丁名	居留型	农田和栽培植物带			低山阔叶林带			中山针阔叶混交林带			区系从属关系	特有种	保护级别	中国物种红色名录
			春	夏	秋	春	夏	秋	春	夏	秋				
大鵟	*Buteo hemilasius*	W						0.02						II	
隼科	**Falconidae**														
红隼	*Falco tinnunculus*	R	0.15		0.05							广		II	
红脚隼	*Falco vespertinus*	S					0.03					古		II	
鸡形目	**GALLIFORMES**														
雉科	**Phasianidae**														
环颈雉	*Phasianus colchicus*	R	0.35	0.4	0.65*	0.37	0.28	0.09				古			
勺鸡	*Pucrasia macrolopha*	R						0.03	0.1		0.3	古		II	NT
红腹锦鸡	*Chrysolophus pictus*	R	0.2			1.06**	0.63*	0.35	0.3	0.2	0.60*	古	特	II	
红腹角雉	*Tragopan femminckii*	R									0.1	古		II	
鸻形目	**CHARADRIIFORMES**														
反嘴鹬科	**Recurvirostridae**														
黑翅长脚鹬	*Himantopus himantopus*	P	0.01												
鸻科	**Charadriidae**														
金眶鸻	*Charadrius dubius*	S	0.01									广			
鸽形目	**COLUMBIFORMES**														
鸠鸽科	**Columbidae**														
山斑鸠	*Streptopelia orientalis*	R	0.15	0.1	0.15	0.09	0.12	0.05				广			
灰斑鸠	*Streptopelia decaocto*	R					0.06					广			
珠颈斑鸠	*Streptopelia chinensis*	R	0.35	0.3	0.15	0.06	0.09	0.06				东			
鹃形目	**CUCULIFORMES**														
杜鹃科	**Cuculidae**														

续表

目科种	拉丁名	居留型	农田和栽培植物带			低山阔叶林带			中山针阔叶混交林带			区系从属关系	特有种	保护级别	中国物种红色名录
			春	夏	秋	春	夏	秋	春	夏	秋				
大鹰鹃	*Cuculus sparverioides*	S					0.12			0.1	0.05	东			
四声杜鹃	*Cuculus micropterus*	S		0.25		0.02						东			
大杜鹃	*Cuculus canorus*	S					0.03					广			
小杜鹃	*Cuculus poliocephalus*	S		0.1			0.12			0.2		东			
东方中杜鹃	*Cuculus optatus*	S		0.1			0.03			0.2		古			
噪鹃	*Eudynamys scolopacea*	S		0.3			0.94*			0.2		东			
鸮形目	**STRIGIFORMES**														
鸱鸮科	**Strigidae**														
红角鸮	*Otus scops*	S					0.03					古		II	
佛法僧目	**CORACIIFORMES**														
翠鸟科	**Alcedinidae**														
普通翠鸟	*Alcedo atthis*	R				0.12		0.03				广			
蓝翡翠	*Halcyon pileata*	S						0.02				东			
冠鱼狗	*Ceryle lugubris*	R				0.05	0.03	0.02				东			
戴胜目	**UPUPIFORMES**														
戴胜科	**Upupidae**														
戴胜	*Upupa epops*	S				0.02			0.1			广			
䴕形目	**PICIFORMES**														
啄木鸟科	**Picidae**														
星头啄木鸟	*Dendrocopos canicapillus*	R						0.05				东			
白背啄木鸟	*Dendrocopos leucotos*	R				0.02						古			
赤胸啄木鸟	*Dendrocopos cathpharius*	R					0.03					东			

续表

目科种	拉丁名	居留型	农田和栽培植物带			低山阔叶林带			中山针阔叶混交林带			区系从属关系	特有种	保护级别	中国物种红色名录
			春	夏	秋	春	夏	秋	春	夏	秋				
大斑啄木鸟	*Dendrocopos major*	R		0.05		0.18	0.37	0.35	0.05	0.1	0.2	古			
赤胸啄木鸟	*Dendrocopos cathpharius*	R									0.03	东			
黄颈啄木鸟	*Dendrocopos darjellensis*	R					0.06					东			
灰头绿啄木鸟	*Picus canus*	R	0.1			0.26	0.25	0.08			0.1	广			
雀形目	**PASSERIFORMES**														
燕科	**Hirundinidae**														
家燕	*Hirundo rustica*	S	1.20**	0.85*								古			
金腰燕	*Hirundo daurica*	S		1.15**								广			
鹡鸰科	**Motacillidae**														
白鹡鸰	*Motacilla alba*	R	0.05	0.1	0.05	0.15	0.31	0.05				广			
灰鹡鸰	*Motacilla cinerea*	R	0.35	0.2		0.25	0.4	0.08		0.1		古			
树鹨	*Anthus hodggsoni*	R				0.08		0.05			0.15	古			
山椒鸟科	**Campephagidae**														
长尾山椒鸟	*Pericrocotus ethologus*	S				0.95*	0.06		1.00**	0.1	0.45	东			
小灰山椒鸟	*Pericrocotus cantonensis*	S				0.03						东			
鹎科	**Pycnonotidae**														
领雀嘴鹎	*Spizixos semitorques*	R	0.25	0.3	1.90**	0.38	0.43	0.60*				东	特		
黄臀鹎	*Pycnonotus xanthorrhous*	R	1.05**	0.70*	2.45**	0.38	0.31	0.23				东			
白头鹎	*Pycnonotus sinensis*	R		0.80*	0.55*		0.03					东			
绿翅短脚鹎	*Hypsipetes mcclellandii*	R				0.03		0.06				东			
伯劳科	**Laniidae**														
虎纹伯劳	*Lanius tigrinus*	S		0.1								古			

续表

目科种	拉丁名	居留型	农田和栽培植物带			低山阔叶林带			中山针阔叶混交林带			区系从属关系	特有种	保护级别	中国物种红色名录
			春	夏	秋	春	夏	秋	春	夏	秋				
红尾伯劳	*Lanius cistatus*	S		0.4	0.05		0.03					古			
黄鹂科	**Oriolidae**														
黑枕黄鹂	*Oriolus chinensis*	S		0.2			0.06					东			
卷尾科	**Dicruridae**														
黑卷尾	*Dicrurus macrocercus*	S	0.1	0.3	0.35		0.05					东			
灰卷尾	*Dicrurus leucophaeus*	S					0.18					东			
发冠卷尾	*Dicrurus hottentottus*	S					0.23	0.2				东			
椋鸟科	**Sturnidae**														
灰椋鸟	*Sturnus cineraceus*	R		0.15								古			
鸦科	**Corvidae**														
松鸦	*Garrulus glandarius*	R	0.1			0.43	0.51*	0.46	0.15	0.1	0.35	古			
红嘴蓝鹊	*Urocissa erythrorhyncha*	R	1.00**	0.3	1.05**	1.35**	1.12**	0.94*	0.25		0.50*	东			
喜鹊	*Pica pica*	R	0.85*	0.55*	1.10**	0.92*	1.86**	1.11**	0.1			古			NT
星鸦	*Nucifraga caryocatactes*	R	0.15			0.08	0.03	0.18	0.35	0.3	0.45	广			
达乌里寒鸦	*Corvus dauurica*	R				0.02	0.09					古			
小嘴乌鸦	*Corvus corone*	R				0.03	0.06					广			
大嘴乌鸦	*Corvus macrorhynchos*	R	0.3		0.2	0.31	0.42	0.66*	0.2	0.4	0.3	广			
白颈鸦	*Corvus torquatus*	R				0.05						东			
河乌科	**Cinclidae**														
褐河乌	*Cinclus pallasii*	R				0.15	0.38	0.23				广			
鸫科	**Turdidae**														
栗腹歌鸲	*Luscinia brunnea*	S								0.1		东			

续表

目科种	拉丁名	居留型	农田和栽培植物带			低山阔叶林带			中山针阔叶混交林带			区系从属关系	特有种	保护级别	中国物种红色名录
			春	夏	秋	春	夏	秋	春	夏	秋				
红胁蓝尾鸲	*Tarsiger cyanurus*	S						0.03	0.1			古			
赭红尾鸲	*Phoenicurus ochraros*	S				0.02					0.15	古			
北红尾鸲	*Phoenicurus auroreus*	R	0.3	0.70*	0.15	0.71*	1.05**	0.74*	0.2	0.1	0.1	古			
红尾水鸲	*Rhyacornis fuliginosus*	R				0.38	0.86*	0.98*				广			
白顶溪鸲	*Chaimarrornis leucocephalus*	R				0.15		0.02				广			
小燕尾	*Enicurus scouleri*	R						0.02				广			
白额燕尾	*Enicurus leschenaulti*	R					0.03	0.08	0.05			东			
黑喉石䳭	*Saxicola torquata*	S				0.09						古			
灰林䳭	*Saxicola ferrea*	R					0.03	0.03				东			
蓝矶鸫	*Monticola solitarius*	S					0.03					东			
紫啸鸫	*Myophonus caeruleus*	S					0.17	0.02				东			
乌鸫	*Turdus merula*	R		0.50*			0.06					广			
斑鸫	*Turdus eunomus*	P				0.15									
宝兴歌鸫	*Turdus mupinensis*	S									0.1	东	特		
王鹟科	**Monarchinae**														
寿带	*Terpsiphone paradisi*	S				0.02						东			
画眉科	**Timaliidae**														
斑胸钩嘴鹛	*Pomatorhinus erythrocnemis*	R	0.05	0.1		0.18	0.37	0.45	0.2		0.1	东			
棕颈钩嘴鹛	*Pomatorhinus ruficollis*	R	0.1	0.1	0.25	0.26	0.32	0.2	0.4	0.50*	0.75*	东			
红头穗鹛	*Stachyris ruficeps*	R				0.11	0.06		0.05	0.1		东			
白喉噪鹛	*Garrulax albogularis*	R						0.38				东			
灰翅噪鹛	*Garrulax cineraceus*	R								0.1		东			

续表

目科种	拉丁名	居留型	农田和栽培植物带			低山阔叶林带			中山针阔叶混交林带			区系从属关系	特有种	保护级别	中国物种红色名录
			春	夏	秋	春	夏	秋	春	夏	秋				
斑背噪鹛	*Garrulax lunulatus*	R									0.1	广	特		
画眉	*Garrulax canorus*	R		0.1		0.26	0.34	0.28				东	特		NT
白颊噪鹛	*Garrulax sannio*	R			0.1	0.15	0.06	0.06				东			
橙翅噪鹛	*Garrulax elliotii*	R				0.57*		0.11		0.1		古	特		
黑领噪鹛	*Garrulax pectoralis*	R						0.15			0.35	东			
矛纹草鹛	*Babax lanceolatus*	R					0.06					东			
红嘴相思鸟	*Leiothrix lutea*	R				0.55*	0.03	0.05	0.1	1.05**	1.80**	东			NT
棕头雀鹛	*Alcippe ruficapilla*	R				0.03			0.2	0.3	1.05**	东	特		
褐头雀鹛	*Alcippe cinereiceps*	R				0.09	0.03	0.08			0.25	东			
白领凤鹛	*Yuhina diademata*	R					0.06	0.08	0.25	0.4	0.3	东	特		
淡绿鵙鹛	*Pteruthius xanthochlorus*	R				0.03						东			
鸦雀科	**Paradoxornithidae**														
棕头鸦雀	*Paradoxornis webbianus*	R	0.1	0.3	0.60*	1.14**	0.85*	1.37**				广			
白眶鸦雀	*Paradoxornis conspicillatus*	R							0.05			东	特		
莺科	**Sylviidae**														
短翅树莺	*Cettia diphone*	S	0.70*	0.4		0.11	0.18					古			
强脚树莺	*Cettia fortipes*	R	0.60*	0.70*		1.54**	2.49**		0.35	1.00**		东			
高山短翅莺	*Bradypterus mandelli*	S					0.03					东			
褐柳莺	*Phylloscopus fuscatus*	S						0.03				古			
黄腹柳莺	*Phylloscopus affinis*	S						0.06				古			
黄腰柳莺	*Phylloscopus proregulus*	S						0.02				古			
云南柳莺	*Phylloscopus yunnanensis*	S				1.72**	0.12					广	特		

续表

目科种	拉丁名	居留型	农田和栽培植物带			低山阔叶林带			中山针阔叶混交林带			区系从属关系	特有种	保护级别	中国物种红色名录
			春	夏	秋	春	夏	秋	春	夏	秋				
峨眉柳莺	*Phylloscopus emeiensis*	S				0.17						东			
暗绿柳莺	*Phylloscopus trochiloides*	S				0.03						古			
冕柳莺	*Phylloscopus coronatus*	S				0.37	1.35**	0.05				古			
冠纹柳莺	*Phylloscopus reguloides*	S				1.20**	1.14**	0.26	0.75*	2.05**	0.1	东			
白斑尾柳莺	*Phylloscopus davisoni*	S				0.12	0.09			0.2		东			
乌嘴柳莺	*Phylloscopus magnirostris*	S					0.06			0.50*		东			
淡尾鹟莺	*Seicercus soror*	S				0.26	0.83*					东			
灰冠鹟莺	*Seicercus tephrocephalus*	S					0.25			0.90*	0.15	东			
栗头鹟莺	*Seicercus castaniceps*	S					0.09		0.25	0.3		东			
棕脸鹟莺	*Abroscopus albogularis*	S							0.05			东			
戴菊科	**Regulidae**														
戴菊	*Regulus regulus*	S				0.03						古			
鹟科	**Muscicapidae**														
棕尾褐鹟	*Muscicapa ferruginea*	S					0.03					东			
白眉姬鹟	*Ficedula zanthopygia*	S					0.06					古			
红喉姬鹟	*Ficedula parva*	P					0.03								
灰蓝姬鹟	*Ficedula leucomelanura*	S				0.05				0.2		东			
棕腹仙鹟	*Niltava sundara*	S				0.06				0.1		东			
方尾鹟	*Culicicapa ceylonensis*	S				0.31	0.22	0.05	0.1			东			
山雀科	**Paridae**														
沼泽山雀	*Parus palustris*	R				0.15		0.25	0.2		0.55*	古			
黄腹山雀	*Parus venustulus*	R				0.95*	1.34**	1.03**	0.15	0.50*	1.65**	东	特		
大山雀	*Parus major*	R	0.55*		0.15		1.37**	1.48**		0.2	0.65*	广			

续表

目科种	拉丁名	居留型	农田和栽培植物带			低山阔叶林带			中山针阔叶混交林带			区系从属关系	特有种	保护级别	中国物种红色名录
			春	夏	秋	春	夏	秋	春	夏	秋				
绿背山雀	*Parus monticolus*	R	0.1	0.1		1.57^{**}	1.49^{**}	1.15^{**}	1.90^{**}	1.00^{**}	0.80^{*}	东			
长尾山雀科	**Aegithalidae**														
银喉长尾山雀	*Aegithalos caudatus*	R						0.48				古			
红头长尾山雀	*Aegithalos concinnus*	R				0.32	1.52^{**}	0.68^{*}		0.1		东			
银脸长尾山雀	*Aegithalos fuliginosus*	R				0.09	0.4	0.46	0.65^{*}			古	特		NT
䴓科	**Sittidae**														
普通䴓	*Sitta europaea*	R				0.17	0.03	0.31	0.2			古			
绣眼鸟科	**Zosteropidae**														
暗绿绣眼鸟	*Zosterops japonica*	S						0.45				东			
雀科	**Passeridae**														
山麻雀	*Passer rutilans*	R		0.1		0.12	0.57^{*}	0.03				东			EN
麻雀	*Passer montanus*	R	0.60^{*}	1.15^{**}	1.50^{**}	0.15	0.03	0.03				广			NT
燕雀科	**Fringillidae**														
金翅雀	*Carduelis sinica*	R	1.20^{**}	0.2	0.80^{*}	0.55^{*}		0.09				广			
灰头灰雀	*Pyrrhula erythaca*	R							0.1			广			
鹀科	**Emberizidae**														
蓝鹀	*Latoucheornis siemsseni*	R				0.28	0.22	0.08		0.70^{*}		广	特		
灰眉岩鹀	*Emberiza godlewskii*	R					0.03					古			
三道眉草鹀	*Emberiza cioides*	R	0.3	0.4	0.2	0.06		0.12				古			
小鹀	*Emberiza pusilla*	R	0.15		0.35	0.23		0.18				广			
黄喉鹀	*Emberiza elegans*	R			0.25	1.63^{**}	0.77^{*}	1.38^{**}	0.65^{*}			古			
灰头鹀	*Emberiza spodocephala*	S					0.06					古			

注：R. 留鸟；S. 夏候鸟；W. 冬候鸟；P. 旅鸟；东. 东洋种；古. 古北种；广. 广布种；EN. 濒危；NT. 近危

*常见种；**优势种

表 4-5　各生境带中鸟类密度组成

生境垂直带	季节	密度等级				
		0.01～0.05	0.05～0.1	0.1～0.5	0.5～1	≥1
农田和栽培植物带	春	6	3	19	5	4
	夏	0	2	25	7	2
	秋	0	4	11	4	5
低山阔叶林带	春	15	13	32	7	8
	夏	21	19	24	8	10
	秋	16	21	21	6	6
中山针阔叶混交林带	春	0	5	22	2	2
	夏	0	0	24	5	4
	秋	1	2	19	6	3

从图 4-4 中可以看出黑河流域秦岭北坡鸟类的密度组成趋势。总体上，0.1～0.5、0.01～0.05 这两个密度等级的鸟类物种在该区的调查中处于优势；同一个生境带之中，从季节变化上来看，夏季的物种数普遍高于春秋季节；相同季节之中，不同生境带鸟类物种的变化相对复杂。

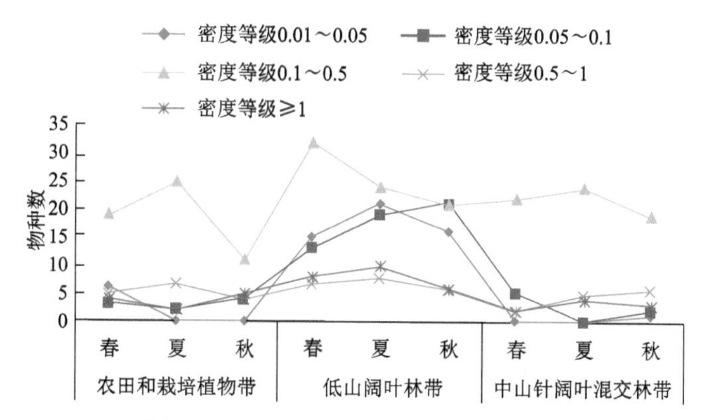

图 4-4　黑河流域秦岭北坡各植被垂直带不同季节鸟类物种密度曲线

3）各生境带的优势种和常见种

（1）中山针阔叶混交林带（海拔 1700～1900 m）　在针阔叶混交林带栖息的优势种和常见种如下。

春季

优势种：长尾山椒鸟、绿背山雀。

常见种：冠纹柳莺、银脸长尾山雀、黄喉鹀。

夏季

优势种：红嘴相思鸟、强脚树莺、冠纹柳莺、绿背山雀。

常见种：棕颈钩嘴鹛、乌嘴柳莺、灰冠鹟莺、黄腹山雀、蓝鹀。

秋季

优势种：红嘴相思鸟、棕头雀鹛、黄腹山雀。

常见种：红腹锦鸡、红嘴蓝鹊、棕颈钩嘴鹛、沼泽山雀、大山雀、绿背山雀。

（2）低山阔叶林带（海拔 700～1700 m） 在阔叶林带栖息的优势种和常见种如下。

春季

优势种：红腹锦鸡、红嘴蓝鹊、棕头鸦雀、强脚树莺、云南柳莺、冠纹柳莺、绿背山雀、黄喉鹀。

常见种：长尾山椒鸟、喜鹊、北红尾鸲、橙翅噪鹛、红嘴相思鸟、黄腹山雀、金翅雀。

夏季

优势种：红嘴蓝鹊、喜鹊、北红尾鸲、强脚树莺、冕柳莺、冠纹柳莺、黄腹山雀、大山雀、绿背山雀、红头长尾山雀。

常见种：红腹锦鸡、噪鹃、松鸦、红尾水鸲、棕头鸦雀、淡尾鹟莺、山麻雀、黄喉鹀。

秋季

优势种：喜鹊、棕头鸦雀、黄腹山雀、大山雀、绿背山雀、黄喉鹀。

常见种：领雀嘴鹎、红嘴蓝鹊、大嘴乌鸦、北红尾鸲、红尾水鸲、红头长尾山雀。

（3）农田和栽培植物带（海拔 500～700 m） 在农田和栽培植物带栖息的优势种和常见种如下。

春季

优势种：家燕、黄臀鹎、红嘴蓝鹊、金翅雀。

常见种：喜鹊、短翅树莺、强脚树莺、大山雀、麻雀。

夏季

优势种：金腰燕、麻雀。

常见种：家燕、黄臀鹎、白头鹎、喜鹊、北红尾鸲、乌鸫、强脚树莺。

秋季

优势种：领雀嘴鹎、黄臀鹎、红嘴蓝鹊、喜鹊、麻雀。

常见种：环颈雉、白头鹎、棕头鸦雀、金翅雀。

（二）太白山南坡的鸟类多样性

1. 鸟类物种组成

2014 年夏秋季在太白山南坡共观察到鸟类 131 种，隶属于 8 目 30 科 72 属（表 4-6），包括陕西鸟类新纪录种黄颈拟蜡嘴雀（*Mycerobas affinis*）（在夏季观察到 1 只，暂定为旅鸟）（罗磊等，2014），其中留鸟 91 种，夏候鸟 33 种，旅鸟 6 种，冬候鸟 1 种。夏季共观察到鸟类 120 种，隶属于 8 目 30 科 67 属，其中留鸟 82 种，夏候鸟 32 种，旅鸟 6 种；秋季共观察到鸟类 74 种，隶属于 5 目 23 科 49 属，其中留鸟 62 种，夏候鸟 10 种，旅鸟 1 种，冬候鸟 1 种，秋季鸟类较夏季明显减少。

2. 密度组成和频数分布

从表 4-7 中可以得出，2014 年的调查中太白山南坡各生境带中大多数鸟类的相对密度都很低。在夏季和秋季，中低海拔退耕还林带的鸟类总密度都最高，高海拔高山灌丛

表 4-6　太白山南坡的鸟类组成和密度

目科种	拉丁名	居留型	中低海拔退耕还林带		中海拔阔叶林带		中高海拔针阔叶混交林带		高海拔针叶林带		高海拔高山草甸带		保护级别	中国物种红色名录	特有种
			夏	秋	夏	秋	夏	秋	夏	秋	夏	秋			
鹳形目	**CICONIIFORMES**														
鹭科	**Ardeidae**														
池鹭	*Ardeola bacchus*	S	0.02												
隼形目	**FALCONIFORMES**														
鹰科	**Accipitridae**														
赤腹鹰	*Accipiter soloensis*	R	0.04	0.02									II		
雀鹰	*Accipiter nisus*	S					0.03	0.03					II		
大鵟	*Buteo hemilasius*	W						0.05					II		
普通鵟	*Buteo buteo*	P			0.04								II		
金雕	*Aquila chrysaetos*	R		0.06									I		
隼科	**Falconidae**														
灰背隼	*Falco columbarius*	R									0.1		II		
红隼	*Falco tinnunculus*	R	0.02										II		
鸡形目	**GALLIFORMES**														
雉科	**Phasianidae**														
血雉	*Ithaginis cruentus*	R					0.27	0.19	0.29	0.60*			II		特
红腹角雉	*Tragopan temminckii*	R			0.04		0.11	0.02					II	NT	
勺鸡	*Pucrasia macrolopha*	R				0.25	0.23	0.13	0.13				II	NT	
环颈雉	*Phasianus colchicus*	R	0.12	0.04									II		
红腹锦鸡	*Chrysolophus pictus*	R	0.38	0.06	0.07								II		特
鸽形目	**COLUMBIFORMES**														

续表

目科种	拉丁名	居留型	中低海拔退耕还林带		中海拔阔叶林带		中高海拔针阔叶混交林带		高海拔针叶林带		高海拔高山草甸带		保护级别	中国物种红色名录	特有种
			夏	秋	夏	秋	夏	秋	夏	秋	夏	秋			
鸠鸽科	**Columbidae**														
山斑鸠	*Streptopelia orientalis*	R			0.04										
鹃形目	**CUCULIFORMES**														
杜鹃科	**Cuculidae**														
东方中杜鹃	*Cuculus optatus*	S			0.07		0.11		0.04						
小杜鹃	*Cuculus poliocephalus*	S	0.16		0.28		0.08		0.04						
噪鹃	*Eudynamys scolopacea*	S	0.32						0.04						
佛法僧目	**CORACIIFORMES**														
翠鸟科	**Alcedinidae**														
普通翠鸟	*Alcedo atthis*	R		0.04											
冠鱼狗	*Megaceryle lugubris*	R	0.08												
䴕形目	**PICIFORMES**														
啄木鸟科	**Picidae**														
星头啄木鸟	*Dendrocopos canicapillus*	R						0.02							
白背啄木鸟	*Dendrocopos leucotos*	R			0.02		0.08								
大斑啄木鸟	*Dendrocopos major*	R	0.36	0.16	0.25	0.1	0.05	0.09	0.02						
赤胸啄木鸟	*Dendrocopos cathpharius*	R				0.03									
雀形目	**PASSERIFORMES**														
鹡鸰科	**Motacillidae**														
灰鹡鸰	*Motacilla cinerea*	R	0.28	0.04					0.08						
白鹡鸰	*Motacilla alba*	R	0.08												

续表

目科种	拉丁名	居留型	中低海拔退耕还林带		中海拔阔叶林带		中高海拔针阔叶混交林带		高海拔针叶林带		高海拔高山草甸带		保护级别	中国物种红色名录	特有种
			夏	秋	夏	秋	夏	秋	夏	秋	夏	秋			
树鹨	*Ahthus hodgsoni*	R		0.04		0.07		0.24	0.04	0.09					
粉红胸鹨	*Ahthus roseatus*	S							0.16		0.80*				
山椒鸟科	**Campephagidae**														
长尾山椒鸟	*Pericrocotus ethologus*	S	0.08		0.04	0.47	0.35	0.21	0.08						
鹎科	**Pycnonotidae**														
领雀嘴鹎	*Spizixos semitorques*	R	0.2	0.08											特
黄臀鹎	*Pycnonotus xanthorrhous*	R	0.12												
白头鹎	*Pycnonotus sinensis*	R	0.04												
绿翅短脚鹎	*Hypsipetes mcclellandii*	R		0.08											
伯劳科	**Laniidae**														
红尾伯劳	*Lanius cristatus*	S	0.04												
卷尾科	**Dicruridae**														
黑卷尾	*Dicrurus macrocercus*	S	0.04												
鸦科	**Corvidae**														
松鸦	*Garrulus glandarius*	R	0.12	0.12	0.04										
红嘴蓝鹊	*Urocissa erythrorhyncha*	R	0.68*	0.48	0.24	0.03									
喜鹊	*Pica pica*	R	0.80*	0.48										NT	
星鸦	*Nucifraga caryocatactes*	R	0.04	0.08	0.12	0.13	0.24	0.3	0.11	0.14					
大嘴乌鸦	*Corvus macrorhynchus*	R	0.36	0.2	0.04		0.11	0.03	0.11		0.70*	0.23			
小嘴乌鸦	*Corvus corone*	R					0.08		0.04						
河乌科	**Cinclidae**														

续表

目科种	拉丁名	居留型	中低海拔退耕还林带		中海拔阔叶林带		中高海拔针阔叶混交林带		高海拔针叶林带		高海拔高山草甸带		保护级别	中国物种红色名录	特有种
			夏	秋	夏	秋	夏	秋	夏	秋	夏	秋			
褐河乌	*Cinclus pallasii*	R	0.18	0.04	0.04										
鹪鹩科	**Troglodytidae**														
鹪鹩	*Troglodytes troglodytes*	R				0.13	0.05	0.12	0.07	0.17	0.60^{*}	0.42			
岩鹨科	**Prunellidae**														
领岩鹨	*Prunella collaris*	R					0.06		0.1		0.80^{*}	0.87^{*}			
棕胸岩鹨	*Prunella strophiata*	R					0.05	0.14	0.04	0.06	0.67^{*}	1.03^{**}			
鸫科	**Turdidae**														
红胁蓝尾鸲	*Tarsiger cyanurus*	R					0.4	0.05	0.55^{*}	0.29					
金色林鸲	*Tarsiger chrysaeus*	R					0.27	0.16	0.27						
蓝额红尾鸲	*Phoenicurus frontalis*	R					0.03		0.15	0.06	0.3	0.35			
北红尾鸲	*Phoenicurus auroreus*	R	0.4	0.26											
红尾水鸲	*Rhyacornis fuliginosa*	R	0.60^{*}	0.52^{*}	0.58^{*}	0.13									
白顶溪鸲	*Chaimarrornis leucocephalus*	R		0.02	0.12	0.07		0.03	0.06		0.67^{*}	0.92^{*}			
白额燕尾	*Enicurus leschenaulti*	R			0.06	0.07									
灰林䳭	*Saxicola ferreus*	R		0.04											
紫啸鸫	*Myophonus caeruleus*	S	0.08		0.2	0.07									
虎斑地鸫	*Zoothera dauma*	P							0.02	0.03					
乌鸫	*Turdus merula*	R	0.04												
灰头鸫	*Turdus rubrocanus*	R			0.04										
宝兴歌鸫	*Turdus mupinensis*	R			0.04										特
鹟科	**Muscicapidae**														

续表

目科种	拉丁名	居留型	中低海拔退耕还林带		中海拔阔叶林带		中高海拔针阔叶混交林带		高海拔针叶林带		高海拔高山草甸带		保护级别	中国物种红色名录	特有种
			夏	秋	夏	秋	夏	秋	夏	秋	夏	秋			
棕尾褐鹟	*Muscicapa ferruginea*	P			0.04		0.06								
白眉姬鹟	*Ficedula zanthopygia*	S	0.04												
橙胸姬鹟	*Ficedula strophiata*	R					0.08								
红喉姬鹟	*Ficedula albicilla*	S	0.04												
白腹蓝姬鹟	*Cyanoptila cyanomelana*	P			0.04										
棕腹仙鹟	*Niltava sundara*	S			0.04	0.03									
方尾鹟	*Culicicapa ceylonensis*	S	0.24		0.3		0.06								
画眉科	**Timaliidae**														
斑胸钩嘴鹛	*Pomatorhinus erythrocnemis*	R	0.04	0.04											
棕颈钩嘴鹛	*Pomatorhinus ruficollis*	R	0.12												
小鳞胸鹪鹛	*Pnoepyga pusilla*	R	0.04												
红头穗鹛	*Stachyris ruficeps*	R	0.04		0.08										
白喉噪鹛	*Garrulax albogularis*	R	0.04	0.50*											
黑领噪鹛	*Garrulax pectoralis*	R	0.08	0.2											
画眉	*Garrulax canorus*	R	0.08	0.02										NT	特
橙翅噪鹛	*Garrulax elliotii*	R	0.04	0.14	0.04	1.63**	0.54*	0.42	0.04						特
红嘴相思鸟	*Leiothrix lutea*	R	0.04											NT	
灰眶雀鹛	*Alcippe morrisonia*	R	0.04				0.03								
白领凤鹛	*Yuhina diademata*	R		0.1			0.31		0.04						
鸦雀科	**Paradoxornithidae**														
棕头鸦雀	*Paradoxornis webbianus*	R	0.4	0.24											

续表

目科种	拉丁名	居留型	中低海拔退耕还林带		中海拔阔叶林带		中高海拔针阔叶混交林带		高海拔针叶林带		高海拔高山草甸带		保护级别	中国物种红色名录	特有种
			夏	秋	夏	秋	夏	秋	夏	秋	夏	秋			
莺科	**Sylviidae**														
短翅树莺	*Cettia diphone*	S	0.08												
强脚树莺	*Cettia fortipes*	R	0.76^{*}												
黄腹树莺	*Cettia acanthizoides*	R					0.19		0.04						
斑胸短翅莺	*Bradypterus thoracicus*	R			0.02		0.13	0.02	0.51^{*}		0.13	0.1			
高山短翅莺	*Bradypterus mandelli*	R	0.04												
棕褐短翅莺	*Bradypterus luteoventris*	R							0.08						
黄腹柳莺	*Phylloscopus affinis*	R		0.08	0.04										
褐柳莺	*Phylloscopus fuscatus*	S			0.04		0.11								
棕腹柳莺	*Phylloscopus subaffinis*	S							0.04		0.13				
棕眉柳莺	*Phylloscopus armandii*	S					0.06								
四川柳莺	*Phylloscopus forresti*	S			0.04	0.1	0.63^{*}		0.04						特
黄眉柳莺	*Phylloscopus inornatus*	S					0.06		0.05						
黄腰柳莺	*Phylloscopus proregulus*	S		0.06	0.04	0.03	0.35	0.05	0.53^{*}		0.4				
云南柳莺	*Phylloscopus yunnanensis*	S	0.04		0.11		1.73^{**}	0.07	2.88^{**}	0.03					
淡眉柳莺	*Phylloscopus humei*	S					0.74^{*}		3.89^{**}		0.13				
暗绿柳莺	*Phylloscopus trochiloides*	S			0.04		0.06		0.08		0.13				
极北柳莺	*Phylloscopus borealis*	S			0.2		0.06		0.2						
乌嘴柳莺	*Phylloscopus magnirostris*	S	0.16		1.00^{**}		0.11								
冕柳莺	*Phylloscopus coronatus*	S	0.52^{*}	0.02		0.07		0.03							
冠纹柳莺	*Phylloscopus reguloides*	R	1.08^{**}	0.08	0.64^{*}										

续表

目科种	拉丁名	居留型	中低海拔退耕还林带		中海拔阔叶林带		中高海拔针阔叶混交林带		高海拔针叶林带		高海拔高山草甸带		保护级别	中国物种红色名录	特有种
			夏	秋	夏	秋	夏	秋	夏	秋	夏	秋			
峨眉柳莺	*Phylloscopus emeiensis*	R			0.04										特
白斑尾柳莺	*Phylloscopus davisoni*	S	0.12		0.04										
灰冠鹟莺	*Seicercus tephrocephalus*	S	0.28		0.24		0.4								
淡尾鹟莺	*Seicercus soror*	S	0.72*		0.06		0.16	0.02							
栗头鹟莺	*Seicercus castaniceps*	S	0.04		0.08		0.06								
棕脸鹟莺	*Abroscopus albogularis*	S	0.04		0.04										
戴菊科	**Regulidae**														
戴菊	*Regulus regulus*	R						0.02	0.04						
山雀科	**Paridae**														
大山雀	*Parus major*	R	0.78*	0.52*											
绿背山雀	*Parus monticolus*	R	1.06**	0.58*	0.60*	0.37									
黄腹山雀	*Parus venustulus*	R	1.12**	0.18	1.13**	0.93*									特
煤山雀	*Parus ater*	R			0.11		0.17	0.09	0.07	0.14					
褐冠山雀	*Parus dichrous*	R				0.13		0.56*	0.06	0.11					
黑冠山雀	*Parus rubidiventris*	R					0.19	0.19	0.24						
沼泽山雀	*Parus palustris*	R	0.12	0.16	0.11	0.33									
褐头山雀	*Parus songarus*	R				0.1		0.03							
红腹山雀	*Parus davidi*	R				0.07	0.11								特
长尾山雀科	**Aegithalidae**														
银喉长尾山雀	*Aegithalos caudatus*	R	0.16	0.24											
红头长尾山雀	*Aegithalos concinnus*	R	1.00**	0.68*											
银脸长尾山雀	*Aegithalos fuliginosus*	R	0.52*	0.54*				0.31						NT	特

续表

目科种	拉丁名	居留型	中低海拔退耕还林带		中海拔阔叶林带		中高海拔针阔叶混交林带		高海拔针叶林带		高海拔高山草甸带		保护级别	中国物种红色名录	特有种
			夏	秋	夏	秋	夏	秋	夏	秋	夏	秋			
䴓科	**Sittidae**														
普通䴓	*Sitta europaea*	R	0.04	0.08	0.08	0.17	0.06	0.12							
旋木雀科	**Certhiidae**														
欧亚旋木雀	*Certhia familiaris*	R					0.03	0.02	0.02	0.09					
高山旋木雀	*Certhia himalayana*	R			0.04										
雀科	**Passeridae**														
麻雀	*Passer montanus*	R	0.04											NT	
山麻雀	*Passer rutilans*	R	0.24											EN	
燕雀科	**Fringillidae**														
红交嘴雀	*Loxia curvirostra*	P							0.1						
酒红朱雀	*Carpodacus vinaceus*	R		0.02				0.02							特
金翅雀	*Carduelis sinica*	R		0.12											
灰头灰雀	*Pyrrhula erythaca*	R					0.24		0.29						
黄颈拟蜡嘴雀	*Mycerobas affinis*	P							0.02						
白斑翅拟蜡嘴雀	*Mycerobas carnipes*	R						0.02							
鹀科	**Emberizidae**														
黄喉鹀	*Emberiza elegans*	R	0.52*	0.52*											
三道眉草鹀	*Emberiza cioides*	R	0.04												
栗耳鹀	*Emberiza fucata*	S								0.14					
灰头鹀	*Emberiza spodocephala*	R	0.08												
蓝鹀	*Latoucheornis siemsseni*	R	0.2	0.06	0.36	0.03			0.04						特

注：R. 留鸟；S. 夏候鸟；W. 冬候鸟；P. 旅鸟；EN. 濒危；NT. 近危；特. 特有种

*常见种；**优势种

草甸带的总密度都最低。这与各个植被带的鸟类物种数高低是相符的。但是在中高海拔针阔叶混交林带和中海拔阔叶林带中却呈现了相反的状况，鸟类物种数高的中海拔阔叶林带中，鸟类的总密度反而要低于邻近的中高海拔针阔叶混交林带。在高海拔针叶林带和高海拔高山灌丛草甸带中，鸟类物种数和每种鸟类的相对密度都较低。

表 4-7 鸟类密度的频数分布

密度等级	中低海拔退耕还林带		中海拔阔叶林带		中高海拔针阔叶混交林带		高海拔针叶林带		高海拔高山灌丛草甸带	
	夏	秋	夏	秋	夏	秋	夏	秋	夏	秋
0.01～0.05	24	12	24	5	4	13	17	2	0	0
0.05～0.10	8	10	7	6	16	6	9	4	0	0
0.10～0.50	22	14	13	12	21	12	12	6	7	4
0.50～1.00	9	7	3	1	3	1	3	1	6	2
≥1.00	4	0	2	1	1	0	2	0	0	1

相同生境中的夏秋两季鸟类密度的频数分布没有显著差异（表 4-7）（卡方检验，$P>0.05$），但在同一季节的不同生境中差异显著。例如，夏季中海拔阔叶林带和中高海拔针阔叶混交林带的鸟类密度的频数分布有显著差异（卡方检验，$P<0.05$），秋季中高海拔针阔叶混交林带和高海拔针叶林带的鸟类密度的频数分布有显著差异（卡方检验，$P<0.05$）。

3. 各垂直带的鸟类物种和密度组成

1）中低海拔退耕还林带（海拔 1260～1550 m）

夏季共观察到鸟类 67 种，其中留鸟 48 种，夏候鸟 19 种；秋季共观察到鸟类 43 种，其中留鸟 41 种，夏候鸟 2 种。夏季的优势种有 4 种，分别是冠纹柳莺、绿背山雀、黄腹山雀和红头长尾山雀；常见种有 9 种，分别是红嘴蓝鹊、喜鹊、红尾水鸲、强脚树莺、冕柳莺、淡尾鹟莺、大山雀、银脸长尾山雀和黄喉鹀。秋季没有优势种，常见种有 7 种，分别是红尾水鸲、白喉噪鹛、大山雀、绿背山雀、红头长尾山雀、银脸长尾山雀和黄喉鹀。两个季节共有种 32 种。

2）中海拔阔叶林带（海拔 1560～2220 m）

夏季共观察到鸟类 49 种，其中留鸟 28 种，夏候鸟 18 种，旅鸟 3 种；秋季共观察到鸟类 25 种，其中留鸟 19 种，夏候鸟 6 种。夏季的优势种有 2 种，分别是乌嘴柳莺和黄腹山雀；常见种有 3 种，分别是红尾水鸲、冠纹柳莺和绿背山雀。秋季有优势种 1 种，为橙翅噪鹛；常见种有 1 种，为黄腹山雀。两个季节共有种 17 种。

3）中高海拔针阔叶混交林带（海拔 2240～3100 m）

夏季共观察到鸟类 45 种，其中留鸟 26 种，夏候鸟 18 种，旅鸟 1 种；秋季共观察到鸟类 32 种，其中留鸟 25 种，夏候鸟 6 种，冬候鸟 1 种。夏季的优势种有 1 种，为云南柳莺；常见种有 3 种，分别是橙翅噪鹛、四川柳莺和淡眉柳莺。秋季没有优势种；常见种有 1 种，为褐冠山雀。两个季节共有种 21 种。

4）高海拔针叶林带（海拔 3132～3320 m）

夏季共观察到鸟类 43 种，其中留鸟 27 种，夏候鸟 13 种，旅鸟 3 种；秋季共观察到鸟类 13 种，其中留鸟 10 种，夏候鸟 2 种，旅鸟 1 种。夏季的优势种有 2 种，为云南柳莺和淡眉柳莺；常见种有 3 种，分别是红胁蓝尾鸲、斑胸短翅莺和黄腰柳莺。秋季没有优势种；常见种有 1 种，为血雉。两个季节共有种 12 种。

5）高海拔高山灌丛草甸带（海拔 3340～3767 m）

夏季共观察到鸟类 13 种，其中留鸟 8 种，夏候鸟 5 种；秋季共观察到鸟类 7 种，全部为留鸟。夏季没有优势种；常见种有 6 种，分别是粉红胸鹨、大嘴乌鸦、鹪鹩、领岩鹨、棕胸岩鹨和白顶溪鸲。秋季有优势种 1 种，为棕胸岩鹨；常见种有 2 种，为领岩鹨和白顶溪鸲。两个季节共有种 7 种。

（三）黑河流域受保护和特有鸟类

此次调查中，黑河流域分布有国家Ⅰ级重点保护鸟类 1 种，即金雕。国家Ⅱ级重点保护鸟类 14 种，分别是黑鸢、白尾鹞、赤腹鹰、雀鹰、普通鵟、大鵟、红隼、红脚隼、灰背隼、勺鸡、红腹角雉、红腹锦鸡、血雉和红角鸮。另外，按照《中国物种红色名录》（汪松和解焱，2009），在此地分布的鸟类中，有濒危物种 1 种，即山麻雀，近危物种 7 种，包括红腹角雉、勺鸡、喜鹊、画眉、红嘴相思鸟、银脸长尾山雀和麻雀。此外，还有中国特有种鸟类 18 种（雷富民和卢汰春，2006），分别是血雉、红腹锦鸡、领雀嘴鹎、宝兴歌鸫、斑背噪鹛、画眉、橙翅噪鹛、棕头雀鹛、白领凤鹛、白眶鸦雀、云南柳莺、四川柳莺、峨眉柳莺、银脸长尾山雀、黄腹山雀、红腹山雀、酒红朱雀和蓝鹀。

第四节　秦岭水源涵养区鸟类的指示物种

一、指示鸟类对水环境重金属离子的富集效应分析

鸟类是野生动物的一个重要类群，是食物链中的高级消费者。鸟类广泛分布于不同生态环境及生态环境中的不同生态位，其生活史较为复杂，寿命较长，体温高，代谢快，从环境中获取物质相对多，对于自然环境变化较为敏感（Donald et al.，2001；Gregory et al.，2005）。另外，鸟类生理行为（内分泌和组织发育）对于重金属污染物有显著的响应（Janssens et al.，2003；Burger and Eichhorst，2005，2007；Carere et al.，2010），因而常被作为环境污染的代表性指示物种。

本研究以常见的红尾水鸲（*Rhyacornis fuliginosus*）、灰鹡鸰（*Motacilla cinerea*）、褐河乌（*Cinclus pallasii*）和白鹡鸰（*Motacilla alba*）共 4 种鸟类作为研究对象，了解常见重金属污染物铅（Pb）、锌（Zn）、镉（Cd）在这 4 种鸟肝脏组织的富集特征，探讨鸟类对水环境重金属离子的富集效应，以及能否反映秦岭丹江流域重金属污染程度，能否作为监测秦岭水源涵养区重金属污染的敏感标志物之一。

1. 样品采集地点和物种

取样地点为商洛市商州区黑龙口镇铁炉子村、商州区郊区和山阳县中村镇，采集的

物种有红尾水鸲、灰鹡鸰、褐河乌和白鹡鸰共 4 种鸟类，均为常见的留鸟。

2. 结果

从表 4-8 中可以看出，在本研究取样地的鸟类肝脏中，仅重金属 Zn 可以检测出，且不同地区不同鸟中 Zn 含量差异较大。Pb、Cd 含量较低，未检测出。

表 4-8　不同地区鸟类肝脏组织中 Pb、Zn 和 Cd 的平均富集量　（单位：μg/g）

地区	鸟种	重金属含量		
		Pb	Zn	Cd
黑龙口镇铁炉子村	红尾水鸲（n=1）	UD	565.8076	UD
	灰鹡鸰（n=4）	UD	63.8453±10.2313	UD
	褐河乌（n=1）	UD	18.4420	UD
商州区郊区	红尾水鸲（n=2）	UD	153.0938	UD
山阳县中村镇	白鹡鸰（n=1）	UD	433.4921	UD
	红尾水鸲（n=1）	UD	33.3410	UD

注：UD=未检出

3. 讨论与分析

随着现代工农业的发展，重金属污染问题日趋严重。水体重金属污染已经成为鸟类遭受生存威胁的重要原因之一。水体重金属污染具有持久性、高度危害性和难治理性，如何快速、准确监测并对其进行科学评价，成为当今环境科学关心的热点问题（赵顺顺等，2010）。Zn、Pb、Cd 等是目前水域污染中常见的重金属元素，它们在水体中常相伴存在。研究表明，人体长期处于高浓度重金属的环境下会导致重金属在人体脂肪组织内的积累，影响人体的中枢神经系统。另外，重金属在人体循环系统中的积累会破坏内脏组织的正常功能（宫茜茜，2012）。

肝脏是重金属富集的主要靶器官，肝脏中重金属的残留量代表了重金属短期暴露的水平（Kim and Koo，2008）。肝脏也是重要的解毒器官，肝脏中的谷胱甘肽可以与许多重金属离子结合，进而实现解毒功能。但是肝脏的解毒能力是有一定限度的，如果进入机体的重金属含量过多，超过其解毒能力，就会发生中毒现象，对机体造成损害（李璠，2007）。本研究中，在不同地区不同鸟种中，Zn 在肝脏的含量差异较大，含量最高的是黑龙口镇的红尾水鸲，为 565.8076 μg/g。重金属 Zn 是生命新陈代谢所必需的微量元素，也是许多重金属酶的重要组成部分，对造血细胞的增殖、酶的活性，以及一些内分泌功能的发挥有重要的作用，但是过量的 Zn 在鸟类组织细胞中富集，会导致机体中毒、畸形甚至死亡（Amiard et al.，2006）。目前，关于 Zn 在肝脏中达到多少能表明环境污染可能对其造成损害还没有一个标准。有文献报道，黄嘴白鹭雏鸟肝脏中 Zn 含量可达 1123 μg/g。

本研究中 Zn 含量较高，一方面，可能是因为 Zn 是生物体进行生化反应所必需的，在鸟体中本身含量就高；另一方面，可能是该地区已经受到重金属 Zn 污染。这还有待于我们通过一些后续实验，如组织切片等来进一步验证。

重金属 Pb 和 Cd 是生命新陈代谢的非必需元素，过量的 Cd 会导致活性传递机制受阻，

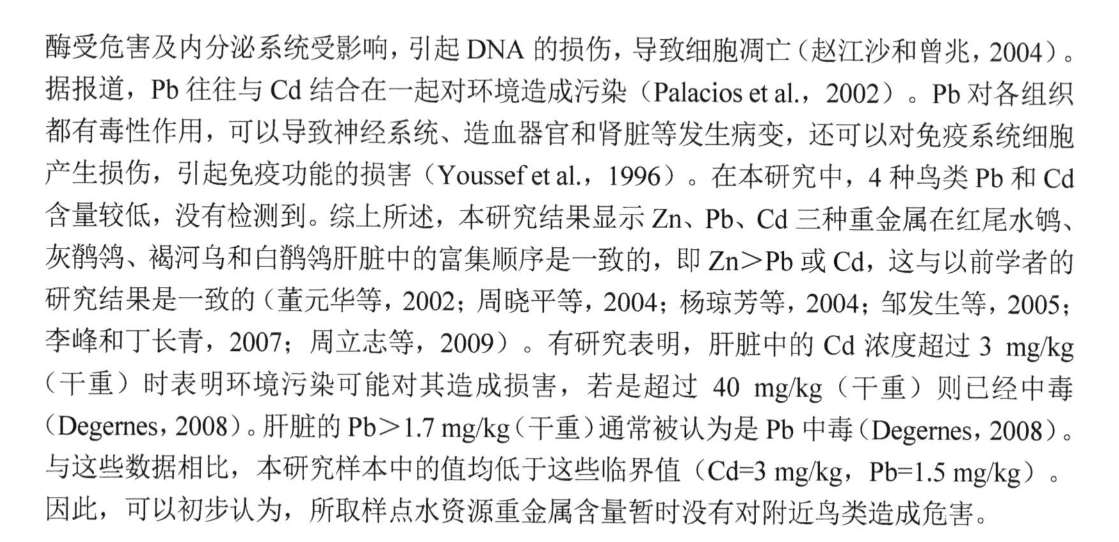

酶受危害及内分泌系统受影响，引起 DNA 的损伤，导致细胞凋亡（赵江沙和曾兆，2004）。据报道，Pb 往往与 Cd 结合在一起对环境造成污染（Palacios et al.，2002）。Pb 对各组织都有毒性作用，可以导致神经系统、造血器官和肾脏等发生病变，还可以对免疫系统细胞产生损伤，引起免疫功能的损害（Youssef et al.，1996）。在本研究中，4 种鸟类 Pb 和 Cd 含量较低，没有检测到。综上所述，本研究结果显示 Zn、Pb、Cd 三种重金属在红尾水鸲、灰鹡鸰、褐河乌和白鹡鸰肝脏中的富集顺序是一致的，即 Zn＞Pb 或 Cd，这与以前学者的研究结果是一致的（董元华等，2002；周晓平等，2004；杨琼芳等，2004；邹发生等，2005；李峰和丁长青，2007；周立志等，2009）。有研究表明，肝脏中的 Cd 浓度超过 3 mg/kg（干重）时表明环境污染可能对其造成损害，若是超过 40 mg/kg（干重）则已经中毒（Degernes，2008）。肝脏的 Pb＞1.7 mg/kg（干重）通常被认为是 Pb 中毒（Degernes，2008）。与这些数据相比，本研究样本中的值均低于这些临界值（Cd=3 mg/kg，Pb=1.5 mg/kg）。因此，可以初步认为，所取样点水资源重金属含量暂时没有对附近鸟类造成危害。

二、鸟类指示物种的选择

1. 鸟类对环境变化的指示物种

目前，环境变化已经成为人们高度关注的话题。环境变化包括气候变化，以及环境中所有自然和人为因素引起的大规模全球问题及相互作用。具体来说，环境变化主要体现在全球气候变暖、沙漠及荒漠化、森林退化、水土流失等导致的生态环境恶化，突发性恶性自然灾害频发，对人类及野生动物的生存条件带来非常不利的影响。环境变化影响了动物的地理分布、物候（如繁殖、鸟类迁徙等）、动物行为及种群大小等，甚至加速了一些物种的灭绝。鸟类可以作为一个很好的生物多样性监测指标，因为它们广泛分布在地球的陆地生境，而且对环境变化较敏感，所以，鸟类可以作为环境变化的指示物种。

鸟类的指示物种可以选择单一物种、常见种或优势种，也可以选择鸟类群落，这与具体调查区域的环境相关。丹江流域和黑河流域的主要生境类型为森林和河流湿地。森林随着海拔的垂直变化有着不同的植被垂直带，随着植被垂直带和海拔的变化，鸟类的分布和群落组成也在发生变化，我们依据这些地区的鸟类调查结果，确定出丹江流域和黑河流域夏季繁殖鸟中的优势种和常见种为各个植被垂直带的指示物种。这些指示物种的种类已在本章第三节的有关内容中详细列出。由于两河流域的河流湿地主要为水鸟类群的迁徙途经地，每年这些迁徙水鸟的物种组成和多度是受大的环境尺度影响的，因此，作为河流湿地的指示物种无法确定。

2. 鸟类对水中重金属离子变化的指示物种

栖息于某一水域的鸟类对水中重金属离子的富集效应结果可以反映当地水体中其含量的高低变化。这些鸟类指示物种最好选择一些以水域为栖息地的大型水鸟，且为留鸟，如鹈鹕科、鹭科、鸭科等鸟类，结合丹江流域分布的水鸟种类，或不易捕捉或者不是留鸟，而且，大型水鸟的资源数量有限，不能长期采集，因此，我们选择在水域栖息的褐河乌和红尾水鸲，以及在水域常见的白鹡鸰和灰鹡鸰作为丹江流域乃至秦岭山地水体中重金属离子变化的指示物种。

第五节　丹江湿地生态系统服务功能价值评估

一、丹江湿地的生物多样性评价

从物种多样性、生境异质性、外来物种入侵度、保护意识与管理水平 5 个方面对丹江湿地的生物多样性进行评价（表 4-9）。

表 4-9　湿地生物多样性评价指标体系

指标	代码	等级标准	所赋分值	丹江流域得分
物种多样性	物种丰富度	湿地鸟类＞200 种	10	7.5
		湿地鸟类 134～199 种	7.5	
		湿地鸟类 68～133 种	5	
		湿地鸟类＜68 种	2.5	
	物种相对丰度	湿地鸟类数占所在生物地理区或行政省内物种比例＞70%	10	5
		湿地鸟类数所占比例为 50%～69.9%	7.5	
		湿地鸟类数所占比例为 20%～49.9%	5	
		湿地鸟类数所占比例＜20%	2.5	
	物种稀有性	湿地内有全球性珍稀濒危鸟类	10	7.5
		湿地内有国家重点保护Ⅰ级鸟类	7.5	
		湿地内有国家重点保护Ⅱ级鸟类	5	
		湿地内区域性珍稀濒危鸟类	2.5	
	物种特有性	特有种数量超过 20 种	10	7.5
		特有种数量超过 10 种	7.5	
		特有种数量超过 5 种	5	
		特有种很少，少于 5 种	2.5	
	物种分布区	50%以上湿地物种地理分布很窄，仅有极少产地的地方性物种	10	2.5
		50%以上湿地物种地理分布较窄，虽广布但局部少见生物地理区边缘的物种	7.5	
		50%湿地物种为广布种，但局部少见生物地理分布区边缘的物种	5	
		50%以上湿地物种为广布种	2.5	
	物种生活力	湿地内主要或关键物种需特化生境，物种适应性差，繁殖率低	10	5
		湿地内主要或关键物种需特化生境，物种适应性较差，生活力、繁殖率低	7.5	
		湿地内主要或关键性物种需较为特化生境，生活力、繁殖力较强	5	
		湿地内主要或关键性物种不需特化生境，生活力、繁殖力强	2.5	

续表

指标	代码	等级标准	所赋分值	丹江流域得分
生境异质性	生境稀有性	世界范围内唯一或极重要的湿地	10	5
		国家或生物地理区范围内唯一或极重要的湿地	7.5	
		地区范围内稀有或重要的湿地	5	
		常见类型湿地	2.5	
	生境重要性	国际重要湿地	10	7.5
		国家级自然保护区	7.5	
		省级自然保护区	5	
		湿地公园	2.5	
	生境结构多样性	湿地生态系统组成成分与结构复杂，类型很多	10	5
		湿地生态系统组成成分与结构较复杂，类型较多	7.5	
		湿地生态系统组成成分与结构较简单，类型较少	5	
		湿地生态系统组成成分与结构简单，类型单一	2.5	
	人类威胁	很少有人类的侵扰活动，对当地的水体、土地、矿藏、生物或景观等资源只有少量的开发利用	10	7.5
		有少量人为活动，但是水体和景观未发生明显变化	7.5	
		有人为活动侵扰存在，对资源开发强度较大，物种和生态系统受到威胁	5	
		人为活动强度大，物种和生态系统受到严重威胁	2.5	
外来物种入侵度	外来物种种数	外来物种种数很多	10	5
		外来物种种数较少	7.5	
		外来物种种数较多	5	
		外来物种种数很少	2.5	
	外来物种种群数量	外来物种种群数量很少，很罕见	10	5
		外来物种种群数量少，不常见	7.5	
		外来物种种群数量较多，较常见	5	
		外来物种种群数量多，威胁其他物种	2.5	
保护与管理	水源涵养地	国家级水源地保护区	10	10
		省级水源地保护区	7.5	
		市级水源地保护区	5	
		未设保护区	2.5	
	保护意识与管理水平	湿地保护意识强；管理机构齐全，管护人员素质高	10	5
		湿地保护意识较强；管理机构完善，管理水平较高	7.5	
		湿地保护意识一般；设有管理机构，管理水平一般	5	
		湿地保护意识淡薄；有管理机构，但管理水平较差	2.5	5
	水源地保护水平	水源地无挖砂、排污等活动	10	
		水源地有少量挖砂、排污等活动，但水质很少受影响	7.5	
		水源地有明显的挖砂、排污等活动，水质受到影响	5	
		水源地活动频繁，水质恶劣	2.5	

1. 物种多样性

1）物种丰富度

根据 2014 年的调查，丹江流域（陕西段）共观察到鸟类 164 种，隶属于 15 目 43 科 102 属，其中留鸟 86 种，夏候鸟 35 种，冬候鸟 10 种，旅鸟 33 种。得分 7.5 分。

2）物种相对丰度

《中国陕西鸟类图志》（孙承骞等，2007）收录陕西鸟类 465 种，而近年不断有新纪录发现，现有鸟类 499 种。丹江湿地的鸟类约占陕西省鸟类总物种数的 32.9%。得分 5 分。

3）物种稀有性

丹江有黑鹳、金雕等国家 I 级重点保护野生动物。得分 7.5 分。

4）物种特有性

特有鸟类有红腹锦鸡、灰胸竹鸡、领雀嘴鹎、画眉、橙翅噪鹛、棕头雀鹛、白领凤鹛、峨眉柳莺、银脸长尾山雀、黄腹山雀和蓝鹀共 11 种。得分 5 分。

5）物种分布区

丹江流域调查见到的鸟类都是在我国分布范围较广泛、分布区域较大的物种。得分 2.5 分。

6）物种生活力

由于没有濒危物种，因此认为生活力和繁殖力较强。得分 5 分。

2. 生境异质性

1）生境稀有性

丹江湿地是秦岭重要的湿地，属于地区范围内重要的湿地。得分 5 分。

2）生境重要性

丹江湿地有两个自然保护区，一个是陕西丹江武关河国家级自然保护区（2016 年升级为国家级保护区），主要保护大鲵、水獭和秦巴北鲵、多鳞铲颌鱼及其栖息生境；另一个是陕西新开岭省级自然保护区，主要保护秦岭东段森林及其珍稀动植物。得分 7.5 分。

3）生境结构多样性

湿地类型并不多样，以河流湿地为主，泥炭和湖泊等湿地很少。得分 5 分。

4）人类威胁

根据实地调查，丹江湿地有人为开发活动，尤其是矿山开发和人工挖砂，但是景观类型并未发生变化。得分 7.5 分。

3. 外来物种入侵度

1）外来物种种数

丹江湿地有入侵植物 6 种，即野茼蒿、假酸浆、钻形紫菀、一年蓬、小蓬草和多花百日草，物种数量较少，但是分布并不十分广泛，对当地生境尚未造成严重危害。得分 5 分。

2）外来物种种群数量

种群数量并不罕见。得分 5 分。

4. 保护意识与管理水平

1）水源涵养地

丹江是国家级水源涵养地保护区。得分 10 分。

2）保护与管理

尽管设有保护机构，但是保护意识一般。得分 5 分。

3）水源地保护水平

有明显的点污染源。得分 5 分。

权重赋值如下。

物种多样性和生态系统多样性是湿地生物多样性评价的重要指标，因此权重赋值各为 0.4，外来物种入侵度和保护意识与管理水平的权重赋值均为 0.1。

最高分值：60×0.4+40×0.4+20×0.1+30×0.1=45 分。

最低分值：15×0.4+10×0.4+5×0.1+7.5×0.1=11.25 分。

分值为 36.75～45 分表示生物多样性丰富、生态系统多样、外来物种很少、保护和管理水平高。

分值为 28.25～36.74 分表示生物多样性较丰富、生态系统比较多样、外来物种较少、保护和管理水平较高。

分值为 19.75～28.24 分表示湿地生物多样性较低、生态系统比较单一、外来物种较多、保护和管理水平较低。

分值为 11.25～19.74 分表示湿地生物多样性低、生态系统单一、外来物种多、保护和管理水平低。

丹江湿地的得分是 (7.5+5+7.5+7.5+2.5+5)×0.4+(5+5+7.5+7.5)×0.4+(5+5)×0.1+(10+5+5)×0.1=14+10+1+2=27 分。

结果说明丹江湿地的生物多样性较低、特有和濒危物种较少、生态系统比较单一、水质污染比较严重、保护和管理水平较低。在以后的水源和生物多样性保护中，人们需要关注水污染和提高当地的保护意识。

二、生态系统服务价值指标体系的遴选

生态系统服务功能是指生态系统与生态过程所形成的，维持人类生存的自然环境条件及其效用。它是通过生态系统的功能直接或间接得到的产品和服务，是由自然资本的能流、物流、信息流构成的生态系统服务和非自然资本结合在一起所产生的人类福利。千年生态系统评估报告认为，生态系统服务功能是人类从生态系统获取的惠益，它包括供给服务、调节服务、文化服务和支持服务。我国学者认为生态系统服务功能不仅为人类提供了食品、医药及其他生产生活原料，还创造与维持了地球生态支持系统，形成了人类生存所必需的环境条件。

河流生态系统的服务功能指的是河流生态系统与生态过程所形成，以及所维持的人类赖以生存的自然环境条件与效用。湿地生态系统服务是指湿地生态系统对人类福祉和效益的直接或间接贡献。湿地生态系统不仅为人类提供原材料、食物、水资源等生态产

品，在气候调节、洪水调蓄、生物多样性保护等方面也具有不可替代的作用。

丹江水源涵养地的生态功能是指所具有的潜在或实际维持、保护人类活动及人类未被直接利用的资源，或维持、保护自然生态系统的过程的能力。主要包括：淡水供给、水源涵养、水力发电、固碳和释氧、营养循环、降解污染、生物栖息地、气候调节、调节洪水。

三、丹江湿地生态系统功能评估的指标体系

生态系统功能评估的指标体系，包括供给服务、调节服务和文化服务 3 种生态系统最终服务类型及 11 个评级指标，详见表 4-10。

表 4-10　生态系统服务评估的指标

生态系统最终服务类型	评价指标
供给服务	食物生产
	水源涵养
	水力发电
	淡水供给
调节服务	固碳
	释氧
	营养循环
	气候调节
	生物栖息地
	降解污染
文化服务	休闲娱乐

四、丹江湿地生态系统功能价值评估

1. 供给服务价值评估

1）淡水供给

计算公式为

$$V_w=\Sigma T_i \cdot W_i$$

式中，V_w 为水供给功能价值量；T_i 为 i 种的水量，W_i 为 i 种水的单位成本价格（元/m^3）。

丹江流域（陕西段）的多年径流量是 1.89×10^9 m^3，根据商洛市水务局的数据，计量水价是 0.40 元/m^3，淡水供给的价值是 7.56 亿元。

2）水力发电

根据商洛市水务局的数据，丹江共有水电站 86 座，装机容量 109 017 kW。通过装机容量转换可以得出年发电量在 9.5 亿 kw·h，按农村并网电价 0.42 元计算，水力发电的价值在 3.99 亿元。

3）水产品生产

根据《商洛日报》2015 年最新统计，商洛 2014 年的渔业产值是 1.03 亿元，除了洛

南县的 1150 万元属于黄河水系，丹江的渔业产值是 0.915 亿元。

4）水源涵养价值

水源涵养价值是径流量和单位库容成本的乘积。单位库容成本按照 0.67 元计算，则水源涵养价值是 12.663 亿元。

2. 丹江湿地生态系统固碳释氧与营养循环功能价值评估

1）生态系统固碳释氧功能

根据植物光合作用和呼吸作用方程式

$$6CO_2+12H_2O=C_6H_{12}O_6+6O_2+6H_2O$$

即生产 1 g 干物质，需要吸收 1.62 g CO_2，释放约 1.2 g O_2。再根据 CO_2 原子量和分子式 $C/CO_2=0.2727$，则固定纯 C 量＝固定 CO_2 量×0.2727。

根据陈媛媛等（2012）的研究，丹江春季的浮游植物的平均生物量是 0.212 92 mg/L，而在商洛的武关河流域的浮游植物的生物量是 0.426 mg/L，取平均值后的浮游植物的生物量是 0.32 mg/L，丹江流域（陕西段）多年的年径流量是 1.89×10^9 m^3，因此每秒的径流量是 60 m^3。故可以得出浮游植物大约年鲜重是 60.3779×10^4 t。按干重和鲜重 1∶7 的比例可以计算得出浮游植物的总干重是 8.6254×10^4 t，水生维管植物的鲜重由于没有相关资料，但是由其他地区的研究可以看到两者差异不大，因此以浮游植物的鲜重代替水生维管植物的鲜重，维管植物的鲜重和干重的比值约为 1∶20，可以得出维管植物的干重是 2.986×10^4 t。

浮游植物固定二氧化碳的量为 86 254 t×1.62=139 731.48 t，由此计算出固定纯碳的量为 38104.77 t。

水生植物固定二氧化碳的量为 48 906.13 t，固定纯碳的量为 13 336.7 t。

以造林价 250 元和国际通用碳税的均值可以得出每吨的价值为 601.1 元，因此丹江流域（陕西段）的固碳价值为 0.31 亿元。

浮游植物固定氧气的量为 103 504.8 t，水生维管植物的固定氧气的量为 36 226.76 t，根据国家卫生健康委员会春季氧气的价格是每吨 1000 元，因此丹江流域（陕西段）的释氧价值是 1.397 亿元。

2）丹江湿地生态系统营养物质固定价值

丹江流域（陕西段）的集水面积是 7510.8 km^2，固定 N、P、K 的总量见表 4-11。根据国家最新的平均化肥的价格，营养循环价值=固定 N、P、K 的总量×平均化肥价格（2000 元/t）=2.24 亿元。

表 4-11 丹江湿地固定 N、P、K 的总量

生态系统类型	氮（N）		磷（P）		钾（K）		合计
	年固定量 /（kg/hm^2）	固定量/t	年固定量 /（kg/hm^2）	固定量/t	年固定量 /（kg/hm^2）	固定量/t	
湿地	132.727	99 688.6	1.818	1 365.5	155.455	11 162.8	112 216.9

3）降解污染

根据国际通用的标准，湿地生态系统的降解污染功能的单位面积价值为 4177 美元/(hm^2·年)，因此，丹江湿地降解污染的价值是

$$4177 \times 715\ 080 \times 6.348 = 1.896\ 077 \times 10^{10}（元）= 189.61（亿元）$$

4）生物栖息地功能

湿地为许多动植物如水鸟、水生兽类、两栖爬行类提供必需的栖息地和食物资源，根据国际通用标准，湿地的避难所价值为 304 美元/(hm^2·年)，因此生物栖息地功能的价值为

$$304 \times 715\ 080 \times 6.348 = 13.8（亿元）$$

在调节服务方面，丹江对于气候调节和蓄洪调节方面也有重要的功能，但是由于缺乏相关数据，因此未进行评估。

3. 文化服务价值

休闲娱乐价值如下。

商洛 2013 年的旅游总收入是 135.43 亿元，按照水域风光类所占比例为 22%，而丹江流域占整个水域的 73%，这样得出的丹江湿地的旅游价值是 21.75 亿元。这是最保守的估计。事实上丹江的金丝峡已经成为国家 5A 级景区，丹江漂流、湿地公园等也已经成为知名的景区。其旅游收入占的比例应该大于这个比例。

关于文化服务，还包括文化研究和科学研究价值，但是鉴于秦岭丹江水源地的研究较少，这部分暂时未做评估。

以上只是对丹江湿地生态系统服务功能最基础的评估，有些指标并未加入，随着生态系统指标体系的不断完善，对于服务的评价将更会客观和全面。

参考文献

陈媛媛, 张建军, 张军燕, 等. 2012. 丹江陕西段春季浮游植物的群落结构特征. 安徽农业科学, 40(32): 15726-15728.

董元华, 龚钟明, 王辉, 等. 2002. 无锡鼋头渚夜鹭体内重金属残留与分布特征. 应用生态学报, 13(2): 213-216.

高学斌, 赵洪峰, 罗磊, 等. 2009. 太白山南坡夏秋季鸟类组成. 生物多样性, 17(1): 19-29.

宫茜茜. 2012. 鸡西矿区麻雀(*Passer montanus*)重金属富集及其在区域重金属污染评价中的应用. 哈尔滨: 东北林业大学博士学位论文.

雷富民, 卢汰春. 2006. 中国鸟类特有种. 北京: 科学出版社.

李璠. 2007. 福建岛屿黄嘴白鹭体内重金属残留量分布的研究. 厦门: 厦门大学硕士学位论文.

李峰, 丁长青. 2007. 重金属污染对鸟类的影响. 生态学报, 27(1): 298-301.

罗磊, 韩宁, 张宏, 等. 2014. 陕西省鸟类新纪录——黄颈拟蜡嘴雀. 四川动物, 5(33): 784.

孙承骞, 王万云, 徐振武, 等. 2007. 中国陕西鸟类图志. 西安: 陕西科学技术出版社.

闵芝兰，陈服官. 1983. 陕西省商洛地区鸟类调查报告//陕西省动物学会. 陕西省动物学会(1980-1982年)论文选集:121-134(陕西省动物学会公开交流资料).

汪松, 解焱. 2009. 中国物种红色名录 第二卷 脊椎动物 下册. 北京: 高等教育出版社.

杨琼芳, 邹发生, 陈桂珠. 2004. 用鸟体组织检测环境中重金属污染. 广州环境科学, 19(3): 37-39.
姚建初. 1991. 陕西太白山地区鸟类三十年变化情况的调查. 动物学杂志, 26(5): 19-29.
张荣祖. 2011. 中国动物地理. 北京: 科学出版社.
赵洪峰, 罗磊, 侯玉宝, 等. 2012. 陕西秦岭东段南坡繁殖鸟类群落组成的 30 年变化. 动物学杂志, 47(6): 14-24.
赵江沙, 曾兆. 2004. 铜、汞、铅对涡虫的急性毒性作用. 应用于环境生物学报, 10(6): 750-753.
赵顺顺, 孟范平, 王震宇, 等. 2010. 监测水体重金属污染的分子生物标志物研究进展. 生态环境学报, 19(2): 453-458.
郑光美. 2011. 中国鸟类分类与分布名录. 2 版. 北京: 科学出版社.
郑作新, 钱燕文, 谭耀匡, 等. 1973. 秦岭鸟类志. 北京: 科学出版社.
周立志, 张磊, 仇文娜. 2009. 夜鹭雏鸟 3 种重金属污染物的富集特征. 安徽大学学报(自然科学版), 33(5): 80-90.
周晓平, 陈小麟, 方文珍, 等. 2004. 厦门白鹭保护区白鹭体内重金属含量的分析. 厦门大学学报(自然科学版), 43(3): 412-415.
邹发生, 杨琼芳, 谢美琪. 2005. 广州市白云山 4 种雀形目鸟类重金属残留分析. 农村生态环境, 27(7): 54-57.
Amiard J C, Amiard-Triquet C, Barka S, et al. 2006. Metallothioneins in aquatic invertebrates: their role in metal detoxification and their use as biomarkers. Aquatic Toxicology, 76(2): 160-202.
Burger J, Eichhorst B. 2005. Heavy metals and selenium in grebe eggs from Agassiz National Wildlife Refuge in northern Minnesota. Environmental Monitoring and Assessment, 107(1-3): 285-295.
Burger J, Eichhorst B. 2007. Heavy metals and selenium in grebe feathers from Agassiz National Wildlife Refuge in northern Minnesota. Archives of Environmental Contamination and Toxicology, 53(3): 442-449.
Carere C, Costantini D, Sorace A, et al. 2010. Bird populations as sentinels of endocrine disrupting chemicals. Annali Dellistituto Superiore Di Sanità, 46(1): 81-88.
Degernes L A. 2008. Waterfowl toxicology: a review. Veterinary Clinics of North America Exotic Animal Practice, 11: 283-300.
Donald P F, Green R E, Heath M F. 2001. Agricultural intensification and the collapse of Europe's farmland bird populations. Proceedings of the Royal Society of London B: Biological Sciences, 268(1462): 25-29.
Gregory R D, van Strien A, Vorisek P, et al. 2005. Developing indicators for European birds. Philosophical Transactions of the Royal Society of London B: Biological Sciences, 360(1454): 269-288.
Janssens E, Dauwe T, Pinxten R, et al. 2003. Effects of heavy metal exposure on the condition and health of nestlings of the great tit (*Parus major*), a small songbird species. Environmental Pollution, 126(2): 267-274.
Kim J, Koo T H. 2008. Heavy metal concentrations in feathers of Korean shorebirds. Archives of Environmental Contamination and Toxicology, 55(1): 122-128.
Palacios H, Iribarren I, Olalla M J, et al. 2002. Lead poisoning of horses in the vicinity of a battery recycling plant. Science of the Total Environment, 290: 81-89.
Youssef S A, El-Sanousi A A, Afifi N A, et al. 1996. Effect of subclinical lead toxicity on the immune response of chickens to Newcastle disease virus vaccine. Research in Veterinary Science, 60(1): 13-16.

5

第五章 蝴蝶多样性

秦岭蝴蝶多样性十分丰富，其种质资源在物种、遗传、生态系统和景观多样性 4 个层次上都具有独特的研究与保护利用价值。秦岭分布的三尾凤蝶（*Bhutanitis thaidina*）和中华虎凤蝶（*Luehdorfia chinensis*）是国家二级重点保护动物，金裳凤蝶（*Troides aeacus*）、太白虎凤蝶（*Luehdorfia taibai*）、陕西灰蝶（*Shaanxiana takashimai*）等是中国珍稀蝶种。近年来，由于人类的肆意捕捉、生态环境的严重破坏及气候的变暖，许多珍稀蝶类濒临灭绝。

蝴蝶体型小，生活周期短，属日出性，易捕捉，分布广泛，具有相对独立的生活空间，栖境要求专性强，对不断发生的细微环境变化十分敏感并能做出快速响应（Nowicki et al.，2008；Thomas，2005），其寄主包括多种植物和一些动物（Ehrlich and Raven，1964；Cottrell，1984；Singer et al.，1971；Singer and Mallet，1986），发生于各种栖境中，从人工到原始区域都有分布（Thomas，1991；Brown and Hutchings，1997；Kremen et al.，1993）。另蝴蝶的生物学及分类较为普及（Vane-Wright and Ackery，1984；Gilbert and Singer，1975），已有 90%的类群被描述（Robbins et al.，1996），对其开展调查和监测具有简单、快速、实用、成本小、易普及等特点，并能在种群及生态水平上准确反映出气候变暖等环境胁迫的生态效应（McGeoch，1998），具有生物地理学和生态学探针的功能，可以用来监测环境变化趋势；从而成为环境监测的有效指示物种。这些特点使蝴蝶非常适宜于作为森林生态系统、草原生态系统、湿地生态系统，乃至农田生态系统等生态系统环境变化的指示物种和评价指标，通过分析蝶类种群组成、结构、多样性及其动态、趋势等，监测和预警环境变化对生态系统影响，从生物层面上科学地反映环境变化对生态系统产生的作用。

现有调查数据证明，蝴蝶与鸟类和植物相比是种群数量下降最快的类群（Thomas et al.，2004）。蝴蝶的种类组成、分布、种群数量及群落结构等特征可直接反映栖息地的适宜性（Molina and Palma，1996；Pendl，2005；Kuussaari et al.，2005；Singer，1972；陈洁君等，2004）、生态系统健康及生物多样性状况（Walther et al.，2002；Cleary and Mooers，2004；de Heer et al.，2005；de Vries et al.，1997）、气候变化（Dennis and Shreeve，1991；Hill et al.，2002；McLaughlin et al.，2002；Parmesan et al.，1999；Parmesan，2006；Settele et al.，2008；Stenseth et al.，2002；Warren et al.，2001）、人类活动对生态系统的干扰（Brereton，2004；Blair and Launer，1997）、土地利用（Kuussaari et al.，2005；Blair and Launer，1997）、景观改变的影响（Krauss et al.，2003；Roland et al.，2000；Moilanen and Hanski，1998）、生态环境质量（Nelson and Andersen，1994；Oostermeijer and van Swaay，1998）、蝴蝶多样性的保护状况（Schultz and Crone 2008；Pollard and Yates，1993）、生态环境的风险评估与预警（Thomas and Clarke，2004；Settele et al.，2005）等，其监测数据在许多国家被广泛使用在生态环境监测、生物多样性保护、土地利用规划、政策制定、教育、科研及提高公众环境意识等方面。

我国许多地区开展了蝴蝶多样性研究（邓合黎等，2012；马琦等，2012；房丽君和张雅林，2010；胡冰冰等，2010；汤春梅等，2010；王义平等，2008；刘桂林等，2004；谢嗣光等，2004；陈振宁和曾阳，2003；杨大荣，1998），但作为京津冀及西安重要水源涵养区的丹江和黑河流域，其蝴蝶多样性未见系统研究报道。本研究在 2013～2015

年对丹江和黑河流域的系统监测和蝴蝶编目调查研究的基础上，结合2006～2015年对两个流域的调查采集数据及少数文献资料数据，分析研究了丹江和黑河流域的蝴蝶群落结构和多样性，以期揭示秦岭重要水源涵养区蝴蝶物种资源及其多样性现状，为该地区的资源保护、利用及环境质量的监测、评价与生态修复提供基础资料；并为秦岭地区生态环境的评价提供指标和环境恶化的早期预警信号。

第一节　秦岭重要水源涵养区蝴蝶群落结构及其多样性

一、研究方法

1. 蝴蝶编目调查及监测地点

本研究实地调查及监测区域为秦岭的丹江和黑河流域，包括流域的干流和一、二级支流，范围涉及周至、商州、丹凤、商南及山阳5个区县，调查及监测具体地点见图5-1和图5-2。

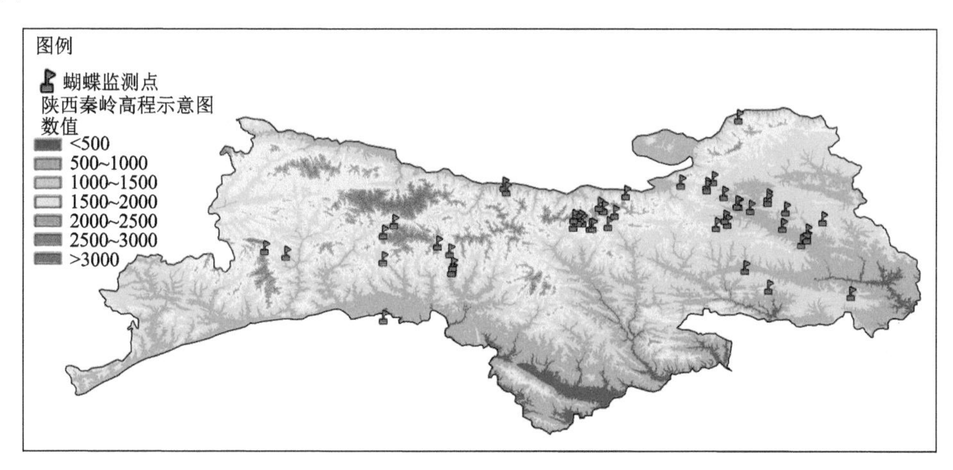

图5-1　秦岭重要水源涵养区蝴蝶调查地点分布（张宇军制图）

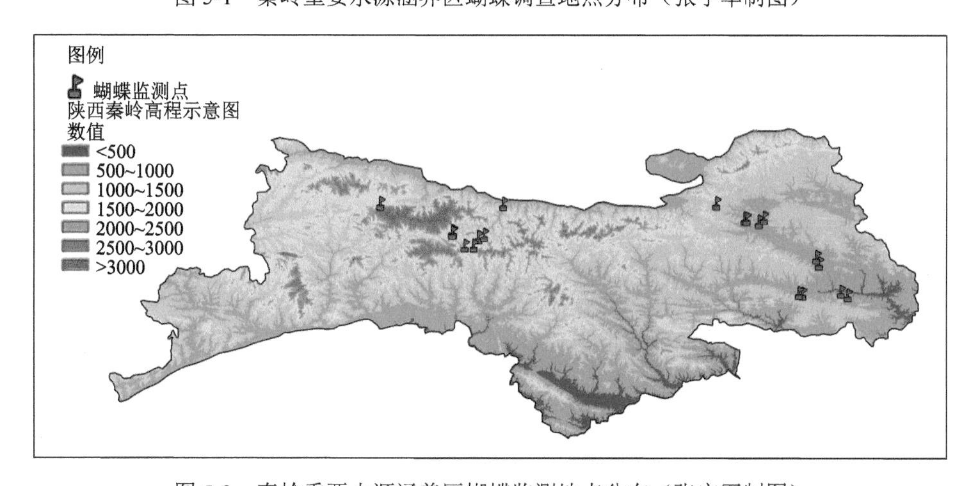

图5-2　秦岭重要水源涵养区蝴蝶监测地点分布（张宇军制图）

2. 蝴蝶编目调查及监测方法

流域物种编目调查：调查采用在全流域范围沿干流及一、二级支流随机取样方式进行，采用网捕法和调查记录法，每次在蝴蝶活动频繁的 9:00～17:00 时，在选定区域内沿着一定路线前进，采集或记录样线两侧的蝴蝶。样线长度为 1～10 km。采集标本用三角纸袋包好带回实验室，进行分类鉴定，统计蝴蝶种类和数量。

蝴蝶监测方法：沿着选定样线缓慢稳步前行（速度为 1～1.5 km/h），记数调查样线左右 2.5 m，上方及前方 5 m 的范围内（图 5-3）见到的所有蝴蝶的种类和数量。

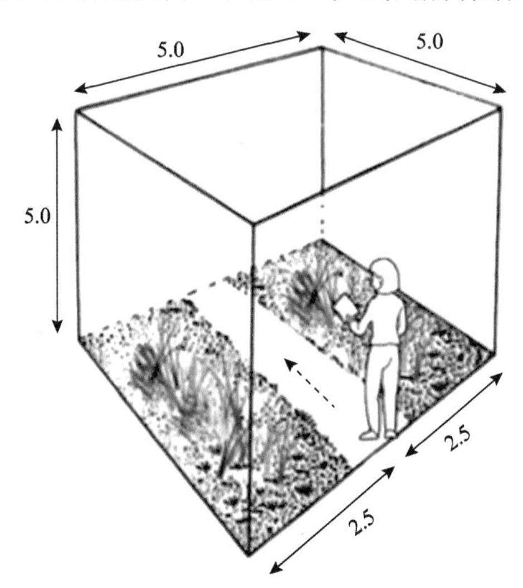

图 5-3 蝴蝶样线监测调查示意图（单位：m）

每年 4～9 月监测调查 3～5 次，每天监测时间为 9:00～17:00。

样线长度为 1.0～4.1 km，按 100 m/段划分成小段，每段的生境类型应尽量一致，尽可能对生境进行分类与标准化。

3. 分类及鉴定依据

利用外部形态及内部解剖特征对采集的标本进行分类鉴定。依据 Jong 等（1996）及 Wahlberg 等（2003）根据形态和分子等数据划分的分类系统，其中环蝶、斑蝶、眼蝶及喙蝶归入蛱蝶科，绢蝶归入凤蝶科。

4. 数据分析

1）Menhinick 物种丰富度指数（R_s）

计算蝴蝶种的丰富度：

$$R_s=G/N_s^{1/2}$$

式中，G 为物种数；N_s 为所有物种的个体数之和。

2）Shannon-Weiner 多样性指数（H'）

$$H'=-\Sigma P_i \ln P_i \quad (P_i=H_i/H)$$

式中，H_i为物种 i 的个体数；H 为样本总个体数。

3）Pielou 均匀度指数（J'）

$$J' = H'/\ln S$$

式中，H'为 Shannon-Weiner 多样性指数；S 为物种数。

4）Berger-Parker 优势度指数（D）

$$D = N_{max}/N_t$$

式中，N_{max} 为优势种的种群数量；N_t 为全部种类的种群数量。

5）优势种的确定

根据样本的数量，确认各蝶种的个体数，≥200 只为优势种。

二、秦岭重要水源涵养区蝴蝶群落组成及其多样性

1. 秦岭重要水源涵养区蝴蝶各科种级构成

秦岭重要水源涵养区蝴蝶调查及监测共记录 318 种（表 5-1）。各科种级构成以蛱蝶科及灰蝶科占优势，2 科占到调查种类的 69.18%，其中以蛱蝶科种类最多，达 148 种，占蝴蝶总种数的 46.54%；灰蝶科 72 种，占到总种数的 22.64%；粉蝶科及弄蝶科分别为 27 种及 47 种，分别占到总种数的 8.49%和 14.78%；凤蝶科的种类最少，为 24 种，仅占到总种数的 7.55%（图 5-4）。

表 5-1　秦岭重要水源涵养区蝴蝶编目

科名	种数	种名
凤蝶科 Papilionidae	24	金裳凤蝶 *Troides aeacus*、麝凤蝶 *Byasa alcinous*、长尾麝凤蝶 *B. impediens*、突缘麝凤蝶 *B. plutonius*、美凤蝶 *Papilio memnon*、蓝凤蝶 *P. protenor*、美姝凤蝶 *P. macilentus*、红基美凤蝶 *P. alcmenor*、牛郎凤蝶 *P. bootes*、玉带美凤蝶 *P. polytes*、碧凤蝶 *P. bianor*、窄斑翠凤蝶 *P. arcturus*、巴黎翠凤蝶 *P. paris*、绿带翠凤蝶 *P. maackii*、柑橘凤蝶 *P. xuthus*、金凤蝶 *P. machaon*、青凤蝶 *Graphium sarpedou*、金斑剑凤蝶 *Pazala alebion*、乌克兰剑凤蝶 *P. tamerlana*、丝带凤蝶 *Sericinus montelus*、三尾凤蝶 *Bhutanitis thaidina*、太白虎凤蝶 *Luehdorfia taibai*、冰清绢蝶 *Parnassius glacialis*、珍珠绢蝶 *P. orleans*
粉蝶科 Pieridae	27	斑缘豆粉蝶 *Colias erate*、橙黄豆粉蝶 *C. fieldii*、黎明豆粉蝶 *C. heos*、宽边黄粉蝶 *Eurema hecabe*、尖角黄粉蝶 *E. laeta*、尖钩粉蝶 *Gonepteryx mahaguru*、侧条斑粉蝶 *Delias lativitta*、隐条斑粉蝶 *D. subnubila*、洒青斑粉蝶 *D. sanaca*、绢粉蝶 *Aporia crataegi*、普通绢粉蝶 *A. genestieri*、秦岭绢粉蝶 *A. tsinglingica*、灰姑娘绢粉蝶 *A. intercostata*、箭纹绢粉蝶 *A. procris*、锯纹绢粉蝶 *A. goutellei*、大翅绢粉蝶 *A. largeteaui*、菜粉蝶 *Pieris rapae*、东方菜粉蝶 *P. canidia*、暗脉菜粉蝶 *P. napi*、黑纹粉蝶 *P. melete*、大展粉蝶 *P. extensa*、云粉蝶 *Pontia daplidice*、红襟粉蝶 *Anthocharis cardamines*、黄尖襟粉蝶 *A. scolymus*、突角小粉蝶 *Leptidea amurensis*、锯纹小粉蝶 *L. serrata*、莫氏小粉蝶 *L. morsei*
蛱蝶科 Nymphalidae	148	金斑蝶 *Danaus chrysippus*、虎斑蝶 *D. genutia*、双星箭环蝶 *Stichophthalma neumogeni*、箭环蝶 *S. howqua*、二尾蛱蝶 *Polyura narcaea*、紫闪蛱蝶 *Apatura iris*、柳紫闪蛱蝶 *A. ilia*、曲带闪蛱蝶 *A. laverna*、迷蛱蝶 *Mimathyma chevana*、夜迷蛱蝶 *M. nycteis*、白斑迷蛱蝶 *M. schrenckii*、猫蛱蝶 *Timelaea maculata*、白裳猫蛱蝶 *T. albescens*、明窗蛱蝶 *Dilipa fenestra*、累积蛱蝶 *Lelecella limenitoides*、黄帅蛱蝶 *Sephisa princeps*、帅蛱蝶 *S. chandra*、银白蛱蝶 *Helcyra subalba*、傲白蛱蝶 *H. superba*、黑脉蛱蝶 *Hestina assimilis*、拟斑脉蛱蝶 *H. persimilis*、绿脉蛱蝶 *H. mena*、黑紫蛱蝶 *Sasakia funebris*、大紫蛱蝶 *S. charonda*、绿豹蛱蝶 *Argynnis paphia*、斐豹蛱蝶 *Argyreus hyperbius*、老豹蛱蝶 *Argyronome laodice*、红老豹蛱蝶 *A. ruslana*、云豹蛱蝶 *Nephargynnis anadyomene*、蟾福蛱蝶 *Fabriciana nerippe*、

续表

科名	种数	种名
蛱蝶科 Nymphalidae	148	灿福蛱蝶 *F. adippe*、青豹蛱蝶 *Damora sagana*、曲纹银豹蛱蝶 *Childrena zenobia*、银豹蛱蝶 *C. childreni*、银斑豹蛱蝶 *Speyeria aglaja*、珍蛱蝶 *Clossiana gong*、嘉翠蛱蝶 *Euthalia kardama*、黄铜翠蛱蝶 *E. nara*、西藏翠蛱蝶 *E. thibetana*、陕西翠蛱蝶 *E. kameii*、红线蛱蝶 *Limenitis populi*、巧克力线蛱蝶 *L. ciocolatina*、折线蛱蝶 *L. sydyi*、横眉线蛱蝶 *L. moltrechti*、重眉线蛱蝶 *L. amphyssa*、扬眉线蛱蝶 *L. helmanni*、戟眉线蛱蝶 *L. homeyeri*、断眉线蛱蝶 *L. doerriesi*、残锷线蛱蝶 *L. sulpitia*、愁眉线蛱蝶 *L. disjucta*、虬眉带蛱蝶 *Athyma opalina*、玉杵带蛱蝶 *A. jina*、幸福带蛱蝶 *A. fortuna*、小环蛱蝶 *Neptis sappho*、中环蛱蝶 *N. hylas*、珂环蛱蝶 *N. clinia*、耶环蛱蝶 *N. yerburii*、羚环蛱蝶 *N. antilope*、折环蛱蝶 *N. beroe*、黄环蛱蝶 *N. themis*、黄重环蛱蝶 *N. cydippe*、海环蛱蝶 *N. thetis*、朝鲜环蛱蝶 *N. philyroides*、单环蛱蝶 *N. rivularis*、链环蛱蝶 *N. pryeri*、重环蛱蝶 *N. alwina*、提环蛱蝶 *N. thisbe*、娑环蛱蝶 *N. soma*、断环蛱蝶 *N. sankara*、矛环蛱蝶 *N. armandia*、茂环蛱蝶 *N. nemorosa*、司环蛱蝶 *N. speyeri*、伊洛环蛱蝶 *N. ilos*、蛛环蛱蝶 *N. arachne*、啡环蛱蝶 *N. philyra*、中华黄葩蛱蝶 *Patsuia sinensis*、大红蛱蝶 *Vanessa indica*、小红蛱蝶 *V. cardui*、琉璃蛱蝶 *Kaniska canace*、拟缕蛱蝶 *Litinga mimica*、婀蛱蝶 *Abrota ganga*、锦瑟蛱蝶 *Seokia pratti*、秦菲蛱蝶 *Phaedyma chinga*、黑条伞蛱蝶 *Aldania raddei*、朱蛱蝶 *Nymphalis xanthomelas*、黄钩蛱蝶 *Polygonia c-aureum*、白钩蛱蝶 *P. c-album*、孔雀蛱蝶 *Inachis io*、翠蓝眼蛱蝶 *Junonia orithya*、散纹盛蛱蝶 *Symbrenthia lilaea*、曲纹蜘蛱蝶 *Araschnia doris*、布网蜘蛱蝶 *A. burejana*、直纹蜘蛱蝶 *A. prorsoides*、斑网蛱蝶 *Melitaea didymoides*、帝网蛱蝶 *M. diamina*、大网蛱蝶 *M. scotosia*、兰网蛱蝶 *M. bellona*、秀蛱蝶 *Pseudergolis wedah*、电蛱蝶 *Dichorragia nesimachus*、大卫绢蛱蝶 *Calinaga davidis*、绢蛱蝶 *C. buddha*、黑绢蛱蝶 *C. lhatso*、朴喙蝶 *Libythea celtis*、黛眼蝶 *Lethe dura*、深山黛眼蝶 *L. insana*、八目黛眼蝶 *L. oculatissima*、棕褐黛眼蝶 *L. christophi*、奇纹黛眼蝶 *L. cyrene*、连纹黛眼蝶 *L. syrcis*、边纹黛眼蝶 *L. marginalis*、苔娜黛眼蝶 *L. diana*、直带黛眼蝶 *L. lanaris*、黄斑荫眼蝶 *Neope pulaha*、蒙链荫眼蝶 *N. muirheadii*、丝链荫眼蝶 *N. yama*、宁眼蝶 *Ninguta schrenkii*、网眼蝶 *Rhaphicera dumicola*、藏眼蝶 *Tatinga thibetana*、黄环链眼蝶 *Lopinga achine*、斗毛眼蝶 *Lasiommata deidamia*、多眼蝶 *Kirinia epaminondas*、稻眉眼蝶 *Mycalesis gotama*、拟稻眉眼蝶 *M. francisca*、白斑眼蝶 *Penthema adelma*、粉眼蝶 *Callarge sagitta*、绢眼蝶 *Davidina armandi*、白眼蝶 *Melanargia halimede*、黑纱白眼蝶 *M. lugens*、亚洲白眼蝶 *M. asiatica*、曼丽白眼蝶 *M. meridionalis*、华北白眼蝶 *M. epimede*、蛇眼蝶 *Minois dryas*、红眼蝶 *Erebia alcmena*、古眼蝶 *Palaeonympha opalina*、矍眼蝶 *Ypthima baldus*、卓矍眼蝶 *Y. zodia*、幽矍眼蝶 *Y. conjuncta*、连斑矍眼蝶 *Y. sakra*、前雾矍眼蝶 *Y. praenubila*、中华矍眼蝶 *Y. chinensis*、东亚矍眼蝶 *Y. motschulskyi*、乱云矍眼蝶 *Y. megalomma*、大波矍眼蝶 *Y. tappana*、黎桑矍眼蝶 *Y. lisandra*、白瞳舜眼蝶 *Loxerebia saxicola*、牧女珍眼蝶 *Coenonympha amaryllis*、爱珍眼蝶 *C. oedippus*、阿芬眼蝶 *Aphantopus hyperantus*
灰蝶科 Lycaenidae	72	蚜灰蝶 *Taraka hamada*、尖翅银灰蝶 *Curetis acuta*、青灰蝶 *Antigius attilia*、癞灰蝶 *Araragi enthea*、三枝灰蝶 *Saigusaozephyrus atabyrius*、金灰蝶 *Chrysozephyrus smaragdinus*、裂斑金灰蝶 *C. disparatus*、雷氏金灰蝶 *C. leii*、黑缘金灰蝶 *C. nigroapicalis*、耀金灰蝶 *C. brillantinus*、高氏金灰蝶 *C. gaoi*、林氏金灰蝶 *C. linae*、银线工灰蝶 *Gonerilia thespis*、天使工灰蝶 *G. seraphim*、佩工灰蝶 *G. pesthis*、珂灰蝶 *Cordelia comes*、北协珂灰蝶 *C. kitawakii*、密妮珂灰蝶 *C. minerva*、艳灰蝶 *Favonius orientalis*、黄灰蝶 *Japonica lutea*、黑铁灰蝶 *Teratozephyrus hecale*、线灰蝶 *Thecla betulae*、华小线灰蝶 *T. betulina*、赭灰蝶 *Ussuriana michaelis*、范赭灰蝶 *U. fani*、藏宝赭灰蝶 *U. takarana*、陕灰蝶 *Shaanxiana takashimai*、华灰蝶 *Wagimo sulgeri*、霓纱燕灰蝶 *Rapala nissa*、高沙子燕灰蝶 *R. takasagonis*、蓝燕灰蝶 *R. caerulea*、彩燕灰蝶 *R. selira*、东北梳灰蝶 *Ahlbergia frivaldszkyi*、尼采梳灰蝶 *A. nicevillei*、红斑洒灰蝶 *Satyrium rubicundulum*、优秀洒灰蝶 *S. eximia*、幽洒灰蝶 *S. iyonis*、刺痣洒灰蝶 *S. spini*、大洒灰蝶 *S. grandis*、礼洒灰蝶 *S. percomis*、塔洒灰蝶 *S. thalia*、饰洒灰蝶 *S. ornata*、德洒灰蝶 *S. dejeani*、苹果洒灰蝶 *S. pruni*、红灰蝶 *Lycaena phlaeas*、橙灰蝶 *L. dispar*、摩来彩灰蝶 *Heliophorus moorei*、黑灰蝶 *Niphanda fusca*、锯灰蝶 *Orthomiella pontis*、中华锯灰蝶 *O. sinensis*、酢浆灰蝶 *Pseudozizeeria maha*、蓝灰蝶 *Everes argiades*、长尾蓝灰蝶 *E. lacturnus*、玄灰蝶 *Tongeia fischeri*、点玄灰蝶 *T. filicaudis*、波太玄灰蝶 *T. potanini*、竹都玄灰蝶 *T. zuthus*、大卫玄灰蝶 *Tongeia davidi*、雾驳灰蝶 *Bothrinia nebulosa*、璃灰蝶 *Celastrina argiola*、大紫璃灰蝶 *C. oreas*、黎戈灰蝶 *Glaucopsyche lycormas*、珞灰蝶 *Scolitantides orion*、豆灰蝶 *Plebejus argus*、红珠灰蝶 *Lycaeides argyrognomon*、茄纹红珠灰蝶 *L. cleobis*、多眼灰蝶 *Polyommatus eros*、银纹尾蚬蝶 *Dodona eugenes*、豹蚬蝶 *Takashia nana*、黄带褐蚬蝶 *Abisara fylla*、白带褐蚬蝶 *A. fylloides*、露娅小蚬蝶 *Polycaena lua*

续表

科名	种数	种名
弄蝶科 Hesperiidae	47	雕形伞弄蝶 *Bibasis aquilina*、绿弄蝶 *Choaspes benjaminii*、双带弄蝶 *Lobocla bifasciata*、深山珠弄蝶 *Erynnis montanus*、珠弄蝶 *E. tages*、波珠弄蝶 *E. popoviana*、白弄蝶 *Abraximorpha davidii*、花窗弄蝶 *Coladenia hoenei*、幽窗弄蝶 *C. sheila*、黄襟弄蝶 *Pseudocoladenia dan*、梳翅弄蝶 *Ctenoptilum vasava*、黑弄蝶 *Daimio tethys*、飒弄蝶 *Satarupa gopala*、蛱型飒弄蝶 *S. nymphalis*、密纹飒弄蝶 *S. monbeigi*、花弄蝶 *Pyrgus maculatus*、河伯锷弄蝶 *Aeromachus inachus*、黑锷弄蝶 *A. piceus*、花裙陀弄蝶 *Thoressa submacula*、长标陀弄蝶 *T. blanchardii*、栾川陀弄蝶 *T. luanchuanensis*、克理银弄蝶 *Carterocephalus christophi*、三斑银弄蝶 *C. urasimataro*、链弄蝶 *Heteropterus morpheus*、双色舟弄蝶 *Barca bicolor*、拟籼弄蝶 *Pseudoborbo bevani*、中华谷弄蝶 *Pelopidas sinensis*、南亚谷弄蝶 *P. agna*、隐纹谷弄蝶 *P. mathias*、直纹稻弄蝶 *Parnara guttata*、曲纹稻弄蝶 *P. ganga*、幺纹稻弄蝶 *P. bada*、黑标孔弄蝶 *Polytremis mencia*、华西孔弄蝶 *P. nascens*、盒纹孔弄蝶 *P. theca*、小赭弄蝶 *Ochlodes venata*、宽边赭弄蝶 *O. ochracea*、透斑赭弄蝶 *O. linga*、白斑赭弄蝶 *O. subhyalina*、豹弄蝶 *Thymelicus leoninus*、黑豹弄蝶 *T. sylvaticus*、线豹弄蝶 *T. lineola*、断纹黄室弄蝶 *Potanthus trachalus*、曲纹黄室弄蝶 *P. flavus*、锯纹黄室弄蝶 *P. lydius*、小黄斑弄蝶 *Ampittia nana*、钩形黄斑弄蝶 *A. virgata*

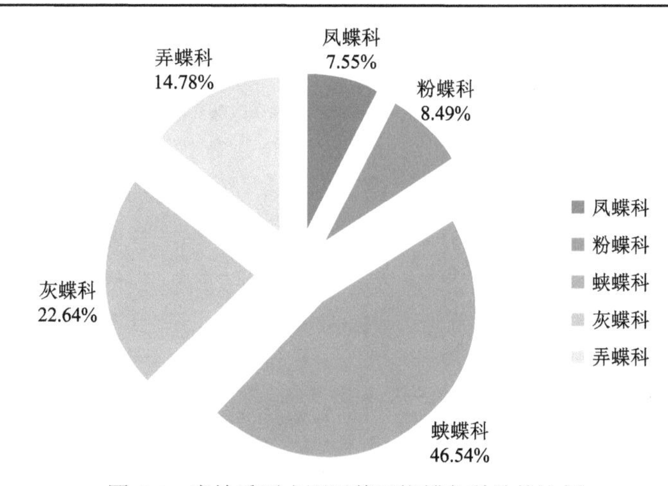

图 5-4 秦岭重要水源涵养区蝴蝶各科种的比例

2. 秦岭重要水源涵养区蝴蝶群落组成

秦岭重要水源涵养区调查及监测共记录蝴蝶 21 254 只，计 318 种，隶属 5 科 142 属。各科中属数由高到低排序为：蛱蝶科＞灰蝶科＞弄蝶科＞粉蝶科及凤蝶科；个体数量排序为蛱蝶科＞粉蝶科＞灰蝶科＞凤蝶科＞弄蝶科，以蛱蝶科最多，达 7332 只，占总个体数的 34.50%，弄蝶科的个体数最少，为 1335 只，占总个体数的 6.28%（表 5-2）。

表 5-2 秦岭重要水源涵养区蝴蝶各科属及个体数统计

科名	属数	所占比例/%	属种比值系数	个体数	所占比例/%
凤蝶科 Papilionidae	9	6.34	0.3750	3 314	15.59
粉蝶科 Pieridae	9	6.34	0.3333	5 410	25.45
蛱蝶科 Nymphalidae	64	45.07	0.4324	7 332	34.50
灰蝶科 Lycaenidae	36	25.35	0.5000	3 863	18.18
弄蝶科 Hesperiidae	24	16.90	0.5106	1 335	6.28
合计	142	100	0.4465	21 254	100

据属种比值系数分析，秦岭重要水源涵养区蝴蝶为0.4465，小于该比值的科有蛱蝶科、凤蝶科和粉蝶科，说明这3科在该区域分布的相对丰富度大，区域代表性较强。蛱蝶科属种比值为 0.4324，近于蝴蝶的属种比值（0.4465），该科在此区域分布的相对丰富度与整个蝴蝶相近；灰蝶科和弄蝶科属种比值分别为0.5000和0.5106，说明该科分布的相对丰富度较低。

调查表明，该区域个体数量在200只以上的优势种有20种（表5-3），占总种数的6.29%，但个体数量却占到总个体数的66.05%，其中粉蝶科、蛱蝶科的优势种最多，占到优势种类的60.00%，构成秦岭重要水源涵养区蝴蝶的主要优势种群。

表5-3 秦岭重要水源涵养区蝴蝶优势种统计

优势种	个体数	所占比例/%	优势种	个体数	所占比例/%
凤蝶科（3种）	**2678**	**12.60**	扬眉线蛱蝶 *Limenitis helmanni*	1734	8.16
麝凤蝶 *Byasa alcinous*	1360	6.40	小环蛱蝶 *Neptis sappho*	747	3.52
柑橘凤蝶 *Sinoprinceps xuthus*	786	3.70	黄钩蛱蝶 *Polygonia c-aureum*	619	2.91
碧凤蝶 *Princeps bianor*	532	2.50	矍眼蝶 *Ypthima balda*	322	1.52
粉蝶科（6种）	**4574**	**21.52**	蛇眼蝶 *Minois dryas*	310	1.46
菜粉蝶 *Pieris rapae*	1717	8.08	绿豹蛱蝶 *Argynnis paphia*	231	1.09
宽边黄粉蝶 *Eurema hecabe*	1184	5.57	**灰蝶科（5种）**	**2823**	**13.28**
小檗绢粉蝶 *Aporia hippia*	888	4.18	大紫璃灰蝶 *Celastrina oreas*	1008	4.74
突角小粉蝶 *Leptidea amurensis*	308	1.45	蓝灰蝶 *Everes argiades*	752	3.54
东方菜粉蝶 *Pieris canidia*	259	1.22	酢浆灰蝶 *Pseudozizeeria maha*	484	2.28
暗脉菜粉蝶 *Pieris napi*	218	1.03	锯灰蝶 *Orthomiella pontis*	311	1.46
蛱蝶科（6种）	**3963**	**18.65**	点玄灰蝶 *Tongeia filicaudis*	268	1.26

个体数量占到总个体数量3%以上的蝴蝶种类有凤蝶科的麝凤蝶、柑橘凤蝶；粉蝶科的菜粉蝶、宽边黄粉蝶、小檗绢粉蝶、蛱蝶科的扬眉线蛱蝶、小环蛱蝶；灰蝶科的大紫璃灰蝶、蓝灰蝶。

调查发现，稀有种（仅记录1只）有窄斑翠凤蝶、金斑剑凤蝶、洒青斑粉蝶、锯纹小粉蝶、黑紫蛱蝶、双星箭环蝶、虎斑蝶、黄铜翠蛱蝶、黑条伞蛱蝶、奇纹黛眼蝶、三枝灰蝶、耀金灰蝶、藏宝赭灰蝶、黑标孔弄蝶、黄襟弄蝶等 42 种，占总蝴蝶物种数的 13.21%；少见种（记录 2～5 只）有乌克兰剑凤蝶、青凤蝶、秦岭绢粉蝶、隐条斑粉蝶、红线蛱蝶、伊洛环蛱蝶、电蛱蝶、网眼蝶、白斑眼蝶、青灰蝶、尧灰蝶、橙灰蝶、河伯锷弄蝶、绿弄蝶等 87 种，占总蝴蝶物种数的 27.36%。

建议将这 129 种蝴蝶列为重点保护对象，给予特别关注与有效保护。

3. 秦岭重要水源涵养区蝴蝶群落多样性特征

根据调查结果，用物种丰富度指数、多样性指数、均匀度指数及优势度指数等指标定量比较秦岭重要水源涵养区不同科的蝴蝶群落结构特征及多样性状况，结果见表 5-4。

表 5-4　秦岭重要水源涵养区蝴蝶多样性指标比较

科名	物种丰富度指数	多样性指数	均匀度指数	优势度指数
凤蝶科 Papilionidae	0.4169	1.7199	0.5412	0.8081
粉蝶科 Pieridae	0.3671	2.0917	0.6347	0.8455
蛱蝶科 Nymphalidae	1.7284	3.4433	0.6890	0.5405
灰蝶科 Lycaenidae	1.1584	2.5572	0.5979	0.7308
弄蝶科 Hesperiidae	1.2863	2.9261	0.7600	0.0000
蝶类 Rhopalocerorum	2.1813	4.1259	0.7161	0.6605

科级水平多样性比较：Menhinick 模式分析的各科间物种丰富度指数由高到低排序依次为：蛱蝶科＞弄蝶科＞灰蝶科＞凤蝶科＞粉蝶科；蛱蝶科的物种及个体数均较多，其物种丰富度指数最高，粉蝶科物种数稍多于凤蝶科，但种群数量远多于凤蝶科，故物种丰富度指数最小。

Shannon-Weiner 多样性指数比较：蛱蝶科＞弄蝶科＞灰蝶科＞粉蝶科＞凤蝶科。Pielou 均匀度指数比较：弄蝶科＞蛱蝶科＞粉蝶科＞灰蝶科＞凤蝶科。Berger-Parker 优势度指数比较：粉蝶科＞凤蝶科＞灰蝶科＞蛱蝶科＞弄蝶科。

蛱蝶科物种丰富度、多样性及均匀度指数最高，优势度指数仅高于弄蝶科，说明蛱蝶科在该区域物种丰富，群落结构稳定；弄蝶科均匀度及多样性指数均高，但优势度指数为 0，表明弄蝶科物种丰富，种群与种群间的个体数量差异不明显，无优势种群，整个弄蝶群落结构较为稳定，物种相对平衡；凤蝶科与粉蝶科的优势度指数均高，多样性及均匀度指数处于相对低位，说明凤蝶科和粉蝶科的物种较为贫乏，优势种突出，其生存与繁育处于一个较不稳定的状态中；灰蝶科多样性及优势度指数均处于第三位，而均匀度指数却处于相对低位，说明该类群在丹江和黑河流域种类相对较多，优势种相对集中，种群结构处于不稳定状态。

三、丹江流域蝴蝶群落组成、多样性及其区系

1. 丹江流域蝴蝶各科种级构成

丹江流域调查及监测共记录 219 种。各科种级构成以蛱蝶科种类最多，达 104 种，

占到调查种类的 47.49%；灰蝶科及弄蝶科分别为 42 种及 38 种，分别占到总种数的 19.18%和 17.35%；凤蝶科和粉蝶科分别为 16 和 19 种，各占总种数的 7.31%和 8.68%（图 5-5）。

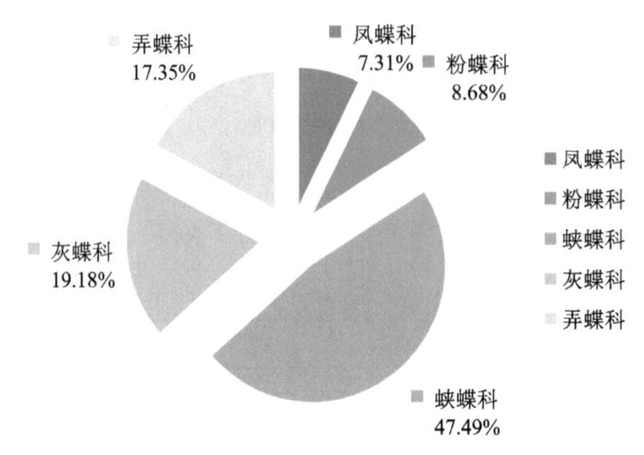

图 5-5 丹江流域蝴蝶各科种的比例

2. 丹江流域蝴蝶群落组成

丹江流域调查及监测共记录蝴蝶 11717 号，隶属 5 科 108 属 219 种。各科中属数由高到低排序为：蛱蝶科＞灰蝶科＞弄蝶科＞粉蝶科＞凤蝶科；个体数量排序为蛱蝶科＞凤蝶科＞粉蝶科＞灰蝶科＞弄蝶科，以蛱蝶科最多，达 3330 只，占总个体数的 28.42%，弄蝶科的个体数最少，为 717 只，占总个体数的 6.12%（表 5-5）。

表 5-5 丹江流域蝴蝶各科属及个体数统计

科名	属数	所占比例/%	属种比值系数	个体数	所占比例/%
凤蝶科 Papilionidae	6	5.56	0.3750	2838	24.22
粉蝶科 Pieridae	8	7.41	0.4211	2724	23.25
蛱蝶科 Nymphalidae	50	46.30	0.4808	3330	28.42
灰蝶科 Lycaenidae	24	22.22	0.5714	2108	17.99
弄蝶科 Hesperiidae	20	18.52	0.5263	717	6.12
合计	108	100	0.4932	11717	100

据属种比值系数分析，丹江流域蝴蝶为 0.4932，蛱蝶科比值为 0.4808，与该比值最接近，说明该科在此区域分布的相对丰富度与整个蝴蝶相近；凤蝶科比值最小，为 0.3750，说明该科分布的相对丰富度最低。

表 5-6 表明，该流域个体数量在 200 只以上的优势种有 13 种，占总种数的 5.94%，但个体数量却占到总个体数的 68.17%，其中蛱蝶科的优势种最多，占到优势种类的 30.77%，构成丹江流域蝴蝶的主要优势种群。

表 5-6　丹江流域蝴蝶优势种统计

优势种	个体数	所占比例/%	优势种	个体数	所占比例/%
凤蝶科（3 种）	**2370**	**20.23**	扬眉线蛱蝶 *Limenitis helmanni*	954	8.14
麝凤蝶 *Byasa alcinous*	1355	11.56	小环蛱蝶 *Neptis sappho*	418	3.57
柑橘凤蝶 *Sinoprinceps xuthus*	682	5.82	黄钩蛱蝶 *Polygonia c-aureum*	380	3.24
碧凤蝶 *Princeps bianor*	333	2.84	矍眼蝶 *Ypthima balda*	216	1.84
粉蝶科（3 种）	**2174**	**18.55**	**灰蝶科（3 种）**	**1475**	**12.59**
宽边黄粉蝶 *Eurema hecabe*	1004	8.57	蓝灰蝶 *Everes argiades*	587	5.01
菜粉蝶 *Pieris rapae*	862	7.36	酢浆灰蝶 *Pseudozizeeria maha*	459	3.92
突角小粉蝶 *Leptidea amurensis*	308	2.63	大紫璃灰蝶 *Celastrina oreas*	429	3.66
蛱蝶科（4 种）	**1968**	**16.80**			

个体数量占到总个体数量 3%以上的蝴蝶种类有凤蝶科的麝凤蝶、柑橘凤蝶；粉蝶科的菜粉蝶、宽边黄粉蝶；蛱蝶科的扬眉线蛱蝶、小环蛱蝶、黄钩蛱蝶；灰蝶科的蓝灰蝶、酢浆灰蝶、大紫璃灰蝶。

调查发现，稀有种有窄斑翠凤蝶、双星箭环蝶、黑紫蛱蝶、黑条伞蛱蝶、黑标孔弄蝶等 46 种，占总物种数的 21.01%；少见种有青凤蝶、白斑眼蝶、橙灰蝶、河伯锷弄蝶等 54 种，占总种数的 24.66%。建议将这 100 种蝴蝶列为重点保护对象，给予特别关注与有效保护。

3. 丹江流域蝴蝶群落多样性特征

根据调查结果，用物种丰富度指数、多样性指数、均匀度指数及优势度指数等指标，定量比较丹江流域不同科的蝴蝶群落结构特征及多样性状况，结果见表 5-7。

表 5-7　丹江流域蝴蝶多样性指标比较

科名	物种丰富度指数	多样性指数	均匀度指数	优势度指数
凤蝶科 Papilionidae	0.3003	1.5765	0.5686	0.8351
粉蝶科 Pieridae	0.3640	1.7948	0.6096	0.7981
蛱蝶科 Nymphalidae	1.8022	2.9305	0.6310	0.5910
灰蝶科 Lycaenidae	0.9148	2.1845	0.5845	0.6997
弄蝶科 Hesperiidae	1.4191	2.6152	0.7189	0.0000
蝶类 Rhopalocerorum	2.0232	3.7047	0.6875	0.6817

科级水平多样性比较：Menhinick 模式分析的各科间物种丰富度指数由高到低排序依次为：蛱蝶科＞弄蝶科＞灰蝶科＞粉蝶科＞凤蝶科；蛱蝶科的物种数及个体数均最多，其物种丰富度指数最高，凤蝶科物种数稍少于粉蝶科，但种群数量多于粉蝶科，故物种丰富度指数最小。

Shannon-Weiner 多样性指数比较：蛱蝶科＞弄蝶科＞灰蝶科＞粉蝶科＞凤蝶科。Pielou 均匀度指数比较：弄蝶科＞蛱蝶科＞粉蝶科＞灰蝶科＞凤蝶科。Berger-Parker 优势度指数比较：凤蝶科＞粉蝶科＞灰蝶科＞蛱蝶科＞弄蝶科。

蛱蝶科物种丰富度指数、多样性指数最高，优势度指数仅高于弄蝶科，均匀度指数居中，说明蛱蝶科在该流域物种丰富，群落结构较为稳定。弄蝶科物种丰富度指数、多样性指数及均匀度指数均较高，仅次于蛱蝶科，但优势度指数为 0，表明弄蝶科物种丰富，种群与种群间的个体数量差异不十分明显，无优势种群，整个弄蝶群落结构稳定，物种相对平衡。凤蝶科与粉蝶科的优势度指数均高，多样性及均匀度指数处于相对低位，说明凤蝶科和粉蝶科的物种较为贫乏，优势种突出，其生存与繁育处于一个较不稳定的状态中。灰蝶科多样性及优势度指数均相对较高，而均匀度指数却处于较低位，说明该类群蝴蝶在丹江流域种类相对较多，优势种相对集中，种群结构处于较不稳定状态。

丹江流域的蝴蝶物种相对较为丰富，群落组成有 5 科 108 属 219 种；整个蝶类的物种丰富度指数为 2.0232，物种多样性指数达 3.7047，均匀度指数为 0.6875，优势度指数为 0.6817，表明该流域生态条件相对良好，蝶类物种较为丰富，整个群落结构复杂而相对稳定。

4. 丹江流域蝴蝶区系构成及其特征

丹江流域地处秦岭的南坡，属于东洋界的范畴，其蝴蝶在世界动物地理区系中的区系构成有 3 种分布型，主要由古北种、东洋种和广布种（古北种及东洋种共有）组成。其中古北种 25 种，占调查总种数的 11.42%；东洋种 67 种，占总种数的 30.59%；广布种 127 种，占总种数的 57.99%。从各科分布区分析，蛱蝶科在各分布型中均占绝对优势，分别为古北种 13 种（占古北界总种数的 52.00%），东洋种 32 种（占东洋界总种数的 47.76%），广布种 59 种（占广布种总种数的 46.46%）；凤蝶科和弄蝶科在古北种中最少，均为 1 种（各占古北界总种数的 4.00%），广布种中凤蝶科亦最少，为 9 种（占广布种总种数的 7.09%）；粉蝶科在东洋种中无分布。结果见表 5-8。

表 5-8 丹江流域蝴蝶在世界动物区系中的组成

科	古北种	东洋种	广布种
凤蝶科 Papilionidae	1	6	9
粉蝶科 Pieridae	4	0	15
蛱蝶科 Nymphalidae	13	32	59
灰蝶科 Lycaenidae	6	15	21
弄蝶科 Hesperiidae	1	14	23
总计	25	67	127
所占百分比/%	11.42	30.59	57.99

张荣祖（1999，2002）认为长江中下游未形成两大界的明显分野，在这一分野的南北，形成一个自亚热带北缘至暖温带南缘南北方种类的交错带。他最终认为古北界在中国东部的界线以秦岭-淮河一线为准；Hoffmann（2001）根据兽类的区系分析提出古北界和东洋界之间存在过渡区。丹江流域（陕西段）地处秦岭腹地的南坡，属于古北界与东洋界的交汇与过渡带；在中国动物地理区划中位于华北区，通过对该流域219种蝴蝶在古北、东洋、古北东洋两界共有种区系中的归属及所占比例的分析可知，区系构成以广布种为主（57.99%）；东洋种所占比例（30.59%）远高于古北种的比例（11.42%）；表明该区域具有明显的过渡性，东洋种成分多于古北种成分。

四、黑河流域蝴蝶群落组成、多样性及其区系

1. 黑河流域蝴蝶各科种级构成

黑河流域蝴蝶调查及监测共记录261种，各科种级构成以蛱蝶科种类最多，达122种，占到调查种类的46.74%；灰蝶科及弄蝶科分别为60种及34种，分别占到总种数的22.99%和13.03%；凤蝶科和粉蝶科分别为19种和26种，各占总种数的7.28%和9.96%（图5-6）。

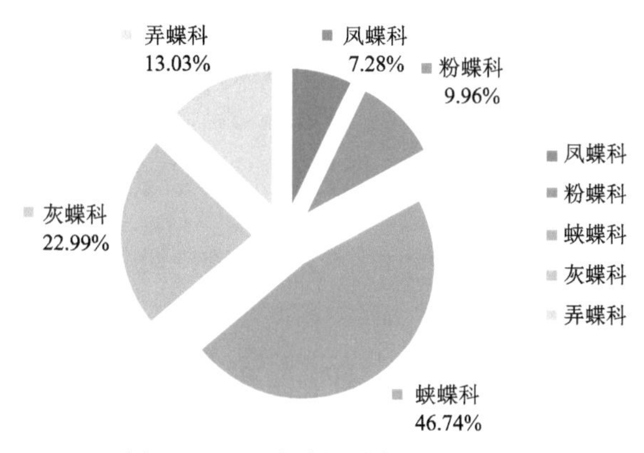

图5-6　黑河流域蝴蝶各科种的比例

2. 黑河流域蝴蝶群落组成

黑河流域调查及监测共记录蝴蝶9537号，隶属5科125属261种（表5-9）。各科

表5-9　黑河流域蝴蝶各科属及个体数统计

科名	属数	所占比例/%	属种比值系数	个体数	所占比例/%
凤蝶科 Papilionidae	8	6.40	0.4211	476	4.99
粉蝶科 Pieridae	9	7.20	0.3462	2686	28.16
蛱蝶科 Nymphalidae	56	44.80	0.4590	4002	41.96
灰蝶科 Lycaenidae	33	26.40	0.5500	1755	18.40
弄蝶科 Hesperiidae	19	15.20	0.5588	618	6.48
合计	125	100	0.4789	9537	100

中属数由高到低排序为：蛱蝶科＞灰蝶科＞弄蝶科＞粉蝶科＞凤蝶科；属及种的分布数量以蛱蝶科最丰富，达 56 属 122 种，占蝴蝶总属和种数的 44.80%和 46.74%；该流域凤蝶科分布的属及种最少，仅 8 属 19 种，分别占总属和种数的 6.40%和 7.28%。个体数量排序为蛱蝶科＞粉蝶科＞灰蝶科＞弄蝶科＞凤蝶科，以蛱蝶科最多，达 4002 只，占总个体数的 41.96%，凤蝶科的个体数最少，为 476 只，占总个体数的 4.99%。

据属种比值系数分析，黑河流域蝴蝶为 0.4789，蛱蝶科比值为 0.4590，与该比值最接近，说明该科在此区域分布的相对丰富度与整个蝴蝶相近；粉蝶科比值最小，为 0.3462，说明该科分布的相对丰富度最低。

表 5-10 表明，该流域个体数量在 200 只以上的优势种有 8 种，占总种数的 3.07%，但个体数量却占到总个体数的 42.36%，其中蛱蝶科的优势种最多，占到优势种类的 50.00%，构成黑河流域蝴蝶的主要优势种群。

表 5-10　黑河流域蝴蝶优势种统计

优势种	个体数	所占比例/%	优势种	个体数	所占比例/%
粉蝶科（2 种）	**1601**	**16.79**	黄钩蛱蝶 *Polygonia c-aureum*	239	2.51
菜粉蝶 *Pieris rapae*	855	8.97	蛇眼蝶 *Minois dryas*	209	2.91
小檗绢粉蝶 *Aporia hippia*	746	7.82	**灰蝶科（2 种）**	**882**	**9.25**
蛱蝶科（4 种）	**1557**	**16.33**	大紫璃灰蝶 *Celastrina oreas*	579	6.07
扬眉线蛱蝶 *Limenitis helmanni*	780	8.18	锯灰蝶 *Orthomiella pontis*	303	3.18
小环蛱蝶 *Neptis sappho*	329	3.45			

个体数量占到总个体数量 3%以上的蝴蝶种类有粉蝶科的菜粉蝶、小檗绢粉蝶；蛱蝶科的扬眉线蛱蝶、小环蛱蝶；灰蝶科的大紫璃灰蝶、锯灰蝶。

调查发现，稀有种有突缘麝凤蝶、洒青斑粉蝶、锯纹小粉蝶、虎斑蝶、奇纹黛眼蝶等 48 种，占总蝴蝶种数的 18.39%；少见种有乌克兰剑凤蝶、隐条斑粉蝶、红线蛱蝶、网眼蝶、尧灰蝶、绿弄蝶等 69 种，占总种数的 26.44%。建议将这 117 种蝴蝶列为重点保护对象，给予特别关注和有效保护。

3. 黑河流域蝴蝶群落多样性特征

根据调查结果，用物种丰富度指数、多样性指数、均匀度指数及优势度指数等指标，定量比较黑河流域不同科的蝴蝶群落结构特征及多样性状况，结果见表 5-11。

表 5-11　黑河流域蝴蝶多样性指标比较

科名	物种丰富度指数	多样性指数	均匀度指数	优势度指数
凤蝶科 Papilionidae	0.8709	1.6612	0.5642	0.0000
粉蝶科 Pieridae	0.5017	2.1352	0.6554	0.5961
蛱蝶科 Nymphalidae	1.9285	3.5560	0.7402	0.3891
灰蝶科 Lycaenidae	1.4322	2.5062	0.6121	0.5026

续表

科名	物种丰富度指数	多样性指数	均匀度指数	优势度指数
弄蝶科 Hesperiidae	1.3677	2.8858	0.8184	0.0000
蝶类 Rhopalocerorum	2.6726	4.1892	0.6658	0.4236

科级水平多样性比较：Menhinick 模式分析的各科间物种丰富度指数由高到低排序依次为：蛱蝶科＞灰蝶科＞弄蝶科＞凤蝶科＞粉蝶科；蛱蝶科的物种数及个体数均最多，其物种丰富度指数最高，粉蝶科物种数稍多于凤蝶科，但种群数量远多于凤蝶科，故物种丰富度指数最小。

Shannon-Weiner 多样性指数比较：蛱蝶科＞弄蝶科＞灰蝶科＞粉蝶科＞凤蝶科。Pielou 均匀度指数比较：弄蝶科＞蛱蝶科＞粉蝶科＞灰蝶科＞凤蝶科。Berger-Parker 优势度指数比较：粉蝶科＞灰蝶科＞蛱蝶科＞凤蝶科=弄蝶科。

蛱蝶科物种丰富度指数、多样性指数最高，均匀度指数仅低于弄蝶科，优势度指数较低，说明蛱蝶科在该流域物种丰富，群落结构较为稳定。弄蝶科多样性指数较高，仅次于蛱蝶科，均匀度指数最高，优势度指数为 0，表明弄蝶科物种丰富，种群与种群间的个体数量差异不十分明显，无特别显著的优势种群，整个弄蝶群落结构稳定，物种相对平衡。灰蝶科多样性指数及优势度指数均相对较高，而均匀度指数却处于相对低位，说明该类群蝴蝶在黑河流域种类相对较多，优势种相对集中，种群结构处于较不稳定状态。粉蝶科的优势度指数最高，多样性指数及均匀度指数处于相对低位，说明凤粉蝶科的物种贫乏，优势种突出，其生存与繁育处于一个较不稳定的状态中。凤蝶科的多样性指数、优势度指数及均匀度指数均最低，说明该科的物种较为贫乏，物种分布均匀，优势种不突出，种群处于一个稳定的状态中。

黑河流域的蝴蝶物种丰富，群落组成有 5 科 125 属 261 种；蝶类的物种丰富度指数为 2.6726，物种多样性指数达 4.1892，均匀度指数为 0.6658，优势度指数为 0.4236，表明该流域生态条件良好，蝶类物种丰富，整个群落结构复杂而稳定。由于植被类型、寄主植物丰富度、蜜源及人为干扰等因素对蝴蝶的种群结构和动态变化具有较大影响（Andrea et al.，2005；Dennis et al.，2004；Corbet，2000；Inoue，2003；Kotiaho et al.，2005），因而说黑河流域的多样性状况与该流域相对丰富的植被资源，以及近年来加大退耕还林力度，加强生态建设，实施“天保”工程及水源涵养区保护等措施的施行密切相关。

4. 黑河流域蝴蝶区系构成及其特征

黑河流域地处秦岭的北坡，其蝴蝶在世界动物地理区系中的区系构成有 3 种分布型，即古北种、东洋种和广布种，其中古北种 44 种，占调查总种数的 16.86%；东洋种 66 种，占总种数的 25.29%；广布种 151 种，占总种数的 57.85%。从各科分布区分析，蛱蝶科在各分布型中均占绝对优势，分别为古北种 18 种（占古北种总种数的 40.91%），东洋种 33 种（占东洋种总种数的 50.00%），广布种 71 种（占广布种总种数的 47.02%）；凤蝶科和弄蝶科的古北种最少，均为 4 种（各占古北界总种数的 9.09%），粉蝶科的东洋种最少，为 3 种（占东洋种总种数的 4.55%），广布种中凤蝶科亦最少，为 10 种（占广布种总种数的 6.62%）。结果见表 5-12。

表 5-12　黑河流域蝴蝶在世界动物区系中的组成

科	古北种	东洋种	广布种
凤蝶科 Papilionidae	4	5	10
粉蝶科 Pieridae	8	3	15
蛱蝶科 Nymphalidae	18	33	71
灰蝶科 Lycaenidae	10	16	34
弄蝶科 Hesperiidae	4	9	21
总计	44	66	151
所占百分比/%	16.86	25.29	57.85

黑河流域陕西段地处秦岭的北坡，是与东洋界交汇与过渡的地带；在中国动物地理区划中位于华北区，通过对该流域 261 种蝴蝶在古北、东洋、古北东洋两界共有种区系中的归属及所占比例的分析可知，区系构成以东洋及古北两界共有的广布种为主，占到 57.85%；东洋种所占比例（25.29%）高于古北种的比例（16.86%）；典型东洋种（如虎斑蝶、金斑蝶及侧条斑粉蝶等）从秦岭南坡跨过秦岭梁渗透到秦岭北坡，表明该区域具有明显的过渡性，东洋界与古北界相互交汇和渗透的特点，另外典型东洋种的增加（其越过秦岭梁进入秦岭北坡），以及东洋种的比例超过古北种的比例等是否是由气候变暖造成的，有待进一步研究验证。

第二节　秦岭重要水源涵养区蝴蝶多样性分布格局

一、研究方法

1. 研究样区的划分

蝴蝶监测：在丹江和黑河流域陕西段从上游到下游分别选取不同的区域作为研究的样区，在样区内选取样线进行监测记录。在丹江流域（陕西段）分别选取了 5 个具有代表性的样区，即二龙山水库（EL）、商丹盆地（DS）、竹林关（ZL）、过风楼（GF）及中村（ZC）；在黑河流域分别选取了 4 个具有代表性的样区，即厚畛子（HZ）、板房子（BF）、金盆水库（JP）和楼观台（LG）。

垂直海拔梯度样区划分：秦岭重要水源涵养区蝴蝶调查和监测的海拔为 200～3767 m，但在海拔 2300 m 以上调查采集的种类及数量较少，未纳入分析范围。各海拔带的划分以 300 m 高度差为梯度进行垂直带的蝴蝶多样性分析。

2. 代表性样区间蝴蝶相似性比较

采用 Jaccard 相似性系数分析不同样区间蝴蝶群落多样性：

$$C_j=j/(a+b-j)$$

式中，j 为两个群落或样地共有种数；a 和 b 分别为样区 A 和 B 的物种数。根据 Jaccard 相似性系数原理，当 C_j=0.00～0.25 时，为极不相似；C_j=0.25～0.50，为中等不相似；C_j=0.50～0.75，为中等相似；C_j=0.75～1.00，为极相似。

3. 聚类分析

采用 Hierarchical Clustering 法和 Jaccard 相似性系数对流域不同样区间的蝴蝶种类进行聚类分析。

4. 优势种的确定

根据各样区的个体数量，确认各蝶种的个体数≥100 只为优势种。

二、秦岭重要水源涵养区蝴蝶多样性垂直分布格局

从表 5-13 可以看出，物种数以海拔 501～800 m 最多，为 216 种，海拔 2000～2300 m 最少，为 7 种；各垂直带中以海拔 801～1700 m 多样性格局最好，物种丰富，多样性高，种群稳定；海拔 2001～2300 m 物种丰富度指数（1.8708）及多样性指数（1.7298）均急剧下降，均匀度指数较高（0.8889），而优势度指数为 0，说明在秦岭重要水源涵养区，海拔 2000 m 以上物种较为匮乏，但种群较为稳定；在海拔 501～800 m 物种丰富度指数（2.1611）及多样性指数（3.7054）水平处于中等偏低范围，但优势度（0.7627）水平高，种群处于不稳定状态。

表 5-13　秦岭重要水源涵养区不同垂直带蝴蝶群落的多样性指数

海拔/m	科数	属数	种数	物种丰富度指数	多样性指数	均匀度指数	优势度指数
200～500	5	62	99	2.1919	3.4002	0.7400	0.5799
501～800	5	109	216	2.1611	3.7054	0.6893	0.7627
801～1100	5	106	215	2.9430	4.0025	0.7453	0.5267
1101～1400	5	100	181	3.6893	4.1806	0.8042	0.1537
1401～1700	5	78	138	3.6392	4.0689	0.8258	0.0758
1701～2000	4	9	13	2.7716	2.4371	0.9502	0.0000
2001～2300	4	6	7	1.8708	1.7298	0.8889	0.0000

三、丹江流域蝴蝶多样性分布格局

1. 丹江流域研究样区概况

丹江流域（陕西段）5 个样区中，二龙山水库（EL）、商丹盆地（DS）、竹林关（ZL）、过风楼（GF）均位于丹江流域的干流区域，并分别在该流域的上、中和下游；中村（ZC）位于丹江流域一级支流银花河流域。

二龙山水库区（EL）：位于秦岭南麓长江二级支流丹江上游。水库总库容 8000 万 m^3，

平均水域面积3420亩[①]，库区内北高南低呈扇形，平均海拔720～1300 m，植被主要是侧柏（*Platycladus orientalis*）、山刺柏（*Juniperus formosana*）、油松（*Pinus tabuliformis*）、杉木（*Cunninghamia lanceolata*）、辽东栎（*Quercus liaotungensis*）、黄连木（*Pistacia chinensis*）、漆树（*Toxicodendron vernicifluum*）、红椿（*Toona ciliata*）、刺槐（*Robinia pseudoacacia*）、泡桐（*Paulownia tomentosa*）、黄栌（*Cotinus coggygria*）、榛子（*Corylus heterophylla*）、酸枣（*Ziziphus jujuba*）、胡颓子（*Elaeagnus pungens*）、五味子（*Schisandra chinensis*）、铁杆蒿（*Artemisia sacrorum*）、金银花（*Lonicera japonica*）、白茅（*Pantropical weeds*）等。

商丹盆地（DS）：位于商州与丹凤之间，是商洛市主要的循环工业经济园区所在地和农业产量区之一；此区域城镇化程度高，工矿企业密集，为经济比较发达的地区。海拔540～730 m；属低山河谷栽培植被区，山势较低，地形开阔平缓，水热条件较好，是丹江流域主要的农作物、果树、药材栽培区；本区植被突出的特点是受人工影响大。主要植物有油松、华山松（*Pinus armandii*）、侧柏、山刺柏、国槐（*Sophora japonica*）、白桦（*Betula platyphylla*）、白杨（*Populus tomentosa*）、泡桐、樱桃（*Prunus pseudocerasus*）、苎麻（*Boehmeria nivea*）、天麻（*Gastrodia elata*）、桔梗（*Platycodon grandiflorus*）、黄芪（*Astragalus membranaceus*）、芦苇（*Phragmites australis*）、黄荆（*Vitex negundo*）、南蛇藤（*Celastrus orbiculatus*）、茵陈（*Artemisia capillaris*）、野菊（*Dendranthema indicum*）等。

竹林关（ZL）：丹江河、银花河交汇于此，水力及野生植物资源丰富。海拔450～1300 m；主要植物有水杉（*Metasequoia glyptostroboides*）、粗榧（*Cephalotaxus sinensis*）、油松、白榆（*Ulmus pumila*）、青岗栎（*Cyclobalanopsis glauca*）、黄檀（*Dalbergia hupeana*）、青榨槭（*Acer davidii*）、灯台树（*Bothrocaryum controversum*）、白蜡树（*Fraxinus chinensis*）、梓树（*Catalpa ovata*）、柑橘（*Citrus reticulata*）、六道木（*Abelia biflora*）、山茱萸（*Cornus officinalis*）、马桑（*Coriaria nepalensis*）、胡枝子（*Lespedeza bicolor*）、棕榈（*Trachycarpus fortunei*）、龙须草（*Juncus effusus*）、慈竹（*Neosino calamus*）、金银花、天麻、四照花（*Dendrobenthamia japonica*）等。

过风楼（GF）：过风楼位于商南县城西南；海拔300～1253 m；主要植物有华山松、粗榧（*Cephalotaxus sinensis*）、香樟树（*Cinnamomum camphora*）、银杏（*Ginkgo biloba*）、漆树、合欢（*Albizia julibrissin*）、枇杷（*Eriobotrya japonica*）、文冠果（*Xanthoceras sorbifolia*）、马桑、簸箕柳（*Salix suchowensis*）、魔芋（*Amorphophallus rivieri*）、山茱萸、桔梗、猪苓（*Polyporus umbellatus*）、杜仲（*Eucommia ulmoides*）、天麻、五味子、白芨（*Bletilla striata*）等。

中村（ZC）：银花河是丹江上游最大的一条支流，在山阳县境内，东西流向，河谷宽阔，海拔一般为550～1000 m，主要植物有白皮松（*Pinus bungeana*）、侧柏、粗榧、漆树、油桐（*Vernicia fordii*）、槲栎（*Quercus aliena*）、青岗栎（*Cyclobalanopsis glauca*）、箭杆杨（*Populus nigracv*）、乌桕（*Sapium sebiferum*）、杜梨（*Pyrus betulifolia*）、刺五加（*Eleutherococcus senticosus*）、五味子、盾叶薯蓣（*Dioscorea zingiberensis*）、金银花、龙须草、连翘（*Forsythia suspensa*）、杜仲等。

---

① 1亩≈666.7m^2

2. 丹江流域代表性样区蝴蝶多样性分布格局

1）丹江流域代表性样区蝴蝶物种组成

从图 5-7 可看出，不同研究样区蝴蝶群落的物种数和属数存在差异，其中以 ZC 样区的物种数和属数最多，为 129 种 77 属；ZL 样区的物种数和属数次之，为 127 种 72 属；GF 样区稍次于 ZL 样区，为 122 种 71 属；EL 样区分布有 110 种 60 属；DS 样区种属数最少，为 81 种 56 属。

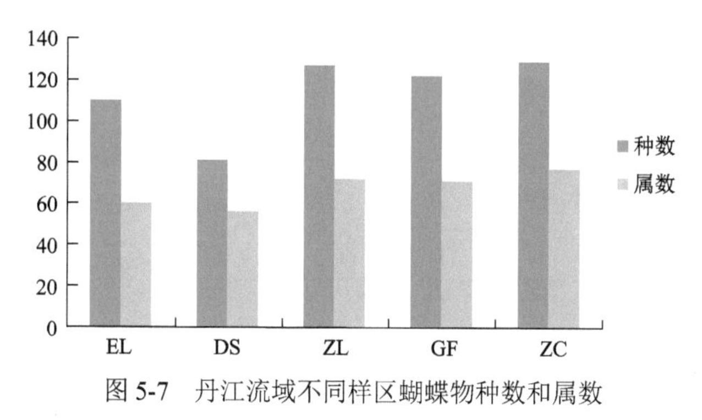

图 5-7 丹江流域不同样区蝴蝶物种数和属数

2）丹江流域代表性样区蝴蝶群落结构与多样性

从图 5-8 可看出，不同样区蝴蝶的个体数和物种丰富度存在差异，GF 样区的个体数最多，为 4328 只；ZC 和 EL 样区次之，分别为 2504 只和 2445 只；ZL 和 DS 样区较少，分别为 1398 只和 1042 只。物种丰富度指数由高到低排序依次为：ZL（3.3967）＞ZC（2.5779）＞DS（2.5093）＞EL（2.2246）＞GF（1.8545）。

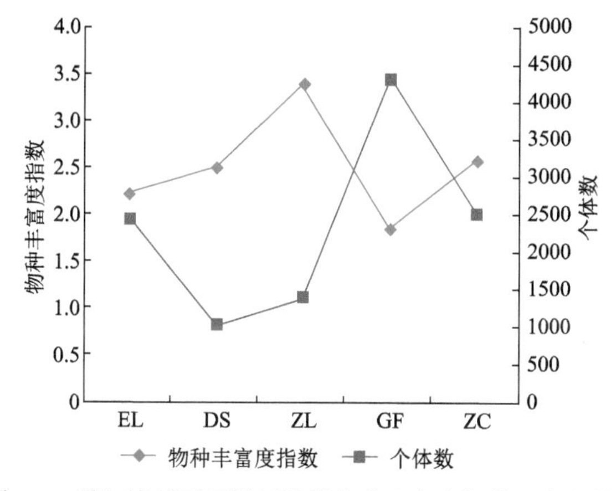

图 5-8 丹江流域不同样区蝴蝶物种丰富度指数和个体数量

从图 5-9 可以看出，ZL 样区的多样性指数和均匀度指数最高，分别为 3.9463 和 0.8147，而其优势度指数最低，为 0.0944，说明 ZL 样区的植物多样性丰富，区域群落稳定，环境质量较好，适合蝴蝶生存；样区 ZC 的多样性指数和均匀度指数次之，分别为 3.6362 和 0.7482，优势度指数处于中间水平（0.4955），表明该样区较 ZL 样区植被丰富，但蝴蝶种群的稳定性稍差；GF 样区的多样性指数为 3.2847，均匀度指数为 0.6837，优势度指数最高，为 0.7535，表明该样区较 ZC 样区植被丰富度和蝴蝶种群的稳定性稍差，蝴蝶的优势种突出，群落结构处于较不稳定状态；DS 样区和 EL 样区多样性指数和均匀度指数相近，分别为 2.9982、0.6823 和 2.8672、0.6100；优势度指数 DS 样区较 EL 样区低，分别为 0.3609 和 0.5342；DS 样区和 EL 样区的植物丰富度和生态环境质量相对其他 3 个样区较差，尤其是 EL 样区同时具有较高的优势度指数，表明此样区生态环境较差，蝴蝶种群处于较不稳定状态。

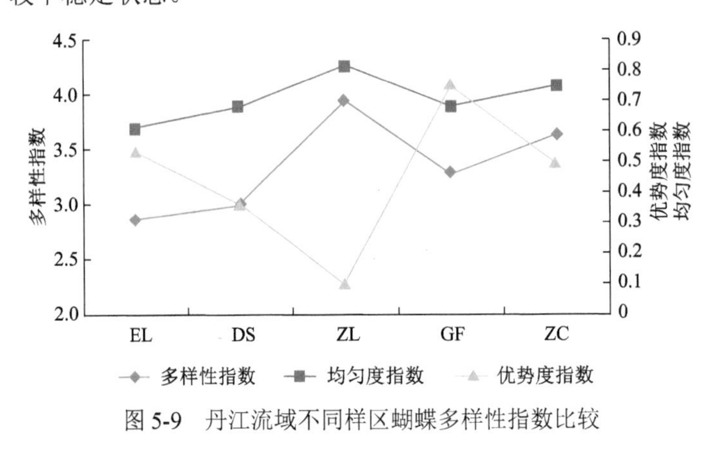

图 5-9　丹江流域不同样区蝴蝶多样性指数比较

从图 5-10 可以看出，各样区中蝴蝶各科的多样性指数排序由高到低如下。EL 及 ZL 样区：蛱蝶科＞弄蝶科＞粉蝶科＞灰蝶科＞凤蝶科。DS 及 GF 样区：蛱蝶科＞弄蝶科＞灰蝶科＞凤蝶科＞粉蝶科。ZC 样区：蛱蝶科＞弄蝶科＞灰蝶科＞粉蝶科＞凤蝶科。从以上排序可以看出，各样区中蛱蝶科的多样性指数均为最高，凤蝶科的多样性指数在 EL、ZL、ZC 样区均为最低；粉蝶科的多样性指数在 DS 和 GF 样区中最低；而灰蝶科及弄蝶科在不同样区中多样性丰富程度各有不同，这主要是由植物的种类和丰富度、生态环境质量等不同造成的。而从各个样区的蝴蝶多样性水平来看，从高到低排序为：ZL（3.9463）＞ZC（3.6362）＞GF（3.2847）＞DS（2.9982）＞EL（2.8672）。

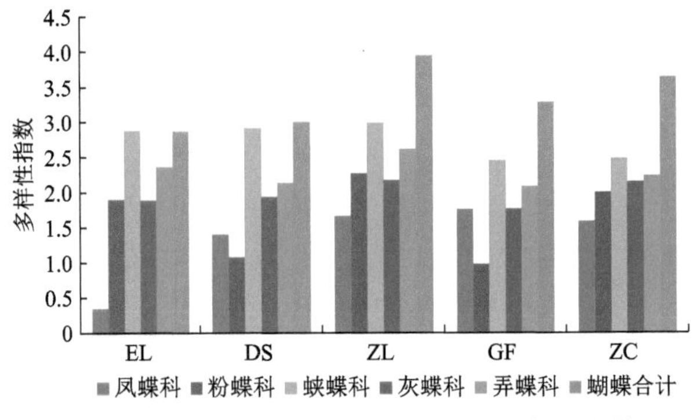

图 5-10　丹江流域不同样区蝴蝶各科多样性指数

丹河流域样区多样性研究表明：不同样区蝴蝶群落的种类及其数量、多样性指标和个体数量各有不同。竹林关（ZL）样区物种丰富度指数、多样性指数和均匀度指数最高，优势度指数最低，物种数和属数次高，个体数量较低，说明此样区蝴蝶种群丰富而稳定，该样区地跨丹江和其最大一级支流银花河，地形多变，水力及野生植物资源丰富，森林覆盖率高，人为干扰因素少，环境质量较好，适宜蝴蝶生存与繁衍。中村（ZC）样区具有最高的物种数和属数，次高的物种丰富度指数、物种多样性指数和均匀度指数，优势度指数和个体数量处于中等水平，说明该样区蝴蝶种类丰富，群落结构较为稳定，此样区位于银花河流域，与竹林关（ZL）样区较近，植被与气候等环境条件优良。过风楼（GF）样区个体数量及优势度指数最高，物种丰富度指数最低，物种数、属数、物种多样性指数、均匀度指数均仅次于 ZL 和 ZC 样区，表明此样区蝴蝶多样性指数相对较高，但由于个体数量大，因此物种丰富度指数最低，种群结构不稳定。ZL、ZC 与 GF 样区植被、气候等环境条件及距离较为接近，但 ZC 及 GF 样区存在开矿生产（钒矿、硫铁矿及金矿等），对生态环境产生一定破坏，对蝴蝶的生存造成一些不良影响；GF 样区有大面积栽植的人工林和经济林，容易造成单一蝴蝶种类的大量发生，表明该样区虽然适宜蝴蝶的生存，但蝴蝶群落的稳定性较差。商丹盆地（DS）样区种数、属数、个体数均最少，多样性指数、均匀度指数及优势度指数次低，物种丰富度指数处于中间水平，表明该样区蝴蝶物种贫乏，但种群结构相对较为稳定，这与该样区处于工业和农业发展区、人口密集、植被破坏较为严重等因素密切相关。二龙山水库（EL）样区种数、属数及个体数、物种丰富度种数均为次低，多样性指数及均匀度指数为最低，优势度指数为次高，表明该样区蝴蝶物种丰富度相对较差，蝴蝶种群较不稳定，生存处于不利状态，这主要是因为二龙山库区居住人口较为密集，水库周边农家乐、垂钓等旅游项目较多，植被人工经济林面积较大等。

3）丹江流域不同样区蝴蝶相似性及聚类分析

不同样区蝴蝶种类的相似性系数见表 5-14。由表中可以看出所有样区之间的相似性系数都在 0.4044～0.5901，其中 ZL 与 ZC 和 GF 与 ZC 相似性系数在 0.50～0.75，为极相似，其余均在 0.25～0.50，为中等不相似。EL 和 DS 样区的物种相似性最低，为 0.4044，DS 和 GF 样区的物种相似性次之，为 0.4097，这主要是由于 GF（122 种）和 DS（81 种）样区及 EL（110 种）和 DS（81 种）样区蝴蝶种类数差距较大，或在空间距离上较远，二者在植被组成及海拔上差异很大。ZL 与 ZC 样区和 GF 与 ZC 样区之间的极相似，主要因为这些区域的植被、海拔及气候条件相似，空间距离也较近。

表 5-14　丹江流域不同区域中相同蝴蝶种数（括号内）及相似性系数

样区	EL	DS	ZL	GF	ZC
EL					
DS	0.4044（55）				
ZL	0.4192（70）	0.4546（65）			
GF	0.4146（68）	0.4097（59）	0.4561（78）		
ZC	0.4753（77）	0.4189（62）	0.5901（95）	0.5121（85）	

采用 Hierarchical Clustering 法和 Jaccard 相似性系数对黑河流域不同样区间的蝴蝶进行聚类分析，结果表明（图 5-11）：聚类为渐次性依次相聚，ZL 和 ZC 样区之间的蝴蝶相似性系数最高，为 0.5901，二者最先聚为一类；其次是 GF 与 ZC 样区，在相似系数为 0.5121 时聚类；其后渐次相聚的依次为 EL 和 DS 样区。此结果与各样区中的植被状

况和环境条件是相符的，ZL、ZC 和 GF 样区之间，由于相距较近，植被及环境条件相近，因而相同物种数较多，相似性系数就高。同时说明了不同生境类型的植被与环境状况等对蝴蝶生存与繁衍起着重要作用。

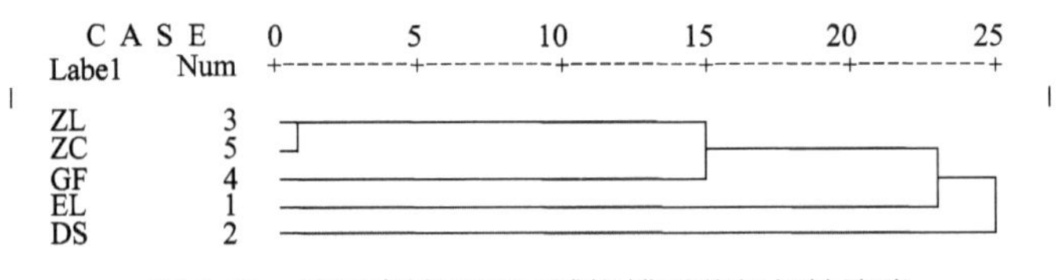

图 5-11 丹江流域不同区域蝴蝶群落相似性聚类

四、黑河流域蝴蝶多样性的分布格局

1. 黑河流域研究样区概况

在黑河流域分别选取了 4 个具有代表性的样区，即厚畛子（HZ）、板房子（BF）、金盆水库（JP）和楼观台（LG），进行黑河流域蝴蝶多样性空间变化规律的分析；HZ 和 JP 均位于黑河流域的干流区域，并分别在该流域的上游和下游；BF 和 LG 分别位于黑河流域一级支流，板房子河和田峪河区域。

厚畛子（HZ）：本样区位于黑河流域的上游源头区，黑河国家森林公园境内，海拔 1200～2280 m，属尖齿栎林亚带及辽东栎林亚带，森林覆盖率 93%，气候夏季温和，冬季寒冷，年降水量 800～1000 mm，土壤以山地棕壤为主。主要植物有油松（*Pinus tabulaeformis*）、栓皮栎（*Quercus variabilis*）、青檀（*Pteroceltis tatarinowii*）、侧柏（*Platycladus orientalis*）、白桦（*Betula platyphylla*）、山白树（*Sinowilsonia benryi*）、杜仲（*Eucommia ulmoides*）、羽叶丁香（*Syringa pinnatifolia*）、天麻（*Gastrodia elata*）、山茱萸（*Macrocarpium officinale*）、钝齿铁线莲（*Clematis apiifolia*）、异叶马兜铃（*Aristolochia heterophylla*）、华中五味子（*Schisandra sphenanthera*）、长穗小檗（*Berberis dolichobotrys*）、南蛇藤（*Celastrus orbiculatus*）、秦岭花楸（*Sorbus tsinglingensis*）、箭竹（*Sinarundinaria nitida*）等。

板房子（BF）：本样区位于黑河流域一级支流上，属板房子镇，海拔 1080～1700 m，属尖齿栎林亚带，气候夏季温暖，冬季寒冷，年降水量 800～1000 mm，土壤以山地棕壤为主。主要植物有栓皮栎、华山松（*Pinus armandii*）、秦岭冷杉（*Abies chensiensis*）、辽东栎（*Quercus liaotungensis*）、锐齿栎（*Quercus aliena*）、青檀（*Pteroceltis tatarinowii*）、山杨（*Populus davidiana*）、水青树（*Tetracentron sinense*）、红豆杉（*Taxus chinensis*）、杜仲、金钱槭（*Dipteronia sinensis*）、小檗（*Berberis amurensis*）、华北珍珠梅（*Sorbaria kirilowii*）、领春木（*Euptelea pleiosperma*）、青窄槭（*Acer davidi*）、南方六道木（*Abelia dielsii*）、构树（*Broussonetia papyifera*）、异叶马兜铃、曼陀罗（*Datura stramonium*）、马兰（*Kalimeris indica*）、小花鬼针草（*Bidens parviflora*）、狗尾草（*Setaria viridis*）等。

金盆水库（JP）：本样区位于黑河金盆水库库区，海拔 650～1160 m，属山麓旱作农耕植被亚带及栓皮栎林亚带，农耕带以农作物及人工栽植树木为主，林带包括杂果林、次生灌丛和侧柏林带，年降水量 600～800 mm，土壤以褐土为主。主要植物为栓皮栎、华山松、侧柏、杜仲、山白树、胡枝子（*Lespedeza bicolor*）、太白杭子梢（*Campylotropis giraldii*）、秦岭铁线莲（*Clematis obscura*）、酢浆草（*Oxalis comiculata*）、茜草（*Rubia cordifolia*）、苍耳（*Xanthium sibiricum*）、白茅（*Lmperata cylindrica*）、毛茛（*Ranunculus japonicus*）、野大豆（*Glycine soja*）等。

楼观台（LG）：本样区位于秦岭国家植物园及楼观台国家森林公园中，植被覆盖率85%，海拔450～1180 m，该流域是黑河最大一级支流，年降水量500～800 mm，植被类型及土壤与金盆水库类似。主要植物为栓皮栎、华山松、辽东栎、侧柏、青檀、杜仲、金钱槭、山杨、陕西鹅耳枥（*Carpinus shensiensis*）、胡枝子、陕西小檗（*Berberis shensiana*）、秦岭铁线莲、地榆（*Sanguisorba officinalis*）等。

2. 黑河流域代表性样区蝴蝶多样性分布格局

1）黑河流域代表性样区蝴蝶物种组成

从图 5-12 可看出，黑河流域不同样区蝴蝶群落的物种数和属数存在差异，其中以HZ 样区的物种数和属数最多，分别为 182 种 98 属；LG 样区的物种数和属数次之，分别为 155 种 85 属；BF 和 JP 两样区基本相同，种数分别为 112 和 110，属数均为 71 属。

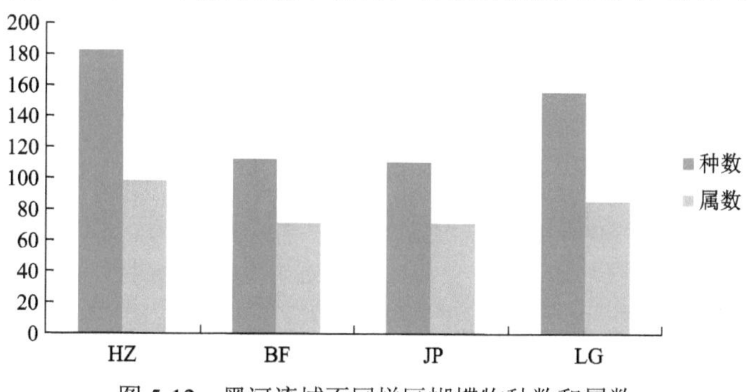

图 5-12　黑河流域不同样区蝴蝶物种数和属数

2）黑河流域代表性样区蝴蝶群落结构与多样性

从图 5-13 可看出，不同样区蝴蝶群落的个体数和物种丰富度指数存在差异，个体数LG 样区最多，为 3821 只；HZ 样区次之，为 2910 只；BF 和 JP 样区相对较少，分别为 1520只和 1286 只。物种丰富度指数由高到低排序依次为：HZ（3.3738）>JP（3.0674）>

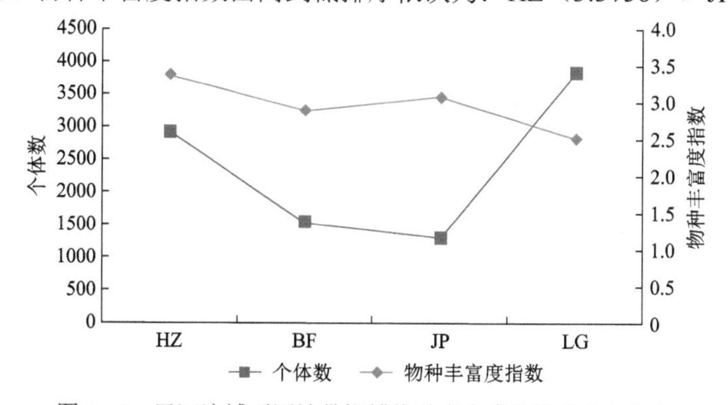

图 5-13　黑河流域不同地带蝴蝶物种丰富度指数和个体数量

BF（2.8727）>LG（2.5075）。

从图 5-14 可以看出，HZ 样区的多样性指数和均匀度指数最高，分别为 4.2072 和 0.8085，而其优势度指数最低，为 0.2814，说明该样区的植物多样性丰富，蝴蝶群落稳定，环境质量较好，适合蝴蝶生存；LG 样区的多样性指数和均匀度指数次之，分别为 3.8826 和 0.7698，但其优势度指数最高（0.4933），表明该样区较 HZ 样区的植被丰富度和生境的稳定性稍差，蝴蝶的优势种突出，且其群落结构不够稳定；BF 和 JP 样区多样性指数和均匀度指数几近相同，分别为 3.5172、3.5048 和 0.7454、0.7456；优势度指数 JP 较 BF 低，分别为 0.3476 和 0.4717；JP 和 BF 样区的植被丰富度和生态环境质量相对 HZ 和 LG 样区差，尤其是 BF 样区同时具有较高的优势度指数，表明此样区生态环境相对较差，蝴蝶种群处于较不稳定状态。

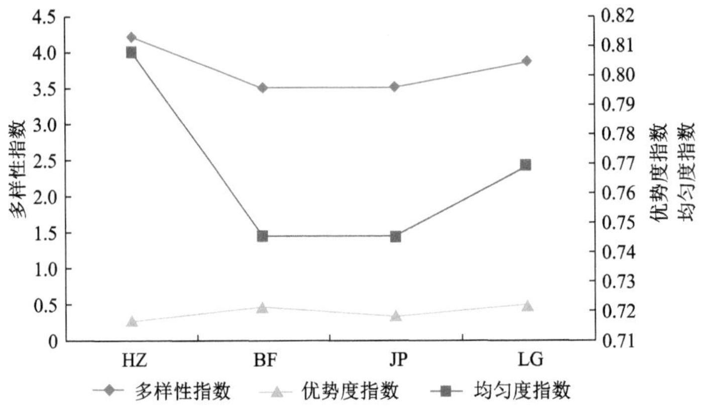

图 5-14　黑河流域不同样区蝴蝶群落多样性指数比较

从图 5-15 可以看出，各样区中蝴蝶各科的多样性排序由高到低如下。HZ 和 JP 样区：蛱蝶科>灰蝶科>弄蝶科>粉蝶科>凤蝶科。BF 样区：蛱蝶科>弄蝶科>灰蝶科>粉蝶科>凤蝶科。LG 样区：蛱蝶科>弄蝶科>粉蝶科>灰蝶科>凤蝶科。从以上排序可以看出，各样区中蛱蝶科的多样性指数均为最高，凤蝶科的多样性指数均为最低；但粉蝶科、灰蝶科及弄蝶科在不同样区中多样性指数各有不同，这主要是由植物的种类和丰富度、生态环境质量等不同造成的。

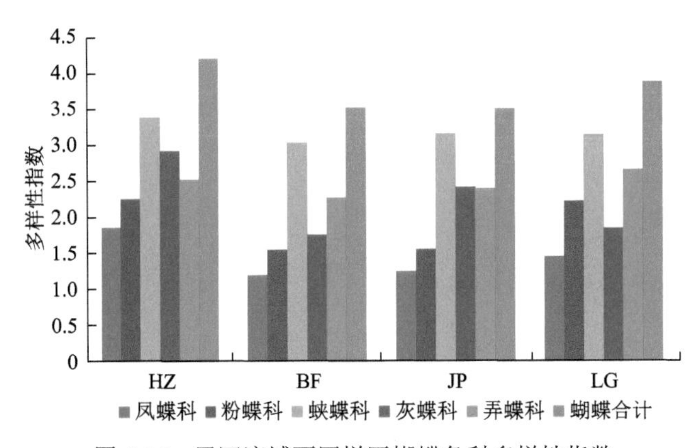

图 5-15　黑河流域不同样区蝴蝶各科多样性指数

黑河流域蝴蝶多样性研究表明：黑河流域不同样区蝴蝶群落的种类及其数量、多样性指标和个体数量各有不同。厚畛子（HZ）样区具有最高的物种数、物种丰富度指数、多样性指数和均匀度指数，以及最低的优势度指数；这与该生境以天然林为主、植物群落多样性丰富而稳定、森林覆盖率高（95%）、人为干扰因素少等密切相关，因此该样区非常适宜于蝴蝶的生存与繁衍。楼观台（LG）样区具有最高的个体数量和仅次于 HZ 样区的物种数、多样性指数和均匀度指数，以及最高的优势度指数，优势种的种群个体数量占有明显的优势；这与该生境人工林栽植面积较 HZ 样区多、森林覆盖率（85%）较 HZ 样区低等因素有关，大面积栽植单一林种使蝴蝶的优势种群突出，个体数量发生量大，因而虽然该区域多样性指数相对较高，但物种丰富度却最低，表明该样区虽然适宜蝴蝶的生存，但蝴蝶群落的稳定性较差。板房子（BF）和金盆水库（JP）样区多样性指数和均匀度指数几近相同，均较前两个样区低；但 BF 样区的优势度指数较高，仅次于 LG 样区的指数，且物种丰富度指数较低，所调查的 BF 样区多处于居民区附近，植被中农作物和经济林占有一定比例，加之人类的干扰，使得该样区在整个调查样区中处于最差地位，表明此样区生态环境相对较差，蝴蝶种群较不稳定，蝴蝶生存处于不利状态；金盆水库（JP）样区物种丰富度指数较高，优势度指数较低，蝴蝶类群较为丰富，且处于较为稳定状态，这主要是由于近年来国家为了保护黑河水源涵养区，采取退耕还林、禁伐禁猎、关闭水库休闲旅游项目等措施，极好地保护了库区的生态环境，从而有利于蝴蝶的生存。

3）黑河流域代表性样区蝴蝶相似性及聚类分析

黑河流域不同样区蝴蝶种类的相似性系数见表 5-15。由表可以看出所有样区之间的相似性系数都在 0.25～0.50，为中等不相似。其中 HZ 和 JP 样区的物种相似性最低，仅为 0.3905，BF 和 LG 样区的物种相似性次之，为 0.3906，这主要是由于 HZ（182 种）和 JP（110 种）样区及 LG（155 种）和 BF（112 种）样区蝴蝶种类数相差较大，在空间距离上也较远，二者在植被组成及海拔上差异很大。

表 5-15　黑河流域不同样区中相同蝴蝶种数（括号内）及相似性系数

样区	HZ	BF	JP	LG
HZ				
BF	0.4342（89）			
JP	0.3905（82）	0.4416（68）		
LG	0.4340（102）	0.3906（75）	0.4805（86）	

采用 Hierarchical Clustering 法和 Jaccard 相似性系数对黑河流域不同样区间的蝴蝶进行聚类分析，结果表明（图 5-16）：JP 和 LG 样区间的蝴蝶相似性系数最高，为 0.4805，二者最先聚为一类；其次是 HZ 与 BF 样区，二者在相似系数为 0.4342 时聚为一类；此结果与各样区中的植被状况和环境条件是相符的，JP 和 LG 样区之间、HZ 与 BF 之间由于相距较近，植被及环境条件相近，因而相同物种数较多，相似性系数就高。同时说明了不同生境类型的植被与环境状况等对蝴蝶生存与繁衍起着重要作用。

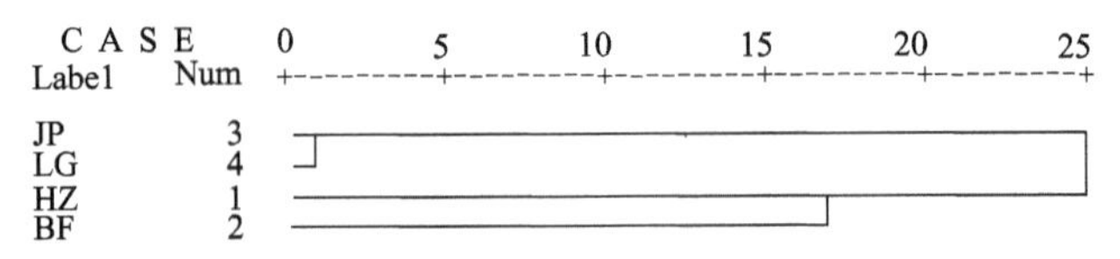

图 5-16 黑河流域不同样区蝴蝶群落相似性聚类

参考文献

陈洁君, 王义飞, 雷光春, 等. 2004. 栖息地质量对两种网蛱蝶集合种群结构和分布的影响. 昆虫学报, 47(1): 59-66.

陈振宁, 曾阳. 2003. 青海祁连地区不同生境类型蝶类多样性研究. 生物多样性, 9(2): 109-114.

邓合黎, 马琦, 李爱民. 2012. 重庆市蝴蝶多样性环境健康指示作用和环境监测评价体系构建. 生态学报, 32(16): 5208-5218.

房丽君, 张雅林. 2010. 宁夏六盘山国家自然保护区蝶类群落结构和多样性. 应用生态学报, 21(4): 973-978.

胡冰冰, 李后魂, 梁之聘, 等. 2010. 八仙山自然保护区蝴蝶群落多样性及区系组成. 生态学报, 30(12): 3226-3238.

刘桂林, 庞虹, 周昌清, 等. 2004. 东莞莲花山自然保护区蝴蝶群落多样性研究. 应用生态学报, 15(4): 571-574.

马琦, 李爱民, 邓合黎. 2012. 长江三峡库区蝶类群落的等级多样性指数. 生态学报, 32(5): 1458-1470.

汤春梅, 杨庆森, 蔡继增. 2010. 甘肃小陇山林区不同生境类型蝶类多样性研究. 昆虫知识, 47(3): 563-567.

王义平, 吴鸿, 徐华潮. 2008. 浙江重点生态地区蝶类生物多样性及其森林生态系统健康评价. 生态学报, 28(11): 5259-5269.

谢嗣光, 李树恒, 石福明. 2004. 四川省九寨沟自然保护区蝶类区系组成及多样性. 西南农业大学学报(自然科学版), 26(5): 584-588.

杨大荣. 1998. 西双版纳片断热带雨林蝶类群落结构与多样性研究. 昆虫学报, 41(1): 48-55.

张荣祖. 1999. 中国动物地理. 北京: 科学出版社: 299-392.

张荣祖. 2002. 中国地质事件与哺乳动物的分布. 动物学报, 48(2):141-153.

Andrea G, Barbara K, Daniel F R, et al. 2005. Butterfly, spider, and plant communities in different land-use types in Sardinia, Italy. Biodiversity and Conservation, 14: 1281-1300.

Blair R B, Launer A E. 1997. Butterfly diversity and human land use: species assemblages along an urban gradient. Biological Conservation, 80: 113-125.

Brereton T. 2004. Farming and butterflies in Britain. Biologist, 51: 1-5.

Brown Jr K S, Hutchings R W. 1997. Disturbance, fragmentation, and the dynamics of diversity in Amazonian forest butterflies//Lawrence W F, Bierregaard R O. Tropical Forest Remnants: Ecology, Management, and Conservation of Fragmented Communities. Chicago: University of Chicago Press: 91-110.

Cleary D F R, Mooers A O. 2004. Butterfly species richness and community composition in forests affected by ENSO-induced burning and habitat isolation in Borneo. Journal of Tropical Ecology, 20: 359-367.

Corbet S A. 2000. Butterfly nectaring flowers: butterfly morphology and flower form. Entomologia Experimentalis et Applicata, 96: 289-298.

Cottrell C B. 1984. Aphytophagy in butterflies: its relationship to myrmecophily. Zoological Journal of the Linnean Society, 79: 1-57.

de Heer M, Kapos V, Ten B J E. 2005. Biodiversity trends in Europe: development and testing of a species trend indicator for evaluating progress towards the 2010 target. Philosophical transactions of the Royal Society of London B, 360: 297-308.

de Vries P J, Murray D, Lande R. 1997. Species diversity in vertical, horizontal, and temporal dimensions of a fruit-feeding butterfly community in an Ecuadorian rainforests. Biological Journal of the Linnean Society, 62: 43-364.

Dennis R L H, Hodgson J G, Grenyer R, et al. 2004. Host plants and butterfly biology. Do host-plant strategies drive butterfly status? Ecological Entomology, 29: 12-26.

Dennis R L H, Shreeve T G. 1991. Climatic change and the British butterfly fauna: opportunities and constraints. Biological Conservation, 55: 1-16.

Ehrlich P R, Raven P H. 1964. Butterflies and plants: a study in coevolution. Evolution, 18: 586-608.

Gilbert L E, Singer M C. 1975. Butterfly ecology. Annual Review of Ecology and Systematics, 6: 365-397.

Hill J K, Thomas C D, Fox R, et al. 2002. Responses of butterflies to twentieth century climate warming: implications for future ranges. Proceedings of the Royal Society of London B, 269: 2163-2171.

Hoffmann R S. 2001. The southern boundary of the Palaearctic realm in China and adjacent countries. Acta Zoologica Sinica, 47(2): 121-131.

Inoue T. 2003. Chronosequential change in a butterfly community after clear-cutting of deciduous forests in a cool temperate region of central Japan. Entomologica Sciences, 6: 151-163.

Jong R, Vane-Wright R I, Ackery P R. 1996.The higher classification of butterflies (Lepidoptera): problems and prospects. Entomologica Scandinavica, 27: 65-101.

Kotiaho J S, Kaitala V, Komonen A, et al. 2005. Predicting the risk of extinction from shared ecological characteristics. Proceedings National Academy Sciences, 102: 1963-1967.

Krauss J, Steffan D I, Tscharntke T. 2003. How does landscape context contribute to effects of habitat fragmentation on diversity and population density of butterflies? Journal of Biogeography, 30: 889-900.

Kremen C, Colwell R, Erwin T L, et al. 1993. Terrestrial arthropod assemblages: their use as indicators for biological inventory and monitoring programs. Conservation Biology, 7: 796-808.

Kuussaari M, Heliölä J, Pöyry J, et al. 2005. Developing indicators for monitoring biodiversity in agricultural landscapes: differing status of butterflies associated with semi-natural grasslands, field margins and forest edges//Kühn E, Feldmann R, Settele J. Studies on the Ecology and Conservation of Butterflies in Europe. Vol. 1: General Concepts and Case Studies. UFZ Leipzig: Pensoft Publishers: 89-92.

McGeoch M A. 1998. The selection, testing and application of terrestrial insects as bioindicators. Biological Reviews, 73: 181-202.

McLaughlin J F, Hellmann J J, Boggs C L, et al. 2002. Climate change hastens population extinctions. Proceedings of the National Academy of Sciences of the United States of America, 99: 6070-6074.

Moilanen A, Hanski I. 1998. Metapopulation dynamics: effects of habitat quality and landscape structure. Ecology, 79: 2503-2515.

Molina J M, Palma J M. 1996. Butterfly diversity and rarity within selected habitats of western Andalusia, Spain(Lepidoptera: Papilionoidea and Hesperioidea). Nota Lepidopterologica, 78: 267-280.

Nelson S M, Andersen D C. 1994. An assessment of riparian environmental quality by using butterflies and disturbance susceptibility scores. The Southwestern Naturalist, 39: 137-142.

Nowicki P, Settele J, Henry P Y, et al. 2008. Butterfly monitoring methods: the ideal and the real world. Israel Journal of Ecology and Evolution, 54: 69-88.

Oostermeijer J G B, van Swaay C A M. 1998. The relationship between butterflies and environmental indicator values: a tool for conservation in a changing landscape. Biological Conservation, 86: 271-280.

Parmesan C, Ryrholm N, Stefanescu C, et al. 1999. Poleward shifts in geographical ranges of butterfly species associated with regional warming. Nature, 399: 579 -583.

Parmesan C. 2006. Ecological and evolutionary responses to recent climate change. Annual Review of Ecology Evolution & Systematics, 37: 637-669.

Pendl M. 2005. Monitoring Butterfly in Vienna and surroundings//Kühn E, Feldmann R, Settele J. Studies on the Ecology and Conservation of Butterflies in Europe. Vol. 1: General Concepts and Case Studies. UFZ Leipzig: Pensoft Publishers: 98-99.

Pollard E, Yates T J. 1993. Monitoring butterflies for ecology and conservation. London: Chapman and Hall: 1-248.

Robbins R K, Lamas G, Mielke O H H, et al. 1996. Taxonomic composition and ecological structure of the species-rich butterfly community at Pakitza, Parque Nacional del Manu, Perú//Wilson D E, Sandoval A. Manu: the Biodiversity of Southeastern Peru. Washington D. C.: Smithsonian Institution Press: 217-252.

Roland J, Keyghobadi N, Fownes S. 2000. Alpine Parnassius butterfly dispersal: effects of landscape and population size. Ecology, 81: 1642-1653.

Schultz C B, Crone E E. 2008. Using ecological theory to advance butterfly conservation. Israel Journal of Ecology and Evolution, 54: 63-68.

Settele J, Hammen V, Hulme P E, et al. 2005. ALARM: assessing large scale environmental risks for biodiversity with tested methods. Gaia-Ecological Perspectives for Science and Society, 14: 69-72.

Settele J, Kudrna O, Harpke A, et al. 2008. Climatic Risk Atlas of European Butterflies. Bulgaria: Pensoft Publishers.

Singer M C, Ehrlich P R, Gilbert L E. 1971. Butterfly feeding on lycopsid. Science, 172: 1341-1342.

Singer M C, Mallet J L B. 1986. Moss-feding by a satyrine butterfly. Journal of Research on the Lepidoptera, 24: 392.

Singer M C. 1972. Complex components of habitat suitability within a butterfly colony. Science, 176: 75-77.

Stenseth N C, Mysterud A, Ottersen G, et al. 2002. Ecological effects of climate fluctuations. Science, 297: 1292-1296.

Thomas C D. 1991. Habitat use and geographic ranges of butterflies from the wet lowlands of Costa Rica. Biological Conservation, 55: 269-281.

Thomas J A, Clarke R T. 2004. Extinction rates and butterflies. Science, 305: 1563-1564.

Thomas J A, Telfer M G, Roy D B, et al. 2004. Comparative losses of British butterflies, birds, and plants and the global extinction crisis. Science, 303: 1879-1881.

Thomas J A. 2005. Monitoring change in the abundance and distribution of insects using butterflies and other indicator groups. Philosophical Transactions of the Royal Society of London B, 360: 339-357.

Vane-Wright R I, Ackery P R. 1984. The Biology of Butterflies. London: Academic Press.

Wahlberg N, Weingartner E, Nylin S. 2003. Towards a better understanding of the higher systematics of Nymphalidae (Lepidoptera: Papilionoidea). Molecular Phylogenetics and Evolution, 28: 473-484.

Walther G R, Post E, Convey P, et al. 2002. Ecological responses to recent climate change. Nature, 416: 389-395.

Warren M S, Hill J K, Thomas J A, et al. 2001. Rapid responses of British butterflies to opposing forces of climate and habitat change. Nature, 414: 65-69.

6

第六章 大型真菌多样性

大型真菌是生态系统的重要生物组成部分，也是重要的环境微生物资源，在维持生态系统平衡，保护生物物种多样性，以及促进生态系统物质转化、循环和能量传递等方面具有重要的意义。因此，开展秦岭水源涵养地大型真菌资源与生态分布调查、生物多样性监测，建立评判水资源质量的区域大型真菌生物多样性指标及其长期监测技术指标体系，进而对秦岭重要水源地大型真菌生物多样性演变趋势进行预测、评价，是做好秦岭水源地保护工作的一个重要的基础性科研工作。

第一节　大型真菌多样性分布调查

一、秦岭水源地考察路线及样区选择

针对秦岭水源地黑河流域及丹江流域大型真菌分布多样性的特点，采取了野外踏查与样线调查相结合的方法。在黑河流域，主要选取厚畛子、板房子、金盆水库 3 个样区（图 6-1）；在丹江流域主要选取陕西省商洛市二龙山水库、商洛市山阳县中村镇钒矿矿区、陕西省商洛市丹凤县竹林关镇、陕西省商洛市商南县湘河镇 4 个样区（图 6-2）。

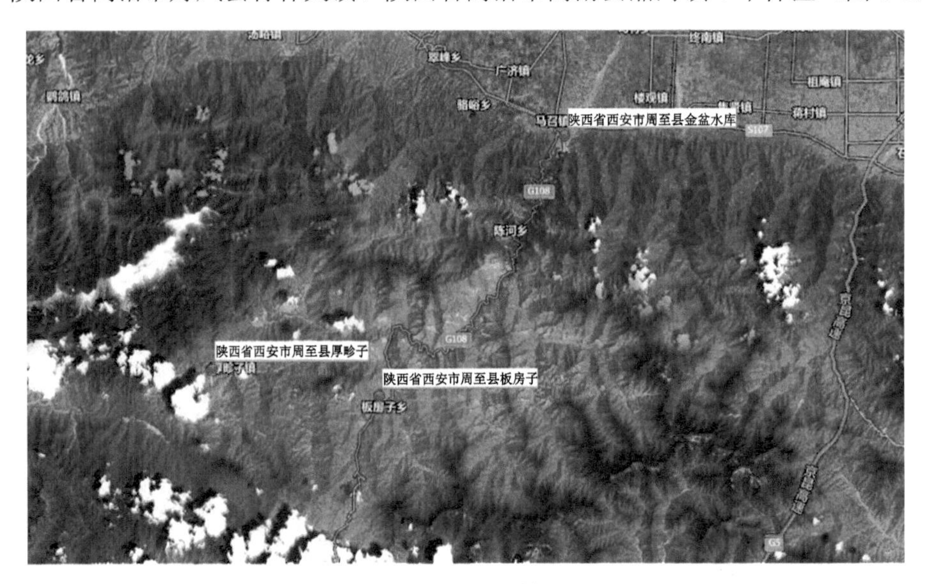

图 6-1　黑河流域样区

二、水源地大型真菌多样性研究

1. 大型真菌标本采集及保藏

针对秦岭水源地黑河及丹江流域中 7 个样区，在每年的 4～10 月，选择海拔 750～2700 m 的垂直样带按每 100 m 高度设定样方，沿海拔梯度进行大型真菌多样性调查。野外科考调查时，发现标本后首先采集高清影像资料，并详细记录子实体的采集地点、时间、经纬度、海拔、坡度、光照、温度、湿度、土壤类型、植被等生境特点，以及子实体形态特征等菌物信息，然后用标本采集工具小心采集并及时编号，收入标本保存箱。

图 6-2　丹江流域样区

在实验室中将采集的菌物标本进行信息核对、孢子印制备、初步鉴定后制备成干制或液浸标本，装入标本盒或标本缸并贴上菌物标签，保藏于陕西省微生物研究所秦岭菌物标本馆中（谢鑫，2005）。

2. *分类鉴定及研究方法*

根据大型真菌新鲜标本的形态特征、高清照片、标本实物、孢子印及孢子显微特征进行分类鉴定（蔡怀等，2003）。宏观特征通过放大镜、解剖镜进行观察，微观特征使用光学显微镜进行观察。菌盖直径、菌柄长度、菌柄直径等通过直尺或游标卡尺进行测量；菌环、菌托、菌索、菌盖颜色及形状、菌褶颜色及着生方式等特征通过目测观察并进行描述；孢子及菌丝的淀粉质反应或类糊精反应采用 Meler 氏试剂（碘 0.5 g，碘化钾 1.5 g，水合氯醛 22 g，蒸馏水 20 ml）来进行判断（饶俊和李玉，2012）。针对采集的标本分别进行了形态学鉴定和分子生物学鉴定，鉴定方法参考了《生物多样性观测技术导则 大型真菌》（HJ 710.11—2014）的要求。在分类系统上参考了《真菌词典》第 8 版及 Singer 的系统，重点珍稀大型真菌标本及菌株通过 ITS 序列分析进行了分子系统学鉴定。

三、秦岭水源地部分大型真菌多样性编目

担子菌亚门 Basidiomycotina

层菌纲 Hymenomycetes

伞菌目 Agaricales

口蘑科 Tricholomataceae

凸顶口蘑 *Tricholoma virgatum* (Fr.) Kummer：夏秋季生长于林中地上，分散或成群

生长。一般均认为有毒，其味苦麻，气腥臭，不能食用，属树木的外生菌根菌，与松等树木形成菌根。采集地海拔 1198 m。

灰褐纹口蘑 *Tricholoma portentosum* (Fr.) Quél.：生长于灌丛地上，单生，食用、药用。采集地海拔 1185 m。

假灰杯伞 *Pseudoclitocybe cyathiformis* (Bull.: Fr.) Sing.：夏秋，地上或倒木上群生或散生，可食用，试验抗癌。采集地海拔 2400 m。

黄白杯伞 *Clitocybe gilva* (Pers.: Fr.) Kummer：阔叶林腐木上单生，可食用。采集地海拔 1329 m。

污白杯伞 *Clitocybe houghtonii* (Berk. et Br.) Dennis：夏秋，阔叶林地上群生或散生。采集地海拔 860 m。

杯伞 *Clitocybe infundibuliformis* (Schaeff.: Fr.) Quél.：秋季，林中地上或腐枝落叶层及草地上单生或群生，可食用，试验抗癌。

褐小菇 *Mycena alcalina* (Fr.) Quél. : 夏秋，林地腐木或地上近丛生，试验抗癌。采集地海拔 1606 m。

铅灰色小菇 *Mycena leptocephala* (Pers.: Fr.) Gillet：夏秋季于林间矮草中群生。采集地海拔 1766 m。

亚白杯伞 *Clitocybe catinus* (Fr.) Quél.：混交林腐殖土地上单生或散生，可食用。采集地海拔 2211 m。

沟纹小菇 *Mycena abramsii* Murr.：秋季针叶林或阔叶林地上群生。

弯柄小菇 *Mycena arcangeliana* Bres. ap. Barsali：林中地上群生，近丛生。采集地海拔 1240 m。

红汁小菇 *Mycena haematopus* (Pers.: Fr.) Kummer：夏秋，腐木上丛生，记载可食用，试验抗癌。采集地海拔 1157 m。

褐黄金钱菌 *Collybia luteifolia* Gill.：夏秋，阔叶林或针叶林地上群生，记载可食用。采集地海拔 2400 m。

斑金钱菌 *Collybia maculata* (Alb. et Schw.) Fr.：夏秋，于林中腐殖土地上群生或近丛生，可食用，味道较好。采集地海拔 1815 m。

紫蜡蘑 *Laccaria amethystea* (Bull. ex Gray) Murr.：夏秋，林中地上单生或群生，可食用，试验抗癌，外生菌根菌。

双色蜡蘑 *Laccaria bicolor* (Maire) Orton：秋季，混交林地上群生或散生，可食用。采集地海拔 1334 m。

污白松果伞 *Strobilurus trullisatus* (Murr.) Lennox：夏秋，生于松果球上。采集地海拔 2400 m。

棕灰口蘑 *Tricholoma terreum* (Schaeff.: Fr.) Kummer：夏秋，混交林中地上群生或散生，可食用，味道较好，外生菌根菌。采集地海拔 1875m。

花脸香蘑 *Lepista sordida* (Schum.: Fr.) Sing.：夏秋，林中或路旁群生或近丛生，可食用，味鲜美。采集地海拔 1560 m。

淡红拟口蘑 *Tricholomopsis crocobapha* (Berk. et Br.) Pegler：夏秋，混交林腐木上丛

生。采集地海拔 2197 m。

紫丁香蘑 *Lepista mucla* (Bull.: Fr.) Cooke：秋季，林中地上单生或群生，可食用，味鲜美，外生菌根菌，试验抗癌。采集地海拔 1570 m。

毒蝇口蘑 *Tricholoma muscarium* Kawamura：夏秋，阔叶林地上群生，有毒，外生菌根菌，试验抗癌。采集地海拔 1410 m。

白变长根奥德蘑 *Oudemansiella radicata* var. *alba* Pegler et Young：夏秋，阔叶林地上单生或群生，可食用。

黄小蜜环菌 *Armillariella cepistipes* Velen：夏秋，腐木上群生，可食用，需慎食。采集地海拔 1210 m。

金针菇 *Flammulina velutipes* (Curt.: Fr.) Sing：早春和晚秋至初冬季节于阔叶林腐木或根部丛生，可食用。采集地海拔 2400 m。

赭盖小皮伞 *Marasmius plicatulus* Peck：混交林地上群生。

光柄菇科 Pluteaceae

银丝草菇 *Volvariella bombycina* (Schaeff.: Fr.) Sing.：夏秋，阔叶树腐木上单生或群生，可食用，味道一般。

黑边光柄菇 *Pluteus atromarginatus* (Kenr.) Kuhner：夏秋，混交林腐殖土地上散生，可食用，但味道稍差。采集地海拔 2215 m。

红菇科 Russulaceae

黑紫红菇 *Russula atropurpurea* (Krombh.) Britz.：混交林腐殖土地上单生，可食用，外生菌根菌。采集地海拔 2210 m。

铜绿红菇 *Russula aeruginea* Lindb.: Fr.：夏秋季于混交林中单生，食毒不明，外生菌根菌。

蜜黄红菇 *Russula ochroleuca* (Pers.) Fr.：阔叶林腐殖土地上单生，可食用，外生菌根菌。采集地海拔 1325 m。

葡紫红菇 *Russula azurea* Bres.：阔叶林半干旱地上单生，可食用，外生菌根菌。采集地海拔 1606 m。

青黄红菇 *Russula olivacea* (Schaeff.) Fr.：夏秋，杂木林地上单生，可食用，外生菌根菌。采集地海拔 1606 m。

红色红菇 *Russula rosea* Quél.：夏秋，阔叶林地上单生，可食用，外生菌根菌。采集地海拔 892 m。

堇紫红菇 *Russula violacea* Quél.：夏秋，混交林腐殖土地上单生，可食用，外生菌根菌。采集地海拔 2195 m。

甜味乳菇 *Lactarius glyciosmus* (Fr.) Fr：夏秋，阔叶林地上单生或群生，可食用，外生菌根菌。采集地海拔 860 m。

白菇 *Russula lactea* (Pers.: Fr.) Fr.：夏秋，混交林地上单生，可食用，味道一般，外生菌根菌。采集地海拔 798 m。

粉红菇 *Russula subdepallens* Peck：夏秋，混交林地上群生，可食用，外生菌根菌。采集地海拔 1326 m。

侧耳科 Pleurotaceae

亚侧耳 *Hohenbuehelia serotinas* (Pers.: Fr.) Sing：秋季阔叶树腐木上覆瓦状丛生，可食用，试验抗癌。

白灵侧耳 *Pleurotus nebrodensis* (Inzengae) Quél.：近丛生或单生，可食用。

牛肝菌科 Boletaceae

亚金黄粘盖牛肝菌 *Suillus subaureus* (Peck) Snell：夏秋，混交林地上散生，可食用，外生菌根菌。采集地海拔 798 m。

美网柄牛肝菌 *Boletus reticulatus* Schaeff.：夏秋，栎树林、榛林地上或松等混交林地上散生或单生，可食用，外生菌根菌。

厚环粘盖牛肝菌 *Suillus grevillei* (Kl.) Sing：混交林腐殖土地上单生，可食用，外生菌根菌。

灰环粘盖牛肝菌 *Suillus laricinus* (Berk. in Hook.) O. Kuntze：混交林腐殖土地上单生，可食用，外生菌根菌。采集地海拔 2113 m。

亚绒盖牛肝菌 *Xerocomus subtomentosus* (L.: Fr.) Quél.：夏秋，阔叶林或杂交林中地上散生，可食用，外生菌根菌。

短柄粘盖牛肝菌 *Suillus brevipes* (Peck) Sing：夏秋，林地单生或群生，可食用，外生菌根菌。采集地海拔 798 m。

鬼伞科 Coprinaceae

辐毛鬼伞 *Coprinus radians* (Desm.) Fr.：夏秋，树桩或倒腐木上群生或丛生，幼时可食用，试验抗癌。

毛头鬼伞 *Coprinus comatus* (Mull.: Fr.) Gray：春至秋季的雨季发生于田野，一般可食用，与酒同食会中毒。

小孢毛鬼伞 *Coprinus ovatus* (Schaeff.) Fr.：混交林腐殖土地上单生，幼嫩时可食，与酒同食会中毒。采集地海拔 2232 m。

小假鬼伞 *Pseudocoprinus disseminnatus* (Pers.: Fr.) Kuhner.：林中腐木上群生，记载可食用。

晶粒鬼伞 *Coprinus micaceus* (Bull.) Fr.：春夏秋，阔叶林中树根部地上丛生，幼嫩时可食，与酒同食会中毒，试验抗癌。采集地海拔 1340 m。

褐白小脆柄菇 *Psathyrella gracilis* (Fr.) Quél.：秋季于林中落叶层上群生。采集地海拔 1606 m。

鹅膏菌科 Amanitaceae

卵孢鹅膏菌 *Amanita ovalispora* Boedijn：生于阔叶林或针叶林地上，外生菌根菌。

雪白毒鹅膏菌 *Amanita nivalis* Grev.：针叶林地上单生或散生，可食用，外生菌根菌。

鳞柄白毒鹅膏菌 *Amanita virosa* Lam.: Fr.：阔叶林沙壤土地上单生，毒性很强，外生菌根菌。采集地海拔 1325 m。

茶色粘伞 *Limacella glioderma* (Fr.) Marie.：阔叶林地上单生或散生，记载可食用。采集地海拔 1240 m。

蘑菇科 Agaricaceae

细褐鳞蘑菇 *Agaricus praeclaresquamosus* Freeman：阔叶林腐殖土地上单生，有毒，

误食可引起呕吐或腹泻。采集地海拔 1459 m。

假根蘑菇 *Agaricus radicata* Vittadini Sensu Bres：阔叶林腐殖土地上单生，可食用，但有记载有毒。采集地海拔 1408 m。

雀斑蘑菇 *Agaricus micromegethus* Peck：夏秋，草地或林中草地上单生或群生，可食用。

锐鳞环柄菇 *Lepiota acutesquamosa* (Weinm.: Fr.) Gill：夏秋，针叶林或阔叶林地上散生或群生，可食用。

球盖菇科 Strophariaceae

簇生黄韧伞 *Naematoloma fasciculare* (Pers.: Fr.) Sing.：夏秋，腐木上丛生，有毒，试验抗癌。采集地海拔 1246 m。

毛柄库恩菌 *Kuehneromyces mutabilis* (Schaeff.: Fr.) Sing. et Smith：夏秋，阔叶树木桩或倒木上丛生，可食用，曾有记载含毒。采集地海拔 1223 m。

黄铜绿球盖菇 *Stropharia aeruginosa* (Curt.: Fr.) Quél.：夏秋，阔叶林地中单生或散生，可食用。采集地海拔 845 m。

砖红韧伞 *Naematoloma sublateritum* (Fr.) Karst.：秋季，混交林腐木群生，可食用，但也有认为其有毒，试验抗癌。采集地海拔 1210 m。

丝膜菌科 Cortinariaceae

白紫丝膜菌 *Cortinarius albovilaceus* (Pers.: Fr.) Fr.：秋季，云杉或混交林地上群生、散生，可食用，但记载疑有毒，外生菌根菌。采集地海拔 1902 m。

褐丝膜菌 *Cortinarius brunneus* Fr.：夏秋，林中地上群生，外生菌根菌。采集地海拔 1606 m。

星孢丝盖伞 *Inocybe asterospora* Quél.：夏秋，阔叶林中群生或散生，有毒，外生菌根菌。

黄花丝膜菌 *Cortinarius crocolitus* Quél.：秋季多生于阔叶林地上，食毒不明，外生菌根菌。

粉褶菌科 Rhodophyllaceae

黄条纹粉褶菌 *Rhodophyllus omiensis* Hongo：夏秋，阔叶林地上单生或群生。

暗蓝粉褶菌 *Rhodophyllus lazulinus* (Fr.) Quél.：秋季，草地、灌丛林地上散生、单生，记载有毒。

裂褶菌科 Schizophyllaceae

裂褶菌 *Schizophyllum commne* Fr.：春至秋季生于阔叶树或针叶树的枯枝或腐木上，可食、药用，试验抗癌。采集地海拔 1221 m。

蜡伞科 Hygrophoraceae

小红湿伞 *Hygrocybe miniata* (Fr.) Kummer：夏秋，林中地上群生，可食用。

非褶菌目 Aphyllophorales

鸡油菌科 Cantharellaceae

灰褐鸡油菌 *Cantharellus cinereus* Fr.：夏至秋季在阔叶林中或针阔叶混交林地上，群生或近丛生。可食用，外生菌根菌。

鸡油菌 *Cantharellus cibarius* Fr.：混交林地上散生，食、药用，味鲜美，外生菌根菌，试验抗癌。采集地海拔 860 m。

多孔菌科 Polyporaceae

褐黄纤孔菌 *Inonotus xeranticus* (Berk.) Imaz. et Aoshima：阔叶林阴坡腐木，木腐菌，引起木材白色腐朽。采集地海拔 1240 m。

猪苓 *Polyporus umbellatus* (Pers.) Fries：阔叶林地上或腐木旁，阴坡，沙壤土，著名中药，子实体幼嫩时可食用，试验抗癌。采集地海拔 1330 m。

毛云芝 *Coriolus hirsutus* (Fr. ex Wulf.) Quél.：阔叶树枯木上单生，可药用，木腐菌，引起木材形成海绵状白色腐朽。采集地海拔 1152 m。

菱色黑孔菌 *Nigroporus aratus* (Berk.) Teng：生长于栎、相思等树干上。属木腐菌。采集地海拔 1198 m。

钹孔菌 *Coltricia perennis* (L.: Fr.) Murr.：夏秋，林中地上群生或散生，外生菌根菌。采集地海拔 1550 m。

火木层孔菌 *Phellinus igniarius* (L.: Fr.) Quél.：阔叶树腐木上多年生，可药用，引起心材海绵状白色腐朽。采集地海拔 1200 m。

亚褐红小孔菌 *Microporus subaffinis* (Lioyd) Imaz.：于树木枯枝上群生，木腐菌，引起木材白色腐朽。采集地海拔 1334 m。

桦褐孔菌 *Fuscoporia oblique* (Pers.: Fr.) Aoshi：生于桦等立木上，可药用，木腐菌，引起心材白色腐朽。采集地海拔 1240 m。

小褐粘褶菌 *Gloeophyllum abietinum* (Bull.: Fr.) Karst.：阔叶林腐木上群生，木腐菌，引起褐色腐朽。

云芝 *Coriolus versicolor* Quél.：着生于枯木及立木上，引起白色腐朽，可药用，木腐菌，引起木材形成白色腐朽。采集地海拔 1220 m。

紫带拟迷孔菌 *Daedeleopsis purpurea* (Cke.) Imaz. et Aoshi.：阔叶树枯木、立木上群生，木腐菌，引起木材白色腐朽。采集地海拔 1730 m。

蹄形干酪菌 *Tyromyces lacteus* (Fr.) Murr.：阔叶林腐木上单生，木腐菌，引起木材褐色腐朽，试验抗癌。采集地海拔 1245 m。

绒盖干酪菌 *Tyromyces pubescens* (Schum.: Fr.) Imaz.：生长于阔叶林腐木，群生。木材腐朽菌，属白色腐朽类型，对木质的破坏力较强。采集地海拔 1538 m。

香栓菌 *Trametes suaveloens* (L.) Fr.：多生于杨、柳属的树木木腐菌，引起木材腐朽，鲜时有香味。

毛栓菌 *Trametes trogii* Berkeley：多群生于杨和柳属的活立木、枯立木上，主要危害杨柳科形成白色腐朽。采集地海拔 1262 m。

乳白栓菌 *Trametes lactinea* (Berk.) Pat.：夏秋，阔叶树腐木上木腐菌，引起木材白色腐朽。

珊瑚菌科 Clavariaceae

弯曲滑瑚菌 *Aphelaria deflectens* (Bres.) Corn：阔叶林腐朽木上单生或散生。

树状滑瑚菌 *Aphelaria dendroides* (Jungh.) Con.：阔叶林腐殖土地上单生，味苦，气味腥，食毒不明。采集地海拔 1329 m。

白色拟枝瑚菌 *Ramariopsis kuntzei* (Fr.) Corner：夏秋，生于林中地上，可食用，引起木质腐朽。采集地海拔 1373 m。

枝瑚菌科 Ramariaceae

橘色枝瑚菌 *Ramaria leptoformosa* Marr. et Stuntz.：阔叶林腐殖土地上群生，可食用，菌肉清香。采集地海拔 756 m。

暗灰枝瑚菌 *Ramaria fumigata* (Pk.) Corner：混交林腐殖土群生，记载不宜食用。采集地海拔 756 m。

金黄枝瑚菌 *Ramaria aurea* (Fr.) Quél.：混交林腐殖土地上群生，可食用。采集地海拔 756 m。

小孢白枝瑚菌 *Ramaria flaccida* (Fr.) Ricken：夏秋，针叶林地上群生，有毒，不宜食用。采集地海拔 1210 m。

韧革菌科 Stereaceae

伯特拟韧革菌 *Stereopsis burtianum* (Peck) Reid：林中地或草地上群生，引起树木心材褐色腐朽。采集地海拔 2400 m。

革菌科 Thelephoraceae

多瓣革菌 *Thelephora multipartita* Schw.：混交林阳坡簇生。采集地海拔 2215 m。

帚状黄革菌 *Thelephora amboinensis* Lev.：阔叶林腐木上群生。采集地海拔 1329 m。

灵芝科 Ganodermataceae

树舌灵芝 *Ganoderma applanatum* (Pers.) Pat：阔叶树及枯木、树桩上多年生，导致白色腐朽，可药用。

灵芝 *Ganoderma lucidum*(Leyss.: Fr.) Karst：阔叶树及枯木、树桩上多年生，导致白色腐朽，可药用。

猴头菌科 Hericiaaceae

猴头菌 *Hericium erinaceus* (Bull.: Fr.) Pers.：秋季，阔叶树立木或腐木上，珍稀食用菌，味鲜美，可药用，试验抗癌。采集地海拔 3000 m。

异担子菌纲 Heterobasidiomycetes

木耳目 Auricilariales

木耳科 Auriculariaceae

盾形木耳 *Auricularia peltata* Lloyd：春夏秋，阔叶树枯木上群生，可食用。采集地海拔 1367 m。

木耳 *Auricularia auricula* (L.) Underw.：腐木或朽木上群生，食、药用，试验抗癌。采集地海拔 1730 m。

胶耳科 Exidiaceae

焰耳 *Phlogiotis helvelloides* (DC. ex Fr.) Martin：混交林腐殖土地上单生或散生，可食用，试验抗癌。采集地海拔 2120 m。

银耳目 Tremellales

银耳科 Tremellaceae

橙黄银耳 *Tremella lutescens* Fr.：主要生于栎等阔叶树腐木上，可食用。

金黄银耳 *Tremella mesenterica* Retz.: Fr.：腐木上单生或群生，可食、药用。采集地海拔 2400 m。

腹菌纲 Gasteromycetes

马勃目 Lycoperdales

马勃科 Lycoperdaceae

粒皮马勃 *Lycoperdon asperum* (Lev.) de Toni：混交林腐殖土地上群生，可药用。采集地海拔 2127 m。

白秃马勃 *Calvatia candida* (Rostk.) Hollos：阔叶林腐殖土地上单生，幼嫩时可食用，老后药用。采集地海拔 1235 m。

梨形马勃 *Lycoperdon pyriforme* Schaeff.: Pers.：阔叶林腐殖土地上群生，幼嫩时可食用，老后药用。采集地海拔 1435 m。

长柄梨形马勃 *Lycoperdon pyriforme* Schaeff. var. *excipuliforme* Desm.：夏秋，林中腐木上群生，幼嫩时可食用，试验抗癌。采集地海拔 2400 m。

小马勃 *Lycoperdon pusillus* Batsch: Pers.：夏秋，生于草地上，可药用。采集地海拔 1240 m。

鬼笔目 Phallaes

鬼笔科 Phallaceae

竹林蛇头菌 *Mutinus bambusinus* (Zoll.) Fischer：竹林或阔叶林地上单生，气味臭。采集地海拔 1403 m。

硬皮地星目 Sclerodermatales

硬皮地星科 Astraeaceae

硬皮地星 *Astraeus hygrometricus* (Pers.) Morgan：夏秋，林中地上单生或散生，可药用。采集地海拔 1240 m。

硬皮马勃科 Sclerodermataceae

马勃状硬皮马勃 *Scleroderma areolatum* Ehrenb.：阔叶林腐殖土地上单生，幼嫩时可食用，老后药用，外生菌根菌。采集地海拔 1459 m。

子囊菌亚门 Ascomycotina

核菌纲 Pyrenomycetes

炭角菌目 Xylariaies

炭角菌科 Xylariaceae

截头炭团菌 *Hypoxylon annulatum* (Schw.) Mont.：阔叶树腐木上群生，引起树木木质腐朽。

球壳菌目 Sphaeriales

球壳菌科 Sphaeriaceae

加州轮层炭球菌 *Daldinia californica* Lloyd：阔叶树倒木上单生。采集地海拔 1360 m。

炭球菌 *Daldinia concentrica* (Bolton) Ces. et De Not.：阔叶树腐木或树皮上单生或群生，引起木材白色腐朽。采集地海拔 1410 m。

盘菌纲 Discomydetes

柔膜菌目 Helitiales

地舌科 Geoglossaceae

黄地勺菌 *Spathularia flavida* Pers.: Fr.：混交林腐殖土地上群生，记载可食用，外生菌根菌。采集地海拔 2233 m。

肉质囊盘菌 *Ascocoryne sarcoides* (Jacquin ex Gray) Grov. et Wilson：林中倒腐木上群生或丛生。采集地海拔 1289 m。

黄地锤菌 *Cudonia lutea* (Peck) Sacc.：夏秋，混交林地上群生或近丛生，食毒不明。采集地海拔 1235 m。

胶陀螺科 Bulgariaceae

叶状耳盘菌 *Cordierites frondosa* (Kobay.) Korf.：阔叶林立木上丛生，有毒，含光敏性毒素。采集地海拔 1459 m。

盘菌目 Pezizales

盘菌科 Pezizaceae

半球盾盘菌 *Humaria hemisphaerica* (Wigg.: Fr.) Fuck.：混交林腐殖土地上散生。采集地海拔 2200 m。

马鞍菌科 Helvellaceae

灰褐马鞍菌 *Helvella ephppium* Lév.：生于针、阔叶林中地上或腐木上，食毒不明。采集地海拔 850 m。

羊肚菌科 Morchellaceae

羊肚菌 *Morchella esculenta* (L.) Pers：阔叶林地上及路旁单生或散生，优良食用菌，味鲜美。

肉盘菌科 Sarcosomataceae

紫星裂盘菌 *Sarcosphaera coronaria* (Jacq. ex Cke.) Boud.：秋季，林中地上散生，可食用，味较好，但也有记载有毒。采集地海拔 856 m。

第二节 大型真菌多样性的分布格局

一、秦岭重要水源地大型真菌多样性的时间分布

水源保护地季节变化明显，随着季节、气温、降水的变化，大型真菌出现的种类和发生量也出现很大的变化，以丹江流域（包括黑龙口镇丹江源、二龙山水库、商州东、

中村镇钒矿尾矿池、银花镇银花河、湘河镇湘河大桥等地）、黑河流域（包括黑河源、厚畛子镇、铁甲树等地）作为采样样地，根据调查采样记录，统计结果见表 6-1、图 6-3 和表 6-2、图 6-4。

表 6-1　丹江流域季节变换与大型真菌出现频率

月份	大型真菌种类
4	羊肚菌
5	羊肚菌、铅灰色小菇、紫蜡蘑、赭盖小皮伞、小孢毛鬼伞、褐白小脆柄菇、黄花丝膜菌、猪苓、白秃马勃、截头炭团菌、炭球菌
6	紫丁香蘑、厚环粘盖牛肝菌、辐毛鬼伞、星孢丝盖伞、裂褶菌、小红湿伞、鸡油菌、橘色枝瑚菌、多瓣革菌、小马勃、肉质囊盘菌
7	黄白杯伞、紫丁香蘑、红色红菇、美网柄牛肝菌、辐毛鬼伞、卵孢鹅膏菌、鳞柄白毒鹅膏菌、雀斑蘑菇、星孢丝盖伞、裂褶菌、鸡油菌、褐黄纤孔菌、白色拟枝瑚菌、暗灰枝瑚菌、多瓣革菌、小马勃、黄地锤菌、半球盾盘菌
8	污白杯伞、褐小菇、斑金钱菌、毒蝇口蘑、银丝草菇、黑边光柄菇、红色红菇、甜味乳菇、白菇、亚侧耳、亚金黄粘盖牛肝菌、晶粒鬼伞、雪白毒鹅膏菌、茶色粘伞、细褐鳞蘑菇、毛云芝、钹孔菌、云芝、绒盖干酪菌、金黄枝瑚菌、灵芝、粒皮马勃、硬皮地星
9	假灰杯伞、棕灰口蘑、黄小蜜环菌、黑边光柄菇、粉红菇、亚绒盖牛肝菌、茶色粘伞、细褐鳞蘑菇、假根蘑菇、黄铜绿球盖菇、褐丝膜菌、小红湿伞、鸡油菌、毛云芝、亚褐红小孔菌、小褐粘褶菌、云芝、蹄形干酪菌、毛栓菌、木耳、粒皮马勃
10	凸顶口蘑、杯伞、沟纹小菇、褐黄金钱菌、紫丁香蘑、黑紫红菇、青黄红菇、红色红菇、毛头鬼伞、小假鬼伞、雀斑蘑菇、簇生黄韧伞、白紫丝膜菌、黄条纹粉褶菌、裂褶菌、褐黄纤孔菌、紫带拟迷孔菌、香栓菌、帚状黄革菌、灵芝、盾形木耳、木耳

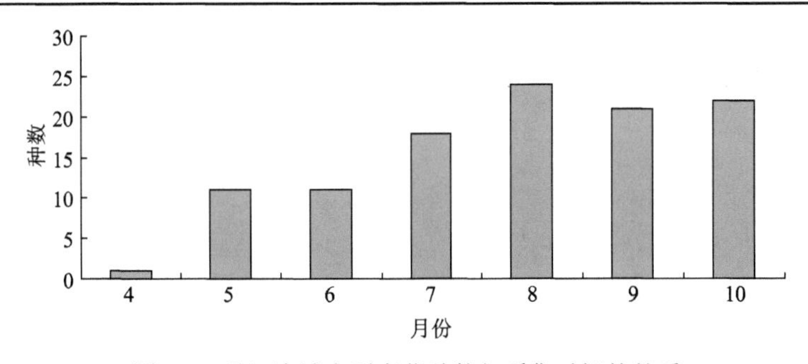

图 6-3　丹江流域大型真菌种数与采集时间的关系

表 6-2　黑河流域季节变换与大型真菌出现频率

月份	大型真菌种类
3	羊肚菌
4	羊肚菌、木耳
5	羊肚菌、弯柄小菇、斑金钱菌、污白松果伞、亚侧耳、小假鬼伞、猪苓、猴头菌、木耳、白秃马勃、炭球菌、叶状耳盘菌
6	黄白杯伞、堇紫红菇、厚环粘盖牛肝菌、亚绒盖牛肝菌、辐毛鬼伞、裂褶菌、小红湿伞、紫丁香蘑、灰褐鸡油菌、鸡油菌、暗灰枝瑚菌、多瓣革菌、小马勃、灰褐马鞍菌
7	紫丁香蘑、亚侧耳、红色红菇、堇紫红菇、美网柄牛肝菌、辐毛鬼伞、卵孢鹅膏菌、雪白毒鹅膏菌、鳞柄白毒鹅膏菌、雀斑蘑菇、星孢丝盖伞、裂褶菌、灰褐鸡油菌、鸡油菌、橘色枝瑚菌、暗灰枝瑚菌、多瓣革菌、树舌灵芝、橙黄银耳、金黄银耳、梨形马勃、小马勃、灰褐马鞍菌

续表

月份	大型真菌种类
8	亚白杯伞、斑金钱菌、淡红拟口蘑、银丝草菇、黑紫红菇、铜绿红菇、蜜黄红菇、葡紫红菇、红色红菇、白灵侧耳、灰环粘盖牛肝菌、细褐鳞蘑菇、灰褐鸡油菌、钹孔菌、云芝、绒盖干酪菌、弯曲滑瑚菌、树状滑瑚菌、金黄枝瑚菌、小孢白枝瑚菌、多瓣革菌、灵芝、焰耳、粒皮马勃、竹林蛇头菌、硬皮地星、叶状耳盘菌
9	白变长根奥德蘑、银丝草菇、黑边光柄菇、铜绿红菇、青黄红菇、红色红菇、白菇、亚绒盖牛肝菌、短柄粘盖牛肝菌、细褐鳞蘑菇、假根蘑菇、锐鳞环柄菇、毛柄库恩菌、黄铜绿球盖菇、暗蓝粉褶菌、鸡油菌、毛云芝、火木层孔菌、云芝、木耳、白秃马勃、重脉鬼笔、马勃状硬皮马勃、黄地勺菌、羊肚菌、紫星裂盘菌
10	灰褐纹口蘑、假灰杯伞、杯伞、红汁小菇、双色蜡蘑、污白松果伞、紫丁香蘑、花脸香蘑、白变长根奥德蘑、黑紫红菇、辐毛鬼伞、小孢毛鬼伞、晶粒鬼伞、褐白小脆柄菇、雀斑蘑菇、砖红韧伞、黄花丝膜菌、裂褶菌、猪苓、菱色黑孔菌、桦褐孔菌、云芝、伯特拟韧革菌、灵芝、木耳、长柄梨形马勃、五棱散尾鬼笔、硬皮地星、马勃状硬皮马勃、加州轮层炭球菌、炭球菌、黄地锤菌、灰褐马鞍菌
11	金针菇
12	硬皮地星

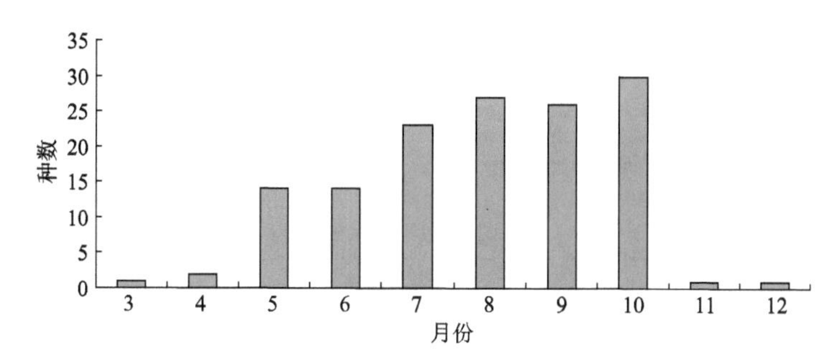

图 6-4　黑河流域大型真菌种数与采集时间的关系

从调查结果可知，因地理位置较相近，丹江与黑河流域水源地保护区大型真菌 5～10 月种类开始增多，具有一定的相似性，部分种类相同。大型真菌出现的种类、发生量与不同月份的温度、水分条件具有很大的相关性（张颖等，2012）。水源地保护区 5、6 月温度逐渐升高，但雨量偏少，出现较多的种类以一些小菇、小皮伞、炭球菌为主，发生量较少；7～10 月随着雨量的增多，大型真菌的发生量较大，主要以口蘑科、红菇科、鬼伞科、多孔菌科为主要代表科。

二、秦岭重要水源地大型真菌多样性的空间分布

水源地保护区大型真菌的分布除了温湿度外，也与生长地区海拔、林下光照及林龄等生态环境因子的变化有关，具体表现在不同郁闭度和林型条件下，大型真菌的种类组成和数量、优势类群都出现不同的分布特点（张颖等，2012）。相对来说，丹江流域主要以人工林及次生林植被为主，气候特点较为干旱少雨，大型真菌分布种数较少，多样性指数较低；而黑河流域因为水源涵养地保护工作开展得较好，原始林覆盖率高，常年雨量较充沛，大型真菌分布种数较多，多样性指数较高。

在调查中我们发现，黑河水源地保护区森林植被垂直带谱很明显，从山麓到山顶依

次有落叶阔叶林带、针阔叶混交林带、针叶林带、高山灌丛、草甸等森林植被带（傅志军等，1996），各种大型真菌在不同的海拔、植被类型、郁闭度条件下呈现不同的区系分布，因此我们选取黑河流域水源地保护区作为采样区，大型真菌代表物种的分布如表6-3～表6-5所示。

表6-3 水源地大型真菌代表物种的垂直分布

海拔/m	大型真菌代表物种
2500～3000	猴头菌
2000～2499	假灰杯伞、亚白杯伞、褐黄金钱菌、污白松果伞、淡红拟口蘑、金针菇、黑边光柄菇、黑紫红菇、堇紫红菇、灰环粘盖牛肝菌、伯特拟韧革菌、多瓣革菌、焰耳、金黄银耳、粒皮马勃、长柄梨形马勃、黄地勺菌、半球盾盘菌
1500～1999	褐小菇、铅灰色小菇、斑金钱菌、棕灰口蘑、紫丁香蘑、花脸香蘑、葡紫红菇、青黄红菇、褐白小脆柄菇、白紫丝膜菌、褐丝膜菌、钹孔菌、紫带拟迷孔菌、绒盖干酪菌、木耳
1000～1499	凸顶口蘑、灰褐纹口蘑、黄白杯伞、卵孢鹅膏菌、雪白毒鹅膏菌、鳞柄白毒鹅膏菌、弯柄小菇、红汁小菇、双色蜡蘑、毒蝇口蘑、黄小蜜环菌、蜜黄红菇、粉红菇、晶粒鬼伞、茶色粘伞、细褐鳞蘑菇、假根蘑菇、簇生黄韧伞、毛柄库恩菌、砖红韧伞、裂褶菌、褐黄纤孔菌、猪苓、毛云芝、云芝、菱色黑孔菌、火木层孔菌、亚褐红小孔菌、桦褐孔菌、蹄形干酪菌、毛栓菌、树状滑瑚菌、白色拟枝瑚菌、小孢白枝瑚菌、帚状黄革菌、盾形木耳、白秃马勃、梨形马勃、小马勃、竹林蛇头菌、硬皮地星、马勃状硬皮马勃、加州轮层炭球菌、炭球菌、肉质囊盘菌、黄地锤菌、叶状耳盘菌
＜1000	红色红菇、甜味乳菇、白菇、亚金黄粘盖牛肝菌、短柄粘盖牛肝菌、黄铜绿球盖菇、鸡油菌、橘色枝瑚菌、暗灰枝瑚菌、金黄枝瑚菌、灰褐马鞍菌、紫星裂盘菌

表6-4 不同植被类型中大型真菌的分布

植被类型	大型真菌代表物种
阔叶林带	杯伞、毒蝇口蘑、金针菇、白变长根奥德蘑、银丝草菇、蜜黄红菇、葡紫红菇、红色红菇、甜味乳菇、亚侧耳、亚绒盖牛肝菌、短柄粘盖牛肝菌、晶粒鬼伞、卵孢鹅膏菌、鳞柄白毒鹅膏菌、茶色粘伞、细褐鳞蘑菇、假根蘑菇、毛柄库恩菌、黄铜绿球盖菇、星孢丝盖伞、黄花丝膜菌、黄条纹粉褶菌、裂褶菌、褐黄纤孔菌、猪苓、毛云芝、火木层孔菌、小褐粘褶菌、紫带拟迷孔菌、蹄形干酪菌、绒盖干酪菌、乳白栓菌、弯曲滑瑚菌、树状滑瑚菌、橘色枝瑚菌、帚状黄革菌、树舌灵芝、灵芝、猴头菌、盾形木耳、橙黄银耳、白秃马勃、梨形马勃、马勃状硬皮马勃、截头炭团菌、炭球菌、羊肚菌
针阔叶混交林带	亚白杯伞、双色蜡蘑、棕灰口蘑、淡红拟口蘑、赭盖小皮伞、黑边光柄菇、黑紫红菇、青黄红菇、堇紫红菇、白菇、粉红菇、亚金黄粘盖牛肝菌、美网柄牛肝菌、厚环粘盖牛肝菌、灰环粘盖牛肝菌、卵孢鹅膏菌、雪白毒鹅膏菌、砖红韧伞、白紫丝膜菌、灰褐鸡油菌、鸡油菌、暗灰枝瑚菌、金黄枝瑚菌、多瓣革菌、焰耳、粒皮马勃、黄地勺菌、黄地锤菌、半球盾盘菌
针叶林带	锐鳞环柄菇、裂褶菌、小孢白枝瑚菌、沟纹小菇、褐黄金钱菌、污白松果伞
高山灌丛草甸带	暗蓝粉褶菌、灰褐纹口蘑

表6-5 在不同郁闭度条件下水源地大型真菌优势科的种数比较

郁闭度	优势科种数					合计
	口蘑科	红菇科	牛肝菌科	多孔菌科	鬼伞科	
60%～70%	6	2	1	8	1	18
71%～80%	9	3	2	6	2	22
81%～90%	11	5	3	2	4	25

从表 6-3、表 6-4 可以看出，黑河水源地大型真菌分布特征体现为特定物种垂直分布在不同的植被类型中。其中在海拔为 1000～1500 m 的区间物种多样性最丰富，出现数量较多的为口蘑科、红菇科、多孔菌科的一些种类；在植被类型中，阔叶林带和针阔叶林带分布的大型真菌物种多样性最为丰富，占物种总数的 80%～90%，针叶林带次之，高山灌丛草甸带最少（王薇和图力古尔，2015）。

据调查，黑河水源地保护区不同时期的森林郁闭度为 60%～90%，在不同郁闭度条件下大型真菌优势科分布见表 6-5。从表中可以看出，5 个优势科的种数均有变化，说明生态类型不同的种类适应的光照类型也不同（张颖等，2012）。口蘑科、红菇科、牛肝菌科、鬼伞科的种数均随郁闭度的增大而增多，多孔菌科的种数随郁闭度的增大而减少。相比较而言，郁闭度为 60%～70%的条件下，多孔菌科的种类相对较丰富，牛肝菌科和鬼伞科的种类相对较少；郁闭度为 80%～90%的条件下，口蘑科的种类相对较丰富，多孔菌科的种类相对较少。但总体来说，黑河水源地保护区大型真菌的种数随郁闭度的增大而增多，其中木生菌能适应光照较强的环境条件，土生菌和外生菌根菌的萌发和子实体虽然需要光照刺激，但较耐阴，适宜生长在较为荫蔽的环境中。

第三节　秦岭重要水源地大型真菌区系多样性研究

一、秦岭重要水源地大型真菌的组成特征

根据水源地大型真菌多样性名录，进行科、属、种的统计分析，共有子囊菌门（Ascomycota）、担子菌门（Basidiomycota）的大型真菌 170 种，它们隶属于 54 科 104 属（表 6-6）。其中秦岭分布新纪录种 2 个。

表 6-6　水源地大型真菌的科属种数量统计

科名	属数	种数
口蘑科	13	26
光柄菇科	2	2
红菇科	2	10
侧耳科	2	2
牛肝菌科	3	6
鬼伞科	3	6
鹅膏菌科	2	4
蘑菇科	2	4
球盖菇科	4	4
丝膜菌科	2	4
粉褶菌科	1	2
裂褶菌科	1	1
蜡伞科	1	1

续表

科名	属数	种数
鸡油菌科	1	2
多孔菌科	11	16
珊瑚菌科	2	3
枝瑚菌科	1	4
韧革菌科	1	1
革菌科	1	2
灵芝科	1	2
猴头菌科	1	1
木耳科	1	2
胶耳科	1	1
银耳科	1	2
马勃科	2	5
鬼笔科	2	2
硬皮地星科	1	1
硬皮马勃科	1	1
炭角菌科	1	1
球壳菌科	1	2
地舌菌科	3	3
胶陀螺科	1	1
盘菌科	2	2
马鞍菌科	1	1
羊肚菌科	1	1
笼头菌科	1	1
总计	77	129

二、秦岭重要水源地大型真菌优势科属的分析

种类最多的科是口蘑科，有 26 种，占总种数的 15.3%；多孔菌科，16 种，占总种数的 9.4%；小皮伞科，13 种，占总种数的 7.6%；红菇科，10 种，占总种数的 5.9%；牛肝菌科， 6 种，占总种数的 3.5%；鬼伞科，6 种，占总种数的 3.5%；马勃科，5 种，占总种数的 2.9%。这 7 个科共计 82 种，占水源保护地大型真菌总种数的 48.2%，但这 7 个科只占总科数的 16.7%（表 6-7），说明这 7 个科是水源保护地大型真菌的优势科。

表 6-7　秦岭重要水源地大型真菌优势科（≥5 种）的统计

科	种	占总数比例/%
口蘑科	26	20.2
多孔菌科	16	12.4
红菇科	10	7.8
牛肝菌科	6	4.7
鬼伞科	6	4.7
马勃科	5	3.9
总计	69	53.7

水源地保护区大型真菌共有 104 属。至少有 3 个种的属有 14 个（表 6-8），共计 62 种，占总种数的 36.5%，属数占总属数的 13.5%，说明这 14 个属是水源保护地大型真菌的相对优势属。

表 6-8　秦岭重要水源地大型真菌优势属（≥3 种）的统计

属名	种数	占总种数比例/%	习性
口蘑属	4	3.1	土生或木生
杯伞属	4	3.1	土生或木生
小菇属	5	3.9	土生或木生
红菇属	9	7.0	土生
粘盖牛肝菌属	4	3.1	土生
鬼伞属	4	3.1	土生或木生
鹅膏菌属	3	2.3	土生
蘑菇属	3	2.3	土生
丝膜菌属	3	2.3	土生
栓菌属	3	2.3	木生
枝瑚菌属	4	3.1	土生
马勃属	4	3.1	土生
总计	50	38.7	

仅有 1 个种的属为假杯伞属、球果伞属、拟口蘑属、奥德蘑属、假蜜环菌属、金针菇属、小皮伞属、草菇属、光柄菇属、乳菇属、亚侧耳属、侧耳属、牛肝菌属、绒盖牛肝菌属、假鬼伞属、小脆柄菇属、粘伞属、环柄菇属、库恩菇属、球盖菇属、丝盖伞属、裂褶菌属、湿伞属、纤孔菌属、多孔菌属、黑孔菌属、集毛菌属、木层孔菌属、小孔菌属、褐孔菌属、粘褶菌属、拟迷孔菌属、拟枝瑚菌属、拟韧革菌属、猴头菌属、焰耳属、秃马勃属、蛇头菌属、硬皮地星属、硬皮马勃属、炭团菌属、地勺菌属、囊盘菌属、地

锤属、耳盘菌属、盾盘菌属、马鞍菌属、羊肚菌属、星裂盘菌属等68个属，占总属数的65.4%；仅有一个种的科是裂褶菌科、蜡伞科、韧革菌科、猴头菌科、胶耳科、鬼笔科、硬皮地星科、硬皮马勃科、炭角菌科、胶陀螺科、盘菌科、马鞍菌科、羊肚菌科、肉盘菌科、核盘菌科、麦角菌科、伏革菌科、铆钉菇科、陀螺菌科、齿菌科、刺革菌科、皱孔菌科、齿耳科，共23个，占总科数的42.6%。

三、秦岭重要水源地大型真菌新纪录种的发现

1. 五棱散尾鬼笔[*Lysurus mokusin* (Cibot: Pers.) Fr.]

五棱散尾鬼笔是担子菌亚门腹菌纲鬼笔目笼头菌科散尾鬼笔属真菌，最早由在中国采集真菌标本的天主教传教士P. Cibot在北京郊区采集到，并于1775年发表在俄国科学院研究报告（Cibot，1775）上。五棱散尾鬼笔分布地区广泛，但目前宁夏、青海、新疆等地尚未见有五棱散尾鬼笔分布的报道，其余省区（含台湾省）均有分布。

1）生境

散生，阔叶林林地上，其生境阴暗潮湿，周边有枯草朽叶（图6-5）。

图6-5 五棱散尾鬼笔及其菌蕾（李峻志摄）

2）主要特征

菌蕾：白色，近卵形或卵圆形，直径1～4 cm，无恶臭。

子实体：担子果张开后高6～13 cm，菌托苞状，白色，高2～3 cm；菌柄棱柱形，4～5棱柱，具明显纵行凹槽，肉色至粉红色，海绵状，外表呈凹凸不平的泡状，中空，高5～13 cm，直径1～1.8 cm，向下渐细；顶部有4～5枚托臂，托臂常强烈连生但末端分开且渐尖，长1.5～3 cm，初期相连，成熟后分开，红色，其上有凹槽，有时在托臂顶端形成一长1～5 mm的短尾巴；孢体生于托臂凹槽内或内侧，幼小时橄榄色，成熟时暗褐色，黏稠，有臭味（图 6-5）。一般认为有毒，但也有记载可以食用或药用（刘波，2005；刘波和鲍运生，1982；卯晓岚，2000；戴芳澜，1982；臧穆和纪大干，1984）。

孢子：在普通光学显微镜下，担孢子近圆柱状短杆状，（3～4）μm×（1～2）μm，半透明，近无色至淡色，外孢壁平滑（图6-6）。

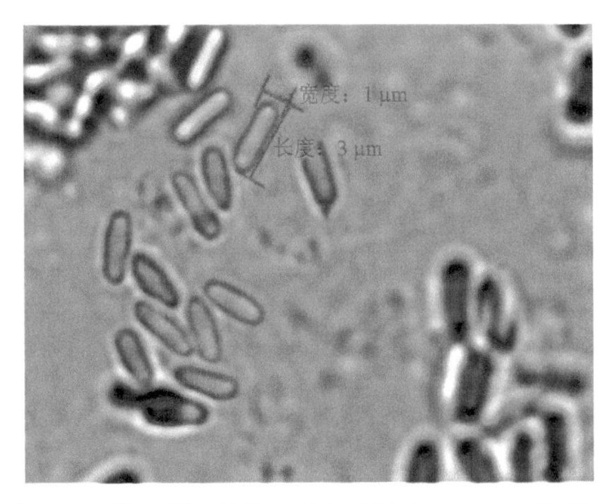

图 6-6　五棱散尾鬼笔的孢子显微图（10×40）（祁鹏摄）

2. 重脉鬼笔［*Phallus costatus* (Penzig) Lloyd］

重脉鬼笔是担子菌亚门腹菌纲鬼笔目鬼笔科鬼笔属真菌（刘波，2005）。该菌模式标本原产于印度尼西亚爪哇岛。在目前的文献记载中，该菌主要分布在日本、韩国、印度尼西亚、斯里兰卡，国内仅在黑龙江和吉林地区有分布，我国其他地区尚未见相关报道。一般认为重脉鬼笔无食用价值，但在日本被视为食用菌。

1）生境

散生，阔叶林地上，生境阴暗潮湿，地上有较厚的落叶腐殖层。

2）主要特征

菌蕾：经现场观察发现，该菌的菌蕾圆球状至卵圆形，污白色至浅粉色，外表面较光滑，直径约 4 cm，无特殊气味，基部具分枝状白色菌锁（邵力平和项存悌，1997；戴芳澜，1979）。切面观：纵切后伤处变紫色，菌蕾有 5 层结构，外部为外表皮，厚约 0.1 mm，较韧；其次为肉色半透明胶质层；其次为暗绿色子实层；再次为乳白色轴状结构；中央为透明的菌髓（图 6-7）。

图 6-7　重脉鬼笔菌蕾及其结构（李峻志摄）

子实体：担子果张开高 12 cm，菌托苞状，白色至浅粉色，高 2～3.5 cm；菌柄圆柱形，早期草黄色或浅黄色，后退为白色（刘波，2005），海绵状，外表呈凹凸不平的泡状，中空，高 8～10 cm，直径 1～1.5 cm；菌盖呈钟形，有不规则突起的网纹（卯晓岚，2000），黄色至亮黄色，孢体生于菌盖网纹中，呈黄绿色或暗绿色黏液状，黏稠，有腥臭气味，菌盖顶端略凹陷，无网纹和黏液（图 6-8）。

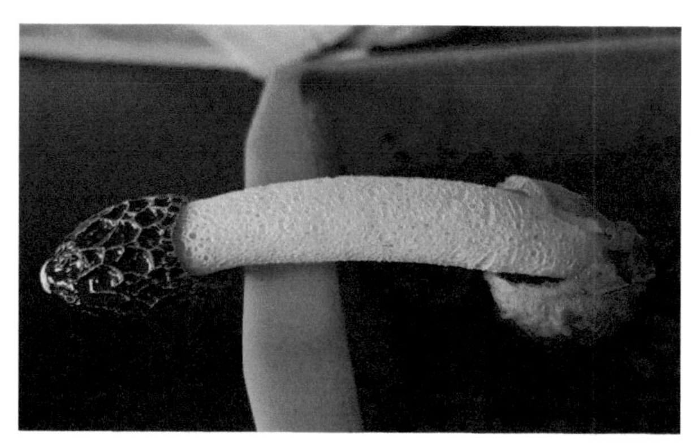

图 6-8　重脉鬼笔子实体形态（李峻志摄）

孢子：在普通光学显微镜（×40）下，担孢子长椭圆形，（2～4）μm×（1～2）μm，近无色至淡绿色，外孢壁平滑（图 6-9）。

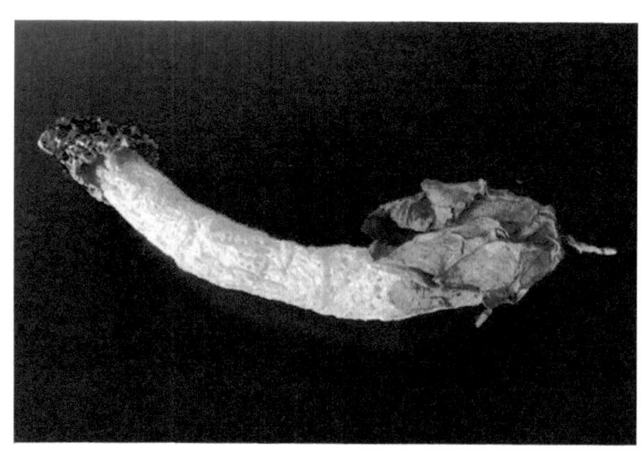
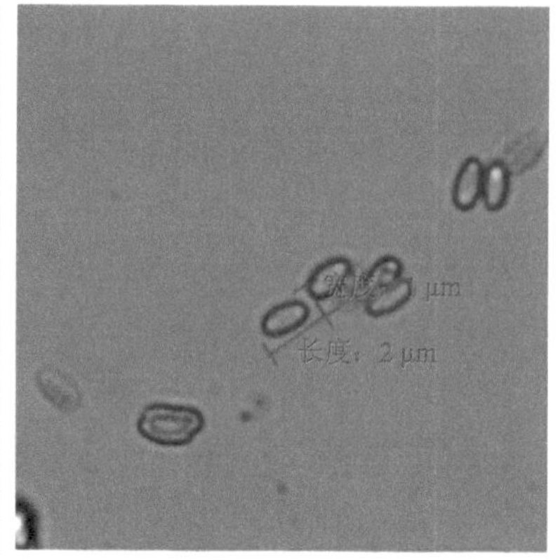

图 6-9　重脉鬼笔的标本及孢子显微图（10×40）（祁鹏摄）

第四节　土壤重金属污染的评价及与大型真菌富集效应的关系

一、区域概况及研究方法

在开展秦岭水源地大型真菌分布调查工作的同时，针对性地选择样区内金属矿产较多的丹江流域进行了土壤重金属污染的调查研究工作，并结合样区大型真菌的分布状况，研究了样区内大型真菌对土壤重金属富集效应的关系。

1. 研究区域概况

丹江流域是汉水北侧的一条重要支流，属长江二级支流。地形由西北向东南降低并敞开，具有南暖温带-北亚热带的过渡带气候特点。该区域内金属矿产相对丰富，主要有铅、钒、金、锌等矿产资源。年平均气温由北向南、由西向东递增，为 7.8～14℃。受气候和地形的影响，年平均降水量为 750～850 mm，年降水量随地形高度增加而递增。流域内植被较好，多为次生林，地貌起伏变化很大，山大沟深，一般相对高度为 600～1200 m。在 2010 年，Ⅰ类水质河长占该水系河长的 73.2%，Ⅲ类水质河长占 17.0%，Ⅴ类水质河长占 9.8%。

2. 样区选择及样品采集

1）土壤样区的选择

从商洛丹江源起始，由北向南，选择黑龙口、二龙山水库、商洛市东部、中村钒矿区、湘河镇湘河大桥等丹江流域沿岸及周边土壤为主要采样区。每个样区至少 3 个采样点，针对污染严重区域中村钒矿布置了 8 个不同采样点。在样区内用 GPS 定位采样区，确定采样点后，每个采样点划定 1 m^2 的样地，除去表土，采集地表下 0～20 cm 土壤样品，采用“S”法取样，每个区域样点由 5 个样点混合，经四分法保留 0.5 kg 样土，对土壤样品进行编号并记录样地信息（李庚飞等，2013）。

2）大型真菌标本样区的选择

以土壤采样点为中心点，设置 15 m×15 m 的样方（饶俊和李玉，2012），进行大型真菌标本的调查采集。每个样区至少 3 个样方，中村钒矿采样区布置了 8 个样方。大型真菌标本的采集及鉴定方法同第六章第一节部分，在此不再赘述。

针对丹江流域沿岸及周边共设置了 5 个样区，20 个土壤采集样点，20 个大型真菌调查样方。样区信息如表 6-9 所示。

表 6-9 样品编号及采集地信息

样区编号	土壤样品	采集地
A	Y001-Y003	黑龙口镇东 1 km 处
B	Y004-Y006	二龙山水库回水区
C	Y007-Y009	商洛市东 1 km 处
D	Y010-Y017	中村镇钒矿尾矿池（770～899 m 处）
E	Y018-Y020	湘河大桥下

3. 样品中重金属的测定方法

在实验室中将大型真菌标本整理后，从各样区土壤腐生菌（简称土生菌）中分别随机选取 1 种，分别作为各样区待检标本并标记；将土壤样品中植物根系、落叶腐殖质及石砾剔除，分别标记；将土壤样品和大型真菌待检标本于恒温干燥箱中低温烘干后，委托有色金属西北矿产地质测试中心分别进行铅、锌、钒、镉 4 种重金属的测定。

检测原则：按照国家标准规定方法进行重金属检测，没有国家标准规定的，参考地方标准及相关标准进行检测，检测方法如下。

GB/T 23739—2009 土壤质量 有效态铅和镉的测定 原子吸收法

HJ 673—2013 水质 钒的测定 石墨炉原子吸收分光光度法

GB/T 17138—1997 土壤质量 铜、锌的测定 火焰原子吸收分光光度法

GB 5009.12—2017 食品安全国家标准 食品中铅的测定

GB 5009.14—2017 食品安全国家标准 食品中锌的测定

GB 5009.15—2014 食品安全国家标准 食品中镉的测定

DB53/T 288—2009 食品中铅、砷、铁、钙、锌、铝、钠、镁、硼、锰、铜、钡、钛、锶、锡、镉、铬、钒含量的测定电感耦合等离子体原子发射光谱（ICP-AES）法

主要仪器：微波消解仪（WX-4000，上海屹尧仪器科技发展有限公司），原子吸收分光光度计（美国瓦里安公司）。

主要试剂：Pb（CH_3COO）$_2$·$3H_2O$，$CdCl_2$·$2.5H_2O$ 为分析纯试剂，浓硝酸为优级纯试剂。

二、土壤重金属污染水平评价方法

1. 污染指数计算方法

采用单因子污染指数评价法和多因子污染指数评价法对丹江流域土壤环境质量污染水平进行评价。

单因子污染指数：

$$P_i = \frac{C_i}{S_i}$$

式中，P_i 为土壤中污染物 i 的环境质量指数；C_i 为污染物 i 的污染指数实测值；S_i 为污染物 i 的评价标准。

多因子污染指数采用内梅罗多因子综合污染指数法：

$$P_{综} = \sqrt{\frac{\left(P_i\right)_{\max}{}^2 + \left(P_i\right)_{\text{ave}}{}^2}{2}}$$

式中，$P_{综}$为某地区的综合污染指数；$(P_i)_{\max}$ 为土壤中污染物指数最大值；$(P_i)_{\text{ave}}$ 为土壤污染物中污染指数的算数平均值。

2. 土壤质量评价标准

针对丹江流域 5 个样区 20 个样点土壤中钒、铅、锌、镉 4 种重金属元素进行了质量评价。其中元素铅、锌、镉在土壤中的限值以《土壤环境质量标准》（GB 15618—1995）二级标准（夏家淇，1996），pH 6.5～7.5 的元素限值为评价标准。在现行发布实施的国家土壤环境相关标准中，尚未对钒在土壤中的限值进行描述，但在最新的《农用地土壤环境质量标准（征求意见稿）》中，已明确增加了总钒在土壤中的限值，因此主要依据该意见稿为元素钒的土壤环境评价标准（表 6-10）。

表 6-10　土壤重金属环境评价标准　（单位：mg/kg）

评价标准	V	Zn	Cd	Pb
标准限值	130	250	0.6	300

单因子污染指数可以反映某一种重金属元素对样点土壤环境的影响，内梅罗多因子综合污染指数法可同时对多种重金属污染情况进行评价，综合反映样区土壤环境的质量情况。单因子污染指数法（胡克塞，2012）和多因子污染指数法对土壤重金属具体分级标准见表 6-11 和表 6-12。

表 6-11　土壤单因子污染指数法分级标准

环境质量等级	污染指数（P_i）	污染等级
Ⅰ	P_i<1	清洁
Ⅱ	1≤P_i<2	轻度污染
Ⅲ	2≤P_i<3	中度污染
Ⅳ	P_i≥3.0	重度污染

表 6-12　土壤多因子污染程度分级标准

综合污染等级	土壤综合污染指数分级	污染程度	污染水平
1	$P_{综}$ ≤0.7	安全	清洁
2	0.7< $P_{综}$ ≤1.0	警戒线	尚清洁
3	1.0< $P_{综}$ ≤2.0	轻度污染	污染物超过起初污染值，作物开始污染
4	2.0< $P_{综}$ ≤3.0	中度污染	土壤和作物污染明显
5	$P_{综}$ >3.0	重度污染	土壤和作物污染严重

三、土壤样品和大型真菌标本重金属测定结果及分析

1. 土壤重金属含量测定结果及分析

1）不同样区土壤重金属含量及污染指数分析

对丹江流域内 5 个样区的土壤样品中钒、锌、镉和铅 4 种重金属元素含量进行测定，以算术平均值为研究数据，见表 6-13（刘云霞等，2009）。

表 6-13　样区土壤样品中重金属质量浓度　（单位：mg/kg）

样区编号	V	Zn	Cd	Pb
A	87.33	753.67	6.62	223.57
B	145.00	216.00	1.49	98.43
C	74.53	105.67	0.48	27.77
D	120.88	96.91	0.25	26.66
E	97.20	77.03	0.24	19.43

由表 6-14 内梅罗多因子综合污染指数可知，不同样区的污染程度顺序为：样区 A>样区 B>样区 D>样区 C>样区 E。样区 A 土壤重金属综合污染指数达到了 8.27，是重度污染指数的 2.76 倍，属于严重污染土壤区域。该地区必须给予足够的重视，积极采取措施，减轻生态危害；样区 B 综合污染指数处于轻度范围内，但接近中度污染的下限，应当给以重视，采取措施并防止污染的加剧；样区 C 和样区 E 综合污染指数则处于清洁、安全范围内；样区 D 综合污染指数处于警戒线范围值内，应加强对该地区环境的监测。

表 6-14 土壤中重金属含量的评价结果

样区编号	单因子污染指数				内梅罗多因子综合污染指数	评价结果
	V	Zn	Cd	Pb		
A	0.67	3.01	11.03	0.75	8.27	重度污染
B	1.12	0.86	2.48	0.33	1.95	轻度污染
C	0.57	0.42	0.80	0.09	0.66	清洁
D	0.93	0.39	0.42	0.09	0.73	尚清洁
E	0.75	0.31	0.40	0.06	0.59	清洁

就单因子污染指数分析，样区 A 的土壤环境中重金属污染物为 Zn 和 Cd，二者在样区 A 土壤中的含量分别为评价标准的 3 倍和 11 倍，属于重度污染。样区 B 的土壤环境中重金属污染物为 V 和 Cd。其中，V 在样区 B 土壤中的含量为评价标准的 1.1 倍，属于轻度污染；Cd 在样区 B 土壤中的含量为评价标准的 2.5 倍，属于中度污染。V、Zn、Cd、Pb 4 种重金属在样区 C、样区 D、样区 E 的单因子污染指数分析结果均小于 1，表明 4 种重金属元素在这 3 个样区土壤内都未超标，样区 C、D、E 属于清洁土壤环境状态。

2）各样区不同重金属污染来源分析

从表 6-14 中可以看出，Zn、Cd、Pb 三种重金属从样区 A 至样区 E，在土壤中的含量是逐渐降低的。推测原因是，样区 A 位于商洛市黑龙口镇，该地区主要有铅、锌矿产冶炼企业。Cd 和 Zn 是同族元素，在自然界中 Cd 常与 Zn、Pb 共生，一般 Cd 是炼锌业的副产品。我国的火法炼锌厂在进行矿石冶炼过程中，在焙烧过程中镉富集于烟尘和高镉锌中（刘远等，2014），因此在锌矿冶炼过程中，一些烟尘被作为废料处理，进行堆积，导致在样区 A 的 Zn、Cd 严重超标，而随着样区 B、C、D、E 的逐渐远离，这 3 种重金属在土壤中含量也逐渐下降，3 种重金属的含量与样区 A 的距离呈现负相关。重金属 V 在样区 B 土壤中含量最高，样区 D 次之。分析原因，样区 B 存在钒矿废弃物，而样区 D 则正处于中村钒矿尾矿区，因此 V 在土壤中的含量也较高。

2. 样区内大型真菌重金属含量的测定结果及分析

1）不同样区大型真菌标本重金属含量测定结果

将水源地 5 个不同样区中随机抽取的大型真菌标本进行了重金属测定和分类鉴定，测定结果如表 6-15 所示。

表 6-15　5 种不同大型真菌标本样品中重金属含量　（单位：mg/kg）

样区编号	所测标本	V	Zn	Cd	Pb）
A	毛头鬼伞	2.31	119.69	2.17	156.52
B	假根蘑菇	31.97	90.10	0.56	10.68
C	卵孢鹅膏菌	6.57	64.71	0.12	2.14
D	污白杯伞	11.08	57.30	0.08	1.99
E	毒蝇口蘑	5.29	2.98	0.11	1.87

根据《食品安全国家标准 食用菌及其制品》（GB 7096—2014）中的规定，干食用菌中 Cd 的限值 0.5 mg/kg、Pb 的限值为 1.0 mg/kg。由表 6-15 可见，样区 A 中所测标本毛头鬼伞的 Cd 和 Pb 的含量，分别是标准限值的 4.3 倍和 156.5 倍；样区 B 中所测标本假根蘑菇的 Cd 和 Pb 的含量分别是标准限值的 1.1 倍和 10.7 倍；样区 C 中所测标本卵孢鹅膏菌的 Cd 未超标，但是 Pb 的含量是标准限值的 2.1 倍；样区 D 中所测标本污白杯伞的 Cd 未超标，Pb 的含量是标准限值的 2.0 倍；样区 E 中所测标本毒蝇口蘑的 Cd 未超标，Pb 的含量是标准限值的 1.9 倍。由于缺乏 V 和 Zn 在食用菌中的限值标准，暂时无法对这两种重金属在上述 5 种标本中的含量进行有效评价。尽管如此，参考土壤重金属限值标准，5 种标本中的个别指标依然处于超标状态，但由于评价体系不同，因此难以得出有效的评价结果。

2）5 种不同大型真菌对土壤重金属富集能力的分析

将表 6-15 和表 6-13 进行对比，用富集系数评价不同大型真菌对重金属的富集能力。样区 A 中毛头鬼伞明显对 Pb 和 Cd 具备较强的富集能力，富集系数分别达到了 70.01%和 32.78%，表明毛头鬼伞中 Pb 和 Cd 的含量明显与环境中的含量呈现正相关。这与 Garcia 等（1998）关于鸡腿菇中 Pb 含量的研究结果是一致的。样区 B 中假根蘑菇对 Zn 和 Cd 具备较强的富集能力，富集系数分别达到了 41.71%和 37.58%。样区 C 中卵孢鹅膏菌对 Zn 具备较强的富集能力，富集系数达到了 61.24%。样区 D 中污白杯伞对 Zn 同样具备较强的富集能力，富集系数达到了 59.13%。样区 E 中毒蝇口蘑对 Cd 具备较强的富集能力，富集系数达到了 45.83%（图 6-10）。

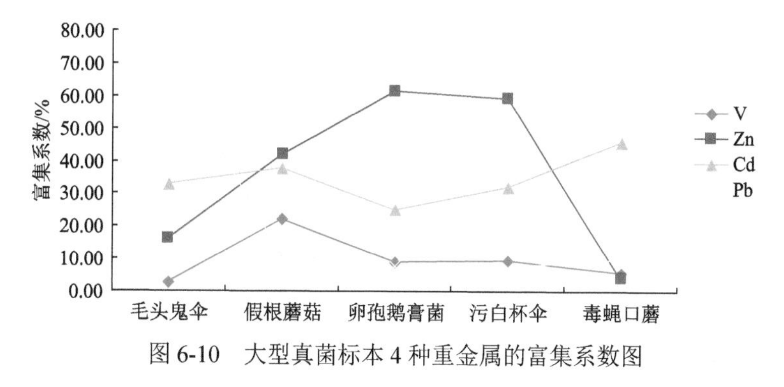

图 6-10　大型真菌标本 4 种重金属的富集系数图

如图 6-10 所示，4 种不同重金属元素中，除了毛头鬼伞对 Pb 有显著富集效应外，其他几种大型真菌均对 Pb 的富集效果不显著。Garcia 等（1998）认为毛头鬼伞可作为环境中铅污染的指示物，这与在样区 A 的铅污染区域采集到大量的毛头鬼伞是具备一致性的。假根蘑菇、卵孢鹅膏菌、污白杯伞则显著对 Zn 具备富集效应，其中卵孢鹅膏菌的富集系数高达 61.24%，该菌应可作为土壤锌污染的指示物。毛头鬼伞、假根蘑菇、毒蝇口蘑对 Cd 具备显著的富集效应，其中毒蝇口蘑对 Cd 的富集系数为 45.83%，同样具备作为土壤污染指示物的潜力。5 种不同大型真菌对 V 的富集效应似乎均不显著，其中对 V 富集系数最高的为假根蘑菇，为 22.05%。查阅国内外文献，尚未见对 V 富集系数较高的大型真菌，因此，假根蘑菇或许是目前发现的对 V 富集效应较高的菌类，这对土壤中钒污染的早期指示和后期治理具备较大的研究价值。

3. 小结

（1）通过对丹江流域 5 个不同样区土壤及样区内大型真菌标本中重金属含量的测定，发现处于上游的黑龙口段存在较严重的重金属污染，其中重点污染的重金属为 Zn、Cd，这可能与当地锌矿资源分布较多，且锌、镉冶炼厂的废料没有进行无害化处理，受大风或雨水冲刷进入河道中有关，因此需要加强对该地区锌矿冶炼的监督和治理；但中下游土壤重金属含量逐步降低，表明环保及相关部门针对丹江中下游的污染监控和治理是切实有效的，保障了下游饮水的质量安全。

（2）毛头鬼伞对 Pb 有显著富集效应，假根蘑菇、卵孢鹅膏菌、污白杯伞则显著对 Zn 具备富集效应，毛头鬼伞、假根蘑菇、毒蝇口蘑对 Cd 具备显著的富集效应，因此上述几种大型真菌应可作为相应重金属的指示物，对环境中相应重金属进行监测，同时也为后续利用大型真菌与富集植物形成优势互补进行土壤重金属污染治理和生态修复奠定了良好的前期基础。

参 考 文 献

蔡怀, 刘红霞, 郭一妹, 等. 2003. 北京松山自然保护区大型真菌调查初报. 生态科学, 22(3): 250-251.
戴芳澜. 1979. 中国真菌总汇. 北京：科学出版社.
戴芳澜. 1982. 南京的鬼笔菌. 真菌学报, 1(1): 1-9.
傅志军, 张行勇, 刘顺义, 等. 1996. 秦岭植物区系和植被研究概述. 西北植物学报, 16(05): 93-106.
胡克塞. 2012. 渭北黄土高原苹果园土壤重金属累计空间分布特征及评价. 咸阳: 西北农林科技大学硕士学位论文.
李庚飞, 徐宝宝, 王志平. 2013. 金矿排污渠沿岸土壤中 Ba、Sr、As 和 Hg 的污染分析. 工业安全环保, 39(5): 37-39.
刘波. 2005. 中国真菌志 第二十三卷 鬼笔目. 北京: 科学出版社.
刘波, 鲍运生. 1982. 中国鬼笔属真菌. 山西大学学报(自然科学版), 5(4): 35-40.
刘远, 郑雅杰, 孙召明. 2014. 锌冶炼含镉烟尘制备高纯镉粉的新工艺. 中国有色金属学报, 24(4): 1070-1075.
刘云霞, 庞奖励, 丁敏, 等. 2009. 长武县苹果园土壤重金属含量及其评价. 陕西师范大学学报, 37(5): 87-91.
卯晓岚. 2000. 中国大型真菌. 郑州: 河南科学技术出版社.

饶俊, 李玉. 2012. 3 种林型内大型真菌群落多样性取样强度. 东北林业大学学报, 40(5): 80-82.
邵力平, 沈瑞祥, 张素轩, 等. 1983. 真菌分类学. 北京: 中国林业出版社.
邵力平，项存悌. 1997. 中国森林蘑菇. 哈尔滨：东北林业大学出版社.
王薇, 图力古尔. 2015. 长白山地区大型真菌的区系组成及生态分布. 吉林农业大学学报, 37(1): 26-36.
夏家淇. 1996. 土壤环境质量标准详解. 北京: 中国环境科学出版社: 7-53.
谢鑫. 2005. 大型真菌标本的采集与制作. 生物学教学, 30(4): 62.
臧穆, 纪大干. 1984. 我国东喜马拉雅区鬼笔科的研究. 真菌学报, 4(2): 109-117.
张颖, 许远钊, 郑志兴, 等. 2012. 云南化佛山自然保护区大型真菌多样性及分布特征分析. 植物资源与环境学报, 21(1): 111-117.
Cibot P. 1775. Fungus sinenium Mo-Ku-Sin descriptus. Nov Comm Acad Sci Petrop, 19: 373-378.
de Paz J M, Sanchez J, Visconti F. 2006. Combined use of GIS and environmental indicators for assessment of chemical, physical and biological soil degradation in a Spanish Mediterranean region. Journal of Environmental Management, 79: 150-162.
Garcia M A, Alonso J, Fembandez M I, et al. 1998. Lead content in edible wild mushrooms in northwest Spain as indicator of environmental contamination. Archives of Environmental Contamination and Toxicology, 34: 330.

7

第七章 生物多样性与生态安全

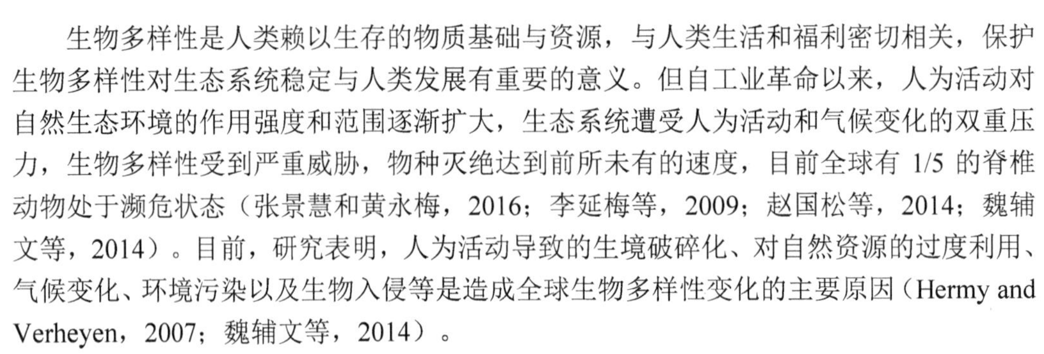

生物多样性是人类赖以生存的物质基础与资源，与人类生活和福利密切相关，保护生物多样性对生态系统稳定与人类发展有重要的意义。但自工业革命以来，人为活动对自然生态环境的作用强度和范围逐渐扩大，生态系统遭受人为活动和气候变化的双重压力，生物多样性受到严重威胁，物种灭绝达到前所未有的速度，目前全球有 1/5 的脊椎动物处于濒危状态（张景慧和黄永梅，2016；李延梅等，2009；赵国松等，2014；魏辅文等，2014）。目前，研究表明，人为活动导致的生境破碎化、对自然资源的过度利用、气候变化、环境污染以及生物入侵等是造成全球生物多样性变化的主要原因（Hermy and Verheyen，2007；魏辅文等，2014）。

广义的生态安全是指人类的生活、健康、安全、基本权利、生活保障来源、必要资源、社会秩序和人类适应环境变化的能力等方面不受威胁的状态，包括自然生态安全、经济生态安全和社会生态安全（庞雅颂和王琳，2014）。随着生态环境问题的加剧，社会、经济、环境安全问题逐渐受到人类的重视（黄宝强等，2012）。生态安全评价是生态安全研究的基础与核心，对流域生态安全评价体系而言，必须考虑功能安全和结构安全（Corona et al.；2011；Gao et al.，2007；和春兰等，2010）。

本章以秦岭生物多样性与生态安全为研究对象，从理论基础、评价指标体系、评价方法等方面阐述目前相关研究进展，分析生物多样性、生态安全对自然环境和人为活动的响应。

第一节 生物多样性与生态安全评价指标体系及评价方法

生物多样性变化是指气候变化或人为活动导致的自然现象。自然生态系统为野生动植物提供生境和栖息地，保障生物生存和发展，但自工业革命以来，人为活动对自然生态系统的干扰程度在不断增大，导致生境被破坏，生物多样性受到严重威胁。人为活动改变了土地利用方式，进而改变了生态过程，另外，外来物种入侵、气候变化等因素对生物多样性产生严重威胁。生物多样性的含义是指一定范围内动植物和微生物等活的有机体构成的稳定的生态综合体，是特定区域各种生命形式的总和，表示一个区域内生命形态的丰富程度（潘景璐，2013；魏辅文等，2014）。生物多样性包括动物、植物、微生物和它们所拥有的基因，以及它们与生存环境形成的复杂生态系统，一般包括三个层次的含义，即遗传多样性、物种多样性和生态系统多样性。生物多样性作为一个整体，无论是维持整个地球生命系统的正常运转还是满足人类的基本生活需求，都有着十分重要的作用（彭萱亦等，2013）。

生物多样性监测与评价是生物多样性保护工作的重要基础。构建适宜的生物多样性评价指标体系、监测评估生物多样性状况及变化趋势，已被纳入我国国家生物多样性战略及其行动计划（李果等，2011）。随着生物多样性丧失成为全球性问题，《生物多样性公约》（CBD）不断强调“预测、预防，从源头消除导致生物多样性降低或丧失原因”的重要性，并对缔约国开展生物多样性监测与评估提出了具体要求。为满足生物多样性评价工作的需求，亟待建立国家（national）、区域（regional）和全球（global）尺度上的生物多样性评价指标体系（Rahman et al.，2011）。

生态安全是自20世纪90年代开始出现的新研究领域。目前，对于生态安全的理解主要分为广义和狭义两种，广义的是指在人类生产、生活等方面不受威胁的状态下，自然、社会、经济健康可持续发展，广义的理解以1989年IASA提出的定义为代表，即生态安全是指人类的生活、健康、安全、基本权利、生活保障来源、必要资源、社会秩序和人类适应环境变化能力等方面不受威胁的状态，它包括自然、经济和社会生态安全，组成一个复合人工生态安全系统（Tian and Gang，2012）；狭义的生态安全是指自然和半自然生态系统的安全，即生态系统完整性和健康的整体水平反映（Dennis and Ken，2006）。广义生态安全是以自然条件为人类服务为前提，狭义生态安全更多考虑生态的自然状态（Tu，2005）。目前，我国学者多从狭义生态安全方面理解。越来越多的事实表明生态安全是国家安全中最重要的一部分，越来越多的国家开始关注生态安全，国际上已把生态安全纳入一个国家安全体系的重要组成部分（Gao et al.，2007）。生态安全研究呈现出多样化的发展趋势，表现为从不同角度定义生态安全。从生态系统服务角度定义生态安全，在“安全”含义上强调生态系统服务功能的生态安全包含两重含义，即生态系统自身是否安全或其对人为活动是否安全：从生态系统健康角度定义生态安全，生态系统在受到外界干扰时，其在一定时间范围内的可恢复性；从人类安全角度定义生态安全，人类在维护生态安全中具有能动性，只有人类才会有“安全”意识，那么“生态安全”只有针对人类才有意义。

生态安全评估（ESA）集中于人类-生态系统的综合状态，核心是评估系统的健康度、完整性和稳定性（和春兰等，2010）。评估的目标是识别生态系统的稳定性，辨析在不同风险类型下生态系统的健康状况、稳定性和完整性，主要内容是在人类安全前提下，评估生态风险与生态健康。最近十年，有许多生态安全理论逐渐得以发展，例如生态健康理论、环境风险评估理论、生态安全区域效益理论及生态足迹理论。根据开放理论，生态系统是一次序、层次结构，具有重复特征，可以自我调整、控制、自组织。系统的方法通常应用于生态安全评估，根据目标系统的诊断差异选择评价指标体系，组成评估框架。区域生态安全研究应着重生态安全变化趋势、生态安全潜在危害性及生态安全空间差异性（庞雅颂和王琳，2014）。地理区域是研究区域生态安全的基本区域，景观尺度生态安全价值可作为区域生态安全的目标检测，土地退化程度可作为重要标志。流域是区域的基本单位，由于流域的特征和固有属性，流域生态安全研究得到更多的关注。流域生态安全包括结构安全和功能安全，不同流域研究内容的重点和研究方法不同。秦岭是我国重要的生态屏障，具有丰富的生态系统，是我国生物多样性最为丰富的地区之一，在研究生态安全时应更侧重于从景观尺度上分析。生态安全评价主要集中于人类-生态系统的状态，核心是评价系统的健康度、完整性和稳定性，确定生态系统的稳定性，判断在不同压力风险条件下持续健康、完整的能力（Yu et al.，2013）。其评价的目的是在人类生存安全的前提下，确定生态系统的健康状况及存在的风险，判断生态发生变化的原因，找出改善生态状况的途径与方法。生态安全评价的原理和其他环境类评价（如生态风险评价）相同，就是将能回答特定生态问题的信息寓于各种指标（以生态指标为主）后以特定方式组织并表达出来（成剑波，2012）。因此，生态安全评价过程主要包括评价指标选取、评价模型的选择及指标体系的构建。

陕西秦岭地区是中国重要的生态功能区，其生态功能的保护，对于陕西省区域社会经济发展、生态安全和国家南水北调中线工程水源区的水源安全有重要作用。随着城镇化、工业化发展及跨区域调水工程的实施，秦岭环境承载力与生态安全已发生变化。维护秦岭生态安全，对于区域水源涵养、生物多样性保护等方面具有重要的意义。

一、生物多样性与生态安全评价的理论基础

构建生物多样性与生态安全评价指标体系是进行生物多样性和生态安全评价的核心工作。在构建指标体系时需先明确实际问题，确定评价对象和评价目标，再据此选择合适的评价指标。具体目标或出发点不同，生物多样性与生态安全指标的侧重点也有差异，明确生物多样性与生态安全指标的应用目的，是设计指标体系的关键所在。秦岭是我国重要的生态涵养区与生物多样性和生态安全保护区，保护生态系统完整性与生物多样性成为生态建设的重点工作（李宏群等，2011）。不同类型生态系统复杂多样，建立其综合评价指标体系也是极其复杂的。部分研究是基于某一些指示物种监测多样性的变化情况，其优点是易于监测，常用于河流湿地生态系统，但通过单一指示物种变化不能完全反映整个生态系统的变化，同时不能分析其与自然环境及人为活动之间的关系；通过建立评价指标体系来评估和监测生物多样性是逐渐被广泛采用的方法，其能较全面地反映生态系统各要素的变化、便于综合分析（吴金卓等，2015）。

逻辑框架是设计指标体系的基础。目前，生物多样性与生态安全评价中常用的逻辑框架与评价体系包括压力-状态-响应机制（PSR）、驱动力-状态-响应机制（DSR）和驱动力-压力-状态-影响-响应机制（DPSIR）等（魏彬等，2009）。压力-状态-响应机制评价体系在选取指标时使用了压力-状态-响应这一逻辑思维方式，这一思维逻辑以因果关系为基础，体现了人类与环境之间的相互作用关系，即人为活动对环境施加一定的压力；其原有的性质或自然资源的数量受人类影响发生变化，呈现出不同的状态；人类又通过环境、经济和管理策略等对这些变化做出反应。不同变量循环往复，构成了人类与环境之间的压力-状态-响应关系。驱动力-状态-响应机制评价体系以压力-状态-响应机制为基础发展而来，突出环境受到压力和环境退化之间的关系，与可持续的环境目标之间有紧密的联系。经济发展、土地利用、污水排放等人为活动是环境变化的驱动力（D）；由于人为活动驱动力的作用，人类生活质量和健康状况、生态系统、自然环境系统状态（S）等发生变化；基于系统状态发生变化，自然生态系统和人类做出反应（R）来应对变化，使系统达到稳定的状态。驱动力-压力-状态-影响-响应机制基于综合压力-状态-响应机制与驱动力-状态-响应机制而提出（李果等，2011）。其基本思路是人为活动给自然资源和环境施加压力，改变了环境的状态和自然资源的质量与数量；人类社会则通过环境、经济等政策对这些变化做出响应，减缓人为活动对环境造成的压力，维持环境系统的可持续性。由于此模型具有系统性、综合性等特点，能够监测各指标之间的连续反馈机制，是寻找人为活动与环境影响之间因果链的有效途径，因而得到了较为普遍的认可与应用（陈平等，2015），模型框架见图 7-1。

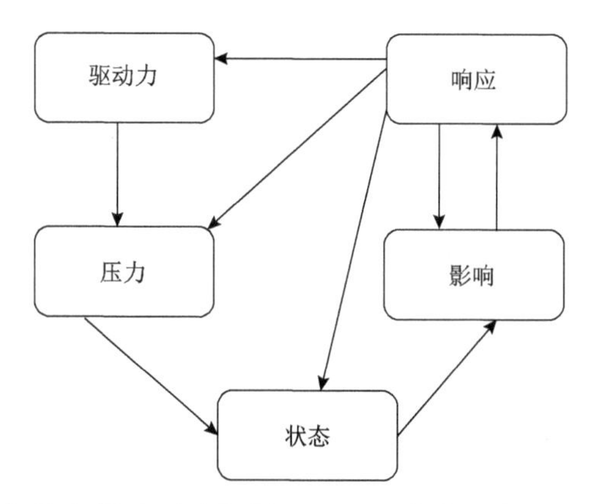

图 7-1　基于驱动力-压力-状态-影响-响应机制（DPSIR）机制的生物多样性与生态安全评价框架

二、建立生物多样性与生态安全及生态安全评价指标体系

选择合适的指标是进行合理准确评价的基础。指数选择和计算方法复杂多样，在选择生物多样性与生态安全评价指标时，应当遵循以下几个原则：①指标的选择要以生态学理论为基础。任何物种与环境都是生态系统的一部分，选择的大部分森林生物多样性与生态安全评价指标应具有一定的生态学意义，以生态学理论，尤其是生态系统生态学和群落生态学理论为基础（史作民等，1996）。②数据的可获得性和量化性。Hagan 和 Whitman 指出数据的可获得性约束了生物多样性评价指标的选择（Hagan and Whitman，2006），选取的指标在样地里应该很容易测量，而且获取成本在可以接受的范围之内；选择的评价指标应该比较容易量化，以利于定量评价。③统计分析的适用性。选取的评价指标应该能够进行统计分析以达到客观和科学的评价目的，这就需要大量的研究样本，或者指示物种的样本特性具有比较低的随机化。④参考值是否存在。对于一个评价指标，参考值可以帮助评价者来评价某个测量指标的高低及高低的程度（Geburek et al.，2010）。

选择评价指标需要注意的问题包括：①明确评价的最终目的。生物多样性与生态安全评价的目的是指导保护与治理实践。明确生物多样性与生态安全指标的应用目的，是设计指标体系的关键所在，生物多样性与生态安全评价有很多目的，既可以是保护生态环境，也可以是实现社会和经济价值，或者是综合考虑。秦岭是我国重要野生动植物生存、繁衍地区，同时也是重要水源涵养区。生物多样性与生态安全评价最终是保护野生动植物资源、保护秦岭生态功能、促进区域持续健康发展。因此，在建立评价指标体系过程中应重点考虑野生动植物，尤其是濒危物种。②考虑评价指标权重及它们之间的关系。根据 PSR 模型框架与秦岭地区生物多样性与生态安全评价指标体系，生物多样性与生态安全需要从多个方面进行全面综合的评价。在诸多评价指标选择之后，需确定评价指标权重。在众多的指标中选择数量有限的指标需要考虑指标间的相互关系，例如，物种数量与物种密度均反映物种丰度水平。如果需要使用多个评价指标来报告对生物多样性的影响，必须要了解每个评价指标的相对重要性及它们之间的关系。③重视森林经营环境。秦岭地区生物多样性与生态安全状况与森林经营有着密切的联系。森林经营环境影响着生物多样性与生态安全的动态变化，生物多样性与生态安全评价必须是在特定的森林经营环境下。秦岭森林经营状况包括政府自然保护区管理和个人承包两种方式，有相应的法律保护。考虑到生物多样性和可持续森林经营之间的关系，开发一个一致认同和现实的评价指标显得尤为重要（李春义等，2006）。根据秦岭森林生态系统的特点，该地区生物多样性与生态安全评价应注重森林经营管理的政策、现状，如保护性政策、资金的投入等方面。

根据指标体系的层次相关性，将指标体系设计为 4 个指标层次。每个指标都是对生物多样性与生态安全领域的评价，指标下设分指标，每个分指标表示某一方面的特征属性，如表 7-1 所示。

表 7-1　生物多样性与生态安全评价指标体系层次

层次	属性特征
目标层	综合表示生物多样性与生态安全的整体状况
准则层	表示生物多样性与生态安全的压力、状态和响应的整体状况
指标层	表示生物多样性与生态安全的压力、状态和响应中某一领域中的整体状况
分指标层	表示指标层中某一属性或特征，是指标体系中最小组成单位

DSR 理论模型框架下，目标层（R）是生物多样性与生态安全综合评价指数，表示生物多样性与生态安全的某一时段整体状况；准则层（R_i）由生物多样性与生态安全受到的威胁（驱动力）、生物多样性与生态安全现状（状态）和生物多样性与生态安全保护（响应）3 个指标组成。指标层（R_{ij}）表示准则层的状态或行为。根据生态系统压力-状态-响应思路，选择评价指标体系。秦岭生物多样性评价指标体系包括森林生态系统多样性、植物多样性、动物多样性、微生物多样性、生物多样性价值、自然生态环境破坏程度、自然资源过度利用程度、外来物种入侵程度、环境污染程度、气候变化程度、生态环境恢复和改善水平、自然资源保护水平和相关政策完善程度等多个指标（表 7-2）。生态安全评价指标体系状态层包括生态系统多样性与复杂性、资源丰富度、生态系统自我恢复能力；压力层包括自然生态环境破坏程度、自然资源过度利用程度、环境污染程度、气候变化程度和自然灾害发生程度等；响应层指标包括生态环境恢复和改善水平、自然资源保护水平和相关政策完善及实施程度（表 7-3）。

表 7-2　森林生态系统生物多样性评价指标体系

目标层（R）	准则层（R_i）	指标层（R_{ij}）
生物多样性综合评价指数	生物多样性现状	森林生态系统多样性
		植物多样性
		动物多样性
		微生物多样性
		生物多样性价值
		……

续表

目标层（R）	准则层（R_i）	指标层（R_{ij}）
生物多样性综合评价指数	生物多样性受到的威胁	自然生态环境破坏程度 自然资源过度利用程度 环境污染程度 气候变化程度 ……
	生物多样性的保护	生态环境恢复和改善水平 自然资源保护水平 相关政策完善程度 ……

表 7-3　生态安全评价指标体系

目标层（R）	准则层（R_i）	指标层（R_{ij}）
生态安全综合评价指数	生态系统状态	生态系统多样性与复杂性 资源丰富度 生态系统自我恢复能力 ……
	生态系统受到的压力	自然生态环境破坏程度 自然资源过度利用程度 环境污染程度 气候变化程度 自然灾害发生程度 ……
	生态系统的保护	生态环境恢复和改善水平 自然资源保护水平 相关政策完善及实施程度 ……

三、生物多样性与生态安全评价的基本方法

国内外生物多样性与生态安全评价的方法主要有综合指数评价法、生态承载力分析法、综合评价法、生态学法/生态模型法等为目前常用的评价方法（表 7-4）。

表 7-4　生态安全评价的常用方法

方法	原理及特点
生态足迹法	对比自然生态系统所提供的生态足迹（SEF）和人类对生态足迹的需求（DEF）
综合指数评价法	通过数学模型方法得到生物多样性或生态安全综合指数
生态承载力分析法	判断生态荷载状况是否超过系统承载能力

续表

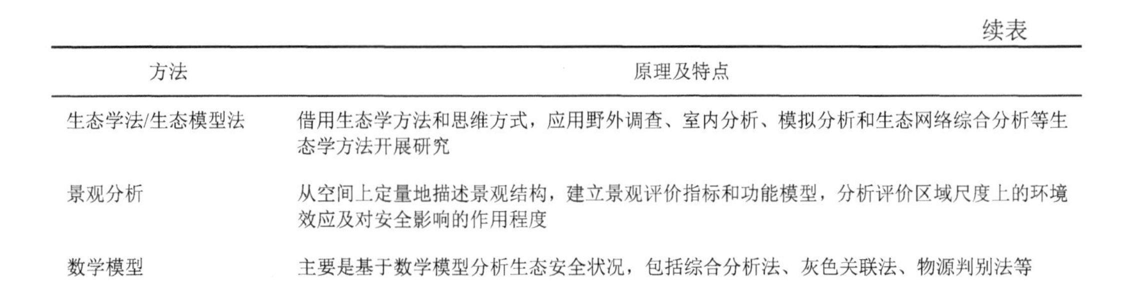

方法	原理及特点
生态学法/生态模型法	借用生态学方法和思维方式，应用野外调查、室内分析、模拟分析和生态网络综合分析等生态学方法开展研究
景观分析	从空间上定量地描述景观结构，建立景观评价指标和功能模型，分析评价区域尺度上的环境效应及对安全影响的作用程度
数学模型	主要是基于数学模型分析生态安全状况，包括综合分析法、灰色关联法、物源判别法等
数字地面模型	将 RS 和 GIS 技术应用于区域生态安全评价

在使用指标体系进行综合评价前，必须将各指标的属性值进行规范化。评价指标分为定性指标和定量指标两类，定性指标需要量化，定量指标需要无量纲化和归一化。属性的归一化是根据不同属性指标对整体目标的影响方向不同，对全部指标属性进行正向化处理，属性归一化后全部数据的大小变化趋势反映了整体目标相同的大小变化趋势。定性指标由于缺乏明确的测度方法，目前没有一个公认的量化模式，一般采用专家评分法，分为若干个等级。建立生物多样性与生态安全评价方法的基本方法包括以下方面：指标属性的量化（定性指标、定量指标）、指标权重的设置、综合指数评价（指标之间的关系、生物多样性与生态安全评价）。

1. 确定并量化评价指标

设评价指标集合 $u=(u_1,u_2,\cdots,u_p)$，其中 $u_i=(1,2,\cdots,p)$ 为生物多样性与生态安全（生态安全）评价指标。设 $V=(v_1,v_2,v_3,v_4,v_5)$，其中 v_1、v_2、v_3、v_4、v_5 分别表示指标评语极低、低、中、高和极高。对于评价指标 $v_i\in u$，设其论域为 $d_i=\left[m_i,M_i\right]$，其中 m_i 和 M_i 分别表示评价指标 v_i 的最小值、最大值，定义：

$$r_i=u_{d_i}\left(x_i\right)\quad i=1,2,\cdots,n \tag{7-1}$$

为决策者评价指标 u_i 的属性值 x_i 的无量纲化值，且 $r_i\in\left[0,1\right]$，其中 $u_{d_i}\left(x_i\right)$ 是定义在论域 d_i 上的指标 u_i 无量纲化的标准函数。根据评价指标的类型，构建下列 3 种无量纲化的标准函数：

成本型指标无量纲化和归一化的标准函数

$$r_i=u_{d_i}\left(x_i\right)=\begin{cases}1 & x_i\leqslant m_i\\ \dfrac{M_i-x_i}{M_i-m_i} & x_i\in d_i\\ 0 & x_i\geqslant M_i\end{cases} \tag{7-2}$$

效益型指标无量纲化和归一化的标准函数

$$r_i = u_{d_i}(x_i) = \begin{cases} 1 & x_i \geqslant M_i \\ \dfrac{x_i - m_i}{M_i - m_i} & x_i \in d_i \\ 0 & x_i \leqslant m_i \end{cases} \tag{7-3}$$

固定型指标有两种无量纲化和归一化的标准函数：

当 $m_i \leqslant x_i \leqslant M_i$ 时，为效益型，当 $x_i > M_i$ 时，为固定值，即

$$r_i = u_{d_i}(x_i) = \begin{cases} \dfrac{x_i - m_i}{M_i - m_i} & m_i \leqslant x_i \leqslant M_i \\ 1 & x_i > M_i \end{cases} \tag{7-4}$$

当 $m_i \leqslant x_i \leqslant M_i$ 时，为成本型，当 $x_i > M_i$ 时，为固定值，即

$$r_i = u_{d_i}(x_i) = \begin{cases} \dfrac{M_i - x_i}{M_i - m_i} & m_i \leqslant x_i \leqslant M_i \\ 0 & x_i > M_i \end{cases} \tag{7-5}$$

区间型指标无量纲化和归一化的标准函数

$$r_i = u_{d_i}(x_i) = \begin{cases} \dfrac{x_i - m_i}{c_1 - m_i} & m_i \leqslant x_i \leqslant c_1 \\ 1 & c_1 < x_i < c_2 \\ \dfrac{M_i - x_i}{M_i - c_2} & c_2 \leqslant x_i \leqslant M_i \end{cases} \tag{7-6}$$

式中，$c_1 < c_2$，且 $c_1 \in [m_i, M_i]$，$c_2 \in [m_i, M_i]$。

2. 确定指标权重系数

指标权重的确定有主观法和客观法两大类。主观法是由决策分析者对各指标的主观重视程度而赋权的一类方法，主要有专家调查法、循环评分法、二项系数法和层次分析法等。客观赋权法依据评分对象各项指标数据，按照某个数学上的计算准则得出各评价指标权重，如熵值法、最小二乘法和最大方差法等。由于生物多样性与生态安全评价的复杂性和模糊性，用精确的数学模型来求取评价因素的难度很大；对系统分析不足时，过分依赖数学模型，会使权重不合理。因此，在实际中利用主观法赋权时，结论较为可靠。本章介绍常用的层次分析法（analytical hierarchy process，AHP）。用层次分析法计算指标权重系数，实际上是在建立有序递阶的指标系统的基础上，通过指标之间的两两比较对系统中的指标予以优劣评判，并利用这种评判结果来综合计算各指标的权重系数。层次分析法确定权重的基本步骤如下。

（1）通过两两比较，得到一个判断矩阵 $\boldsymbol{A}$

$$A_1 A_2 \cdots A_n$$

$$A=\begin{matrix} A_1 \\ A_2 \\ \vdots \\ A_n \end{matrix}\begin{bmatrix} a_{11} & a_{12} & \cdots & a_{1n} \\ a_{21} & a_{22} & \cdots & a_{2n} \\ \vdots & \vdots & & \vdots \\ a_{n1} & a_{n2} & \cdots & a_{nn} \end{bmatrix} \tag{7-7}$$

式中，a_{ij} 是采用一定的标度规则确定的。在 AHP 法中，传统的是采用 Saaty 最初设计的比例 9 标度（1～9 比例标度）（表 7-5）。a_{ij} 的实际意义是第 i 单位$\left(A_i\right)$的重要性是第 j 单位$\left(A_j\right)$重要性的倍数，即

$$a_{ij}=\frac{A_i\text{的重要性分数}}{A_j\text{的重要性分数}}=\frac{W_i}{W_j} \tag{7-8}$$

显然有：$a_{ij}>0,\ a_{ii}=1, a_{ij}=1/a_{ji}, a_{ij}=a_{ik}\times a_{ki}(k=1,2,\cdots,n)$，称为传递性或一致性。

表 7-5　AHP 比例 9 标度的评分标准

重要性分数 a_{ij}	意义
1	i 与 j 一样重要
3	i 比 j 略为重要
5	i 比 j 明显重要
7	i 比 j 强烈重要
9	i 比 j 极端重要
2、4、6、8	介于上述相邻重要程度之间
上述各数的倒数	上述 j 与 i 的比较，即 a_{ji}

（2）计算 $\boldsymbol{A}$ 的最大特征值 λ 及其特征向量 $\boldsymbol{W}$。

（3）对 $\boldsymbol{W}$ 进行归一化，即得到比重权数$\overline{W}$。第 i 指标$\left(i=1,2,\cdots,n\right)$的比重权数为

$$\overline{W_i}=W_i\Big/\sum W_i \tag{7-9}$$

（4）对判断矩阵进行一致性检验

如果一个判断矩阵的不一致性过于严重，则构成的权重系数将出现明显的不合理情况。因此，需对判断矩阵的一致性进行检验

$$\mathrm{CR}=\frac{\mathrm{CI}}{\mathrm{RI}} \tag{7-10}$$

式中，CI 称为判断矩阵一致性指标。其公式为

$$\mathrm{CI}=\frac{\lambda_{\max}-n}{n-1} \tag{7-11}$$

式中，n 为判断矩阵的阶数。RI 为同阶的平均随机一致性指标。一般情况下，CR 不超过 10%时，认为 $\boldsymbol{A}$ 的一致性是较好的，否则，认为 $\boldsymbol{A}$ 中的不一致情况较为严重，需调整 $\boldsymbol{A}$ 以重构 $\boldsymbol{W}$。

3. 建立综合评价指数与模型

综合评价指数法便于横向与纵向的对比分析，但运用时应注意：①要考虑多个影响因子之间的协同效应，即多个影响因子同时存在时将会加重影响；②各影响因子对综合指数的贡献相等，即各影响因子在相同危害或安全程度下的指数相等（洪伟等，2003；马克明等，2001）。综合评价指数法简明扼要，且符合人们所熟悉的环境污染及环境影响评价思路；其困难之处在于如何明确建立表示生态环境质量的标准体系，而且难以赋权与准确计量。建立综合评价指数的量化关系时，应考虑评价指标之间存在不同的关系和作用，根据其贡献可以分为累加关系、连乘关系和替代关系。

1）生物多样性综合评价指数方法

当不同权重（W_i）的次级指标（R_{ij}）之间互不依赖，独立地对上一级指标（R_i）的数值大小做出贡献时，这些指标之间为累加关系，其计算公式为

$$R_i = \frac{\sum W_i R_{ij}}{\sum W_i} \tag{7-12}$$

当指标之间相互依存，共同对上一级指标的数值大小做出贡献时，这些指标为连乘关系，综合评价值（R）为

$$R = \sqrt[4]{\prod R_i} \tag{7-13}$$

当某一指标为最大时，即可替代其他的同级指标对上一级指标的贡献，这些指标之间为替代关系，其计算公式为

$$R_i = \max\left(R_{i1}, R_{i2}, \cdots, R_{ij}\right) \tag{7-14}$$

建立计算生物多样性与生态安全综合指数的数学模型，应考虑指标体系框架和指标之间的逻辑关系和数学关系，以便反映生物多样性与生态安全综合水平。假设分指标$\left(P_i\right)$由参数$\left(P_i'\right)$表示，即

$$P_i = P_1', P_2', P_3', \cdots \text{或} P_j' \ (j = 1, 2, 3, \cdots) \tag{7-15}$$

指标层指数由参数构成，即

$$R_{ij} = \frac{\sum W_i P_i}{\sum W_i} \tag{7-16}$$

准则层指数由指标层指标构成，即

$$R_i = \frac{\sum W_i R_{ij}}{\sum W_i} \tag{7-17}$$

生物多样性与生态安全综合指数，即

$$R = \frac{\sum W_i R_i}{\sum W_i} \tag{7-18}$$

R 值介于 0～1，越接近 1，表明生物多样性与生态安全水平越高；越接近 0，表示生物多样性与生态安全状况越差。

2）生态安全综合评价指数方法

A. 数据标准化处理

设方案集为$\alpha=\{\alpha_1,\alpha_2,\cdots,\alpha_n\}$，指标集为$\beta=\{\beta_1,\beta_2,\cdots,\beta_n\}$，方案$\alpha_i$对指标$\beta_i$的属性值记为$X_{ij}=(i=1,2,\cdots,n;j=1,2,\cdots,m)$，$\boldsymbol{X}=(x_{ij})_{n\times m}$为指标集的属性矩阵，标准化后的属性矩阵为$\boldsymbol{Y}=(y_{ij})_{n\times m}$。

效益型指标，标准化方法为

$$\boldsymbol{Y} = \frac{\boldsymbol{X} - \boldsymbol{X}_{\min}}{\boldsymbol{X}_{\max} - \boldsymbol{X}_{\min}} \tag{7-19}$$

成本型指标，标准化方法为

$$\boldsymbol{Y} = 1 - \frac{\boldsymbol{X} - \boldsymbol{X}_{\min}}{\boldsymbol{X}_{\max} - \boldsymbol{X}_{\min}} \tag{7-20}$$

B. 权重指标确定

本研究采用均方差权重法对评价指标赋权。均方差是反映随机变量离散程度的指标，将均方差归一化处理即为各指标的权重系数。具体步骤如下。

求随机变量的均值：

$$E(\beta_j) = \frac{1}{n}\sum_{i=1}^{n} Y_{ij} \tag{7-21}$$

求β_i的均方差：

$$\sigma(\beta_j) = \sqrt{\sum_{i=1}^{n}\left(Y_{ij} - E(\beta_j)\right)^2} \tag{7-22}$$

求β_i的权重系数：

$$W_j = \frac{\sigma(\beta_j)}{\sum_{j=1}^{m}\sigma(\beta_j)} \tag{7-23}$$

综合指数计算：

$$T_i = \sum_{j=1}^{m} W_j Y_{ij} \tag{7-24}$$

第二节　秦岭南北坡及典型流域的生物多样性评价

一、秦岭生物多样性现状

秦岭是中国重要的生态功能区，主要生态功能包括水源涵养和生物多样性保护等方面（李旭辉，2009）。生物多样性对于维护自然景观和生态平衡起着重要的作用。目前，由于人为活动和气候变化的影响，秦岭的生物多样性面临着一系列问题，主要表现在以下几个方面：①原始天然林保存较少，森林资源林分质量较差。②人工落叶松林植被类型简单，生态系统单一，不利于珍稀动植物生存、发展。③生物多样性保护与社会经济发展的矛盾难以调解。④当地居民保护意识不强，存在盗猎和乱砍滥伐的现象（潘景璐，2013）。同时，生物多样性、生态安全及生态环境保护等环境问题面临诸多威胁，如栖息地丧失、外来物种入侵、气候变化、污染和其他的威胁等。根据调查，近 60 年来秦岭生态环境逐步恶化，生物资源在遭受破坏，天然植被大面积减少，覆盖率由 64%下降到 46%，森林下限上升到海拔 300～500 m；水土破坏加剧，年流失量达 0.84 亿 t，山石土地江河环境污染严重。社会经济发展当中对资源的过度利用和对环境的破坏，现存流域管理制度和经济发展模式不利于生态保护与区域的可持续发展。

目前，对于秦岭生物多样性的研究主要集中在以下方面：①单一物种的多样性状况及分布格局，物种的区系特征及随海拔的分布格局；②生物多样性对气候变化和人为活动的响应，例如丹江口水库对当地植物多样性的影响（吴笛，2009）；③生物多样性保护研究。秦岭生物多样性综合评价成为认识生态环境整体变化特征及影响因素的重要手段。本节以丹江、黑河流域为研究区，分析秦岭南北区域生物多样性差异；基于 PSR 模型框架，利用综合评价指数法，分析生物多样性变化特征及相应机制并预测未来的发展趋势。

二、丹江流域与黑河流域生物多样性对比分析

秦岭南坡的丹江是南水北调中线工程的水源地和涵养区，而秦岭北坡是黑河引水工程的水源涵养地。丹江和黑河在秦岭生物多样性保护和生态安全建设方面占有重要地位，因此具有代表性。根据采样的典型性原则，分别在丹江、黑河流域选择若干点进行采样。

生物多样性分布特征与环境因子存在密切关系，如土壤性质、群落密度、地形因子等；同时，人为活动也对生物多样性产生重要影响，例如，丹江口水库建立之后，改变了库区的生态环境，对流域内生物多样性及分布产生了一定的影响，总体上动物多样性和数量明显增加，但对生物多样性产生不利影响（包洪福，2013；吴笛，2009）。

1. 蝶类多样性

根据不同指标分析蝶类生物多样性状况，计算指标主要有以下几种：①Menhinick 物种丰富度指数（R_S）；②Shannon-Wiener 多样性指数（H'）；③Pielou 均匀度指数（J'）；④Berger-Parker 优势度指数（D）。

不同区域指标表现出不同的分布特征（表 7-6）。丹江流域蝶类为 219 种 108 属，黑河为 261 种 125 属，黑河蝶类多样性大于丹江。物种丰富度指数黑河整体大于丹江，但丹江空间差异性大于黑河，其中丹江流域竹林关值最大（3.40），过风楼最小（1.85）；多样性指数黑河整体大于丹江，黑河多站点平均值为 3.78，丹江为 3.35，周至厚畛子最大（4.21），二龙山水库最小（2.87）；均匀度指数相差较小，黑河整体大于丹江，黑河多站点均匀度指数平均值为 2.85，丹江为 2.78；优势度指数丹江整体大于黑河，丹江多站点优势度指数平均值为 0.44，黑河为 0.37，丹江过风楼优势度指数最大，为 0.75，丹江竹林关最小，为 0.09。不同指标均表现为黑河大于丹江。不同区域蝶类种类分布不同，如表 7-7 所示。蛱蝶科种类数远大于其他科，丹江流域蛱蝶科种数 104 种，占所有种数 47.49%，黑河流域蛱蝶科种数 122 种，占全部 46.74%；除弄蝶科之外，其余种数黑河大于丹江。

表 7-6 蝶类生物多样性

	采样点	种	属	物种丰富度指数	个体数	多样性指数	均匀度指数	优势度
丹江	中村 ZC	129	77	2.58	2504	3.64	2.82	
	竹林关 ZL	127	72	3.40	1398	3.95	2.87	0.09
	过风楼 GF	122	71	1.85	4328	3.28	2.76	0.75
	二龙山水库 EL	110	60	2.22	2445	2.87	2.72	0.53
	商丹盆地 DS	81	56	2.51	1042	3.00	2.73	0.36
黑河	周至厚畛子 HZ	182	98	3.37	2910	4.21	2.93	0.28
	板房子 BF	112	71	2.87	1520	3.52	2.80	0.47
	金盆水库 JP	110	71	3.07	1286	3.50	2.79	0.35
	楼观台 LG	155	85	2.51	3821	3.88	2.86	

表 7-7 不同蝶类构成

采样点	蛱蝶科	灰蝶科	弄蝶科	凤蝶科	粉蝶科
丹江	104	42	38	16	19
黑河	122	60	34	19	26

李志刚等（2015）研究表明蝶类对环境变化敏感，经常作为指示生物来监测和评价区域环境的变化趋势，蝴蝶寿命短，极易受到季节变化、植被变化和水体污染的影响；林芳淼等（2012）研究表明蝶类多样性与人为活动强度有紧密的关系，蝶类在不同生境下表现出不同的分布特征，在灌丛中多样性指数最高，与生境空间复杂程度紧密相关；

顾伟等（2015）研究表明森林蝶类多样性大于灌丛草甸，物种丰富度指数和均匀度指数越高、优势度指数越低说明环境质量越优。丹江和黑河流域生境条件存在明显差异，根据遥感影像资料，丹江流域 2015 年森林面积占总面积的比例为 51.9%，黑河为 55.4%；同时，丹江和黑河流域人为活动强度不同，根据统计资料，丹江流域 2010 年单位面积的 GDP 为 212 元/km^2，人口密度为 137 人/km^2，黑河单位面积的 GDP 为 118 元/km^2，人口密度为 135 人/km^2。丹江流域产业密集、人为活动强度大，同时生态环境质量较差，导致丹江流域蝶类多样性低于黑河。

2. 森林植被

在过去 30 年间，秦岭森林遭到破坏，景观生态的破碎程度明显增加，尤其是不同森林类型的过渡带更为明显。例如，商洛地区森林植被在过去 30 年中发生了显著的变化（1978～2006 年）（图 7-2），其中针叶林和阔叶林面积变化最为显著，在 1978～1990 年减小，变化幅度分别为–3.67%和–1.21%；在 1990～2000 年显著增加，变化幅度分别为 15.54%和 1.68%；在 2000～2006 年再次减小，变化幅度分别为–0.87%和–13.07%。

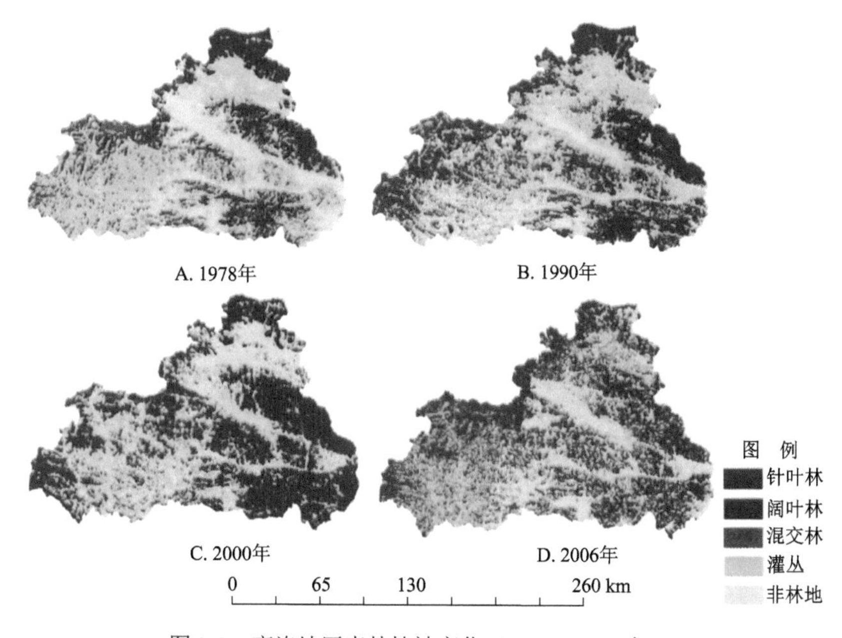

图 7-2 商洛地区森林植被变化（1978～2006 年）

研究表明，森林植被变化主要由人为活动导致，使森林减少约 50%。同时，人为活动导致森林植被退化，近 30 年使 46%的阔叶林退化成灌丛和非林地。森林植被在不同水文条件下表现为不同的分布特征，如丹江、黑河流域林地主要集中于河谷上游地区，人为活动对水文条件的影响直接影响到森林植被。

3. 大型真菌

秦岭山脉大型真菌种质资源存在明显的垂直分布，但有明显的分布不均匀现象。在太白山的 500 个样品中，鉴定出 123 个种类，112 种子囊菌，11 种担子菌，从属于 2 亚门 5 纲 11 目 35 科 74 属。包括 62 种食用菌，21 种药用菌，28 种外生菌根真菌，7 种毒菌，18 种木腐菌类。真菌的垂直分布与植被类型的垂直分布具有明显的相关性，太白山植被随海拔升高依次是盆地丘陵农耕带、常绿阔叶林带、山地落叶阔叶林带、亚高山针叶林带、高山灌丛草甸带（图 7-3）。

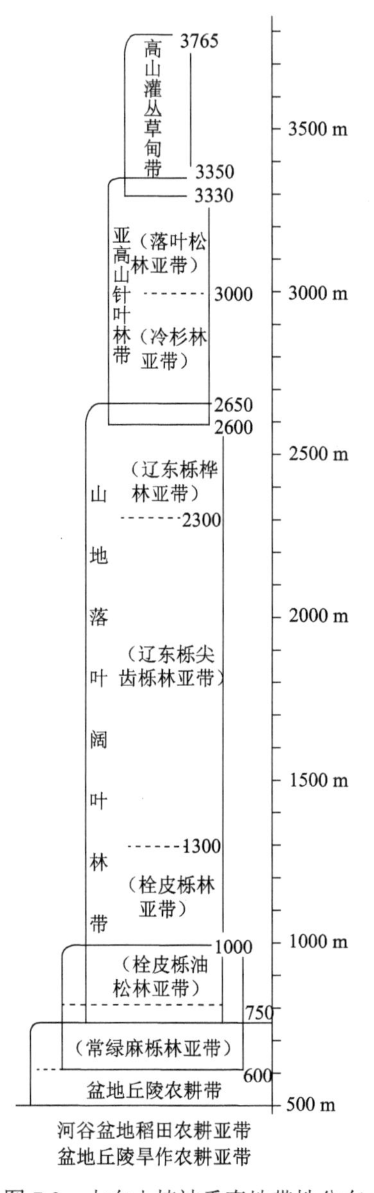

图 7-3　太白山植被垂直地带性分布

通过分子生物学检测技术，在秦岭地区首次发现了竹林蛇头菌（*Mutinus bambusinus*）（图 7-4）。该物种的出现是由气候变化还是人为活动引起的，尚有待进一步的探讨。

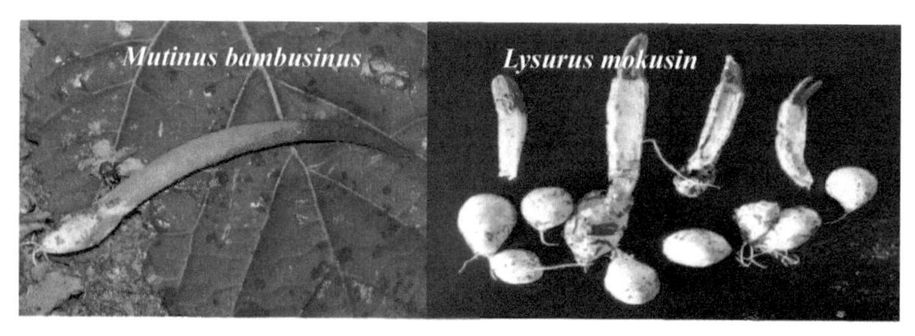

图 7-4　竹林蛇头菌（左）与五棱散尾鬼笔（右）

部分大型真菌种属分布及生长明显受到秦岭山区采矿的影响，其与秦岭矿区面积和重金属污染程序呈明显负相关，图 7-5 为部分采样点土壤重金属含量分布。通过对资源状况及生物多样性的研究，可以了解秦岭地区大型真菌物种组成。部分采样点土壤锌和钒含量远高于其他样点。

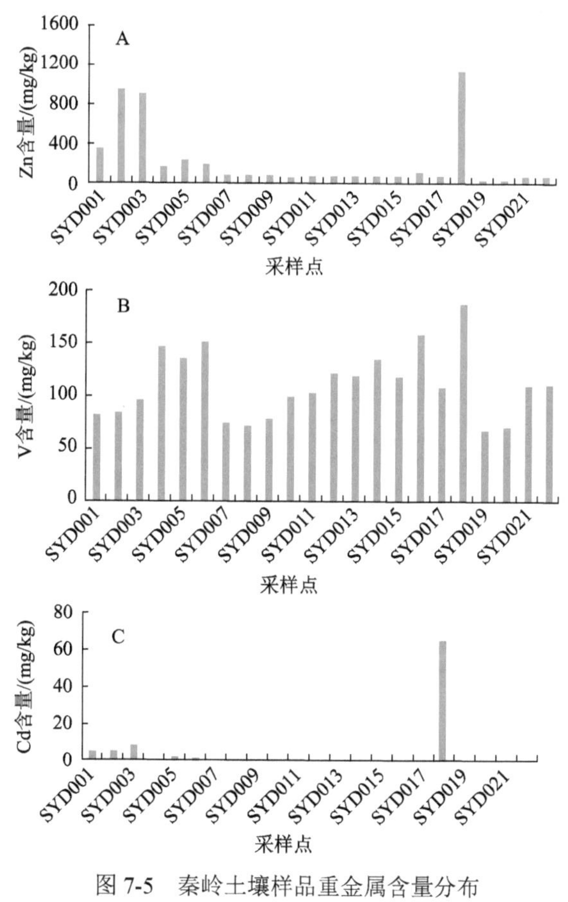

图 7-5　秦岭土壤样品重金属含量分布

A. 锌；B. 钒；C. 镉

研究表明，秦岭生物多样性的生态结构与区域气候特征密切相关。在秦岭山脉垂直梯度的影响下，乔木生长主要受限于降水，灌木与草地生长主要受限于气温，菌类生长主要受限于光照和气温。

4. 鱼类

研究表明，鱼类在丹江流域与黑河流域存在明显的时空分布不均现象，过去 30 年（1980～2010 年）间，两条河流中的不少鱼类已灭绝，其中丹江流域鱼类数量由 56 种减少至 27 种，黑河流域由 32 种减少至 15 种。鱼类种类数量与自然环境有明显关系，由于水体污染，丹江鱼类减少明显，部分直流河段鱼类几乎灭绝。同时，研究发现随着海拔增加，河流与湖泊中的鱼类种类与数量减少。

5. 鸟类

秦岭丹江、黑河流域鸟类资源丰富，在不同季节表现出不同的分布特征（表 7-8）。丹江不同站点鸟类种数平均值为 91 种，黑河为 101 种；丹江科数为 33 科，黑河为 31 科；丹江目数为 11 目，黑河为 10 目。不同季节鸟类种数不同，丹江、黑河流域鸟类种数整体为夏季＞春季＞秋季。黑河与丹江鸟类优势种不同，丹江的优势种有红嘴蓝鹊、崖沙燕、黄臀鹎、大山雀、环颈雉、棕头鸦雀等，黑河的优势种有云南柳莺、喜鹊、金翅雀、长尾山椒鸟、强脚树莺、北红尾鸲等，且在不同的季节优势种不同。

表 7-8　秦岭鸟类多样性及季节分布

采样点		不同季节出现种数			全年统计		
		春季	夏季	秋季	种	目	科
丹江	黑龙口镇	44	51	37	70	9	27
	商州区	90	67	65	120	14	38
	竹林关镇	50	62	52	95	11	34
	湘河镇	43	58	39	77	11	32
黑河	周至县厚畛子镇	—	86	68	109	8	31
	板房子镇	—	68	54	105	8	26
	马召镇	58	56	44	88	13	35

鸟类多样性与蝶类多样性具有相同的分布特征，丹江流域大于黑河流域。鸟类分布与生境有紧密关系，树林灌丛生境的鸟类多样性大于其他生境，湿地有利于鸟类生存繁衍（刘彬等，2012；罗子君等，2012）。丹江流域 2015 年水域面积占总面积比例为 0.91%，黑河为 1.14%，同时黑河流域生境质量优于丹江是鸟类多样性丰富的主要原因。根据目前研究，近百年尺度生物多样性变化主要是人类不合理活动导致的。丹江流域产业布局密集，丹江口水库蓄水面积增大及城镇化建设将会对生物多样性产生的影响如下：①城镇化建设增加景观破碎度，隔断生态廊道，对生态过程产生影响，降低生物多样性；②库区水位增高，对下游生物分布格局产生影响，其中下游特有植物消失；③库区水位抬升为鸟类、爬行类、鱼类等提供有利条件。黑河流域人为活动强度弱、产业单一，在短期内生物多样性不会发生明显变化。

黑河流域蝶类、鸟类多样性丰富于丹江，主要是由于黑河流域森林覆盖度高、产业布局单一及人为活动强度低；蝶类多样性可在一定程度上指示区域生态环境质量，作为监测、评价环境质量的指标；在人为活动是影响生物多样性主导因素的前提下，丹江、黑河流域生物多样性在短期内不会发生明显变化，但会对不同生物分布格局产生不同影响。

三、秦岭生物多样性变化

随着社会经济发展，生物多样性受栖息地丧失、外来物种入侵、气候变化、环境污染等方面的威胁。研究表明，20 世纪 50 年代以来，秦岭地区降水量呈下降趋势，但极端降雨发生频率呈增加趋势，极端降雨发生增加了水土流失等自然灾害发生的风险，会对动植物生存、繁衍产生威胁；同期，随着社会经济的快速发展，人为活动对自然环境的干扰程度急剧增加，人类不合理活动对秦岭生态系统造成巨大破坏；气候变化和人为活动具有相互耦合作用，例如，人为活动（如温室气体排放），对大气循环等自然过程产生影响，其表现为气温上升、极端事件发生频率增加等。人为活动对自然生态环境也有正面作用，2000 年以后，随着保护生物多样性意识的提高，政府对生物多样性保护工作投入大量财力、物力，例如，建立大量的自然保护区，其主要目的是保护濒危动植物，维护生态系统的可持续发展；同时，随着人们对生态环境保护意识的增强，生物多样性保护和生态修复工作取得重要进展。

秦岭是我国地理上南北分界线，南北方气候、植被类型、生态系统及人为活动强度存在差异，气候变化和人为活动对生物多样性状况产生重要影响。本研究基于 DSR 理论框架模型，建立适合于评价秦岭生物多样性的指标体系，分析秦岭南北地区 1989～2008 年生物多样性变化特征。

（一）生物多样性评价指标体系

DSR 模型广泛应用于环境系统评价中，包括驱动（D）、状态（S）和响应（R）指标层，有助于选择相关指标和信息，可分析持续性发展等问题。驱动力指标是指引起生物多样性发生的因素或事件，秦岭地区主要包括气候变化（气温和降水变化）和人为活动，近 60 年（1960～2015 年）来，秦岭地区气候变化的显著特征是平均气温升高，极端降雨事件增加，从而破坏自然生境，对生物生长、繁衍产生影响。驱动力主要是对生态环境的破坏行为，如自然资源过度开发和对野生珍稀动植物破坏，致使生物面临栖息地丧失、外来物种入侵、工农业污染等威胁；人为活动使生境破碎化，是造成生物多样性下降的重要原因之一。驱动力指标是引起演变的原因，是对环境系统产生的压力，侧重于系统作用过程。状态指标是指生态系统和物种所处的状态。由于驱动力的作用，生态系统及人类的生活状况发生变化，秦岭地区主要表现为森林生长状况、动植物多样性、濒危动植物等变化，例如，近 60 年（1960～2015 年）来，秦岭森林面积缩小 12 万 hm^2，森林蓄积量不及原来的 30%；鸟类多样性基本能反映生物多样性状况，秦岭鸟类数量近 30 年来呈增加趋势。状态指标反映生物多样性水平，侧重于变化过程。响应指标是指人类基于状态变化所做出的反应，主要是指人类对生态系统做出的保护性措施。在秦岭地区主要是搬迁移民和自然保护区的建设，将主要物种纳入保护区内，目前已建立各类自然保护区 31 个，其中 7 个为国家级自然保护区（截至 2009 年底）（王昌海，2011）。

秦岭自然保护区建立对生物多样性保护具有重要作用，同时可产生可观的经济效益。选择自然保护区数量和保护的物种数为响应指标的参数。根据评价指标遴选的原则，本研究选择 14 个分指标构成秦岭生物多样性综合评价指标体系（表 7-9）。

表 7-9 秦岭生物多样性综合评价指标体系

目标层	准则层（R_i）	指标层（R_{ij}）	参数	数据来源
秦岭生物多样性综合评价指标体系	状态指标（S）	森林生态系统状况	森林面积占总面积的比例	杨凤萍等，2014
			森林蓄积量	
		动物多样性	鸟类种类	
		植被生长状况	NDVI 指数	解锋，2013
	驱动力指标（D）	人为活动影响	二氧化碳排放	白晶，2011
			人口数量	
			城镇化率	
			工业生产值	
			农业生产值	
			道路面积	
		气候变化程度	气温变化	解锋，2013
			降雨变化	
	响应指标（R）	自然资源保护水平	自然保护区数量	中华人民共和国生态环境部
			重点保护动植物数量	

（二）生物多样性指标权重

指标权重反映指标因素在生物多样性中的重要程度。本研究根据前文生物多样性评价方法，利用主观和客观相结合的方法确定不同指标在综合评价模型中的权重（表 7-10）。

表 7-10 秦岭生物多样性评价指标权重（%）

地区	状态指标				压力指标								响应指标	
	油松林生物量	森林面积占总面积比例	鸟类种类	NDVI	人口数量	二氧化碳排放	城镇化率	工业生产值	农业生产值	道路面积	气温变化	降雨变化	自然保护区数量	重点保护动植物数量
秦岭南坡	8.5	8.2	8.2	10.4	4.0	4.2	5.2	3.0	3.4	7.2	2.5	3.1	18.3	13.9
秦岭北坡	9.5	10.3	8.8	11.1	4.7	4.5	5.5	3.2	4.0	8.1	2.9	3.4	13.2	10.8

指标在不同地区权重不同。状态指标权重大于其他类型，在秦岭北坡权重大于秦岭南坡，表明在秦岭北坡状态变化对生物多样性整体状况影响大于秦岭南坡。秦岭南坡状态指标中权重顺序为 NDVI＞油松林生物量＞森林面积占总面积比例=鸟类种类，秦岭北坡为 NDVI＞森林面积占总面积比例＞油松林生物量＞鸟类种类；压力指标权重秦岭北

坡大于秦岭南坡，分别为36.3%和32.5%，在压力指标中道路面积的权重大于其他因素，道路的建设隔断生物迁移通道，使生境破碎化，对生物有重要影响，人为活动对生物多样性的影响程度大于气候变化；响应指标权重秦岭南坡大于秦岭北坡，自然保护区数量的权重大于重点保护动植物数量，表明在秦岭南坡建立自然保护区的重要程度大于秦岭北坡。

（三）结果分析

秦岭 1989～2008 年生物多样性综合指数呈现先下降后上升的变化趋势。生物多样性综合指数反映生物多样性整体状况，准则层指数反映准则层指标在生物多样性中的状态，原理与综合评价指数相同。根据综合指标计算模型，分析准则层指数和综合指数的分布特征与变化趋势。分析秦岭南北地区指标层指数 1989～2008 年的变化（图 7-6），结果显示秦岭南北地区不同准则层指数表现为相似的变化特征。

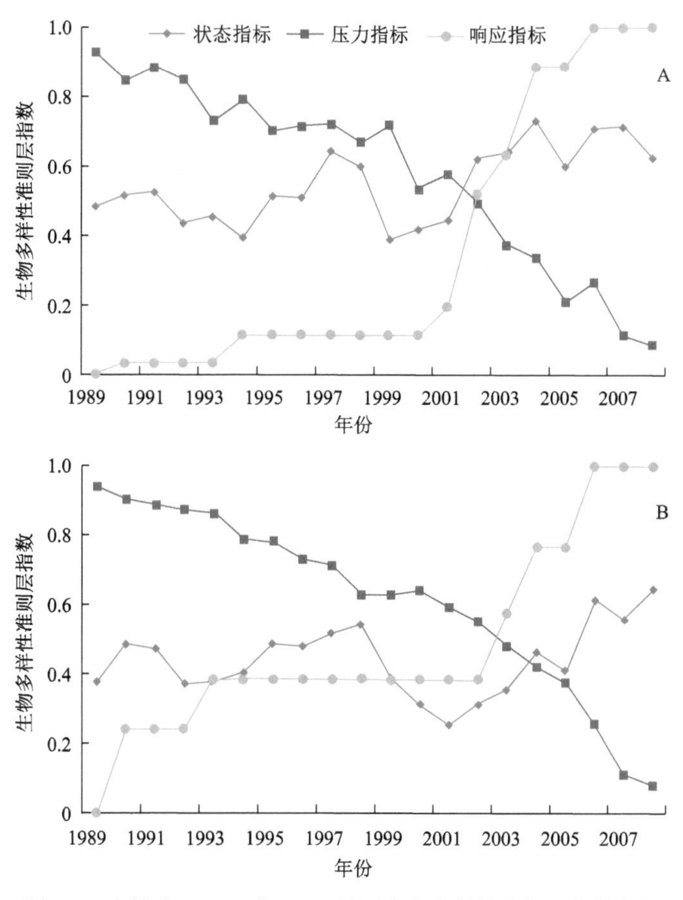

图 7-6　秦岭南（A）、北（B）地区生物多样性指标层指数变化

1. 准则层生物多样性指数变化

在秦岭南坡，不同准则层指数表现为不同的变化特征。①状态指标指数呈现上升的趋势，但不同分指标表现出不同的变化特征。油松林生物量与鸟类种类指数呈现增加趋

势，其中30年间油松林生物量由0增加为0.24，鸟类种类指数由0增加到0.23；森林面积占总面积比例和NDVI呈现下降趋势，其中森林面积占总面积比例指数由0.23下降到0，NDVI指数由0.25下降到0.15。油松林生物量、森林面积占总面积比例、鸟类种类和NDVI指标权重分别为0.24、0.23、0.23和0.29，NDVI指标权重大于其他指标，其变化对生物多样性有重要影响，在研究时间段内，秦岭南坡NDVI没有明显的变化，1989～1999年年均值为0.47，2000～2008年均值为0.46。油松林生物量与森林面积占总面积比例指数表现出不同的变化特征，近60年来，秦岭森林覆盖率和林区森林资源存量均呈下降趋势，森林覆盖率由新中国成立初的64%下降到现在的46%，森林资源蓄积量下降70%，但油松林蓄积量却呈显著增加趋势（潘景璐，2013）。油松林主要为人工林，近30年来，大量坡耕地建为人工林，存在物种单一、外来物种威胁、生态系统不稳定的问题。②压力层指标指数呈下降趋势。压力是由人为活动和气候变化等外界环境对生态系统的影响，指标层指数反映其对生物多样性的作用状态。秦岭南坡压力指标指数在30年间从0.93下降到0.08，表明压力层影响因子对生物多样性的作用程度在增加，其对生态安全产生严重威胁。在压力准则层中人为活动指标的指数呈现下降趋势，其值在30年间从0.83下降到0.01，压力指数下降主要由人为活动导致。指标层中，人口数量、二氧化碳排放量、城镇化率、工业生产值、农业生产值和道路面积指标的权重分别为0.12、0.16、0.09、0.10和0.22，道路面积对生物多样性的影响程度远大于其他指标，秦岭南坡道路面积30年间从129.43万km^2增加到823.20万km^2，其指数从0.07下降到0，在森林中，道路建设使生物生境破碎化，隔离阻断野生动物种群间的基因交流，对生物迁徙、生存和发展产生重要影响，人口数量及工农业生产总值也呈现不同程度的增加趋势；气候变化指标指数也呈下降趋势，其指数30年间从0.12下降到0.07，表明气候变化幅度在增加。气候指标权重在压力准则层中为0.17，其对生物多样性的影响程度远小于人为活动。③响应层指数呈上升趋势。随着对生物多样性保护意识的提高与经济社会的发展，人为活动对生态系统的正面效应在逐渐增强。在秦岭地区，生物多样性保护主要通过自然保护区建设等政府行为体现。30年间，响应准则层指数由0.03增加至1.00，其中自然保护区数量指数从0增加至0.57，重点保护生物种类指数由0增加至0.43，表明人为活动在生物多样性中扮演的重要程度在逐渐增强。在秦岭南坡，自然保护区数量从1989年3个增加至2008年20个，重点保护生物种类数由5个增加至33个。在保护建设中仍存在不可协调的问题，例如，开发和保护难以有机结合，保护区对当地经济社会发展产生限制，保护区旅游不当，无序开发对生物保护产生负面效应；同时存在监管不严格问题，秦岭中存在资源过度消耗和非法捕猎，如牛背梁自然保护区国营林场大量商业性砍伐对羚牛栖息活动产生影响。

秦岭北坡指标层生物多样性指数与秦岭南坡有相似的变化特征。①状态准则层指数没有明显的上升趋势，同时具有较大的波动性，1989～1999年平均值为0.45，2000～2008年均值为0.44，2008年最大（0.65），2001年最小（0.26），最大值为最小值的2.5倍。状态指标中油松林蓄积量、NDVI、森林面积占总面积比例和鸟类种类指标权重分别为0.24、0.26、0.22和0.28，鸟类种类对生物多样性的影响程度大于其他指标，与秦岭南坡不同。油松林蓄积量和鸟类种类指标指数呈上升趋势，30年间，油松林蓄积量指数从0

增加至 0.24，鸟类种类指数从 0 增加至 0.28。森林面积占总面积比例和 NDVI 指标指数呈下降趋势，30 年间，指数从 0.22 下降至 0，本研究中森林面积占总面积比例即森林覆盖率，从 1989 年的 45.3%下降至 2008 年的 43.0%；NDVI 指数从 1989～1999 年均值 0.26 下降至 2000～2008 年均值 0.09，年际间表现出波动性，1990 年最大（0.26），2000 年最小（0）。秦岭地区，森林生态系统是主体，生物具有明显的过渡性和地带性，森林生态系统中生物生存和发展与森林本身状态有重要的关系，因此，森林覆盖率和 NDVI 是衡量生物多样性的重要指标，其变化对生物多样性有重要影响。②压力层指标反映外界环境对生态系统的作用程度，秦岭北坡外界对其影响程度逐渐加强，压力指数呈下降趋势，其值 30 年间从 0.94 下降至 0.08。压力指标由人为活动指标和气候变化指标组成，其表现为不同的变化特征。人为活动指标指数呈现下降趋势，其值从 0.82 下降至 0，人为活动指标中，人口数量、二氧化碳排放量、城镇化率、工业生产总值、农业生产总值和道路面积的权重分别为 0.13、0.12、0.15、0.09、0.11 和 0.22，道路面积和城镇化率指标的权重大于其他指标，所有人为活动指标指数均呈现下降趋势，表明其全部对生物多样性产生负面效应，如秦岭北坡城镇化率从 1989 年的 21%增加至 2008 年的 30%，城镇建设对自然生态系统产生破坏，扰乱自然生态、水文过程，破坏生物生长环境；气候变化指标指数也呈现下降的趋势，其值由 1989～1999 年均值 0.05 下降至 2000～2008 年均值 0.04，气候变化指标指数下降主要由于气温和降雨等气象要素的波动性变大，气象要素不稳定会对生物生存、发展产生不利影响。压力层指标指数变化主要由人为活动导致，在保护中，应减少人为活动对自然生态系统的干扰。③响应层指标呈上升趋势，反映人为活动对生态系统的保护作用在增强。30 年间，响应层指标指数由 0 增加至 1。在响应准则层中，自然保护区数量和重点保护动植物种类数指标的权重分别为 0.55 和 0.45，自然保护区数量由 1989 年的 2 个增加至 2008 年的 8 个，重点保护动植物种类数由 4 种增加至 13 种。国家级自然保护区为太白山保护区和长青保护区，存在旅游开发无序问题，如眉县太白森林公园处于超负荷运行，景区建设及游客对生态系统造成较大破坏。但保护区对森林的建设与保护起着重要的作用。

2. 生物多样性综合评价指数变化

综合评价指数反映生物多样性整体状况。基于综合评价指数模型，计算秦岭南北 1989～2008 年生物多样性综合指数，分析其变化特征。

秦岭生物多样性综合指数在 1989～2008 年呈现先下降后上升的变化特点（图 7-7）。秦岭南坡的变化特点为 1989～1997 年变化不明显，1998～2000 年下降，之后逐渐上升。根据不同指标指数的变化，1998～2000 年下降主要由于人为活动程度的加强，在该时段内体现为 GDP 和道路面积的快速增长，同时自然保护区建设处于停滞阶段；2000 年之后，响应层指数快速上升，对综合指数上升具有重要作用，秦岭南坡的自然保护区建设主要在 2001 年之后。根据生物多样性综合指数，生物多样性保护应体现在减少对生态系统的压力，增加响应行为。

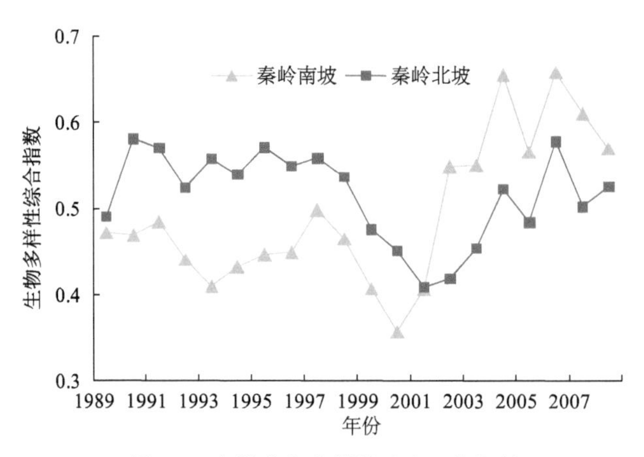

图 7-7　秦岭生物多样性综合评价指数

（四）结论与讨论

秦岭北坡与南坡具有相似的变化特征，主要表现为 1989～2001 年下降，之后上升，其变化幅度小于秦岭南坡。根据综合指数的变化特征，将评价时期划分为两个阶段，即下降期（1989～2000 年）和上升期（2001～2008 年）。在下降期，秦岭北坡生物多样性综合评价指数大于秦岭南坡，主要由于在该时期内秦岭南坡生境压力大于北部；在上升期，秦岭南坡综合评价指数大于北部，主要由于 2000 年之后南部自然保护区建设对生物多样性的贡献大于北部。根据综合评价结果，城镇化及道路建设对生物多样性产生重要影响，其隔断生态廊道、影响生态过程，在未来城镇化及基础设施建设中必然会使生境更加破碎化，使生物多样性受到进一步威胁。因此，政府需进行合理规划建设，必要时进行生态移民。

生物多样性保护和社会经济发展有密切的联系，一方面，生物多样性具有多方面的价值，在防治自然灾害、减缓全球变暖、清洁环境方面具有重要作用，可促进社会经济发展；另一方面，社会经济持续发展为生物多样性保护提供技术、物质保障。政府政策在处理生物多样性与经济发展二者之间具有重要作用。目前，秦岭地区落后的经济社会与紧迫的生物多样性保护任务成为区域可持续发展的矛盾，经济社会发展成为生物多样性保护的制约因素，需要解决产业结构单一、经济发展对自然资源依赖度高、环境污染严重、人口和耕地数量不匹配等问题，保护秦岭地区珍稀野生动植物成为目前生物多样性保护的首要问题。

生物多样性综合指数评价是一动态评价过程，其实际意义是根据指数的变化发现目前生物多样性保护中存在的问题，将问题的原因反馈至实际建设中，形成动态循环。在本研究中，集中于分析近 30 年秦岭南北地区的生物多样性变化，在南北地区，不同人为活动对生态系统的影响程度不同，在治理中，应分区治理、突出重点。例如，在秦岭南坡，应加强自然保护区建设，在北坡应减少人为活动对其的干扰。动态综合评价应基于大量的实际监测数据，目前存在的问题是缺少统一标准的监测资料，尚未建立专题监测站，本研究中所采用的指标及数据资料来源于文献资料，指标数量较少，并不能全面反映生物多样性状况。因此，未来需开展集中统一监测，进行多指标研究。

第三节　秦岭南北及典型流域生态安全评价

一、秦岭生态安全变化

（一）生态安全评价指标体系

生态安全表示生态或生态系统所处的一种状态，是评价生态或生态系统的指标。随着经济社会的快速发展，人类对生态环境的破坏越来越严重，同时生态退化越来越成为制约可持续发展的重要因素。秦岭是我国重要的生态屏障与水源涵养区，原属于生态良好的区域，但在人类不合理的活动下，秦岭自然生态系统也面临着严峻的挑战，主要表现在天然林比例下降、植被覆盖率降低、土壤侵蚀强度加大、生物多样性下降、抵抗极端气候能力下降等方面。

建立生态安全预警机制与动态评价是研究热点与发展趋势。动态评价是建立在动态监测基础上的，因此，需建立适用于不同区域的监测、评价指标体系，利用模型构建评价指标体系，形成区域尺度上监测、评价和预警的生态安全模型。

本研究以驱动力-状态-响应机制（DSR）为模型框架，构建秦岭生态安全评价指标体系，利用综合评价指数法对秦岭生态安全变化进行评价。评价分析 1989～2008 年秦岭南北坡生态安全变化特征。秦岭地区主要的措施为坡耕地退耕还林、生态移民、自然保护区建设等。本研究根据评价指标选择的原则，选择 13 个指标作为评价指标（表 7-11）。

表 7-11　秦岭生态安全评价指标体系

目标层	准则层（R_i）	指标层（R_{ij}）	参数	数据来源
生态安全评价评价指标体系	状态指标	森林生态系统状况	森林面积占总面积比例	
		动物多样性	鸟类种类	
		植被生长状况	NDVI 指数	解锋，2013
	驱动力	人为活动影响	二氧化碳排放	白晶，2011
			人口数量	
			城镇化率	
			工业生产值	
			农业生产值	
			道路面积	
		气候变化程度	气温变化	解锋，2013
			降雨变化	
	响应	自然资源保护水平	自然保护区数量	中华人民共和国生态环境部
			重点保护动植物数量	

该指标体系分为 3 个层次，即目标层、准则层和指标层，参数为指标的计算方法。秦岭具有完整的生态系统，主要是森林生态系统，森林状况能较为全面地反映整体状况，

另外，选择动物多样性和植被状况生长为状态指标；生态变化主要由人为活动和气候变化程度决定，因此，人为活动和气候变化为驱动力的指标；人为活动对自然的保护为体系指标中的响应指标，因为造林面积、资金投入数据难以获取，本研究选择自然保护区数量和重点保护动植物数量为响应指标。综合指数表示生态安全状况，其值范围为0～1。其值越接近0，表明所处的状态越危险；越接近1，表明越安全。安全等级的确定是生态安全评估的基础，目前的研究没有明确的等级划分依据，其值的大小表示相对安全或不安全，根据大多数研究结果，根据综合指数将其分为不同等级，如表7-12所示。

表7-12　秦岭生态安全分级标准

综合评价指数	[1, 0.8)	[0.8, 0.6)	[0.6, 0.4)	[0.4, 0.2)	[0.2, 0]
分级标准	安全	基本安全	临界安全	不安全	危险

（二）生态安全指标权重

由于在生态安全评价中各指标的贡献率和重要性不同，权重的大小反映指标对于生态安全的重要程度。根据计算，确定秦岭南、北不同指标的权重，如表7-13所示。

表7-13　秦岭生态安全指标权重（%）

地区	状态指标			驱动力指标								响应指标	
	森林面积占总面积比例	鸟类种类	NDVI指数	二氧化碳排放	人口数量	城镇化率	工业生产值	农业生产值	道路面积	气温变化	降雨变化	自然保护区数量	重点保护动植物数量
秦岭南坡	7.4	7.5	7.4	7.1	6.6	8.5	8.1	6.5	8.5	7.4	6.1	9.6	9.3
秦岭北坡	11.0	8.2	7.5	7.5	7.6	8.1	7.4	7.6	8.0	7.4	5.2	7.5	7.1

秦岭南北地区指标存在差异。在秦岭南坡，准则层指标权重值顺序为驱动力＞状态＞响应，状态指标权重22.3%，不同指标权重接近；驱动力指标中，人为活动指标权重为45.4%，气候变化为13.5%，且气温变化的权重大于降雨变化；响应指标的权重为18.9%。在秦岭北坡，状态指标权重为26.7%，森林面积占总面积比例权重明显大于其他指标；驱动力指标权重和秦岭南坡接近，值为58.8%，同样为人为活动的权重远大于气候变化；响应指标权重小于秦岭南坡，为14.6%。权重反映指标对生态安全的影响程度，根据秦岭南北地区不同指标权重的大小，得出以下结论：①在秦岭北坡，森林、植被状况对生态安全的影响较秦岭南坡大；②自然和人为驱动因子重要程度不同，秦岭南坡气候因素作用较秦岭北坡大；③在秦岭南坡进行生态保护的重要程度大于秦岭北坡。

（三）结果分析

1. 生态安全综合指数变化

生态安全综合指数综合反映生态质量状况。根据综合评价方法，计算秦岭南坡和秦岭北坡1989～2008年生态安全综合指数（图7-8）。秦岭不同地区生态安全综合指数与生物多样性具有相似的变化特征，在1989～2008年呈现先下降后上升的变化特点。在秦岭南坡，1989 年生态安全综合指数最高，最高为 0.61，处于基本安全状态；1989 年之后，随着人口增加、工业化程度加快，生态安全综合指数开始下降，2000 年综合指数最低，为 0.36，生态安全处于不安全状态；2000 年之后，由于自然保护区等对生态安全的人为保护，生态安全综合指数开始上升，2001 年之后处于临界安全的状态，自然保护区的建设发挥着越来越重要的作用。

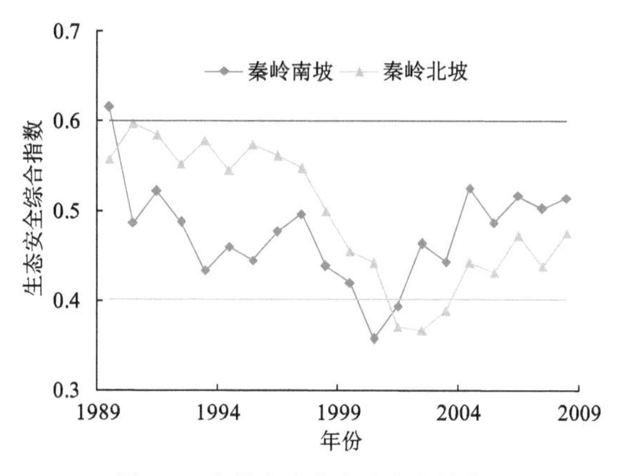

图 7-8　秦岭生态安全综合指数变化

在秦岭北坡，生态安全综合指数 1990 年最大，为 0.60；1990 年后，综合指数开始下降，2001～2003 年，综合指数最低，综合指数小于 0.4，处于不安全状态；2004 年之后，生态安全综合质量指数呈现上升趋势，处于临界安全状态。

秦岭北坡综合指数的变化幅度小于南坡，且不同时间段生态安全质量指数有区域性。根据生态安全质量指数的变化特点，将评价时期划分为两个阶段，即下降期（1989～2000 年）和上升期（2001～2008 年）。在下降期，秦岭北坡的生态安全综合指数大于秦岭南坡；上升期，秦岭南坡的生态安全综合指数大于秦岭北坡。基于综合指数进行生态安全预警，在本研究中，将 0.4 设定为安全的临界值，根据动态指数确定保护行为。

2. *准则层指数变化*

根据 DSR 模型框架和综合指数计算方法，生态安全综合指数由不同指标的指数组成，将不同准则层指标指数之和定义为准则层指标指数。计算秦岭南北地区 1989～2008 年生态安全指标体系中指标层指数，如表 7-14 所示。

表 7-14　秦岭不同生态安全指标变化

年份	秦岭南坡			秦岭北坡		
	状态	驱动力	响应	状态	驱动力	响应
1989	0.137	0.478	0.000	0.155	0.403	0.000
1990	0.143	0.338	0.006	0.182	0.378	0.036
1991	0.142	0.374	0.006	0.173	0.375	0.036
1992	0.117	0.365	0.006	0.138	0.378	0.036
1993	0.119	0.308	0.006	0.136	0.385	0.056
1994	0.100	0.338	0.021	0.137	0.351	0.056

续表

年份	秦岭南坡			秦岭北坡		
	状态	驱动力	响应	状态	驱动力	响应
1995	0.127	0.295	0.021	0.156	0.361	0.056
1996	0.124	0.332	0.021	0.149	0.355	0.056
1997	0.154	0.321	0.021	0.155	0.335	0.056
1998	0.140	0.277	0.021	0.157	0.286	0.056
1999	0.085	0.313	0.021	0.107	0.291	0.056
2000	0.089	0.247	0.021	0.081	0.304	0.056
2001	0.092	0.266	0.036	0.031	0.284	0.056
2002	0.133	0.233	0.096	0.045	0.265	0.056
2003	0.134	0.192	0.117	0.052	0.252	0.085
2004	0.154	0.205	0.166	0.081	0.249	0.113
2005	0.117	0.203	0.166	0.061	0.257	0.113
2006	0.141	0.187	0.188	0.116	0.209	0.146
2007	0.139	0.175	0.188	0.097	0.195	0.146
2008	0.113	0.213	0.188	0.118	0.211	0.146

秦岭南北地区准则层具有相似的变化特点。状态指标变化呈波动状态，整体变化与生态安全综合指数有相同的特点，即在 2000 年之前呈下降趋势，2000 年之后呈上升趋势，但变化不明显。状态准则中，森林覆盖率指数呈下降趋势，在 20 世纪 60 年代以后，人类对森林的过度开发利用程度不断加剧，导致原始森林面积占总面积比例下降，生态系统稳定性下降；鸟类种类指数呈上升趋势，统计秦岭南坡鸟类种类由 1989 年的 119 种增加至 2008 年的 159 种，秦岭北坡由 358 种增加至 459 种，鸟类分布具有区域性与时间性，鸟类的迁徙、分布具有明显的时间规律，调查统计的时间对其有明显的影响，由于缺少长期的定点监测，因此现有的统计数据难以准确反映鸟类的变化，但大量研究表明，其有明显的增多趋势；秦岭北坡 NDVI 指数变化幅度大于南坡，北坡与生态安全综合指数有相似的变化特征，南坡变化不明显。

驱动力指标指数秦岭南、北地区均呈下降趋势，在南坡的变化幅度大于北坡。秦岭南坡，驱动力指标指数由 1989 年的 0.478 下降至 2008 年的 0.213，秦岭北坡由 0.403 下降至 0.211。安全指数下降表明由气候变化和人为活动对生态安全的威胁在增加，在准则指标中，道路面积和城镇化率指数下降幅度远大于其他指标，道路和城镇建设破坏原有生态系统，造成生境破碎化，影响自然生态过程；气候变化指数呈增加趋势，1989～2008 年，气候变化呈现极端事件增加的特点，极端事件会对生态系统产生不利影响。驱动力指标指数变化主要由人为活动导致，在生态治理中，应减少人为活动对自然生态系统的干扰，尤其是道路及城镇建设。

响应准则层指数呈现增加的趋势。本研究中，自然保护区和重点保护物种数为响应层指标，随着社会经济发展和人类对生态安全重要性认识的深入，政府将秦岭列为水源涵养区和生物多样性保护重点区域，从 20 世纪 80 年代开始，对生态保护的投入逐渐增加，并出台响应的保护政策。自然保护区的建设，对生态系统的保护起着重要的作用，生态系统、生物多样性恶化情况逐渐趋缓，部分地区开始恢复，例如，NDVI 指数在 2000 年之后呈现增加趋势，自然保护区对秦岭南坡的影响大于北部。

3. 主要结论

根据秦岭生态安全综合指数计算分析，主要得出以下结论。

（1）指标层指标权重在秦岭南北地区有不同的分布特征。状态指标权重秦岭北坡大于秦岭南坡，主要由秦岭北坡森林面积占总面积比例权重较大导致；响应指标权重秦岭南坡大于秦岭北坡，秦岭南坡自然保护区的建设对生态安全发挥着越来越重要的作用。

（2）秦岭生态安全综合指数在 1989～2008 年呈现先下降后上升的变化特点。2000 年为变化分界点，在下降期，秦岭北坡的生态安全综合指数大于秦岭南坡；上升期，秦岭南坡的生态安全综合指数大于秦岭南坡。在生态安全评价中，与生物多样性评价有相似的结论，即人为活动是生态安全的主要威胁，其中环境污染和道路建设是导致生态安全综合指数下降的主要因素。在未来自然保护区建设进一步加强的前提下，生态安全状况将会持续好转。

区域生态安全表示区域生态系统状况，反映生态系统抵御风险与可恢复的能力，其不仅是指自然生态系统，而且包括人类社会经济活动。在本研究中，由于数据资料的局限性，未能全面分析系统内各个要素，因此计算结果难免有所偏差，所建立的指标体系还不够完善，需要进一步探索。生态系统要素在不同区域表现出不同的特征，将秦岭地区划分为南北两个区域进行评价，难以真实反映不同区域的实际状况。本研究反映南北地区状态及变化趋势，未来应在小流域尺度上深入研究生态安全评价。

二、丹江、黑河流域生态安全对比分析

生态安全是指维护人类社会健康可持续发展所需的自然因素和人为活动的总和，其表示维持生态系统的外界环境状态，反映对生态系统的威胁状况或演变趋势。秦岭丹江流域是我国南水北调的主要水源地，黑河为陕西西安城市用水的水源地，其生态安全对社会经济健康发展具有十分重要的意义。但近几十年来，随着人口数量的增加和经济的发展，强烈的人为活动对生态系统造成破坏，对生态系统质量产生重要影响，如森林面积占总面积比例下降、水源涵养功能退化、自然灾害发生的频率增加等，生态安全所受的压力在不断增加。景观生态学将生态学和地理学融合，为地理学中的复杂问题提供了有力工具。目前，基于景观格局的生态安全评价得到了广泛应用，如应用于城市生态系统、农田生态系统、湿地生态系统等（杨青生等，2013；裴欢等，2014）。基于景观生态对生态安全评价的主要思路是在景观尺度上评价景观格局状况，其重点评价生态安全的动态演变过程。

本研究基于 1980～2015 年遥感影像资料，利用生态学理论，构建丹江、黑河生态

安全评价模型，分析生态安全演变及其机制。本研究数据资料来源于中国科学院资源环境科学数据中心，土地利用类型为耕地、林地、草地、水域、居民用地和未利用土地 6 种类型，时间为 1980 年、1990 年、1995 年、2000 年、2005 年、2010 年和 2015 年，分类精度能满足研究要求。

（一）景观生态安全模型构建

在景观生态学中，景观指数反映景观的组成及其空间配置信息，其为定量指标，所含信息量高，被广泛应用于景观安全评价中。在流域尺度上，景观生态安全主要反映景观格局，根据已有研究成果，本研究采用边界破碎度（ED）、破碎度（PD）、分维数（FD）、分离度（*D*）、景观破碎化指数（SI）、丰富度（PR）和香农多样性指数（SDI）组成，在景观格局上，其表示的含义如下。

（1）边界破碎度（edge density，ED）：表示景观被边界分割的程度，反映景观的破碎化程度，其大小直接影响边缘效应及物种组成。

（2）破碎度（patch density，PD）：表示景观被分割的破碎程度，反映景观对人为的干扰程度。

（3）分维数（fractal dimension，FD）：反映景观格局的复杂程度，是指边界状况的复杂性和变异性，用于测定斑块性状对生态过程的影响。

（4）分离度（division，*D*）：用于揭示景观类型中斑块的分离程度。

（5）景观破碎化指数（splitting index，SI）：表示景观被分割的破碎程度，反映景观空间结构的复杂性，在一定程度上反映人为活动对景观的干扰程度，对自然生态系统的影响。

（6）丰富度（patch richness，PR）：是指斑块类型的复杂性，与物种多样性存在正相关关系。

（7）香农多样性指数（Shannon's diversity index，SDI）：是指景观格局的异质性与破碎化状况。

综合各指数的生态学意义和重要程度，本研究利用相关指数建立生态安全模型，模型的结构如下：

$$\mathrm{ES}=\sum_{i=1}^{n}W_iD_i \tag{7-25}$$

式中，ES 为生态安全综合指数；W_i 为分指标的权重；D_i 为分指标的归一化值。

利用层次分析法，确定各指标的权重。ED、PD、FD、*D*、SI、PR 和 SDI 的权重分别为 0.07、0.06、0.10、0.10、0.27、0.18 和 0.22。

（二）生态安全变化

根据生态安全综合计算模型，计算 1980～2015 年不同区域的生态安全综合指数。根据生态安全综合指数的分布范围，将生态安全综合指数分为 5 个级别：Ⅰ级区（ES≤0.6），Ⅱ级区（0.6<ES≤0.7），Ⅲ级区（0.7<ES≤0.8），Ⅳ级区（0.8<ES≤0.9），Ⅴ级区（0.9<ES≤1.0）。

1. 丹江流域生态安全变化

丹江流域生态安全综合指数 1980～1990 年上升，1990～2010 年上升不明显，2010～2015 年下降，1980 年最低（0.89），2010 年最高（0.97）（图 7-9）。不同区域的生态安全等级不同，以 1980 年为例，区域 k 为Ⅳ级区，e、f、g、h、i 和 j 区域为Ⅲ级区，a 区域为Ⅱ级区，其余为Ⅰ级区。流域内，下游生态安全状况优于上游。

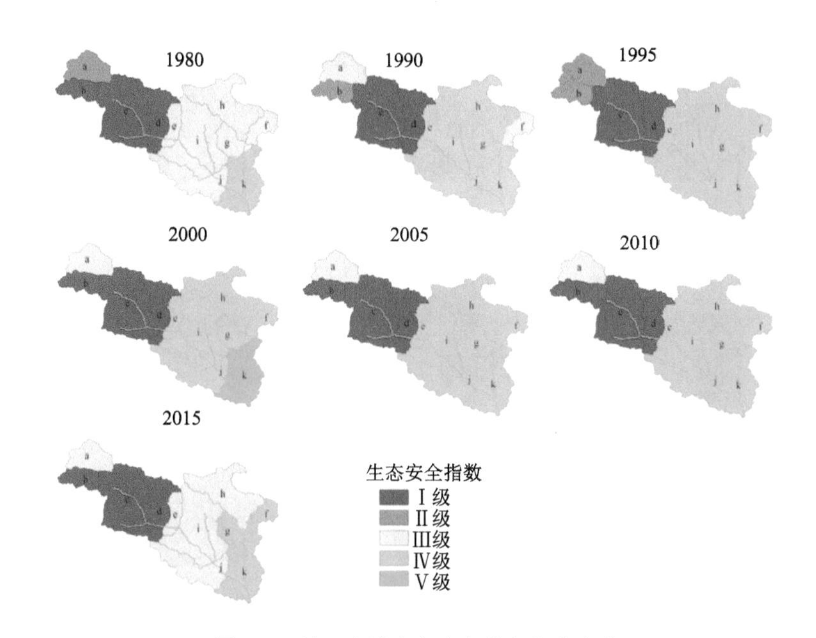

图 7-9 丹江流域生态安全综合指数变化

丹江流域不同区域生态安全综合指数表现不同的变化特征。1980～1990 年，生态安全状况改善，除 c、d、f 和 k 区域外，其与区域生态安全等级均增加一级；1990～1995 年，a 区域由Ⅲ级区变为Ⅱ级区，f 区域由Ⅲ级区变为Ⅳ级区；2000～2010 年生态安全综合指数变化不明显；2010～2015 年呈现变差的趋势，其中 e、h、i、j 区域由Ⅳ级区变为Ⅲ级区。不同区域由于人为活动作用程度不同，对景观格局产生不同影响。

研究表明，景观破碎化指数（SI）和香农多样性指数（SDI）与生态安全综合指数的相关性大于其他指标。SI 表示景观被分割的破碎程度，反映景观空间结构的复杂性，在一定程度上反映人为活动对景观的干扰程度，如人类定向活动，导致某些景观消失，景观类型在局部范围内更加密集。

2. 黑河流域生态安全变化

黑河流域生态安全状况主要分布在Ⅰ级和Ⅱ级区（图 7-10），以 1980 年为例，Ⅰ级和Ⅱ级区面积占总面积比例为 59.0%，Ⅰ级、Ⅱ级、Ⅲ级和Ⅳ级区的比例分别为 37.3%、21.6%、28.9%和 12.1%，与丹江流域不同，黑河流域上游生态安全状况优于下游，其主要是因为上游受人为活动干扰明显低于下游地区。

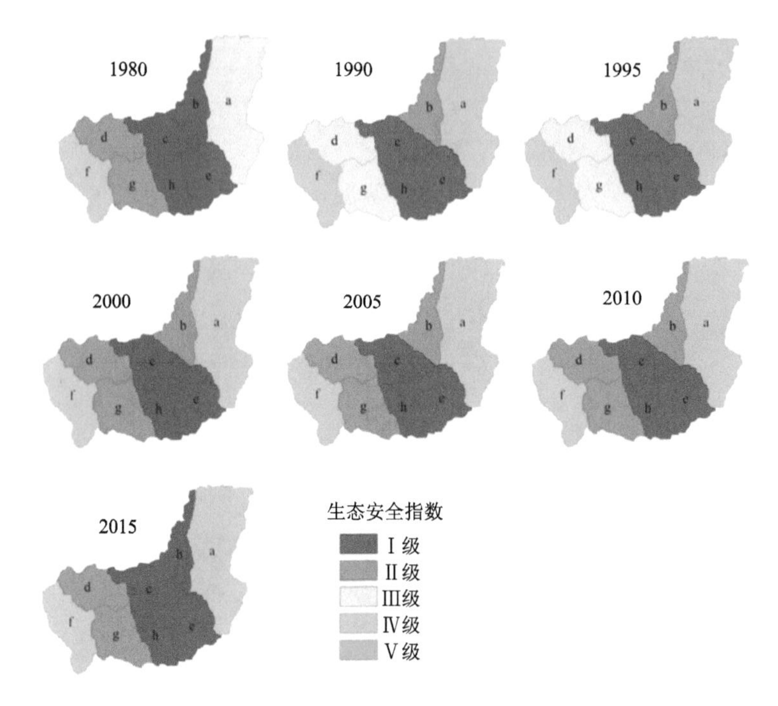

图 7-10 黑河流域生态安全综合指数变化

黑河流域生态安全状况呈现变好趋势，综合安全指数在 1980～2010 年呈增加趋势，但在 2010～2015 年呈下降趋势，主要由景观破碎化指数（SI）和分离度（*D*）下降导致。在不同区域表现为不同的变化特征，1980～1990 年，a 区域由Ⅲ级区变为Ⅳ级区，b 区域由Ⅰ级区变为Ⅱ级区，d、g 区域由Ⅱ级区变为Ⅲ级区；1990～2010 年没有明显的变化特征；2010～2015 年，b 区域由Ⅱ级区变为Ⅰ级区。在 1980～2015 年 35 年间，a、b 区域的生态安全状况的变化频率大于其他区域，主要由于 a、b 区域为人为活动的密集区域，频繁变更土地类型，对生态安全产生重要影响。

丹江、黑河流域分别位于秦岭南坡和北坡，其自然气候、社会经济活动都具有不同的特点，其影响生态安全状况。丹江流域生态安全综合指数大于黑河，其在 1980～2015 年表现为相同的变化特征（图 7-11），在 1980～1990 年增加；1990～2010 年变化不明显；2010～2015 年呈现下降趋势。2010～2015 年生态安全综合指数下降主要由丰富度（PR）和香农多样性指数（SDI）下降导致。景观丰富度是指斑块类型的丰富程度，研究表明，斑块丰富指数与物种多样性有一定的正相关关系，即斑块类型越多，生态系统越稳定。人为活动定向改变土地利用类型，减少生态系统多样性，对生态过程产生影响。

生态安全演变是由自然因素和人为因素共同作用的结果。根据本章第二节研究结果，生物多样性变化主要由人为活动作用导致，虽然近 60 年（1960～2015），来，气候变化呈现气温升高、极端气象事件增多的特点，但其对生态系统的影响有限。人口的增长和经济的快速发展加快区域生态安全变化，根据统计资料，在 1990～2010 年，秦岭南坡人口增长 6.8%，GDP 增加 780.8%，道路面积增加 536.0%；秦岭北坡人口增长 20.6%，GDP 增加 1293.2%，道路面积增加 417.8%。城镇化等人为活动导致大量林地、草地变为建设用地，严重影响生态安全。另外，丹江流域采矿活动造成环境污染，对生态系统造成破坏。

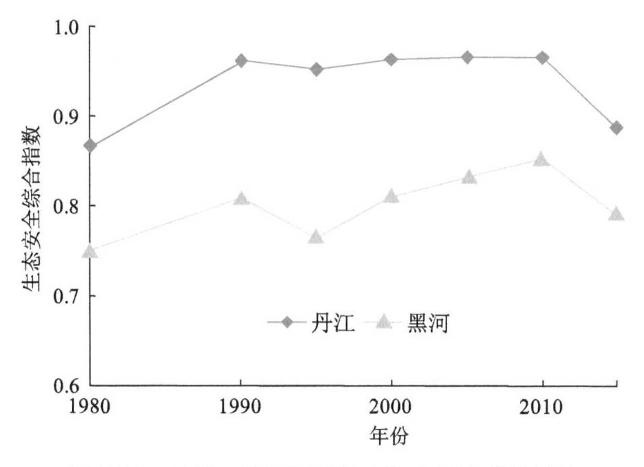

图 7-11　丹江、黑河流域生态安全综合指数对比

参 考 文 献

白晶. 2011. 秦岭南北气候变化特征及人为驱动力差异分析. 西安: 陕西师范大学硕士学位论文.

包洪福. 2013. 南水北调中线工程对丹江口库区生物多样性的影响分析. 哈尔滨: 东北林业大学博士学位论文.

包洪福, 孙志禹, 陈凯麒. 2015. 南水北调中线工程对丹江口库区生物多样性的影响. 水生态学杂质, (4): 14-19.

陈平, 田竹君, 李瞾, 等. 2015. 日本国家尺度生物多样性综合评价概况及启示. 地理科学, 39(9): 1130-1139.

成剑波. 2012. 河流生态安全评价体系的构建及其应用. 重庆: 西南大学硕士学位论文.

杜巧玲, 许学工, 刘文政. 2004. 黑河中下游绿洲生态安全评价. 生态学报, 24(9): 1916-1923.

顾伟, 马玲, 刘哲强, 等. 2015. 小兴安岭凉水自然保护区蝶类多样性. 生态学报, 35(22): 7387-7396.

和春兰, 饶辉, 赵筱青. 2010. 中国生态安全评价研究进展. 云南地理环境研究, 22(3): 104-110.

洪伟, 闫淑君, 吴承祯. 2003. 福建森林生态系统安全和生态响应. 福建农业大学学报, 32(1): 79-83.

黄宝强, 刘青, 胡振鹏, 等. 2012. 生态安全评价研究述评. 长江流域资源与环境, 21(Z2): 150-156.

李春义, 马履一, 徐昕. 2006. 抚育间伐对森林生物多样性影响研究进展. 世界林业研究, 19(6): 27-32.

李果, 吴晓莆, 罗遵兰, 等. 2011. 构建我国生物多样性评价的指标体系. 生物多样性, 19(5): 497-504.

李宏群, 韩宗先, 吴少斌, 等. 2011. 秦岭山区生物多样性的研究进展及保护措施. 贵州农业科学, 39(10): 32-34+38.

李旭辉. 2009. 陕西秦岭生态功能区划及保护对策研究. 西安: 西北大学硕士学位论文.

李延梅, 牛栋, 张志强, 等. 2009. 国际生物多样性研究科学计划与热点述评. 生态学报, 29(4): 2115-2123.

李志刚, 曾焕忱, 叶静文, 等. 2015. 珠三角重要生态区域蝶类多样性及其对区域环境的指示. 生态科学, 34(5): 167-171.

林芳淼, 邓合黎, 袁兴中, 等. 2012. 三峡库区不同生境类型蝶类多样性调查及分析. 重庆师范大学学报(自然科学版), 29(5): 26-30.

刘彬, 丁玉华, 任义军, 等. 2012. 大丰麋鹿国家级自然保护区鸟类多样性. 野生动物, 33(1): 11-17.

刘晓清, 张霞, 王亚萍, 等. 2012. 秦岭地区生物多样性及其保护对策. 安徽农业科学. 40(12): 7365-7367+7496.
罗子君, 周立志, 顾长明. 2012. 阜阳市重要湿地夏季鸟类多样性研究. 生态科学, 31(5): 530-537.
马克明, 孔红梅, 关文彬, 等. 2001. 生态系统健康评价: 方法与方向. 生态学报, 21(12): 2106-2116.
潘景璐. 2013. 基于生境压力的发展对秦岭生物多样性保护影响研究. 北京: 北京林业大学博士学位论文.
庞雅颂, 王琳. 2014. 区域生态安全评价方法综述. 中国人口·资源与环境, 24(S1): 340-344.
裴欢, 魏勇, 王晓妍, 等. 2014. 耕地景观生态安全评价方法及其应用. 农业工程学报, 30(9): 212-219.
彭萱亦, 吴金卓, 栾兆平, 等. 2013. 中国典型森林生态系统生物多样性评价综述. 森林工程, 29(6): 4-29.
史作民, 程瑞梅, 陈力, 等. 1996. 区域生态系统多样性评价方法. 农村生态环境, 12(2): 1-5.
唐志尧, 方精云, 张玲. 2004. 秦岭太白山木本植物物种多样性的梯度格局及环境解释. 生物多样性, 12(1): 115-122.
王昌海. 2011. 秦岭自然保护区生物多样性保护的成本效益研究. 北京: 北京林业大学博士学位论文.
王万云. 2009. 秦岭——生物多样性最为丰富的地区. 中学生物教学, 2009(Z1): 120-121.
魏彬, 杨校生, 吴明, 等. 2009. 生态安全评价方法研究进展. 湖南农业大学学报(自然科学版), 35(5): 572-579.
魏辅文, 聂永刚, 苗海霞, 等. 2014. 生物多样性丧失机制研究进展. 科学通报, 59(6): 430-437
吴笛. 2009. 丹江口库区植物多样性研究. 武汉: 华中农业大学硕士学位论文.
吴金卓, 冯亮, 蔡小溪, 等. 2015. 森林生物多样性评价指标选择分析. 森林工程, 31(1): 30-33.
解锋. 2013. 秦岭南北地区气候变化特征及植被响应程度研究. 杨凌: 西北农林科技大学硕士学位论文.
杨凤萍, 胡兆永, 张硕新. 2014. 不同海拔油松和华山松林乔木层生物量与蓄积量的动态变化. 西北农林科技大学学报(自然科学版), 42(3): 68-76.
杨青生, 乔纪纲, 艾彬. 2013. 快速城市化地区景观生态安全时空演化过程分析——以东莞市为例. 生态学报, 33(4): 1230-1239.
张金良, 李焕芳. 1997. 秦岭自然保护区群的生物多样性. 生物多样性, 5(2): 76-77.
张景慧, 黄永梅. 2016. 生物多样性与稳定性机制研究进展. 生态学报, 36(13): 3859-3870.
赵国松, 刘纪远, 匡文慧, 等. 2014. 1990-2010年中国土地利用变化对生物多样性保护重点区域的扰动. 地理学报, 69(11): 1640-1650.
Corona P, Chirici G, McRoberts R E, et al. 2011. Contribution of large-scale forest inventories to biodiversity assessment and monitoring. Forest Ecology and Management, 262(11): 2061-2069.
Dennis P, Ken C. 2006. From resource scarcity to ecological security: exploring new limits to growth. Technological Forecasting & Social Change, 73: 1051-1056.
Gao J, Zhang X H, Jiang Y, et al. 2007. Key issues on watershed ecological security assessment. Chinese Science Bulletin, 52(S2): 251-261.
Geburek T, Milasowszky N, Frank G, et al. 2010. The Austrian forest biodiversity index: all in one. Ecological Indicators, 10(3): 753-761.
Gomes J F, Richardson M, Bridgeman-Sutton D. 2006. From resource scarcity to ecological security: exploring new limits to growth. International Journal of Environmental Studies, 7(1): 99-103.
Hagan J M, Whitman A A. 2006. Biodiversity indicators for sustainable forestry: simplifying complexity. Journal of Forestry, 104(4): 203-210.
Hermy M, Verheyen K. 2007. Legacies of the past in the present-day forest biodiversity: a review of past land-use effects on forest plant species composition and diversity. Ecological Research, 22(3): 361-371.
Rahman M H, Khan M A S A, Roy B, et al. 2011. Assessment of natural regeneration status and diversity of

tree species in the biodiversity conservation areas of Northeastern Bangladesh. Journal of Forestry Research, 22(4): 551-559.

Tian J Y, Gang G S. 2012. Research on Regional Ecological Security Assessment. 2012 International Conference on Future Energy, Environment, and Materials. Energy Procedia, 16: 1180-1186.

Tu J. 2005. Ecological footprint and ecological security evaluation in the Upper Min River Basin. Wuhan University Journal of Natural Sciences, 10(4): 641-646.

Yu G M, Zhang S, Yu Q W, et al. 2014. Assessing ecological security at the watershed scale based on RS/GIS: a case study from the Hanjiang River Basin. Stochastic Environmental Research and Risk Assessment, 28(2): 307-318.

8

第八章 水资源水环境系统耦合分析

进行秦岭重要水源涵养区生物多样性与水环境的系统耦合研究，对加强生物多样性及其环境研究，顺利实施南水北调中线工程及引汉济渭、引湑济黑工程具有重要的意义。

第一节　流域水资源水环境模型与模拟

一、流域水资源与水质量现状

1. 丹江流域的区域概况

丹江是长江中游北侧汉江最长的一条支流，发源于秦岭山脉，全长 443 km，总流域面积 16 812 km^2，多年平均流量 174 m^3/s（图 1-2）。丹江流域水环境主要面临着水土流失严重、水源涵养能力下降、水环境质量总体良好、局部污染仍较为突出的特点，2007～2013 年，陕南地区的化学需氧量（chemical oxygen demand，COD）、氨氮等主要水污染物产生量、去除量和排放量均呈正增长，其中去除率平均增长幅度最大，但绝对去除量小于污染物产生增量，排放量呈逐年增加的趋势（表 8-1，表 8-2）。

表 8-1　丹江干流环境质量综合指数统计表

流域	2007 年	2008 年	2009 年	2010 年	2011 年	2012 年	2013 年
丹江	0.3	0.41	0.30	0.31	0.33	0.34	0.34

表 8-2　陕南地区水污染物年际变化表　（单位：t）

年度	2007	2008	2009	2010	2011	2012	2013	平均增长率/%	绝对增加量
COD 产生量	44 973.3	45 434.54	47 707.64	49 882.26	48 618.44	53 536.71	65 867.94	6.87	20 894.64
COD 去除量	7 590.34	8 250.92	9 334.67	8 416.72	6 161.87	11 905.18	20 919.64	25.69	13 329.3
COD 排放量	37 382.96	36 913.62	38 372.97	41 465.54	42 456.57	41 631.53	44 476.84	3.20	7 093.44
NH_3-N 产生量	4 403.02	4 232.5	4 828.22	5 032.02	4 738.77	5 459.44	5 750.43	4.86	1 347.41
NH_3-N 去除量	295.05	753.19	541.4	735.84	586.48	1 469.08	464.48	37.48	169.43
NH_3-N 排放量	4 107.97	3 479.31	4 286.82	4 296.18	4 152.29	3 990.36	5 285.95	5.56	1 177.98

注：表 8-1、表 8-2 数据来源于王碧剑和余蓉（2014）

2. 黑河流域及年降水量概况

陕西黑河流域集水面积达 1481 km^2，年平均径流量 19.33 m^3/s，是秦岭北坡流量最大、水质优良的河流（图 1-3）。黑河流域多年平均水资源量为 80 275.5 万 m^3，地表水资源可利用量为 42 561 万 m^3，地下水可利用量为 1236 万 m^3，扣除地表水与地下水资源的重复利用量，资源可利用总量为 45　720 万 m^3。各河流峪口以上流域多年平均降水量约 810 mm，南部深山区可达 900 mm 以上，秦岭北麓深山区多在 800 mm 以下，其余中浅山区在 1000 mm 左右。降水量在时间上分布差异也较大，夏季常出现暴雨，7～10 月降水量约占全年的 60%以上，该区山高坡陡，水土易于流失。

长期以来，由于过量采伐，森林面积缩小，出现大面积裸岩和以草本灌木为主的荒坡。农业经营主要在河谷阶地和坡地上，人为活动对生态环境的破坏明显。

考虑到黑河流域的地形和地貌特征及水资源的具体状况，可以把黑河流域划分成两个水资源五级区（表 8-3）：①源头-黑峪口，为中高山区，区域内人口较为稀少，水资源开发利用程度也较低，为黑河流域的主要产水区；②黑峪口-渭河，主要以平原为主（赵淑兰，2012）。

表 8-3　黑河流域水资源分区

水资源分区		计算面积/km^2			涉及行政区
四级区	五级区	平原区	山区	小计	
黑河	源头-黑峪口		1887	2250	陈河、厚畛子、板房子、王家河及集贤、骆峪、马召、楼观台的部分
	黑峪口-渭河	371			二曲、富仁、辛家寨、司竹、终南及广济、尚村、集贤、骆峪、马召、楼观台的部分

注：数据来源于李苒（2014）

二、丹江流域和黑河流域水资源水环境模型与模拟

（一）流域气候特征

1. 丹江流域气候特征

商州位于陕西省东南部的秦岭南坡，地处丹江源头，区内四季分明，冬春长，夏秋短，水热同季，气温和降水的年际变化大（图 8-1），年降水量 400.5～1103.6 mm，年平均降水量为 689.50 mm，降水量主要集中于 7～9 月，且在 7 月达到峰值，为 128.09 mm（图 8-2），3 个月降水量占全年降水量 689.50 mm 的 49.39%。年平均气温为 11.92～13.64℃，多年平均气温为 12.9℃，商州区内气温的月际变化呈单峰式变化，冬冷夏热，气温在夏季 7 月达到最高，为 25.58℃，冬季 1 月为最冷月，平均气温为 0.29℃（图 8-2）。

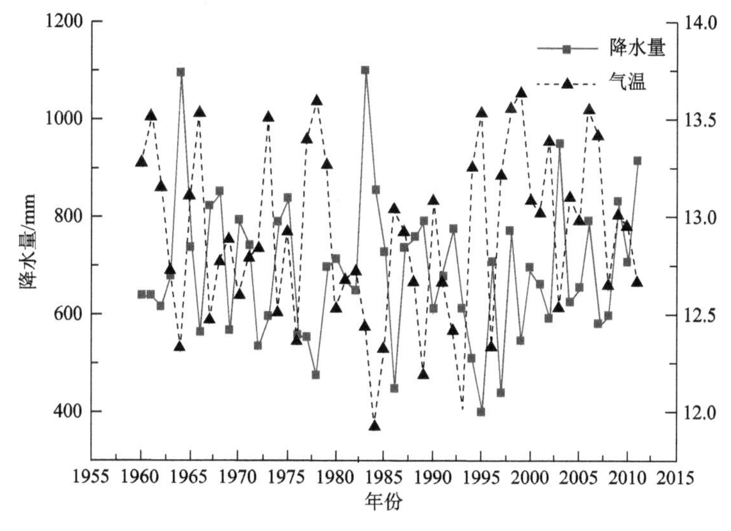

图 8-1　商州站 1960～2011 年降水量和气温的年际变化

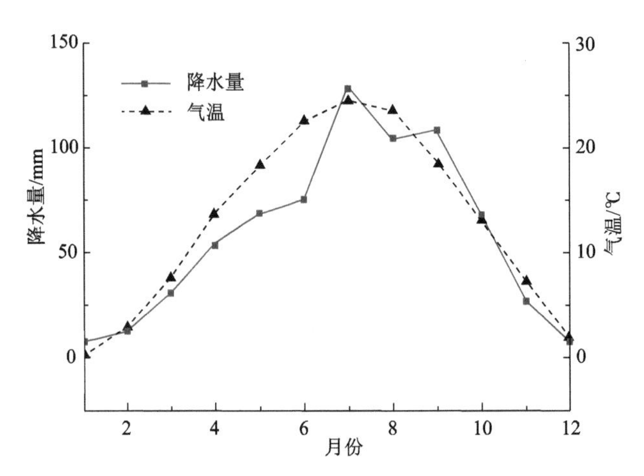

图 8-2 商州气象站 1960～2011 年降水量和气温月际分布

丹江流域降水量受气候和地形的影响，降水分布极不均匀，年降水量随地形高度增加而递增，因而山地为多雨区，且暴雨较多，中上游为暴雨多发区，河谷及附近川道为少雨区。该流域年平均降水量为 743.5 mm，最大降水量为 1072.3 mm，最小降水量为 445.7 mm，最大降水量是最小降水量的 2.4 倍，且年内分配极不均匀，每年 7～9 月降水量为 332.9 mm，占年降水量的 44.8%，12 月至次年 2 月的降水量为 28.3 mm，仅占年降水量的 3%～4%，即 7～9 月为 12 月至次年 2 月的 10～12 倍。

丹江流域年水面蒸发量为 1298.3 mm。受地形影响，丹江上游为高山区，年蒸发量小，为 979.3～1271.2 mm，下游蒸发量大，年水面蒸发量为 1112.9～1557.5 mm，蒸发量的年内变化与气温关系密切，冬季气温低，蒸发量小，最小月蒸发量为 27.8 mm，不足年蒸发量的 3%，随着气温增高，风速加大，总蒸发量显著增高，最大月蒸发量为 263.9 mm，占年蒸发量的 20%以上（任建民，2002）。

丹江流域多年平均降水量为 750～850 mm，平均最大降水量为 1092.5 mm，最小为 666.7 mm。1957～1975 年、1976～1998 年、1999～2007 年各个阶段的平均降水量分别为 696.4 mm、674.6 mm、689.8 mm，3 个阶段年平均降水量基本相等，与多年平均值也相差甚小，说明年平均降水量基本一致（冀伟，2009）。受地形的影响，丹江流域降水量随高度的增加而增加，从而表现出川道地区年降水量少于山地地区，低山地区年降水量少于高山地区。降水年内分布不均匀，冬季雨量最少，仅占全年降水量的 2.5%～4.7%，春季雨量较少，占全年降水量的 22%～23%，夏季和秋季降水量较多，降水量主要集中于 7～9 月，为丹江流域的汛期，3 个月降水量为 330～450 mm，约占全年降水量的 50%。降水量年际变化也较大，变率为 10%～20%。河谷川塬地区的降水年际变化较大，中、高山地区年际变化较小。丹江流域多年平均气温为 7.8～14℃，极端最高气温为 31.6～40.8℃，最低气温为–21.6～–11.1℃。无霜期为 200 多天，日照时数为 1900～2100 h。

2. 黑河流域气候特征

如图 8-3 所示，黑河流域内多年平均降水量约 744 mm，降水量年内分配不均匀，主要集中于 7～9 月，黑河流域蒸发量年内分配也很不均匀，5～8 月蒸发量占全年蒸发量

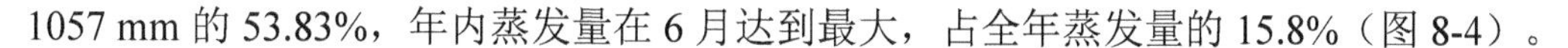

1057 mm 的 53.83%，年内蒸发量在 6 月达到最大，占全年蒸发量的 15.8%（图 8-4）。

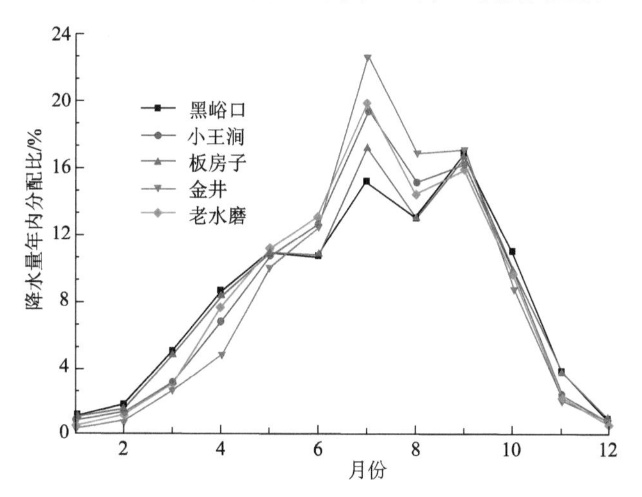

图 8-3　黑河流域雨量站降水量年内分配图

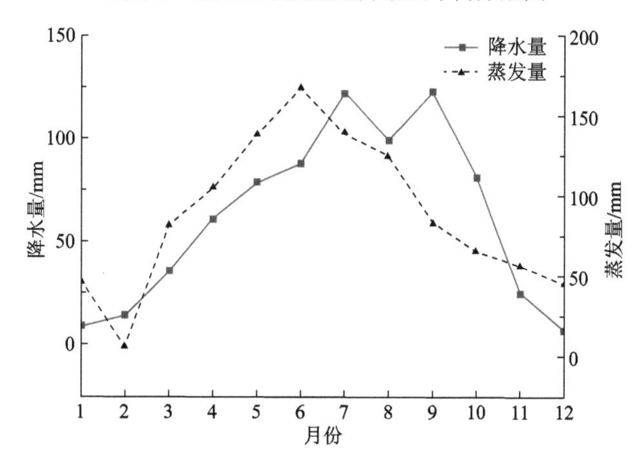

图 8-4　黑河流域降水量和蒸发量的年内变化

3. 丹江流域水文特征

1）径流特征

丹江流域多年平均径流量为 8.2×10^8 m^3，受季节性气候变化的影响，径流的年内分配不均，枯水期河水流量小而稳定，主要靠地下水补给，洪水期流量变化较大，7～10 月径流量为 3.6×10^8 m^3，占年径流量的 44%，径流量年际变化大，最大年径流量为 16.3×10^8 m^3，是最小年径流量（2.6×10^8 m^3）的 6～7 倍。1957～1975 年、1976～1998 年、1999～2007 年 3 个阶段的年平均径流量分别为 20.5 m^3/s、15.5 m^3/s、13.2 m^3/s，平均流量在减小，说明植被恢复，地面蓄水固沙能力增强，降雨转化为径流的比例降低。

2）泥沙特征

丹江流域多为次生林，植被较好，含沙量较小，该流域多年平均含沙量为 4.52 kg/m^3，最大含沙量为 7.60 kg/m^3，最小含沙量为 0.88 kg/m^3。丹江流域的年输沙量总的趋势变化分两个阶段：1975 年以前，输沙量变化在平均值 8.22×10^5 t 上方跳跃；1976～2007 年，输沙量变化在平均值 8.22×10^5 t 下方跳跃，且越来越接近 X 轴。丹江流域 7～8 月输沙量最大，两边逐渐减少，这主要是因为 7～8 月为丹江流域的主汛期，雨量大，侵蚀能力强，对地面冲刷较强，洪水量大，携带沙量的能力大，1～3 月、11～12 月水流清澈，输沙量极小。

3）暴雨特征

丹江流域是暴雨较多的地区，且暴雨具有集中、量大、面广、历时长的特点，主要集中在 7～9 月，尤以 7 月中旬至 8 月下旬为最（如 98·7 世界罕见暴雨发生在商洛的丹凤、商南一带）。暴雨中心 24 h 降水量为 126.2 mm，是当年降水量 711.9 mm 的 17.7%，据历史资料分析，形成该流域大暴雨的天气系统有西风冷槽等。夏季盛行的东南季风将大量水汽输入丹江流域之中，并与北部南移的蒙古冷高压相遇，使冷暖气团交缓频繁，再加上山脉的抬高作用，容易造成气团的垂直运动，使丹江流域形成强度大、范围广的暴雨。暴雨历时一般为 3 d，长的可达 6～8 d。暴雨的时空分布和地形关系密切，一般是山脊大于河谷，上游大于下游。

4）洪水特征

丹江水系洪水由暴雨产生，并具有陡涨陡落、洪峰高、历时短的特点，对下游及汉江防洪安全影响较大。据统计，大洪水出现在 7～8 月的占 90%，特大洪水几乎都产生在 7～8 月，如荆紫关水文站最大洪水（7360 m^3/s）出现在 1876 年 7 月；次大洪水（6426 m^3/s）出现在 1935 年 8 月；实测最大洪水（6350 m^3/s）出现在 1954 年 7 月。丹江流域水文特征参数见表 8-4。

表 8-4　水文特征参数　（单位：m^3/s）

水文站	枯水年	平水年	丰水年	2006		
	90%保证率	50%保证率	20%保证率	枯水期	平水期	丰水期
武侯镇	2.760	12.150	64.500	5.320	16.400	50.363
洋县	12.872	97.569	423.405	27.372	115.569	323.950
石泉	26.632	158.413	684.675	89.886	167.413	354.957
安康	49.023	236.667	950.200	143.000	338.33	468.833
白河	96.700	263.00	1080.190	115.076	376.567	739.614
麻街	0.229	1.071	3.852	0.270	0.814	4.672
丹凤	1.985	7.093	27.895	2.180	5.084	26.128
紫荆关	2.765	19.574	71.912	4.413	15.960	79.466

注：数据来源于吴波和党志良（2009）

4. 黑河流域水文特征

1）径流特征

年径流量受季风和大气环流的影响，年内汛期主要出现在 7～9 月，3 个月的径流量占全年径流量 50810×10^4 m^3 的 50.8%，而 5 月出现了小汛期，这可能与春季气候回温、高山融雪补给有关。冬季（12 月至次年 2 月）枯水期的径流量仅占全年径流量的 5.3%（图 8-5）。

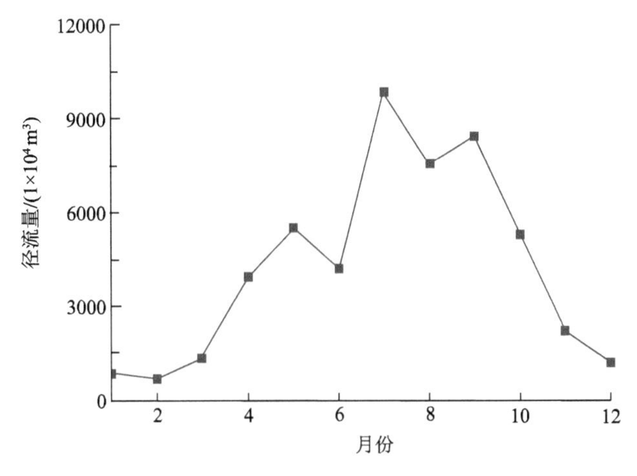

图 8-5　黑河流域径流量年内变化

根据黑河流域黑峪口水文站 1951～2000 年的逐日径流量数据进行分析，得到黑河流域径流量年内变化及 1971～2000 年黑河流域径流量年际变化特征，如图 8-6 和表 8-5 所示。

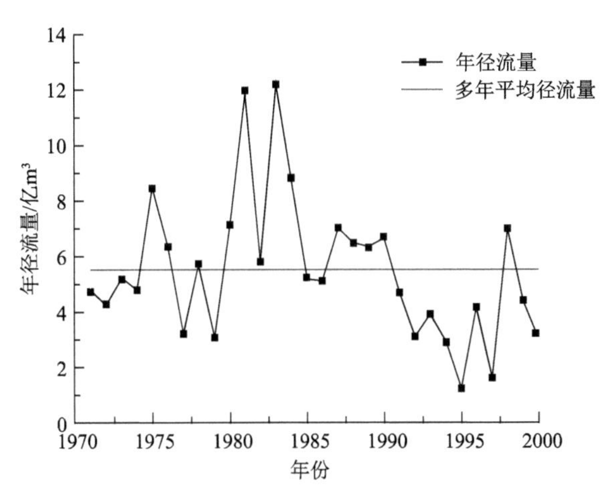

图 8-6　黑河流域径流量年际变化图

表 8-5　黑河流域不同年代径流量变化表　（单位：亿 m^3）

站名	平均值	1971～1975		1976～1980		1981～1985		1986～1990		1991～1995		1996～2000	
		平均值	距平	平均值	距平	平均值	距平	平均值	距平	平均值	距平	平均值	距平
黑峪口	5.49	5.47	−0.23%	5.08	−7.34%	8.81	60.50%	6.32	15.12%	3.16	−42.41%	4.08	−25.64%

黑河流域径流量主要来源于降水量，春季有一部分径流量来源于冰雪融水，黑河流域径流的丰枯主要与降水量的多少相关。如图 8-4 和图 8-5 所示，黑河流域径流量年内变化趋势与降水量变化趋势相一致。由图 8-6 及表 8-5 可以看出，黑河流域径流量年际变化较大，最大年径流量为 12.2 亿 m^3，最小年径流量为 1.2 亿 m^3，最大年径流量是最小年径流量的 10.17 倍。1981～1985 年平均径流量远远高于多年平均径流量，而 1991～

1995 年平均径流量只有 3.16 亿 m^3，远低于多年平均径流量。1971～1980 年为平水年，1981～1990 年为丰水年，1991～2000 年为枯水年，因此可以看出黑河流域年际间变化较大，20 世纪 90 年代径流量明显较少。

2）泥沙特征

根据黑河流域黑峪口水文站 1971～1998 年逐日输沙量数据进行分析，得到黑河流域输沙量的年内变化及年际变化特征，如图 8-7 所示。

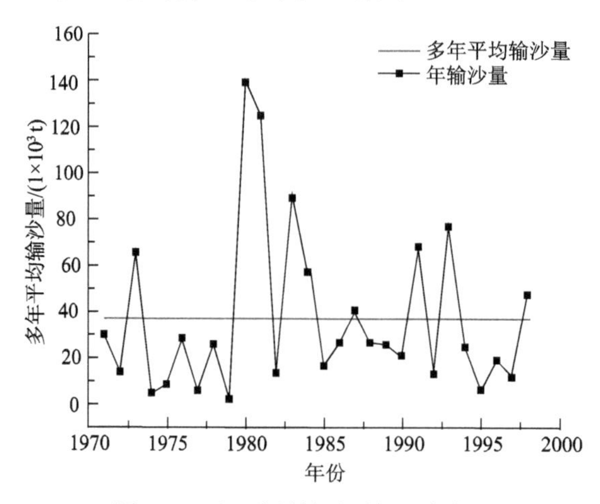

图 8-7 黑河流域输沙量年际变化图

从图 8-7 中可以看出，黑河流域年输沙量的年际变化差异较大，20 世纪 70 年代除了 1973 年的输沙量高于多年平均输沙量，其余年份均小于多年平均输沙量；80 年代，1980 年、1981 年、1983 年、1984 年、1987 年 5 个年份的年输沙量均大于多年平均输沙量，这可能与当时人为活动对环境造成破坏，使土壤易发生侵蚀，径流中携带的泥沙量有关；90 年代中 1991 年、1993 年、1998 年输沙量高于多年平均输沙量。

（二）水资源水环境模型模拟

1. 非点源污染

20 世纪 60 年代开始的非点源污染（non-point source pollution，NPSP）的研究及其治理成为国际环保界关注的新话题，美国清洁水法修正案（1977 年）将非点源污染定义为“污染物以广域的、分散的、微量的形式进入地表及地下水体”（Lee，1979）。非点源污染是指大气、地面或土壤中的污染物质在降雨淋溶和冲刷下随径流进入含水层、湖泊、河流、滨岸生态系统等引起的污染，也称面源污染或者分散源污染，它是指时空上无法定点监测的，与大气、水文、土壤、植被、土质、地貌、地形等环境条件和人为活动密切相关的，可随时随地发生的，直接对水环境构成污染的污染物来源（杨爱玲和朱颜明，2000；王晓辉，2006）。非点源污染是造成湖泊、水库富营养化的重要原因之一，河流的水质状况也直接受到非点源污染的影响（李怀恩等，2011）。当前，农业的发展和不断推进的城市化进程，加大了土地利用的强度，农用化肥及农药的使用量急剧增加，水环境非点源污染问题日益突出。近年来，随着工业点源污染控制水平的提高，非点源污染已经成为水环境污染的主要来源。许多国家的研究结果已经证实，非点源污染已成为世界范围内地表水与地下水污染的主要来源，而农业非点源污染则成为非点源污染的主要来源（于峰等，2008），人类土地利用是非点源污染的主要影响动因。农业非点源污染是由化肥、农药、畜禽粪便，以及水土流失经降雨径流、淋溶和农田灌溉回归水进入水体而造成的。影响农业非点源污染的因素众多，如土壤质地、土地利用类型、施肥种类及方法和时间、耕作方法、降雨强度和降水量等（王少丽等，2007）。土地利用是人与土地相互作用下由不同的利用方式和利用强度组成的动态系统（郝芳华等，2006），反映了人类与自然界相互影响与交互作用中最直接和最密切的关系，不适当的土地利用方式和农田管理模式会导致土壤侵蚀和过量的N、P随地表径流流失（张淑荣等，2001；陈利顶和傅伯杰，2000；王思远等，2002）。

2. 非点源污染研究概述

与点源污染相比，非点源污染的形成受区域地理条件、气候条件、土壤条件、土壤结构、土地利用方式、植被覆盖和降水过程等多种因素的影响，因此非点源污染具有空间上的广泛性，时间上的不确定性、滞后性、模糊性、潜伏性，信息获取难度大，危害规模大，研究、控制与管理难度大等特点。目前，非点源污染已经成为我国水环境污染治理中有待深入研究的课题，一般应用水文和水环境模型相结合来模拟和评价非点源污染（董文涛和程先富，2011）。

1）非点源污染机制研究

非点源污染机制研究主要是污染物形成、迁移转化机制，污染物监测、时空分布及污染风险评价研究等。非点源的特征机制研究主要借助野外调查监测、室内模拟试验等手段进行非点源污染的来源识别、特征分析、危害评价、机制探讨及影响因素分析等。黑河流域和丹江流域农业非点源污染研究较多，在此方面已较为完善。对于城镇、矿区、建筑区等大气干湿沉降引起的非点源污染未得到重视。另外，河内底泥二次污染即内源污染、污染物毒理学及生态效应方面的研究较少（董文涛和程先富，2011）。

2）非点源污染数据库的建立

非点源污染模拟研究对实测资料依赖程度高，并且资料涉及环保、水文、气象、农林各部门，难以全部获取，故数据的缺乏影响了非点源研究的进一步发展（贺瑞敏等，2005）。黑河流域和丹江流域非点源污染研究同样受到基础数据和资料的限制，建立流域非点源污染信息数据库，实现数据的共享性，对今后非点源污染研究有重要意义。

“3S”集成技术将是今后非点源污染研究中应用的主要研究手段，而GIS是建立非点源污染数据库的主要工具（于峰等，2008）。国外已广泛将GIS用于非点源污染建模和分析，国内研究者提出建立包括地理基础数据、地形空间数据、遥感图像数据、气象水文数据和统计资料数据的非点源污染数据库结构（刘瑞民等，2006），数据库的建立有助于对流域非点源污染进行模拟与分析应用。

3）BMP控制与应用研究

最佳管理措施（BMP）在非点源污染控制研究中最具有代表性，其最早被提出是在20世纪70年代末用来控制水体中因磷的释放造成的富营养化。90年代已发展成熟，在水环境治理中发挥着重要作用，目前国外流域非点源污染控制研究已进入 BMP 应用评价阶段（Lee et al.，2010），中国在这方面研究较少。

4）非点源污染的模型研究

非点源污染的模型研究主要包括模型的开发和应用两方面，数学模型运用于非点源污染现状与机制的模拟、污染负荷输出估算及控制措施效果评价等方面。随着模型的不断完善，模型模拟研究已成为非点源污染研究最重要的方法。

一般有以下 4 个方面的模拟。

（1）水文模拟：利用实验方法、水文预测模型或流域水文模型确定降雨和径流关系。

（2）土壤流失模拟：这是非点源污染的重要环节。

（3）污染物化学转化过程模拟。

（4）非点源污染物进入水体对水质影响模拟：通过模型推算污染负荷。

李怀恩等（2006）在黑河流域应用蓄满产流模型、逆高斯分布汇流模型、水沙关系模型，以及澳大利亚学者所提出的营养物迁移转化模型对磷的迁移转化过程进行了模拟，模拟结果的相对误差基本上在 30%以内。尹刚等（2011）利用 SWAT 模型对图们江流域氮磷营养物非点源污染进行了研究，赵军海（2007）和邹桂红（2007）基于 AnnAGNPS 模型分别对双阳水库汇水流域和大沽河典型小流域进行了非点源污染的研究，结果表明对总氮（TN）的模拟结果偏差在±5%左右，对 TN 的模拟能力较强，对泥沙的模拟偏差为 14%～22%，模拟精度一般，模型对总磷（TP）的模拟则表现出较大的不确定性。

3. 黑河流域非点源污染的模拟与预测

黑河工程是西安市的主要供水源，其水量及水质安全关系西安市 300 万市民的饮水安全和身体健康及西安市社会经济的可持续发展。黑河流域地貌类型大致分为三类：①低山陡坡型，海拔 600～1000 m；②中山陡坡型，海拔 1000～3500 m；③高山陡坡型，海拔在 3500 m 以上。流域坡度较大，坡耕地较多，近年来，人为活动的增加，流域内水土流失加重，又因土壤中的氮磷污染物含量较大，由土壤流失引起的非点源污染成为流域水质污染的主要污染源之一。胥彦玲等（2005，2006）对黑河流域非点源污染的模拟结果如表 8-6、表 8-7 所示。

表 8-6　土壤背景值及吸附态氮磷污染估算结果　　（单位：mg/kg）

估算单元*	侵蚀量	氮背景值	磷背景值	吸附氮负荷估算值	吸附态磷负荷估算值	氮污染单位负荷	磷污染单位负荷
厚畛子镇	10.05	10.43	3.08	2.09	0.62	4.27	1.26
板房子镇	1.06	7.08	1.59	0.57	0.13	2.48	0.56
沙梁子乡	1.42	9.34	1.94	0.21	0.06	2.64	0.70
安家岐乡	3.90	7.46	2.10	0.58	0.16	4.08	1.15
小王涧乡	3.44	7.18	1.73	0.49	0.12	4.20	1.01
双庙子乡	4.93	7.20	1.75	0.71	0.17	4.02	0.98
陈河镇	9.16	7.27	1.88	1.33	0.34	7.50	1.94
甘峪湾乡	4.17	7.71	2.44	0.64	0.20	10.74	3.40

续表

估算单元*	侵蚀量	氮背景值	磷背景值	吸附氮负荷估算值	吸附态磷负荷估算值	氮污染单位负荷	磷污染单位负荷
马召镇	1.98	6.58	0.92	0.26	0.04	54.29	7.59
合计				6.88	1.84		

注：数据来源于胥彦玲等（2005）

*沙梁子乡现归并入厚畛子镇；安家岐乡现归并入板房子镇；小王涧乡和双庙子乡现归并入王家河镇；甘峪湾乡现归并入陈河镇

表 8-7　吸附态氮、磷污染负荷估算结果

估算单元*	氮浓度/（g/t）	吸附态氮负荷/[g/(hm²·年)]	吸附态氮总负荷/t	氮浓度/（g/t）	吸附态磷负荷/[g/(hm²·年)]	吸附态磷总负荷/t
厚畛子镇	10.508	113.83	5.591	3.09	27.14	1.333
板房子镇	6.968	126.35	2.930	1.440	26.11	0.606
沙梁子乡	7.376	87.20	0.689	1.989	23.51	0.186
安家岐乡	7.469	107.60	1.534	2.114	30.46	0.434
小王涧乡	7.194	110.05	1.294	1.745	26.69	0.314
双庙子乡	7.354	84.28	1.488	1.911	21.90	0.387
陈河镇	7.283	80.61	1.432	1.864	20.63	0.366
甘峪湾乡	7.747	94.44	0.565	2.490	30.35	0.182
马召镇	7.821	373.22	0.179	2.568	122.55	0.59
合计			15.702			4.398

注：数据来源于胥彦玲等（2006）

*沙梁子乡现归并入厚畛子镇；安家岐乡现归并入板房子镇；小王涧乡和双庙子乡现归并入王家河镇；甘峪湾乡现归并入陈河镇

黑河流域每年向黑河水库输送的吸附态氮约 6.90 t，吸附态磷约 1.84 t。从总负荷估算结果看，厚畛子镇和陈河镇对流域吸附态氮磷污染的贡献最大。其原因主要在于厚畛子镇处于秦岭中山区—高山区之间，虽然植被覆盖度较高，土壤侵蚀模数较小，但其所占面积较大，使得水土流失总量较大，加之其内的太白山国家级自然保护区属原始森林和高山草甸植被覆盖，土壤类型为暗棕壤，土壤中氮磷背景值较高，所以它对流域的非点源污染贡献较大。对于陈河镇而言，主要是因为植被覆盖较低，坡度大，耕地和荒地所占面积比例大，使得土壤侵蚀模数较大，加之耕地中大量的施肥使土壤中氮磷的背景含量增大，从而造成了流域较大的侵蚀性非点源污染。由氮磷污染单位负荷来看，马召镇单位污染负荷最大，其次是甘峪湾乡和陈河镇。分析其原因主要是这几个乡镇处于低山和高山区，坡度大，植被覆盖率低，耕地所占面积比例较大，使得土壤侵蚀量及土壤中氮磷的背景含量（耕地大量施肥）较大，造成了流域大量的侵蚀性非点源污染。从控制角度来看，厚畛子镇、甘峪湾乡、陈河镇和马召镇是日后污染控制管理的重点防治对象，必须采取积极、有效的水土保持和环境保护措施，通过适当改变或切断吸附态氮磷的产生、输移途径，以达到削减其入河量、减轻污染的目的。

4. 流域非点源污染管理措施估算

李家科等（2008）基于校准后的 AnnAGNPS 模型对黑河流域进行非点源污染管理措施模拟，基于表 8-8 中 2000 年黑河流域的土地利用现状，设计了 5 种管理方案。①将山区人口搬离，全部退耕还林，流域土地利用只有林地；②在 2000 年土地利用现状的基础上，>15°的坡地全部还林，15°以下的耕地不变，未利用地和工矿用地全部还林；③在 2000 年土地利用现状的基础上，逐渐将>25°的坡地全部还林，25°以下除耕地外，其他还林；④在 2000 年土地利用现状的基础上，逐渐将>25°的坡地全部还林，25°以下的坡地不变；⑤耕地施肥量在 2000 年基础上减少 30%，2000 年耕地化肥施用量为氮肥 750 kg/hm^2，磷肥 150 kg/hm^2 进行效果模拟。结果如表 8-9～表 8-12 所示。

表 8-8　2000 年黑河流域土地利用分布特征

土壤类型	面积/km^2	占总面积的百分比/%
耕地	24.92	1.68
林地	1293.41	87.33
未利用地	60.73	4.1
积雪	32.51	2.2
工业用地	43.46	2.93
居民地	25.96	1.75

表 8-9　5 种方案下地表径流的模拟结果

年份	现状	方案 1		方案 2		方案 3		方案 4		方案 5	
		模拟值	消减/%	模拟值	消减/%	模拟值	消减/%	模拟值	消减/%	模拟值	消减/%
1991	129.19	124.19	−3.87	124.47	−3.65	124.5	−3.63	127.43	−1.36	129.19	0.00
1992	84.23	79.00	−6.21	79.3	−5.85	79.32	−5.83	82.46	−2.10	84.23	0.00
1993	106.75	101.03	−5.36	101.34	−5.07	101.37	−5.04	104.73	−1.89	106.75	0.00
1994	78.35	74.18	−5.32	74.42	−5.02	74.44	−4.99	76.89	−1.86	78.35	0.00
1995	33.47	29.93	−10.58	30.13	−9.98	30.15	−9.92	32.29	−3.53	33.47	0.00
1996	114.48	109.59	−4.27	109.86	−4.04	109.88	−4.02	112.78	−1.48	114.48	0.00
1997	44.2	41	−7.24	41.19	−6.81	41.2	−6.79	43.12	−2.44	44.2	0.00
1998	191.68	186.86	−2.51	187.14	−2.37	187.16	−2.36	190.01	−0.87	191.68	0.00
1999	119.83	114.83	−4.17	115.11	−3.94	115.14	−3.91	118.11	−1.44	119.83	0.00
2000	88.1	82.91	−5.89	83.21	−5.55	83.28	−5.47	86.34	−2.00	88.1	0.00
多年平均	99.03	94.35	−4.72	94.62	−4.45	94.64	−4.43	97.42	−1.63	99.03	0.00

表 8-10　5 种方案下泥沙的模拟结果

年份	现状	方案 1		方案 2		方案 3		方案 4		方案 5	
		模拟值	消减/%	模拟值	消减/%	模拟值	消减/%	模拟值	消减/%	模拟值	消减/%
1991	51.02	40.68	−20.27	41.03	−19.58	41.21	−19.23	45.67	−10.49	51.02	−0.00
1992	16.36	12.91	−21.09	13.03	−20.35	13.07	−20.11	14.37	−12.16	16.36	−0.00
1993	51.59	47.02	−8.86	47.17	−8.57	47.25	−8.41	49.11	−4.81	51.59	−0.00
1994	21.55	16.96	−21.30	17.29	−19.77	17.34	−19.54	19.2	−10.90	21.55	−0.00
1995	10.06	7.71	−23.36	7.82	−22.27	7.86	−21.87	8.85	−12.03	10.06	−0.00
1996	23.67	17.34	−26.74	17.53	−25.94	17.61	−25.60	20.52	−13.31	23.67	−0.00
1997	15.01	11.46	−23.65	11.58	−22.85	11.64	−22.45	13.24	−11.79	15.01	−0.00
1998	39.83	31.25	−21.54	31.2	−21.67	31.27	−21.49	34.63	−13.06	39.83	−0.00
1999	35.41	27.57	−22.14	28.27	−20.16	28.4	−19.80	31.42	−11.27	35.41	−0.00
2000	22.99	18	−21.71	18.14	−21.10	18.23	−20.70	20.38	−11.35	22.99	−0.00
多年平均	28.75	23.09	−19.68	23.31	−18.93	23.39	−18.65	25.74	−10.47	28.75	−0.00

表 8-11　5 种方案下 TN 的模拟结果

年份	现状	方案 1		方案 2		方案 3		方案 4		方案 5	
		模拟值	消减/%	模拟值	消减/%	模拟值	消减/%	模拟值	消减/%	模拟值	消减/%
1991	224.41	174.79	−22.11	191.19	−14.80	192.92	−14.03	202.86	−9.60	209.24	−6.76
1992	211.73	143.67	−32.14	172.14	−18.70	174.86	−17.41	182.75	−13.69	183.82	−13.18
1993	153.06	98.28	−35.79	120.63	−21.19	122.8	−19.77	129.88	−15.14	131.77	−13.91
1994	126.89	75.7	−40.34	97.78	−22.94	99.83	−21.33	105.3	−17.01	105.7	−16.70
1995	87.81	44.62	−49.19	62.72	−28.57	64.48	−26.57	69.12	−21.28	70.03	−20.25
1996	134.32	74.75	−44.35	99.07	−26.24	101.67	−24.31	108.58	−19.16	109.98	−18.12
1997	84.82	37.59	−55.68	58.47	−31.07	60.34	−28.86	65.28	−23.04	65.29	−23.03
1998	234.85	169.04	−28.02	195.7	−16.67	198.12	−15.64	205.42	−12.53	208.69	−11.14
1999	119.89	58.75	−51.00	83.91	−30.01	86.32	−28.00	93.42	−22.08	96.45	−19.55
2000	116.82	47.87	−59.02	78.15	−33.10	81.16	−30.53	87.68	−24.94	87.61	−25.00
多年平均	149.46	92.51	−38.11	115.98	−22.40	118.25	−20.88	125.03	−16.35	126.86	−15.12

表 8-12　5 种方案下 TP 的模拟结果

年份	现状	方案 1		方案 2		方案 3		方案 4		方案 5	
		模拟值	消减/%	模拟值	消减/%	模拟值	消减/%	模拟值	消减/%	模拟值	消减/%
1991	3	2.85	−5.00	2.86	−4.67	2.87	−4.33	2.92	−2.67	3	0.00
1992	3.45	3.25	−5.80	3.27	−5.22	3.27	−5.22	3.37	−2.32	3.45	0.00
1993	3.65	3.43	−6.03	3.46	−5.21	3.47	−4.93	3.55	−2.74	3.65	0.00
1994	2.98	2.82	−5.37	2.84	−4.70	2.85	−4.36	2.89	−3.02	2.98	0.00
1995	1.72	1.55	−9.88	1.58	−8.14	1.58	−8.14	1.64	−4.65	1.72	0.00

续表

年份	现状	方案1		方案2		方案3		方案4		方案5	
		模拟值	消减/%	模拟值	消减/%	模拟值	消减/%	模拟值	消减/%	模拟值	消减/%
1996	2.52	2.28	−9.52	2.32	−7.94	2.33	−7.54	2.42	−3.97	2.52	0.00
1997	1.47	1.26	−14.29	1.29	−12.24	1.31	−10.88	1.36	−7.48	1.47	0.00
1998	4.56	4.3	−5.70	4.34	−4.82	4.35	−4.61	4.41	−3.29	4.56	0.00
1999	2.92	2.51	−14.04	2.61	−10.62	2.64	−9.59	2.72	−6.85	2.92	0.00
2000	2.64	2.28	−13.64	2.35	−10.98	2.39	−9.47	2.48	−6.06	2.64	0.00
多年平均	2.89	2.653	−8.23	2.69	−6.88	2.71	−6.40	2.78	−3.98	2.89	0.00

注：表 8-8～表 8-12 数据来源于李家科等（2008）

从表 8-9 中可以看出，方案 1 对地表径流的消减作用最大，其次是方案 2、方案 3、方案 4、方案 5，这表明，随着流域林地面积的增加，流域径流深将会逐渐减少，对＞15°以上的坡地进行还林措施具有一定的消减径流作用。

表 8-10 中可以看出，5 种方案措施中对泥沙的消减作用大小为方案 1＞方案 2＞方案 3＞方案 4＞方案 5，这表明，泥沙的消减量与径流深的减少特征相似，随着流域林地面积的增加，水土流失将减少，从而使得流域产沙量也减少，因此林地具有较大的减沙效应。

表 8-11 中可以看出，总氮（TN）输出的大小排序为方案 5＞方案 4＞方案 3＞方案 2＞方案 1，这表明，随着流域林地面积的增加，流域的径流量和产沙量将减少，从而使得水流和泥沙携带的溶解性氮和吸附氮减少，最终使流域出口总氮量减少，其次，施肥量减少 30%对流域口总氮量输出消减具有较大的作用。

表 8-12 中可以看出，总磷（TP）输出的大小排序为方案 5＞方案 4＞方案 3＞方案 2＞方案 1，这表明，随着流域林地面积的增加，流域的径流量和产沙量将减少，从而使得水流和泥沙携带的溶解性磷和吸附磷减少，最终使流域出口总磷量减少，而施肥量减少 30%对流域出口总氮的输出量几乎没有消减作用。

胥彦玲等（2010）研究表明，土地利用/覆被变化会对流域非点源污染产生极大的影响。林地具有较强的减水、减沙效应，从而极大地削减了流域非点源污染的产生。因此为了达到同时削减径流、沉积物及总氮、总磷的输出量，在此流域应采取退耕还林的措施，治理非点源污染。

第二节 环境变化对陕西省黑河流域水文状况的影响

一、环境变化与水文状况

气候变化将会显著影响农业生产、给水、人类健康，以及陆地和水生生态系统（Bhatti et al.，2000；Kabubo-Mariara and Karanja，2007）。气候变化将会引起水文状况的显著变化（Bootsma，1994；王云璋等，1998；Najjar，1999；Menzel and Bürgr，2002；Ren et al.，2002；张娜等，2003；Raymond and Wolfgang，2005）。流域水文对气候变化的响应研究多集中于小尺度过程，如树的生理反应（Hamilton，1987；Smiet，1987；Amatya et al.，1997；Barten et al.，1998），或大尺度变化，如气候生态植被区及其变化（Cox and Madramootoo，1998；Swanson，1998；Bren，2000；Rao and Pant，2001；Tyson and Worthley，2001）。

水文对出水量的影响一直备受争议（Adams et al.，1991）。争议多集中于土地利用和覆盖变化如何影响水文状况。第一种观点认为在相对小的流域，造林蒸散将造成 15～500 mm 出水量的减少。刘昌明和钟骏襄（1978）研究表明在黄土高原地表径流深减少了 40%～60%，在有森林覆盖的流域出水量高出 1.7～3.0 倍。Liu 和 Wen（1996）及陈军锋等（2000）通过调查比较发现，在长江流域提高植被覆盖率将会减少河流年径流量。Trimble 和 Weirich（1987）研究发现在美国南部当植被覆盖增加 10%～28%时，年出水量将会减少 4%～21%。Verry（1986）研究发现明尼苏达州北部的阿斯彭高峰流量增加，在美国北方大湖地区的森林，阔叶林和针叶林的砍伐导致年径流量增加 30%～80%。Jones 和 Grant（1996）及 Thomas 和 Megahan（1998）研究发现北美西部的喀斯喀特山脉洪峰流量随森林的采伐而有所增加。Beschta（1998）观察发现大流域森林砍伐导致暴雨径流峰值变化少于 7%，并且未发生径流量变化幅度显著增加等大型事件。第二种观点认为，植树造林导致产水量增多。Ma（1993）指出，在伏尔加河流域和俄罗斯里海和波罗的海周围水域，植被盖度较高的流域比植被盖度低或无植被覆盖区的产水量增加 114 mm，植被覆盖率每增加 1%，年产水量将增加 1.5～2.8 mm。金栋梁（1989）研究表明，在长江流域有植被覆盖的区域产水量较无植被覆盖流域高 21.8%～32.8%。中国经济林协会委员会（1982）基于对中国北方三组相同气候、地质、地形的山地流域的调查发现，当森林覆盖率提高 1%时地表径流深增加 0.4～1.1 mm。和 Ma（1993）通过对中国北方 40 多个流域的调查得出了相似结论。由以上可以看出，结论倾向于矛盾主要是由研究方法有限、研究目的复杂和不同研究区域及尺度造成的。在估算森林水文作用时应考虑流域的地理位置、尺度和植被种类或类型。森林砍伐对水文的影响主要取决于被移除的主要植被类型，径流最终被认为是研究水文对土地利用和覆盖变化响应的一个有用的指标（Farley et al.，2005；Stoy et al.，2006）。

水文模型被认为是预测气候变化及土地利用覆盖变化对水文影响的有力工具（Whitehead and Robinson，1993），但是目前将单个的水文过程融合到不同时间和空间尺度动态的水分平衡的研究还比较少。其中物理模型已被广泛应用到模拟复杂的水文特征中（Conway et al.，1996；Keskin and Ağiralioğlu，1997；Wilby and Keenan，2012；Hasler et al.，2005；Su et al.，2005）。用于模拟短时间尺度洪水过程的模型始于 Saint-Venant 方程（Daluz Viera，1983；Cunnane，1988；Ramamurthy et al.，1990；Carrivick，2006）及其他简单的洪水波模型，例如，Kinematic 洪水波模型、non-inertia 洪水波模型、quasi-steady 动态洪水波模型及重力波近似模型（Lighthill and Whitham，1955；Walters and Cheng，1980；Begin，1986）。圣维南方程（Borah et al.，1980）是一个较好的方法，可用来描述有关明渠流波传输方向的问题，以及呈现由高强度降雨或控制结构破坏所造成的复杂的物理过程。长时间尺度的模拟是基于水平衡理论的模型。SWAT 模型是用于估算日尺度、月尺度、年尺度水文特征较好的工具（Bouraoui et al.，2005），但是由于它是基于马斯京根/变量存储路由方式，而不能被用于模拟小时尺度的暴雨洪水事件（SWAT 理论，2005 年）。

随着气候变暖及我国大多数流域逐渐变干，对水资源的供需平衡研究的需求更加强烈。中国陕西省黑河流域是其下游城镇供水来源的关键流域，其在城市化进程中面临着严重的供水问题。黑河流域水文问题的相关研究表明在过去 30 年水资源量显著减少（王云璋等，1998），并且水资源短缺导致大量的土地和水生栖息地显著退化。黑河流域下游的金盆水库（建于 1998 年，容量为 1.47×10^8 m^3）是减轻洪涝和干旱的有效措施，并且为下游城市提供更多的水资源，并且已经有大量研究将水文模型应用到黑河流域（包为民和王从良，1997；李致家等，1998）。Zhao（1984）发展了半分布式模型新安江模型并应用到黑河流域水文特征的研究中，其可以有效地模拟地表径流但不能揭示蒸散和土壤水的信息（李致家等，1998；Semwal et al.，2004；Matteo et al.，2006）。尽管已有大量黑河流域的水文研究，但是目前有关气候变化和人为活动相互作用的研究还比较少。

本研究的目的在于通过整合提出了洪水演进动态波模型、SWAT 模型、水量平衡模型从而揭示黑河流域不同时间尺度下环境变化和水文特征之间的动态关系。首先，我们提出了一个暴雨洪水演进的动力波模型来模拟两个暴雨洪水事件（1986 年 7 月 9～14 日，2000 年 6 月 29～30 日）以探讨人造景观的影响。其次，我们基于 SWAT 模型，通过土地利用覆盖条件相同（1986 年和 2000 年），气候条件不同（1986 年和 2000 年）的两个时期来探讨气候对水文状况的影响，通过气候条件相同（1986 年和 2000 年），土地利用覆盖类型不同（1986 年和 2000 年）的两个时期来分析土地利用覆盖变化对水文过程的影响。最后，我们提出了水量平衡模型来揭示人类经济活动对水量的需求和供水能力之间的变化关系。

黑河流域年径流量为 6.7×10^8 m^3，平均流量（黑峪口）为 19.3 m^3/s。金盆水库的总容量为 1.47×10^8 m^3，从 1986 年起，土地利用和覆盖类型已经开始改变，稀疏林地面积增加了 106.19 km^2，从 1986 年的 244.81 km^2 增加到了 2000 年的 351.00 km^2，针阔叶混交林面积由 1986 年的 900.3 km^2 减少到了 2000 年的 779.89 km^2（表 8-13，图 8-8）。土壤类型主要为棕壤（占总土壤的 79.1%）、褐土（19.8%）、草甸土（8.3%）、沼泽土（0.4%）、黄土（0.16%）（图 8-9）。

表 8-13　1986～2000 年土地利用覆盖的变化

		水田	稀疏林地	针阔叶混交林	草地	旱地	灌木林	总计
1986 年	面积/km²	3.55	244.81	900.30	31.99	141.14	146.32	1481
	百分比/%	0.24	16.53	60.79	2.16	9.63	9.88	100
2000 年	面积/km²	2.67	351.00	779.89	45.47	188.68	113.30	1481
	百分比/%	0.18	23.70	52.66	3.07	12.74	7.65	100
面积变化/km²		0.88	106.19	120.41	13.48	47.54	33.02	

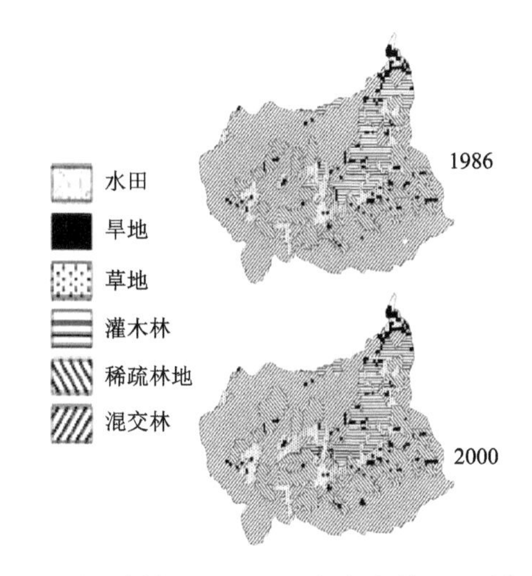

图 8-8　黑河流域 1986～2000 年土地利用和覆盖变化

图 8-9　黑河流域土壤图

二、数据和方法

1. 数据收集

目前有关黑河流域的土地利用类型动态变化研究主要集中于统计数据（Zhang，1984；包为民和王从良，1997；李致家等，1998；Jing，2003；Wang et al.，2005），而运用卫星数据的研究较少。本研究利用遥感卫星图像来识别黑河流域 1986～2000 年的土地利用类型变化（图 8-8）。我们选择了研究期（1986 年 7 月 16 日和 2000 年 6 月 29 日）质量较高的两组 Landsat5 卫星图，并结合 1∶550 000 土地利用类型图和 30 m DEM 图（来自中国科学院遥感所，2004 年）进行研究。水文数据包括从陕西省水文水资源勘测局收集到的黑河流域 7 个站点，从 1986～2000 年的日径流深、径流速度和河流水位数据。

气象数据主要包括降雨、气温、风速、净辐射。土壤图为 1∶550 000（1986 年）（来自西安农业局，2004 年）（图 8-9）。

这些数据变化反映了黑河流域两个时期的环境变化，项目研究利用这些数据来开展降雨径流和水平衡的模拟研究（图 8-10～图 8-13）。

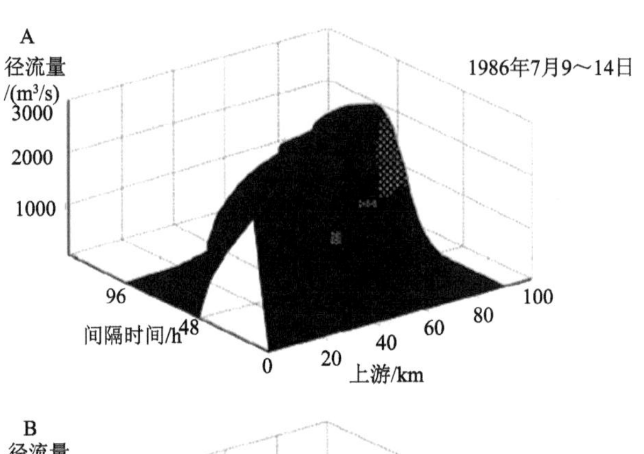

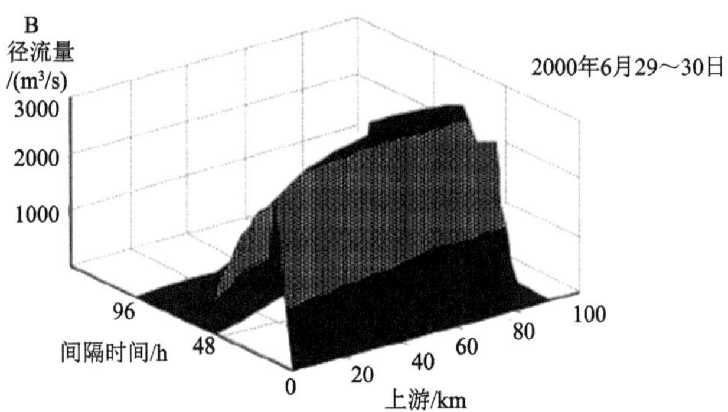

图 8-10　人造景观（金盆水库）对洪峰流量影响模拟

A. 水库建设前，1986 年；B. 水库建设后，2000 年

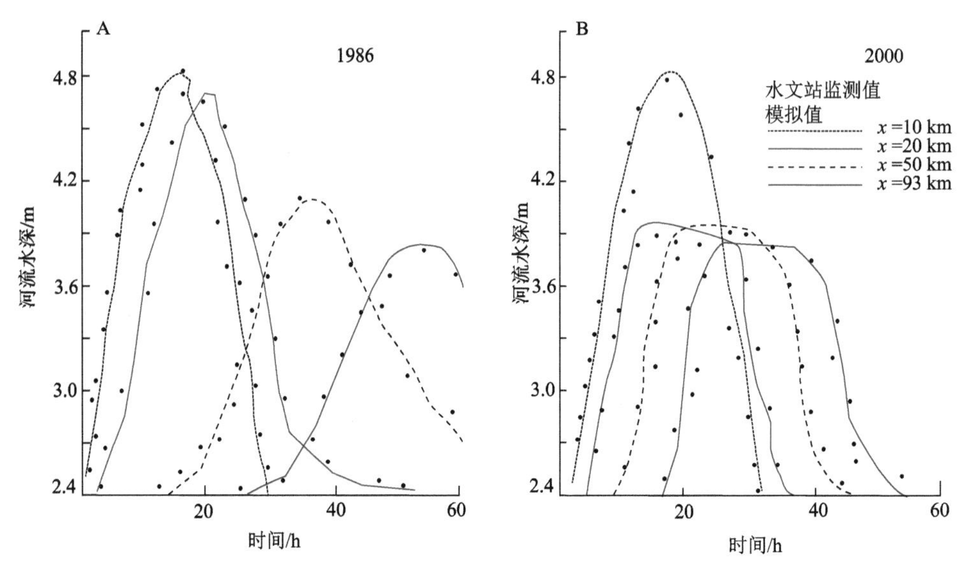

图 8-11　人造景观（金盆水库）对洪水过程的影响

A. 1986 年 7 月；B. 2000 年 6 月

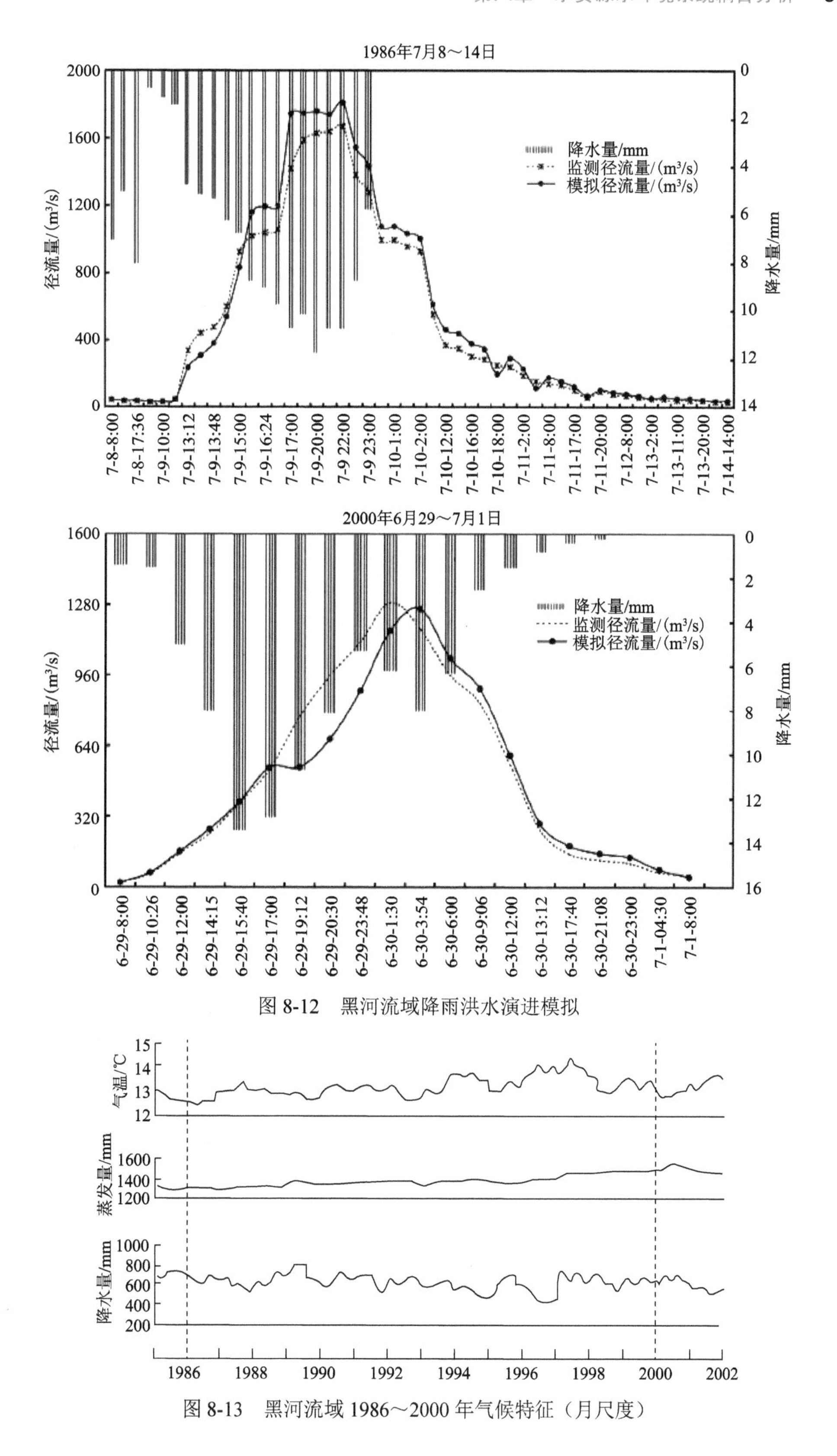

图 8-12 黑河流域降雨洪水演进模拟

图 8-13 黑河流域 1986～2000 年气候特征（月尺度）

2. 洪水演进动力波模型

我们将黑河流域划分成 11 个支流子流域和 1 个主干道子流域。所有支流子流域汇入一个主干道，为河道演进方案发展了动力波方程（Keskin and Ağiralioğlu，1997）。

为了解决控制方程，将显示有限差分法用于数字解决方案，以避免数值扩散对模型结果的干扰（本章附录一）。将流域分为几个流道。同样，时间变量被离散，寻求离散时间间隔的方案。

因此，在矩形栅格的某一点，功能和衍生物的平均值是由任何因变量，$f(x,t)$，以及它的部分衍生物通过近似得到：滞后空间，向前时间（Abbott and Basco，1989）。

3. SWAT：降雨径流过程模型

SWAT 模型是一个分布式流域水文模型，它可以用于日时间尺度到年时间尺度的模拟。在这个模型中，无论是 Priestley-Taylor 方法还是 Penman-Monteith 方法，潜在蒸散量都是必需的数据。土壤剖面图最多有 10 个土壤层，1 个浅含水层和 1 个深含水层。当水超过一层容量时，水向较低的土壤层流动。如果该层已经饱和，从底土层发生侧向流动，渗流进入浅层和深层的含水层。水到达深含水层丢失，但是由于深含水饱和度被直接增加到子流域河道，浅水层发生回流。地表径流由 SCS 曲线模型（Amold et al.，1998）计算，与降雨之间呈非线性函数关系。SWAT 模型需要输入的空间分布参数主要包括 DEM 图、土壤图及土地利用覆盖类型图。由区域数据集代替相关的土壤、气候、原有作物数据集。SWAT 模型通过调整 SCS 曲线数字模型的适应性来校准和验证，并通过均方根误差（RMSE）统计分析方法和 Nash-Suteliffe 效率系数进行估算（Nash and Sutcliffe，1970）。因为降水和气温等气候变化已经严重影响水文循环，可能会引起水平衡的变化。我们基于水平衡理论（SWAT 理论，2005 年），提出了黑河流域水量平衡模型（附录三），并将 SWAT 水量平衡模型运用到不同的尺度模型中（Semenov and Barrow，1997；Wilby and Keenan，2012；Ramos and Mulligan，2005），以此来描述研究区域的气候、地表水文及河口状况，并模拟研究区的环境、经济、社会对降雨的影响。

三、结果和结论

（一）洪水过程对水库建造的响应

为了实现模拟目标，洪水演进动态波模型的条件包括边界条件（主河道长度、主河道底宽、主河道底坡、主流曼宁粗糙系数、主河道径流时间）和初始条件（如洪水流量、水深、水库蓄水地表水面积及水位）（表 8-14）。当水位超过 4 m 时金盆水库预计开始蓄水（付永锋等，2004）。

表 8-14 黑河流域洪水演进动态波模型的边界和初始条件

模型条件	参数	时间	参数值
边界条件	主河道长度（L）/km		93.5
	主河道底宽（b）/m		15
	主河道底坡（S_0）		0.0088

续表

模型条件	参数	时间	参数值
边界条件	主流曼宁粗糙系数（n）		0.027
	主河道径流时间（t）/h		31
初始条件	洪水流量（Q_0）/（m^3/s）	1986	590
		2000	296
	水深	1986	2.4
	水库	2000	2.4
	水库蓄水地表水面积/km^2		4.5
	水位（开始填充水位）/m		4.0

结果显示，金盆水库的主要作用是削减运动行波的洪峰。基于以上的边界条件和观测数据，我们得到了模拟数据，计算绘制了暴雨洪水水文图（图 8-10）。图 8-10 表示，水的深度是时间在主干道不同位置的函数。离河流源头距离为 x=0 km 处对应河流源头，x=93 km 的位置对应河口。我们发现 2000 年 6 月 29 日的洪水波传播速度比 1986 年 7 月 9 日的快。2000 年 6 月 29 日，当洪水流出金盆水库（x=89 km）后洪水波出现衰减。

蓄水池的存在解释了 1986 年 7 月 9 日和 2000 年 6 月 29 日洪水波传播的差异（图 8-10，图 8-11）。图 8-11 显示，两次洪水事件曲线都呈单峰型，模拟的径流过程与实际水文过程相吻合，然而，计算的洪峰值高于水文值。洪水水文过程滞后于暴雨事件，但一般情况二者是同步的。我们的模型 Nash-Sutcliffe 系数在 0.812（1995）～0.961（1996），RMSE 在 0.343（1989）～0.575（1987）（表 8-15）。

表 8-15　地表降雨径流模拟的效率分析

		Nash-Sutcliffe 系数	RMSE
每日的	1986	0.92	0.337
	2000	—	0.451
每月的	1985	0.875	0.453
	1986	0.907	0.431
	1987	0.834	0.575
	1988	0.943	0.378
	1989	0.872	0.343
	1990	0.911	0.392
	1991	0.873	0.459
	1992	0.894	0.449
	1993	0.842	0.451
	1994	0.833	0.508
	1995	0.812	0.549
	1996	0.961	0.439

注：“—”表示缺少数据

（二）降雨径流对环境变化的响应

1. 气候条件和水文状况的关系

从气候数据分析来看，年降水量的变化比季度降水量的变化小，干旱年一般与降水量少的年份对应而与高温年份不一致，高温和强风容易造成高蒸发量，降水和气候的共同作用造成黑河流域逐渐干涸。图 8-13 显示了从 1986～2000 年气候状况的变化。1986～1987 年，1989～1990 年，1993～1994 年，1996 年和 1999～2000 年的气温较低，在 1986～2000 年的时间里月平均气温呈波动上升趋势，气温较低的为 1988 年、1992 年、1995 年和 1997 年。月降水量呈减少趋势，降水呈显著的季节分布特征，不同季节差异很大（春季占 32%～39%，夏季占 31%～36%，秋季占 24%～29%，冬季占 3%～5%）。年平均气温为 13.0～13.4℃，平均降水量为 680 mm，蒸发量为 1450 mm，蒸发量几乎为降水量的 2 倍（Wang et al.，2005）。干旱年一般为降水量少的年份，这与区域夏季季风有关，当夏季季风停留时间较长时将带来较多的降水量，当夏季季风停留的时间较短时，带来的降水量也相对较少。

模拟结果显示，2000 年黑河流域的水资源总量相对于 1986 年减少了 10.6%。我们选择了土地利用覆盖条件相同（1986 年或 2000 年）气候条件不同（1986 年 7 月和 2000 年 6 月）的两个时期来模拟气候对水文状况的影响。将 1986 年 7 月和 2000 年 6 月的土地利用覆盖数据分别输入 SWAT 模型中，结果显示 1986 年 7 月的地表和地面径流高于 2000 年 7 月。回归模型分析结果显示气候条件显著影响水文特征状况（表 8-16）。模拟结果与之前的研究结果相一致，降水量大易导致较大的径流量，高温和强风易导致高蒸发量。

表 8-16　黑河流域气候变化和水文特征之间相关关系分析

自变量	因变量	变化值
相关性系数	降雨和地表径流	0.91
	降水和地下径流	0.73
	气温和蒸发量	0.87
	风速和蒸发量	0.69
降雨量增加 47 mm	地表径流深增加量	0.59 mm
	地表径流量增加量	0.013 m^3/s
气温每升高 2℃	蒸发量增加值	11.3 mm
风速每增加 4.8 m/s	蒸发量增加值	3.7 mm

2. 降雨径流对景观的响应

土地利用覆盖变化可能导致流域水文过程响应。为了达到研究目的，我们需要描述森林生产力减少和水文过程变化之间的关系。SWAT 模型适合应用于日尺度和月尺度的降雨径流模拟来检测土地利用覆盖变化对水文动态过程的影响。

1）蒸发量和土壤水

通过遥感卫星图像得到黑河流域 1986 年和 2000 年两个时期的土地利用覆盖图。分析表明，代表年的土地利用覆盖发生了翻天覆地的变化。稀疏林地面积增加了 43.42%

（106.19 km^2，从 1986 年的 244.81 km^2 增加到 2000 年的 351.0 km^2），针阔叶混交林减少了 13.37%（120.41 km^2，由 1986 年的 900.3 km^2 减少到 2000 年的 779.89 km^2）。

SWAT 模型模拟结果显示，土地利用覆盖由草原变成农田（旱地，水田，图 8-8）导致实际蒸散量增加。图 8-14 显示了 1986 年 7 月和 2000 年 6 月实际蒸散量的空间分布。耕地的实际蒸发量最大（＞128 mm/月），其次为灌木（99～119 mm/月），林地实际蒸发量最少（78～92 mm/月）。流域南北森林的砍伐导致实际蒸散率增加。实际蒸发量的变化反映了土地利用由草地变为耕地所导致的蒸发量的增加，即造林导致出水量（water yield）减少（Liu and Zhong，1978；Verry et al.，1983；Trimble and Weirich，1987；Verry，1986；Jones and Grant，1996；Liu and Wen，1996；Thomas and Megahan，1998；Beschta，1998；陈军锋等，2000）。流域北部和中游森林砍伐区如耕地、草地和灌木林的蒸发量、气温、风速、辐射热量均比南部森林区的高。蒸发量的不均匀分布主要是由气候变化和生态系统功能的共同作用造成的。首先，黑河流域的气候变化如不同区域的气温、辐射和风速，基于观测数据显示，流域北部和中游地区的气温比南部森林区高 1.1～2.3℃（图 8-15），多接受 19.4%～33.7%的辐射热量，风速比南部区域大 2～3 m/s。其次，简单生态系统（如耕地、草地和灌木林）的持水能力较复杂生态系统（如森林生态系统）的低。在这些原因中，耕地的蒸发量受辐射热量的控制（占总蒸发量的 81.6%），森林受持

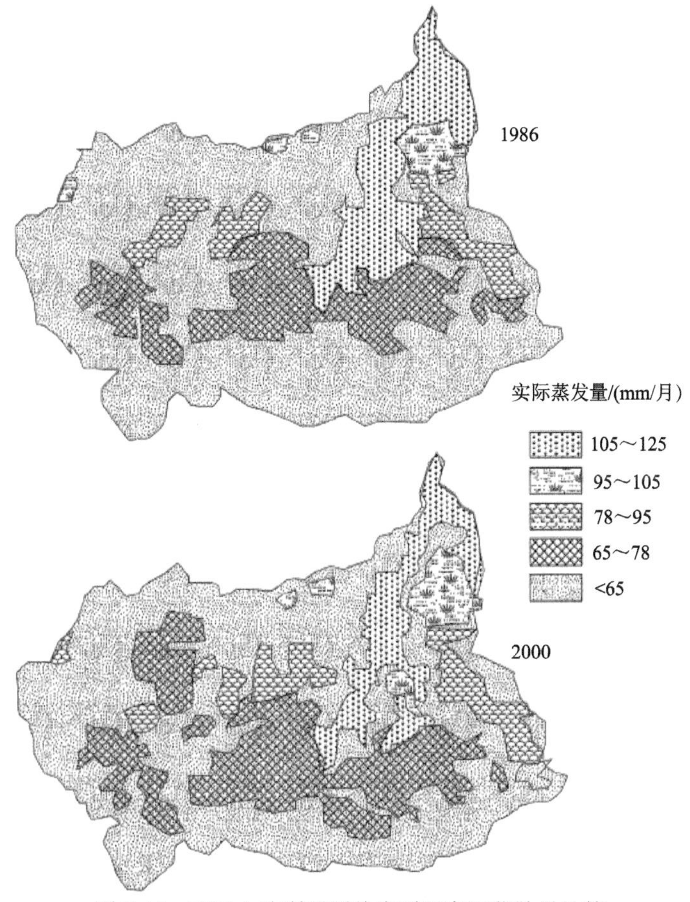

图 8-14　不同土地利用覆盖类型下实际蒸散量计算

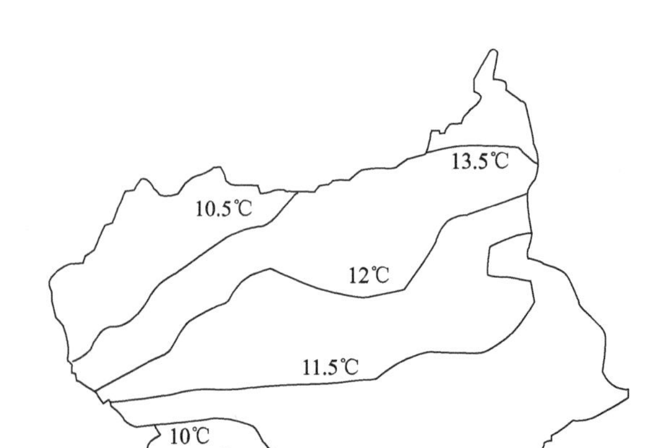

图 8-15 黑河流域年平均气温

水能力的限制（占总蒸发量的 73.1%），而灌木林则是受辐射热量和持水能力的共同作用影响（辐射热量和水资源涵养导致的蒸发量分别占总蒸发量的 43.1%和 39.6%）。

由以上分析，我们可以确定气候变化和生态系统功能导致黑河流域大部分区域的蒸发量增加。

模拟结果显示，黑河流域由 1986～2000 年的土壤含水量和补给随降雨、气温和土地利用覆盖的变化而变化。通过观察发现，春季（降水量少）和夏季（气温高）的土壤含水量低，这主要是由高蒸发量和植被需水量造成的，尤其是前期土壤含水量低时（表 8-17）。1986 年和 2000 年春季平均土壤含水量为 1.41 g/cm^3 和 1.25 g/cm^3，夏季分别为 1.47 g/cm^3 和 1.38 g/cm^3，秋季分别为 1.81 g/cm^3 和 1.78 g/cm^3，冬季分别为 1.76 g/cm^3 和 1.68 g/cm^3（表 8-17）。相对土壤含水量随土地利用覆盖变化而变化：林地的土壤含水量最高（1986 年为 70%，2000 年为 67%），其次为灌木林（1986 年为 53%，2000 年为 51%）、草地（1986 年为 32%，2000 年为 29%）、耕地（1986 年和 2000 年均为 30%）（表 8-17）。森林砍伐增加了蒸发量，土地利用覆盖变化直接导致中游土壤含水量和总径流量的减少。

表 8-17 黑河流域土壤水分布

季节	土壤（容重）/（g/cm^3）		土地利用和覆盖	土壤水（相对）含水量/%	
	1986	2000		1986	2000
春	1.41	1.25	林地	70	67
夏	1.47	1.38	灌木林	53	51
秋	1.81	1.78	草地	32	29
冬	1.76	1.68	耕地	30	30

2）河流径流

从模拟结果来看，由于 1986～2000 年土地利用覆盖发生变化，河流径流在流域不同的区域重新分配。图 8-16 和图 8-17 显示 1986～2000 年的土地利用覆盖和气候条件下的河流径流的空间分布。由于森林的砍伐，尤其是在流域南北陡峭区域，1986 年 7 月径

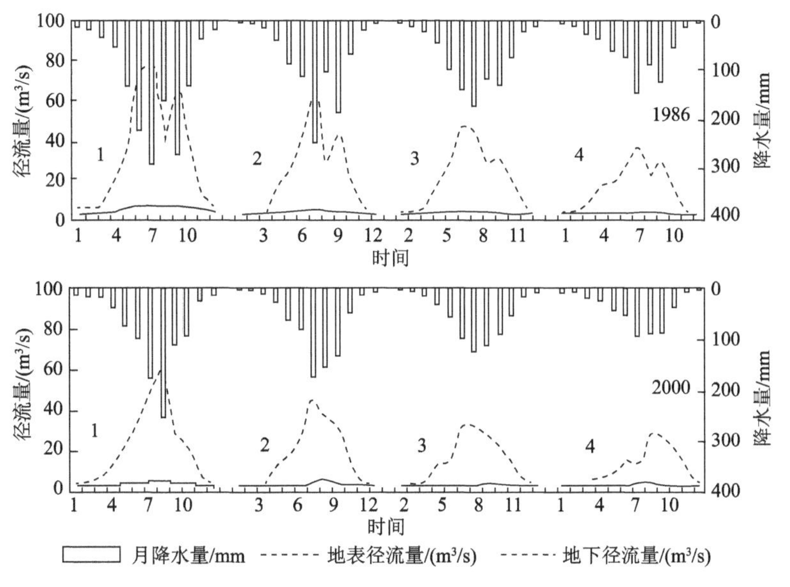

图 8-16 黑河流域各子流域及整个流域降水径流模拟（月尺度）

1. 厚畛子；2. 板房子；3. 金盆；4. 黑峪口

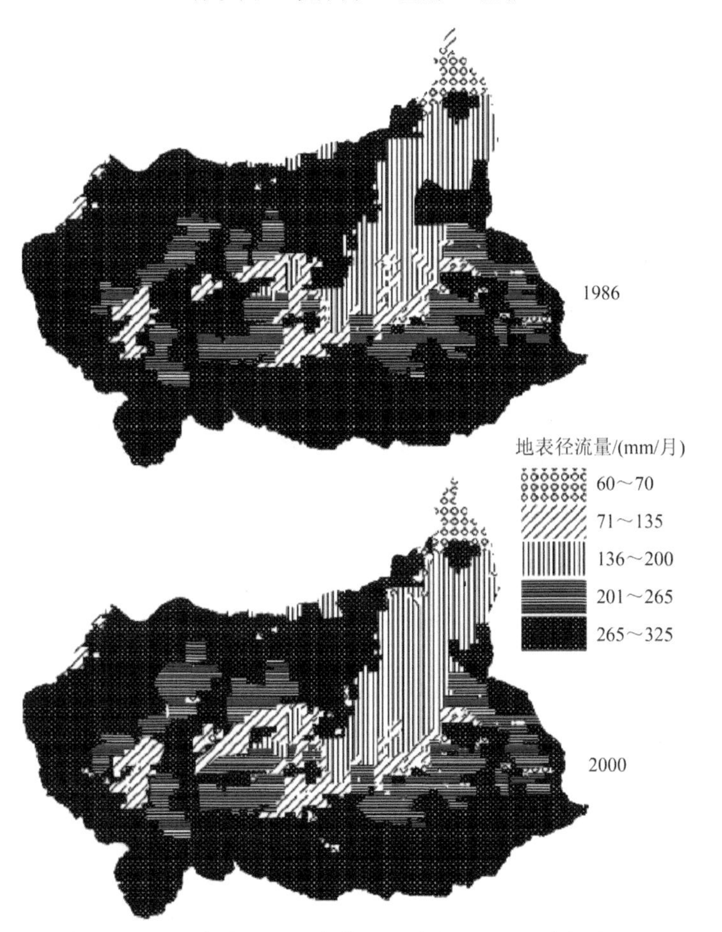

图 8-17 黑河流域不同土地利用和覆盖类型下地表径流分布

流量由60～70 mm/月增加到超过150 mm/月。流域北部（3，金盆），土地利用覆盖的变化对径流量的影响主要表现为年平均径流的减少。在流域中游（1，厚畛子），阔叶林转变为针叶林和草地导致径流增加。流域南部（2，板房子），因为阔叶林比稀疏林的持水能力更强，所以阔叶林的增加导致该区域的径流减少。通过上面提到的模拟，比较土地利用覆盖条件相同气候条件不同的两个时期（1986年7月和2000年6月）下水文状况，验证了气候对个别水文过程的影响。接下来的部分将讨论相同气候条件不同土地利用覆盖条件下的水文特征变化。

3）产流

模拟结果显示，土地利用覆盖变化显著影响了地表径流的产生和河流径流特征（图8-18，图8-19）。图8-18显示在相同的气候条件下，1986年7月的土地利用覆盖类型下的产流量比2000年6月的土地利用覆盖类型下的产流量更大，产流过程更慢。同样，径流量和产流过程的变化趋势出现在2000年6月的气候背景下。森林覆盖率每增加1%，径流深增加0.25～1.4 mm，径流量增加0.13 m^3/s。回归分析显示，虽然地面径流对土地利用覆盖变化的响应比地表径流缓慢，不同土地利用覆盖的叶面积指数和地表径流生成时间之间的相关系数为0.71，叶面积指数越高产流过程越慢。结果与长白山的水文特征模拟结果（张娜等，2003）相一致，即造林增加了径流深和径流量。图8-19表示土地利

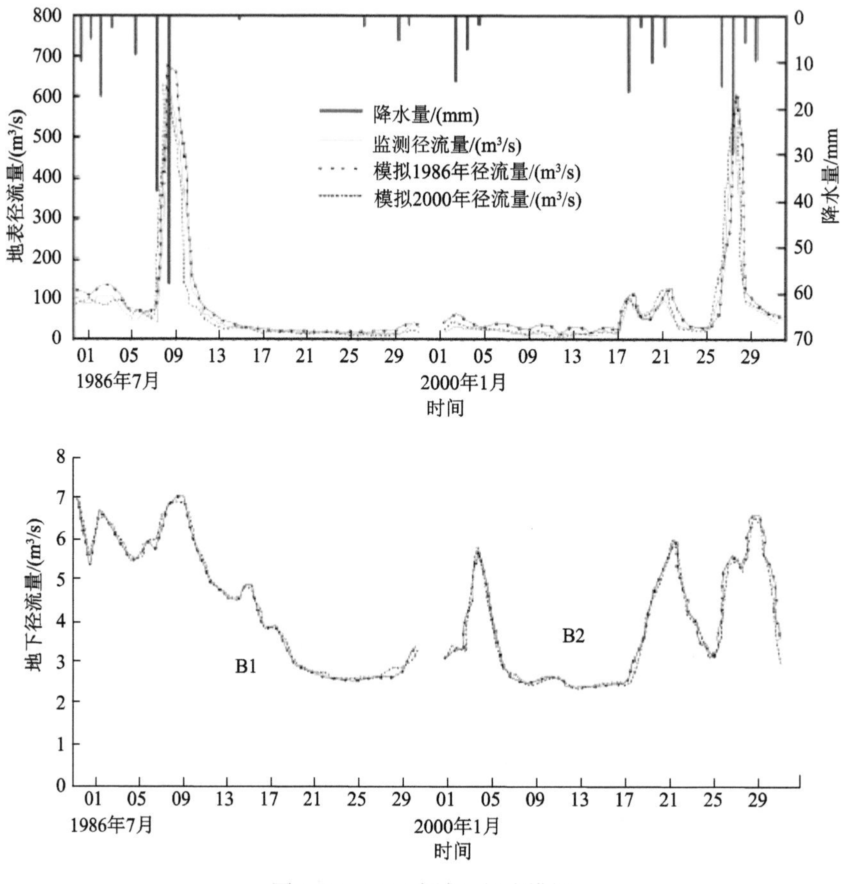

图8-18 黑河流域日径流模拟

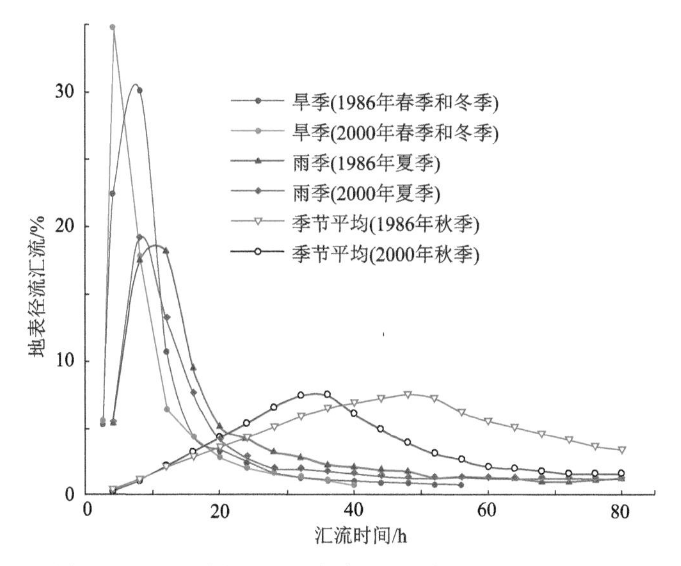

图 8-19　不同季节下黑河流域地面径流量和径流时间关系

用和覆盖退化导致径流集中率增加，2000 年是 1986 年的 1.31 倍。这样，地表径流的产流时间随森林的砍伐而增加。基于运行结果，尽管稀疏阔叶林和草地的增加将会增加总的径流量，2000 年总径流量较 1986 年有所增加，阔叶林的增加伴随着总蒸发量增加反映了这一结果。由于地表径流具有较高的敏感性，增加草原面积比例并结合森林砍伐措施将会导致地表径流的减少。

通过调查，发现土地利用和覆盖变化导致水文特征和水平衡发生显著变化，与 1986 年的土地利用和覆盖条件相比，2000 年的蒸发量增加 12.9%，径流量减少 17.7%，产流速度是 1986 年的 1.31 倍，总径流量减少了 7.7%。对于黑河流域，气候变化和土地利用覆盖变化导致 2000 年 6 月的水资源量较 1986 年 7 月减少了 18.3%。我们应用 SWAT 模型计算了黑河流域整年的水产出损失量，结果显示 2000 年水资源量较 1986 年减少 32.7%。模型的 Nash-Sutcliffe 相关系数达到了 0.81～0.94（表 8-15）。这表明，SWAT 模型适用于黑河流域。

3. 水平衡对土地利用覆盖环境变化的响应

基于提出的水平衡模型计算结果分析，气候变化导致降雨、土地利用覆盖、河流径流和水资源的耦合作用。观测数据表明，黑河流域 1954～2001 年的年气温变化导致年蒸发量、降水量减少了河流径流对季度时间尺度的耦合反应，径流只与储水量有关。图 8-20 和图 8-21 表明年蒸发量的变化小于降水量（P）和径流量（Q），并且与潜在蒸发量公式一致，与年平均气温呈显著正相关。黑河流域径流与 6～9 月的储水量呈单调关系。黑河流域河口径流存在显著的年平均周期，在 8 月中期达到峰值，在 3 月初达到最低值。降水量同样存在显著的年平均周期，在仲夏达到峰值，最小值出现在冬季。结果表明，1960 年、1970 年、1980 年中期降水量大，然而其他研究时期降水量较少（图 8-20）。气温由 1956～1960 年呈降低趋势，1970 中期到 1980 年呈降低趋势，然后从 1990 年年初开始一直到记录的末尾呈增加趋势。年降水量（P）和气温（T）之间呈显著负相关关系（9.6）。我们通过计算年平均值（1～12 月，2～5 月，6～9 月，10 月至次年 2 月）来确定径流量（Q）和降水量（P）之间的关系。运用 12 个最小二乘线性回归法，每 1 个代表 12 个月（n=47，1954～2000 年）。结果显示河流径流量与降水量高度相关（R^2=0.92），年径流量（Q）的变化量是年降水量（P）变化量的 1.4 倍。夏季径流量（Q）和降水量（P）呈极显著相关，R^2=0.95。春季（2～5 月）呈低显著关系，R^2=0.59。造成这一现象的原因有两个。首先，夏季植被和土壤均达到饱和状态，然而春季，植被强烈需水，土壤不能满足甚至变得完全干燥。蒸发量和气温具有一样的时间分布特征，其受湿度、太阳辐射、风速的影响。其次，植被对土壤湿度和蒸发敏感。季节尺度上蒸发量对气温的敏感性为 14.8%/℃（气温升高 1℃，蒸发量增加 14.8%），年尺度上敏感性为 5.3%/℃（气温升高 1℃，蒸发量增加 5.3%）。

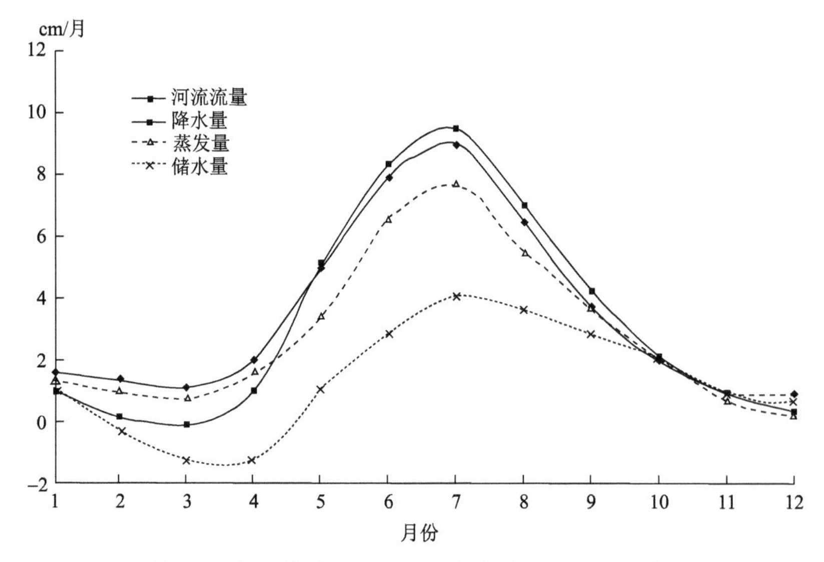

图 8-20 黑河流域 1951～2001 年气候概况（月尺度）

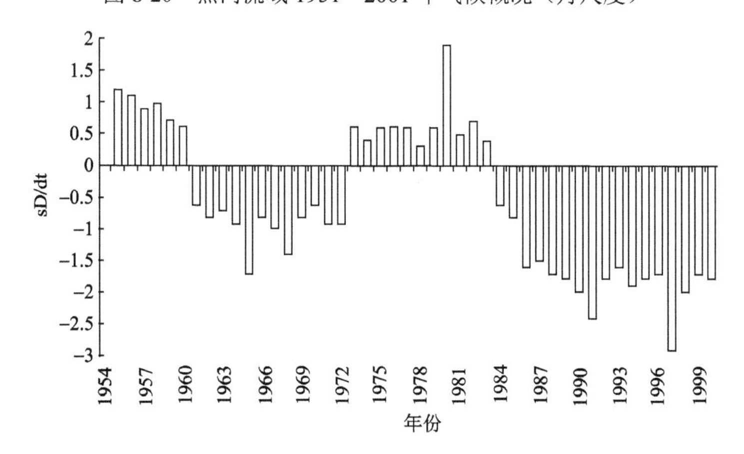

图 8-21 黑河流域 1954～2001 年储水量变化

分析结果表明储水量和蒸发量都对降水量和径流量的耦合关系有贡献，原因有两个。首先，尽管最大潜在蒸发量具有显著的季节周期，夏季最大降水量导致最大径流。

其次，当降水量达到最小时，储水量如冬季雪和春季融雪增加了地表径流。基于附录提到的方程［（30）～（34）］，我们计算了黑河流域 1954～2000 年的储水量（sD/dt）（图 8-21）。很明显，黑河流域的储水量发生了波动：1973～1983 年储水量呈增加趋势，1961～1972 年和 1984～2000 年（1980 年中期之后更明显）储水量呈减少趋势。

1984～2000 年储水量的减少揭示了人为活动加重了黑河流域水资源短缺的情况。在黑河流域社会经济快速发展的背景下，为实现经济目标改变了土地利用覆盖，以及不断增加的需水要求导致黑河流域缺水问题日益突出。1986 年农业蓄水量为 1.85×10^8 m^3，2000 年为 2.35×10^8 m^3（付永锋等，2004）；1986 年城市用水需水量为 1.47×10^9 m^3，2000 年为 3.05×10^9 m^3。在黑河流域，不断增加的需水量导致水文特征的改变，并加重了水资源的短缺情况。

（三）结论

本研究提出了下列揭示黑河流域不同时间尺度的环境变化和水文特征动态关系的观点。

首先，人造景观（金盆水库）改变了以小时为尺度的降雨径流过程。洪波经过金盆水库后开始削减。金盆水库的建立解释了 2000 年（水库建设后）和 1986 年（水库建设前）洪水波传播差异。降雨洪水过程模拟可以帮助我们理解洪水演进过程，提高风险分析和区域应急响应。

其次，土地利用覆盖的变化显著影响了黑河流域的地表产流过程和径流特征（日尺度、月尺度、季尺度、年尺度）。1986～2000 年，由草地变为耕地的区域实际蒸发量增加；土壤湿度和储水量随降雨、气温和土地利用覆盖的变化而变化。由于土地利用覆盖发生变化，流域不同部分的径流也重新分布。与 1986 年土地利用覆盖条件相比，2000 年蒸发量增加了 12.9%，径流量减少了 17.7%，产流生成速度是 1986 年的 1.31 倍，总径流量减少了 7.7%。

最后，气候变化代表了降雨、土地利用覆盖、径流和水资源的耦合结果；人为活动如农作物和城镇工业需水量的增加成为黑河流域水资源短缺的主要问题。基于水预算方案模型的模拟结果显示，相对于 1986～2000 年，总水资源量减少了 10.6%。供水能力和人类社会经济需水量之间关系的变化显著影响了储水量和水文状况。

第三节　流域土壤生态环境的评价

土壤发育过程各成土因素，如土壤母质、气候条件、生物过程、地形条件、发育阶段及人为活动使得土壤的发育条件表现出多样性和复杂性。气候因素直接影响土壤的水、热状况，决定了土壤中所有的物理、化学和生物的作用机制和作用结果，影响土壤形成过程的方向和强度。地形通过其他成土因素对土壤起作用，其作用是引起地表物质与能量的再分配，提供土壤和环境之间进行物质和能量交换的一个条件。离子水化半径或离子的相对有效电荷系数与土壤颗粒表面电场作用的不同是各体系中离子吸附动力学有差别的根本原因，对土壤侵蚀和地表径流中溶质运移具有重要作用。

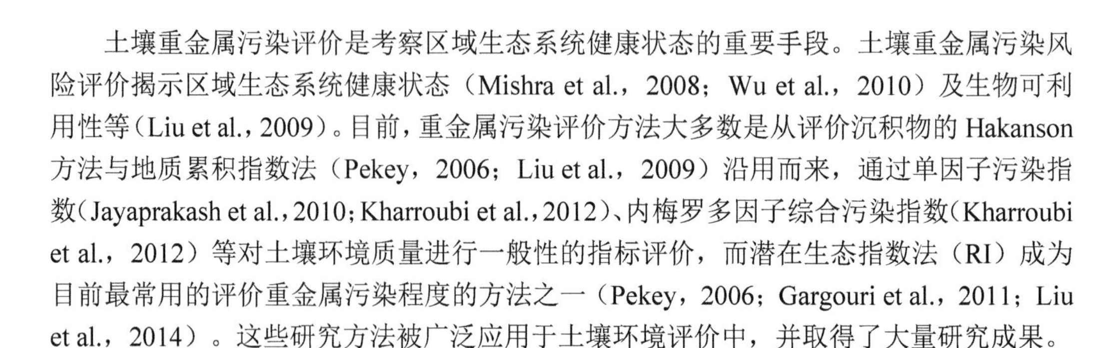

土壤重金属污染评价是考察区域生态系统健康状态的重要手段。土壤重金属污染风险评价揭示区域生态系统健康状态（Mishra et al.，2008；Wu et al.，2010）及生物可利用性等（Liu et al.，2009）。目前，重金属污染评价方法大多数是从评价沉积物的 Hakanson 方法与地质累积指数法（Pekey，2006；Liu et al.，2009）沿用而来，通过单因子污染指数（Jayaprakash et al.，2010；Kharroubi et al.，2012）、内梅罗多因子综合污染指数（Kharroubi et al.，2012）等对土壤环境质量进行一般性的指标评价，而潜在生态指数法（RI）成为目前最常用的评价重金属污染程度的方法之一（Pekey，2006；Gargouri et al.，2011；Liu et al.，2014）。这些研究方法被广泛应用于土壤环境评价中，并取得了大量研究成果。

汉江流域是我国南水北调工程的重要水源地之一。河岸带不同区域土壤重金属污染的生物地球化学过程和空间异质性规律对动态特性河岸带的功能与修复重建有重要意义。土壤溶质运移的研究已成为土壤学、生态学、水资源学及资源与环境科学等相关学科的基础和前沿研究领域，越来越得到重视。本研究通过典型亚热带森林-农业生态系统临界带的土壤-植被系统中土壤无机物风化与有机物的相互关系，探讨了土壤不同生态环境因子作用元素的生物地球化学循环和空间分异的主驱动因子；探讨了土壤-植被-水系统物质交换导致土壤侵蚀与养分流失、土壤重金属活化形成的环境污染、生态退化及生态危害相互作用的关键性问题。

一、材料与方法

本研究中首先确定具有代表性（土壤类型、植被类型及地貌部位）的样点，在实验室用不同的方法对样品的物理和化学特性（土壤容重、土壤 pH、土壤电导率、土壤颗粒和机械组成、土壤重金属、胡敏酸和富里酸、土壤有机质等）进行了有效的测定。基于经典数理统计和地学空间插值方法探讨了汉江流域重金属生物地球化学循环的空间分异规律。

1. 土壤剖面样品的采集

根据土壤类型（黄棕壤、黄褐土、棕壤、白浆化棕壤、棕壤性土、暗棕壤、钙质粗骨土）和土地利用（农田、旱耕地、山顶自然混合林、山腰自然混合林、山脚自然混合林、人工经济林、自然原始森林）类型不同分别采样。在枯枝落叶层样品采集完成后，在表土层 0～10 cm 和 30～40 cm 深度进行环刀采样，共采集土壤样品 84 个。同步进行土壤温度（用地温计现场测定）、pH、湿度的测定。各采样点的相对坐标采用差分 GPS 定位技术确定。

2. 土壤样品的测定

烘干（40℃烘箱）前后分别测定土壤质量并换算得到土壤质量含水量；土壤矿物元素全量通过 X 射线荧光光谱分析测定［Axios Advanced（pw4400）XRF（WD-XRF）］；土壤机械组成和颗粒有机物测定（MPO 法）；土壤有机质（SOM）和腐殖酸的测定；YSI6920 水质测定仪原位测定 pH、电导（EC）、总溶解性固体（TDS）、氨氮（NH_4^+-N）及硝氮（NO_3^--N）；采用电感耦合等离子体发射光谱仪（ICP-AES，USA）测定各种生境下森林自然降水水溶液、凋落物水溶液、土壤水溶液、河水水溶液各金属元素含量；原位滴定水中 HCO_3^-。

3. 风化作用的定量分析

为了揭示流域范围内的地球化学循环过程，本研究分析了常量元素的化学蚀变指数（CIA）、钠钾比（Na/K）、硅铝率（SA）硅铝铁率（SAF）等。

1）化学蚀变指数（CIA）计算

CIA 作为判断化学风化的指标，有效地揭示了样品中长石风化成黏土矿物的程度。Nesbitt 等提出 CIA 指数以反映化学风化的程度。CIA 值表示为

$$CIA=[Al_2O_3/(Al_2O_3+CaO^*+K_2O+Na_2O)]\times 100 \tag{8-1}$$

式中，含量均为氧化物分子摩尔数，CaO^*为硅酸盐矿物中的摩尔含量，去除碳酸盐和磷酸盐中的 CaO 含量。由于硅酸盐中的 CaO 与 Na_2O 通常以 1∶1 的比例存在，因此 McLennan 认为当 CaO 的摩尔数大于 NaO，可认为 $n\text{CaO}^*=n\text{Na}_2\text{O}$，而小于 Na_2O 时，则 $n\text{CaO}^*=n\text{CaO}$。

2）土壤可蚀性（K）

土壤可蚀性（K）表征土壤对降雨渗透能力及其对降雨或径流剥蚀搬运能力。

$$\begin{cases} K = k_1 \times k_2 \times k_3 \times k_4 \\ k_1 = 0.2 + 0.3\exp[-0.0256 \times \text{Sa}(1-\dfrac{\text{Si}}{100})] \\ k_2 = \left(\dfrac{\text{Si}}{\text{Cl+Si}}\right)^{0.3} \\ k_3 = 1-\dfrac{0.25C}{C+\exp(3.718-2.947C)} \\ k_4 = 1-\dfrac{0.7\text{Sn}}{\text{Sn}+\exp(-5.509+22.899\text{Sn})} \\ \text{Sn} = 1-\dfrac{\text{Sa}}{100} \end{cases} \tag{8-2}$$

土壤侵蚀系数是土壤侵蚀预报模型中的必要参数。国际上常用 K 值作为土壤可蚀性的度量指标。采用 EPIC 模型中土壤 k 值的算式［（式 8-2）］。式中，Sa 为砂粒（0.05～2 mm）的含量（%），Si 为粉粒（0.002～0.05 mm）的含量（%），Cl 为黏粒（＜0.002 mm）的含量（%），Sn=1–Sa/100，C 为百分数表示的土壤有机碳含量，由有机质含量除以 1.724 得到。

4. 重金属污染的生物毒性评价

采用单因子污染指数（P_i）、内梅罗多因子综合污染指数（P）、单一重金属潜在生态危害指数（E_r^i）、综合潜在生态危害指数（RI）进行评价。

在进行以上土壤污染评价时，单因子污染指数（P_i）和内梅罗多因子综合污染指数

（P_{ave}）的具体指标参照国家生态环境部《土壤环境监测技术规范》。

本研究中，单一重金属元素潜在生态危害指数（E_r^i）和综合潜在生态危害指数（RI）分别参考徐争启等（2008）、Hakanson（1980）和 Pekey 等（2004）提出的重金属生物毒性响应因子进行评价（表 8-18，表 8-19）。

表 8-18 重金属的毒性系数参考值

	Cr	Cu	Mn	Ni	Pb	Ti	V	Zn
C_n^i（mg/kg）	54	25	550	19	19	2900	80	60
T_r^i	2	5	1	5	5	1	2	1

注：C_n^i表示每千克水体中具有该毫克数量的重金属具有的毒性的起始值；T_r^i表示重金属毒性响应系数

表 8-19 Hakanson 分类潜在的风险

生态危害系数	轻微	中等	强	很强	极强
E_r^i	<40	40～80	80～160	160～320	>320
RI	<150	150～300	300～600	600～1200	>1200

5. 数据处理

采用 SPSS 和 Origin 7.5 软件对测定结果进行相关统计分析，应用地理信息系统（GIS）空间反距离权重插值（IDW），探讨流域重金属矿物元素的生物地球化学循环的空间分异规律。

二、研究结果

1. 土壤风化阶段的特征分析

本研究主要通过矿物元素含量、土壤矿物组成（Al-mCaO+$m$$Na_2O$-K）、化学风化参数、Na/K 关系图分析土壤风化程度。

通过对流域内土壤化学风化参数（CIA-Na/K）的计算分析表明（图 8-22），土壤化学风化完成早期阶段的脱 Ca、Na 风化，已经进入了 K 风化阶段。流域的土壤化学风化过程既发生了显著脱 Ca、Na 的分异变化，也出现了一定程度的 K 迁移淋失和初步的 Si 流失。

从流域范围内的土壤矿物组成（图 8-23）来看，元素表生活动性的组分，如 CaO、Na_2O 等未曾经历活化迁移重分配，因而在剖面上部的含量高于下部。在中游风化黏土层下部与半风化岩石上部具有 Fe、Al 的富集带，K、Mg 的变化由于交代作用等而变得复杂。风化作用在很大程度上受长石蚀变作用的控制，土壤发生铁铝配位反应而迁移。

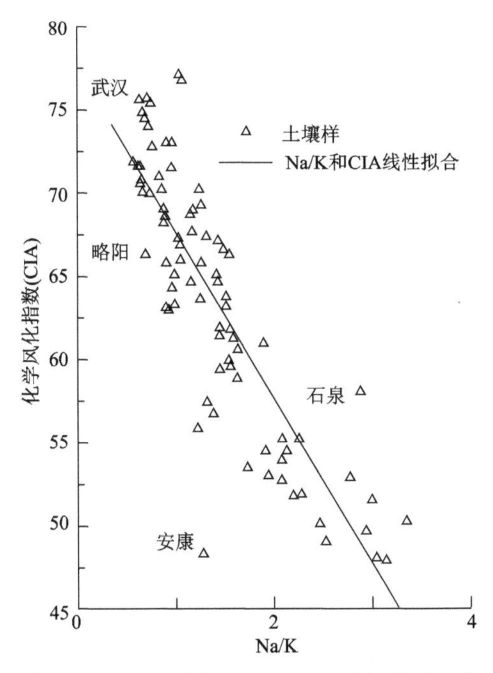

图 8-22 汉江流域 CIA-Na/K 的土壤化学风化

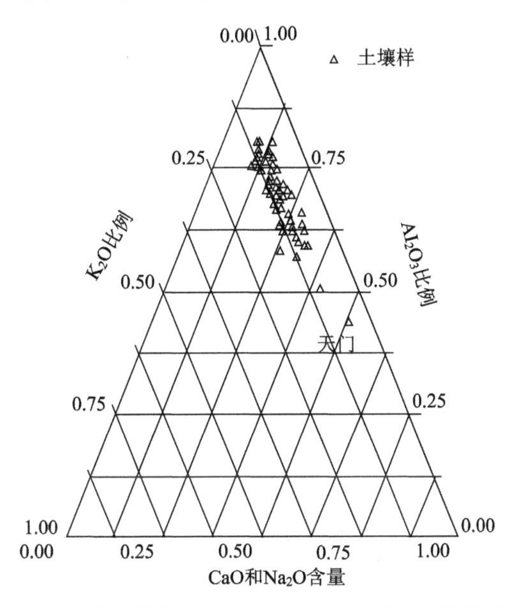

图 8-23 汉江流域 Al-*m*CaO+*m*Na_2O-K 的土壤颗粒组成

通过对常量元素含量、土壤矿物组成（Al-*m*CaO+*m*Na_2O-K）、化学风化参数、Na/K 关系等指标的分析可知，流域内的土壤风化已基本完成早期阶段的脱 Ca、Na 风化阶段，进入 K 风化阶段，其常量地球化学元素 Ca、Na 含量迅速减少。河水中常量离子主要来自于岩石的风化并受到碳酸盐类溶解的控制，硅酸盐类的风化过程逐渐加强，常量离子浓度将处于较高的水平，这种趋势将随着全球变化背景下极端气候事件发生频率的增加而加强。同时研究发现流域内土壤 pH 为 6.56～8.08，约 2/3 的土壤呈碱性（pH＞7），随深度变化不大，有利于有机氮的矿化作用。

从流域范围内土壤矿物风化系数（CIA）来看，从南到北逐渐增大，从东到西先减小后增大；土壤矿物常量元素总量从南到北先增加后减少，从东到西先增大后减小（图 8-24）。

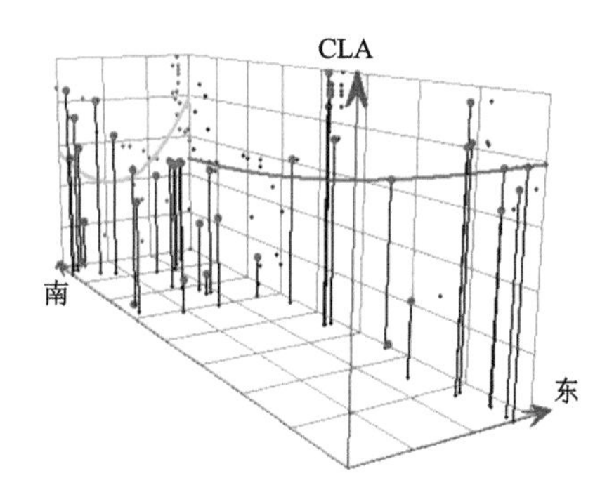

图 8-24　流域内土壤化学蚀变指数空间分布

各环境因子（植被类型、土地利用方式、土壤类型和地形地貌）的相关性分析表明：土壤矿物风化与土壤机械组成，土地利用方式、植被类型与土壤矿物组成都是作用与反作用的过程；而土壤机械组成、土地利用方式、土壤类型和地形地貌密切相关；有机质、土壤烧失质量分数（LOI）、$P_{颗粒有机碳}$和 $P_{腐殖酸}$与土壤利用类型密切相关。季节性强降水导致土壤侵蚀发生，在水体力学作用和重力牵引下，整个流域内土壤机械组成表现出钙质粗骨土矿物营养元素缺失缓慢，而竹林和山腰混合林地表环境保存最为完善（图 8-25，图 8-26）。

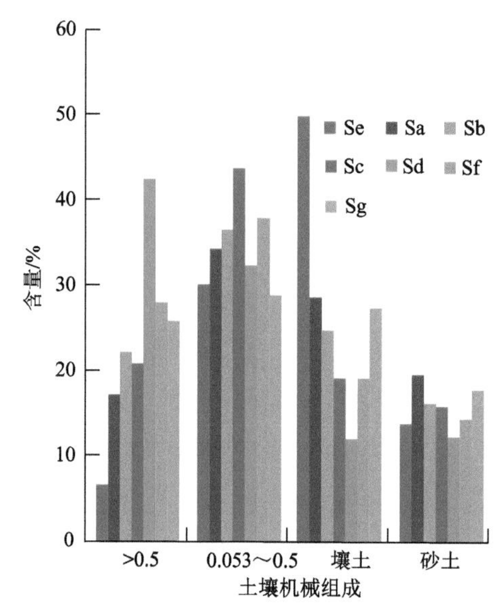

图 8-25　汉江流域土壤颗粒机械组成

Sa. 钙质粗骨土；Sb. 黄棕壤；Sc. 黄褐土；Sd. 棕壤；Se. 暗棕壤；
Sf. 年轻的棕色土壤；Sg. 白浆棕壤

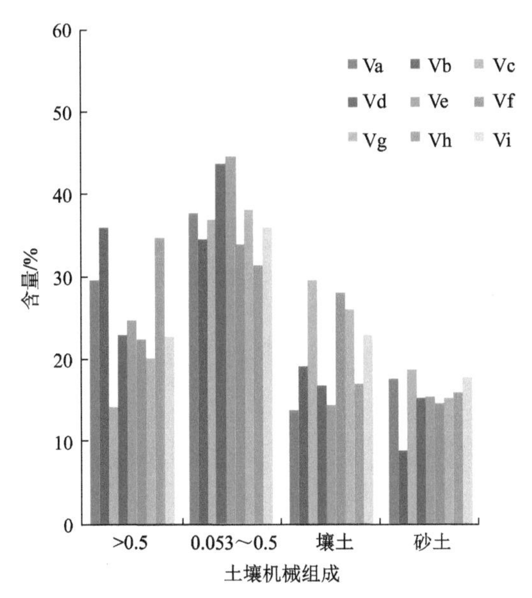

图 8-26 汉江流域土地利用类型的颗粒机械组成

Va. 竹林；Vb. 山茱萸科森林；Vc. 水田；Vd. 山腰混交林；Ve. 山麓混交林和灌木；Vf. 山顶混交林；Vg. 裸露的山体滑坡；Vh. 人为经济用地；Vi. 旱地

在流域范围内，成壤作用过程中的物质循环（岩石风化、分化产物的淋溶、搬运、堆积）与生物小循环（植物营养元素在生物体与土壤之间的循环，如吸收、固定、释放）密切联系。如图 8-27 和图 8-28 所示，在流域范围内，根据成土条件、有机质及其分解与积累过程分析，流域属于林下有机质积聚过程。暖湿气候条件下成壤作用较强，地表植被发育，有机质累积增加。在木本和草本植被下，土体上部有机质增加。流域内土壤质量含水率平均值为 0.16，变异系数为 0.37。土壤颗粒可用水在田间保水量为 1×10^4～2×10^4 Pa 和永久萎蔫系数为 15×10^5 Pa 时，有利于灌丛生长。土壤水溶可溶盐和组成土壤溶液的有机组分作为一种培养体，为植物土壤 pH 提供土壤氧化还原条件。温度、水分、通气性、植物残体特性、pH 影响有机质的转化。腐殖酸分子带净负电荷，且腐殖酸具有亲水性，增加土壤腐殖质有利于涵养水分。同时作为脱粒的土壤需要有引起土壤聚敛的因素。作为脱粒的土壤需要有引起土壤聚敛的因素，如 Ca^{2+}、Fe^{3+}等高价阳离子，需要丰富的有机质，腐殖质作为胶结剂，可参与土壤颗粒的团聚。土壤水溶液作为一种培养体对于植物土壤 pH 是土壤氧化还原条件。流域内土壤质量含水率平均值为 0.16，变异系数为 0.37。土壤颗粒可用水在田间保水量（1×10^4～2×10^4 Pa）和永久萎蔫系数（15×10^5 Pa）之间，有利于灌丛生长。再加上植物根系对土壤的穿插、挤压或微生物活动，土壤的干湿交替和熔融交替都有利于土壤良好结构的形成，可提高土壤保水、保肥能力，并有抗暴雨侵蚀，防止水土流失的能力。土壤类型、地貌和组成影响土壤质量含水量，土壤矿物分异和人为活动引起植被递变导致对土壤有机质的含量为极强分异型。人为活动造成农田耕作层和森林枯枝落叶层的有机质减少，同时化学风化中间产物如金属氧化物、氢氧化物和氢氧化合物等的结合直接或间接地改变了流域内的土壤化学特性，对农业持续发展形成负面的影响。土壤腐殖酸有强大的吸水能力，该流域作为南水北调中线水源地，保护森林植被及枯枝落叶层对土壤涵养水分有着重要意义。

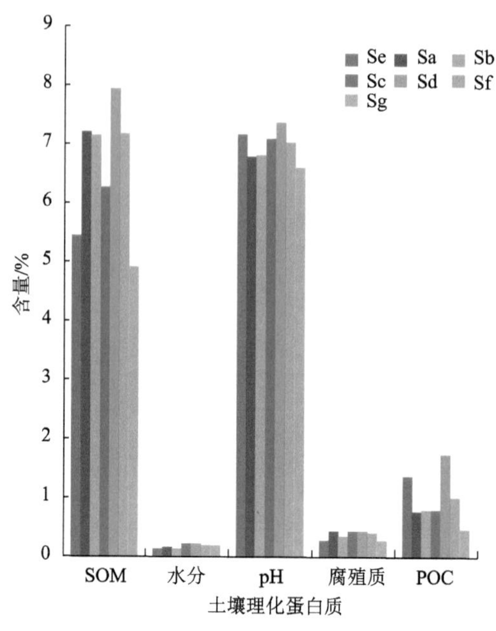

图 8-27　汉江流域土壤类型的物理化学组成

Sa. 钙质粗骨土；Sb. 黄棕壤；Sc. 黄褐土；Sd. 棕壤；Se. 暗棕壤；Sf. 年轻的棕色土壤；Sg. 白浆棕壤；SOM. 土壤有机质；POC. 颗粒有机碳

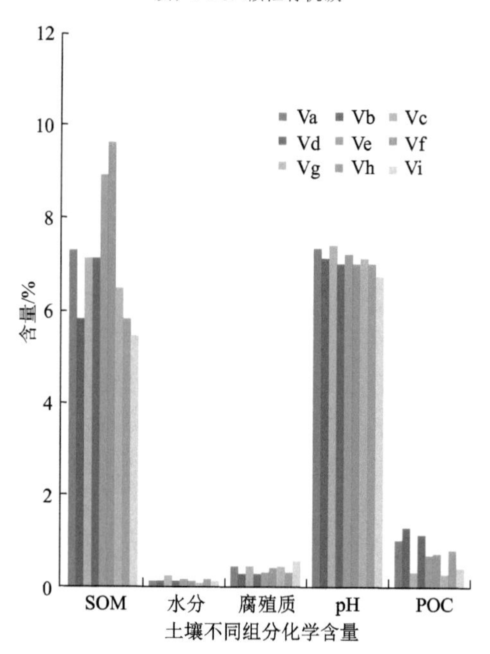

图 8-28　汉江流域不同土壤类型的化学性质

Va. 竹林；Vb. 山茱萸科森林；Vc. 水田；Vd. 山腰混交林；Ve. 山麓混交林和灌木；Vf. 山顶混交林；Vg. 裸露的山体滑坡；Vh. 人为经济用地；Vi. 干耕地；SOM. 土壤有机质；POC. 颗粒有机碳

2. 环境因子相关性分析

流域不同土壤类型的立地条件存在较大差异，为此本研究拟通过不同植被类型（以枯枝落叶现存量为指标）与土壤参数进行相关性分析，以考察流域范围内土壤水热环境对矿物元素风化迁移规律（表 8-20）。

表 8-20 土地覆盖类型对土壤特性及风化参数的影响

土壤参数	灌丛	旱地	滑坡	混交林	箭竹	阔叶林	水稻田	针叶林
含水量/%	0.19	0.18	0.20	0.18	0.18	0.20	0.19	0.19
直立的朽木/（g/m^2）	239.71	204.00	—	255.22	213.64	211.59	221.11	216.35
烧失量（SOM）/%	7.21	6.91	7.13	7.08	6.98	7.10	7.04	7.07
腐殖酸/%	0.40	0.37	0.41	0.39	0.38	0.41	0.39	0.40
颗粒状有机碳/%	0.93	1.12	0.93	0.94	1.05	0.95	1.00	0.97
K 值（EPIC）	0.16	0.15	0.16	0.16	0.15	0.16	0.15	0.16
硅铝率	6.39	6.29	6.19	6.30	6.34	6.23	6.27	6.25
硅铁铝率	5.30	5.21	5.14	5.24	5.25	5.17	5.20	5.18
风化指数	1.04	1.11	1.01	1.02	1.09	1.02	1.05	1.04
Ca/Na	0.88	0.87	0.90	0.91	0.88	0.90	0.89	0.90
化学蚀变指数（CIA）	61.39	59.04	62.44	61.80	59.65	61.95	60.98	61.46
Na/K	1.46	1.60	1.46	1.45	1.54	1.47	1.51	1.49
$CaO+Na_2O$ 量/%	0.07	0.08	0.07	0.07	0.08	0.07	0.07	0.07
主要元素总量	78.02	77.59	78.73	77.87	77.48	79.06	76.51	80.92

分析表明，不同植被类型对土壤水热环境及元素风化有着重要的影响（表 8-21）。枯枝落叶现存量与土壤矿物风化趋势存在明显的相关性，例如，增加枯枝落叶现存量有效地减少了土壤侵蚀。植被类型明显影响枯枝落叶现存量、颗粒有机碳含量及 Na/K 值；土壤颗粒有机碳与 Na/K 值有很好相关性，旱地和箭竹林的相关性显著高于其他植被类型。在不同的植被类型中，土壤矿物风化趋势明显表现为，旱地＞箭竹＞水稻土＞灌丛=针叶林＞混交林=阔叶林；枯枝落叶现存量发生明显变化，混交林＞灌丛＞水稻＞箭竹＞阔叶林＞旱地（混交林、灌丛显著大于其他）。枯枝落叶现存量越大，土壤矿物常量元素总质量越大，土壤可侵蚀可能性越小。例如，旱地与 CIA 相关系数为 0.90，与颗粒有机碳相关系数为–0.85，与风化指数（BA）的相关系数为–0.90，与 Na/K 值相关系数为–0.80，与 $CaO+Na_2O$ 物质的量相关系数为–0.90。土壤颗粒有机碳与 K 值（EPIC）相关系数为–0.93，与 CIA 相关系数为–0.96，土壤颗粒有机碳含量越高，土壤的可蚀性和土壤风化程度越低，即增加土壤颗粒有机碳有利于水土保持。

表 8-21 土壤特性及风化参数相关性分析

土壤参数	土壤有机质（SOM）	腐殖酸/%	颗粒有机碳	K 值（EPIC）	硅铝铁率（SAF）	风化指数（BA）	Ca/Na	化学蚀变指数（CIA）	Na/K	$CaO+Na_2O$	主要元素总量
含水量	0.71^{*}	0.97^{**}	-0.77^{*}			-0.86^{**}		0.88^{**}		-0.84^{**}	

续表

土壤参数	土壤有机质（SOM）	腐殖酸/%	颗粒有机碳	K值（EPIC）	硅铝铁率（SAF）	风化指数（BA）	Ca/Na	化学蚀变指数（CIA）	Na/K	CaO+Na_2O	主要元素总量
直立朽木				0.82^{*}							0.83^{*}
土壤有机质（SOM）		0.79^{*}	-0.92^{**}	0.88^{**}		-0.84^{**}		0.83^{*}	-0.90^{**}	-0.90^{**}	
旱地/%			-0.85^{**}			-0.90^{**}		0.90^{**}	-0.80^{*}	-0.90^{**}	
颗粒有机碳				-0.93^{**}		0.97^{**}	-0.74^{*}	-0.96^{**}	0.99^{**}	0.99^{**}	
K值（EPIC）						-0.81^{*}		0.79^{*}	-0.95^{**}	-0.87^{**}	
硅铝率（SA）					0.99^{**}						
风化指数（BA）							-0.83^{*}	-0.99^{**}	0.95^{**}	0.99^{**}	
Ca/Na								0.82^{*}	-0.76^{*}	-0.76^{*}	
化学蚀变指数（CIA）									-0.94^{**}	-0.98^{**}	
Na/K										0.98^{**}	

注：相关性显著性水平：*，0.05；**，0.01

常量元素各环境因子（植被类型、土地利用方式、土壤类型和地形地貌）的相关性分析表明：土壤矿物风化与土壤机械组成，土地利用方式、植被类型与土壤矿物组成都是作用与反作用的过程；而土壤机械组成、土地利用方式、土壤类型和地形地貌密切相关；有机质、SOM、$P_{颗粒有机碳}$和$P_{腐殖酸}$与土壤利用类型密切相关。例如，土壤含水量与土壤有机质（SOM）相关系数为0.71，与腐殖酸百分含量相关系数为0.97，与风化指数（BA）相关系数为 0.88，土壤含水量与土壤有机质和化学蚀变指数（CIA）呈高度正相关系；而含水率与风化指数（BA）的相关系数为–0.86，与 CaO+Na_2O 物质的量呈负相关系。直立朽木与 EPIC 的 K 值相关系数为 0.82，与主要元素总量相关系数为 0.83。结合现场调查记录来看，变异系数明显的区域的土壤母质大都是迁移母质，主要影响因素为土壤类型和地形坡向。由此可见，流域内土壤绝大部分元素的地球化学行为表现出明显的迁移淋失特点。

3. 季节性强降水引起的水土侵蚀

研究结果表明：1951～2012 年汉江流域多年平均降水量为 886 mm，日降水量≥12 mm 的侵蚀性降水量为 614.1 mm，日降水量≥50 mm 的暴雨量为 167.6 mm。研究期间内，3 个降雨指标均在波动中下降，但下降趋势不显著，没有表现出显著的干湿趋势；年侵蚀性降水量和年降水量变化具有显著的一致性，但侵蚀性降雨的变化幅度大于降水量的变化幅度；年暴雨量的变化特征与年降水量的变化特征亦相似，但年暴雨量的波动幅度较年侵蚀性降水量、年降水量更大。1951～2012 年汉江流域年均降水量、侵蚀性降水量及年暴雨量在空间上均从东南向西北递减，降雨的异常程度很高。采用聚类分析、因子分析和主成分多元线性回归分析等多元统计方法对秦岭南坡的流域的水质时空变化进行了研究。水质除了受水文条件限制，还存在明显的季节性变化。结果指出：聚类分析将采样时间明显划分为2组，分别对应干季和雨季，说明水质具有明显的季节性变化（图8-29）。

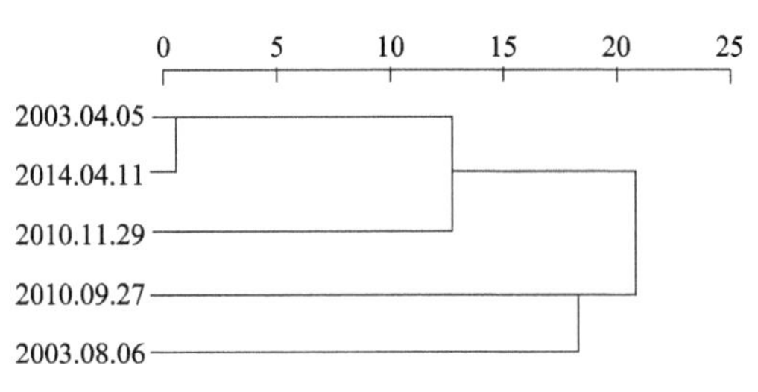

图8-29 水质具有明显的季节性变化

分别按流域内丰水、枯水、平水3个时期采集水样，pH为5.5～7.8。雨水与落叶层溶液明显呈酸性，而河水溶液pH均在7.6以上。水中HCO_3^-浓度丰水期为24.40 mg/L，而枯水期为639.28 mg/L，TDS浓度丰水期为0.089 g/L，而枯水期为1.282 g/L，枯水期比丰水期水溶液中HCO_3^-及TDS含量明显升高，且TDS/HCO_3^-由36.48降到2.00×10^{-3}。

根据图8-30分析，Y［ρ（Na^+）/ρ（Cl^-）］-X［ρ（Cl^-）］输入性污染图显示：河水成分贡献主要来源于硅酸盐风化。在各空间层次中的水溶液中均检测出Cl^-，地下水检测出2.74 mg/L，11月大气降水高达188.49 mg/L，河水中平均值高达2.68 mg/L，表明人为活动输入污染物影响显著。Cl^-和Na^+对植物叶的伤害不一致。而最后结果都是抑制了光合作用和碳同化，导致产量下降，Cl^-的毒害常常早于Na^+的毒害。该流域内盐土中过量Cl^-和Na^+破坏离子平衡（K^+和Ca^{2+}对Na^+），生长植物在盐胁迫作用下减少细胞分裂、降低细胞扩展、叶变小和整个植株低矮。

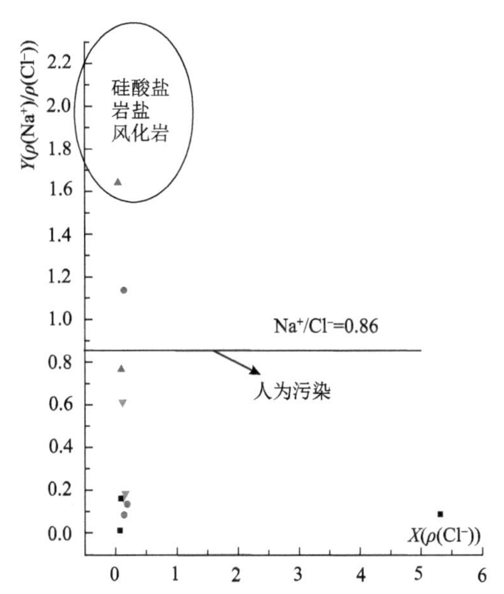

图8-30 进口污染Y［ρ（Na^+）/ρ（Cl^-）］-X［ρ（Cl^-）］

图中不同颜色的点为不同的岩石类型

4. 土壤重金属污染评价

重金属单因子（P_i）污染与重金属潜在生态危害指数存在不一致的现象，重金属多因子（P）污染相互作用存在累加效应，不同金属离子共存时的拮抗作用和协同作用会改变其有效性；而且被污染的土壤的潜在生态危害具有一定的滞后性。由表 8-22 可知，在重金属污染和危害评价方法中，运用内梅罗多因子的综合污染指数和综合潜在生态风险指数对重金属评价结果较为一致。流域河岸带内重金属环境污染达到中/重度污染，生态危害等级为轻微到中等级别。单因子污染指数评价表明，暗棕壤中重度污染有 5 个，污染程度较大；而白浆褐棕壤警戒程度有 3 个，污染程度较小；其他均为轻度污染。

内梅罗多因子的综合污染与综合潜在生态风险指数不一致，表明重金属对土壤的污染和生态危害可能存在协同和拮抗作用及其他环境因子相互作用的结果。

表 8-22　不同土壤类型和土地利用覆盖内梅罗多因子的综合污染指数（P）和综合潜在生态风险指数（RI）

土壤类型	P	RI	植被类型	P	RI
暗棕壤	2.85	34.2	板栗阔叶林	2.88	38.0
白浆褐棕壤	3.56	45.2	草地	3.34	40.5
钙质粗骨土	3.44	34.2	灌丛	2.96	38.1
黄褐土	4.09	38.4	旱耕地	3.06	38.8
黄棕壤	3.13	38.1	滑坡	3.06	38.8
棕壤	2.72	31.6	混交林	3.06	38.8
棕壤性土	2.72	40.3	箭竹	3.06	38.8
			经济林	3.06	38.8
			漫滩	1.97	31.6
			水稻	2.89	37.7
			针叶林	2.43	34.7

三、讨论

主要针对流域内土壤重金属多因子综合污染和生态危害空间分析进行讨论。从图 8-31、图 8-32 来看，流域河岸带内重金属环境污染达到中/重度污染，生态危害等级为轻微到中等级别。造成重金属环境污染、生态危害的原因是季节性强降水和水土侵蚀。季节性强降水和水土侵蚀改变了土壤矿物元素组成，常量元素和有机质迁移速度较大，导致土壤营养元素缺失和土壤有机质减少，从而改变了土壤 pH 和氧化还原电位（土壤类型和土地利用影响显著）。在季节性强降水和水土侵蚀中，土壤重金属由于密度较大迁移缓慢滞留在流域土壤，因此流域范围内重金属污染就是由季节性强降水和水土侵蚀产生的。同时土壤 pH 和氧化还原电位改变，化合物中重金属离子被活化需要 2～3 年，形成土壤重金属污染。土壤重金属污染被植物和农作物吸收利用需要 1～2 年时间，作物和动物吸收形成危害过程需要 3～5 年，人类捕食动植物 2～3 年后患病，所以流域内季节性强降水和水土侵蚀对人类产生生态危害的时间为 8～12 年。

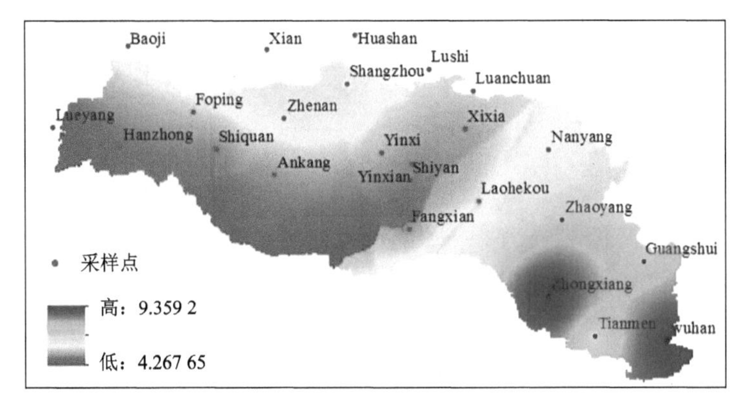

图 8-31　汉江流域土壤重金属内梅罗多因子综合污染指数的空间分布格局

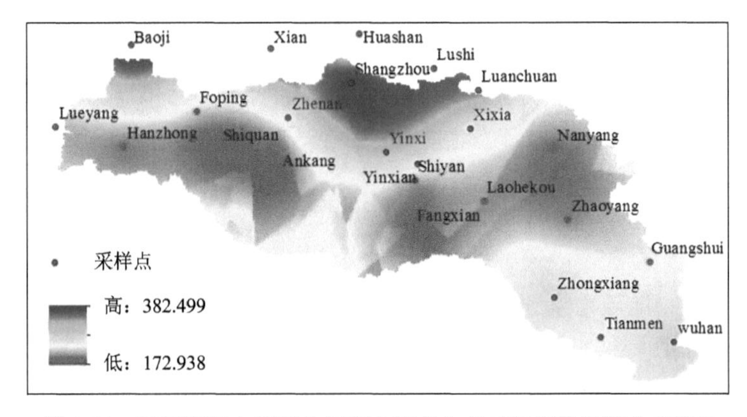

图 8-32　汉江流域土壤重金属综合潜在生态风险指数空间分布格局

从潜在生态环境危害指数评价来看，流域土壤处于轻微污染。重金属多因子综合污染指数从西到东逐渐减小，从北到南先减小后增大，与重金属生态危害指数规律一致，如图 8-33、图 8-34 所示。通过对流域河岸带土壤重金属环境污染和生态危害进行空间分析和评价，可以揭示汉江流域内土壤重金属生态地球化学行为对流域河岸带生态环境的作用与影响。

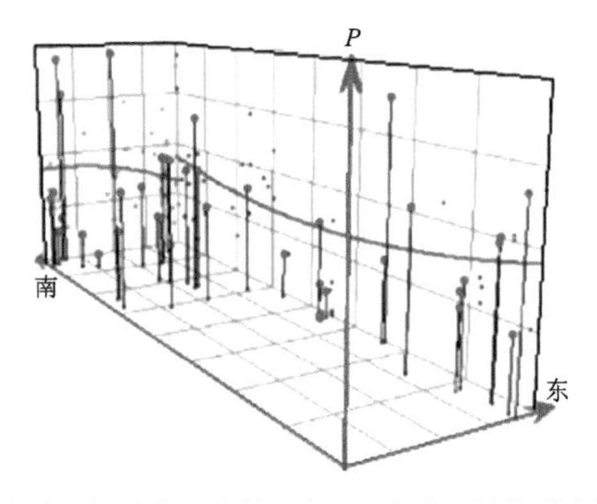

图 8-33　汉江流域土壤重金属内梅罗多因子综合污染指数空间变化趋势

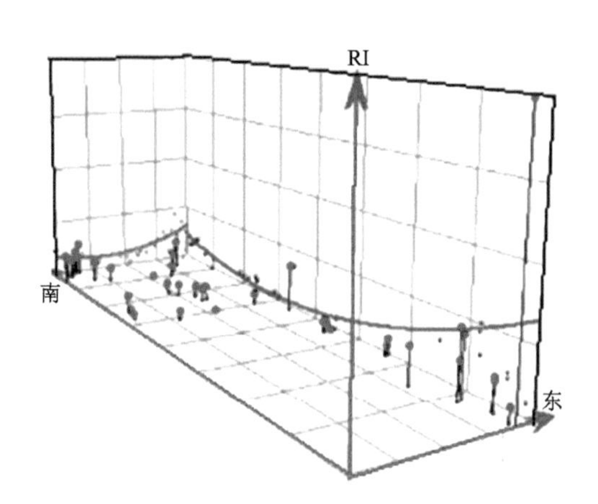

图 8-34 汉江流域土壤重金属潜在综合生态风险指数空间变化趋势

同时，人为活动加剧、土壤酸化、水体力学的牵引和重力作用，也导致了流域内重金属氧化后毒性危害增加。

在流域内，坡面、土壤属性和土壤发育过程主要是影响坡位生态效应的主要因素。坡顶遭受侵蚀，土壤相对瘠薄；坡谷则以堆积为主，形成肥厚的土层。在重力作用下，从坡顶到坡谷，土壤及其中的水分和养分形成一个由源到汇的梯度。流域微量元素变异体现了微量元素生物地球化学的属性。在后生地球化学过程中，自然地理条件，特别是气候条件的影响，使森林-农田系统中土壤矿物元素在环境中产生分散和富集，导致流域内土壤基本表现出物理性质改善但却贫养化和生物学性质恶化的极化趋势。土壤矿物元素组成成分控制和影响着整个生态系统的矿物元素的循环过程。因此，有必要对土壤与土壤水溶液进行矿物元素交换过程与机制探讨。

四、结论

通过研究分析得到了以下 4 个结论。

（1）流域内的土壤风化已基本完成早期阶段的脱 Ca、Na 风化阶段，进入 K 风化阶段。从流域范围内土壤矿物组成来看，自北向南、由上游到下游土壤颗粒呈现变细的趋势。对常量元素的统计分析表明，流域内绝大部分常量元素的地球化学行为表现为迁移淋失。

（2）土壤风化在气候（温度、降水、风）和重力等外力因素下形成了明显的空间差异。流域内土壤矿物中的硅酸盐矿物风化分解和淋溶作用较强。土壤-水溶液之间分配行为中的河水成分贡献主要来源于硅酸盐风化。

（3）土地利用方式改变了土壤有机质分布模式，对农业持续发展形成负面的影响。

（4）流域沿岸土壤重金属的污染增强，下游土壤溶液酸性逐渐增强；重金属生态危害 12～15 年后将出现。提高土壤腐殖质含量是减轻污染危害及增强土壤自净能力的重要措施。土壤的荒漠、季节性强降水加剧了本区域生态系统的脆弱性，从一定程度上对南水北调中线工程的水资源安全构成了威胁。流域作为南水北调中线的水源地，保护森林植被及枯枝落叶层对土壤涵养水分有着重要意义。

参考文献

包为民, 王从良. 1997. 垂向混合产流模型及应用. 水文, 3: 18-21.

陈军锋, 裴铁璠, 陶向新, 等. 2000. 河流两侧坡面非对称采伐森林对流域暴雨-径流过程的影响. 应用生态学报, 11(2): 210-214.

陈利顶, 傅伯杰. 2000. 农田生态系统管理与非点源污染控制. 环境科学, (2): 98-100.

董文涛, 程先富. 2011. 巢湖流域非点源污染研究综述. 环境科学与管理, 36(8): 46-49.

付永锋, 沈冰, 李智录, 等. 2004. 基于自适应遗传算法的金盆水库优化调度研究. 水电能源科学, 22(3): 47-50.

郝芳华, 杨胜天, 程红光, 等. 2006. 大尺度区域非点源污染负荷计算方法. 环境科学学报, 26(3): 375-383.

贺瑞敏, 张建云, 陆桂华. 2005. 我国非点源污染研究进展与发展趋势. 水文, 25(4): 10-13.

冀伟. 2009. 从水文要素变化看丹江流域治理的成效. 陕西水利, (4): 104-105.

金栋梁. 1989. 森林对水文要素的影响. 人民长江, 1: 28-35.

李怀恩, 秦耀民, 胥彦玲, 等. 2011. 陕西黑河流域土地利用变化对非点源污染的影响研究. 水力发电学报, 30(5): 240-247.

李怀恩, 胥彦玲, 张强, 等. 2006. 黑河流域磷迁移转化过程连续模拟研究. 环境科学, (7): 1292-1298.

李家科, 李怀恩, 李亚娇, 等. 2008. 基于 AnnAGNPS 模型的陕西黑河流域非点源污染模拟. 水土保持学报, 22(6): 81-88.

李苒. 2014. 西安市黑河流域水资源保护策略研究. 陕西教育(高等教育), (10): 6.

李致家, 孔祥光, 张初旺. 1998. 对新安江模型的改进. 水文, 4: 19-23.

刘昌明, 钟骏襄. 1978. 黄土高原森林对年径流影响的初步分析. 地理学报, 33(2): 112-126.

刘瑞民, 杨志峰, 沈珍瑶, 等. 2006. 土地利用/覆盖变化对长江流域非点源污染的影响及其信息系统建设. 长江流域资源与环境, 15(3): 372-377.

任建民. 2002. 丹江流域水文特征浅析. 西北水力发电, 18(4): 57-59.

王碧剑, 余蓉. 2014. 促进陕西省汉丹江流域水环境问题改善的对策建议. 中小企业管理与科技(中旬刊), (3): 83-85.

王少丽, 王兴奎, 许迪. 2007. 农业非点源污染预测模型研究进展. 农业工程学报, 23(5): 265-271.

王思远, 刘纪远, 张增祥, 等. 2002. 不同土壤侵蚀背景下土地利用的时空演变. 山地学报, 20(1): 19-25.

王晓辉. 2006. 巢湖流域非点源 N、P 污染排放负荷估算及控制研究. 合肥: 合肥工业大学硕士学位论文.

王云璋, 王国庆, 王昌高. 1998. 近十年渭河流域降水特点及其对径流影响的初步分析. 人民黄河, 20(10): 4-7.

吴波, 党志良. 2009. 汉丹江流域陕西段水环境容量研究. 水科学与工程技术, (1): 12-15.

郗林. 2012. 丹江干流污染物负荷总量初步估算. 陕西水利, (5): 97-99.

胥彦玲, 李怀恩, 贾海娟, 等. 2005. 陕西省黑河流域水土流失型非点源污染估算. 水土保持通报, 25(5): 82-84.

胥彦玲, 李怀恩, 倪永明, 等. 2006. 基于 USLE 的黑河流域非点源污染定量研究. 西北农林科技大学学报(自然科学版), 34(3): 138-142.

胥彦玲, 王苏舰, 李怀恩. 2010. 土地覆被变化对流域非点源污染的影响研究——以黑河流域为例. 水土保持研究, 17(3): 250-253.

徐争启, 倪师军, 庹先国, 等. 2008. 潜在生态危害指数法评价中重金属毒性系数计算. 环境科学与技术, (2): 112-115.

杨爱玲, 朱颜明. 2000. 城市地表饮用水源保护研究进展. 地理科学, 20(1): 72-77.
尹刚. 2009. 基于 SWAT2000 的图们江流域氮磷营养物非点源污染研究. 长春: 东北师范大学硕士学位论文.
尹刚, 王宁, 袁星, 等. 2011. 基于 SWAT 模型的图们江流域氮磷营养物非点源污染研究. 农业环境科学学报, 30(4): 704-710.
于峰, 史正涛, 彭海英. 2008. 农业非点源污染研究综述. 环境科学与管理, 33(8): 54-58.
张春玲, 周晓强. 2011. 陕西省汉丹江流域水资源质量近年变化分析与保护对策研究. 陕西水利, (5): 21-26.
张娜, 于贵瑞, 于振良, 等. 2003. 基于景观尺度过程模型的长白山地表径流量时空变化特征的模拟. 应用生态学报, 14(5): 653-658.
张淑荣, 陈利顶, 傅伯杰. 2001. 农业区非点源污染敏感性评价的一种方法. 水土保持学报, 15(2): 56-59.
赵军海. 2007. 基于 AnnAGNPS 模型的双阳水库汇水流域农业非点源污染研究. 长春: 吉林大学硕士学位论文.
赵淑兰. 2012. 黑河流域水资源供需平衡分析. 浙江水利科技, (5): 32-34.
邹桂红. 2007. 基于AnnAGNPS模型的非点源污染研究——以大沽河典型小流域为例. 青岛: 中国海洋大学博士学位论文.
Abbott M B, Basco D R. 1989. Computational fluid dynamics: an introduction for engineers. John Wiley and Sons: 120-134.
Adams P W, Flint A L, Fredriksen R L. 1991. Long-term patterns in soil moisture and revegetation after a clearcut of a Douglas-fir forest in Oregon. Forest Ecology and Management, 41(3): 249-263.
Amatya D M, Skaggs R W, Gregory J D. 1997. Evaluation of a watershed scale forest hydrologic model. Agricultural Water Management, 32: 239-258.
Arnold J G, Muttiah R S, Williams J R. 1998. Large area hydrologic modelling and assessment. Part 1: model development. Water Resources Association, 34(1): 73-89.
Barten P K, Kyker-Snowman T, Lyons P J, et al. 1998. Massachusetts: managing a watershed protection forest. Journal of Forestry, 96: 10-15.
Begin Z B. 1986. Curvature ratio and rate of river bend migration-update. Journal of Hydraulic Engineering, 112: 904-908.
Beschta R L. 1998. Forest hydrology in the Pacific Northwest: additional research needs. Journal of the American Water Resources Association, 34: 729-741.
Bhatti J S, Fleming R L, Foster N W, et al. 2000. Simulations of pre-and post-harvest soil temperature, soil moisture, and snowpack for jack pine: comparison with field observations. Forest Ecology and Management, 138(1): 413-426.
Bingöl D, Ay Ü, Bozbaş S K, et al. 2013. Chemometric evaluation of the heavy metals distribution in waters from the Dilovası region in Kocaeli, Turkey. Marine Pollution Bulletin, 68: 134-139.
Bootsma A. 1994. Long term (100 yr) climatic trends for agriculture at selected locations in Canada. Climatic Change, 26: 65-88.
Borah D K, Prasad S N, Alonso C V. 1980. Kinematic wave routing incorporating shock fitting. Water Resources Research, 16(3): 529-541.
Boucher A B, Tremwel T K, Campbell K L. 1995. Best management practices for water quality improvement in the Lake Okeechobee watershed. Ecological Engineering, 5(2): 341-356.
Bouraoui F, Benabdallah S, Jrad A, et al. 2005. Application of the SWAT model on the Medjerda river basin (Tunisia). Phys Chem Earth, 30: 497-507.
Bren L J. 2000. A case study in the use of threshold measures of hydrologic loading in the design of stream

buffer strips. Forest Ecology and Management, 132(2): 243-257.

Camacho L A, Lees M J. 1999. Multilinear discrete lag-cascade model for channel routing. Journal of Hydrology, 226(1): 30-47.

Carrivick J L. 2006. Application of 2D hydrodynamic modelling to high-magnitude outburst floods: an example from Kverkfjöll, Iceland. Journal of Hydrology, 321(1): 187-199.

China Forest Association Committee. 1982. Investigation report of forest protection on water head in north China. Advance in Forest Industry of Shanxi Province, Taiyuan: 113-146.

Conway D, Wilby R L, Jones P D. 1996. Precipitation and air flow indices over the British Isle. Climate Research, 7(2): 169-183.

Cox C, Madramootoo C. 1998. Application of geographic information systems in watershed management planning in St. Lucia. Computers and Electronics in Agriculture, 20: 229-250.

Cunnane C. 1988. Methods and merits of regional flood frequency analysis. Journal of Hydrology, 100(1): 269-290.

Daluz Viera J H. 1983. Conditions governing the use of approximations for the St. Venant equations for shallow water. Hydrol, 60: 43-58.

Farley K A, Jobbágy E G, Jackson R B. 2005. Effects of afforestation on water yield: a global synthesis with implications for policy. Global Change Biology, 11(10): 1565-1576.

Gargouri D, Azri C, Serbaji M M, et al. 2011. Heavy metal concentrations in the surface marine sediments of Sfax Coast, Tunisia. Environmental Monitoring and Assessment, 175: 519-530.

Gioia G, Bombardelli F A. 2001. Scaling and similarity in rough channel flows. Physical Review Letters, 88(1): 014501.

Hakanson L. 1980. Ecological risk index for aquatic pollution control. A sedimentological approach. Water Research, 14: 975-1001.

Hamilton L S. 1987. Tropical watershed forestry-aiming for greater accuracy. Ambio (Sweden), 16(6): 372-373.

Hasler N, Avissar R, Liston G E. 2005. Issues in simulating the annual precipitation of a semiarid region in central Spain. Journal of Hydrometeorology, 6(4): 409-422.

Jayaprakash M, Urban B, Velmurugan P M, et al. 2010. Accumulation of total trace metals due to rapid urbanization in microtidal zone of Pallikaranai marsh, South of Chennai, India. Environmental Monitoring and Assessment, 170: 609-629.

Jones J A, Grant G E. 1996. Peak flow responses to clear-cutting and roads in small and large basins, western Cascades, Oregon. Water Resources Research, 32(4): 959-974.

Kabubo-Mariara J, Karanja F K. 2007. The economic impact of climate change on Kenyan crop agriculture: a Ricardian approach. Global and Planetary Change, 57(3): 319-330.

Keskin M E, Ağiralioğlu N. 1997. A simplified dynamic model for flood routing in rectangular channels. Journal of Hydrology, 202(1): 302-314.

Kharroubi A, Gargouri D, Baati H, et al. 2012. Assessment of sediment quality in the Mediterranean Sea-Boughrara lagoon exchange areas (southeastern Tunisia): GIS approach-based chemometric methods. Environmental Monitoring and Assessment, 184: 4001-4014.

Lee M S, Park G A, Park M J, et al. 2010. Evaluation of non-point source pollution reduction by applying best management practices using a SWAT model and QuickBird high resolution satellite imagery. Journal of Environmental Sciences, 22(6): 826-833.

Lee S I. 1979. Nonpoint source pollution. Fisheries, (2): 50-52.

Lighthill M J, Whitham G B. 1995. Proceedings of the Royal Society of London. Series A: Mathematical and

Physics Sciences, 387(1793): 467.

Liu B, Lei Y, Li B. 2014. A batch-mode cube microbial fuel cell based "shock" biosensor for wastewater quality monitoring. Biosensors and Bioelectronics, 62: 308-314.

Liu J, Li Y, Zhang B, et al. 2009. Ecological risk of heavy metals in sediments of the Lian River source water. Ecotoxicology, 18: 748-758.

Liu S, Wen Y. 1996. Forest Hydro-ecosystem Mechanism in China. Beijing: Forest Industry Press: 34-39.

Ma X. 1993. Forest Hydrology. Beijing: Forest industry Press: 231-240.

Matteo M, Randhir T, Bloniarz D. 2006. Watershed-scale impacts of forest buffers on water quality and runoff in urbanizing environment. Journal of Water Resources Planning and Management, 132(3): 144-152.

Menzel L, Bürger G. 2002. Climate change scenarios and runoff response in the Mulde catchment (Southern Elbe, Germany). Journal of Hydrology, 267(1): 53-64.

Mishra V K, Upadhyaya A R, Pandey S K, et al. 2008. Heavy metal pollution induced due to coal mining effluent on surrounding aquatic ecosystem and its management through naturally occurring aquatic macrophytes. Bioresource Technology, 99: 930-936.

Motha R P, Baier W. 2005. Impacts of present and future climate change and climate variability on agriculture in the temperate regions: North America. Climatic Change, 70(1-2): 137-164.

Najjar R G. 1999. The water balance of the Susquehanna River Basin and its response to climate change. Journal of Hydrology, 219(1): 7-19.

Nash J E, Sutcliffe J V. 1970. River flow forecasting through conceptual models part Ⅰ-a discussion of principles. Journal of Hydrology, 10(3): 282-290.

Pekey H. 2006. The distribution and sources of heavy metals in lzmit Bay surface sediments affected by a polluted stream. Marine Pollution Bulletin, 52: 1197-1208.

Pekey H, Karakas D, Ayberk S, et al. 2004. Ecological risk assessment using trace elements from surface sediments of Izmit Bay (Northeastern Marmara Sea) Turkey. Marine Pollution Bulletin, 48(9-10): 946-953.

Ramamurthy A S, Minh Tran D, Carballada L B. 1990. Dividing flow in open channels. Journal of Hydraulic Engineering, 116(3): 449-455.

Ramos M C, Mulligan M. 2005. Spatial modelling of the impact of climate variability on the annual soil moisture regime in a mechanized Mediterra-nean vineyard. Journal of Hydrology, 306: 287-301.

Rao K S, Pant R. 2001. Land use dynamics and landscape change pattern in a typical micro watershed in the mid elevation zone of central Himalaya, India. Agriculture, Ecosystems and Environment, 86(2): 113-123.

Raymond P M, Wolfgang B. 2005. Impacts of present and future climate change and climate variability on agriculture in the temperate regions: North America. Climate Change, 70: 137-164.

Ren L, Wang M, Li C, et al. 2002. Impacts of human activity on river runoff in the northern area of China. Journal of Hydrology, 261: 204-217.

Semenov M A, Barrow E M. 1997. Use of a stochastic weather generator in the development of climate change scenarios. Climatic Change, 35: 397-414.

Semwal R L, Nautiyal S, Sen K K, et al. 2004. Patterns and ecological implications of agricultural land-use changes: a case study from central Himalaya, India. Agriculture, Ecosystems & Environment, 102: 81-92.

Smiet F. 1987. Tropical watershed forestry under attack. Ambio, 16(2-3): 156-158.

Stoy P C, Katul G G, Siqueira M, et al. 2006. Separating the effects of climate and vegetation on evapotranspiration along a successional chronosequence in the southeastern US. Global Change Biology, 12(11): 2115-2135.

Su H, McCabe M F, Wood E F, et al. 2005. Modeling evapotranspiration during SMACEX: comparing two approaches for local-and regional-scale prediction. Journal of Hydrometeorology, 6(6): 910-922.

Swanson R H. 1998. Forest hydrology issues for the 21st century: a consultant's viewpoint. Journal of the American Water Resources Association, 34(4): 755-763.

Thomas R B, Megahan W F. 1998. Peak flow responses to clear-cutting and roads in small and large basins, western Cascades, Oregon: a second opinion. Water Resources Research, 34(12): 3393-3403.

Trimble S W, Weirich F H. 1987. Reforestation reduces streamflow in the southeastern United States. Journal of Soil and Water Conservation, 42(4): 274-276.

Tyson C B, Worthley T E. 2001. Managing forests within a watershed: the importance of stewardship. Journal of Forestry, 99(8): 4-10.

Verry E S. 1986. Forest harvesting and water: the lakes states experience. Water Resource Bulletin, 22: 1039-1047.

Verry E S, Lewis J R, Brooks K N. 1983. Aspen clear-cutting increase snowmelt and storm flow peaks in north central Minnesota. Water Resource Bulletin, 19(1): 59-67.

Vieira J H D. 1983. Conditions governing the use of approximations for the Saint-Venant equations for shallow surface water flow. Journal of Hydrology, 60(1): 43-58.

Walters R A, Cheng R T. 1980. Accuracy of an estuarine hydrodynamic model using smooth elements. Water Resources Research, 16(1): 187-195.

Whitehead P G, Robinson M. 1993. Experimental basin studies-an international and historical perspective of forest impacts. J Hydrol, 145: 217-230.

Wilby R L, Keenan R. 2012. Adapting to flood risk under climate change. Progress in Physical Geography, 36(3): 348-378.

Wu Y G, Xu Y N, Zhang J H, et al. 2010. Evaluation of ecological risk and primary empirical research on heavy metals in polluted soil over Xiaoqinling gold mining region, Shaanxi, China. Transactions of Nonferrous Metals Society of China, 20: 688-694.

Yong J. 2003. Characteristics of hydrology and water resources in Qinling ecological protection area. Journal of Changjiang Vocational University, 20(2): 003.

Zollweg J, Makarewicz J C. 2009. Detecting effects of Best Management Practices on rain events generating nonpoint source pollution in agricultural watersheds using a physically-based stratagem. Journal of Great Lakes Research, 35: 37-42.

附 录 一

动力波方程可以用连续性方程和动量方程的形式表示，连续方程如下：

$$\frac{\partial A}{\partial t}+\frac{\partial Q}{\partial x}=q \tag{1}$$

$$\frac{\partial Q}{\partial t}+\frac{\partial}{\partial x}\left(\frac{Q^2}{A}\right)+gA\left(\frac{\partial h}{\partial x}-S_0\right)+gAS_f=0 \tag{2}$$

式中，A 为横截面积；Q 为流量；S_f 为摩擦比降；S_0 为底坡；g 为重力加速度；h 为水深；t 为时间坐标；x 为距离坐标。假设河道为棱柱形，则横截面积为

$$A=bh \tag{3}$$

式中，b为河道宽，假设河道宽是恒定不变的，则方程（3）可以写为

$$\frac{dy}{dx}=\frac{1}{b}\frac{\partial A}{\partial X} \tag{4}$$

将方程（4）代入方程（2），方程为

$$\frac{\partial Q}{\partial t}+2\frac{Q}{A}\frac{\partial Q}{\partial x}+\left(\frac{gA}{b}-\frac{Q^2}{A^2}\right)\frac{\partial A}{\partial x}+gA\left(S_f-S_0\right)=0 \tag{5}$$

根据曼宁方程（Gioia and Bombardelli，2002）建立稳态额定值曲线方程，并在上游边界处施加了正弦形状的洪水波。计算了 SI 单元内的流速：

$$V=\frac{1}{n}R^{2/3}S_f^{1/2} \tag{6}$$

式中，R 代表水力学半径，n 代表曼宁粗糙系数。如果河道是棱柱形，关系式可变为

$$R=A/P \tag{7}$$

$$P=2h+b \tag{8}$$

基于上述关系，偏导数可列为

$$\frac{\partial P}{\partial x}=2\frac{\partial h}{\partial x} \tag{9}$$

$$\frac{\partial R}{\partial x}=\frac{1}{P}\left(1-\frac{2A}{bP}\right)\frac{\partial A}{\partial x} \tag{10}$$

$$\frac{\partial V}{\partial x}=\frac{2}{3}\frac{1}{n}R^{-1/3}S_f^{\ 1/2}\frac{\partial R}{\partial x}+\frac{1}{2}\frac{1}{n}S_f^{\ 1/2}R^{2/3}\frac{aS_f}{\partial x} \tag{11}$$

如果$\partial f/\partial x$非常小，公式（11）右边的第二部分可以忽略，则公式（11）可以写为

$$\frac{\partial V}{\partial x}=\frac{2}{3}\frac{1}{n}R^{-1/3}S_f^{\ 1/2}\frac{\partial R}{\partial x} \tag{12}$$

若流量$Q=VA$，则可以得到以下偏导数：

$$\frac{\partial Q}{\partial t}=A\frac{\partial V}{\partial x}+V\frac{\partial A}{\partial x} \tag{13}$$

将方程（9）、方程（10）、方程（12）代入方程（13），得到方程（14）：

$$\frac{\partial A}{\partial x}=\frac{1}{V\left(\frac{5}{3}-\frac{4}{3}\frac{R}{b}\right)}\frac{\partial Q}{\partial x} \tag{14}$$

代入方程（14）得到方程（15）：

$$\frac{\partial Q}{\partial t}+\alpha\frac{\partial Q}{\partial x}+\beta=0 \tag{15}$$

$$\alpha=2\frac{Q}{A}+\frac{\frac{gA}{b}-\frac{Q^2}{A^2}}{\frac{Q}{A}\left(\frac{5}{3}-\frac{4}{3}\frac{R}{b}\right)} \tag{16}$$

$$\beta=gA\left(S_f-S_0\right) \tag{17}$$

坡度摩擦系数 S_f 可以由曼宁粗糙系数公式（$S_f=Q^2n^2/A^2R^{4/3}$）或方程（6）获得。动量方程（2）转化到方程（15），其中有两个参数涉及河道的横截面积和流量。所以用初始的数值解和边界条件能很容易地求出方程（15）的解。

附 录 二

对于洪水演进，流入水文可以被几何结构代替。初始条件可以写为

$$Q(x,0)=Q_0 \tag{18}$$

$$A(x,0)=A_0 \tag{19}$$

式中，A_0 和 Q_0 分别为横截面积和流域水文的初始值，它是定义上游边界条件的必要条件。上游边界条件可以被定义为流入水文

$$Q(0,t)=Q_0+\frac{Q_p-Q_0}{t_p}t \quad (0<t<t_p) \tag{20}$$

$$Q(0,t)=Q_p-\frac{Q_p-Q_0}{t_a-t_p}t \quad (t_p<t<t_b) \tag{21}$$

$$Q(0,t)=Q_0 \quad (t>t_b) \tag{22}$$

式中，Q_p 为流入水文的径流峰值；t_p 为达到流域水文径流峰值的时间；t_b 为流入水文的基本时间。

$$f(x,t)=f_i^j \tag{23}$$

$$\frac{\partial f(x,t)}{\partial x}=\frac{f_i^j-f_{i-1}^j}{\Delta x} \tag{24}$$

$$\frac{\partial f(x,t)}{\partial t}=\frac{f_i^j-f_{i-1}{}^j}{\Delta t} \tag{25}$$

式中，∂x 和 ∂t 分别代表空间和时间增量。将方程（23）～方程（25）代入动量方程（15）和连续方程（1）中，得到以下方程：

$$Q_i^{j+1}=Q_i^j-\frac{\Delta t}{\Delta x}\alpha_i{}^j\left(Q_i{}^j-Q_{i-1}^j\right)+\beta_i{}^j\Delta t=0 \tag{26}$$

$$A_i^{j+1}=A_i^j-\frac{\Delta t}{\Delta x}\left(Q_i{}^j+1-Q_{i-1}{}^{j-1}\right) \tag{27}$$

其中

$$\alpha_i{}^j=2\frac{Q_i^j}{A_i^j}+\left(\frac{gA_i^j}{b}+\left(\frac{Q_i^j}{A_i^j}\right)^2\right)\Bigg/\left(\frac{Q_i^j}{A_i^j}\left(\frac{5}{3}-\frac{4}{3}-\frac{R_i^j}{b}\right)\right) \tag{28}$$

$$\beta_i^j = gA_i^j\left(\frac{\left(Q_i^j\right)^2}{A_i^j\left(R_i^j\right)^{4/3}} - S_0\right) \tag{29}$$

可以看出每组α、β都可以根据初始点(i, j)的原始和边界数据基于方程（28）和方程（29）进行计算，然后可以从方程（26）获得Q_i^{j+1}。最后，利用Q_i^{j+1}根据方程（27）计算得出A_i^{j+1}。这个方法可以利用(i, j)连续重复。在提出的这个模型中，流量是动态边界。前者的下游边界可以被当作上游边界用于河流径流模拟。

附　录　三

基于水平衡理论（SWAT 理论，2005 年），我们假设黑河水量平衡模型可以表示为

$$\frac{dS}{dt}=P-Q-G-E \tag{30}$$

式中，S 代表储水量即流域总水量，包括：土壤水、雪、冰、湖和河流；dS/dt 代表储水量的变化；P 代表空间平均降水量；Q 代表河口流量；G 代表地下水；E 代表蒸发量。环境变化中，我们假设 Q、G、E 变量函数，如温度 T，土地利用覆盖组合 Lc，植被 V，土壤水分 Sm，人类用水 H。

$$Q=f\left(T,\mathrm{Lc},\mathrm{Sm},H\right) \tag{31}$$

$$G=f\left(V,S,H\right) \tag{32}$$

$$E=f\left(V,S\right) \tag{33}$$

所以，流域水平衡可以表达为

$$\frac{dS}{dt}=P-f\left(T,\mathrm{Lc},\mathrm{Sm},H\right)-f\left(V,S,H\right)-f\left(V,S\right) \tag{34}$$

如果 $dS/dt>0$，则表示水储量增加，如果 $dS/dt<0$ 则代表储水量减少。变量及其特征之间的关系可以利用回归模型确定。

9

第九章 流域管理、生态补偿与社会经济发展

根据尚宏琦等（2003）的研究，人类对河流治理开发与水利发展经历了以下 5 个阶段：第一阶段，原始水利用和低级防御阶段，为原始水利阶段；第二阶段，河流初级开发与治理阶段，为初级水利阶段；第三阶段，工程建设与经济增长影响阶段，为工程水利阶段；第四阶段，环境保护和综合治理阶段，为资源水利阶段；第五阶段，流域生态环境恢复和可持续发展阶段，为生态水利阶段。

通过对国外典型流域管理和河流治理情况分析可以看出，欧美发达国家在经历了发展、破坏、治理、保护和再发展的艰难过程之后，开始深刻反思和总结流域管理和河流治理开发的成败得失，并利用雄厚的经济实力增强环境保护意识，在流域管理中注重人口、资源、社会经济和环境之间的协调发展，已经跨入了生态水利阶段。

第一节　流域管理绩效评价模式构建

流域管理指的是政府对流域内的各种资源、流域内各种社会经济活动采取的一系列的干预活动，以使流域的环境资源达到最合理的利用状态的过程，以实现水资源的永续利用（李环，2006）。随着生态环境资源资本价值的不断提高，人们越来越认识到生态资源环境的重要性，流域生态资源涉及广大的地理面积，综合了多种经济与社会资源，对一个地区的经济发展起着决定性的影响作用（de Groot et al.，2010；Zhang et al.，2007）。因此，国外学者认为，流域管理不仅应关注所有影响水资源系统的内部因素，如水质、水量、沉积物和河岸，同时也应考虑影响水系的所有外部因素。这使流域综合管理成为流域管理的导向（王志宪，2004）。可持续发展的理念要求现代流域管理应该着眼于流域生态系统的整体全面管理，要以流域为单元，针对流域人口、资源、环境和社会经济发展问题，研究流域内人与自然的关系及调控机制，协调流域内各相关方的利益，维护和改善流域生态环境质量，最终达到流域自然、社会、经济的和谐发展。为此，国内外的研究对其流域的综合管理进行了大量的研究，并取得了长足的发展。许多学者认为流域的综合管理是目前最为有效和合理的流域管理模式（应力文等，2004；萧术华，2005；杨桂山等，2006；陈宜瑜，2007）。例如，美国田纳西河流域管理局（Tennessee Valley Authority，TVA）对该流域采用的综合的管理模式，对世界许多国家的流域开发与管理产生了深远的影响，其流域管理最大的成功之处就是其将经济手段有效地运用到流域管理中，实现了经营上的良性运营（Aricari，1997；Mccully，2001）。Sarker 等（2008）从公共池塘资源（common-pool resource）产品角度研究分析水资源管理的制度安排，并以澳大利亚昆士兰东南部的一个流域对下游布里斯班河（Brisbane River）水质影响为案例，得出具有公共产品性质的流域生态资源管理应采用市场（如价格和质量）和非市场的手段（如政府管制、道义劝说和教育等）来实施流域生态系统的水质管理。Sigma（2004）指出在分权规制下流域管理容易导致搭便车行为。

与西方国家相比，我国流域管理理论和实践起步较晚。随着流域生态环境资源价值重要性的不断显现，我国已开始向注重流域水资源、经济、生态综合的严格水资源管理制度转变，但总的管理方式依旧是流域管理与区域管理相结合的模式（汪群等，2007；姜蓓蕾等，2011），其所实施的管理制度依然是侧重于水量和水质方面，缺少全局规划意识（应力文等，2004；杨玉川等，2005），同时，在流域管理当中，公众参与机制缺失（李环，2006）。在理论研究方面，主要是侧重于流域管理制度当中存在的问题。例如，任晓冬和黄明杰（2009）认为实施综合流域管理，应把流域内的产权布局纳入综合流域管理模式里面来。户作亮（2010）以全球自然基金（GEF）海河流域水资源与水环境综合管理项目的课题研究为例，指出 GEF 流域水资源与水环境的综合管理不够完善，引起海河流域的水资源过度开发，进而导致流域生态和环境发生了显著的负面变化，如河道断流与干涸、湿地萎缩、河口生态恶化、地下水位下降、水污染加剧等，进而提出应建设流域水资源与水环境知识共享平台，实现有效的流域水资源与水环境综合管理。

综合分析可知，现有的研究和流域管理实践为流域管理和流域生态价值体现的进一步研究提供了宝贵的理论依据和技术支持。但是，目前的研究主要是侧重于认证综合的流域管理模式在我国的实施应用，以及综合管理模式在我国运用当中的一些具体措施，即在综合的流域管理模式当中，应采用怎样的方式可以维持生态环境良好，即什么样的管理制度可以有效地促进流域生态环境可持续，而缺乏对于现有的流域管理制度绩效-生态价值体现的分析。本章主要是基于流域生态环境公共资源产品的特性，引入了新制度经济学理论和 SSCP 分析模型，并以秦岭水源涵养区中的黑河流域生态环境管理制度为例，评估其流域管理制度绩效和流域生态价值，从而为其向有效率的管理制度改进提供一定的理论依据和对策建议，实现流域生态的可持续发展。

一、理论与分析方法

（一）理论分析

新制度经济学的研究中心是产权制度和治理产权制度的获取或转让的规范体系（埃瑞克和鲁道夫，2002）。流域生态资源属于公共资源，即具有非排他性和非竞争性等特性，公共资源的这些特性，使得人们在行为选择时容易陷入“囚徒困境”。因此，人们建立了各种排他性的产权制度，产权制度的一个主要功能就在于引导人们将外部性较大地内在化。但是，由于不同的产权缔约存在着不同的交易成本，想要充分界定产权的成本相当高昂，没有被界定产权的那些经济资源就留在了公共领域（图 9-1）。也就是说，

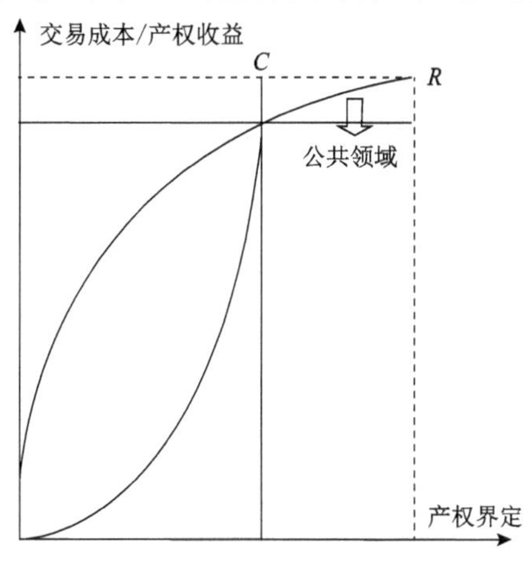

图 9-1　产权界定的公共领域

明确地界定产权是否会带来社会效益，取决于公共资源损失的大小、缔约成本的性质及确定和巩固产权的成本。

流域生态补偿机制是以水质、水量及生态服务功能价值为核心目标，以流域生态系统服务价值增量和保护成本为依据，运用财政、市场等手段，协调流域相关主体的利益关系，并实现流域内区域经济协调发展的一种制度安排（王兴杰等，2010）。

（二）SSCP 模型

SCP 模式是由以梅森和贝恩等为主要代表的哈佛学派于 20 世纪 30 年代提出来的，认为市场结构（structure）、行为（conduct）与绩效（performance）之间存在着因果联系。同时一些经济学家指出 SCP 分析模式的局限性，认为其没有考虑到体制因素对产业组织的影响，从而将其扩展为 SSCP 分析模式（图 9-2），即状态（state）-结构（structure）-行为（conduct）-绩效（performance）（朱康对，2005）。状态（外生变量），包括由物品的特性、自然环境和人文环境、社会个体和利益集团构成的社会政治力量，它是人们做出制度选择的基础。不同状态下，人们会对制度结构做出不同的选择。结构（内生变量），是指制度变革后暂时均衡状态下的权利集合，它代表人们的行为规则、利益分配格局和产权配置状况等。它是相关各方根据现实状况所做选择的结果。行为（内生变量），在现存的制度下，不同利益主体会有不同的行为选择和反应，而各行为主体的博弈结构会改变制度变革的预期收益规模，从而影响制度的绩效。绩效（是制度结构与相关主体行为反应的函数），是相关主体对现有制度的评价，相对于整个社会来说，主要体现为公平与效率目标的实现程度，相对于某一具体的产权主体而言，则是产权制度给其所带来的成本与收益的比较。人们对结构和行为的选择，决定了制度的绩效。

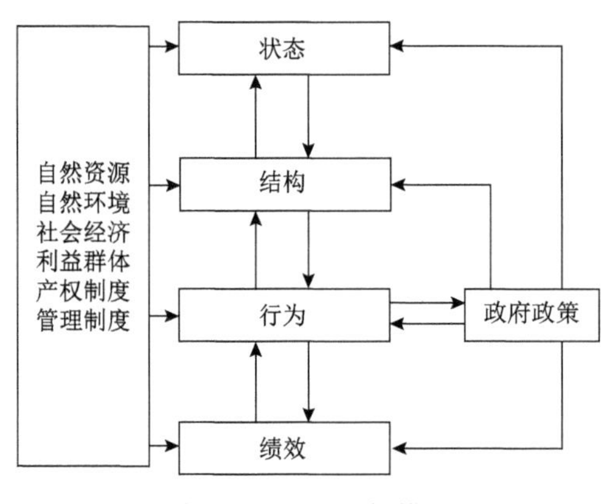

图 9-2 SSCP 分析模型

二、研究内容

（一）研究区概况

黑河流域位于秦岭以北、渭河以南的陕西省周至县境内，33°42′N～34°13′N、107°43′E～108°24′E，总流域面积 2258 km^2。黑河流域地势南高北低，自西南向东北倾斜，上游为秦岭山区，中游为秦岭山前洪积裙，下游为渭河一级阶地。黑河为渭河一级支流，发源于秦岭太白山主峰，由西南流向东北。在周至县尚村镇注入渭河。黑河干流总长 125.8 km，河床平均比降约 8.77‰。流域面积较大的支流由南向北分别为大蟒河、板房子河、虎豹沟、王家河、田峪河等。河流总的特点是流程短、比降陡。这些河流接受山区降水、高山冰雪融水和地下水的补给，河川径流量沿程增加。

黑河水库是西安市重点引水工程之一，投入使用后的黑河水库已获得了巨大的社会生态经济效益。水库总库容 2.0 亿 m^3，有效库容 1.77 亿 m^3，年供水量 4.28 亿 m^3，日平均供水量 76 万 m^3，其中，向西安市区年供水 3.05×10^8 m^3，日平均供水 76×10^4 m^3，缓解了西安市用水紧张的问题，促进了西安整个城市的经济发展及生态环境保护。

（二）黑河流域管理制度演变分析

黑河水库的建立标示着以往开放性的流域资源将进入排他性的产权管理制度之下。为此，可将黑河流域管理划分为两个阶段，即黑河水库建成前阶段、黑河水库投入使用后阶段。

第一阶段，黑河水库建成前阶段，即 2000 年以前，放任自由阶段。此阶段是一个自发的进入阶段，整个流域资源产品使用效率低下，其真正的流域资源价值并未体现出来。整个流域城镇化率较低，经济发展主要是以农业为主，流域资源的利用附加值低，且耕地开发多是外延式的发展模式，故不断加剧着流域生态环境的压力。例如，长年生活在黑河流域的农户群众生活取暖用柴沿用老虎灶，多以砍伐林木为主，据 1992 年调查的数据表明，流域内每年仅做饭烧柴一项，毁了近 66617 hm^2 的森林，加之生产木耳、香菇等，也要消耗森林资源，使该区域的水源涵养林保护受到了严重的威胁（尚彦林，2008）；同时，西安市的社会经济发展与水资源之间的矛盾日益突出。

第二阶段，黑河水库投入使用后阶段，即 2000 年后到现在，使用的是排他性产权缔约的严格管制阶段。投入使用后的黑河水库，从根本上解决了西安市社会经济发展与水资源的矛盾问题。黑河水库每年可向西安市供水 3.05×10^8 m^3，占西安市供水量的 70%以上。随着这部分黑河流域资源分配给西安市，这部分的资源利用价值得到了极大的提高；同时，政府为保证水库水质，采用了绝对的流域管制方式。一方面，采用了严格的政策，限制农户的经济活动以保护流域生态环境资源，在《西安市黑河引水系统保护条例》中明确规定，黑河水库准保护区内严禁生产生活中可能对黑河水库造成污染的各种行为，准保护区包含了整个汇流区的面积，居民发展机会成本丧失比例大。据统计，直到 2010 年流域总人口 44.66 万，国民经济生产总值为 33.43 亿元，人均 GDP 仅为 7485 元，远低于全国和西安的平均水平（赵淑兰，2012）。另一方面，为杜绝居民的社会经济活动可能对于流域的影响，采用分批迁移上游地区人口的策略以保护流域环境，但由于生态迁移成本过高近期难以实现。

理论上，在政府绝对的保护制度安排之下，流域生态资源环境，特别是黑河水库的资源应呈现理想的状态。但是，黑河水库的水质随着时间的推移呈现出不同程度的污染，库区水体逐步呈现富氧化状态，水质不断恶化，部分指标已超过了饮用水源的标准限值，且主要是由非点源污染所致。

（三）流域环境资源保护：博弈过程与行为选择

假如流域资源产权的缔约和保护是无成本的，那么，流域生态环境资源管理就会出现人们所期望的理想结果。但是，产权的缔约和保护存在着交易成本，因此，世界上几乎没有一个产权曾被完整地界定过，而且，要完全地保护产权，其成本也会很高。而在目前这种旨在解决西安用水紧张问题，采用绝对的保护制度安排形式之下，所涉及的利益集团也就更多。

首先，黑河流域按水库位置划分为黑河水库汇流区和黑河水库下游区。汇流区处于黑河水库的上游，约 1481 km，108 国道贯穿而过。境内包含厚畛子、马召、陈河、王家河和板房子等乡镇的大部分区域。由于自然经济社会基础发展薄弱，该区域的社会经济发展比较落后，加之保护水源的政策限制，丧失了一定的发展机会成本，导致该区域经济发展一直处于滞后状态。因此，在既定的制度安排和自有资源条件下，上游居民选择了最有利于自己的行为方式，以期实现自己的效益最大化，并沿用传统的生产（粗放的农业耕种方式）和生活方式（生火柴薪是免费的资源），导致黑河流域因生产和生活所致的非点源污染不断加剧。2008 年，库区水体的总氮（TN）含量超过了 1.0 mg/L，总磷（TP）含量也已超过或接近标准的 0.05 mg/L 限值；2009 年黑河水库的水质已达到富营养状态，全年的 TN 含量为 1.29 mg/L，超标 29%，TP 的含量达 0.031 mg/L（邱二生，2010）；在 2014 年，本研究组选取黑河流域的几个点取样调研的数据表明，其 TN 基本上都超过 2.0 mg/L，其水库上游 19 km 测得的 TN 达到了 2.4 mg/L，已远超于 2009 年水库的 TN 值（1.29 mg/L）。

同时，黑河下游的居民，具体的包括由西安市水务局文件中统计的 18.1 万下游受水位下降影响的居民，包括 1.8 万城镇居民和 16.3 万农业人口。由于水库建成后，下游水位严重下降，加大了下游居民农业生产成本，下游居民为了让自己的经济受损程度减少，采用打井的方式加大地下用水，不仅自我成本加大，还使得生态环境恶化，并影响整个西安市的可持续发展。

其次，水库建成后，西安市从黑河流域获取了巨大的社会经济生态效益。据统计数据显示，黑河水库每年可向西安市供水 3.05×10^8 m^3，而 2008 年，西安市生活用水水价为 2.9 元/m^3，工业用水水价为 3.46 元/m^3，经营类用水水价为 4.36 元/m^3，特殊行业用水水价为 17 元/m^3。我们不核算其间接的赋予流域资源的那部分经济效益，单从其直接的效益计算，就可以分别算出每年的经济效益为 8.845×10^9 元（以最低价格的生活用水水价计算）。另外，政府部门为保护水源，一直采用绝对的保护方式，在与上下游居民的博弈过程中，监督成本不断加大，另外，考虑成本，目前对于生态移民策略实施力度不大。

实验表明：在年降水量 500 mm 情况下，坡度 5°～7°时土壤的年流失量是坡度 1°～5°时的 10 倍。可见，坡度越大的耕地土壤流失越剧烈。根据调查统计结果显示，黑河水源区耕地面积 3484.9 hm^2，占该地区土地总面积的 2.24%，大于 15°的坡耕地面积占到黑河水源区总耕地面积的 87.71%。其中，坡度在 15°～25°的耕地占耕地总面积的 16.46%，坡度大于 25°的耕地占耕地总面积的 71.25%。

（四）黑河流域管理制度的 SSCP 分析

为了从理论上分析现有黑河流域资源管理制度解决公共资源外部性的问题，以避免

“公地的悲剧”。从理论上看，实行了绝对的保护措施后，流域生态环境应呈现出人们所愿的现状，但是，政府部门在投入保护成本不断加大的同时，黑河流域的非点源污染也在不断加剧，上下游居民也受着发展机会成本的丧失和生活生产成本的增加。因此，本研究为发现现有管理存在的问题，采用了 SSCP 分析模式，进行“状态-结构-行为-绩效”的分析，从而为促进流域管理制度的有效完善和流域生态资源的可持续发展提供一定的理论依据和对策。

1. 构建黑河流域管理制度的 SSCP 模型

黑河流域水库的构建和采用绝对的保护制度安排，即一定水资源的使用权完全垄断给西安市，主要的动力在于过去西安市处于水资源与经济发展矛盾日益突出的状态，建立排他性的产权制度安排，即大部分的流域资源赋予西安市会带来巨大的社会和生态效益，同时，过去的流域资源完全处于公共领域，流域资源的利用附加值低。有效的制度创新收益不包含资源财富转移，从而作为共有资源建立排他性的产权制度安排。首先，它不能是单纯地把各个利益主体分散占有的利益集中配置给某个或几个利益主体;其次，产权缔约和保护存在着一定的交易成本。所以，我们需进一步分析博弈各方的目标收益函数，研究建立排他性产权制度的经济动力和各方的博弈行为选择过程。

2. 黑河流域管理制度的 SSCP 模型分析

以下将对各方在现有制度安排之下的博弈过程进行系统的分析。

1）状态分析

（1）自然资源特征：黑河流域位于秦岭北麓，面积 1481 km^2。流域径流主要由降雨形成，径流年际变化较大，年内分配亦不均匀。区内地貌类型大体可分为：低山陡坡型，海拔 600～1000 m；中山陡坡型，海拔 1000～3500 m；高山陡坡型，海拔 3500 m 以上。区域的土壤比较贫瘠且耕地少，人均耕地仅为 0.267～0.333 hm^2。

（2）社会经济环境特征：黑河流域人口稀少、人口素质低，农村经济以种植业为主体，经济结构极为单一。随着近年来林特产种植、牛羊养殖及采矿、旅游的发展，以及山外资金、技术等的不断输入，区域内的经济结构有所好转，但由于自然条件的制约和历史发展的原因，区内经济条件仍然很低。下游居民为了不影响猕猴桃、蔬菜产业发展，加大了地下用水的开采。同时，在黑河水库建成之前，西安市社会经济发展与水资源的矛盾日益突出，建成后，西安市的水与社会经济发展得到了极大的提高。

（3）制度环境特点：黑河水库建成前，黑河流域资源完全处于开放的状态，黑河流域资源利用的附加值低；黑河水库建成后，实行了排他性产权制度安排。因此，水库建成后，即排他性产权制度安排之后，这里的矛盾主要体现在得到了排他性产权与没有得到排他性产权主体之间的利益矛盾。

2）结构分析

基于以上状态分析可知，为了避免资源共有的损失和解决西安市水资源的问题，并从中获取社会经济效益，通过各方的努力，黑河水库得以建成。因此，在政府主导之下，黑河流域资源产权制度结构演进可划分为：从自由进入完全分散的结构，到资源相对集中的结构。在相对集中的排他性产权制度安排下，据《西安市黑河引水工程保护条例》规定，

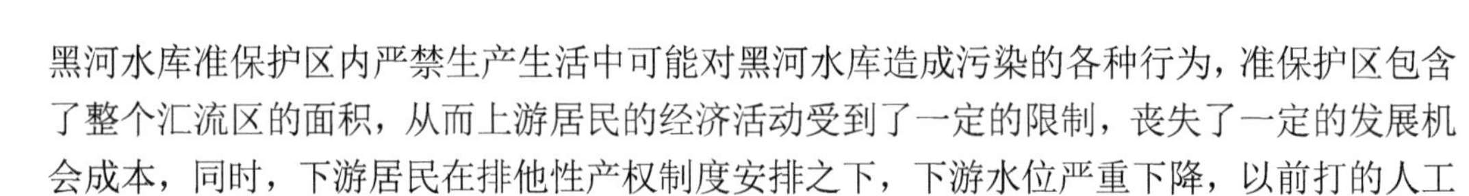

黑河水库准保护区内严禁生产生活中可能对黑河水库造成污染的各种行为，准保护区包含了整个汇流区的面积，从而上游居民的经济活动受到了一定的限制，丧失了一定的发展机会成本，同时，下游居民在排他性产权制度安排之下，下游水位严重下降，以前打的人工井出现吊空或干枯，给下游地区农民生产灌溉带来困难，加大了生活和生产成本。

目前，各方的利益矛盾依然存在，公共资源的外部性问题依然没有得到解决，流域生态环境污染依然存在且有加大的趋势。因此，为了减少共有资源的损失，促使各方利益集团都能从中获益，实现制度变迁的帕累托改进，需要一个合理制度安排来平衡各方的利益，以求更有利于解决流域生态资源公共产品的外部性问题。

3）行为分析

排他性的产权制度建立以后，在既定的产权结构下，相关各方围绕着产权的掠夺和保护进行博弈。博弈各方的行为选择直接影响了产权拥有者的预期收益和规模。在自由进入状态下，各方的理性选择是在既定的技术条件下，充分地利用流域资源，最大化自己的收益；在流域资源产权界定之下，为了不让自己的情况变坏，人们的行为表现为过度地使用自己所能拥有的资源；同时，下游的居民为了避免收益的损失而过度地采用地下用水；政府为保护流域资源，采用了绝对的保护方式，同时不断加大监督成本和污染治理成本。我们假设西安市政府和上下游居民都是理性的经济人，西安市政府除了保护流域生态环境资源，同时遵循追求利益最大化，那么由各方利益群体选择行为可知，在现有的制度安排下，他们行为选择的目标函数可简化为

$$\begin{cases}\mathrm{Max}R_{ci}=f_i(X_i)-G(C_i)-F(C_i)-D_i-S_i\\ \mathrm{Max}R_{ri}=f(X_0-X_i,C_i)+D_i\end{cases} \tag{9-1}$$

式中，R_{ci}为西安市第i期净收益；$f_i(X_i)$为西安市第i期利用水资源的产出；S_i为建造水库后每期分摊的固定成本；D_i为对上下游居民因水资源排他性制度安排所导致的资源损失进行的补偿；R_{ri}为上下游居民第i期总的收益，$f(X_0-X_i,C_i)$为排他性产权制度安排后，上下游居民在所被赋予的流域资源下进行的产出函数；X_0-X_i为水库建立后，赋予上下游居民的流域资源；X_0为水库建立前，上下游居民所拥有的流域资源；C_i为上下游居民在水库建立后增加其他投入，如化肥、劳动力等以尽量使自己的效益减少得更少；$G(C_i)$为政府为保护流域资源所付出的监督管理成本，其会随着居民的博弈行为选择而改变其投入；$F(C_i)$为上下游居民的社会经济活动对黑河流域生态资源带来的负外部效益（全部转移给西安市）。

由现有的制度安排可知，目前，政府并未实行生态补偿策略，即$D_i=0$。在这样的情景下，即在水库投入使用后，上下游居民不但没有因资源损失而得到补偿，反而，在西安市政府绝对的保护策略下遭受着发展机会成本的丧失。从而，基于这样的现状之下和其各自的目标函数可知，流域居民为了尽量减少因资源转移和限值因素引起的收益减少（X_i赋予西安市），其博弈行为就是不断增加其他资源的投入，即C_i，主要包括如劳动力、化肥、农药等以增加收益。由边际效益可知，在既定的情况之下，过度使用资源直接导致的结果是$f(C_i)$在开始的一段时间会随着C_i加大而提高，但是到一定时间段后，反而会随着其投入的增加而减少；同时，由于流域内资源环境的特性，如大部分的

耕地为坡度 25°以上的耕地，加大化肥投入等资源的过度使用，会直接导致流域的非点源污染加剧，上下游居民的行为选择所导致的负外部效益，以及政府为保护流域环境所投入的监督成本和治理成本同样会随着 C_i 的投入加大，边际负外部效益和政府的边际投入，以及其增长的速率都会随着 C_i 投入的提高不断加大，即 $\begin{cases} G' > 0, G'' > 0 \\ F' > 0, F'' > 0 \end{cases}$ （图 9-3）。

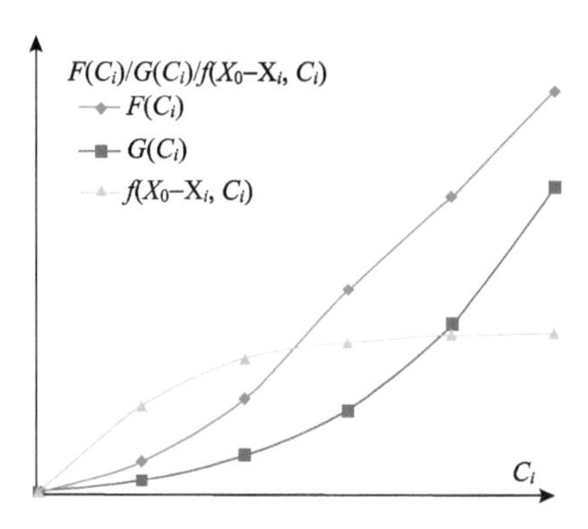

图 9-3 各方利益主体的行为选择函数

在政府未对流域居民进行生态补偿的排他性产权制度安排下，由图 9-3 可知：上下游居民为了不让自己的情况变得更坏，不断加大 C_i 的投入，流域居民的行为选择导致流域的负外部性不断加剧，而其产生的成本全部转移给了西安市，主要包括西安市政府加大的水库水质的污染处理成本，以及流域水资源遭受破坏的生态成本；政府基于上下游居民这样的博弈行为，以及确保 $f_i(X_i)$ 不变坏的情况下只有不断加大监督成本。结果，相对于政府制度制定者和博弈的参与方来说，尽管上下游居民在对抗政府绝对的管理保护博弈中因受到惩罚而退出博弈的概率高于官方，但是，基于缺失流域生态资源收益损失补偿的情况下，上下游居民为了不让自己的情况变得更坏，只有加大其他资源要素的投入以减少损失。加上本研究区域流域生态资源的特殊性，特别是上游区域的自然资源特性，如耕地基本上为坡耕地，人为活动易导致水土流失，加剧流域非点源污染，而流域资源生态环境公共产品属性对于流域生态资源产权的完整界定及其保护的成本极高，因此，理论上，最终首先从现有的对抗性博弈中退出来的应该是西安市政府，因此应引入新的制度安排，减少负外部效益或是避免负外部效益的发生。

4）绩效分析

各利益群体选择的制度结构和博弈行为决定了管理制度的绩效。随着社会的发展，公共资源的各种潜在的有用性被人们发现，并通过产权的界定和交换实现其有用性的最大价值，每一次交换都改变着产权的界定。从以上制度安排结构和博弈行为选择分析可知：黑河水库投入使用，建立分配性的流域资源产权安排，即把大部分的流域生态资源赋予西安市，极大地解决了公共资源利用低效的特点，但是，在现有的制度安排下，并未对上下游居民进行一定的资源生态补偿。黑河水库投入使用后，在未进行补偿的情况下，上下游居民受着资源损失和发展机会成本丧失及投入成本的不断加大，如上下游居民每年损失的发展机会成本和下游居民生产成本投入的增加每年的额度至少为 3999 万元和 170 万元（杨小慧，2010）。由图 9-4 可知，相对于整个陕西省来说，由于其自然资源和经济基础比较薄弱，一直处于滞后发展状态；在 2000 年前，周至县的发展一直超过跟其情况相似的眉县，但是，在 2000 年后，即水库建成后，周至县人均 GDP 出现了下降的现象，此后，其发展一直滞后于眉县，且增长速率变得更低；其中，2008 年周至县农民人均纯收入仅为 4248 元，2009 年周至县的城镇化率只有 9.08%。西安市在流域水资源排他性产权界定后带来了巨大的经济效益和经济剩余。首先，解决了用水与经济发展的矛盾；其次，西安市水资源的利用效率不断提高，带来更大的水资源利用经济剩余，如工业用水效率由以前的万元消耗 125 t 下降到 98 t。另外，西安市为保护流域资源的生态环境、保护水库水质，所投入的成本目前也在不断地加大。

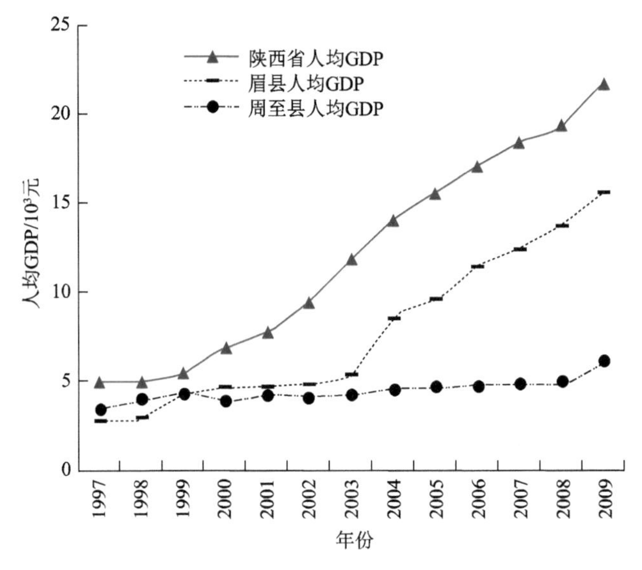

图 9-4 黑河流域（周至县）与其他相关地区的人均 GDP

有效的制度即在既定的信息条件下，人们虽然没达到最可能大的边界，但达到了每个人所意愿达到的最大边界，即实现了帕累托改进（张曙光，2005）。帕累托改进是指一种变化，在没有使任何人境况变坏的前提下，使得至少一个人变得更好。从而，由其帕累托改进原则可知，为了减少制度变迁的摩擦成本，实行分配式的排他性产权制度安排以后，应对各方利益主体的损失进行完全的补偿。综合以上分析可知，目前，黑河流域资源管理的制度安排是低效率的。

首先，从状态因素分析上看，黑河流域资源的特点和上游自然环境特征决定着在黑河流域上游建立分配性的产权制度安排，产权保护难度本身就很大，因此，客观上，在这样的制度安排下，其排他性成本必然很高，从而，更需要一个完善的制度安排结构，能够引导或是规范利益群体的博弈行为。

其次，从结构因素上看，这样的制度安排，可以极大地提高资源的利用效率；但是，从其结构安排下的人们的博弈行为选择来看，这样的制度安排是低效率的。因为现有的黑河流域资源利用分配机制并未消除利益群体各方的摩擦成本，且其成本随着时间的推移越来越高。从而，应该从结构上进行重新安排，真正实现帕累托改进。按帕累托改进原则，应该对于利益受损的主体进行相应的补偿，同时基于流域生态环境资源的特性，我们可以设定为一个这样的补偿，即其补偿额度跟影响流域资源生态环境的因子直接挂钩。而由以上分析可知，上下游居民的博弈行为，即加大其他资源的投入C_i，直接影响着黑河流域生态环境，则西安市政府进行的补偿额度函数可设为：$D_i = g(C_i)$，那么，最终各利益群体的目标函数变成为

$$\begin{cases} \text{Max}R_{ci} = \sum P_i X_i - G(C_i) - F(C_i) - g(C_i) - S_i \\ \text{Max}R_{ri} = f(X_0 - X_i, C_i) + g(C_i) \end{cases} \tag{9-2}$$

在这样新的制度结构安排下，各方又会重新建立出新的博弈行为选择。制度结构直接影响行为选择，因此，首先要重新架构制度。假如重新设置的制度结构引入了生态补偿机制，包括了资源转移引起的财富损失和保护生态环境丧失的发展机会成本等，即补偿额度的设置应直接跟流域资源环境的质量直接联系起来；同时，政府制定的补偿函数是基于流域生态的自然资源环境的质量，即他们的补偿额度会随着他们影响黑河流域资源生态环境的行为强度的降低而降低，同时设置一个阈值，即假如黑河流域的水质低于某一水平，则给予一定的惩罚；最后，其资源生态补偿额度，要体现黑河流域资源转移给西安市这块资源的损失补偿和资源利用效率提高的经济获益。

制度变迁产生新的博弈行为均衡点。在以上新的制度安排下，居民的博弈行为选择如下。首先，假设上下游居民刚开始的行为选择C_1点（即没有补偿的情况下的行为选择），政府为建立排他性的产权制度安排所需付的摩擦性成本等于$G(C_1)+F(C_1)$，而上下游居民的收益仅为$f(X_0 - X_1, C_1)$；引入生态资源补偿机制之后，上下游居民最终的博弈行为选择必然会寻找一个最有利于自己的新的均衡点，即$-D_i' = f(X_0 - X_i, C_i)'$，此时，他们每增加一个单位的投入所获得的收益刚好和减少的补偿额度相抵消，因他们的生态补偿额度跟他们的经济活动，即流域生态环境直接挂钩。我们假设重新博弈后的均衡点为C_2点，由图 9-5 可知，在新的均衡点：上下游居民减少了C投入，得到最后的总的收益是

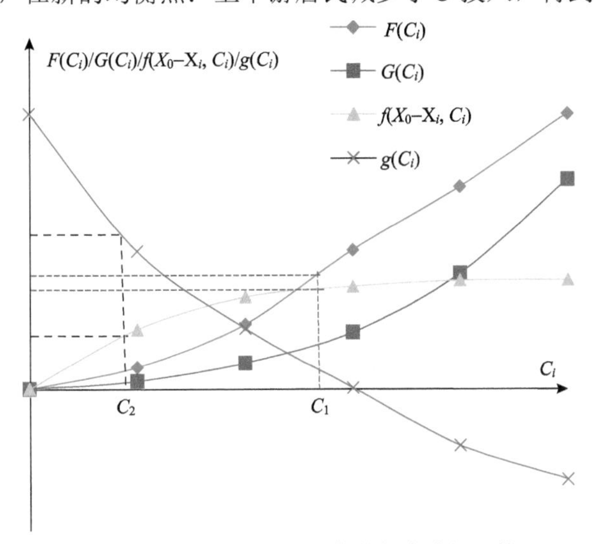

图 9-5　补偿下各利益主体的行为选择函数

补偿加产出，即等于$(D_3+D_4)>W_1$，情况变得更好；所带来的负外部效益为$D_2<W_3$；西安市政府为负外部效益买单的成本、补偿成本及监督成本之和即$D_2+D_1+D_4<W_1+W_4$。

基于结构的重新缔约，以及重新缔约制度下的行为分析可知：①在引入补偿制度的安排设置下，上下游居民得到了资源损失的补偿，同时分享了部分西安市资源利用效率提高带来的经济效益；②政府部门的污染治理费用和管理费用会相应地降低，加上生态补偿，其总的付出都比在不实施生态补偿的情况下的成本低；③引入补偿机制的制度安排，可实现真正的帕累托改进，体现了制度变迁和政府部门管理流域资源的有效性，因为流域的上下游居民都得到了实际的利益补偿，且这种利益直接与流域生态资源保护有关，那么在利益的驱动下，必然会自愿地保护流域生态资源环境，所以可真正实现帕累托改进。

三、结论

综合对秦岭水源涵养区，特别是黑河流域生态资源管理制度的状态、结构、行为和绩效分析，我们可以得出以下3个结论。

（1）流域资源建立排他性的产权制度安排，有利于提高公共资源使用的效率，为了解决公共资源低效率问题并从中获利，促使各方去缔结排他性产权制度。

（2）对有价值的公共资源做出排他性的产权制度安排，往往会导致一部分人获益，一部分人受损，因此，必须制定一个合理的产权结构来平衡各方的利益，这是管理制度有效的关键。

（3）目前，黑河流域的管理制度安排并未实现帕累托改进，或是说管理制度安排低效，因为上下游居民的情况比以前变得更坏，从而可知，解决公共资源的问题，需建立消除排他性产权结构与分散化利益群体之间矛盾的制度安排，才能取得良好的绩效。黑河流域公共资源的特性，以及黑河流域自然资源的环境特征，给予利益群体的补偿额度需直接跟黑河流域生态资源环境状况联系起来，只有这样，流域居民才能在经济激励的制度安排下，自愿地选择保护黑河流域生态环境资源的行为，从而从根本上解决流域的负外部性问题。

第二节　生态补偿评价指标体系

在流域管理当中，建立流域生态补偿机制，明确生态补偿标准，是解决流域生态问题、促进流域可持续发展的关键。

目前，作为国内研究的热点，流域生态补偿正由最初的政策机制研究逐步过渡到补偿标准定量化研究中（杨国霞，2010；刘晓红和虞锡君，2007；李怀恩等，2009）。例如，徐琳瑜等（2006）以生态系统服务价值作为水资源保护补偿标准的计算依据，并从自然价值（水源涵养、生物多样性等）、社会价值（居住、就业等）和经济价值（林、果、旅游价值等）3 个方面计算生态系统服务价值作为生态补偿的标准。郑海霞和张陆彪（2006）认为流域生态服务标准的确定应从 4 个方面进行考虑，包括成本估算、生态服务价值增加量、支付意愿、支付能力等。张志强等（2002）利用条件价值评估法（CVM），以问卷调查的方式，调查了黑河流域居民对恢复张掖地区生态系统服务的支付意愿（WTP），得出黑河流域居民家庭对恢复张掖地区生态系统服务的平均最大支付意愿为每年 53.35 元/户。沈满洪和何灵巧（2002）采用机会成本法，并以库区县市居民收入与参照县市的收入水平的差异进行确定生态补偿额度。

丹江和黑河流域是秦岭重要的水源涵养区，也是南水北调中线的重要水源涵养区。目前，黑河和丹江流域在国家制度安排下，即对黑河和丹江流域的具有公共产品性质的流域生态资源实施严格的排他性的权制度安排。相对而言，黑河和丹江流域生态环境得到了比较好的保护，特别是黑河流域，作为西安市重要的水源供给地，其流域生态环境在政府强而有力的政策实施下，得到了比较好的维护。但是，基于对秦岭水源涵养区的流域管理制度的绩效分析发现，目前，秦岭的流域管理制度安排是低效的，流域生态环境依然遭受着当地经济发展的胁迫。首先，黑河和丹江流域排他性的产权制度安排，促进了黑河和丹江流域水资源的经济利用效率。其次，黑河流域管理制度安排并未实现帕累托改进，或是说管理制度安排低效，因为上游居民情况比以前变得更坏，从而可知，解决公共资源的问题，需建立消除排他性产权结构与分散化利益群体之间矛盾的制度安排，即只有引入生态补偿制度，才能消除排他性产权结构与分散化利益群体之间的矛盾。最后，流域公共资源的特性，以及流域自然资源的环境特征，给予利益群体的补偿额度需直接跟流域生态资源环境状况联系起来，只有这样，流域居民才能在经济激励的制度安排下，自愿地选择保护流域生态环境资源的行为，从而从根本上解决流域生态环境资源的外部性问题。

一、生态补偿评估方法分析

建立流域生态补偿机制是化解区域环境矛盾、促进流域协调可持续发展的有效途径之一。补偿标准作为生态补偿的核心问题一直是研究的难点之一，也是环境管理工作中急需解决的技术难点。目前国内外对流域生态补偿标准的研究大多侧重于成本和产出两方面，主要从上游供给成本、生态系统服务价值、下游支付意愿等角度分析核算方法，并形成了生态服务价值评估法、边际机会成本、发展机会成本法、条件价值法、水环境质量评估法等主要计算方法。其中水质水量生态补偿标准核算方法一般用于水体污染严重和跨界影响问题突出的流域。该方法的 2 种计算模型均考虑了上游对下游、下游对上游的双向补偿，能够更好地激励流域上下游各级政府及有关部门保护流域水环境的动力（刘桂环等，2011）。

现有的流域生态补偿额度的研究理论和方法为进一步研究流域生态补偿提供了宝贵的理论和技术支持。目前的流域生态补偿主要是基于外部性理论，其理论值应该是流域上游地区在进行生态建设和环境保护中的外部收益。但是，在补偿实践中，多以流域上游地区在生态建设和环境保护中投入的直接成本和间接成本（发展机会成本）作为补偿标准（段婧等，2010）。一是由于生态服务外溢价值本身很难定量衡量和评估；二是现有的生态系统服务价值化的方法缺乏基于实际市场定价的基础，难以作为实际经济权衡和行为的依据；同时，作为生态补偿依据的核算标准在核算范围、项目、方法等方面并未形成一套成熟和完善的体系。由于生态补偿机制的原理，其核算标准的合理范畴和科学方法不能脱离对投入成本（直接投入成本和发展机会成本）和生态系统服务公共产品供给（产出）的分析。因此，基于水源区的特性，本研究在综合分析流域内的生态环境资本价值动态变化过程的基础上，从水资源产权角度出发，综合运用机会成本法、水质水量补偿法和成本效益分析法，构建流域生态补偿指标体系，真正实现流域生态补偿的目的和效果。

二、数据收集与处理

数据主要来源于统计年鉴及实地的黑河和丹江流域的调研数据。

三、生态补偿评价指标模型构建

生态补偿机制是为了改善流域水源涵养区的生态环境、维护流域水源涵养区的生态系统服务功能，以经济手段为主激励流域水源涵养区的生态保护与建设，遏制生态破坏行为，调整流域水源涵养区相关利益方生态及其经济利益的分配关系，促进地区间公平与协调发展的一种制度安排。生态补偿标准的确定要综合考虑生态效益、经济效益和社会效益，以及社会接受性、实施可操作性因素，并结合流域的污染控制和生态保护的实际情况，对各种方法进行科学论证和深入研究，建立一个理论完善、技术可行、结果可靠的计算体系。而本章的研究区域是生态功能的重点保护区，生态产品维护的主体功能定位限制了当地居民的发展权与传统资源用益权，研究区域的资源需生态化利用，导致研究区域的经济发展诉求与生态保护矛盾突出。基于此，水源涵养区的生态补偿标准至少需要体现以下几个方面：为保护流域生态环境所丧失的发展机会成本；补偿标准需体现当地居民对水资源产权转移引发的资源产品的增值收益部分的分享；最后，生态补偿的标准需直接跟流域生态环境或是水质标准直接联系起来，当地居民能够在经济激励的手段下自发地选择保护生态流域环境，才能从根本上解决生态保护和经济发展之间的矛盾，达到流域生态环境的可持续发展。

其中，水质污染带来的经济损失，可以采用水污染经济损失的计量模型（李锦秀和徐嵩龄，2003），该模型通过建立水质状况与各类实物型经济损失量的定量关系，进行水污染经济损失货币化定量评估，反映了人为活动所造成的水环境价值的减少量。水污染经济损失是指由水环境质量下降造成的水服务功能的破坏，进而导致的经济损失。这一损失通常包括两个方面：①因为水质不合格，或虽暂时合格但存在恶化趋势，为避免由此产生的污染危害，水管理者与水使用者所支付的抵御性费用或是治理费用；②水使用者因为水污染而直接使用遭受的经济损失。其造成的污染损失，环境经济学者基本都认为，水质对经济活动的影响过程大体呈图 9-6 所示的 S 形曲线形态，普遍地成为构造水污染经济损失定量评估模型的基础。其水体中污染物所造成的经济损失与污染浓度并不呈线性关系，即当污染物浓度低时，对水体的损害不明显，但随着浓度的增加，对水体的损害程度则急剧增加。但当污染物的浓度增至一定程度后，对水体的损害增长程度则减慢，直至达到损失的极限。该趋势通常表现为S形非线性。

其表达函数如下：

$$\mathrm{El} = \sum \mathrm{GDP}_i K_i \left(\frac{e^{0.54(Q-4)} - 1}{e^{0.54(Q-4)} + 1} + 0.5 \right) \tag{9-3}$$

式中，El 为流域水质污染带来的总的经济损失；GDP_i 为分项经济产值；K_i 为水质污染给社会经济分项行业所带来的最大经济损失率；Q 为水质等级（Q=1, 2, 3, 4, 5, 6）。

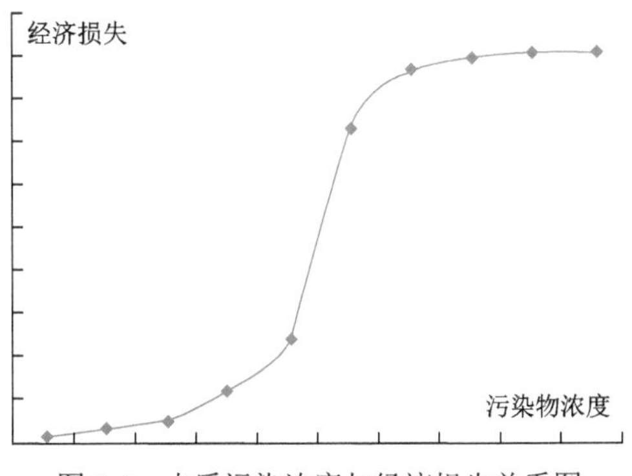

图 9-6　水质污染浓度与经济损失关系图

因此，在综合现有的生态补偿标准的计量方法和实施生态补偿机制的原理基础之上，构建流域生态补偿模型。模型如下：

$$\begin{cases} \mathrm{EC} = f(y_1, \mathrm{El}) = y_1 + \mathrm{El} = (G_0 - G)P + \sum \mathrm{GDP}_i K_i \left(\frac{e^{0.54(Q-4)} - 1}{e^{0.54(Q-4)} + 1} + 0.5 \right) \\ \begin{cases} y_1 = (G_0 - G)P \\ \mathrm{El} = \sum \mathrm{GDP}_i K_i \left(\frac{e^{0.54(Q-4)} - 1}{e^{0.54(Q-4)} + 1} + 0.5 \right) \end{cases} \end{cases} \tag{9-4}$$

式中，EC 为生态补偿额度；y_1 为发展机会成本丧失；G_0 为参照区域的人均 GDP；G 为研究流域的人均 GDP；P 为研究流域的人口数；El 为流域水质污染所带来的经济损失；K_i 为分项水污染经济损失系数；GDP_i 为分项经济产出，作为水源区其水质不同等级的污染将会直接给受水区造成直接的经济影响，进而这里的分项为受水区的经济影响；Q 为水质等级（Q=1, 2, 3, 4, 5, 6）。

1. 黑河流域生态补偿

在目前的阶段，黑河流域实行的是严格的管制阶段。从流域生态角度来讲，取得了不错的效果，流经区域内没有工业污染及人口密集的生活，因此外源污染很小，流域的整体水质状况良好。黑河流域植被良好，目前植被覆盖率达到了 46.5%；河水清澈，河流悬移质含沙量小，泥沙主要为推移质。

但是，从管理制度绩效来讲是低效的，因为流域资源产权的转移只是纯粹的产权转移，导致在流域水源区的居民效益大大降低，其为保护流域生态环境资源所付出投入并未得到任何的回报，且情况变得更坏。该流域水源区为保证一江清水往西安市输送实行严格生态保护制度，导致监督边际成本极高；同时，当地居民的经济发展受着极大的限制，发展机会成本丧失，且没得到相应的补偿，导致目前流域内社会经济发展诉求与生态环境保护矛盾突出。例如，在 2013 年，该流域内的人均 GDP 仅为 15809 元，远低于跟其情况相似的眉县（人均 GDP 为 31290 元）和陕西省的平均水平（人均 GDP 达 42750 元）。而流域水资源的污染胁迫依旧存在且变得越来越严重，如基于流域的现实情况，为使其流域经济发展与生态保护可持续发展，由本研究的补偿模型可知，其生态补偿额度主要包括三部分，一是发展机会成本损失，体现其真正的生态环境效益的正外部效益；二是需体现流域生态保护与经济发展的负外部效益，即流域居民为减少自己的损失，而选择的对生态保护不利的社会经济活动所导致的流域水质变坏所引起的经济损失；三是需要保护水资源的产权效益，因为黑河水库的建立，从制度安排的角度来看，是把黑河流域大部分的水资源产权转移给了西安市，其水资源的利用效益得到了很大的提高，从产权收益的角度来看，水源区应该享有部分的水资源的增值收益。

由模型可知如下结果。

（1）生态补偿之一：发展机会成本补偿。基于本研究设置的补偿模型，本研究的黑河流域，在选择参照区域时，基于其流域自然地理位置特性，在本研究当中选择跟其情况极为相似的眉县。在 2000 以前，其发展情况还稍微超于眉县，但在黑河水库建成后，由于实行严格的流域管理制度，同时，又缺乏相应的补偿，导致其后来的发展远落后于眉县，且其差额越来越大。因此，为了从根本上体现公平，本研究选择了眉县作为参考区域。由补偿模型可知，其从 2000 年以后，黑河流域内人均每年应该补偿的发展机会成本额度如图 9-7 所示。其流域的人均发展机会成本补偿额度从 2001 年应该是不断上涨的。水源区的居民在 2013 年应该得到的人均补偿额度为 15030 元。

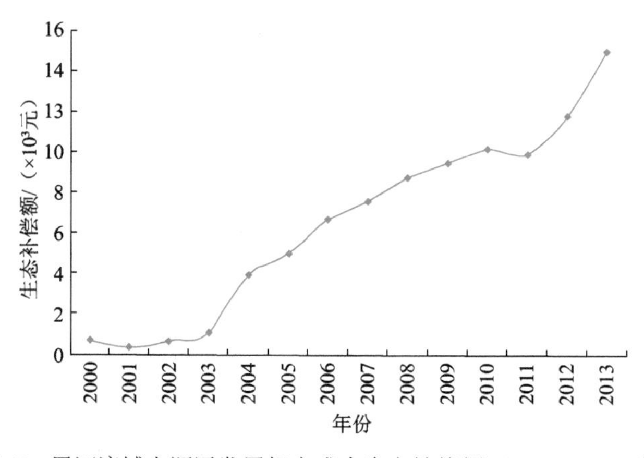

图 9-7　黑河流域水源区发展机会成本生态补偿额（1997～2013 年）

（2）流域水质污染损失额度。流域生态资源保护与区域居民的社会经济活动之间的博弈行为选择是持续不断的。水源区的居民为了让自己的效益最大化，往往会在制度安排限制下选择最有利于自己的行为选择。假如生态补偿标准没有把水质污染的损失联系起来，直接基于生态发展机会成本丧失补偿其额度，往往会导致生态补偿难以达到其生态补偿的目的和效果。因此，基于水源区特有的自然属性，即流域资源具有公共产品性质，往往会导致水源区的经济行为选择会给流域带来负外部效益，从而，为了促使人们在生态补偿制度的安排下，自发地去选择流域生态环境保护，其补偿额度必须与流域的水质联系起来。而假如这部分的行为没有内在化，则会导致流域生态的补偿最终失去其补偿的效果和目的。为此，在生态补偿的设计方面，需要将补偿额度与水资源的质量水平联系起来，因此，本研究引入了流域水污染与经济损失模型，参照李锦秀和徐嵩龄(2003)的流域水质污染与经济损失的模型直接计算每年黑河流域水源区居民的经济活动对流域水质的影响，从而对西安市造成的经济损失。

同时，考虑黑河流域的水资源转移给了西安市使用，且主要是作为西安市生活用水水源区。其流域水资源基本上是需要先流入水库，因此，其经济损失主要是对自来水厂的经济损失。其经济损失系数 K_i 则最主要是由西安市的污水治理成本决定。

$$y_2 = K_i\left(\frac{e^{0.54(Q-4)}-1}{e^{0.54(Q-4)}+1}+0.5\right)\sum \text{GDP}_i \tag{9-5}$$

式中，GDP_i 为水务公司的产值。

由黑河流域涉及水质所带来的经济损失可知，当整个流域所保留的水质在 I 标准的情况下，会使水质的治理污染成本降低，进而需要给予当地居民一定的经济激励，结合目前西安市水污染治理成本可知，其最大的污染治理成本为 0.9 元（表 9-1），则知其在 2013 年的经济损失系数为 0.39，进而可知其在 2013 年流域水质给予的总的经济损失系数，如表 9-2 所示。

表 9-1 黑河水资源价格及其污染治理费用表 （单位：元）

分类用户	自来水销售价格			政府性收费项目				最终用户分担
	黑河原水价	自来水输配水价格	合计	水资源费	价格调节基金	污水处理费	合计	
居民生活	0.75	1.10	1.85	0.30	0.10	0.65	1.05	2.90
工业企业	0.75	1.40	2.15	0.30	0.10	0.90	1.30	3.45
行政行业	0.75	1.80	2.55	0.30	0.10	0.90	1.30	3.85
经营服务业	0.75	2.25	3.00	0.30	0.10	0.90	1.30	4.30
特种行业	0.75	14.95	15.70	0.30	0.10	0.90	1.30	17.00
加权平均	0.75	1.60	2.35	0.30	0.10	0.80	1.20	3.55

注：数据来源于 http://www.copm.com.cn/detail.aspx?cid=2849

表 9-2 2013 年黑河流域水质标准与经济损失系数

流域水质标准（Q）	1	2	3	4	5	6
经济损失系数	−0.066	0.003	0.092	0.195	0.298	0.387

结合其水源区流域的水质在2013年的监测数据和其水质等级，如图9-8、表9-2和表9-3所示可知，在2013年，对流域段花耳坪、庙沟口、元源子、陈家嘴等给予的水质经济奖励总共为0.23亿元，而给予的其他流域段的经济惩罚为0.02亿元，则黑河流域在2013年的综合水质补偿激励机制为0.21亿元。

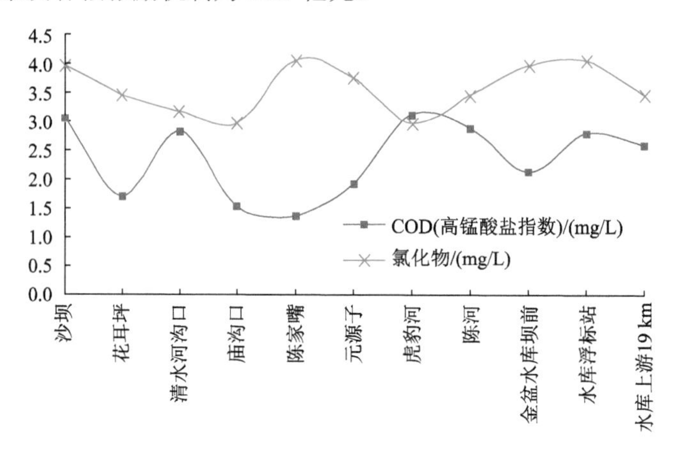

图9-8 2013年黑河流域COD和总氮指数

表9-3 2013年流域采样点及其流域水质等级

采样点	沙坝	花耳坪	清水河沟口	庙沟口	陈家嘴	元源子	虎豹河	陈河	金盆水库坝前	水库浮标站	水库上游19 km
水质等级（Q）	2	1	2	1	1	1	2	2	2	2	2

综合其水质污染经济计量和机会成本丧失计量综合可知，对于2013年的黑河流域水质环境状况，应给予水源地的居民67.10亿元的生态补偿。具体的补偿个体，即人均补偿可根据人均的发展机会成本丧失和流域水质污染进行综合计算。例如，在2013年，综合流经庙沟口、元源子、花耳坪和陈家嘴的水质的奖励和生态丧失机会成本的补偿部分，可知这几个流域区的居民的人均补偿应该为（$15030+0.23\times10^8$/流域区的居民数量）元；而对于其他水质保留在II质水区的居民给予的补偿则为（$15030+0.02\times10^8$/流域区的居民数量）元。

2. 丹江流域水源涵养区陕西段生态补偿额模拟计算

丹江水库的重要水源涵养区，目前执行着比较严厉的流域生态保护制度。目前，为了执行国家《地面水环境质量标准》（GB 3838—2002）、《污水综合排放标准》（GB 8978—1996），保护丹江水系地面水及地下水水质的良好状态，保障人体健康，维护生态平衡，对丹江在陕西段内的流域水质制定相应的流域水质标准。该标准是根据国家《地面水环境质量标准》（GB3838—2002）的水域功能分类原则，按照地面水水域使用功能及保护目标，对丹江流域（陕西段）249.6 km干流水域进行了功能区划分（表9-4），同时由丹江流域辖区各级人民政府按相应的标准值管理监督相关水域生态环境，并由商洛地区环境保护局、商洛地区环境监测站提供。

表 9-4 丹江流域（陕西段）内的水质要求

编号	水域范围	主要功能	起止距离/km	适用国家标准类（级）别	
				地面水环境质量标准	污水综合排放标准
01	秦岭-峡口村	源头水保护区	8	Ⅰ类	禁排、不得新建排污口
02	峡口村-丹江桥（二龙山水库、商州区饮用水源补给河段区）	饮用水源地一级保护区（兼少量农业灌溉）	40	Ⅱ类	禁排、不得新建排污口
03	丹江桥-白杨店（沿江村镇饮用水源补给河段区）	农灌、工业用水	28	Ⅲ类	一级
04	白杨店-丹凤县水司 3 号井下游 100 m 处(丹凤县城饮用水源地及地下水补给区）	饮用水源地一级保护区	32	Ⅱ类	禁排、不得新建排污口
05	丹凤县水司 3 号井下游 100 m 处至月亮湾(村镇饮用水源补给河段区	农灌、工业用水、航运	141	Ⅲ类	一级

而通过丹江近 10 年的监测断面水质状况（表 9-4）可以看出，丹江水质总体状况良好，出省境断面水质一直维持在Ⅱ类水质。但是，丹江商州段、丹江东龙山-张村断面都出现了Ⅳ类到Ⅴ类水质，丹江流域大部分断面都有超标现象，而且污染趋势有所上升，且多年的水质监测可知，丹江流域的污染物主要是氨氮、高锰酸盐、生化需氧量，其均表现为有机型污染。由表 9-5 和表 9-6 可知，丹江流域在商洛市的入河排污口和入河污染物可知，其所采用的严格的管理制度在 2000～2004 年并未达到预期的效果，流域居民与政府存着不同的博弈行为。

表 9-5 2004 年丹江流域（陕西段）按行政区划分入河排污口情况一览表

行政区	县区	入河排污口数/个			
		小计	工业	生活	混合
商洛市	商州区	17	3	6	8
	丹凤县	6	5	1	—
	商南县	6	5	1	—
	柞水县	21	—	—	21
	镇安县	10	8	1	1
	山阳县	11	10	—	1

注：数据来源于张淑芳等（2003）

表 9-6 2004 年丹江流域排污口和分河段污染物入河情况

水系	站名	河段名称	分类	排污口/支流/个	废水入河量/（10^4 t/a）	污染物入河量/（t/a）	
						COD	NH_3-N
丹江	紫荆关	河源-出省界	排污口	30	—	—	—
			支流口	2	—	—	—
			小计	32	2269.7	7199	649.4

注：数据来源于张淑芳等（2003）

丹江流域目前采用的生态流域保护制度，直接导致水源区的经济发展受限，即发展机会成本丧失。同时，当地居民在制度的规制下，在无响应的经济激励机制和补偿机制的激励和引导下，水源区的居民往往会选择不利于流域保护状态的经济行为，以使自己的经济效益最大化。而水质会直接影响中线工程水源地丹江口水库水质的影响，进而影响受水区的引水经济效益。因此，基于丹江流域（陕西段）内的断面水质监测，明确相应的水质污染对受水区的经济影响，进而引导该流域的居民能够在经济的激励下自发地选择有利于流域水质保护的社会经济行为选择。

（1）丹江流域水源区的发展机会成本丧失。为保护生态流域，当地居民丧失了一定的发展机会成本，导致目前该水源区内经济发展相当滞后。丹江流域（陕西段）水源区经济发展水平普遍较低，各项经济指标均低于陕西省水平，远远低于全国水平，长期以来靠“吃财政饭”维持，财力非常薄弱，主要依靠山里的木材、药材、矿产等资源来发展经济。在该水源区内，已被定为贫困区域的就有商州区、洛南县、丹凤县、商南县。从而，在计算丹江流域水源区的发展机会生态补偿，参考了史淑娟（2010）的研究，选取与丹江流域所在的商洛市相邻的渭南市作为参考市区，由于陕南 5 市地处秦巴山区，工业比较薄弱，经济发展缓慢，与相邻地区渭南的经济发展状况非常相似，因此采用经济发展水平相对较低的渭南地区的相对人均 GDP 的差额作为陕西水源区丹江流域损失的发展机会成本，其人均发展机会成本损失额如图 9-9 所示。

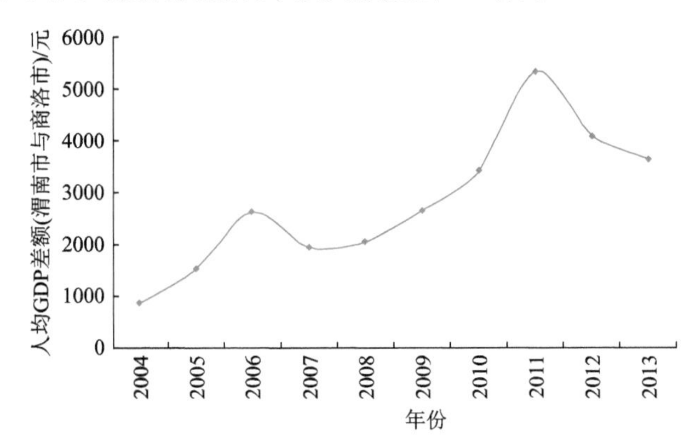

图 9-9 丹江流域陕南水源区人均机会成本损失额

（2）丹江流域水质污染所造成的经济损失分析。通过丹江近 10 年的监测断面水质状况（表 9-7），可以看出，丹江水质总体状况良好，出省境断面大部分水质一直维持在Ⅱ类水质。

表 9-7 丹江流域（陕西段）内河流断面统计水质表

年份/水质	Ⅰ	Ⅱ	Ⅲ	Ⅳ	Ⅴ	Ⅵ
2004	1		1	2	1	
2005	1	2	1	1		
2006	1	3		1		
2007		3	3	1		
2008	2	1	2			

续表

年份/水质	Ⅰ	Ⅱ	Ⅲ	Ⅳ	Ⅴ	Ⅵ
2009	3		2			
2010	3	2				
2011	2	3				
2012		3	2			
2013		3	2			

注：数据来源于《陕西省环境状况公报》

丹江流域（陕西段）水源涵养区，其受水区主要为北京市、天津市、河北省、河南省、湖北省地区，基于受损率以最高原则为准，本研究对丹江流域的经济损失率的计算主要以北京的污染治理成本和水价等收益为主。根据北京水价可知，在2013年北京治污成本最高为3元/m^3，同时北京市自来水公司的出厂水价一般为5元/ m^3，则可知其经济损失率为0.6，代入水质污染与经济损失公式，则可知丹江流域（陕西段）在2013年水质污染给受水区带来的经济损失额（表9-8）。

表9-8　丹江流域（陕西段）内水质与经济污染损失系数

流域水质标准（Q）	1	2	3	4	5	6
经济损失	−0.102	0.004	0.142	0.300	0.458	0.596

同时，基于在陕西省境内的常年径流量为18.9×10^8 m^3可知，在2013年水质污染带来经济损失约为5.59亿元。

综合分析可知，该水源区的生态补偿额度在2013年建议为69.19亿元，其中，应该根据不同水段的质量给予不同的生态补偿。在Ⅱ水质的流域，应该给予的生态补偿为（$3562-0.2268\times10^8/P_{\text{II}}$，$P_{\text{II}}$为水质出现在Ⅱ类的人口数）元，而在Ⅲ类水质的流域，给予水源区的人均补偿额为（$3562-5.3676\times10^8/P_{\text{III}}$，$P_{\text{III}}$为水质出现在Ⅲ段的人口数）元。

四、结论与分析

黑河流域水源区的污染源包括点源污染和非点源污染，其中点源污染包括库区汇流范围内的各县的工业污染源和城镇生活污染源；非点源污染主要是农业及水土流失等所形成的污染。点源污染来源经普查：水源区内基本上没有规模型工业生产，乡镇企业不仅数量少，而且只限于加工业。因此，水源区内点源类污染只有人口相对聚居的乡镇生活污染和矿产资源开发2种基本类型。

流域区的非点源污染主要来源于3个方面。

1）农业及天然有机质的污染

一是，由于坡耕地肥力充足的表层土壤极易被暴雨侵蚀，氮磷、农药等污染物随地表径流进入河流，最终汇入水库。二是，由于流域良好的植被覆盖，地表被大量死亡的植物和落叶形成的腐殖物质所覆盖，加之地表坡度很大，暴雨径流携带大量固态、胶态和少量溶解态的腐殖物质进入河流，并最终汇入水库，因此以固态、胶态形式存在的有

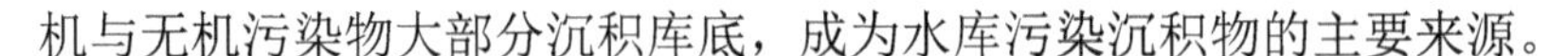

机与无机污染物大部分沉积库底，成为水库污染沉积物的主要来源。

2）旅游污染

研究区域良好的植被和山水风光是城市居民休闲度假、旅游的好去处。旅游业的发展带来了旅游污染，其污染物随人群活动呈无序状态，构成了水源区非点源类污染。

3）交通污染

水源区内有2条国道（G108和G210）穿过，2条国道每日车流量均在3000辆以上。随着旅游业和经济建设的发展，将会有越来越多的车辆、人群进入水源区，车辆排放的尾气、车辆部件磨损及液体化学品泄漏等也会导致水源区水体非点源类污染。

第三节　对黑河流域产业布局的建议

合理的补偿标准能够充分调动生态服务提供者参与生态保护的积极性，获得足够的动力和能力来改变原有落后的生产生活方式，达到产业结构进行调整的目的。传统的快速经济发展伴随着生态危机、环境污染、资源枯竭；生态环境保护却伴随着社会经济发展滞后。工业现代化创造了前所未有的人类文明和物质财富，但同时也造成了生态环境的严重破坏。随着人类社会经济快速发展和生存环境恶化之间的矛盾越来越尖锐，人们已经开始积极主动地保护环境。随着国家综合国力的增强和人们生活水平的提高，我国也越来越重视生态建设和环境保护，加强自然保护区和生态示范区建设，保护陆地和海洋生物的多样性。在这种大环境下，人们已从先污染后治理、先破坏后恢复的观念转变到追求社会经济环境的共同发展。

因此，提出促进区域可持续发展区域产业发展战略规划建议，促进当地区域的经济发展，从而实现水源区居民从被动保护区域生态转为主动保护区域生态。

一、突出生态文明建设先行

生态环境是周至的独特优势，秦岭山水是其“金字招牌”。作为西安市唯一的国家重点生态功能区和西安的主要水源地，必须坚守“生态立县”，守好大秦岭，护好黑河水，打造美丽西安西大门。

首先，牢固树立保护好秦岭生态环境和黑河水源地的观念。积极争取国家重点生态功能区政策支持，实施天然林资源保护工程、退耕还林后续产业和荒山造林等项目，加快实施秦岭北麓直观迎面坡补植绿化工作；加大秦岭生态环境巡查执法力度，严肃查处非法建设行为。健全黑河水质监测体系，确保水质达到Ⅱ类以上标准；全面完成黑河水库二期移民搬迁任务；加快黑河流域人工影响天气防灾减灾综合能力建设。

其次，加快河流治理和湿地公园建设。加快实施渭河堤顶道路硬化、河堤绿化工程，启动黑河平原段综合治理二期工程。加大中小河流治理力度。启动引汉济渭输水南干线工程，建设黄池沟水利风景区。实施黑河湿地省级自然保护区建设。与杨凌示范区合作，积极实施渭河湿地公园建设。

二、培育生态产业，变被动保护为主动保护

区域生态产业发展是区域生态环境保护的内在动力。

一是，完善重点项目建设。例如，在 2014 年，全县安排重点在建项目 135 个，其中，产业类项目 89 个，应继续完善其后续的建设和发展。首先，进一步完善项目预审、并联审批、动态管理、联合督办、考核奖惩等工作机制，确保项目从协议签订到竣工运营各个环节紧密衔接、快速推进；同时，抢抓建设丝绸之路经济带和省市共建大西安政策机遇，结合国家产业布局和投资走向，完善项目储备库，确保持续拥有一批数量充足、结构合理、质量过硬的重大项目梯队。

二是，大力发展生态旅游产业。依托沙河湿地公园，积极推进关中民俗村、古街印象、景地大酒店等项目建设，形成城南服务业聚集带。通过项目聚集、产业聚集、人气聚集，深化与曲江的融合发展，使各景区协同发展，让宗教文化游、自然山水游、关中民俗游、乡村休闲游互动发展，打响“山水秦岭、最美周至”的旅游品牌；同时，可依托当地的旅游资源及“都市型生态农业”的发展，大力发展生态旅游农业。

三是，大力推进现代农业发展，打造“都市型生态农业”。周至县农业规模优势明显，但仍存在产业化水平不高、整体竞争力不强等问题，因此打造“都市生态型农业”尤为重要。

第一，结合当地优势，加大对猕猴桃产业发展的扶持力度，打造自己的品牌特色，提升周至猕猴桃的国内、国际竞争力和影响力。①结合当地优势，广泛推行猕猴桃规范化种植、标准化生产，加快物流中心、检测中心和质量管理体系建设，制定地方技术规范；②继续完善万亩有机猕猴桃现代示范园采摘区、温室大棚等设施，加快新品研发与推广展示中心建设；③加大猕猴桃创新园扶持力度，建立市级示范园区；继续抓好华夏联诚精品猕猴桃科技示范园、楼观周一猕猴桃示范园建设；④支持周至现代农业示范区、碧清园现代农业示范园、润德终南现代农业园区建设；⑤加强产销衔接，推广电子商务，建立网上营销、店铺直销等销售模式，建立自己的品牌优势，并借助丝绸之路经济带，着力开拓国内、国际两大市场。

第二，积极实施苗木花卉产业提升计划，大力推行公司化、园艺化、产业化运作模式，加快绿化苗木向观赏苗木、园林花卉转变步伐，不断提升苗木花卉产业的档次和效益。

第三，抓好沿渭蔬菜基地和西南塬区秋延菜基地建设，促进大路菜向精细菜、露天蔬菜向设施蔬菜、时令蔬菜向反季节蔬菜生产转变，建设西安国际化大都市优质蔬菜供应基地。

第四，依托区域旅游和生态农业发展，壮大工业经济。坚持开发区带动。建立理念对接、规划衔接、项目承接、工作连接的工作机制，快速推进 10 km^2 的沣东集贤产业基地、5 km^2 的曲江有机食品示范园建设。加快曲江有机食品示范园建设，完善中华猕猴桃城配套设施，力促西安雪榕食用菌项目建成投产。

参 考 文 献

埃瑞克・G. 菲吕博顿，鲁道夫・瑞切特. 2002. 新制度经济学. 孙经纬译. 上海：上海财经大学出版社：

10-200.
陈宜瑜. 2007. 中国流域综合管理战略研究. 北京: 科学出版社.
段婧, 严岩关, 王丹寅, 等. 2010. 流域生态补偿标准中成本核算的原理分析与方法改进. 生态学报, 30(1): 0221-0227.
户作亮. 2010. GEF 海河流域水资源与水环境综合管理知识管理系统. 水利信息化, (5): 11-17.
姜蓓蕾, 耿雷华, 徐彭波, 等. 2011. 我国水资源管理实践发展及管理模式演变趋势浅析. 中国农村水利水电, (10): 66-69.
李怀恩, 尚小英, 王媛. 2009. 流域生态补偿标准计算方法研究进展. 西北大学学报(自然科学版), 39(4): 667-672.
李环. 2006. 流域管理中的公众参与机制探讨. 环境科学与管理, 31(5): 4-6.
李锦秀, 徐嵩龄. 2003. 流域水污染经济损失计量模型. 水利学报, 10: 68-74.
刘桂环, 文一惠, 张惠远. 2011. 流域生态补偿标准核算方法比较. 水利水电科技进展, 31(6): 1-6.
刘晓红, 虞锡君. 2007. 基于流域水生态保护的跨界水污染补偿标准研究——关于太湖流域的实证分析. 生态经济, (8): 129-135.
邱二生. 2010. 黑河水库水质及藻类监测和水体分层研究. 西安: 西安建筑科技大学硕士学位论文.
任晓冬, 黄明杰. 2009. 赤水河流域产业状况与综合流域管理策略. 长江流域资源与环境, 18(2): 97-103.
尚宏琦, 鲁小新, 高航. 2003. 国内外典型江河治理经验及水利发展理论研究. 郑州: 黄河水利出版社.
尚彦林. 2008. 黑河流域水涵养林保护中存在的问题及对策. 陕西林业科技, 3: 88-90.
沈满洪, 何灵巧. 2002. 外部性的分类及外部性理论的演化. 浙江大学学报(人文社会科学版), (1): 152-160.
史淑娟. 2010. 大型跨流域调水水源区生态补偿研究——以南水北调中线陕西水源区为例. 西安: 西安理工大学博士学位论文.
汪群, 周旭, 胡兴球. 2007. 我国跨界水资源管理协商机制框架田. 水利水电科技进展, 27(5): 80-84.
王兴杰, 张骞之, 刘晓雯, 等. 2010. 生态补偿的概念、 标准及政府的作用: 基于人类活动对生态系统作用类型分析. 中国人口・资源与环境, 20(5): 41-49.
王志宪. 2004. 流域管理发展动态及其所研究的关键问题. 国土与自然资源研究, 3: 25-27.
萧术华. 2005. 长江流域综合管理模式研究. 人民长江, 36(10): 20-22.
徐琳瑜, 杨志峰, 帅磊, 等. 2006. 基于生态服务功能价值的水库工程生态补偿研究. 中国人口・资源与环境, 16(4): 125-128.
杨桂山, 于秀波, 李恒鹏, 等. 2006. 流域综合管理导论. 北京: 科学出版社.
杨国霞. 2010. 我国生态补偿标准研究综述. 黑龙江生态工程职业学院学报, 23(1): 3-5.
杨小慧. 2010. 黑河水库水源地生态补偿机制研究. 西安: 西北大学硕士学位论文.
杨玉川, 罗宏, 张征, 等. 2005. 我国流域水环境管理现状. 北京林业人学学报(社会科学版). 4(1): 20-24.
应力文, 刘燕, 戴星翼, 等. 2014. 国内外流域管理体制综述. 中国人口・资源与环境, 24(3): 175-179.
张淑芳, 杜新黎, 李合义, 等. 2003. 汉、丹江流域(陕西段)环境现状分析及保护对策研究. 陕西环境, (1): 11-12.
张曙光. 2005. 中国制度变迁案例研究. 北京: 中国财政经济出版社: 555-563.
张志强, 徐中民, 程国栋, 等. 2002. 黑河流域张掖地区生态系统服务恢复的条件价值评估. 生态学报, (6): 14-17.
赵淑兰. 2012. 黑河流域水资源供需平衡分析. 浙江水利科技, (5): 32-34.
郑海霞, 张陆彪. 2006. 流域生态服务补偿定量标准研究. 环境保护, (1a): 42-46.
朱康对. 2005. 共有资源开发的产权缔约分析——中国制度变迁案例研究. 北京: 中国财政经济出版社: 151-176.
Aricari M. 1997. The draft article on the law of international watercourses adopted Law Commission: an

overview and some on issues. Natural Resources Forum, 21(3): 169-179.
de Groot R, Fisher B, Christie M, et al. 2010. Integrating the ecological and economic dimensions in biodiversity and ecosystem service valuation//Kumar P. The Economics of Ecosystems and Biodiversity: Ecological and Economic Foundations. London: Earthscan.
Mccully P. 2001. Silenced Rivers: the Ecology and Politics of Large Dams. London/New York: Zed Rooks/St. Martin's Press.
Sarker A, Rossa H, Shresthab K K. 2008. A common-pool resource approach for water quality management: an Australian case study. Ecological Economics, 68: 461-471.
Sigma H. 2004. Transboundary spillovers and decentralization of environmental policies. Journal of Environmental Economics and Management, 50(1): 82-101.
Zhang H Y, Liu G H, Wang J N, et al. 2007. Policy and practice progress of watershed eco-compensation in China. Chinese Geographical Science, 17(2): 179-185.